CIPHER and CODE

暗号技術のすべて

IPUSIRON

本書内容に関するお問い合わせについて

このたびは翔泳社の書籍をお買い上げいただき、誠にありがとうございます。弊社では、読者の皆様からのお問い合わせに適切に対応させていただくため、以下のガイドラインへのご協力をお願い致しております。下記項目をお読みいただき、手順に従ってお問い合わせください。

●ご質問される前に

弊社Webサイトの「正誤表」をご参照ください。これまでに判明した正誤や追加情報を掲載しています。

正誤表　http://www.shoeisha.co.jp/book/errata/

●ご質問方法

弊社Webサイトの「刊行物Q&A」をご利用ください。

刊行物Q&A　http://www.shoeisha.co.jp/book/qa/

インターネットをご利用でない場合は、FAXまたは郵便にて、下記"翔泳社 愛読者サービスセンター"までお問い合わせください。
電話でのご質問は、お受けしておりません。

●回答について

回答は、ご質問いただいた手段によってご返事申し上げます。ご質問の内容によっては、回答に数日ないしはそれ以上の期間を要する場合があります。

●ご質問に際してのご注意

本書の対象を越えるもの、記述個所を特定されないもの、また読者固有の環境に起因するご質問等にはお答えできませんので、予めご了承ください。

●郵便物送付先およびFAX番号

送付先住所	〒160-0006　東京都新宿区舟町5
FAX番号	03-5362-3818
宛先	（株）翔泳社 愛読者サービスセンター

※本書に記載されたURL等は予告なく変更される場合があります。
※本書の出版にあたっては正確な記述につとめましたが、著者や出版社などのいずれも、本書の内容に対してなんらかの保証をするものではなく、内容やサンプルに基づくいかなる運用結果に関してもいっさいの責任を負いません。
※本書に掲載されているサンプルプログラムやスクリプト、および実行結果を記した画面イメージなどは、特定の設定に基づいた環境にて再現される一例です。

※本書に記載されている会社名、製品名はそれぞれ各社の商標および登録商標です。

まえがき

　コンピュータやスマホが普及した現在ですが、情報セキュリティは大きな課題となっています。個人情報の漏えい、システムへの侵入、ウイルスの感染など、毎日のようにセキュリティに関するニュースが後を絶ちません。

　暗号技術は、セキュリティを実現する大きな柱の1つです。例えば、インターネットショッピング、ATMの操作、ICカードでの運賃支払いなどに利用されています。一般にユーザーが意識しない裏方において、多くの暗号技術が活用されています。しかし、強力な暗号技術が使われていても、運用や実装に問題があれば、システムの安全性を破られる恐れがあります。それはちょっとしたミスや勘違いから引き起こされます。また、単独では安全なシステムでも、組み合わせることで安全性が損なわれることもあります。

　こうした問題を解決するには、システムの設計者・開発者が個々の暗号技術について正しく理解しなければなりません。さらに、ユーザーも適切な運用をしなければなりません。サービス提供側はシステムが安全だと主張しますが、それが本当であるかわかりません。つまり、システムの安全性を鵜呑みにせず、問題の影響を最小限にするために心がける必要があります。

　本書は、暗号技術の基本をひととおり紹介しています。大きな特徴は、現代暗号だけでなく、古典暗号についても解説していることです。暗号とは、通信文を秘密にすることが目的です。古典暗号と現代暗号では、その実現方法や背景が違いますが、目的は同様といえます。アルゴリズムの観点から見ることで、そういったことも理解できるはずです。

　本書を読むための予備知識は、コンピュータに関する初歩と、高校レベルの数学だけで済むように配慮しました。数学的な準備が必要な場合には、数値例や図解で解説しています。これにより、直観的に理解できるはずです。

　著者が暗号理論に取り組むきっかけとなったのは、情報セキュリティ大学院大学に入学したことです。そこでは、暗号理論を学習・研究する機会を与えていただきました。その結果、暗号理論に魅了されました。指導教官、ならびに教員の皆様には、この場を借りて深く感謝いたします。

　最後になりますが、本書の出版に際して、株式会社翔泳社、ならびに編集者の秦和宏氏に深く感謝いたします。

2017年8月　IPUSIRON

本書の特徴

古典暗号から現代暗号までを体系的に解説

　本書の主なテーマは暗号技術の安全性です。まずは歴史的に重要な役割を果たした古典暗号から解説します。古典暗号といっても、そこには現代暗号のエッセンスが垣間見られます。その後、共通鍵暗号や公開鍵暗号といった現代暗号について解説します。これが暗号技術の基本となり、デジタル署名やハッシュ関数につながります。最後には暗号技術の応用アプリケーションについて紹介します。

暗号技術の絡み合いを解き明かす

　暗号技術は様々な技術の組み合わせで構成されています。これをアルゴリズムという観点から解き明かします。アルゴリズムというとその内部動作ばかりに目が向きがちですが、本書ではアルゴリズムの入出力に注目します。これにより、アルゴリズムの相互関係がより明確になります。

「読める」「使える」「見える」「楽しむ」が目標

　本書を通じて、暗号の基本だけでなく、暗号技術の世界に慣れることができます。その結果、以下のことを実現できます。

- 「読める」… 専門書や論文を読む準備ができる。
- 「使える」… 適切な運用や実装ができる。
- 「見える」… 日常に隠された暗号技術に気付く。
- 「楽しむ」… 古典暗号と現代暗号に魅了される。

数学も克服する

　現代暗号は数学を基礎としているため、複雑な数式が登場します。数式を避けて理解するというアプローチもありますが、本書では数式を克服して理解するアプローチを採用しています。より発展的な文献を読むためには、数式の理解が必須条件であるためです。

　本書では、高校レベル程度の数学を前提としていますが、必要に応じて復習しています。また、図解を多くすることによって、理解しやすくなるように配慮しました。

対象読者

- 推理小説や歴史小説で暗号に興味を持った方
- 基礎から暗号技術について学びたい方
- 開発や運用で暗号技術に携わる方
- セキュリティ全般に興味がある方
- これまで暗号の勉強に挑戦したが、挫折してしまった方
- 暗号講座を受講している学生の方
- 資格試験やCTFで暗号理論の問題を得点源にしたい方

本書の読み方

　基本的には1章から読むことで段階的に理解を深められる構成になっていますが、途中の項目から読むこともできます。関連項目を設けているので、他のページに行き来しやすいようになっています。

　もし読み進めているときにわからない箇所があっても、そこで諦めないでください。とりあえずはそういったものだと割り切り、読み進めることをお勧めします。全体を理解することが重要です。個々の細かい内容については、必要に応じて理解すれば十分です。

▶ 「安全性／効率性／実装の容易さ」の表記について

　本書では、各暗号技術について、以下の項目を★マークでランク付けしています。5段階評価で、★が多いほど以下の点に優れています。

- 「安全性」　　… 強い安全性を満たす、弱い仮定しか必要としない、現実的な環境を想定している
- 「効率性」　　… 計算処理が速い、扱うデータサイズが小さい、通信サイズや回数が小さい、並列処理ができる
- 「実装の容易さ」… 単純な処理で実現できる、共通処理が多い、ライブラリが普及している

　なお、古典暗号と現代暗号では利用できる技術や背景が大きく異なるため、それぞれ独立して評価しています。古典暗号で安全性が★5つでも、現在のコンピュータを使えば容易に解読できます。しかし、現代暗号で★5つのものは、高性能なコンピュータを用いても、現時点では効率的な解読が不可能です。

CONTENTS

まえがき 003
本書の特徴 004
ダウンロード特典について 016

CHAPTER 1 セキュリティと暗号技術

1.1 情報セキュリティの構成要素 018
  1.1.1 情報セキュリティの6要素 018
  1.1.2 6要素と暗号技術の関係 020
1.2 セキュリティを実現する暗号技術 021
  1.2.1 暗号の基礎技術 021
1.3 暗号技術のアルゴリズムを意識する 026
  1.3.1 アルゴリズムを分けて考える 026
  1.3.2 暗号技術をアルゴリズムとしてとらえる理由 026
  1.3.3 本書におけるアルゴリズムの表現 027

CHAPTER 2 古典暗号

2.1 古典暗号の概要 030
  2.1.1 古典暗号とは 030
  2.1.2 古典暗号の平文空間 030
2.2 シーザー暗号 034
  2.2.1 シーザー暗号とは 034
  2.2.2 シーザー暗号のアルゴリズム 034
  2.2.3 シーザー暗号の改良 035
2.3 コード 041
  2.3.1 コードとは 041
  2.3.2 コードのアルゴリズム 041
  2.3.3 コードの解読 043
2.4 スキュタレー暗号 045
  2.4.1 スキュタレー暗号とは 045
  2.4.2 スキュタレー暗号のアルゴリズム 047
  2.4.3 スキュタレー暗号の解読 048
2.5 転置式暗号 050
  2.5.1 転置式暗号とは 050
  2.5.2 転置式暗号のアルゴリズム 052
  2.5.3 転置式暗号の鍵数 053
2.6 単一換字式暗号 054
  2.6.1 換字式暗号とは 054

2.6.2　単一換字式暗号のアルゴリズム --- 055
2.6.3　単一換字式暗号の鍵数 --- 055
2.6.4　アルベルティの暗号円盤 --- 056
2.6.5　頻度分析による暗号解読 --- 057
2.6.6　頻度分析への対策 --- 068
2.7　多表式暗号 --- 071
2.7.1　多表式暗号とは --- 071
2.7.2　トマス・ジェファーソンの暗号筒 --- 071
2.7.3　ヴィジュネル暗号 --- 073
2.7.4　多表式暗号の解読 --- 075
2.7.5　ヴィジュネル暗号の改良 --- 081

CHAPTER 3　共通鍵暗号

3.1　古典暗号から現代暗号へ --- 084
3.1.1　現代暗号の発展 --- 084
3.2　共通鍵暗号の概要 --- 085
3.2.1　共通鍵暗号とは --- 085
3.3　共通鍵暗号の定義 --- 086
3.3.1　共通鍵暗号の構成 --- 086
3.4　共通鍵暗号の仕組み --- 087
3.4.1　共通鍵暗号のやり取り --- 087
3.4.2　共通鍵暗号の性質 --- 088
3.4.3　共通鍵暗号の平文空間と暗号文空間 --- 088
3.5　共通鍵暗号の安全性 --- 090
3.5.1　共通鍵暗号の設計方針 --- 090
3.5.2　共通鍵暗号の攻撃モデル --- 090
3.5.3　共通鍵暗号の解読モデル --- 094
3.5.4　安全な共通鍵暗号と鍵全数探索攻撃 --- 094
3.6　共通鍵暗号の分類 --- 095
3.6.1　ストリーム暗号 --- 095
3.6.2　ブロック暗号 --- 095
3.7　バーナム暗号 --- 096
3.7.1　バーナム暗号とは --- 096
3.7.2　排他的論理和 --- 096
3.7.3　1ビットの共通鍵暗号 --- 097
3.7.4　バーナム暗号の定義 --- 097
3.7.5　バーナム暗号の計算で遊ぶ --- 098
3.7.6　バーナム暗号の安全性 --- 099
3.7.7　バーナム暗号の死角を探る --- 107
3.8　ストリーム暗号 --- 108
3.8.1　ストリーム暗号とは --- 108
3.8.2　ストリーム暗号の定義 --- 108
3.8.3　ストリーム暗号の安全性 --- 110

3.8.4	ストリーム暗号の死角を探る	110

3.9 ブロック暗号 ... 112
3.9.1	ブロック暗号の定義	112
3.9.2	ブロック暗号の暗号構造	114
3.9.3	ブロック暗号の安全性	118
3.9.4	ブロック暗号に対する全面的攻撃	119
3.9.5	ブロック暗号に対する識別攻撃	121
3.9.6	セキュリティマージン	134
3.9.7	ブロック暗号の処理時間	135

3.10 ＜ブロック暗号＞DES ... 136
3.10.1	DESの概要	136
3.10.2	DESの定義	137
3.10.3	DESの死角を探る	153
3.10.4	S-DES	160

3.11 ＜ブロック暗号＞トリプルDES ... 161
3.11.1	トリプルDESとは	161
3.11.2	トリプルDESの定義	162
3.11.3	トリプルDESの特徴	164
3.11.4	トリプルDESの改良	164

3.12 ＜ブロック暗号＞AES ... 166
3.12.1	AESとは	166
3.12.2	AESの種類	167
3.12.3	AESの定義	168
3.12.4	AESの特徴	185
3.12.5	AESの安全性	186

3.13 ブロック暗号の利用モード ... 187
3.13.1	利用モードとは	187
3.13.2	暗号化モードとは	187
3.13.3	暗号化モードの定義	188
3.13.4	暗号化モードの安全性	189
3.13.5	どの暗号化モードを採用するか	191

3.14 ＜暗号化モード＞ECBモード ... 192
3.14.1	ECBモードとは	192
3.14.2	ECBモードの定義	192
3.14.3	ECBモードの死角を探る	194

3.15 ＜暗号化モード＞CBCモード ... 199
3.15.1	CBCモードとは	199
3.15.2	CBCモードの定義	199
3.15.3	CBCモードの特徴	202
3.15.4	CBCモードの死角を探る	203

3.16 ＜暗号化モード＞CFBモード ... 204
3.16.1	CFBモードとは	204
3.16.2	CFBモードの定義	204
3.16.3	CFBモードの特徴	206

3.17 ＜暗号化モード＞OFBモード 209
3.17.1 OFBモードとは 209
3.17.2 OFBモードの定義 209
3.17.3 OFBモードの特徴 211
3.18 ＜暗号化モード＞CTRモード 215
3.18.1 CTRモードとは 215
3.18.2 CTRモードの定義 215
3.18.3 CTRモードの特徴 218
3.18.4 CTRモードの死角を探る 218
3.18.5 CTRモードとバーナム暗号 223

CHAPTER 4　公開鍵暗号

4.1 公開鍵暗号の概要 226
4.1.1 公開鍵暗号とは 226
4.2 公開鍵暗号の定義 227
4.2.1 公開鍵暗号の構成 227
4.2.2 公開鍵暗号の仕組み 228
4.2.3 公開鍵暗号の性質 228
4.3 公開鍵暗号の安全性 230
4.3.1 公開鍵暗号の攻撃モデル 230
4.3.2 公開鍵暗号の解読モデル 233
4.3.3 公開鍵暗号の安全性の関係 235
4.3.4 安全性の定式化 236
4.4 公開鍵暗号に対する攻撃 242
4.4.1 公開鍵暗号に対する攻撃の分類 242
4.4.2 公開鍵のすり替え 242
4.4.3 全数探索攻撃 243
4.5 RSA暗号 244
4.5.1 RSA暗号とは 244
4.5.2 RSA暗号を理解するための数学知識 244
4.5.3 RSA暗号の定義 270
4.5.4 RSA暗号の計算で遊ぶ 273
4.5.5 RSA暗号に対する攻撃 286
4.5.6 素数の生成 289
4.5.7 RSA暗号の死角を探る 300
4.5.8 RSA暗号の効率化 311
4.6 ElGamal暗号 315
4.6.1 ElGamal暗号とは 315
4.6.2 ElGamal暗号を理解するための数学知識 315
4.6.3 ElGamal暗号の定義 317
4.6.4 ElGamal暗号の計算で遊ぶ 320
4.6.5 ElGamal暗号の死角を探る 324
4.6.6 ElGamal暗号の改良 337

4.7	一般 ElGamal 暗号	338
	4.7.1 一般 ElGamal 暗号とは	338
	4.7.2 一般 ElGamal 暗号を理解するための数学知識	338
	4.7.3 離散対数問題と群	344
	4.7.4 一般 ElGamal 暗号の定義	347
	4.7.5 一般 ElGamal 暗号の計算で遊ぶ	348
	4.7.6 一般 ElGamal 暗号の死角を探る	348
4.8	Rabin 暗号	354
	4.8.1 Rabin 暗号とは	354
	4.8.2 Rabin 暗号を理解するための数学知識	354
	4.8.3 Rabin 暗号の定義	364
	4.8.4 Rabin 暗号の計算で遊ぶ	368
	4.8.5 Rabin 暗号に対する攻撃	371
	4.8.6 Rabin 暗号の死角を探る	375
4.9	RSA-OAEP	377
	4.9.1 RSA-OAEPとは	377
	4.9.2 RSA-OAEPの定義	377
	4.9.3 RSA-OAEPの計算で遊ぶ	381
	4.9.4 RSA-OAEPに対する攻撃	381
	4.9.5 RSA-OAEPの効率性	382
4.10	楕円 ElGamal 暗号（楕円曲線暗号）	383
	4.10.1 楕円 ElGamal 暗号とは	383
	4.10.2 楕円 ElGamal 暗号を理解するための数学知識	384
	4.10.3 楕円 ElGamal 暗号の定義	403
	4.10.4 楕円 ElGamal 暗号の計算で遊ぶ	405
	4.10.5 楕円 ElGamal 暗号の死角を探る	406
	4.10.6 楕円曲線上のペアリング	407
4.11	IDベース暗号	411
	4.11.1 IDベース暗号とは	411
	4.11.2 IDベース暗号の定義	411
	4.11.3 IDベース暗号の仕組み	412
	4.11.4 IDベース暗号の死角を探る	413
	4.11.5 Boneh-Franklin IDベース暗号の定義	415
	4.11.6 Boneh-Franklin IDベース暗号の計算で遊ぶ	417
	4.11.7 Boneh-Franklin IDベース暗号の死角を探る	417

CHAPTER 5 ハッシュ関数

5.1	ハッシュ関数の概要	420
	5.1.1 ハッシュ関数とは	420
5.2	ハッシュ関数の安全性	421
	5.2.1 理想的なハッシュ関数	421
	5.2.2 ハッシュ関数の標準的な安全性	422
	5.2.3 衝突ペアが求まる条件と確率	426

5.2.4　3つの安全性を破るための計算回数 ⋯⋯⋯⋯⋯⋯⋯ 427
5.2.5　その他の安全性 ⋯⋯⋯⋯⋯⋯⋯⋯⋯⋯⋯⋯⋯⋯⋯⋯ 428
5.3　ハッシュ関数の応用 ⋯⋯⋯⋯⋯⋯⋯⋯⋯⋯⋯⋯⋯⋯⋯⋯⋯⋯ 429
5.3.1　データ改ざんの検出 ⋯⋯⋯⋯⋯⋯⋯⋯⋯⋯⋯⋯⋯⋯ 429
5.3.2　暗号技術の構成要素としての利用 ⋯⋯⋯⋯⋯⋯⋯⋯ 431
5.4　ハッシュ関数の基本設計 ⋯⋯⋯⋯⋯⋯⋯⋯⋯⋯⋯⋯⋯⋯⋯⋯ 432
5.4.1　安全なハッシュ関数に必要な処理 ⋯⋯⋯⋯⋯⋯⋯⋯ 432
5.4.2　撹拌処理を実現するということ ⋯⋯⋯⋯⋯⋯⋯⋯⋯ 432
5.4.3　圧縮処理と一方向性を同時に実現するということ ⋯⋯ 433
5.5　反復型ハッシュ関数 ⋯⋯⋯⋯⋯⋯⋯⋯⋯⋯⋯⋯⋯⋯⋯⋯⋯⋯ 434
5.5.1　反復型ハッシュ関数とは ⋯⋯⋯⋯⋯⋯⋯⋯⋯⋯⋯⋯ 434
5.5.2　圧縮関数 ⋯⋯⋯⋯⋯⋯⋯⋯⋯⋯⋯⋯⋯⋯⋯⋯⋯⋯⋯ 435
5.5.3　MD変換 ⋯⋯⋯⋯⋯⋯⋯⋯⋯⋯⋯⋯⋯⋯⋯⋯⋯⋯⋯ 436
5.5.4　圧縮関数の構成方法 ⋯⋯⋯⋯⋯⋯⋯⋯⋯⋯⋯⋯⋯⋯ 443
5.5.5　反復型ハッシュ関数と圧縮関数の安全性 ⋯⋯⋯⋯⋯ 447
5.6　代用的なハッシュ関数 ⋯⋯⋯⋯⋯⋯⋯⋯⋯⋯⋯⋯⋯⋯⋯⋯⋯ 449
5.6.1　MD4／MD5 ⋯⋯⋯⋯⋯⋯⋯⋯⋯⋯⋯⋯⋯⋯⋯⋯⋯ 449
5.6.2　SHA-1／SHA-2 ⋯⋯⋯⋯⋯⋯⋯⋯⋯⋯⋯⋯⋯⋯⋯ 449
5.6.3　SHA-3 ⋯⋯⋯⋯⋯⋯⋯⋯⋯⋯⋯⋯⋯⋯⋯⋯⋯⋯⋯⋯ 451
5.7　ハッシュ関数への攻撃 ⋯⋯⋯⋯⋯⋯⋯⋯⋯⋯⋯⋯⋯⋯⋯⋯⋯ 456
5.7.1　誕生日攻撃を超える衝突攻撃 ⋯⋯⋯⋯⋯⋯⋯⋯⋯⋯ 456
5.7.2　伸長攻撃 ⋯⋯⋯⋯⋯⋯⋯⋯⋯⋯⋯⋯⋯⋯⋯⋯⋯⋯⋯ 458

CHAPTER 6　メッセージ認証コード

6.1　メッセージ認証コードの概要 ⋯⋯⋯⋯⋯⋯⋯⋯⋯⋯⋯⋯⋯⋯ 460
6.1.1　メッセージ認証の必要性 ⋯⋯⋯⋯⋯⋯⋯⋯⋯⋯⋯⋯ 460
6.1.2　メッセージ認証コードの仕組み ⋯⋯⋯⋯⋯⋯⋯⋯⋯ 460
6.1.3　メッセージ認証コードの設計方針 ⋯⋯⋯⋯⋯⋯⋯⋯ 461
6.2　メッセージ認証コードの課題 ⋯⋯⋯⋯⋯⋯⋯⋯⋯⋯⋯⋯⋯⋯ 462
6.2.1　メッセージ認証コードにできないこと ⋯⋯⋯⋯⋯⋯ 462
6.2.2　再送攻撃 ⋯⋯⋯⋯⋯⋯⋯⋯⋯⋯⋯⋯⋯⋯⋯⋯⋯⋯⋯ 463
6.3　メッセージ認証コードの安全性 ⋯⋯⋯⋯⋯⋯⋯⋯⋯⋯⋯⋯⋯ 464
6.3.1　メッセージ認証コードにおける安全性とは ⋯⋯⋯⋯ 464
6.3.2　選択メッセージ攻撃に対する偽造不可能性 ⋯⋯⋯⋯ 464
6.3.3　疑似ランダム関数との識別不可能性 ⋯⋯⋯⋯⋯⋯⋯ 465
6.4　CBC-MAC ⋯⋯⋯⋯⋯⋯⋯⋯⋯⋯⋯⋯⋯⋯⋯⋯⋯⋯⋯⋯⋯⋯ 471
6.4.1　CBC-MACとは ⋯⋯⋯⋯⋯⋯⋯⋯⋯⋯⋯⋯⋯⋯⋯ 471
6.4.2　CBC-MACの仕組み ⋯⋯⋯⋯⋯⋯⋯⋯⋯⋯⋯⋯⋯ 471
6.4.3　CBC-MACの死角を探る ⋯⋯⋯⋯⋯⋯⋯⋯⋯⋯⋯ 473
6.5　EMAC ⋯⋯⋯⋯⋯⋯⋯⋯⋯⋯⋯⋯⋯⋯⋯⋯⋯⋯⋯⋯⋯⋯⋯ 477
6.5.1　EMACとは ⋯⋯⋯⋯⋯⋯⋯⋯⋯⋯⋯⋯⋯⋯⋯⋯⋯ 477
6.5.2　EMACの仕組み ⋯⋯⋯⋯⋯⋯⋯⋯⋯⋯⋯⋯⋯⋯⋯ 477
6.5.3　EMACの死角を探る ⋯⋯⋯⋯⋯⋯⋯⋯⋯⋯⋯⋯⋯ 478

6.6	CMAC	479
6.6.1	CMACとは	479
6.6.2	CMACの仕組み	480
6.6.3	CMACの死角を探る	481
6.7	HMAC	484
6.7.1	HMACとは	484
6.7.2	HMACの仕組み	484
6.7.3	HMACの死角を探る	486
6.8	認証暗号	490
6.8.1	認証暗号とは	490
6.8.2	暗号化-and-MAC	491
6.8.3	暗号化-then-MAC	491
6.8.4	MAC-then-暗号化	492
6.8.5	認証付暗号化モード	493

CHAPTER 7 デジタル署名

7.1	デジタル署名の概要	496
7.1.1	デジタル署名とは	496
7.2	デジタル署名の定義	497
7.2.1	デジタル署名の構成	497
7.2.2	デジタル署名の仕組み	498
7.2.3	デジタル署名の性質	499
7.3	デジタル署名と公開鍵暗号の関係	501
7.3.1	デジタル署名と危殆化	501
7.3.2	公開鍵暗号からデジタル署名を作れるか	502
7.4	デジタル署名の安全性	506
7.4.1	安全なデジタル署名とは	506
7.4.2	デジタル署名の攻撃の種類	506
7.4.3	デジタル署名の偽造の種類	511
7.4.4	デジタル署名の安全性レベル	512
7.5	デジタル署名に対する攻撃	515
7.5.1	検証鍵の正当性と構成部品の安全性	515
7.5.2	中間者攻撃	515
7.5.3	ハッシュ関数を用いたデジタル署名に対する攻撃	516
7.6	RSA署名	517
7.6.1	RSA署名とは	517
7.6.2	RSA署名の定義	517
7.6.3	RSA暗号とRSA署名のアルゴリズムの比較	519
7.6.4	RSA署名の計算で遊ぶ	519
7.6.5	RSA署名の死角を探る	520
7.6.6	RSA署名の改良	523
7.7	RSA-FDH署名	526
7.7.1	RSA-FDH署名とは	526

7.7.2	RSA-FDH署名の定義	526
7.7.3	RSA-FDH署名の計算で遊ぶ	528
7.7.4	RSA-FDH署名の死角を探る	528

7.8 ElGamal署名 535

7.8.1	ElGamal署名とは	535
7.8.2	ElGamal署名の定義	535
7.8.3	ElGamal署名の計算で遊ぶ	537
7.8.4	ElGamal署名の死角を探る	538
7.8.5	ElGamal署名の一般化	547

7.9 Schnorr署名 548

7.9.1	Schnorr署名とは	548
7.9.2	Schnorr署名の定義	548
7.9.3	Schnorr署名の計算で遊ぶ	550
7.9.4	Schnorr署名の死角を探る	551

7.10 DSA署名 554

7.10.1	DSA署名とは	554
7.10.2	DSA署名の定義	554
7.10.3	DSA署名の計算で遊ぶ	558
7.10.4	DSA署名の死角を探る	558

7.11 その他の署名 560

7.11.1	メッセージ復元型署名	560
7.11.2	使い捨て鍵署名	561
7.11.3	否認不可署名	561
7.11.4	故障停止署名	562
7.11.5	ブラインド署名	562
7.11.6	グループ署名	563
7.11.7	リング署名	563
7.11.8	検証者指定署名	563
7.11.9	代理署名	564
7.11.10	フォワード安全署名	564

CHAPTER 8 鍵と乱数

8.1 鍵の配送 566

8.1.1	鍵を安全に配送する	566
8.1.2	事前に鍵を直接渡す	566
8.1.3	鍵配送センタの力を借りる	567
8.1.4	共通鍵暗号による鍵共有	569
8.1.5	公開鍵暗号による鍵共有	569
8.1.6	Diffie-Hellmanの鍵共有	570
8.1.7	Station-to-Stationプロトコルの鍵共有	575
8.1.8	楕円曲線上のDiffie-Hellmanの鍵共有	577
8.1.9	ハイブリッド暗号	579

8.2 鍵管理 581
8.2.1 鍵管理の重要性 581
8.2.2 鍵生成 581
8.2.3 鍵の保存 585
8.2.4 鍵の寿命 586
8.2.5 鍵の廃棄 587
8.3 PKI（公開鍵基盤） 588
8.3.1 公開鍵の正当性 588
8.3.2 フィンガープリントによる公開鍵の正当性確認 588
8.3.3 信頼の輪モデルによる公開鍵の正当性確認 589
8.3.4 認証局モデルによる公開鍵の正当性確認 592
8.3.5 認証局 594
8.4 リポジトリ 597
8.4.1 リポジトリとは 597
8.5 電子証明書 598
8.5.1 電子証明書とは 598
8.5.2 証明書のフォーマット 598
8.5.3 証明書の種類 600
8.5.4 証明書の信頼性 602
8.5.5 証明書に対する攻撃 603
8.6 乱数 607
8.6.1 ランダム 607
8.6.2 乱数と乱数系列 607
8.6.3 乱数の周期 608
8.6.4 乱数の性質 608
8.6.5 疑似乱数と真性乱数 609
8.7 疑似乱数生成器 612
8.7.1 疑似乱数生成器とは 612
8.7.2 疑似乱数生成器の原理 612
8.7.3 線形合同法 614
8.7.4 線形漸化式 616
8.7.5 カーネル内臓の乱数生成器 620
8.7.6 ハードウェア乱数生成器を体験する 623
8.7.7 計算量的に安全な疑似乱数生成器 628

CHAPTER 9　その他の暗号トピック

9.1 ゼロ知識証明プロトコル 634
9.1.1 証明プロトコルとは 634
9.1.2 ゼロ知識証明プロトコルとは 635
9.1.3 ゼロ知識証明プロトコルの性質 635
9.1.4 離散対数問題の困難性にもとづくゼロ知識証明プロトコル 636
9.1.5 Schnorrの証明プロトコル 643
9.1.6 対話証明から非対話証明への変換 648

| 9.1.7 | 非対話証明からデジタル署名への変換 | 650 |

9.2 秘密分散共有法 652

9.2.1	秘密分散共有法とは	652
9.2.2	秘密分散共有法の定義	652
9.2.3	満場一致法を採用した秘密分散共有法	653
9.2.4	(k, n)しきい値法	653

9.3 電子透かし 662

9.3.1	電子透かしとは	662
9.3.2	人が識別できない情報を埋め込む理由	662
9.3.3	電子透かしの仕組み	662
9.3.4	電子透かしの実現	663
9.3.5	電子透かしの要件	664
9.3.6	電子透かしの種類	665
9.3.7	電子透かしで実現できる技術	667
9.3.8	秘密通信	667

9.4 SSL 670

| 9.4.1 | SSLとは | 670 |
| 9.4.2 | SSL通信の仕組み | 670 |

9.5 OpenSSL 679

9.5.1	OpenSSLとは	679
9.5.2	OpenSSLで共通鍵暗号を体験する	679
9.5.3	OpenSSLで公開鍵暗号を体験する	680
9.5.4	OpenSSLでデジタル署名を体験する	685

9.6 ビットコイン 687

9.6.1	ビットコインと暗号	687
9.6.2	ビットコインの単位と価値	687
9.6.3	P2Pネットワーク	689
9.6.4	ウォレット	689
9.6.5	ビットコインアドレス	690
9.6.6	ブロックチェーン	692
9.6.7	マイニング	696

巻末付録　補足資料 699

参考文献 702
索引 704

ダウンロード特典について

暗号技術をもっと知りたい方に
追加ページをプレゼント！

　本書をお買い上げいただいた方に、ページ数の都合で泣く泣くカットした内容をまとめたPDFファイル（A5サイズ、約60ページ）をプレゼントします。内容は以下のとおりです。

- **エニグマ暗号**
  古典暗号の最終進化形ともいえる、エニグマ暗号について詳細に解説。エニグマアプリやペーパーエニグマを体験する項目も用意しています。

- **じゃんけんプロトコル**
  じゃんけんによる勝敗決めは、非常に公平な仕組みです。そのじゃんけんをネットワーク上で表現できるか、暗号技術を用いながら検証します。

- **量子暗号**
  量子コンピュータの開発が進むと、現在主流の公開鍵暗号が破られるといわれています。ここでは、量子の特性を利用したコンピュータと暗号の仕組みを解説します。

- **S/MIME**
  S/MIMEはメールを暗号化する技術です。メールには、盗聴・改ざん、送受信者のなりすまし、送信の否認などの脅威があります。

　希望される方は、以下のURLにアクセスして、画面に従って必要項目を入力してください。ご応募いただいた方全員に、上記特典を差し上げます。

『暗号技術のすべて』キャンペーンサイト

http://www.shoeisha.co.jp/book/campaign/ango

CHAPTER

1

セキュリティと暗号技術

1.1 情報セキュリティの構成要素

1.1.1 情報セキュリティの6要素

　情報セキュリティが取り扱う範囲は非常に幅広いため、ここではガイドラインを参考にして、その構成要素を整理していきます（表1.1）。

　OECD（経済協力開発機構）の情報セキュリティガイドライン（以降、OECDガイドラインと略す）では、情報セキュリティの構成要素として「機密性」「完全性」「可用性」の3要素を挙げています[*1]。頭文字を取り、情報セキュリティのCIAとも呼ばれます。

　また、国際規格であるISO/IEC TR13335では、CIAの3要素に「責任追跡性」「真正性」「信頼性」を加えて、情報セキュリティの6要素を挙げています[*2]。

　安全性を実現するには、これらの要素を情報の特性に応じて、適切なレベルで維持しなければなりません。

表1.1 情報セキュリティの構成要素

要素	OECDガイドライン	ISO/IEC TR13335
機密性（Confidentiality）	○	○
完全性（Integrity）	○	○
可用性（Availability）	○	○
責任追跡性（Accountability）	—	○
真正性（Authenticity）	—	○
信頼性（Reliability）	—	○

[*1]: "OECD Guidelines for the Security of Information Systems and Networks: Towards a Culture of Security"
http://www.oecd.org/sti/ieconomy/15582260.pdf

[*2]: "Guidelines for the management of IT Security(GMITS)"
https://www.iso.org

❯ 機密性

　機密性とは、意図した相手以外に情報が漏れないということです。機密性を脅かすリスクとして、盗聴*3や内部からの情報漏えいなどが挙げられます。

❯ 完全性

　完全性とは、情報が正確であるということです。完全性を脅かすリスクとして、改ざん、ノイズなどによるビットの反転・欠落などが挙げられます。

❯ 可用性

　可用性とは、許可された人が必要な時点で情報を使用できることです。可用性を脅かすリスクとして、過負荷、災害、意図しないロック状態などが挙げられます。

❯ 責任追跡性

　責任追跡性とは、ユーザーの行動や責任を説明できることです。責任追跡性を脅かすリスクとして、ログの改ざん、否認などが挙げられます。

❯ 真正性

　真正性とは、ユーザーやシステムによる振る舞いが明確であることです。真正性を脅かすリスクとして、なりすましなどが挙げられます。

❯ 信頼性

　信頼性とは、システムやプロセスが矛盾なく動作したり、一貫して動作したりすることです。

---

*3：情報セキュリティでいう盗聴とは、データを盗み見たり、データを抜き取ったりすることを指します。

1.1.2 6要素と暗号技術の関係

6要素の対策の例を挙げると、 表1.2 のようになります。そのうちの半分近くは、本書の解説対象である暗号技術が関係します。

表1.2 6要素の対策と本書の対象

要素	対策の例	本書の対象
機密性	暗号	○
完全性	誤り訂正符号	
	ハッシュ関数	○
	メッセージ認証コード	○
	デジタル署名	○
可用性	システムの多重化	
	クラウド化	
	負荷分散	
責任追跡性	ログの記録	
	デジタル署名（否認防止）	○
真正性	認証	○
	デジタル署名（なりすまし防止）	○
信頼性	システムの多重化	
	負荷の監視	

1.2 セキュリティを実現する暗号技術

1.2.1 暗号の基礎技術

暗号技術の中でも基礎となる技術は次のとおりです。

- 暗号
- 鍵配送
- ハッシュ関数
- メッセージ認証コード
- デジタル署名
- 疑似乱数生成器

▶暗号

　暗号とは、正当な送信者と受信者以外には内容を秘匿する技術です。送信者は、意味が読み取れる文章（平文という）に対して、何らかの操作をして簡単に意味が読み取れない文章（暗号文という）を作ります。この操作を暗号化といいます。受信者は暗号文を受け取ると元の文章に戻します。これを復号[*4]といいます（ 図1.1 ）。送信者と受信者以外の第三者は、暗号文を手に入れても平文に戻せないので、元の文章の内容を読み取れません。

　本書で「暗号」といった場合は、このような仕組み（暗号化・復号するシステム）を指します。「暗号技術」といった場合には、暗号理論を用いた仕組みの全般を指します。

　暗号については、第2章〜第4章で解説します。

[*4]：「復号化」と表現する文献もありますが、本書では「復号」で統一します。「暗号化する」「復号する」という日本語は正しいですが、「復号化する」という日本語は不自然であるためです。

図1.1 暗号化と復号の仕組み

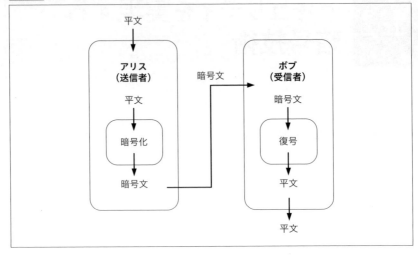

▶ 鍵配送

　鍵配送とは、暗号化や復号に使う「鍵」を安全に配送・共有するための技術です（ **図1.2** ）。暗号では鍵が必須になります。特に、共通鍵暗号の場合は、送受信者間で秘密の鍵を共有しなければなりません。鍵配送によって、これを解決できます。鍵配送については、第8章で詳しく解説します[1]。

図1.2 鍵配送の仕組み

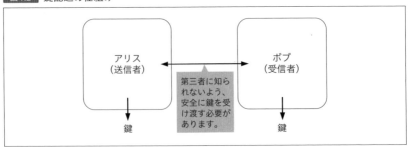

●1：8.1 鍵の配送 p.566

▶ ハッシュ関数

インターネットでデータをやり取りする際は、途中でデータが改ざんされたり、本来の通信相手ではない人がなりすましたりする可能性があります。その対策として、認証の技術が用いられます。

認証には、データ認証やユーザー認証などがあります。データ認証はデータが正しいことを検証できる仕組みで、ユーザー認証はユーザーが正規の権限を持つことを検証できる仕組みです。データ認証により改ざんを防止でき、ユーザー認証でなりすましを防止できます。

ハッシュ関数は、あたかもランダムであるような値（ハッシュ値という）を出力する特殊な関数です（図1.3）。これをうまく利用することで、データが改ざんされていないことを確認できます。ハッシュ関数については、第5章で詳しく解説します[2]。

図1.3　ハッシュ関数の仕組み

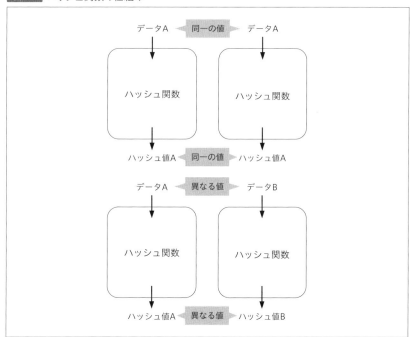

●2：5.1 ハッシュ関数の概要 p.420

▶ メッセージ認証コード

　メッセージ認証コードとは、送られてきたデータが改ざんされていないことを検証できる技術です（ 図1.4 ）。さらに、期待した通信相手から送信されてきたことも確かめられます。つまり、データ認証と、ある種のユーザー認証も備えているということです。メッセージ認証コードについては、第6章で詳しく解説します[3]。

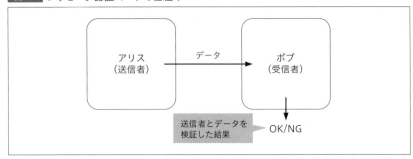

図1.4　メッセージ認証コードの仕組み

▶ デジタル署名

　デジタル署名とは、契約書のサインのデジタル版で、ユーザー認証とデータ認証を同時に実現できます（ 図1.5 ）。正規の署名は、署名者しか作れません。そのため、メッセージの改ざんを防止できます。さらに、その署名の作成者は、署名者当人しかいないことも保証できます。つまり、後になってから署名者が署名を付けた契約を否認できません。デジタル署名については、第7章で詳しく解説します[4]。

●**3**：6.1 メッセージ認証コードの概要 p.460
●**4**：7.1 デジタル署名の概要 p.496
●**5**：8.7 疑似乱数生成器 p.612

図1.5 デジタル署名の仕組み

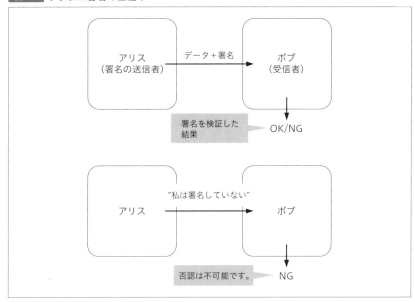

疑似乱数生成器

　疑似乱数生成器とは、真の乱数から長い疑似的な乱数を生成するための技術です（図1.6）。暗号技術では、乱数を使う場面がたびたび登場します。しかしながら、そういった場面で常に真の乱数を使えるとは限りません。そこで疑似乱数生成器の力を借ります。疑似乱数生成器については、第8章で詳しく解説します[5]。

図1.6 疑似乱数生成器の仕組み

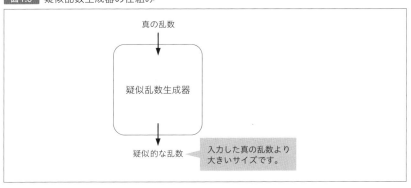

1.3 暗号技術のアルゴリズムを意識する

1.3.1 アルゴリズムを分けて考える

　アルゴリズム（algorithm）とは、ある値（または値の集合）を入力とし、ある値（または値の集合）を出力する、明確に定義された手続きのことです。

　身近な話に例えると、自動販売機にお金を投入してボタンを押せば、飲み物が入ったペットボトルが出てきます。このとき、投入したお金と選択した飲み物の種類を入力、出てきたペットボトルを出力と考えると、自動販売機は一種のアルゴリズムと見なせます。

　アルゴリズムは、入出力とアルゴリズムの内部処理を分けて考えることが大切です。上記の例でいえば、自動販売機の内部の動作まで知っていなくても、飲み物を入手できます。飲み物を得るためには、適切な操作さえできればよいのです。自動販売機を用いて別のサービスを実現しようとするときでさえ、内部の動作を意識する必要はありません[*5]。

　日常において、同様に内部動作をブラックボックスとしてとらえる場面は多々あります。電波や液晶の仕組みを知らなくても、リモコンの操作でTV番組を観られます。また、OSやブラウザの仕組みを知らなくても、パソコンを使ってWebサイトを閲覧できます。

　このようなアプローチが暗号理論でも有効であることを以降で説明します。

1.3.2 暗号技術をアルゴリズムとしてとらえる理由

　一般に暗号と聞くと、どのようなイメージをするでしょうか。「複雑で難しそう」「手順が多くてわからない」「覚えることが多すぎる」といった意見があるかもしれません。確かに暗号技術を実現するには、複雑な処理や数学的な処理が行われます。そういった部分は数学の知識がなければ難しいといえます。しかし、それはアルゴリズムの内部の動作の話です。

[*5] 自動販売機を作成したり、改良したりするのであれば、内部の動作を理解する必要があります。

最初は、アルゴリズムの入出力だけに注目することが重要です。そして、アルゴリズム同士の関係性に注目します。ここまでであれば、覚えることはほとんどなく、それほど難しくありません。

　入出力や相互関係について十分に理解したうえで、アルゴリズムの内部の動作について注目します。どうしても理解ができなければ、そこはブラックボックスとして読み進めて問題ありません。よって、アルゴリズムということを「意識する」だけで、段階的に学習でき、理解できないところは保留して次のステップに進むことができます。

　このようにそれぞれの暗号技術をアルゴリズムの観点で考えると、非常に見通しがよくなるだけでなく、その中で共通する箇所に気付きやすくなります。その結果、新たな発見につながったり、本質をとらえやすくなったりします。

1.3.3　本書におけるアルゴリズムの表現

▶ アルゴリズムの概念図

　先ほどの「アルゴリズムを意識する」というのは、「入出力と内部の動作を明確に区別する」ということです。つまり、アルゴリズムを図で表現すると、 図1.7 のようになります。

図1.7　アルゴリズムの概念図

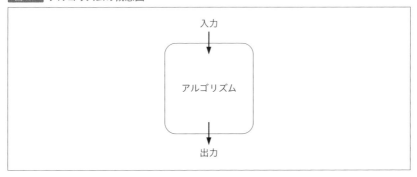

　本書では、アルゴリズムを角が丸い矩形（くけい）で表現します。アルゴリズムに入る方向の矢印が入力、アルゴリズムから出る方向の矢印が出力です。この3つの要素だけで、アルゴリズムの存在と、その入出力を表現できます。この時点では、アルゴリズムが具体的にどのような処理をするのかを意識する必要はありません。つまり、アルゴリズムの内側をブラックボックスのまま扱っていることになります。アルゴリズムの具体的な動きを考察する時点で初めて、その内

側を記述するようにします。

　アルゴリズムから出ている矢印が別のアルゴリズムに入っていれば、データを出力してから、さらに別のアルゴリズムに入力されていることを表します。つまり、データの受け渡しを意味しています。

〉十数個のアルゴリズムで暗号の基礎はすべて網羅できる

　本書を全体的にめくってもらうとわかりますが、アルゴリズムの図がたくさん登場します。1.2節で、暗号技術には基本的な6つの技術が存在することを紹介しました[6]。それぞれは数種類のアルゴリズムだけで構成されています。

　つまり、全体として十数個ほどのアルゴリズムを把握すれば、暗号技術の全体の基礎を把握できるということになります。以上のことから、暗号を学ぶというモチベーションが上がるのではないでしょうか。

●6：1.2 セキュリティを実現する暗号技術 p.021

CHAPTER

2

古典暗号

2.1 古典暗号の概要

2.1.1 古典暗号とは

　古典暗号と現代暗号を区別する明確な定義はありませんが、本書ではコンピュータの登場以前の暗号を古典暗号、それ以降の暗号（コンピュータで使うことが前提の暗号）を現代暗号と呼ぶことにします[*1]。古典暗号の特徴として、鍵の総数が少なかったり、アルゴリズムが単純だったりします。一部の古典暗号はアルゴリズムがわかってしまうと、容易に鍵が解読されてしまいます。そのため、一般にアルゴリズムは非公開にして使用します。

　コンピュータを使用すると古典暗号はたちどころに解読される場合が多いため、現在では古典暗号を使用する場面は少ないといえます。しかしながら、暗号の歴史において、古典暗号は現代暗号の基礎となっています。例えば、共通鍵暗号では古典暗号の基本的アイデアが部分的に採用されています。

　そこで、本章では、主要な古典暗号とその解読手法を紹介します。

2.1.2 古典暗号の平文空間

▶ 平文空間と暗号文空間

　平文空間とは、平文として使用される文字の集まりのことです。また、暗号文空間とは、暗号文として使用される文字の集まりのことです（図2.1）。

　古典暗号では、読める文章（例：英文など）をそのまま平文として扱うことが大半です。暗号文空間は、平文空間と同じ場合もありますが、そうでない場合もあります。例えば、英文を暗号化して、内容がわからないアルファベットの集まりになっていれば、平文空間と暗号文空間は同じということになります（同じ文字を使っているということ）。一方、英文を暗号化して、まったく別の絵文字（あるいは記号）になっていれば、平文空間と暗号文空間は異なりま

[*1] アルゴリズムを非公開にして使用する暗号を古典暗号、アルゴリズムを公開して使用する暗号を現代暗号と定義する場合もあります。

図2.1 平文空間と暗号文空間

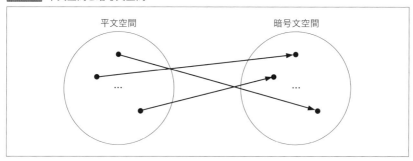

す[*2]。暗号文に絵文字を使う理由としては、暗号文であることを秘密にしたい場合などが挙げられます。

　現代暗号では、文字を符号化して得られた数字（符号）を用います。数字の符号はコンピュータで扱いやすく、現代暗号のアルゴリズムで扱うにも都合がよいからです。文字だけでなく記号（空白や句読点などを含む）も符号化の対象とすることで、あらゆる文章を自然な形で扱えることになります。符号化する前の文字と符号化した後の文字は、1対1に対応します。つまり、平文空間と暗号化空間は符号の集まりになります（ 図2.2 ）。

図2.2 現代暗号の平文空間と暗号文空間の対応

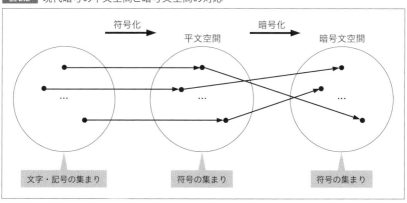

[*2]：小説の中の暗号では、暗号文空間として記号や絵文字の集まりが採用される傾向があります。ポーの小説『黄金虫』では記号と数字、ドイルの小説『踊る人形』では絵文字、乱歩の小説『二銭銅貨』では特定文字（「南無阿弥陀仏」＋句点）が使われています。

▶ アルファベットを暗号化する場合

英文の平文はアルファベットで構成され、単語の分割記号として空白が使われています。この空白を残したまま暗号化[*3]すると、復号した結果に誤りが少なくなりますが、解読されやすくなってしまいます。空白が存在すると、暗号化する前の元の単語はわかりませんが、単語の文字数がわかります。1文字の単語があれば、冠詞の 'a' あるいは人称代名詞の 'I' と推測できます。

また、"QPEDAB"、"XPZAB"、"JIEDODAB" のように、末尾の共通する語句が暗号の中に複数存在したとします。この例でいえば、末尾の "AB" は過去形を示す "ed" の可能性が非常に高いといえます。さらに "AB" が付いた語句は動詞ということも推測できてしまいます。

こうした問題を解決するアプローチとしては、次のようなものが挙げられます。

①単純に空白を取り除く。
②使用頻度の低い文字に置き換える。

①の場合、復号しても単語の間の空白がないため、文意の誤解が生じやすいという問題があります。例えば、"now here"（今ここにいる）と "nowhere"（どこにもいない）は、空白を入れるかどうかによって意味がまったく変わってきます。これは空白だけではなく、カンマやピリオドの位置がわからない場合でも同様の問題が生じます。本書では、明示しない限り基本的には①のアプローチを採用します。つまり、平文から空白を取り除いてから暗号化します。

②は、英語であれば 'z'、フランス語であれば 'w' などのほとんど使用されない文字を空白として扱うという方法です。ただし、'z' や 'w' を使用する単語では、意味が通じる範囲内で別の文字（あるいは文字列）に置き換えます。例えば、"zero" → "xero"、"waveform du santooth"（ノコギリ波形）→ "uuaveformwduwsantooth" のようにします。

古典暗号の解説では、伝統的に平文を小文字、暗号文を大文字で表現することがあります。例えば、"book" を後述するシーザー暗号[●1]で暗号化すると "eqqn" になりますが、これを "EQQN" と表現します。こうしたルールを適用すると、平文なのか暗号文なのかを識別しやすくなります。さらに、暗号解読の過程で、1つの文字列で解読前の文字と解読後の文字を混在させることができます。先ほどの例でいえば、1文字ずつ平文に戻していく過程を次のように書けます。

[*3]：平文空間と暗号文空間に空白を含めて、空白を暗号化しても空白になるように対応付けた場合に該当します。

●1：2.2 シーザー暗号 p.034

"EQQN" → "bQQN" → "booN" → "book"

▶ 日本語を暗号化する場合

日本語を暗号化する場合には、次に示す方法が挙げられます。

①平文に漢字が含まれたまま暗号化する。
②かな文字に変換してから暗号化する。
③日本語をローマ字にして、英字に対して暗号化する。
④日本語を符号化して、符号を暗号化する。

①平文に漢字が含まれたまま暗号化する

①の場合は、漢字の存在が解読の大きな手がかりになる場合があります。また、適用できる暗号はあまり多くありません。例えば、転置式暗号[2]はそのまま使用できますが、単一換字式暗号[3]を使用するためには工夫が必要です。こうした問題があるため、あまり採用されません。

②かな文字に変換してから暗号化する

②の場合は、濁音（例：「だ」）、半濁音（例：「ぱ」）、小書き文字（例：「っ」）が平文空間に存在すると、解読の手がかりになることがあります。そのため、濁音や半濁音は清音に置き換えたり、小書き文字は普通の文字に置き換えたりしてから暗号化することがあります。

③日本語をローマ字にして、英字に対して暗号化する

③は、平文空間がアルファベットである暗号をそのまま使用できるというメリットがあります。

④日本語を符号化して、符号を暗号化する

④は、現代暗号を用いる場合に向く方法です。現代暗号ではあらゆる文字（記号なども含む）を符号に置き換えてから、暗号化します。英数字とわずかな記号だけであれば、ASCIIコード[4]という符号化で問題ありません。しかし、日本語で扱う文字は大量であるためASCIIコードではカバーできず、JISコード、ShiftJISコード、EUC-JP、Unicodeといった符号化を用います。

---

[2] : 2.5 転置式暗号 p.050
[3] : 2.6 単一換字式暗号 p.054
[4] : 3.4.3 共通鍵暗号の平文空間と暗号文空間（ASCII）p.089

2.2 シーザー暗号

安全性★☆☆☆☆　効率性★★★★★　実装の容易さ★★★★★

ポイント
- 古典暗号における基本的な暗号の1つです。
- シーザー暗号は、後述する単一換字式暗号の一種です。
- シーザー暗号を改良することで、様々な暗号を設計できます。

2.2.1 シーザー暗号とは

　シーザー暗号とは、ジュリアス・シーザー（Julius Caesar：ユリウス・カエサル）が考案した暗号です。ガリア戦争のときにシーザー暗号を用いることで、敵に知られることなく、味方と通信していました。[5]

　シーザー暗号では、アルファベットのそれぞれの文字を3文字ずらします。アルファベットの最後の3文字は、先頭に循環させます（ 表2.1 ）。

表2.1　シーザー暗号（ROT3[*4]）

平文	a	b	c	d	e	f	g	h	i	j	k	l	m	n	o	p	q	r	s	t	u	v	w	x	y	z
暗号文	D	E	F	G	H	I	J	K	L	M	N	O	P	Q	R	S	T	U	V	W	X	Y	Z	A	B	C

2.2.2 シーザー暗号のアルゴリズム

　シーザー暗号をアルゴリズムの面で考えると、次の3つのアルゴリズムで構成されています（ 図2.3 ）。KeyGenは鍵生成アルゴリズム、Encは暗号化アルゴリズム、Decは復号アルゴリズムを意味します。

　鍵生成アルゴリズムは鍵を、暗号化アルゴリズムは暗号文を生成します。復号アルゴリズムは暗号文を復号します。ここでいう鍵とは、暗号化アルゴリズムや復号アルゴリズムの動作を制御するためのデータのことです（詳しくはp.085のコラムを参照）。

[*4]：ROTの意味については後述。

[5]：9.3.8 秘密通信 p.667

図2.3 シーザー暗号のアルゴリズム

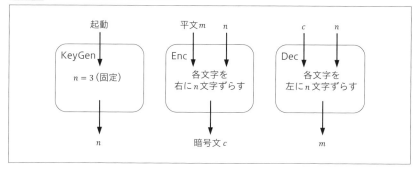

　ずらす文字数は固定なので、鍵生成アルゴリズムは存在しないと考えることもできます。本書では見通しをよくするため、鍵生成アルゴリズム、暗号化アルゴリズム、復号アルゴリズムからすべての暗号は構成されると一貫させます。

　シーザー暗号において、鍵生成アルゴリズムは、起動するとずらす文字数 $n=3$（固定）を出力します。暗号化アルゴリズムは平文の各文字に対して右に n 文字ずらし、復号アルゴリズムは暗号文の各文字に対して左に n 文字ずらします。

> **Column　UNIXでシーザー暗号を試す**
>
> 　シーザー暗号を解読するためのcaesarコマンドを標準装備するUNIXシステムが存在します。caesarコマンドがない場合は、次のようにtrコマンドを利用して、シーザー暗号の暗号化と復号を実現できます。
>
> ```
> $ echo AKADEMEIA | tr A-Z D-ZA-C　←"AKADEMEIA"を暗号化する。
> DNDGHPHLD　←暗号化の結果
> $ echo DNDGHPHLD | tr D-ZA-C A-Z　←"DNDGHPHLD"を復号する。
> AKADEMEIA　←復号の結果
> ```

2.2.3　シーザー暗号の改良

　シーザー暗号を基本的な仕組みとして、色々な改良が行われました。

ずらす値を変更する

シフト暗号

改良の一例として、ずらす値を3に固定するのではなく、任意の数とする方法があります。このような暗号をシフト暗号と呼びます。ずらす値は鍵に相当するため、送受信者以外には秘密にします。

例えば、シフト1（ROT1）で暗号化すると、各アルファベットは 表2.2 のようになります。

表2.2 ROT1

平文の文字	a	b	c	d	e	f	g	h	i	j	k	l	m	n	o	p	q	r	s	t	u	v	w	x	y	z
暗号文の文字	B	C	D	E	F	G	H	I	J	K	L	M	N	O	P	Q	R	S	T	U	V	W	X	Y	Z	A

シフト暗号のアルゴリズム

シフト暗号は循環しているように見えるので、ROT[*5]と表記することもあります。n文字シフトした場合は、ROTnと表現します。この例では1文字シフトしたので、ROT1になります。

復号する場合は、1文字分を左にシフトするか、25文字（＝26－1）分を右にシフトします。後者のようにずらす数を調節すれば、暗号化アルゴリズムと復号アルゴリズムはどちらも右シフトする動作になります。つまり、復号アルゴリズムは暗号化アルゴリズムで兼ねることができます。

一般形のシフト暗号ROTnのアルゴリズムは 図2.4 のとおりです。

図2.4 シフト暗号（ROTn）

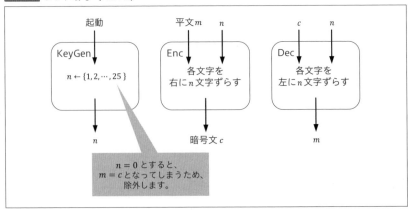

[*5]：Rotate：回転させるの意。ベクトル解析ではrot＝回転。

復号では、左にn文字ずらします。これは右に$26-n$文字ずらすことと同等です。つまり、ずらす文字として$26-n$を入力すれば、復号において復号アルゴリズムの代わりに、暗号化アルゴリズムを使用できます。

演習：

　シフト暗号の暗号文 "YNRJKQNJXQNPJFSFWWTB" を解読してください。

解答：

　暗号文の文字数を数えると20文字です。20文字の英単語は存在しないため、空白が削除されて暗号化されたものと推測できます。

　ここでは、シフト暗号が使われているというヒントが与えられています。英語のアルファベットは26文字あるので、鍵は25パターンしかありません（26文字ずらした場合は、平文と暗号文が一致してしまうため除外）。鍵を総当たりで当てはめて、復号してみます（表2.3）。

表2.3　鍵の総当たり攻撃

n 左シフト	$26-n$ 右シフト	復号結果	n 左シフト	$26-n$ 右シフト	復号結果
0	26	kzdvwczvjczbvreriifn	13	13	xmqijpmiwpmoierevvsa
1	25	jycuvbyuibyauqdqhhem	14	12	wlphiolhvolnhdqduurz
2	24	ixbtuaxthaxztpcpggdl	15	11	vkoghnkgunkmgcpcttqy
3	23	hwastzwsgzwysoboffck	16	10	ujnfgmjftmjlfbobsspx
4	22	gvzrsyvrfyvxrnaneebj	17	9	timeflieslikeanarrow
5	21	fuyqrxuqexuwqmzmddai	18	8	shldekhdrkhjdzmzqqnv
6	20	etxpqwtpdwtvplylcczh	19	7	rgkcdjgcqjgicylyppmu
7	19	dswopvsocvsuokxkbbyg	20	6	qfjbcifbpifhbxkxoolt
8	18	crvnournburtnjwjaaxf	21	5	peiabheaohegawjwnnks
9	17	bqumntqmatqsmivizzwe	22	4	odhzagdzngdfzvivmmjr
10	16	aptlmsplzsprlhuhyyvd	23	3	ncgyzfcymfceyuhulliq
11	15	zosklrokyroqkgtgxxuc	24	2	mbfxyebxlebdxtgtkkhp
12	14	ynrjkqnjxqnpjfsfwwtb	25	1	laewxdawkdacwsfsjjgo

　表の復号結果から、英単語が含まれている文を探します。手動で正しい平文を探すには、次に紹介する3つのアプローチが有効です。1つ目のアプローチは、"the" のような英文によく登場する文を探すことです。2つ目は、"kzdv" のように子音が連続しており、英単語として存在しない文字を含む文を除外することです。ただし、空白文字や記号（カンマなど）が削除されていることを考慮しなければなりません。例えば、"good bye" から空白文字を削除すると "goodbye" になります。つまり、"dby" という語が登場することはおかしく

ありません。3つ目は、'z' のように登場しにくい文字を探し、その前後を見て単語として成立しているかを確認します。

上記のアプローチを活用すると、"timeflieslikeanarrow"（$n = 17$）が残ります。適切な位置に空白を入れ、文頭を大文字にし、文末にピリオドをおくと、"Time flies like an arrow."（光陰矢の如し）となり、英文として成立します。よって、これが平文で、鍵は $n = 17$ とわかりました。

░ Column ROT1の文字遊び

ROT1は暗号の世界だけでなく、文字遊びとして利用されていることがあります。

例）
- 「HAL」（小説・映画『2001年宇宙の旅』に登場する宇宙船に搭載された人工知能）→「IBM」
- 「VMS」（旧DEC社のOS）→「WNT」（Windows NTの略）
- 「WinMX」（共有ソフトの一種）→「Winny」（MXを1文字ずらし）
- 「カヲル」（漫画『新世紀エヴァンゲリオン』の登場人物）→「終わり」（五十音順で前に1文字ずらし）

▶ 暗号円盤によって暗号化・復号を効率化する

暗号円盤（暗号ディスク）とは、大小の2枚の円盤から成り立ち、内側の円盤を回転させて、変換前と変換後の文字の対応を確定させる暗号装置です（ 図2.5 ）。例えば、3文字ずらしの位置に固定すると、シーザー暗号になります。

暗号化の場合は、内側の円盤を n 文字分だけ反時計回りに回転します（シフトする方向とは逆であることに注意）。このとき、外側が平文の文字、内側が暗号文の文字に対応します。シーザー暗号であれば、外側の文字が 'A' の位置のとき、直下にある内側の文字は 'D' になります。復号の場合は、内側の文字を基準にして、外側の文字を読み取ります。ただし、運用上は内側の円盤を n 文字分だけ時計回りに回転して、外側が暗号文の文字、内側が平文の文字に対応するようにしても問題ありません。

暗号円盤を用いることで、効率よく暗号化・復号でき、間違えにくくなります。また、暗号円盤は、全パターンの文字の対応表よりコンパクトなので、携帯・保管の面で優れています。

図2.5　暗号円盤のモデル

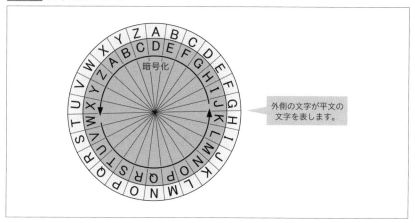

外側の文字が平文の文字を表します。

ずらす値を13にする

シフト13の暗号文を、再度シフト13で暗号化すると、アルファベットの対応は 表2.4 のように変化します。

表2.4　ROT13を2回実行

平文	a b c d e f g h i j k l m n o p q r s t u v w x y z
暗号文	N O P Q R S T U V W X Y Z A B C D E F G H I J K L M
2回目	A B C D E F G H I J K L M N O P Q R S T U V W X Y Z

つまり、ROT13を2回実行した結果、平文に戻ることになります。これにより、鍵は $n=13$ と固定されますが、暗号化アルゴリズムと復号アルゴリズムを共通化できます。このように暗号化と復号がうまくいったわけは、アルファベットの文字数は26であり、その半分の13でシフトしたためです。表を見るとわかるように、暗号化すると'A'〜'M'と'N'〜'Z'のところを入れ替えているだけに過ぎません。つまり、2回暗号化をすれば、前半と後半を2回入れ替えることになり、元に戻ります。

Column nkfによるROT13

nkfコマンドは、ネットワーク用漢字コード変換フィルターです。UNIX上で文字コードや改行コードを変換する場合によく使われます。

このnkfには、ROT13で変換するオプションが用意されています。次のように-rオプションを付与して実行することで、「cipher.txt」ファイルをROT13で変換して、「plain.txt」ファイルに出力できます。

```
$ cat plain.txt  ←平文の内容を確認する。
I love you.
$ nkf -r plain.txt > cipher.txt  ←暗号文を生成する。
$ cat cipher.txt  ←暗号文の内容を確認する。
V ybir lbh.
$ nkf -r cipher.txt  ←暗号文を復号する。
I love you.  ←plain.txtの内容と一致している。
```

2.3 コード

安全性★★☆☆☆　効率性★☆☆☆☆　実装の容易さ★★☆☆☆

ポイント
- コードは仲間うちでしか通用しない合言葉を拡張したものです。
- コードブックを作成するには膨大な時間がかかります。
- コードブックは丸暗記に向いていないため、配送・携帯・管理に問題が生じます[*6]。

2.3.1 コードとは

情報を秘密裏に伝達したり保存したりする際に、暗号化[*7]以外の技術を使う方法があります。特定の単語を置き換える言葉や記号を決めておき、それを使って暗号文を作ることをコード（code）といいます。その対応表のことをコードブック、置き換えた後の語句のことを符牒（コード語）といいます。符牒は仲間うちでしか通用しない合言葉のようなものです。

2.3.2 コードのアルゴリズム

コードブックは外国語の辞書のように、平文の語と符牒が並んでいます。コードブックは「平文の語が辞書式に並んだ対応表」と「符牒が辞書式に並んだ対応表」に分かれています。前者は暗号化、後者は復号で用います。こうした工夫は、参照性を高めることが目的です。コードをアルゴリズムで表現すると 図2.6 のようになります。

[*6]：例外的に、コードブックを暗記したコードトーカーの存在があります。
[*7]：ここでの暗号化とは、サイファを指します。サイファとは秘密を保つためにアルゴリズムにしたがって文字を置き換えることです。一般に単語単位で置き換えるコードとは区別されます。

図2.6 コードのアルゴリズム

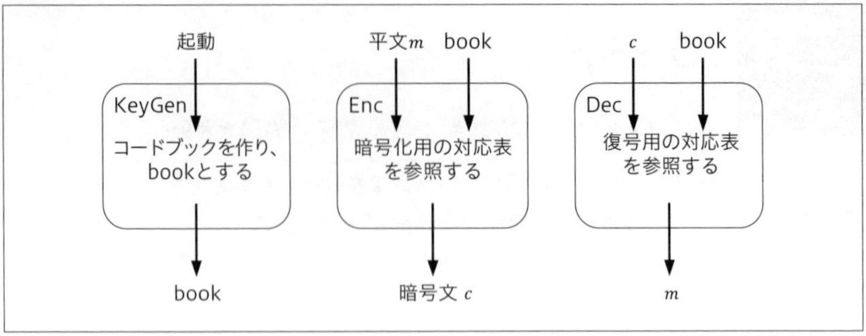

ここでは5つの語句用のコードを考えます。暗号化用の対応表は、平文の語が辞書式に並んでいます。対応する符牒は別の語であったり、数値であったりします。ここでは数値だった例を見てみます（ **表2.5** ）。

一方、平文用の対応表は、 **表2.6** のように符牒が辞書式に並んでいます。その理由は復号しやすいようにするためです。

表2.5 暗号化用の対応表

平文の語	符牒
attack	1000
battle	3000
begin	2200
bridge	1500
war	3500

表2.6 復号用の対応表

符牒	平文の語
1000	attack
1500	bridge
2200	begin
3000	battle
3500	war

安全性を考慮して、符牒が数字列であれば、「あらかじめ送受信者間で決めておいた数字を加算して送る」という方法もあります。符牒が語である場合には、一見して暗号文に見えないので、ステガノグラフィー[*8][●6]的な意味合いを持たせられます。

効率性を考慮して、よく使う決まり文句を短い符牒に割り当てるようにすれば、高速に伝えられます。しかし、コードブックに載っていない語に関しては、何らかのルールが必要です。

ところで、複雑な文の場合、コードを使って正確に暗号文を作るためには、膨大な量の平文と符牒が載っているコードブックを用意する必要があります。

[*8]：あるデータに秘密のデータを埋め込むこと。ここでは、普通の文（に見えるもの）に秘密のメッセージを紛れ込ませておくこと。

[●6]：9.3.8 秘密通信（ステガノグラフィー）p.667

重複せずに、1つの意味に解釈できる符牒を作るのは、大変な作業です。さらに、多大な労力をかけてコードブックを作ったとしても、それを敵に奪われてしまうと、すべて解読されてしまいます。そうなると、コードブックを一から作り直し、送受信者間で共有し直さなければなりません。

2.3.3 コードの解読

　通信文に一見ランダムな文字列があれば、暗号文だと推測できます。送受信者の所属する国家、発信地、送信方法などから、平文で使用されている言語の手がかりを得ます。収集した暗号文から、文字の頻度分析、頻出語句などを調べます。その結果、サイファ（暗号化）の特徴を示さないのであれば、コードが用いられていると推測できます。

　コードの暗号文（符牒の並び）には、平文における意味の順序が反映されています。特定の符牒はピリオド（文の終端）を示すはずです。安全性を高めるために、コードブックを作成する際、ピリオドには複数の符牒を対応付けていることがあります。しかし、コードブックを利用するコードの送信者が、ピリオドに複数の符牒を割り当てないことがあります。手間を惜しんで、何度も同じピリオドの符牒を使ってしまうことがあるのです。コードの解読者は、こういった手がかりから解読を進めます。ピリオドがわかれば、符牒の並びから、文の最初と最後の語を特定することができます。

　一般に、言語はある決まった名詞・動詞・形容詞の並びで使われます。英語であれば、基本5文型が何度も登場するはずです。つまり、コードを解読するには、言語に対する理解が必須といえます。

　符牒の並びのうち、特に冒頭は手がかりになることがあります。これはサイファの解読と同様です。平文の冒頭には定形の語句が使用されていることがあるからです[7]。

---

[7]：エニグマ暗号について p.082

Column ナバホのコードトーカー

　第二次世界大戦の当時は、日本軍と米国海兵隊が戦っていました。米軍は大量の通信文を無線で送る必要がありました。無線は遠距離の通信に向いていますが、簡単に傍受できるため、暗号化が必須です。そこで、ロサンゼルスのエンジニアだったフィリップ・ジョンストンはナバホ語を使って暗号化することを提案しました。

　ナバホ語とは、米国原住民のナバホ族で使われていた言葉です。ナバホ語は話し言葉だけで書き言葉がなく、文法が複雑であること、そして声のつなぎ方や調子が独特であるという特徴があります。彼はナバホ特別保留地で育ち、ナバホ語を話すことができたため、こうしたアイデアを思い付いたといいます。英語からナバホ語に翻訳したものを利用することで、当時使っていた暗号機よりも速く、通信文を符号化して送信できることが証明されました。

　また、ナバホ族以外にナバホ語を話せる人がいるかどうかを調査すると28人が見つかりましたが、その中に日本人とドイツ人は含まれていませんでした。そこで、ナバホ語の符牒を作り、コードブックが作成され、戦地でナバホ族がコードトーカー（符号話し手）の任務につきました。1942年から、終戦の1945年までにわたってナバホ語の符号が使われていましたが、日本軍はナバホ語を解読できなかったといいます。そのため、戦後も長い間使われ続けました。

　コードトーカーは単純に翻訳するだけでなく、符号語を覚えなければなりませんでした。なぜならば、ナバホ語に存在しない英語の単語が存在するからです。例えば、"submarine"（潜水艦）に対応するナバホ語は存在しなかったため、"besh-lo"（鉄の魚）という符牒を割り当てていました。潜水艦という単語はよく使うためにナバホ語の符牒としてコードトーカーの辞書に載っていますが、辞書にない単語の場合はアルファベットを1字ずつナバホ語に翻訳しました。例えば、アルファベットの「A」は"wol-la-chee"（アリ：ant）と置き換えました。

　戦後も重要な暗号として扱われたため、1968年の機密解除に至るまでコードトーカーの功績は世間に知られることはありませんでした。その後、1982年にロナルド・レーガン大統領に表彰され、8月14日は「コードトーカーの日」と定められました。

2.4 スキュタレー暗号

安全性★☆☆☆☆　効率性★★★☆☆　実装の容易さ★★★★★

ポイント
- 古典暗号における基本的な暗号の1つです。
- 暗号文は帯状のものに記述されるため、秘密通信と相性がよいといえます。例えば、ベルトにすることで隠して運べます。
- スキュタレー暗号を一般化すると、転置式暗号に拡張できます。

2.4.1 スキュタレー暗号とは

　紀元前5世紀ごろ、スパルタ人は秘密情報を伝えるために、スキュタレーと呼ばれる器具を使用していたといいます。特定の大きさの筒（あるいは棒）の周囲に羊皮紙を巻き付けて、筒が伸びる方向に平文を書き、余白は無意味な冗字[*9]で埋めます[*10]。平文の内容が長い場合には、長い筒を用いるか、別のラインに書くかします。羊皮紙を解くと、無意味な文字列になり、これが暗号文に相当します。羊皮紙を受け取った相手は、同じ大きさの筒に巻き付けて、筒が伸びる方向に読むと元の文章になります。こうした仕組みの暗号をスキュタレー暗号と呼びます（図2.7）。

図2.7 簡易的なスキュタレー暗号

[*9]：内容とは無関係な、本来は不必要な文字のことです。

[*10]：文字を書き付けるときは、巻き付けたときの傾きの影響を受けないようします。傾きからスキュタレー暗号であることがばれたり、鍵である円柱の太さが推測されたりする恐れがあるためです。

当時巻き付けるものとして利用されたのは、羊皮紙、布、革ひも、パピルスなどであったといいます。巻き付けるものは伸び縮みするものが向いており、そうでないと巻き付けたときに筒にフィットしないことがあります。

　例えば、スキュタレー暗号を用いて、"hello world." という文を伝えたいとします。空白やピリオドを取り除いた文字列 "helloworld" を、筒に巻き付けた革ひもに書きます。ここでは、革ひもの全周に沿って4文字を、またその側方へ4文字を書けるものとします。すると、図2.8 のように "HOLTEWDWLOZPLRBH" という暗号文が得られます。

図2.8　スキュタレー暗号の暗号化の例

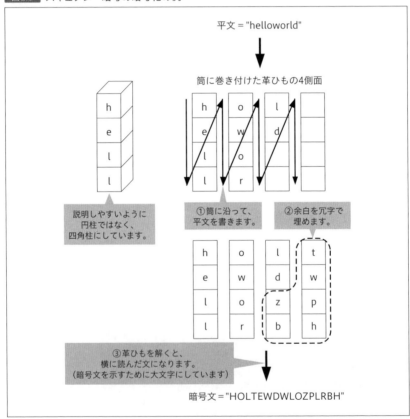

2.4.2 スキュタレー暗号のアルゴリズム

スキュタレー暗号のアルゴリズムは 図2.9 のとおりです。

図2.9　スキュタレー暗号のアルゴリズム

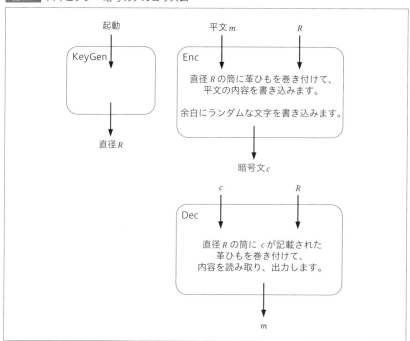

汎用的に使えるように、直径や暗号文を出力するものとします。鍵は筒の太さ（直径）です。直径が秘密ということは、円周も秘密です（直径は円周から簡単に計算できるため）。実際の運用時には、同じ太さの筒を2つ用意して、事前に共有します。暗号文が記述された革ひもは人が運んで配送します。

2.4.3 スキュタレー暗号の解読

スキュタレー暗号を解読する方法

暗号解読を通じて、スキュタレー暗号の問題点について確認します。

演習：

革ひもに書かれた、下記のスキュタレー暗号の暗号文を解読してください。

"AAMSMTFSCAIYTTOCGSEOMAMCRRELBE"

解答：

　暗号文は比較的短く、しかもその中に冗字が存在する可能性があります。そのため、頻度分析[8]ではなく、単純な鍵の総当たり攻撃で解読してみます。筒の太さ、すなわち1周の文字数を特定できれば、復号できます。そこで、1周の文字数（以後、nとする）を推測します。

　まず、暗号文の文字数をカウントすると、30文字あります。この文字数は素数[*11]ではないので、革ひもの長さは筒の円周の倍数になっている可能性が高いといえます。そこで、30の約数、すなわち2, 3, 5, 6, 10, 15が、nの候補として推測できます。革ひもに書かれた実際の文字の大きさを見て判断できますが、2, 3では筒が細すぎます。また、10, 15では、暗号文の長さに対して筒が大きすぎます。そこで、$n=5$と$n=6$について調べます。

　$n=5$とした場合、5文字ずつ暗号文を分割します。

"AAMSM TFSCA IYTTO CGSEO MAMCR RELBE"

「1ブロック目の1文字」「2ブロック目の1文字」…「6ブロック目の1文字」を読み取り、並べます。1文字目が終わったら、2文字目も同様にして並べ、これを最後の文字まで繰り返します。なお、ここでは平文に直しているので、小文字にしています。

"aticmr afygae mstsml sctecb maoore"

＊11：1と自分自身以外では割り切ることのできない、1より大きな自然数のこと。

●8：2.6.5 頻度分析による暗号解読 p.057

区切りを取り除いて、連結します。

"aticmrafygaemstsmlsctecbmaoore"

この文字列からは、内容を読み取れません。つまり、$n=5$ が間違っていたとわかります。

それでは、$n=6$ として、同様の手続きを行います。平文に戻す過程は次のとおりです。

"AAMSMTFSCAIYTTOCGSEOMAMCRRELBE"
↓
"AAMSMT FSCAIY TTOCGS EOMAMC RRELBE"
↓
"after astor mcome sacal migmb tysce"
↓
"afterastormcomesacalmigmbtysce"
↓
"After a storm comes a calm."

上記のように、平文として "afterastormcomesacalmigmbtysce" が得られ、適切な位置に空白などを入れたり、冗字を取り除いたりすると "After a storm comes a calm."（雨降って地固まる）という文ができあがります。よって、$n=6$ が正しかったことになります。

もし、n の候補として約数を当てはめてもうまくいかない場合は、革ひもの長さが中途半端で、筒の円周の倍数になっていないと考えられます。その場合は、n の候補として適度な大きさの数を当てはめて確かめます。

▶ スキュタレー暗号の弱点

以上の考察から、スキュタレー暗号は手動でも簡単に解けてしまうことがわかりました。特に、暗号文の1文字目と平文の1文字目が同じになっている点が問題です。さらに、ある一定の周期の文字を抽出して単語らしき部分が出てくれば、その周期は n である可能性が高いことになります。

2.5 転置式暗号

安全性★★☆☆☆　効率性★★★★★　実装の容易さ★★★★☆

ポイント
- 転置式暗号はアナグラムの応用ともいえる暗号です。
- 従来の暗号の鍵は数十通りでしたが、転置式暗号の鍵は数百通りになります。
- 文字の転置（入れ替え）という考え方は、現代暗号でも利用されています。

2.5.1 転置式暗号とは

　転置式暗号とは、平文の文字の順番を入れ替える暗号です。例えば、「ごんしきんうあちて」の文字を入れ替えると「てんちしきあんごう」になります。これはアナグラム[*12]そのものです。

　こうした仕組みを暗号に利用するには、送受信間で入れ替え方法を共有しなければなりません。通信のたびに平文の文字数が常に同じであれば入れ替え方法は単純ですが、一般的にそういったことはありません。そこで、平文をn文字ずつのブロックに区切り、各ブロックの中で文字の順序を置き換えます。例えば、$n=4$として、次に示す規則で文字を置き換えるものとします。

- 1番目の文字　→　3番目にする
- 2番目の文字　→　1番目にする
- 3番目の文字　→　4番目にする
- 4番目の文字　→　2番目にする

　上記の規則を文章で表記するのは冗長であるため、数学の世界では次のように表記されます。こうして表記されたものを置換といいます[*13]。

$$\tau = \begin{pmatrix} 1 & 2 & 3 & 4 \\ 3 & 1 & 4 & 2 \end{pmatrix}$$

　平文を"akademeia"として、4（$=n$）文字ごとのブロックに分けると、"akad"、"emei"、"a"となります。次にブロックごとに置換τを適用します。た

[*12]：文字の位置を入れ替えて別の言葉にする遊びのことです。

[*13]：τはギリシャ文字の一種で、「タウ」と読みます。

だし、平文の長さがnの倍数でなく、最後のブロックがn文字でない場合（短ブロックという）は、置換τを適用しないものとします。

また、"azzz"のように適当な文字を追加（これをパディングという）し、n文字になるようにしてから置換するという方法もあります。しかし、単純にパディングしてしまうと、パディング文字以外が何番目に移動したかがばれてしまいます。そこで最終ブロックが半端であれば、そのままにしたり、置換による変換を相対位置に移し替えたりします。

相対位置に移し替えるというのは、変換の規則から存在しない文字の箇所を取り除くことを意味します。例えば、最終ブロックが3文字の場合、4番目の文字が存在しないので、変換規則τを、次のτ'に置き換えて使用します。

$$\tau' = \begin{pmatrix} 1 & 2 & 3 \\ 3 & 1 & 2 \end{pmatrix}$$

ここでは無理にパディングしないことにします。すると、"akad" → "AADK"、"emei" → "EEIM"、"a" → "A" と変換されます。これを連結すると "AADKEEIMA" となり、これが暗号文となります。平文をシャッフルした状況になっていることを確認できます。

転置式暗号では、平文に登場する文字と暗号文に登場する文字の位置がずれているだけです。つまり、逆順やシャッフルなども転置式暗号の一種です。また、冗字を用いない場合のスキュタレー暗号[9]は、転置式暗号の一種になります。

Column　ナポレオンの転置式暗号

ナポレオンは様々な暗号を使ったことで知られています。1798年に東方に遠征した際には、2文字を入れ替える暗号を使ったといいます。平文を2文字区切りにして、その前後を入れ替えるという単純な転置式暗号です。例えば、平文が "akademeia" であれば、次のように暗号化されます。

"akademeia"
↓
"ak ad em ei a"
↓
"KA DA ME IE A"
↓
"KADAMEIEA"

[9]：2.4 スキュタレー暗号 p.045

2.5.2 転置式暗号のアルゴリズム

転置式暗号のアルゴリズムは 図2.10 のとおりです。

図2.10 転置式暗号のアルゴリズム

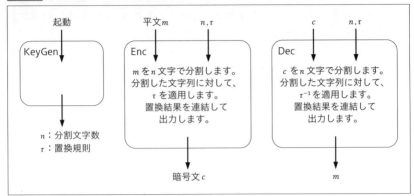

復号の際には、置換規則の逆操作（これをτ^{-1}と表現する）を行います。

分割文字数nを極端に小さい値にすると解読されやすくなります。特に$n=1$は使用できません。平文と暗号文が一致してしまうからです。$n=2$とすると、ナポレオンの転置式暗号になります。

暗号の仕様を決定する時点では、平文の長さはまだわかりません。そのため、平文の長さに合わせて暗号の仕様（分割文字数や置換規則）を決定するのは不可能です。ただし、nと平文の文字数の関係によって、次のような結果になることを考慮しなければなりません。

「$n=$平文の文字数」の場合

nが平文の文字数と一致した場合、平文をシャッフルした状況と同等です。

「$n>$平文の文字数」の場合

nが平文の文字数より大きい場合は、暗号化アルゴリズムの内部処理に何らかの工夫が必要です。素朴な方法としては、平文にパディングをして、文字数をnと一致させてしまうことです。ただし、パディングに使用した文字が自明であると、置換規則の解読のヒントになってしまいます。

「$n<$平文の文字数」の場合

nが平文の文字数より小さいにもかかわらず、nを比較的大きい値にしてしまうと、最終ブロックの扱いによっては脆弱になってしまいます。特にそのま

ま出力している場合には、最終ブロックに平文の末尾の文字列がそのまま出力されてしまいます。

2.5.3 転置式暗号の鍵数

英語のアルファベットは26文字あります。ここで、1ブロックをn文字として置換規則の総数を考えてみます。これは、鍵の総数に相当します。ブロック内では文字を並び替えている（シャッフルしている）ことと同値であるため、$n!$通りになります。

例えば、$n=4$とした場合は、置換規則の総数は次のように計算できます。

$$置換規則の総数 = 4! = 4 \times 3 \times 2 \times 1 = 24$$

解読者は、nを知らないとすると、$n=2, 3, ...$と調査することになります。もし、nは6以下であると推測した場合、探索する置換規則の候補数は次のように計算できます。

$$置換規則の総数 = 2! + 3! + 4! + 5! + 6! = 2 + 6 + 24 + 120 + 720 = 872$$

Column　書籍暗号

古典暗号の多くは（現在の共通鍵暗号と比べて）アルゴリズムが単純であるため、暗号解読される恐れがあります。しかし、鍵がわからなければ、暗号解読にはそれなりの手間がかかります。そのため、暗号を利用する側は暗号化や復号に利用する鍵を隠そうとします。逆に暗号を解読する側は鍵を見つけようとします。

送受信者は鍵を記憶できれば理想的ですが、たくさんの鍵を記憶することは困難です。そのため、一般に何かに書き留められます。しかし、第三者に見られてしまうリスクがあります。こうした問題をうまく解決する暗号の1つが書籍暗号（ブック暗号）です。

書籍暗号では、鍵をわざわざ作るのではなく、身の回りにある書籍を使います。暗号文は複数個の「3つの数字の組」になります。3つの数字の組は、書籍のページ数、行数、前から何番目の単語かを示します。攻撃者は暗号文を見ても、数字の羅列であり解読できません。一方、送受信者間では、どの書籍を利用するかを事前に共有し合っています。書籍を選ぶ際は、身の回りにあって自然なものを選びます。例えば、聖書、文学作品、新聞、辞書などです。その書籍を持っていることが自然であれば、暗号用途であることをカムフラージュできます。

2.6 単一換字式暗号

安全性★★★☆☆　効率性★★★★☆　実装の容易さ★★★★★

ポイント
- 単一換字式暗号の鍵の総数は膨大であるため、単純な総当たり攻撃に対しては強い安全性を持ちます。
- 単一換字式暗号を解読する場合は、頻度分析という解読手法が有効です。
- 文字の換字（置き換え）という考え方は、現代暗号でも利用されています。

2.6.1 換字式暗号とは

▶ 換字式暗号の仕組み

換字式暗号とは、平文を1文字あるいは数文字単位で、別の文字や記号に対応させる暗号のことです。特に1対1で対応させた換字式暗号を単一換字式暗号といいます。シーザー暗号[10]やシフト暗号[11]も単一換字式暗号の一種です。

例えば、アルファベットをキーボード上のひらがなに置き換える方法も換字式暗号になります。「t5d@dg3yb@4」の各文字をキーボードのひらがなに置き換えると、「かえじしきあんごう」になります（濁音は2文字の英数記号で構成される）。

▶ 単一換字式暗号の変換規則

単一換字式暗号の暗号化では、平文の文字を変換規則（各文字の置き換え方）に従って置き換えます。例えば、英語のアルファベット26文字を、表2.7のように変化させるとします。こうした変換規則をσ（シグマ）で表します。

表2.7 単一換字式暗号の変換規則の例

変換前	a	b	c	d	e	f	g	h	i	j	k	l	m	n	o	p	q	r	s	t	u	v	w	x	y	z
変換後	D	I	C	O	X	V	U	T	P	A	Y	Q	L	H	B	G	S	W	R	F	Z	M	E	N	K	J

平文を"akademeia"とします。例えば、文字 'a' は 'D' に変換されます。

- [10]: 2.2 シーザー暗号 p.034
- [11]: 2.2.3 シーザー暗号の改良（シフト暗号）p.036

こうした変換を1文字ずつ適応すると、暗号文は "DYDOXLXPD" になります。

2.6.2 単一換字式暗号のアルゴリズム

単一換字式暗号のアルゴリズムは 図2.11 のとおりです。

図2.11 単一換字式暗号のアルゴリズム

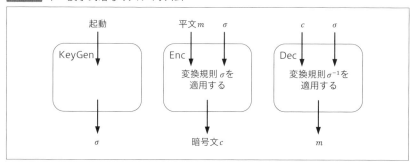

　鍵生成アルゴリズムは、変換規則σを出力します。鍵生成アルゴリズムはブラックボックスにしていますが、これは状況によってσの決定の仕方が変わるからです。本来であればランダムに変換規則を決定することが望ましいですが、暗号の利用者が（無意識にせよ）作為的に決定することがあります。

　鍵生成アルゴリズムの出力値σは、送受信者間だけで共有します。暗号化アルゴリズムは平文mと変換規則σを入力として、暗号文cを出力します。復号アルゴリズムは、暗号文cとσを入力として、復号します。復号の際には、変換規則の逆操作（これを$σ^{-1}$と表現する）を行います。

2.6.3 単一換字式暗号の鍵数

　平文のアルファベットと暗号文のアルファベットは、変換規則により1対1に対応しています。表2.7 の例でいえば、'a' は 'D' に変換されます。'D' に変換する 'a' 以外のアルファベットは存在しません。これは全体に同じことがいえます。つまり、重複がない変換、すなわち置換が行われています[*14]。

　英語のアルファベットは26文字なので、単一換字式暗号の鍵である変換規則のパターンは次のように計算できます。

[*14]：転置式暗号の置換は文字の相対位置について行いましたが、単一換字式暗号の置換は文字そのものの置換です。

$$26! = 26 \times 25 \times \ldots \times 2 \times 1 \fallingdotseq 4.03291461 \times 10^{26} > 4.0 \times 10^{26}$$

これは巨大な数であり、総当たりによる鍵の探索はほぼ不可能といえます[*15]。

2.6.4 アルベルティの暗号円盤

13世紀の建築家レオーネ・バティスタ・アルベルティは、特殊な暗号円盤（以後、アルベルティの暗号円盤と略す）を考案しました。この暗号円盤には、円盤に20個のアルファベット（'H', 'J', 'K', 'U', 'W', 'Y' は省略）と、1から4までの数字が刻まれています。外側の円盤は平文用、内側の円盤は暗号文用になります。外側の円盤は文字が順序どおりに並んでいますが（暗号化しやすくするため）、内側の円盤の文字はランダムに並んでいます（図2.12）。

図2.12 アルベルティの暗号円盤

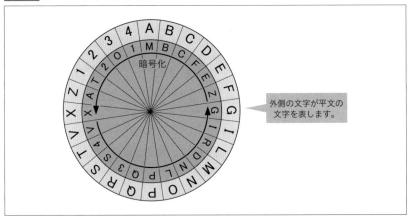

送受信者は同一の円盤を持ちます。内側の円盤の文字の配置によって、置換が決まります。すなわち、単一換字式暗号になっています。内側の円盤をずらすと、新しい置換になります。つまり、内側の円盤の位置（指標があれば、そこからどれだけずれたか）が、鍵に相当します。

2桁から4桁の数字の組に対して、コード[●12]を割り振ることもできます。例え

[*15]：世界の海岸の砂粒はおよそ10^{23}個といわれていることからも、10^{26}は非常に大きい数であることがわかります。

●12：2.3 コード p.041

ば、11は "I am under attack."（攻撃を受けている）、222は "Send supplies."（補給を送れ）などとします。これにより、単一換字式暗号とコードが融合され、コードも暗号化されることになります。

さらに、暗号文に1桁の数字が現れた場合には、内側の円盤の変更を意味するように運用していたといいます。例えば、1から4までの数字が割り振られた円盤をそれぞれ用意して、1桁の数字が出てきた時点で、その数字に対応した円盤に切り替えるようなことです。あるいは、1枚の円盤に4つの指標を刻んでおき、数字に対応した指標に合わせることもできます。これは鍵の変更に関する情報（使用する円盤やずらす位置）を、暗号文の中に埋め込んでいることになります。

2.6.5 頻度分析による暗号解読

▶ 頻度分析とは

頻度分析とは、暗号文に出現する文字の頻度を分析することで、平文を特定する解読手法です。単一換字式暗号では文字が置き換わるので、「平文に現れる文字の頻度」は「暗号文に現れるある文字の頻度」に一致します。つまり、平文と暗号文で文字の種類は違っていても、全体として頻度のパターンは一致するということです。

暗号文は多い（長い）ほど、頻度分析が成功する確率は高くなります。なぜならば、サンプルが多ければ多いほど、標準的な文字の頻度のパターンに収束しやすいからです。

ただし、文字と単語の頻度パターンは、どの言語でも正確には測れません。時代によって新しい単語が登場したり、廃れたりするためです。また、サンプルの文章によっても結果が変わります。こうした問題については、様々な研究が発表されていますが、本書では一般的な頻度パターンを紹介します。

▶ アルファベットの頻度分析

各アルファベットの出現確率

古典暗号の場合、平文は自然言語であることが大半です。自然言語の文章の場合、出現する文字に偏りが生じます。例えば、英語の場合は、単語の中に 'e' が最も登場しやすく、'z' や 'q' が付く単語はあまり存在しません。こうした事実によって、英語の各アルファベットの出現確率は、統計的に 表2.8 の値に帰着することが知られています。

表2.8 各アルファベットの出現確率

文字	出現確率	文字	出現確率	文字	出現確率
A	0.082	J	0.002	S	0.063
B	0.015	K	0.008	T	0.091
C	0.028	L	0.040	U	0.028
D	0.043	M	0.024	V	0.010
E	0.127	N	0.067	W	0.023
F	0.022	O	0.075	X	0.001
G	0.020	P	0.019	Y	0.020
H	0.061	Q	0.001	Z	0.001
I	0.070	R	0.060		

　出現確率により、アルファベットを5つのグループに分類すると、 表2.9 のようになります。

表2.9 出現確率によるグループ化

グループ名	アルファベット	出現確率	備考
グループ1	E	0.12	最も登場しやすいです。
グループ2	T, A, O, I, N, S, H, R	0.06〜0.09	
グループ3	D, L	0.04前後	
グループ4	C, U, M, W, F, G, Y, P, B	0.015〜0.028	
グループ5	V, K, J, X, Q, Z	0.01以下	めったに登場しません。100文字の文章でも、登場しないことが十分にありえます。

連字と3連字

　連続する2文字を連字（二重字、2文字綴り）、連続する3文字を3連字（三重字、3文字綴り）と呼びます[16]。英文では、 表2.10 に示す連字と3連字が登場しやすいことが知られています。なお、表の中の連字と3連字は、頻度順に並んでいます[17]。

---

[16]：ここでの二重字とは、単純に連続している2文字を意味します。2文字のアルファベットを組み合わせて、それぞれの字が持たなかった新しい音を示す二重音字のことではありません。

[17]：頻出単語などについては、『暗号解読辞典』の資料を参考にしました。

表2.10 連字と3連字

先頭文字	連字	3連字
a	an, at, ar, al	and
b		
c		
d		dth
e	er, es, ea, en, ed, et	ent, edt, ere, eth
f		for
g		
h	he, ha	has, her
i	in, is, it	ion, ing
j		
k		
l		
m		men
n	nd, nt, ng	nde, nce
o	on, or, ou, of	oft
p		
q		
r	re, ri	
s	st, se	sth
t	th, ti, to, te	the, tha, tio, tis
u		
v		
w		was
x		
y		
z		

よく使われる単語

30個の最頻出単語は次のとおりです（頻度順）。

the, of, and, to, a, in, that, is, I, it, for, as, with, his, he, be, not, by, but, have, you, are, on, or, her, had, at, from, which

頻出単語を文字数によって分類すると、表2.11 のようになります。

表2.11 よく使われる単語（2〜4文字）

先頭文字	2文字単語	3文字単語	4文字単語
a	as, at, an, am	and, are, all, any	
b	be, by	but	been
c		can	come
d	do	day	
e			
f		for	from
g	go	get	good
h	he	had, her, has, him	have, here
i	in, it, is, if		
j			just
k			know
l			like, long
m	me, my		much
n	no	not	
o	of, or, on	one, our, out	
p			
q			
r			
s	so		some
t	to	the	that, this, they, time
u	up, us		
v			very
w	we	was	with, want, when
x			
y		you	your
z			

　暗号文に空白が存在する場合は、単語の文字数を確定できます。英語の1文字の単語は 'a' と 'I'（常に文頭）だけです。そのため、よく使われる単語を当てはめてみて、意味や文法として矛盾しないかどうかを確認します。矛盾しなければ、平文の文字と暗号文の文字が対応する可能性が高いと判断できます。逆に矛盾したとしても、暗号文の文字と当てはめた単語の文字が対応しないと判断できます。

パターン語と非パターン語

英語によく登場するパターン語[*18]は、表2.12 のとおりです（頻度順ではなく辞書順）。数字は文字の出現と反復を意味します。

表2.12 頻出のパターン語

パターン	パターン語
121	did, eye
122	add, all, bee, egg, off, see, too
1213	away, even, ever, nine, none
1221	noon
1223	been, book, cook, cool, deep, door, feed, feel, feet, food
1233	ball, bell, bill, call, fill, free, full, hall, hill, knee, less
12134	enemy, every, paper, usual
12234	allow, apple, offer
12314	catch, clock, enter, taste, truth
12334	brook, carry, green, happy, hurry, sleep
122314	appear
1234562	because, measure, service, through
12345675	increase

英語によく登場する非パターン語は、表2.13 のとおりです（頻度順ではなく辞書順）。

表2.13 頻出の非パターン語

文字数	非パターン語
2文字	an, as, at, be, by, do, go, he, if, in
3文字	bow, car, day, ear, far, get, has, its, joy, led
4文字	able, boat, cent, deal, each, fact, gain, have, into, join

▶ 単一換字式暗号の解読例

頻度分析を用いて、単一換字式暗号を解読してみます。解読する対象の暗号文は次のとおりです。一見すると暗号文が長くて解読が難しそうですが、頻度分析では暗号文は長い方が有利です。

[*18]：同じ文字が出てくるパターンがある語です。

```
KJHIFMJICYAEFCGCAVCYIFYOJJHIKYRLCIFZIJHOLRKJIRLJARLNFMJARNACARY
ACUAYRNJAMJAMCNGCENAXNZCIRVYAEECENMYRCERJRLCQIJQJFNRNJARL
YRYXXPCAYICMICYRCECBHYXAJUUCYICCAOYOCENAYOICYRMNGNXUYIRCFR
NAOULCRLCIRLYRAYRNJAJIYAVAYRNJAFJMJAMCNGCEYAEFJECENMYRCEMY
AXJAOCAEHICUCYICPCRJAYOICYRZYRRXCKNCXEJKRLYRUYIUCLYGCMJPCRJE
CENMYRCYQJIRNJAJKRLYRKNCXEYFYKNAYXICFRNAOQXYMCKJIRLJFCULJLCI
COYGCRLCNIXNGCFRLYRRLYRAYRNJAPNOLRXNGCNRNFYXRJOCRLCIKNRRNA
OYAEQIJQCIRLYRUCFLJHXEEJRLNF
```

ステップ① 出現頻度を計算し、特徴的な文字を変換する

　暗号文で使われている各文字の出現回数を数え、出現頻度を計算します。例文の場合、出現回数が多い順に並べると、 表2.14 の結果が得られます（ 表2.8 と見比べてください）。総文字数は442文字です。

表2.14 文字の出現回数と出現頻度

文字	出現回数	出現頻度 [%]	文字	出現回数	出現頻度 [%]
C	57	12.9	K	10	2.26
R	52	11.76	U	10	2.26
Y	46	10.41	G	8	1.81
J	37	8.37	Q	6	1.36
A	36	8.14	H	6	1.36
N	33	7.47	P	4	0.9
I	28	6.33	V	3	0.68
L	23	5.2	Z	3	0.68
E	21	4.75	B	1	0.23
F	16	3.62	D	0	0
X	15	3.39	S	0	0
M	14	3.17	T	0	0
O	13	2.94	W	0	0

　一般の自然言語（英語・その他のヨーロッパ系言語・日本語のローマ字）では、'J', 'W', 'Z' などの文字の使用頻度は低く、'S', 'T' の使用頻度は高い傾向にあります。この暗号文では、'W', 'Z' は出現頻度が低いですが、'J' は出現頻度が高いことがわかっています。また、'S', 'T' に関しては出現すらしていません。

　よって、暗号文は転置式暗号ではなく、単一換字式暗号であると推測できます。もし転置式暗号であれば、文字を並べ替えているだけなので、「暗号文の文字の出現頻度のパターン」と「標準的な文字の出現頻度のパターン」が近似

します。例えば、'E' の出現頻度が最も高いはずです。

さて、出現頻度が1%以下のものが5文字あれば、それらは 'j', 'k', 'q', 'x', 'z' を表している可能性が非常に高いです。例文では 'D', 'S', 'T', 'W' の出現頻度が0%であり、一度も出現していません。次に出現頻度が低い1%以下のものは、'B', 'P', 'V', 'Z' です。これらの文字のいずれかは、'j', 'k', 'q', 'x', 'z' を表しているでしょう。

また、出現頻度が10%を超えるものが1文字以上あるはずです。例文では'C', 'R', 'Y'が10%を超えています。これらのどれかは 'e' を表しているといえます。もし、出現頻度が1%以下のものがほとんどなかったり、10%を超えているものがなかったりすれば、平文は英文で書かれていない可能性があります。例文ではこの特徴に当てはまっているので、平文は英文だと推測できます。

この例の場合、'C', 'R', 'Y' の出現頻度が高いため、これらのいずれかが 'e' である可能性が高いといえます。ここでは 'C' → 'e' と仮定します。

これを例文に適用すると次のようになります。

```
KJHIFMJIeYAEFeGeAVeYIFYOJJHIKYRLeIFZIJHOLRKJIRLJARLNFMJARNAeARYA
eUAYRNJAMJAMeNGeENAXNZeIRVYAEEeENMYReERJRLeQIJQJFNRNJARLYRY
XXPeAYIeMIeYReEeBHYXAJUUeYIeeAOYOeENAYOIeYRMNGNXUYIReFRNAOU
LeRLeIRLYRAYRNJAJIYAVAYRNJAFJMJAMeNGeEYAEFJEeENMYReEMYAXJAOe
AEHIeUeYIePeRJAYOIeYRZYRRXeKNeXEJKRLYRUYIUeLYGeMJPeRJEeENMYReY
QJIRNJAJKRLYRKNeXEYFYKNAYXIeFRNAOQXYMeKJIRLJFeULJLeIeOYGeRLeNI
XNGeFRLYRRLYRAYRNJAPNOLRXNGeNRNFYXRJOeRLeIKNRRNAOYAEQIJQeIRL
YRUeFLJHXEEJRLNF
```

ステップ②　2回連続している文字を変換する

同じ文字が2回連続して登場している部分に注目します。英語では "ss", "ee", "tt", "ff", "ll", "mm", "oo" がよく現れます。2つ続く文字があれば、これらを当てはめてみます。

例文では、"RR" が3回、"EE"が2回、"JJ", "UU", "CC", "XX" が1回登場しています。'C' → 'e' と仮定したので、"RR" → "ee" にはなりません。また、'R' は52回も出現しており、2番目に多く出現する文字です。'R' は 表2.9 の「グループ2」に属する文字 't', 'a', 'o', 'i', 'n', 's', 'h', 'r' のいずれかを表していると推測できます。2回連続出現しやすく、グループ2に属する文字は、't', 'o' です。ここでは、'R'→'t' と仮定します。

これを例文に適用すると次のようになります。

```
KJHIFMJIeYAEFeGeAVeYIFYOJJHIKYtLeIFZIJHOLtKJItLJAtLNFMJAtNAeAtYAeU
AYtNJAMJAMeNGeENAXNZeItVYAEEeENMYteEtJtLeQIJQJFNtNJAtLYtYXXPeA
YIeMIeYteEeBHYXAJUUeYIeeAOYOeENAYOIeYtMNGNXUYIteFtNAOULetLeItL
YtAYtNJAJIYAVAYtNJAFJMJAMeNGeEYAEFJEeENMYteEMYAXJAOeAEHIeUeY
IePetJAYOIeYtZYttXeKNeXEJKtLYtUYIUeLYGeMJPetJEeENMYteYQJItNJAJKtLY
tKNeXEYFYKNAYXIeFtNAOQXYMeKJItLJFeULJLeIeOYGetLeNIXNGeFtLYttLYtA
YtNJAPNOLtXNGeNtNFYXtJOetLeIKNttNAOYAEQIJQeItLYtUeFLJHXEEJtLNF
```

ステップ③　頻出単語を変換する

　暗号文に空白があれば、仮定をもとに1~3文字で構成される単語を当てはめられます。例文には空白がありませんが、一部の単語がよく登場するという事実は変わりません。ここでは "the" に変換できる箇所がないか探してみます。"the" は1つの単語だけでなく、"their", "there", "weather" などのように、単語の中に含まれることもたびたびあります。つまり、"the" という文字列の出現頻度はより高いといえます。

　すでに、't' と 'e' の位置は推測できています。そこで "t?e"（?は任意の1文字）の形式の文字列を探して、背景色を付けてみました。

```
KJHIFMJIeYAEFeGeAVeYIFYOJJHIKYtLeIFZIJHOLtKJItLJAtLNFMJAtNAeAtYAeU
AYtNJAMJAMeNGeENAXNZeItVYAEEeENMYteEtJtLeQIJQJFNtNJAtLYtYXXPeA
YIeMIeYteEeBHYXAJUUeYIeeAOYOeENAYOIeYtMNGNXUYIteFtNAOULetLeItL
YtAYtNJAJIYAVAYtNJAFJMJAMeNGeEYAEFJEeENMYteEMYAXJAOeAEHIeUeY
IePetJAYOIeYtZYttXeKNeXEJKtLYtUYIUeLYGeMJPetJEeENMYteYQJItNJAJKtLY
tKNeXEYFYKNAYXIeFtNAOQXYMeKJItLJFeULJLeIeOYGetLeNIXNGeFtLYttLYtA
YtNJAPNOLtXNGeNtNFYXtJOetLeIKNttNAOYAEQIJQeItLYtUeFLJHXEEJtLNF
```

　すると、"tLe" が5回、"tXe" と "tUe" がそれぞれ1回ずつ出現しています。このことから、'L' は 'h' と推測できます。ここでは 'L'→'h' と仮定します。

　これを例文に適用すると次のようになります。

```
KJHIFMJIeYAEFeGeAVeYIFYOJJHIKYtheIFZIJHOhtKJIthJAthNFMJAtNAeAtYAe
UAYtNJAMJAMeNGeENAXNZeItVYAEEeENMYteEtJtheQIJQJFNtNJAthYtYXXP
eAYIeMIeYteEeBHYXAJUUeYIeeAOYOeENAYOIeYtMNGNXUYIteFtNAOUhethe
IthYtAYtNJAJIYAVAYtNJAFJMJAMeNGeEYAEFJEeENMYteEMYAXJAOeAEHIeU
eYIePetJAYOIeYtZYttXeKNeXEJKthYtUYIUehYGeMJPetJEeENMYteYQJItNJAJK
thYtKNeXEYFYKNAYXIeFtNAOQXYMeKJIthJFeUhJheIeOYGetheNIXNGeFthYtth
YtAYtNJAPNOhtXNGeNtNFYXtJOetheIKNttNAOYAEQIJQeIthYtUeFhJHXEEJth
NF
```

ここまででたった3種類の文字を置き換えただけですが、全体の4分の1以上は小文字（平文）に置き換わっていることがわかります。この中から単語らしき部分を探します。

目立つのは "ethe" という文字列です。前後の文字を付与して抽出すると "UhetheIth", "GetheN", "OetheI" が見つかります。よく見ると、3つのうちの2つに "heI" という文字列が共通しています。そこで、全体から "he?" の形式を探すと、"heI" が4カ所、"heQ" と "heN" が1カ所出現しています。英文では "her" という文字列が出現しやすい傾向にあります。また、'I' の出現頻度は6.33%、頻度分析における 'r' の出現頻度は6.0%で大体同じです。そこで、'I'→'r'と仮定します。

これを例文に適用すると次のようになります。

```
KJHrFMJreYAEFeGeAVeYrFYOJJHrKYtherFZrJHOhtKJrthJAthNFMJAtNAeAtYA
eUAYtNJAMJAMeNGeENAXNZertVYAEEeENMYteEtJtheQrJQJFNtNJAthYtYXX
PeAYreMreYteEeBHYXAJUUeYreeAOYOeENAYOreYtMNGNXUYrteFtNAOUhet
herthYtAYtNJAJrYAVAYtNJAFJMJAMeNGeEYAEFJEeENMYteEMYAXJAOeAEHr
eUeYrePetJAYOreYtZYttXeKNeXEJKthYtUYrUehYGeMJPetJEeENMYteYQJrtNJ
AJKthYtKNeXEYFYKNAYXreFtNAOQXYMeKJrthJFeUhJhereOYGetheNrXNGeFt
hYtthYtAYtNJAPNOhtXNGeNtNFYXtJOetherKNttNAOYAEQrJQerthYtUeFhJHX
EEJthNF
```

また、"thYt" は7カ所も登場しています。'Y' の出現頻度は10.41%であり、グループ2の文字である確率が高いといえます。まだ使用していないグループ2の文字は、'a', 'i', 'n', 'o', 's' です。特に、"thYtY" という部分が存在し、'Y' に 'n' や 's' を入れると英文としておかしいので除外します。残された文字は 'a', 'i', 'o' ですが、最も自然だと思われるのは 'a' です。そこで、'Y'→'a'と仮定します。

すると、"Ueare" という文字列が2カ所現れます。これは "weare" だと推測できます。'U' の出現頻度は2.26%、'w' の出現頻度は2.3%であり、推測は妥当といえます。そこで、'U'→'w'と仮定します。

最頻出単語の1つである "have" が当てはまりそうな場所を探してみます。すると、"wehaGe" が見つかりました。'G' は 'v' と推測できます。"we have" と文法的にも正しそうです。また、'G' の出現頻度は1.81%、'v' の出現頻度は1.0%であり、推測は妥当といえます。そこで、'G'→'v'と仮定します。

ここまでの3つの文字を例文に適用すると、次のようになります。

KJHrFMJreaAEFeveAVearFaOJJHrKatherFZrJHOhtKJrthJAthNFMJAtNAeAtaAe
wAatNJAMJAMeNveENAXNZertVaAEEeENMateEtJtheQrJQJFNtNJAthataXXPe
AareMreateEeBHaXAJwweareeAOaOeENAaOreatMNvNXwarteFtNAOwhether
thatAatNJAJraAVAatNJAFJMJAMeNveEaAEFJEeENMateEMaAXJAOeAEHrewe
arePetJAaOreatZattXeKNeXEJKthatwarwehaveMJPetJEeENMateaQJrtNJAJKth
atKNeXEaFaKNAaXreFtNAOQXaMeKJrthJFewhJhereOavetheNrXNveFthatthat
AatNJAPNOhtXNveNtNFaXtJOetherKNttNAOaAEQrJQerthatweFhJHXEEJthNF

　残っている頻度の高い文字として 'J' があります。'J' の出現頻度は8.37%で
あり、グループ2で残っている 'i', 'o', 'n', 's' のいずれかである確率が高いと
いえます。"ZrJ", "Jwweare" の存在から、'J' は 'n', 's' ではないと考えられま
す。加えて "JrthJFewhJhere" の存在から、'J' は 'i' ではないと考えられます。
よって、'J'→'o' と仮定します。

　"Oreat", "Oave"から、'O'→'g' と仮定します。'O' の出現頻度は2.94%、
'g' の出現頻度は2.0%であり、推測は妥当といえます。

　"weareeAgageE"（空白を入れると"we are e?gage?"）、"thatAatNoA"、
"NAg"（3回出現）から、'A'→'n', 'N'→'i' と仮定します。

　ここまでを例文に適用すると、次のようになります。

KoHrFMoreanEFevenVearFagooHrKatherFZroHghtKorthonthiFMontinentanewn
ationMonMeiveEinXiZertVanEEeEiMateEtotheQroQoFitionthataXXPenareMreat
eEeBHaXnowweareengageEinagreatMiviXwarteFtingwhetherthatnationoranVna
tionFoMonMeiveEanEFoEeEiMateEManXongenEHrewearePetonagreatZattXeKi
eXEoKthatwarwehaveMoPetoEeEiMateaQortionoKthatKieXEaFaKinaXreFtingQ
XaMeKorthoFewhoheregavetheirXiveFthatthatnationPightXiveitiFaXtogetherKitt
inganEQroQerthatweFhoHXEEothiF

　"weareengageEinagreat"（空白を入れると "we are engage? in a great"）
より、'E'→'d' と仮定します。すると、最後から6文字が "dothiF"（空白を入
れると "do thi?"）になり、'F'→'s' と推測できます。

　もう少し最後のあたりを解読してみます。"thatweshoHXddothis"（空白を
入れると "that we sho??d do this"）になるので、'H'→'u', 'X'→'l' と推測し
ます。

> KoursMoreandsevenVearsagoourKathersZroughtKorthonthisMontinentanewnat
> ionMonMeivedinliZertVanddediMatedtotheQroQositionthatallPenareMreatede
> BualnowweareengagedinagreatMivilwartestingwhetherthatnationoranVnations
> oMonMeivedandsodediMatedManlongendurewearePetonagreatZattleKieldoKt
> hatwarwehaveMoPetodediMateaQortionoKthatKieldasaKinalrestingQlaMeKort
> hosewhoheregavetheirlivesthatthatnationPightliveitisaltogetherKittingandQroQ
> erthatweshoulddothis

残りの文字も、同様のアプローチで推測していきます。

- "Kour", "Kathers", "Korth" から 'K' → 'f'
- "Zrought", "Zattle" から、'Z' → 'b'
- "sMore", "MonMeivedin", "areMreated", "greatMivilwar" から 'M' → 'c'
- "Vearsago", "nationoranVnation"（空白を入れると"nation or an? nation"）から、'V' → 'y'
- "theQroQosition", "QroQer" から、'Q' → 'p'
- "wearePet", "Pight" から、'P' → 'm'
- "eBual" から 'B' → 'q'

> fourscoreandsevenyearsagoourfathersbroughtforthonthiscontinentanewnationc
> onceivedinlibertyanddedicatedtothepropositionthatallmenarecreatedequalnow
> weareengagedinagreatcivilwartestingwhetherthatnationoranynationsoconceive
> dandsodedicatedcanlongendurewearemetonagreatbattlefieldofthatwarwehave
> cometodedicateaportionofthatfieldasafinalrestingplaceforthosewhoheregaveth
> eirlivesthatthatnationmightliveitisaltogetherfittingandproperthatweshoulddothis

　以上ですべての文字を置き換えました。適切な位置に空白やピリオドを入れ、文頭を大文字にします。すると、次の文章が得られます。英文として矛盾するところがないので、復号に成功したといえます。

> Four score and seven years ago our fathers brought forth on this continent, a
> new nation, conceived in liberty, and dedicated to the proposition that all men
> are created equal. Now we are engaged in a great civil war, testing whether
> that nation or any nation so conceived and so dedicated, can long endure. We
> are met on a great battle field of that war. We have come to dedicate a
> portion of that field, as a final resting place for those who here gave their lives
> that that nation might live. It is altogether fitting and proper that we should do
> this.

この英文はアブラハム・リンカーンのゲティスバーグ演説[*19]の冒頭です。内容は次のとおりです。

87年前、われわれの父祖たちは自由の精神にはぐくまれ、すべての人は平等につくられているという信条に捧げられた、新しい国家をこの大陸に建てました。現在われわれは、大きな国内戦争のさなかにあり、自由の精神をはぐくみ、自由の心情に捧げられたあらゆる国家が、永続できるか否かの試練を受けているわけであります。われわれはこの戦争の激戦の地で相会しています。われわれはこの国家が永らえるようにと、ここでその生命を捧げた人々の、最後の安息の場所として、この戦場の一部を捧げるためにやって来たのであります。われわれがそうすることは、まことに適切であり好ましいことであります。

2.6.6 頻度分析への対策

単一換字式暗号が頻度分析に脆弱であることが判明すると、その弱点を克服するためにいくつもの工夫がされるようになりました。

▶ 冗字を利用する

冗字とは、実際の文字には対応しない記号や文字のことです。これは、一種のダミーとなります。例えば、アルファベット26文字を1〜99のいずれかの数字に対応させたとすると、残った数字は何も表していません。送信者が暗号文の中に冗字を散りばめても、正当な受信者は冗字を無視して復号できます。

一方、冗字の存在を知らない暗号解読者は頻度分析を行います。しかし、冗字の存在によって、出現頻度の統計データと食い違いが生じます。その結果、頻度分析による解析をしにくくできます。

▶ 綴りを間違える

綴りの間違いがわかる程度の範囲内で、平文の綴りをわざと変更して、それを暗号化する方法です。本来存在しない単語に置き換わっているため、綴りの間違いが多ければ多いほど、出現頻度の統計データと食い違いが生じます。そ

---

*19：1861〜1865年に南北戦争が勃発しました。1863年7月、北部へ侵入を試みた南軍と、迎え撃つ北軍の間でゲティスバーグの戦いが行われ、激戦の末に北軍が勝利しました。11月にゲティスバーグで戦死者慰霊の式典が行われ、リンカーンが演説しました。

の結果、頻度分析による解析をしにくくできます。

▶ 語句をわざと取り除く

頻出文字を取り除くことで、出現頻度の統計データとの食い違いを生じさせます。例えば、一部の軍用暗号では、代名詞（例："I", "he"）や冠詞（例："the", "a"）を省略することがあります。こうした暗号を頻度分析で解析するには、その暗号専用の統計データが必要になります。

暗号ではありませんが、フランスの作家ジョルジュ・ペレックの小説に、『消失』という作品があります。これは 'e' が1つも出現しないように意図されて書かれました。さらに、イギリスの作家ギルバート・アデアはこの『消失』を、やはり 'e' を使わずに英語に翻訳しました。このように作為的に書かれた文章に対しては、頻度分析による解読は向きません。

▶ コードを利用する

頻出語句を別の単語、あるいは記号に置き換える方法もあります。こうすることで、「暗号文に現れる文字の頻度」と「自然言語に現れる文字の頻度」に大きな差が生じます。このアプローチは、コードそのものを使ったり、暗号化の一部にコードを採用したりすることによって実現できます。

コードが頻度分析に強いのは、文字ではなく単語を取り扱うからです。アルファベットの単一換字式暗号を解読するためには、26文字の対応を調べることになります。一方、コードを解読するためには、何百・何千という符牒の対応を調べることになります。

▶ 多表式暗号を用いる

冗字や誤った綴りなどの工夫により頻度分析の解析をしにくくできましたが、優れた暗号解読者であれば、そういった暗号文でも解読できました。こうした問題点を改善するためには、暗号化の仕組みを改めて考え直す必要があります。

単一換字式暗号では、1つの文字が常に同じ文字に暗号化されます。そのため、暗号文に平文と同じ出現頻度の分布が現れます。もし1つの文字を複数の文字に変換できれば、そのような問題は起こりません。こうしたアプローチを採用している暗号の1つが多表式暗号です。

Column 小説の中の暗号

　小説の中の暗号として特に有名なのは、エドガー・アラン・ポーの『黄金虫』、コナン・ドイルの『踊る人形』、江戸川乱歩の『二銭銅貨』です。いずれも短編なので、読んだことがない場合は一読することをお勧めします（以降、若干ネタバレになるのでご注意ください）。

　『黄金虫』は、暗号を取り扱った推理小説の草分けと見なされています。海賊キャプテン・キッドが隠した財宝のありかを示す暗号文を解読するという話です。ここでは、平文空間がアルファベット、暗号文空間が数字と記号である、単一換字式暗号を用いています。暗号文で最もよく出現する文字 '8' を 'e' と推測して、7回も出現する文字列 ";48" を "the" と推定します。これを暗号文に当てはめて、未知の文字を推測していきます。小説内の解読は19世紀当時の方法ですが、古典暗号解読の演習として向いています。連字や3連字の統計を併用すると、より簡単に解読できます。

　『踊る人形』は、名探偵ホームズシリーズの短編の1つです。エルジー夫人と、彼女を脅迫するギャングの間でやり取りされた暗号文を解読するという話です。平文空間がアルファベット、暗号文空間が人形の絵文字である、換字式暗号が使われています。絵文字の羅列なので子供の落書きのように見えますが、実際には暗号文でした。人形の絵文字が持つ小旗が、単語間の空白を意味します。やはり、暗号文で最もよく登場する絵文字を 'e' と推定します。

　『二銭銅貨』は、江戸川乱歩の処女作です。煙草屋のお釣りとして受け取った二銭銅貨は、表と裏が2つに分かれる容器になっていて、中には「南無阿弥陀仏」の文言が列挙された不思議な暗号文が入っていたという話です。ここで用いられているのは、平文空間がかな文字、暗号文空間が「南無阿弥陀仏」と句点の集合である、換字式暗号です。ただし、南無阿弥陀仏という6文字を点字、句点は文字の区切りに対応させているため、「単一」換字式暗号ではありません。平文の1文字を表現するのに、暗号文では最大7文字（南無阿弥陀仏の6文字+句点1文字）を要します。それだけ暗号文が長くなってしまいますが、暗号文空間は7つの要素しかありません。

図2.13 小説の暗号化の例

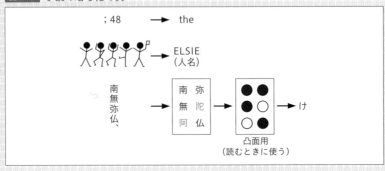

2.7 多表式暗号

安全性★★★★☆　効率性★★★☆☆　実装の容易さ★★★★☆

ポイント
- 頻度分析に対して脆弱だった単一換字式暗号の改良版です。
- 暗号機械と相性がよく、多彩な多表式暗号が登場しました。
- 鍵の存在が重要視され、ワンタイムパッド暗号への発展のきっかけとなりました。

2.7.1 多表式暗号とは

　単一換字式暗号は頻度分析に対して脆弱でした。その理由は、1文字が1回しか置き換わっておらず、暗号文では平文の文字が変わっているだけなので、平文における出現頻度のパターンが変わらないからです。平文の特徴、すなわち自然言語の特徴が、暗号文にそのまま表れていることになります。

　これを解決するのが、多表式暗号です。多表式暗号とは、平文をn文字ずつのブロックに区切り、ブロック内の各文字において変換規則が異なる暗号のことです。その結果、同一文字であっても、別の文字に置き換わります。変換規則が複数あることが、多表式と呼ばれる所以です。

2.7.2 トマス・ジェファーソンの暗号筒

▶ 暗号筒の仕組み

　米国の第3代大統領のトマス・ジェファーソンは独立宣言の起草者として有名ですが、暗号学にも興味を持っており、暗号筒と呼ばれる暗号機械を発明しました。これは、36枚の円盤を棒に通して、円盤の外周にはアルファベット26文字を刻んだものです（ 図2.14 ）。

　各円盤のアルファベットの並びは異なってよいのですが、円盤には数字が割り振ってあります。送受信者は決められた数字順で軸に円盤を通して、両端を固定します。平文を暗号化する場合には、平文を36文字に分割し、分割したメッセージの文字がカーソル上に揃うように各円盤を回転させます。カーソルを任意に移動させて、水平の文字の並びを書き取ると、これが36文字のメッセージの暗号文になります。これを繰り返して、暗号文を完成させます。

　暗号文を復号する場合には、暗号文どおりに文字を並べて、円盤の他の部分

を水平に読み取り、意味の通じるところを見つけます。それが元の平文になります。

図2.14 トマス・ジェファーソンの暗号筒

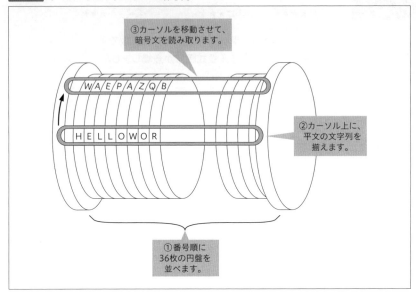

暗号筒の実用化

　暗号筒の仕組みは簡単であるにもかかわらず、実用的で、当時としては最先端をいっていました。適切な使い方をすれば、暗号の安全性は比較的高いといえます。しかし、ジェファーソンの生前にこの発明は知られることがなく、ジェファーソン自身もアイデアを最終的に捨てて実用化しなかったといいます。

　それから120年後、米国陸軍が似たような暗号筒を実用化します。その暗号筒は、M-94と呼ばれています。M-94は円盤の数が25枚ですが、トマス・ジェファーソンの暗号筒と同様の仕組みです。第二次世界大戦時にM-209暗号機が登場するまで使われていたといいます。つまり、それぐらいアイデアとしては素晴しかったということになります。

2.7.3 ヴィジュネル暗号

▶ ヴィジュネル暗号とは

16世紀のフランスの暗号学者であるブレーズ・ド・ヴィジュネルは、表（以後、ヴィジュネル表[*20]と呼ぶ）を用いた多表式暗号を開発しました。ヴィジュネル表は、表2.15 のようになっています。複雑そうに見えますが、非常に単純です。上部に平文の文字、側面に鍵となる文字、セルに暗号文の文字が記載されています。

表2.15 ヴィジュネル表

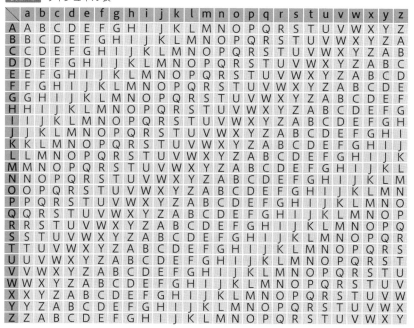

鍵の文字である 'A'〜'Z' は、左シフトでずらす数（0〜25）に対応します。つまり、ヴィジュネル暗号は、ブロック化[●13]とシフト暗号[●14]を組み合わせた暗号といえます。

[*20]：「ヴィジュネル方陣」と呼ばれることもあります。

[●13]：2.5.1 転置式暗号とは（ブロック化）p.050
[●14]：2.2.3 シーザー暗号の改良（シフト暗号）p.036

▶ ヴィジュネル暗号のアルゴリズム

ヴィジュネル暗号のアルゴリズムは 図2.15 のとおりです。

図2.15 ヴィジュネル暗号のアルゴリズム

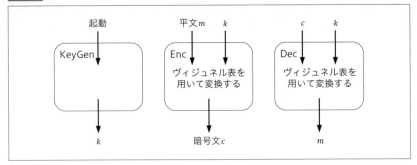

鍵はアルファベットの並びであり、送受信者間だけで共有します。仮に、鍵を暗号化のたびにランダムに選択して、平文以上の長さにするとします。すると、暗号文からアルファベットを使っていることはわかりますが、平文の内容に関する情報はまったく漏れません。これは一種のワンタイムパッド暗号[*21]といえます。しかしながら、運用上は、鍵には比較的短い単語が用いられていました。

ヴィジュネル暗号では、鍵が平文より短ければ、それを反復することで平文と同サイズの鍵にして使用します。他にも単純に反復しない方法や、鍵に文字ではなく数字を用いる方法などのバリエーションがあります。

例えば、平文が "hello world."、鍵が "STAR" だとします。平文から空白とピリオドを取り除き "helloworld" にして、平文のサイズに合うように鍵を拡張します（この鍵を拡張鍵と呼ぶ）。ヴィジュネル表（ 表2.15 ）で変換すれば、"ZXLCGPOIDW" という暗号文を得られます（ 表2.16 ）。

表2.16 ヴィジュネル暗号の暗号化

平文	h	e	l	l	o	w	o	r	l	d
鍵	S	T	A	R	S	T	A	R	S	T
暗号文	Z	X	L	C	G	P	O	I	D	W

▶ ヴィジュネル暗号の鍵数

1ブロックは鍵kの文字数に相当し、ここではn文字とします。英語のアル

[*21]: ワンタイムパッド暗号については後述します。

ファベットは26文字あるので、ブロック内の1文字目をずらすパターンは26通りあります。同様に2文字目も26パターンあります。1ブロック内にn文字があるので、全体の鍵数は26^nになります。

2.7.4 多表式暗号の解読

当時ヴィジュネル暗号は解読できないといわれていましたが、実際にはそうではありません。ここでは、ヴィジュネル暗号の解読の概要について紹介します。

▶ カシスキー法による周期の特定

カシスキー法とは

ペルシャの将校フリードリヒ・ウィリアム・カシスキーは、1863年に暗号文の中の繰り返しを分析して、周期を割り出す手法を発表しました。ちなみにイギリス人のチャールズ・バベッジは、カシスキーの発表以前に同様の手法を独自に発見していたことがわかっています。しかし、バベッジは公式に発表していなかったので、この解読手法はカシスキー法と呼ばれています。

ヴィジュネル暗号の弱点

先ほどのヴィジュネル暗号は、平文内の同じ文字が異なる鍵で暗号化され、結果として異なる文字に暗号化されます。例えば、鍵が "STAR" の場合に、平文内の文字 'h' がどの文字に暗号化されるかをヴィジュネル表で確認します（ 表2.17 ）。

すると、暗号化は次に示す4パターンになります。1文字の暗号化のパターンとしては、鍵のサイズ分だけあることがわかります。

① 鍵として 'S' が使用されると、'h' は 'Z' に暗号化される。
② 鍵として 'T' が使用されると、'h' は 'A' に暗号化される。
③ 鍵として 'A' が使用されると、'h' は 'H' に暗号化される。
④ 鍵として 'R' が使用されると、'h' は 'Y' に暗号化される。

次に、頻出単語である "the" を暗号化した場合を考察します。"the" が平文の中のどの位置に出てくるかはわかりません。そこで、"the" の前後に任意の文字が連なっているとすると、"***the***"（「*」は任意の1文字を意味する）と書けます。鍵の反復を考慮すると、"the" の暗号文は 表2.18 のとおりです。文字列の暗号化のパターンは、鍵のサイズ分だけあることがわかります（暗号化は4パターン、鍵である"STAR"は4文字）。

表2.17 'h'の暗号化

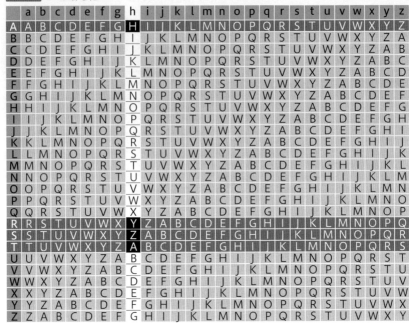

表2.18 "the"の部分に対する鍵と暗号文

"***the***"に対する鍵	"the"の部分に対する鍵	"the"の暗号文
"STAR<u>STAR</u>S"	"RST"	"KZX"
"R<u>STAR</u>STAR"	"ARS"	"TYW"
"AR<u>STAR</u>STA"	"TAR"	"MHV"
"TAR<u>STAR</u>ST"	"STA"	"LAE"

　また、暗号文の中に、同じ文字列が反復して登場することがあります。反復が起きる理由としては、2つの可能性が挙げられます。第1の可能性は、平文内で同じ文字列になっている箇所が、鍵の同じ部分で暗号化されて、暗号文が一致した場合です。第2の可能性は、平文内では異なる文字列が、鍵の別の部分で暗号化されて、たまたま暗号文が一致した場合です。

　鍵のサイズが大きければ、第2の可能性は非常に低いので無視できます。よって、暗号文内に同じ文字列が登場した場合には、平文内において「同じ文字列」が「鍵の同一部分」で暗号化されたと考えられます。つまり、暗号文内の文字列の周期は、鍵のサイズに大きく関係しているのです。この事実を利用すると、鍵のサイズの候補を絞り込めます。

カシスキー法による周期特定の流れ

以上を踏まえて、ヴィジュネル暗号の鍵のサイズを解読できます。まず、暗号文内で同一文字列を探します。その際、上記の第2の可能性を除外するために、5文字以上同一だと好ましいといえます[*22]。

同一文字列を発見したら、その間隔を調べます。間隔が30文字だったとすると、30の約数である1, 2, 3, 5, 6, 10, 15, 30が鍵のサイズの候補になります。ただし、1では鍵のサイズが1文字になってしまいます。これはヴィジュネル表の1行だけが常に使用されていることであり、つまり単一換字式暗号[●15]（それもシフト暗号）に他なりません。ヴィジュネル暗号でわざわざシフト暗号を選択するはずがないので、1は除外できます。

さらに鍵のサイズを絞り込むには、暗号文内から別の同一文字列を探します。存在すれば、その間隔の値の約数が、鍵のサイズ候補になります。それを先ほど求めた候補と比較すると、候補を絞り込むことができます。なぜなら、どちらの約数にも登場する数字が鍵のサイズだからです。

▶ 一致指数法による周期の推測

一致指数とは

ウィリアム・フリードマン（William Friedman）は1920年代に、暗号文の文字頻度の変動を測定するため、一致指数（Index of Conincidence：IC）という概念を考案しました。一致指数は、次の公式によって計算できます。

$$IC = \frac{\sum_{i=0}^{25} F_i(F_i - 1)}{N(N-1)}$$

ここで、F_iは暗号文内の第i番目のアルファベット文字の出現回数を意味します。'A'が10回出現していれば$F_0 = 10$となり、'Z'が2回出現していれば$F_{25} = 2$となります。Nは暗号文の文字の総数です。つまり、（アルファベットを暗号文空間に持つ）暗号文であれば、次のように計算することになります。

IC＝{(Aの出現回数)×(Aの出現回数－1)＋…＋(Zの出現回数)×(Zの出現回数－1)}÷{文字の総数×(文字の総数－1)}

一致指数ICが決まると、 表2.19 から周期dを推測できます。一致指数の値

[*22]：自然言語に現れる文字列の統計的な性質にもとづくと、5文字以上の暗号文の反復は偶然ではなく、平文にて同一の文字列の反復である確率が非常に高いことが知られています。

[●15]：2.6 単一換字式暗号 p.054

が大きければ、暗号文の周期が短いことになります。特に周期$d=1$のときは、単一換字式暗号に相当します。

表2.19 一致指数と周期の対応

IC	d
0.066	1
0.052	2
0.047	3
0.045	4
0.044	5
0.041	10
0.038	11以上

一致指数法の特徴

　一致指数法は、文字をカウントさえすれば、後は公式に当てはめるだけなので簡単に実現できます。しかし、一致指数は統計的概念であるため、一致指数法によって得られた周期はあくまで推測に過ぎません。そのため、周期をピンポイントで特定するのには向かず、「単一換字式暗号か否か」「周期が短いか長いか」といった大雑把な判断に向いています。より精密に周期を特定する必要があれば、前述のカシスキー法を用います。

▶ 頻度分析による鍵の特定

　カシスキー法や一致指数などで鍵のサイズを特定（あるいは推測）したら、暗号文をそのサイズで分割します。例えば、鍵のサイズを5文字と特定したら、暗号文を1文字ずつ第1グループから第5グループに割り振ります。暗号文がc = "abcdefghij…" である場合、第1グループは "af…"、第2グループは "bg…"、第3グループは "ch…"、第4グループは "di…"、第5グループは "ej…" となります。各グループは特定の鍵（1文字）だけで暗号化されたものになります。つまり、各グループ内では、従来どおり頻度分析を適用できます。

　ただし、ここでの頻度分析の最終目的は、暗号文を平文にすることではなく、鍵の特定です。これができるのは、ヴィジュネル表の内容が既知だからです。第1グループにおいて、最も出現回数が多い文字が 'R' だとします。すると、'R' は 'e' を表していると推測でき、ヴィジュネル表でそのような対応を実現する鍵は 'N' になります。同様の議論を各グループに対して行うことで、最終的に鍵全体の情報を特定できます。

▶ 平文や鍵の推測

　同一の鍵による暗号文が2つ以上あると、平文や鍵の候補を絞り込めます。ここでは2つの暗号文 $c_1 =$ "AYBF…"、$c_2 =$ "DDTF…" を得たとします。暗号文を縦に並べると、同一の列は同一の鍵（の文字）で暗号化されたことになります。

　この2つの暗号文の1列目に注目します。ヴィジュネル表において、暗号文として 'A'（c_1 の1文字目）と 'D'（c_2 の1文字目）となるセルに背景色を付けました（表2.20）。

表2.20　'A' と 'D' に暗号化されるパターン

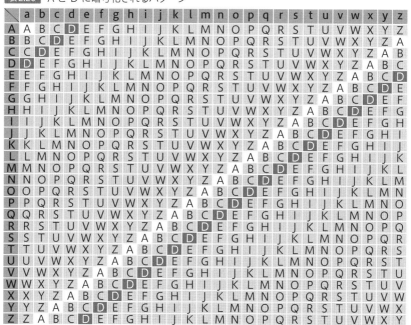

　例えば、鍵の文字が 'M' だとすると、平文は 'o' と 'r' になります。'A' を1、'Z' を26として、「c_2 の文字に対応する値」から「c_1 の文字に対応する値」を引いて差を計算します。ただし、負の数になった場合には26を加算します。すると暗号文の差は3、平文の差も3になります。鍵に別の文字を選んでも、暗号文の差と平文の差は一致します。さらに、これは暗号文の別の列に関しても成り立ちます。

　4列目に注目すると、c_1 と c_2 のどちらも 'F' です。同一の位置で暗号文の文字が一致するということは、平文の文字も一致しているはずです（差で考えると0）。こうしたものが反復されていれば、鍵の周期の推測の手がかりになり

ます。

さらに、暗号文の先頭の数文字の差を調べるのも効果的です。括弧内の数字は対応する値とすると、各列の値の差は3, 5, 18, 0になります（ 表2.21 ）。

表2.21 暗号文c_1とc_2の差

	1列目	2列目	3列目	4列目
c_1の文字	A(1)	Y(25)	B(2)	F(6)
c_2の文字	D(4)	D(4)	T(20)	F(6)
差	3	− 21 （= 5）	18	0

暗号文の冒頭は、平文の冒頭を暗号化したものです。上記の差を満たす、文の先頭になるような2つの単語を推測します。英語の場合は、文字の種類が26文字しかないため、条件を満たす単語のペアはそれほどありません。

ここまでのことから、暗号の解読に少し慣れている人なら、c_1, c_2 は、$m_1 =$ "like", $m_2 =$ "once" を鍵＝"PQRB" で暗号化したものだとすぐに推測できます。

ここではたった2つの暗号文から暗号解読のヒントを得ました。同じ鍵による暗号文をたくさん集めた場合には、次に紹介するスーパーインポジションにより、鍵をより精密に特定できます。このように、同じ鍵を使って暗号文を作ると、暗号解読の大きな手がかりになる場合がよくあります。なお、異なる鍵を使っても、同一平文を暗号化してしまうと、同様に暗号解読の手がかりにされてしまいます。

スーパーインポジションによる鍵の特定

オランダの言語学者であるアウグスト・ケルクホフス（Auguste Kerckhoffs）は、スーパーインポジションという多表式暗号の解読手法を考案して、1883年に著書『軍事暗号』の中で発表しました。

この手法を活用するには、まず、同じ鍵で暗号化された複数個の暗号文を集めます。ここでは$c_1 =$ "DJOAPOIU", $c_2 =$ "PADIMADZ", $c_3 =$ "LOIYUDJK", …が得られたとします。そして、集めた暗号文を 表2.22 のように並べます。

表2.22 スーパーインポジションの例

	1	2	3	4	5	6	7	8	9
c_1	D	J	O	A	P	O	I	U	…
c_2	P	A	D	I	M	A	D	Z	…
c_3	L	O	I	Y	U	D	J	K	…

同一列（例：1列目の 'D', 'P', 'L'）に注目すると、これらは同じ鍵（の1文字）で暗号化されたものです。各列は単一換字式暗号と考えられるので、頻度分析を適用できます。

2.7.5 ヴィジュネル暗号の改良

▶ 鍵のサイズを特定させないために

ヴィジュネル暗号は鍵のサイズがわかってしまうと、頻度分析によって鍵を特定されてしまいます。いったん鍵のサイズが特定されてしまうと、単一換字式暗号を頻度分析するよりも容易に解読されてしまう恐れがあります。ここでは、そういった問題に対する改善策を見ていきます。

▶ 鍵のサイズを大きくする

暗号文の文字数が1000文字であるとします。鍵のサイズが5文字の場合は、暗号文を5つのグループ（各グループは200文字）に分けて頻度分析すれば解読できます。

一方、鍵のサイズを20文字にすると、暗号文を20のグループ（各グループは50文字）に分けて頻度分析することになります。50文字では、頻度分析による解読の成功率が下がります。さらに、鍵のサイズを1000にすれば、暗号文を1000のグループ（各グループは1文字）に分けたことになり、頻度分析は不可能です。よって、鍵のサイズを暗号文のサイズと同程度にすると、カシスキー法と頻度分析による解読に対しては安全といえます。

▶ 暗号化のたびにランダムに鍵を生成する

しかし、鍵のサイズを大きくしても、推測できるような文字の並びでは意味がないので、鍵はランダムに選択すべきです。また、暗号化のたびに同じ鍵を使うと、複数の暗号文からスーパーインポジションによって解読されてしまいます。そこで、鍵は暗号化のたびに生成し直すべきです。

平文と同サイズの鍵をランダムに選択して、暗号化のたびに生成し直すようにすれば、完全な安全性を実現できます。これをワンタイムパッド暗号と呼びます。ワンタイムパッド暗号の鍵はランダムであるため、ランダムな暗号文を得られます。ランダムな暗号文にパターンは存在せず、平文の情報は漏れません。

▶▶ Column 折句とアクロスティック

　折句とは、俳句や和歌の各句切れの部分の頭や最後の部分の文字を拾うことで意味を持たせる言葉です。

　一例を挙げると、『伊勢物語』には、次の在原業平の歌が記載されています。

からころ**も**（唐衣）

きつつなれに**し**

つましあれ**ば**（妻しあれば）

はるばるきぬ**る**（はるばる来ぬる）

たびをしぞおも**ふ**（旅をしぞ思ふ）

　各句の頭文字を見ていくと「かきつはた」という言葉になります。これは「かきつばた」というアヤメ科の多年草を指しています。各句の最後の文字を後ろから見ていくと、「ふるばしも」という言葉になります。これは「ふるはしも」と読め、「古く情緒のある八つ橋」と「流れに揺らぐ川藻」を意味します。このように、歌の中に別の言葉や意味が隠されているのです。

　英語圏の国でも、詩の頭文字を取ると意味のある単語になるような文字遊びをします。これをアクロスティック（acrostic）といいます。例えば、ルイス・キャロルの『鏡の国のアリス』において、巻末の詩の頭文字を読み取ると、アリスのモデルとなった少女の名前"Alice Pleasance Liddell"（アリス・プレザンス・リデル）になります。

A BOAT beneath a sunny sky,

Lingering onward dreamily

In an evening of July —

Children three that nestle near,

Eager eye and willing ear,

…

ダウンロード特典「エニグマ暗号」について

　古典暗号の最終進化形ともいえるエニグマ暗号の解説をダウンロード特典として提供しています（PDF形式）。ページの都合で本書には掲載できませんでしたが、約35ページのボリュームで詳細に仕組みを解説しました。エニグマのアプリや、簡易版エニグマを体験する項目も用意しているので、ぜひご一読ください。

ダウンロードURL：http://www.shoeisha.co.jp/book/campaign/ango

CHAPTER

3

共 通鍵暗 号

3.1 古典暗号から現代暗号へ

3.1.1 現代暗号の発展

　世界で初めての暗号がいつ発明されたのかはわかっていませんが、人類が秘密にしなければならない情報を持つようになったことで暗号が必要になったのは間違いありません。特に、外交や軍事の分野では、早くから暗号が活躍しました。また、11世紀には、ヴェニスの商人が競争相手に商取引の情報がばれないように暗号を利用していたといいます。この当時、通信文のやり取りは主に手渡しまたは手紙であったため、通信文の存在を隠蔽する秘密通信●[1]でも秘匿という目的を達成できました。

　1844年になると、長距離の無線電信とモールス信号が登場します。無線電信を用いると、前線部隊と後方の司令部との間で迅速な連絡ができます。しかし、無線による通信は、受信装置さえあれば簡単に傍受されてしまいます。そのため、通信内容自体を秘匿する暗号が発達しました（秘密通信から暗号への転換）。

　コンピュータの登場以前は、暗号の利用者も、軍隊、諜報機関、大使館、国家機関、一部の組織などに限定されていました。そのため暗号のアルゴリズムを公開する必要性がなく、一般には秘密にされていました。

　ところが、現代になるとコンピュータとインターネットが急速に発達し、それまでと状況が一変します。インターネットの商取引を通じて、多くの人が顔を知らない相手とやり取りする必要があります。また、デジタルデータは劣化せず、複製や編集が容易であり、ネットワークを通じて即時にやり取りできます。つまり、商業目的で、民間企業や個人が暗号を利用する時代になったといえます。

　本書では、コンピュータ以前の暗号を古典暗号、それ以後の暗号を現代暗号として区別します。本章以降では、現代暗号について解説していきます。

●[1]：9.3.8 秘密通信 p.667

3.2 共通鍵暗号の概要

3.2.1 共通鍵暗号とは

共通鍵暗号とは、暗号化と復号にて同一の秘密鍵を用いる暗号です。同一であることを強調する場合には、秘密鍵のことを共通鍵と呼ぶ場合もあります。秘密鍵があれば誰でも復号できてしまうため、送受信者は何らかの手段で秘密鍵を安全に共有しなければなりません。また、通信相手ごとに異なる秘密鍵を用いる必要があります[*1]。

共通鍵暗号は、一般に高速に暗号化・復号できるように設計されています[*2]。そのため、大きなサイズの平文の暗号化に向いています。

> **Column 暗号における鍵とは**
>
> 暗号における鍵とは、暗号化アルゴリズムや復号アルゴリズムの動作を制御するためのデータのことです。例えば、シーザー暗号の場合、$n = 3$という固定の鍵が使用されています。この場合、誰でも他人向けの暗号文を復号できてしまいます。一方、シフト暗号の場合は、25種類の鍵nがあるため、正しい鍵を推測できなければ暗号文を正しく復号できません。
>
> よって、鍵という概念により、同じ暗号を採用しているにもかかわらず、ユーザーごとに暗号化の手続きを異なるものにできます。つまり、同一の暗号化アルゴリズムに同一の平文を入力しても、鍵が異なれば、異なる暗号文が出力されます。
>
> 以上は暗号の鍵についての議論ですが、メッセージ認証コードやデジタル署名における鍵もアルゴリズムを制御するために用いられます。また、疑似乱数生成器の入力である種も鍵の一種といえます。

---

*1：複数ユーザーが同一の秘密鍵を用いれば、グループ内の暗号通信が容易に実現できます。
*2：あえて高速ではない共通鍵暗号を設計することもできます。

3.3 共通鍵暗号の定義

3.3.1 共通鍵暗号の構成

　共通鍵暗号は、鍵生成アルゴリズム KeyGen、暗号化アルゴリズム Enc、復号アルゴリズム Dec の組（KeyGen, Enc, Dec）で構成されます（ 図3.1 ）。

図3.1　共通鍵暗号のアルゴリズム

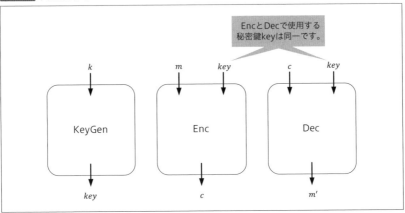

　KeyGen は鍵を生成するためのアルゴリズムです。セキュリティパラメータ k を入力すると、秘密鍵 key を出力します。セキュリティパラメータとは、秘密鍵のサイズを決定する値です[*3]。

　Enc は暗号化のためのアルゴリズムで、平文 m と key を入力すると、暗号文 c を出力します。

　Dec は復号のためのアルゴリズムです。c と key を入力すると、復号結果である m' を出力します。元の平文と一致していれば、$m' = m$ になります。

[*3]：文献によっては、セキュリティパラメータは 1^k と表記されることがあります。これは1が k 個並んだビット列を意味します。いずれにしても秘密鍵のサイズが k であることを意味するため、本書ではシンプルに k と表記します。

3.4 共通鍵暗号の仕組み

3.4.1 共通鍵暗号のやり取り

アリスがボブに共通鍵暗号の暗号文を送信する状況を考えます。アリス（あるいはボブ）は事前にKeyGenアルゴリズムを用いて、秘密鍵keyを生成します。秘密鍵は何らかの安全な方法により、両者間で共有します。

アリスは、平文と秘密鍵をEncアルゴリズムに入力して暗号化し、出力された暗号文をボブに送信します。ボブは暗号文と秘密鍵をDecアルゴリズムに入力して復号します（図3.2）。

図3.2 送受信者と共通鍵暗号のアルゴリズムの関係

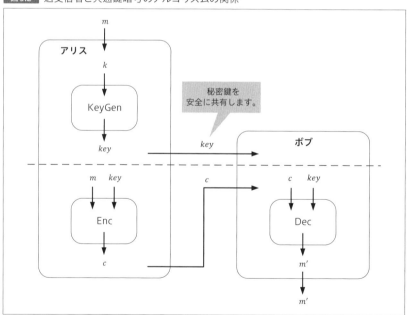

3.4.2 共通鍵暗号の性質

共通鍵暗号は次の条件を満たさなければなりません。

- 正当性
- 秘匿性

▶ 正当性

正当性とは、暗号文を復号すると、元の平文に戻ることです。暗号は一般に正当性を満たす必要があります。正しい暗号文と鍵を使っても、元の平文に戻せないのであれば、相手に通信を伝えたいという目的を達成できないからです。共通鍵暗号の正当性は、任意の key, m に対して、次が成り立つことを意味します。

$$m = \mathrm{Dec}(key, \mathrm{Enc}(key, m))$$

▶ 秘匿性

共通鍵暗号の秘匿性とは、暗号文 c から平文 m に関する情報が得られないことです。秘匿性は攻撃モデルと解読モデルによって分類されます。詳細については、3.5節で解説します。

3.4.3 共通鍵暗号の平文空間と暗号文空間

古典暗号では、基本的に自然言語の文字を扱っていました。一方、現代暗号では、コンピュータで扱うことが前提です。そのため、すべての情報（文字だけでなく、画像・音声・動画等を含む）をビット列に変換したものを扱います。つまり、共通鍵暗号の平文空間と暗号文空間の要素はビット列になります。

▶ ビット列

ビット列とは、ビットをある決まった数だけ並べたものです[4]。例えば、1ビットは0または1になります。4ビットであれば、0000, 0001, …, 1111 の

---

[4]：バイナリ値とは2進数値のことですが、本書ではビット列と同じ意味で扱っています。

いずれかになります（1ビットを4個並べたもの）。また、1ビットの集合を$\{0, 1\}$、nビットの集合を$\{0, 1\}^n$と表現します。

本書ではビット列を明示するために、末尾に'b'を付けて表現します[*5]。つまり、2進数の1010は、1010bと表記します。さらに、見やすさを向上させるために、1010 0001bのように4ビット単位あるいは8ビット単位で空白を入れることもあります。

▶ 符号化

平文の対象がすでにビット列であればそのままで問題ありませんが、そうでなければビット列に変換する必要があります。情報をビット列に変換することを符号化といいます。符号化の方式は様々ですが、代表的な例としてASCIIコード（以後、ASCIIと略す）が挙げられます。

ASCIIを使うことで、文字をビット列に変換できます。ASCIIは英数字1文字を7ビットで表現します。例えば、"Akademeia"という文字列は、ASCIIによって1文字ずつ 表3.1 のように変換されます（変換表は付録を参照[●2]）。

この変換はあくまで符号化であって、暗号化ではありません。誰でも符号化された情報から元の情報（ここでは文字列）に戻せます。

表3.1 "Akademeia"のASCII化

文字	ASCIIの10進数値	ASCIIの2進数値
A	65	100 0001b
k	107	110 1011b
a	97	110 0001b
d	100	110 0100b
e	101	110 0101b
m	109	110 1101b
e	101	110 0101b
i	105	110 1001b
a	97	110 0001b

[*5]：16進数値の場合には、"0x"を頭に付けて表現します。

[●2]：資料1 ASCIIコード表 p.700

3.5 共通鍵暗号の安全性

共通鍵暗号の安全性は、攻撃者の攻撃モデルを設定し、その設定の下で解読モデルを達成できるかどうかで議論します。

3.5.1 共通鍵暗号の設計方針

共通鍵暗号の秘密鍵は一種の乱数表といえます。ここでいう乱数表とは、平文（の各文字）と暗号文（の各文字）を1対1に対応付けるものです。秘密鍵ごとに乱数表は異なります。第三者は秘密鍵を知らないので、乱数表を知らないことになります。また、秘匿性により、暗号文から平文を特定したり、平文と暗号文のペアから（秘密鍵に対応する）乱数表を特定したりはできません。

平文のサイズが大きい場合、秘密鍵のサイズも大きくなります。つまり、継続的に暗号通信を行うには、送受信者間で膨大な回数（あるいは非常に大きなサイズ）の秘密鍵を共有しなければなりません。しかし、それは現実的でありません。そこで、一般的な共通鍵暗号は、転置と換字を組み合わせることで、効率的かつ安全な乱数表を疑似的に実現しています。転置とは2つの文字を入れ替える処理で、換字とはある文字を別の文字に変換する処理です。

秘密鍵を知らない場合に、疑似的な乱数表の部分情報すら特定できなければ、その共通鍵暗号は安全といえます。また、乱数表を効率的に作成でき、暗号化・復号を高速に処理できれば、その共通鍵暗号は効率的といえます。

3.5.2 共通鍵暗号の攻撃モデル

攻撃者の攻撃モデルが強力であるほど、攻撃者が得られる情報が多くなり、共通鍵暗号の解読に成功しやすくなります。ここでは、攻撃モデルを次の5種類に分類して解説します。

▶暗号文単独攻撃

暗号文単独攻撃（Ciphertext Only Attack：COA）とは、同一の秘密鍵に

よって暗号化された、複数の暗号文を利用して攻撃するモデルです（図3.3）。単純に暗号文攻撃と呼ばれることもあります。

これは、通信路を盗聴するという攻撃に相当します。最も素朴な状況での攻撃であり、いかなる環境においても暗号文単独攻撃を実施できます。

図3.3 暗号文単独攻撃

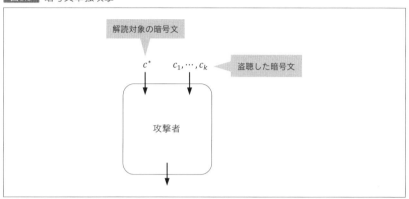

▶ 既知平文攻撃

既知平文攻撃（Known Plaintext Attack：KPA）とは、「解読対象の暗号文」と、「ランダムな平文と暗号文の対」を利用して攻撃するモデルです（図3.4）。ただし、すべての暗号文は同一の秘密鍵によって暗号化されているものとします。

この攻撃は、暗号文が既知の定型文にもとづいていたり、暗号解読によって過去の平文が特定済みであったりする状況に相当します。

図3.4 既知平文攻撃

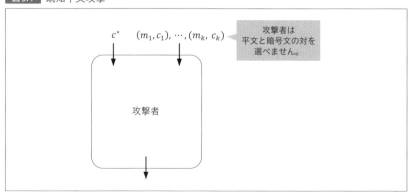

▶ 選択平文攻撃

選択平文攻撃（Chosen Plaintext Attack：CPA）とは、自分で選んだ平文に対する暗号文を得られる状況において、攻撃するモデルです。

攻撃者は、暗号化オラクルを利用して暗号文を得ます。暗号化オラクルにアクセスできるタイミングは、解読対象の暗号文 c^* を受け取る前後です（図3.5）。つまり、任意のタイミングで暗号文オラクルにアクセスできることを意味します。

選択平文攻撃は、暗号化装置を入手していたり、（ブロック暗号の暗号化アルゴリズムを利用した）認証サーバを悪用したりする状況に相当します。

図3.5 選択平文攻撃（共通鍵暗号）

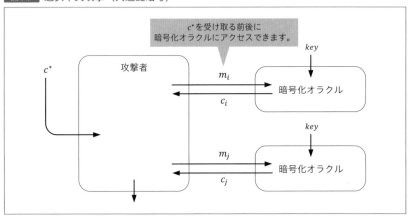

ここでいうオラクルとは、要求に応じてデータを返す仮想的な存在のことです。暗号理論の世界ではたびたび登場する用語です。例えば、関数 f を実現するオラクルであれば、質問 x をオラクルに送信すると $f(x)$ を返してくれます。

第4章で解説する公開鍵暗号の場合は、公開鍵（秘密にされていない）で暗号化するので暗号化オラクルは不要です。しかし、共通鍵暗号の場合は未知の秘密鍵で暗号化するため、暗号化オラクルが必要です。攻撃者は秘密鍵を知らないので、暗号化オラクルの力を借りなければ暗号化できません。

▶ 選択暗号文攻撃

選択暗号文攻撃（Chosen Ciphertext Attack：CCA、CCA1）は、解読対象の暗号文 c^* を受け取る前の時点で、自分で選んだ暗号文に対する平文を得られるという状況で攻撃するモデルです。復号オラクルを利用して、平文を得ます（図3.6）。

図3.6 選択暗号文攻撃（共通鍵暗号）

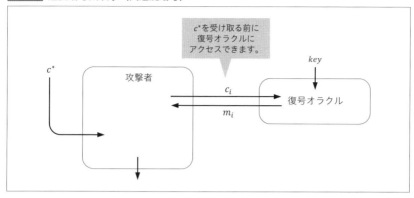

▶ 適応的選択暗号文攻撃

適応的選択暗号文攻撃（Adaptive Chosen Ciphertext Attack：CCA2）は、解読対象の暗号文c^*を受け取る前後において、自分で選んだ暗号文に対する平文を得られるという状況で攻撃するモデルです（図3.7）。つまり、任意のタイミングで復号オラクルにアクセスできることを意味します。

図3.7 適応的選択暗号文攻撃（共通鍵暗号）

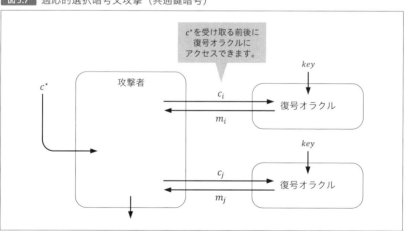

▶ 攻撃モデルの強弱関係

共通鍵暗号の場合、選択平文攻撃は誰でも実行できるわけではないので、選択暗号文攻撃と分けて考えます。そのため、共通鍵暗号の攻撃モデルは、次の

ような強弱関係になります。

選択平文攻撃＜（選択平文攻撃＋選択暗号文攻撃）＜（選択平文攻撃＋適応的選択暗号文攻撃）

なお、公開鍵暗号の攻撃モデルは、「選択平文攻撃＜選択暗号文攻撃」という強弱関係になります。

3.5.3 共通鍵暗号の解読モデル

暗号解読の目標によって、その達成度は変わります。例えば、暗号文から平文全体を求めるより、平文の部分情報を求める方が簡単といえます。また、秘密鍵を特定するより、ある暗号文の平文全体を求める方が簡単といえます。なぜならば、秘密鍵を特定すれば、解読の対象である暗号文以外も平文に戻せることになるためです。

解読モデルは細かく分類ができますが、代表的な解読モデル[6]として強秘匿性があります。これは暗号文から平文のどんな部分情報も得られないことを意味します。共通鍵暗号が安全であるためには、選択平文攻撃と適応的選択暗号文攻撃の下で強秘匿性を満たす必要があります。

3.5.4 安全な共通鍵暗号と鍵全数探索攻撃

秘密鍵に対する総当たり攻撃を鍵全数探索攻撃といいます。原理的に、どのような共通鍵暗号に対してもこの攻撃を適用できるので、これが現実的に成功しないような鍵長にしなければなりません。秘密鍵の鍵長がkビットであれば、秘密鍵の候補は2^k個あります。

鍵空間（すべての鍵の候補を要素として持つ集合）からランダムに秘密鍵を選択して、それが目的の鍵と一致する確率は$1/2^k$になります。よって、目的の鍵を特定するためには、最悪で2^k回の探索が必要になります。逆にいえば、2^k回の探索をすれば、必ず目的の鍵を特定できます。

共通鍵暗号では、「鍵全数探索攻撃よりも効率的な秘密鍵を求めるアルゴリズムが存在しない」という条件が求められます。この条件を満たしたとき、安全な共通鍵暗号になります。逆に、鍵全数探索攻撃より効率的なアルゴリズムがあれば、その共通鍵暗号は暗号学的に解読されたことになります[7]。

---

[6]：第4章では、公開鍵暗号の解読モデルを詳細に分類しています。

[7]：暗号学的に解読成功したとしても、現実で使われている暗号技術がすぐに危険に陥るとは言い切れません。

3.6 共通鍵暗号の分類

共通鍵暗号は、暗号化する平文の単位によって、ストリーム暗号とブロック暗号に大別されます。

3.6.1 ストリーム暗号

ストリーム暗号は、平文を小さい単位（ビット、バイト、ワード）で順次処理する暗号です。平文と秘密鍵（あるいは疑似乱数）の排他的論理和を取ることで暗号化・復号します。

次のページで紹介するバーナム暗号は、安全性の観点からは最も理想的なストリーム暗号といえます。

3.6.2 ブロック暗号

ブロック暗号は、一定の大きさの平文を処理する暗号です。この「一定の大きさ」は、ブロックと呼ばれます。ブロックのサイズより大きい平文を暗号化する際には、ブロック暗号に対して暗号化モード[3]が適用されます。

> **Column　共通鍵暗号と古典暗号の類似点**
>
> 共通鍵暗号のアルゴリズムは、古典暗号のアルゴリズムに非常に似ています。特に、暗号化アルゴリズムと復号アルゴリズムの入出力は同一です（内部の動作ではなく入出力に注目）。
>
> 鍵生成アルゴリズムの入出力が若干違うのは、古典暗号は直接自然言語を扱うためです。しかし、暗号化と復号の際に同一の秘密鍵を使用するという観点から、古典暗号は共通鍵暗号の一種といえます。

●3：3.13 ブロック暗号の利用モード p.187

3.7 バーナム暗号

安全性★★★★★　効率性★☆☆☆☆　実装の容易さ★★★★★

ポイント
- バーナム暗号は、最高の安全性を持つ共通鍵暗号です。
- 平文と同一サイズの秘密鍵を用います。
- 非常にシンプルであるため処理自体は高速ですが、鍵長や鍵の配送の問題により、全体の効率性は大変悪いといえます。

3.7.1 バーナム暗号とは

　バーナム暗号は、秘密鍵を使い捨てで用いる共通鍵暗号です。1917年にバーナム（Vernam）によって考案され、特許が取得されました（現在は特許が切れています）。1949年、シャノン（Shannon）はバーナム暗号が理論的に解読不能であることを数学的に証明しました。

3.7.2 排他的論理和

　共通鍵暗号では、排他的論理和という演算がたびたび登場します。例えば、バーナム暗号は排他的論理和だけから構成されています。

❯ 1ビットの排他的論理和

　2つの1ビット a, b に対して、演算 $\oplus$ を 表3.2 のように定義します。この演算を排他的論理和といいます。$\oplus$ はXORと表記されることもあります。

表3.2　1ビットの排他的論理和

a	b	$a \oplus b$
0	0	0
0	1	1
1	0	1
1	1	0

　a, b が同一の値のときは0、そうでないときには1になっています。これは0を偶数、1を奇数と考え、排他的論理和を偶数・奇数の足し算ととらえるこ

ともできます。例えば、0⊕1 = 1は、「（偶数）＋（奇数）＝（奇数）」となります。

❯ nビットの排他的論理和

2つのnビット列$(a_1, \cdots, a_n), (b_1, \cdots, b_n)$に対して、（$n$ビット列の）排他的論理和を次のように定義します。

$$(a_1, \cdots, a_n) \oplus (b_1, \cdots, b_n) = (a_1 \oplus b_1, \cdots, a_n \oplus b_n)$$

3.7.3 1ビットの共通鍵暗号

1ビットの平文mを暗号化する共通鍵暗号を考えてみます。秘密鍵keyと暗号文cも1ビットとします。秘密鍵はコイン投げの結果（表＝1、裏＝0）として、互いに共有しておきます。そして、先ほどの 表3.2 のように1ビットの排他的論理和を利用して暗号化します。すると、暗号文cは次のように表現できます。

$$c = m \oplus key$$

復号では、暗号文cと秘密鍵keyの排他的論理和を取ります。

$$m' = c \oplus key$$

3.7.4 バーナム暗号の定義

1ビットの共通鍵暗号をnビットに拡張したものが、バーナム暗号です（ 図3.8 ）。

図3.8 バーナム暗号のアルゴリズム

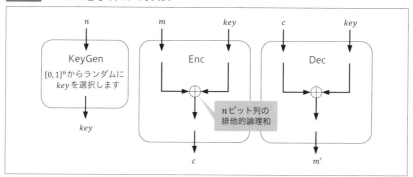

❯ 鍵生成アルゴリズム

入力	n：セキュリティパラメータ
出力	key：秘密鍵（nビット）
動作	1：nビットのランダムビット列を選択して、keyとします。 2：keyを出力します。

❯ 暗号化アルゴリズム

入力	m：平文（nビット） key：秘密鍵（nビット）
出力	c：暗号文（nビット）
動作	1：mとkeyの排他的論理和を取ります。ただし、nビット列の排他的論理和を用いています。 $$c = m \oplus key$$ 2：cを出力します。

❯ 復号アルゴリズム

入力	c：暗号文（nビット） key：秘密鍵（nビット）
出力	m'：復号結果（nビット）
動作	1：cとkeyの排他的論理和を取ります。ただし、nビット列の排他的論理和を用いています。 $$m' = c \oplus key$$ 2：m'を出力します。

3.7.5 バーナム暗号の計算で遊ぶ

❯ 正当性の検証

バーナム暗号の正当性は、次のようにして確認できます。同一値の排他的論理和は0になるため、keyが打ち消されています。

$$\mathrm{Dec}(key, \mathrm{Enc}(key, m)) = \mathrm{Dec}(key, m \oplus key) = m \oplus key \oplus key$$
$$= m \oplus 0 = m$$

▶ 計算の演習

問題：

$m = 1010\ 1010b$、$key = 0000\ 1111b$としたとき、バーナム暗号の暗号文を求めてください。

解答：

暗号文cは次のように計算できます。

$$c = m \oplus key = 1010\ 1010b \oplus 0000\ 1111b = 1010\ 0101b$$

3.7.6 バーナム暗号の安全性

▶ バーナム暗号の解読不可能性

バーナム暗号は解読不能であることが証明されています。これは「探索すべき鍵数が多くて現実的に解読できない」という意味ではありません。「すべての鍵候補の計算が可能である無限の能力を持つ攻撃者であっても、解読できない」という意味です。どういうことなのか説明します。

攻撃者は、総当たりで暗号文と鍵候補の排他的論理和を取り、復号します。このとき、いつかは元の平文に一致します。しかしながら、攻撃者はそれが正しい平文であると判断できません。なぜならば、復号するとあらゆる文字列が登場しますが、それが意味を持つものもあれば、そうでないものもあります。結局、探索しているビット数の全パターンが出てくるだけであり、どれが正しい平文なのかを特定できません。

この事実は次のようにとらえることもできます。バーナム暗号の場合、平文・暗号文・秘密鍵という3つの情報が登場します。3つの情報のうち2つの情報が特定できなければ、残り1つの情報は特定できません。しかし、攻撃者は暗号文しか知りません。これは3つの情報のうち1つしか知らないことになります。そのため、秘密鍵を推測して平文を計算できても、その平文が正しいかどうかを判断できません。秘密鍵は推測であり、平文は推測にもとづいて得られた結果に過ぎないためです。

▶ ケルクホフスの原理

オランダの言語学者アウグスト・ケルクホフス（Auguste Kerckhoffs）は、「秘密鍵以外がすべて知られていたとしても暗号は安全であるべき」ということを提案しました。これをケルクホフスの原理といいます。

シャノンはケルクホフスの原理を「敵はシステムを知っている」という簡潔な言葉で表現しました。つまり、暗号のアルゴリズム（入出力だけでなく、内部動作を含む）の仕様が敵に知られていたとしても、安全性が損なわれないことが必要だということです。現代暗号において、ケルクホフスの原理は必須事項の1つとされています。

考察：

暗号が安全であるためにはケルクホフスの原理を満たすことが必要ですが、それだけでは十分ではありません。十分ではないことを説明する例を挙げてください。

検証：

バーナム暗号以外の場合、秘密鍵が守られていたとしても、秘密鍵の候補数が十分に多くなければなりません。現実的な時間で鍵全数探索ができてしまうと、平文や秘密鍵が破られてしまうためです。

▶ 情報理論的安全性を理解するための数学知識

これから情報理論的安全性の定義を説明しますが、これを理解するには、確率論に登場する基本的な用語について知っておく必要があります。本項では厳密な定義ではなく、直観的に説明しています。

試行と事象

1個のサイコロを振ったとき、出る目は1, …, 6のいずれかになります。このうちどの目が出るかは偶然に左右されます。コイン投げやサイコロ投げのように、同じ条件で何度も繰り返すことができ、その結果が偶然によって決まる実験や観測のことを試行といいます。また、試行によって起こり得る結果を事象といいます。

例えば、サイコロを振るという試行の結果、「1が出る」という結果が起こり得ます。これは事象の1つです。同様に、「2が出る」「偶数の目が出る」「5以上の目が出る」などのような結果も、すべて事象です。

2つが同時に起こり得ない事象を排反事象といいます。「1が出る」と「2が

出る」という事象は同時に起こりません。さらに、これ以上簡単に分解できない最小単位の排反事象を考えると、「1が出る」…「6が出る」になります。これらを根元事象といいます。

確率

確率とは、ある試行について、特定の事象がどの程度起こりやすいかを数字で表したものです。何度も試行を繰り返せるため、確率を算出できるのです。逆にいえば、繰り返せない行為については確率を考えることができません。

例えば、「コイン投げで表が出る確率は1/2」という内容は、「コイン投げという試行において、表が出るという事象は1/2の確率で起こる」と言い換えられます。

標本空間と標本点

ある試行を行ったときに、起こり得るすべての根元事象の集合を標本空間といい、Uで表現されます。そして、標本空間の要素を標本点といいます。

例えば、コイン投げという試行において、「表」「裏」は標本点であり、標本空間は$U=\{表, 裏\}$になります。

標本空間に含まれる集合（部分集合）は事象になります。Uの部分集合である事象としては、次の4つが挙げられます。

$$\emptyset、\{表\}、\{裏\}、\{表, 裏\}$$

$\emptyset$は標本点を1つも含まない集合（空集合）です。すなわち、決して起こらない結果の事象のことです。

最後の$\{表, 裏\}$は標本空間Uに一致しているので、全事象といいます。

サイコロを投げる事象

サイコロを1回振るとき、標本空間は次のようになります。

$$U = \{1, 2, 3, 4, 5, 6\}$$

それぞれの目が出る確率は1/6なので、次が成り立ちます。

$$\Pr(1) = \Pr(2) = \Pr(3) = \Pr(4) = \Pr(5) = \Pr(6) = \frac{1}{6}$$

問題：

サイコロを振って奇数の目が出るという結果を事象Aとしたとき、事象Aが起こる確率を計算してください。

解答:

標本空間の標本点の個数は$|U| = 6$、事象Aの標本点の個数は$|A| = 3$です。すると、事象Aの起こる確率は、次のように計算できます。

$$\Pr(A) = \frac{|A|}{|U|} = \frac{|3|}{|6|} = \frac{1}{2}$$

条件付き確率

次に、条件付き確率を定義します。条件付き確率とは、事象Bが起きたときに事象Aが起こる確率のことです。これは$\Pr_B(A)$や$\Pr(A|B)$などと表記され、次のように定義されます。

$$\Pr(A|B) = \frac{\Pr(A かつ B)}{\Pr(B)}$$

条件付き確率を理解するために、以下の問題を考えてみましょう。

問題:

箱の中に赤色の玉が3つ、白色の玉が3つ入っていたとします。赤色の玉のうち2つは「0」と書かれており、残りの1つは「1」と書かれています。また、白色の玉のうち1つは「0」と書かれており、残りの2つは「1」と書かれています（ 図3.9 ）。

図3.9 箱の中の玉

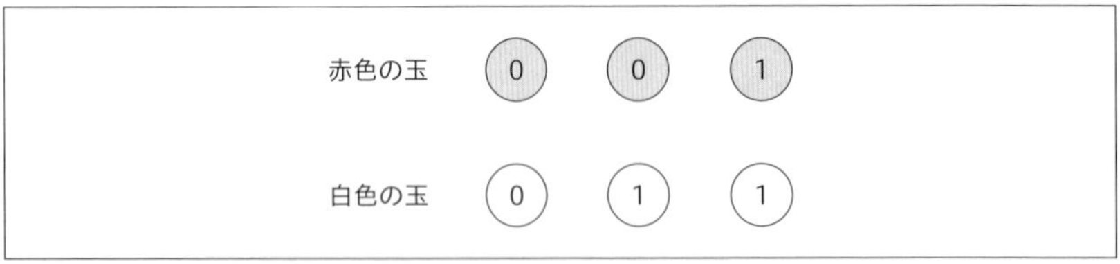

(1) 「0」と書かれた赤色の玉が取り出される確率はいくつでしょうか。
(2) 玉を1つ取り出したところ、その玉は赤色でした。その玉に「0」と書かれている確率はいくつでしょうか。

解答:

(1) 玉は全部で6個であり、「0」と書かれた赤色の玉は2個あるので、2/6＝1/3になります。

(2) (1) のように確率を2/6と求めてはいけません。なぜならば、すでに玉は赤色とわかっていることを考慮しなければならないためです。ここで条件付き確率を使います。

玉に「0」と書かれている事象をA、玉が赤色という事象をBとすると、以下のように計算できます。

$$\Pr(A|B) = \frac{\Pr(A かつ B)}{\Pr(B)} = \frac{\frac{2}{6}}{\frac{3}{6}} = \frac{2}{3}$$

確率変数

試行の結果により、その値を取る確率が定まる変数を確率変数といいます。一般に、確率変数は大文字のアルファベットで表し、その確率変数が取る値を小文字のアルファベットで表します。そして、「確率変数が取る値」と「その値を取る確率」との対応を示したものを確率分布といいます。

例）

サイコロを1回振ったときに出た目を、確率変数Xとします。標本空間は$U = \{1, 2, 3, 4, 5, 6\}$になります。「1が出る」という事象の確率は、次のとおりです。

$$\Pr(X = 1) = 1/6$$

同様に、他の事象の確率も、同じ値になります。

$$\Pr(X = 2) = \Pr(X = 3) = \cdots = \Pr(X = 6) = 1/6$$

確率変数が取る値とその確率を一覧表にすると、 表3.3 のようになります。

表3.3 事象とその確率の一覧表

値	1	2	3	4	5	6
確率	1/6	1/6	1/6	1/6	1/6	1/6

棒グラフや折れ線グラフで視覚的に表すと、その確率のばらつき具合がわかりやすくなります（ 図3.10 ）。

このような一覧表あるいはグラフは、確率分布そのものといえます。特に、各々の事象の確率が同じ値のとき、一様分布と呼びます。

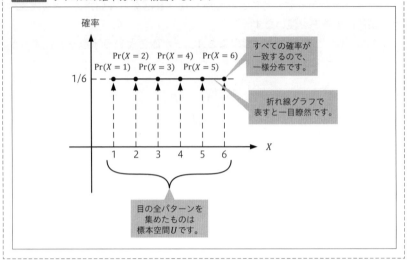

図3.10 サイコロの確率分布に相当するグラフ

情報理論的安全性

確率分布から安全性を確認する

以上の確率に関する知識で、情報理論的安全性を説明する準備ができました。平文mはある確率分布に従って選択されます。また、鍵keyは鍵空間からランダムに選択されます。ただし、平文と鍵の取り方には何の関係もないものとします。すると、暗号文は平文と鍵から自動的に決まります。つまり、暗号文の確率分布は、平文の確率分布と鍵の確率分布から決まります。

ここで、M, K, Cをそれぞれ平文、鍵、暗号文の確率変数とします。このとき、任意の暗号文c、任意の平文mに対して、次が成り立つときに、暗号は情報理論的安全性（完全安全性、無条件安全性）を満たすといいます。

$$\Pr(M = m | C = c) = \Pr(M = m)$$

これは「攻撃者が暗号文を盗聴した後のMの確率分布」が、元のMの確率分布と変わらなければ、暗号文から何の情報も漏れていないことを意味しています[*8]。この結果を証明するために、以下でいくつかの式を確認しておきます。

[*8]：平文の分布には一般に偏りがあるので、その平文が暗号化されれば、暗号文の分布に別の偏りが現れそうなものです（古典暗号では現れていた）。もし暗号文の分布に偏りがあれば、攻撃者はそれを手がかりにして、暗号解読を試みるでしょう。ところが、情報理論的安全性が満たされていれば、暗号文から暗号解読に役立つ情報を何も得ていないということを意味します。

問題 :

1ビットの共通鍵暗号を考えます。平文 m は1ビットですが、それを何らかの情報を符号化したものと考えると、$m = 0$ と $m = 1$ が登場する頻度には偏りがあるはずです[*9]。ここで $m = 0$ の確率を3/4、$m = 1$ の確率を1/4とします。

一方、鍵 key はランダム値であることが理想なので、$k = 0$ の確率を1/2、$key = 1$ の確率を1/2とします。

このとき、暗号文 $c = 0, 1$ の確率が1/2になることを確認してください。

解答 :

$c = 0$ の確率を計算してみます。$c = 0$ となるのは、$(m, key) = (0, 0)$, $(1, 1)$ のときのみです。

$$
\begin{aligned}
\Pr(C = 0) &= \Pr(M = 0 \text{ かつ } K = 0) + \Pr(M = 1 \text{ かつ } K = 1) \\
&= \Pr(M = 0)\Pr(K = 0) + \Pr(M = 1)\Pr(K = 1) \\
&= \left(\frac{3}{4}\right)\left(\frac{1}{2}\right) + \left(\frac{1}{4}\right)\left(\frac{1}{2}\right) = \frac{3}{8} + \frac{1}{8} \\
&= \frac{1}{2}
\end{aligned}
$$

同様にして、$c = 1$ の確率は次のように計算できます。

$$
\Pr(C = 1) = \Pr(M = 0 \text{ かつ } K = 1) + \Pr(M = 1 \text{ かつ } K = 0) = \frac{1}{2}
$$

よって、任意の c に対して、次が成り立ちます。

$$
\Pr(C = c) = \frac{1}{2}
$$

なお、この結果はバーナム暗号にも拡張できます。暗号文が n ビットなので、次が成り立ちます。

$$
\Pr(C = c) = \frac{1}{2^n}
$$

[*9]: 自然言語で書かれた文章は、第2章で紹介したように文字の登場頻度に偏りがありました。また、風景の写真データでは、似た色が隣り合うことが多くなりがちです。こうした偏りがある情報を符号化すれば、ビット列にも偏りが反映されます。よって、平文のビット列に偏りがあると考えることは自然な発想といえます。

考察：

1ビットの共通鍵暗号にて、任意のm、任意のcに対して、次が成り立つことを確認してください。

$$\Pr(M = m\text{かつ}C = c) = \frac{1}{2}\Pr(M = m)$$

検証：

$(m, c) = (0, 0)$の場合について確認します。次の計算では、$c = m \oplus key$という関係式を使っています。

$$\begin{aligned}\Pr(M = 0 \text{ かつ } C = 0) &= \Pr(M = 0 \text{ かつ } K = 0) \\ &= \Pr(M = 0)\Pr(K = 0) = \frac{1}{2}\Pr(M = 0)\end{aligned}$$

$(m, c) = (0, 1), (1, 0), (1, 1)$としても、同様に確認できます。

なお、この結果はバーナム暗号にも拡張できます。

$$\Pr(M = m\text{かつ}C = c) = \frac{1}{2^n}\Pr(M = m)$$

バーナム暗号の情報理論的安全性を確認する

これまでのことから、バーナム暗号が情報理論的安全性を満たすことは、次のように確認できます。

$$\begin{aligned}\Pr(M = m | C = c) &= \frac{\Pr(M = m\text{かつ}C = c)}{\Pr(C = c)} \\ &= \frac{\frac{1}{2^n}\Pr(M = m)}{\frac{1}{2^n}} = \Pr(M = m)\end{aligned}$$

❯ 鍵の長さ

バーナム暗号の鍵の長さは、平文の長さと同じでした。実は情報理論的安全性を満たす暗号は、平文よりも鍵を短くできないことが証明されています。つまり、鍵長の観点では、バーナム暗号は情報理論的安全性を満たす暗号の中で最も効率のよい暗号といえます。

3.7.7 バーナム暗号の死角を探る

バーナム暗号は最高の安全性を持ちますが、様々な課題があるために限定的な状況でしか使用されません。

鍵の配送

バーナム暗号の秘密鍵は、少なくとも平文と同じ長さが必要です。この鍵を安全に配送できるのであれば、それより小さい平文そのものを配送できるはずです[4]。

また、事前に何度も暗号化できるぐらい長い秘密鍵を共有しておいたとしても、バーナム暗号の秘密鍵は使い捨てなので、一度暗号化に使用したビット列は繰り返し使えません。つまり暗号化のたびに、平文のサイズ分ずつ、事前に共有した秘密鍵が使えなくなります。

鍵の同期

暗号文の送信中に1ビットでも欠けてしまうと、それ以降の復号が正しく行われません。また、秘密鍵のビットが欠けても同様です。つまり、送信者と受信者では完全に同期しなければなりません。

鍵の生成

バーナム暗号の秘密鍵はランダムなビット列でなければなりません。つまり、真性乱数[5]から生成したビット列でなければならず、長い秘密鍵を作るためには手間がかかります。

● 4：8.1 鍵の配送 p.566
● 5：8.6.5 疑似乱数と真性乱数 p.609

3.8 ストリーム暗号

安全性★★★☆☆　効率性★★★★★　実装の容易さ★★★★☆

ポイント
- 1ビット（あるいは少数のビット）ごとに処理する共通鍵暗号です。
- バーナム暗号と比べて、効率性と利便性が向上しています。
- 使用する疑似乱数生成器によって、安全性と効率性が大きく変わります。

3.8.1 ストリーム暗号とは

　バーナム暗号は最高の安全性を持っていましたが、使い勝手の悪い暗号でした。安全性を下げる代わりに、利便性を向上させたものがストリーム暗号になります。

　ストリーム暗号は、1ビット（あるいは少数のビット）ごとに処理する共通鍵暗号です。平文と鍵に対して次々に排他的論理和を適用するだけで暗号化できるため、高速に処理が行えます。秘密鍵のサイズは平文のサイズよりずっと小さくてよく、暗号化には秘密鍵から生成した疑似乱数を用います。

3.8.2 ストリーム暗号の定義

　ここでは単純な1ビット単位で暗号化するストリーム暗号を解説します。このアルゴリズムを何度も実行することで、nビットの平文を暗号化できます（ 図3.11 ）。

　ストリーム暗号の安全性や効率性は、内部で使用する疑似乱数生成器[6]に依存します。

---

[6]：8.7 疑似乱数生成器 p.612

図3.11 ストリーム暗号のアルゴリズム

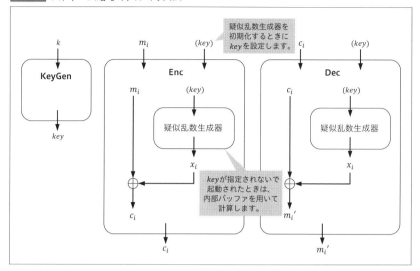

❯ 暗号化アルゴリズム

入力	m_i：平文（1ビット） key：秘密鍵（オプション）
出力	c_i：暗号文（1ビット）
動作	1：keyが入力された場合には、疑似乱数生成器に初期値としてkeyを入力します。すると内部状態が初期化されます。一方、keyが入力されなかった場合は、内部状態をそのまま使います。 2：平文m_iと疑似乱数生成器から出力される疑似乱数x_iの排他的論理和を取ります。 $$c_i = m_i \oplus x_i$$ 3：c_iを出力します。

ストリーム暗号の暗号化は、疑似乱数と平文の排他的論理和を行うだけです。つまり、ストリーム暗号の安全性の根拠は疑似乱数生成器にあります。

❯ 復号アルゴリズム

入力	c_i：暗号文（1ビット） key：秘密鍵（オプション）
出力	m_i'：復号結果（1ビット）

動作	1：key が入力された場合には、疑似乱数生成器に初期値として key を入力します。すると内部状態が初期化されます。一方、key が入力されなかった場合は、内部状態をそのまま使います。
	2：暗号文 c_i と疑似乱数生成器から出力される疑似乱数 x_i の排他的論理和を取ります。$$m_i' = c_i \oplus x_i$$
	3：m_i' を出力します。

3.8.3 ストリーム暗号の安全性

ストリーム暗号の安全性を破ろうとする敵は、多数の平文と暗号文から、秘密鍵を特定しようとします。また、ストリーム暗号のアルゴリズムはすべて公開されているものとします[*10]。平文と暗号文のペアに対して排他的論理和を適用すれば、疑似乱数系列を計算できます。

第1の攻撃アプローチは、疑似乱数系列から秘密鍵を特定することです。ストリーム暗号に対する鍵全数探索攻撃では、秘密鍵を推測して、正しい鍵を特定しようとします。鍵全数探索攻撃には時間がかかりますが、いつかは正しい鍵を特定できます。よって、ストリーム暗号の安全性の上限は、鍵全数探索攻撃に対する耐性になります（ブロック暗号[●7]と同じ）。

第2の攻撃アプローチは、過去の疑似乱数系列から、未来の疑似乱数系列を予測することです。この攻撃に耐性を持たせるためには、疑似乱数に一様分布性と予測不可能性があることが必要です。

上記の2つの攻撃アプローチに対して安全であれば、安全なストリーム暗号といえます。

3.8.4 ストリーム暗号の死角を探る

❯ 初期値の固定化

ストリーム暗号では、秘密鍵を固定してはいけません。秘密鍵は疑似乱数生成器の種になり、同じ秘密鍵からは同じ疑似乱数系列が出力されます。そのた

[*10]：アルゴリズムが公開されているストリーム暗号はそれほど多くありません。しかし、公開されているという前提でも安全でなければなりません。よって、敵はアルゴリズムを知っているものとして考えます。

[●7]：3.9 ブロック暗号 p.112

め、秘密鍵が固定化されたストリーム暗号では、すべて同じ疑似乱数系列で暗号化されます。

　敵が暗号文と対応する平文を知った場合、疑似乱数系列が特定されます。そうなると、敵は別の平文を暗号化したり、別の暗号文を復号できたりします。

不適切なセットアップ

　安全な疑似乱数生成器を利用しても、疑似乱数生成器を正しく使わないと安全でなくなる恐れがあります。

　ブロック暗号とは異なり、ストリーム暗号では暗号化の前にセットアップという処理が必要です。ストリーム暗号の疑似乱数生成器は、セットアップ時に疑似乱数系列から秘密鍵の部分情報が推定できないように処理します。一般にデータを撹拌してそれを実現しようとしますが、疑似乱数の序盤では秘密鍵に大きく影響された値が出力される傾向にあります。

　不適切なセットアップの結果、最悪の場合は疑似乱数系列の最初に秘密鍵の一部がそのまま出力される恐れがあります。

処理速度

　ストリーム暗号は、「疑似乱数生成器の処理」と「排他的論理和の暗号化処理」で構成されています。後者の処理は単純なので、処理速度の大半は前者に依存します。疑似乱数生成器によってはセットアップ時に撹拌処理を行うため、時間がかかります[*11]。

　よって、平文全体のサイズが小さければ、ブロック暗号の方が高速といえます。一方、平文全体のサイズが大きければ、ストリーム暗号の方が高速といえます。

＊11：事前にセットアップすれば効率性は上がります。

3.9 ブロック暗号

ブロック暗号は、ブロックと呼ばれる単位の平文を暗号化する共通鍵暗号の総称です。ここではブロック暗号全体について説明し、3.10節以降で各種ブロック暗号を解説します。

3.9.1 ブロック暗号の定義

▶ ブロック暗号の構成

ブロック暗号は、鍵生成アルゴリズム KeyGen、暗号化アルゴリズム Enc、復号アルゴリズム Dec の組 (KeyGen, Enc, Dec) で構成されます（ 図3.12 ）。

図3.12 ブロック暗号のアルゴリズム

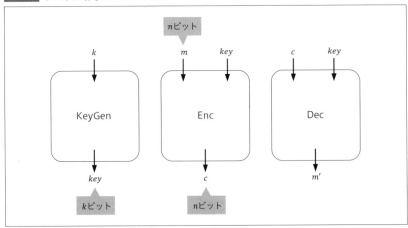

鍵生成アルゴリズムから出力される秘密鍵 key の鍵長は k ビットです。暗号化アルゴリズムの入力である平文は n ビットであり、出力される暗号文は n ビットです。平文はブロックという単位になっており、ブロック長は n ビットになります。ブロック暗号の種類が具体的に決まると、n, k の値も決まります。

なお、n ビットより大きい平文を暗号化する場合には、暗号化モード[8]を適用します。

▶ 一般的なブロック暗号の処理

ブロック暗号のアルゴリズムの内部処理は、鍵スケジュール部、データ暗号化部、データ復号部から構成されます（ 図3.13 ）。

鍵スケジュール部では、秘密鍵からサブ鍵（副鍵、拡大鍵、ラウンド鍵とも呼ぶ）を生成します。多くのブロック暗号では、データ暗号化部やデータ復号部にて繰り返し型の構造を持っています。1回の変換処理をラウンドといい、ラウンド（同じ変換処理）を繰り返すことで、暗号化・復号を行います。ラウンド数Nとサブ鍵の個数Nが一致するかは、ブロック暗号の種類に依存します。例えば、DES[9]では一致しますが、AES[10]ではサブ鍵の個数がラウンド数より1つ多くなります。

本書では、鍵スケジュール部のアルゴリズムをサブ鍵生成アルゴリズムと呼び、SubkeyGenとします。また、データ暗号化部アルゴリズムをEnc'、データ復号部アルゴリズムをDec'とします。

図3.13 EncとDecの内部構成

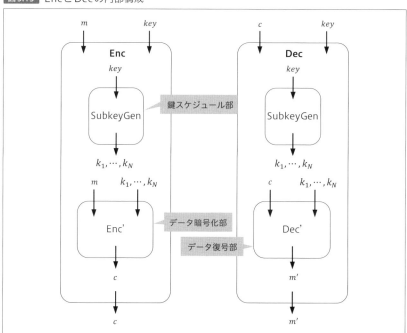

- [8]：3.13 ブロック暗号の利用モード p.187
- [9]：3.10 DES p.136
- [10]：3.12 AES p.166

▶ 秘密鍵が確定した場合

秘密鍵 key が確定すると、SubkeyGenアルゴリズムによってサブ鍵が決まります。すると、Enc'やDec'の動作も確定します。つまり、EncとDecの動作も確定します。key を固定したEncは $\mathrm{Enc}(key,*)$、Decは $\mathrm{Dec}(key,*)$ と表現することにします（図3.14）。「*」はまだ平文や暗号文が未確定であることを意味しています。

図3.14 *指定時の暗号化アルゴリズムの表現

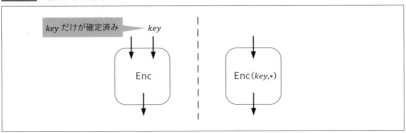

任意の key に対して、$\mathrm{Enc}(key,*)$ に対応する $\mathrm{Dec}(key,*)$ が存在します。そのため、異なる平文から同一の暗号文は生成されません。平文空間の要素と暗号文空間の要素は、1対1に対応します。つまり、Encは置換になります（同様にEnc'も置換になる）。

3.9.2 ブロック暗号の暗号構造

ブロック暗号の構造には、主にFeistel構造とSPN構造があります。Feistel構造を採用しているブロック暗号にはDES、Camellia[*12]、MISTY1[*13]、SEED[*14]などがあります。また、SPN構造を採用しているブロック暗号にはAESなどがあります。

- [*12]：Camelliaは、欧州のNESSIEや日本のCRYPTRECが作成した電子政府推奨暗号リストに採用されている128ビットブロック暗号です。鍵長は128, 192, 256ビットに対応しています。
- [*13]：MISTY1は、かつてNESSIEやCRYPTRECで推奨暗号に選ばれていた64ビットブロック暗号です。2013年にCRYPTRECで推奨候補暗号に格下げされました。鍵長は128ビットに対応しています。
- [*14]：SEEDは、韓国政府推奨の128ビットブロック暗号です。鍵長は128ビットのみに対応しています。

❯ Feistel構造

Feistel構造のデータ暗号化部アルゴリズムは次のとおりです（ 図3.15 ）。ラウンド数はNとします。

入力	m：平文 $k_1, ..., k_N$：サブ鍵
出力	c：暗号文
動作	1：$i = 1$とします。 2：mを左右に分割します。 $$m = (L_0, R_0)$$ 3：$i \leq N$の間、以降の処理を繰り返します。 　　3a：次の計算をします。 $$L_i = R_{i-1}$$ $$R_i = L_{i-1} \oplus f(k_i, R_{i-1})$$ 　　3b：$i = i + 1$とします。 4：$R_N \| L_N$を出力します（左右を入れ替えて連結）。

動作のステップ3aのfはラウンド関数といい、換字と転置の組み合わせによってデータを撹拌します（具体的な動作は暗号ごとに異なる）。

Feistel構造を用いることで、データ復号部アルゴリズムは、データ暗号化部アルゴリズムをそのまま使用できます。ただし、サブ鍵を逆順に使用します。このとき、ラウンド関数fの内部動作には依存しません。

データ暗号化部アルゴリズムは置換でなければなりませんでした。一方、fの設計は自由度が高く、置換でなくてもかまいません。なぜならば、データ復号部アルゴリズムでは、fの逆関数を必要としないためです。よって、Feistel構造のブロック暗号を設計する際は、fの内部動作の設計に専念できます。

しかしながら、入力値を左右のブロックに分割するので、入力値のすべてのビットに鍵を作用させるために、最低でも2ラウンドの処理が必要です。そのため、必要な安全性を持つためには、ラウンド数が多くなりがちだといえます。結果的に、暗号化の処理速度が低下します。

❯ SPN構造

SPN（Substitution-Permutation Network）構造とは、サブ鍵と暗号化の中間データとの排他的論理和、換字（substitution）・転置（permutation）の処理を繰り返すことで暗号化する構造です。

平文mはnビットとします。nはbビットごとに区切れるので、$n = bl$とします。換字処理として、S（Substitution）アルゴリズムを用意します。これ

図3.15 Feistel構造のデータ暗号化部アルゴリズム

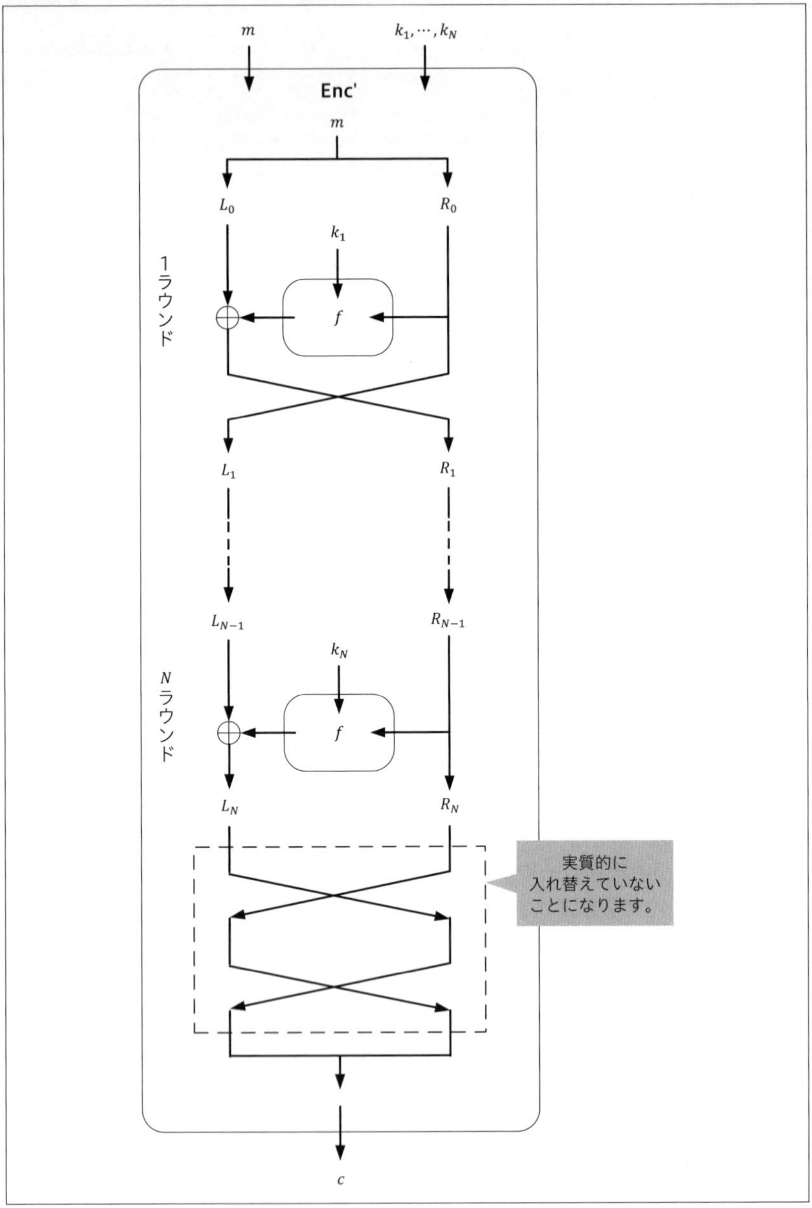

はS-boxとも呼ばれ、bビット単位で変換する非線形変換です[*15]。復号することを考え、このSはbビット上の置換でなければなりません。

また、転置処理として、P（Permutation）アルゴリズムを用意します。Sにおけるbビット単位の処理を、nビット全体に拡散するために用います。復号することを考え、このPもnビット上の置換でなければなりません。

以上を踏まえて、SPN構造のデータ暗号化部Enc'は 図3.16 のようになります。

図3.16　SPN構造のデータ暗号化部

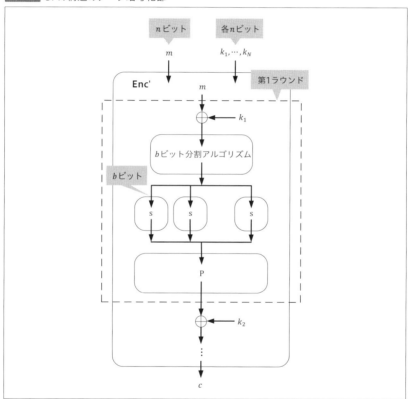

1ラウンドで入力の全ビットに鍵を作用させられるので、ラウンド数を小さくできます。しかし、暗号化と復号の処理が非対称であるため、個別の処理プログラムを用意する必要があります。結果的に実装の手間が増え、プログラムを保存する領域が増えます。

[*15]：非線形性を直観的に説明すると、入力の1ビットを変化させると、出力の別の位置のビットも影響を受けて変化することです。

▶ Feistel構造とSPN構造の比較

Feistel構造とSPN構造のどちらが安全であるとは言い切れません。安全性の違いは、構造ではなく、暗号アルゴリズムの設計に大きく左右されます。そのため、どちらの構造であっても、同じ攻撃手法による安全性の評価が行われます。

3.9.3 ブロック暗号の安全性

▶ ブロック暗号のパラメータ

ブロック暗号における安全性を決定するパラメータには、秘密鍵の鍵長kとブロック長nが挙げられます。

ブロック暗号の鍵長

鍵長がkビットの場合、探索すべき秘密鍵の総数は2^k個になります。鍵長がある程度の大きさを持たないと、鍵全数探索攻撃に弱くなります。鍵全数探索攻撃に対して十分な耐性を持つように、今日では128ビット以上の鍵長を使います。

ブロック暗号のブロック長

ブロック長がnビットの場合に、敵が同じ秘密鍵で暗号化された$2^{n/2}$個の暗号文をランダムに集めたとします。すると、誕生日攻撃（バースデーパラドックス[11]の原理を利用した攻撃）により、少なくとも1組は同じ暗号文が含まれている可能性が非常に高くなります。同じ秘密鍵かつ同じ暗号文ということは、同じ平文に対応していることを意味します（共通鍵暗号は、同じ平文と同じ秘密鍵から同じ暗号文に変換する）。

例えば、ブロック長が64ビットであれば、2^{32}個の暗号文を収集することになります。必要とする容量は32Gバイト（＝64ビット×2^{32}個＝274877906944ビット＝34359738368バイト）です。現在のコンピュータであれば、32Gバイトの記憶容量は簡単に確保できます。

一方、ブロック長を128ビットにすると、2^{64}個の暗号文を収集することになります。必要となる容量はバイト256Eバイト（＝128ビット×2^{64}＝2361183241434822606848ビット＝295147905179352825856バイト＝2684

---

[11]：バースデーパラドックス p.427

35456Tバイト）です。膨大な記憶容量が必要であるため、これなら誕生日攻撃は現実的とはいえません。

▶ ブロック暗号の秘密鍵

ブロック暗号の原理上、秘密鍵を固定しても安全です。なぜならば、安全なブロック暗号では、多くの平文と暗号文のペアから、サブ鍵を特定することが困難だからです。サブ鍵が特定できなければ、秘密鍵は特定できません。

この特徴より、送受信者間で秘密鍵を更新する頻度が少なくて済みます。特に、ICカードのように共通鍵を更新しにくいシステムに向いているといえます。例えば、B-CAS、ETC、Edyなどのシステムには、ブロック暗号が採用されており、ICカードには秘密鍵が内蔵されています。

3.9.4 ブロック暗号に対する全面的攻撃

全面的攻撃とは、秘密鍵を特定しようとする攻撃です。ブロック暗号に対する全面的攻撃は、ブルートフォース攻撃とショートカット攻撃に大別されます。

▶ ブルートフォース攻撃

ブルートフォース攻撃は、アルゴリズムの中身を意識せずに行う攻撃手法です。そのため、ブラックボックスの安全性評価に使われます。例えば、鍵全数探索攻撃、テーブル参照法、タイムメモリトレードオフ法などがあります。

ブルートフォース攻撃が成功するには非常に時間がかかりますが（解読計算量が大きい）、攻撃に必要となる平文と暗号文のペアはそれほど必要としません。

鍵全数探索攻撃

鍵全数探索攻撃は、秘密鍵を1つずつ推測して、正しい秘密鍵を特定しようとする攻撃です。単純な攻撃方法ですが、いつかは必ず秘密鍵を求めることができます。この攻撃では、鍵長がkビットの場合、ブロック暗号の暗号化の2^kに比例する回数の計算をしなければなりません。kが大きければ、鍵全数探索攻撃には非常に時間がかかります。

よって、ブロック暗号を設計するには、鍵全数探索攻撃が現実的に困難になるように、十分に大きな鍵長を設定しなければなりません。こうすることで鍵の総数が増え、鍵全数探索攻撃における暗号化の試行回数が増えて、解読しにくくできます。

ブロック暗号の安全性の上限は、鍵全数探索攻撃に対する耐性になります。

鍵全数探索攻撃よりも効率的に秘密鍵を特定するような解読手法が発見されると、そのブロック暗号の安全性は破られたことになります。

テーブル参照法

テーブル参照法は、平文と暗号文と秘密鍵の関係を事前に計算して、テーブルに管理しておく攻撃方法です。テーブルのデータは膨大な量になるため、多くの容量を必要とします。

その代わり、平文と暗号文が与えられた場合には、テーブル上を探索するだけでよいので効率的に秘密鍵を求めることができます。

タイムメモリトレードオフ法

タイムメモリトレードオフ法は、いくつかの事前計算の結果を利用することで、探索すべき秘密鍵の範囲を狭めて、解読時間を減少させる攻撃です。「事前計算の結果を保存する容量」と「解読時間」の関係がてんびんのようになっていることが、名称の由来です。

❯ ショートカット攻撃

ショートカット攻撃とは

ショートカット攻撃は、アルゴリズムの中身を詳細に分析して行う攻撃手法です。そのため、ホワイトボックスの安全性評価[16]に使われます。例えば、差分解読法、線形解読法などがあります。一般に、大量の平文と暗号文のペアを必要とします。ただし、アルゴリズムに脆弱性があると、そのペアの数は大きく減る場合があります。

鍵全数探索攻撃よりも少ない解読計算量でサブ鍵（の一部）を求めることが理論的[17]に示されると、ショートカット攻撃に成功したことになります。現在のブロック暗号は、既知のショートカット攻撃のいずれを利用しても、暗号化アルゴリズムとランダム置換の識別ができないことを証明できるように設計することが推奨されています。

ショートカット攻撃の流れ

ショートカット攻撃に脆弱なブロック暗号に対して、複数の平文を入力すると、あるラウンド後の中間データに推測可能な特徴が現れます。これは秘密鍵の値にかかわらず発生します。次に、（先に使用した平文に対応する）暗号文

＊16：ここでいうホワイトボックスとは、アルゴリズムの中身を意識して行うという意味です。

＊17：具体的な条件で暗号解読する必要はありません。

を推測したサブ鍵で復号して、中間データを得ます。そして、そこに先の特徴が示されるかどうかを調べます。

もし、特徴が一致すれば、正しいサブ鍵の可能性が高いといえます。一致しなければ、サブ鍵を推測し直します。これを繰り返して、最終的にサブ鍵を特定します。すべてのサブ鍵がわかれば、サブ鍵生成アルゴリズムから秘密鍵の候補を求めたり、任意の暗号文を復号したりできます。

3.9.5 ブロック暗号に対する識別攻撃

▶ 識別攻撃とは

識別攻撃とは、（未知の秘密鍵から生成された）暗号文とランダムビット列を識別する攻撃です。

識別攻撃に耐性があることを識別不可能性といいます。識別不可能性を有するブロック暗号は、敵にとって、入手したデータが暗号文なのかランダムビット列なのかすらわからず、強い安全性を持つことになります。

識別不可能性といってもいくつかの種類があるので、以下でそれらを定義します。その後で、ブロック暗号の識別不可能性について解説します。

▶ 識別不可能性

（確率分布の）識別不可能性には、次に示す3種類が存在します。

- 完全識別不可能性（情報理論的識別不可能性）
- 統計的識別不可能性
- 計算量的識別不可能性

暗号理論では敵の計算能力を多項式時間とすることが多いため、計算量的識別不可能性が主に取り上げられます[18]。ここでは、順を追って各々の定義を見ていくことで、計算量的識別不可能性についての理解を深めることを目指します。

完全識別不可能性

完全識別不可能性とは、2つの確率変数の確率分布がまったく同一であることを意味します。

---

[18]：本項以外で識別不可能性という用語が出た場合には、計算量的識別不可能性を指します。

例えば、次に示す2つの実験を考えます。

実験① コインを投げて、表が出れば1、裏が出れば0とします。これをn回行います。

実験② サイコロを振って、奇数が出れば1、偶数が出れば0とします。これをn回行います。

実験①の確率変数をX_n、実験②の確率変数をY_nとします。それぞれの実験結果の値はnビット列で表現されるので、2^n個のパターンが存在します。理想的なコインやサイコロであれば、両者の実験にて実験結果の値はすべて等確率の$1/2^n$で生じます。これを表にすると 表3.4 のようになります（確率分布そのもの）。

表3.4　nビット列の確率分布

値	0…00b	0…01b	0…10b	…	1…11b
確率	$1/2^n$	$1/2^n$	$1/2^n$	…	$1/2^n$

表からX_n, Y_nの確率分布をグラフにします（ 図3.17 ）。縦軸は確率、横軸は実験結果の値とします。ただし、横軸の値は10進数で表現しました。また、点の位置を認識しやすいように線で結びました。

図3.17　X_n, Y_nの確率分布のグラフ

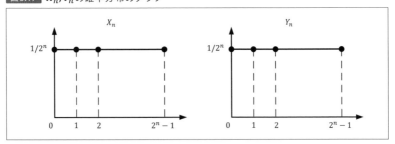

上記の実験は異なるにもかかわらず、すべての実験結果の値にて確率が一致しています。つまり、グラフが完全に一致しています。このように、どのような能力でも識別できない性質を完全識別不可能性と呼びます。

統計的識別不可能性

統計的識別不可能性を直観的に説明すると、2つの確率変数の確率分布がほぼ一致することを意味します。

例えば、次に示す2つの実験を考えます。

実験① コインを投げて、表が出れば1、裏が出れば0とします。これをn回行います(先ほどの実験①と同じ)。
実験③ 基本的には実験①と同様ですが、n回すべて表の場合にはやり直します。

実験①の確率変数をX_n、実験③の確率変数をZ_nとします。X_nについてはすでに説明済みなので、Z_nに注目します。1^nはやり直しになるため、起こり得ません。その他の値は$2^n - 1$個存在するので、その確率は等確率の$1/(2^n - 1)$になります。これを表にすると 表3.5 のようになります。

表3.5 実験③の確率分布

値	0…00b	0…01b	0…10b	…	1…10b	1…11b
確率	$1/(2^n-1)$	$1/(2^n-1)$	$1/(2^n-1)$	…	$1/(2^n-1)$	0

表3.5 から、X_n, Z_nの確率分布をグラフにします(図3.18)。

図3.18 X_n, Z_nの確率分布のグラフ

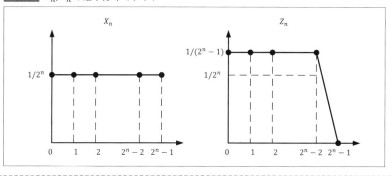

両者のグラフは異なるので、完全識別不可能性にはなりません。ここで、確率変数AとBの統計的距離を次の式で定義します。

$$\sum_{x \in \{0,1\}^n} |\Pr[A = x] - \Pr[B = x]|$$

この統計的距離が無視できるほど小さいときに、統計的識別不可能性を満たすといいます。

先ほどの例の統計的距離は、次のように計算できます。1項目の最初の値は、「$0, ..., 2^n - 2$」の個数が$2^n - 1$個であることを意味します。

$$\sum_{x\in\{0,1\}^n} |\Pr[X_n = x] - \Pr[Z_n = x]| = (2^n - 1)\left|\frac{1}{2^n} - \frac{1}{2^n - 1}\right| + 1 \cdot \left|\frac{1}{2^n} - 0\right|$$

$$= (2^n - 1)\left|\frac{(2^n - 1) - 2^n}{2^n(2^n - 1)}\right| + \frac{1}{2^n}$$

$$= \left|\frac{-1}{2^n}\right| + \frac{1}{2^n} = \frac{2}{2^n} = \frac{1}{2^{n-1}}$$

n が大きい場合、これは無視できるほど小さいといえるため、統計的識別不可能性を満たします。

計算量的識別不可能性

計算量的識別不可能性とは、直観的に説明すると、確率分布がかなり違っていてもアルゴリズムから見て区別できないことを意味します。

X_n, Y_n を $\{0,1\}^n$ 上の確率分布とします。この2つの分布 X_n と Y_n を識別しようとするアルゴリズム D を考えます。D は確率分布の識別を目的とするため、識別子(識別器)と呼ばれます。オラクルは、どちらかの確率分布に従いランダムに値を選択し、それを α に設定して返します。D は、オラクルにアクセスして、α を受け取ります。最終的に D は、b の推測値 b' を出力します(図3.19)。

図3.19 X_n と Y_n の確率分布に対する識別子 D

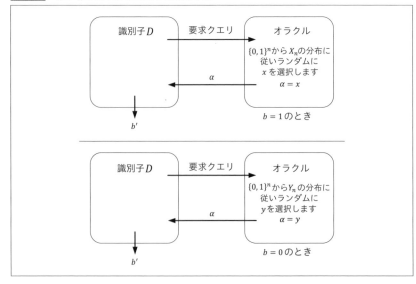

このとき、Dの識別の優位性を示すアドバンテージを、次の式で定義します。

$$\mathrm{Adv}(D) = \left| \Pr[b' = b] - \frac{1}{2} \right|$$

任意のDを考え、その中で最も大きいアドバンテージを次のように定義します。

$$\mathrm{Adv} = \max\{\mathrm{Adv}(D)\}$$

Advが無視できるほど小さければ、X_nとY_nを識別できなかったと見なせます。これを計算量的識別不可能といい、その性質を計算量的識別不可能性といいます。

なお、確率分布X_nに従ってランダムに選択されたnビット列をDに入力したときに、Dが1を出力する確率をシンプルに$\Pr[D(X_n) = 1]$と表記することにします。このとき、Dのアドバンテージは、次のように書き換えられます[19]。

$$\mathrm{Adv}(D) = |\Pr[D(X_n) = 1] - \Pr[D(Y_n) = 1]|$$

こちらの方が、統計的識別不可能性の式に似ています。単純な状況について、Dのアドバンテージを計算してみましょう。

問題：

確率分布を常に識別できる識別子D_1に対するアドバンテージを計算してください。

解答：

D_1は 図3.20 のように動作します。

このとき、アドバンテージは次のように計算できます。

$$\mathrm{Adv}(D_1) = |\Pr[D_1(X_n) = 1] - \Pr[D_1(Y_n) = 1]| = |1 - 0| = 1$$

よって、このD_1は、X_nとY_nを計算量的に識別可能です（そう定義したので自明）。

＊19：このように書き換えられる理由は、後述する「ブロック暗号に対する識別攻撃」（p.130）を参照してください。

図 3.20 識別子 D_1 の動作

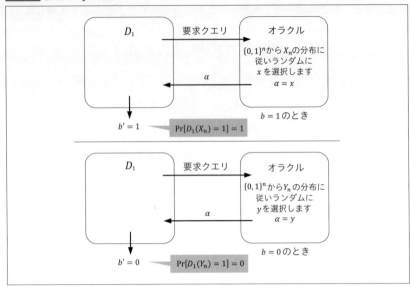

問題:

ランダムに b' を出力する識別子 D_2 に対するアドバンテージを計算してください。

解答:

D_2 は 図3.21 のように動作します。

図 3.21 識別子 D_2 の動作

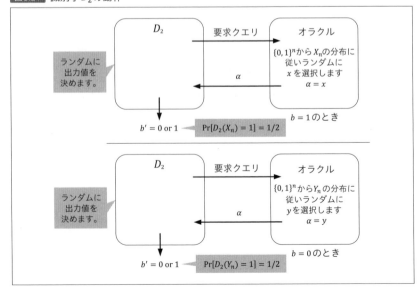

このとき、アドバンテージは次のように計算できます。

$$\mathrm{Adv}(D_2) = |\Pr[D_2(X_n) = 1] - \Pr[D_2(Y_n) = 1]| = \left|\frac{1}{2} - \frac{1}{2}\right| = 0$$

よって、このD_2は、X_nとY_nを計算量的に識別不可能です。

なお、これまでのDの入力は、確率分布X_nあるいはY_nに従う値としましたが、X_nの代わりに確率分布の族$\{X_n\}$、Y_nの代わりに確率分布の族$\{Y_n\}$でも、同様にして識別不可能性を定義できます。

ランダム関数とランダム置換

ランダム関数と疑似ランダム関数

集合$\{0,1\}^n$から集合$\{0,1\}^n$への関数を考えます。この関数をすべて集めた集合を考えます。これをnビット上のランダム関数族といいます。

ここで、この関数族をRFとします[*20]。RFからランダムに選んだ関数fを、ランダム関数といいます。そして、ランダム関数と区別できない関数を疑似ランダム関数といいます。

考察：
RFの要素数はいくつでしょうか。

検証：
図3.22 を用いて整理します。

nビットは「$\underbrace{0\cdots0}_{n}$」~「$\underbrace{1\cdots1}_{n}$」のビット列であり、全部で$2^n$パターンあります。ある入力値が決まれば、そこを始点とした矢印を考えると、矢印の終点が対応する出力値となります。各々の入力値の点から1本の矢印が出たものが、関数の変換を表しています。

例えば、入力値が「$0\cdots0$」のとき、出力値の候補は「$0\cdots0$」~「$1\cdots1$」の2^nパターンあります。置換ではなく関数なので、異なる入力値で同一の出力値になる場合もあります。そのため、他の入力値でも同様に2^nパターンあります。よって、関数の総数は$(2^n)^{2^n}$パターン（$= \underbrace{2^n \times 2^n \times \cdots \times 2^n}_{2^n}$）になります。これが$RF$の要素数になります。

[*20]: "RF"は"random function"の頭文字から取りました。

図3.22 *RF*の要素の数え方

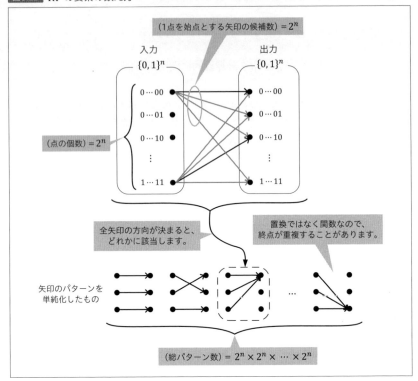

ランダム置換と疑似ランダム置換

集合$\{0,1\}^n$から集合$\{0,1\}^n$への置換を考えます。ここでは、この置換をすべて集めた集合を検討してみます。これをnビット上のランダム置換族といいます。

ここで、この置換族をRPとします[*21]。RPからランダムに選んだ置換πを、ランダム置換といいます。そして、ランダム置換と区別できない置換を疑似ランダム置換といいます。

考察：

RPの要素数はいくつでしょうか。

[*21]：" *RP* "は"random permutation"の頭文字から取りました。

検証：

図3.23 を用いて整理します。

図3.23　RPの要素の数え方

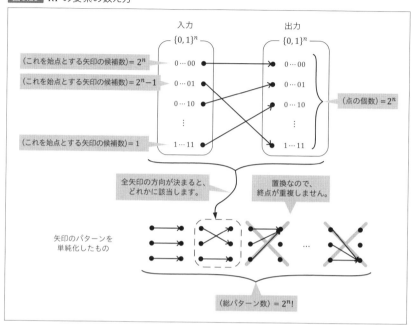

まず、$0\cdots 00$を始点にする矢印のパターンは2^n通りです。そして、$0\cdots 01$を始点にする矢印のパターンは、$2^n - 1$通りになります。なぜならば、置換は矢印の終端が重複せず、すでに2^n個の候補から1つはすでに使われているためです。

同様に考えることで、矢印のパターンは1ずつ減っていきます。最後の$1\cdots 11$を始点にする矢印のパターンは1通りになります。よって、置換の総数は$2^n!\,(= 2^n \cdot (2^n - 1) \cdot (2^n - 2) \cdot \cdots \cdot 2 \cdot 1)$になります。これが$RP$の要素数になります。

▶ 理想的なブロック暗号

ブロック暗号で秘密鍵が決まれば、暗号化アルゴリズムはnビット上の置換になります。これがランダム置換であれば、最高の安全性を持つブロック暗号になります。

ランダム置換族RPから、置換をランダムに選択する方法を考えます。RPの要素にIDを付けておき、ID（鍵に相当）をランダムに選べば、置換をラ

ンダムに選んだことになります。RP の要素数は $2^n!$ なので、そのIDをバイナリ表現すると $\log_2(2^n!)$ ビットになります。つまり、鍵の長さが $\log_2(2^n!)$ ビットということです。

この値は $(n - 1.44)2^n$ に近似することが知られています[*22]。n が大きいと、この値はとても巨大な数になってしまいます。例えば、ブロック長 n が 64 だったとすると、鍵の大きさは約 2^{27} T バイト[*23]となってしまいます。よって、RP から置換を選択するというアプローチは現実的ではありません。

現実的には、ずっと小さい置換の集合（RP の部分集合）からランダムに選択します[*24]。また、ずっと小さい鍵を使用します。一般的なブロック暗号には、鍵のサイズとして 64 ビット、128 ビット、256 ビットなどが使われます。こうした状況であるにもかかわらず、（鍵を決定した）暗号化アルゴリズムがランダム置換のように振る舞うことが理想とされます。

❯ ブロック暗号に対する識別攻撃

ブロック暗号の暗号化アルゴリズム Enc は、ランダム置換と区別できないことが求められます。

「オラクルがランダム置換である状況」を $b = 0$、「オラクルがブロック暗号の暗号化アルゴリズムである状況」を $b = 1$ とします。前者であれば、オラクルは（鍵空間からランダムに選んだ）秘密鍵に対するブロック暗号の暗号化アルゴリズムを呼び出し、出力された暗号文を返します。後者であれば、オラクルはランダム置換族 RP からランダムに選ばれた置換 π を使用して、その出力値 r（一種のランダムビット列）を返します。

ここで、選択平文攻撃[●12]を行う識別子 D を考えます。D は選択平文攻撃を行うので、$m_1, m_2, \ldots$ をオラクルに送信することで、$c_1, c_2, \ldots$ を返されます。ただし、敵は i 回目に送信した平文 m_i に対する c_i を得た後で、適応的に次の平文 m_{i+1} を選択できるものとします。また、敵は同じ平文をオラクルに送信しないものとします。D の目標は b を推測することであり、b の推測値 b' を出力します（ 図3.24 ）。

[*22]：スターリングの公式「$k! \approx \sqrt{2\pi k}\left(\dfrac{k}{e}\right)^k$」を用います。階乗よりも指数関数の方が扱いやすいので、階乗を指数関数で近似させるために用いられます。

[*23]：$(64 - 1.44)2^n \fallingdotseq 2^6 \times 2^{64} = 2^{70}$ ビット $= 2^{67}$ バイト $= 2^{57}$K バイト $= 2^{47}$M バイト $= 2^{37}$G バイト $= 2^{27}$T バイト。

[*24]：RP の部分集合を考えます。RP とその部分集合が識別できないときに、部分集合を疑似ランダム置換族といいます。その部分集合からランダムに選ばれた置換は、疑似ランダム置換です。

[●12]：3.5.2 共通鍵暗号の攻撃モデル（選択平文攻撃）p.092

図3.24 Encとランダム置換に対する識別子

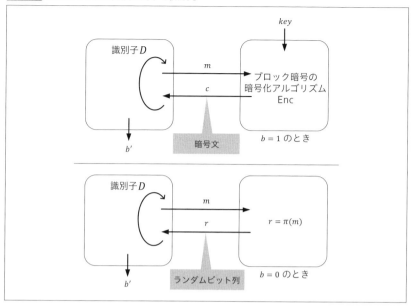

このとき、Dのアドバンテージは次のように定義できます。

$$\mathrm{Adv}(D) = \left| \Pr[b' = b] - \frac{1}{2} \right|$$

Dは、全数探索攻撃を実現できる計算量を持っていると仮定します。すると、仮定より、平文と暗号文のペア(m_1, c_1)から秘密鍵keyを計算できます。次に、ペア(m_2, c_2)を得たら、$c_2 = \mathrm{Enc}(key, m_2)$が成り立つかどうかを検証します。成り立っていれば、暗号化オラクルである（$b = 1$の状況）と判断でき、識別攻撃が成功します。しかし、鍵長kが大きい場合には現実的ではありません。そこで、Dは現実的に考えられる計算量を持つものとします。

計算量は高々tであり、オラクルに高々q回アクセスする、すべての敵の中で最もアドバンテージが大きい値を次のように定義します[*25]。

$$\mathrm{Adv}(t, q) = \max\{\mathrm{Adv}(D)\}$$

十分に大きいtとqに対して、$\mathrm{Adv}(t, q)$が無視できるほど小さければ、ブロック暗号はランダム置換と識別できないことを意味します。ブロック暗号とランダム置換を識別できないということは、そのようなブロック暗号は疑似ラ

---

*25：tとqは現実的に考えられる範囲内での十分に大きな値とします。

ンダム置換になっているということです。

アドバンテージの定義の変形

具体的なDが構成されれば、Dのアドバンテージが決まります。

$$\mathrm{Adv}(D) = \left| \Pr[b' = b] - \frac{1}{2} \right|$$

これが無視できるほど小さければ、Dは理想（ランダム置換）と現実（暗号化アルゴリズム）を区別できないことになります。この表現だと直観的にわかりやすいですが、具体的に計算する場合には扱いにくいことがあります。なぜならば、$\Pr[b' = b]$の部分に2つの状況が混在しているからです。

そこで、条件付き確率を用いて、次のように表現します[26]。

$$\mathrm{Adv}(D) = |\Pr[b' = 1 | b = 0] - \Pr[b' = 1 | b = 1]|$$

これは、次の（1）式と（2）式が同値であることから導けます。「無視できるほど小さい」という表現であるため、右辺に2倍の差があることは吸収されます（$\varepsilon(n)$が無視できるほど小さければ、$2\varepsilon(n)$も無視できるほど小さい）。

$$\left| \Pr[b' = b] - \frac{1}{2} \right| < \varepsilon(n) \quad \leftarrow (1)$$
$$|\Pr[b' = 1 | b = 0] - \Pr[b' = 1 | b = 1]| < 2\varepsilon(n) \quad \leftarrow (2)$$

（1）式の左辺の絶対値内は、次のように展開できます。なお、3番目から4番目の式に変形するところで、条件付き確率の定義を用いています。

$$\Pr[b' = b] - \frac{1}{2}$$

$$= \Pr[b' = b = 0] + \Pr[b' = b = 1] - \frac{1}{2}$$

$$= \Pr[b' = 0 \text{ かつ } b = 0] + \Pr[b' = 1 \text{ かつ } b = 1] - \frac{1}{2}$$

$$= \Pr[b' = 0 | b = 0]\Pr[b = 0] + \Pr[b' = 1 | b = 1]\Pr[b = 1] - \frac{1}{2}$$

---

[26]：$\Pr[b' = 0 | b = 0]$は、$b = 0$が選ばれたという条件の下で、$b' = 0$が出力されるという条件付き確率を意味します。

$$= (1 - \Pr[b' = 1|b = 0])\frac{1}{2} + \Pr[b' = 1|b = 1]\frac{1}{2} - \frac{1}{2}$$

$$= \frac{1}{2} - \Pr[b' = 1|b = 0]\frac{1}{2} + \Pr[b' = 1|b = 1]\frac{1}{2} - \frac{1}{2}$$

$$= \frac{1}{2}(\Pr[b' = 1|b = 1] - \Pr[b' = 1|b = 0])$$

$$= -\frac{1}{2}(\Pr[b' = 1|b = 0] - \Pr[b' = 1|b = 1])$$

上記の結果の絶対値を取ると、（2）式が得られます。

$$\left|\Pr[b' = b] - \frac{1}{2}\right| = \frac{1}{2}\left|\Pr[b' = 1|b = 0] - \Pr[b' = 1|b = 1]\right|$$

$$2\left|\Pr[b' = b] - \frac{1}{2}\right| = \left|\Pr[b' = 1|b = 0] - \Pr[b' = 1|b = 1]\right|$$

$$\left|\Pr[b' = 1|b = 0] - \Pr[b' = 1|b = 1]\right| = 2\left|\Pr[b' = b] - \frac{1}{2}\right| < 2\varepsilon(n)$$

❯ Feistel構造と疑似ランダム置換

ラウンド関数に疑似ランダム関数を採用して、疑似ランダム置換を構成する

Feistel構造の各ラウンドにおいて、ラウンド関数 f の理想形は疑似ランダム関数です。もし、各ラウンドに登場する f を独立した疑似ランダム関数としたとき、暗号化アルゴリズム Enc は疑似ランダム置換になるでしょうか[*27]。この問いが正しいとすれば、f を疑似ランダム関数になるように設計すれば、後はFeistel構造にすることで、Enc は疑似ランダム置換になります。つまり、安全なブロック暗号が構成できたことになります。

この問いの答えは、ラウンドの段数によります。次のように3段以上であれば、疑似ランダム置換になることが知られています。

- 2段のFeistel構造の場合、疑似ランダム置換でない。
- 3段のFeistel構造の場合、疑似ランダム置換である。

＊27：サブ鍵が相異なれば、f も独立した異なる関数に相当します。

ラウンド関数に疑似ランダム関数を採用して、強疑似ランダム置換を構成する

これまでは、選択平文攻撃をする識別子を考えていました。ここでは、識別子が選択平文攻撃に加えて、選択暗号文攻撃[13]も可能であるとします。こうした識別子に対してもランダム置換と暗号化アルゴリズムを識別できないとき、強疑似ランダム置換といいます。

それでは、f を疑似ランダム関数としたとき、Enc は強疑似ランダム置換になるでしょうか。この問いの答えとして、次の結果が知られています。

- 3段の Feistel 構造の場合、強疑似ランダム置換でない。
- 4段の Feistel 構造の場合、強疑似ランダム置換である。

ゆえに、Feistel 構造のブロック暗号は少なくとも4段以上のラウンドを持つべきといえます[*28]。

3.9.6 セキュリティマージン

❯ ブロック暗号の安全性は確実に保証できない

現在のところ、どのような攻撃に対しても、ブロック暗号の安全性を確実に保証する理論的な手法は存在しません。そのため、現時点で知られているショートカット攻撃に対して耐性を持つかどうかで評価するしかありません。しかし、将来的に新しいショートカット攻撃が提案されるかもしれません。

一方、公開鍵暗号やデジタル署名の安全性は、困難な数学的問題に帰着されます。つまり、数学的問題を効率的に解くアルゴリズムが発見されない限り、その公開鍵暗号やデジタル署名は安全であり続けます。

❯ セキュリティマージンで将来的な耐性を評価する

未知の攻撃手法に対してブロック暗号がどの程度の耐性を持つかを評価する概念として、セキュリティマージン（安全性余裕度）が提案されています。次の式によって、セキュリティマージンの値を計算できます。

＊28：4段以上のラウンドであれば常に安全というわけではありません。構造の観点からは安全という意味です。f の具体的構成が決まれば、f の仕組みを利用した解読法が発見されることがあります。

●13：3.5.2 共通鍵暗号の攻撃モデル（選択暗号文攻撃）p.092

$$セキュリティマージン = \frac{仕様上のラウンド数}{(現時点での攻撃可能ラウンド数+1)}$$

セキュリティマージンの値が1以上の場合は安全、1より小さければ安全でないことになります。値が大きければ、将来的な耐性が高いと期待できます。

例えば、ラウンド数が10のブロック暗号があったとします。現時点での攻撃可能ラウンド数が6だとすると、1〜6ラウンドは鍵全数探索法よりも効率的な攻撃手法があることになります。次の7ラウンド目が、現時点で必要とされる安全性を確保できる最低限のラウンド数です。8ラウンド以降は、将来的に解読技術が進展しても安全性が確保できる範囲になります。先ほどの式に入力すると、セキュリティマージンの値は1.43（≒10/7）になります。

数年後に攻撃可能ラウンド数が7になったとすると、セキュリティマージンの値は1.25（≒10/8）になります。1.43から1.25に減少しており、安全性は下がっていますが、まだ若干の余裕があります。十数年後に攻撃可能ラウンド数が10（仕様のラウンド数と一致）になったとすると、0.9（≒10/11）となり、1未満であるため安全ではなくなります。

3.9.7 ブロック暗号の処理時間

ブロック暗号は、暗号化の際にラウンド処理を何回も繰り返して、平文を十分に撹拌してから暗号文を生成します。暗号化アルゴリズム（主にデータ撹拌部）の設計や、システムの性能に依存しますが、それなりの処理時間がかかります。

ストリーム暗号[14]は暗号化の前にセットアップが必要ですが、ブロック暗号は基本的にセットアップが不要です。

●14：3.8 ストリーム暗号 p.108

3.10 〈ブロック暗号〉 DES

安全性★★☆☆☆　効率性★★★☆☆　実装の容易さ★★★★☆

ポイント

- 米国の旧国家標準のブロック暗号です。
- ブロック長は64ビット、鍵長は64ビット（実質は56ビット）のブロック暗号です。
- Feistel構造を採用しているため、ラウンド数は比較的多めになっています。

3.10.1 DESの概要

〉DESとは

　DES（Data Encryption Standard）は、ブロック暗号の一種です。1977年にNIST（National Institute of Standard and Technology：米国国立標準技術研究所）がFIPS（連邦情報処理基準）として公表して、米国政府の標準暗号となりました。1984年にはANSI（米国規格協会）によって、民間標準規格となりました。

　DESの元になった暗号はLucifer（ルシファー）であり、これはIBM社のホースト・フェイステル（Horst Feistel）によって開発されました[29]。

　DESのブロック長は64ビット、鍵長は64ビットです。ただし、鍵長64ビットのうち8ビットはパリティ用であるため、56ビットのみを自由に選べます。つまり、実質的な鍵長は56ビットといえます。ブロック長が64ビットになったのは、コンピュータの処理能力が向上したことで計算回数が少なくても済むようになったことと、極端にビット数が少ないと安全性に問題があるためといわれています。

〉LuciferとDESの違い

　Luciferのブロック長は128ビット、DESのブロック長は64ビットです[30]。一方、Luciferの鍵長は128ビット、DESの鍵長は64ビット（実質は56ビッ

---

[29]："Cryptography and Computer Privacy"
　　http://www.apprendre-en-ligne.net/crypto/bibliotheque/feistel/

[30]：Luciferにも様々なバージョンがありますが、ここで述べているのはDESの候補として提出されたFeistel構造版のLuciferです。

ト）です。DESの鍵長がLuciferの鍵長より小さくなった理由については、色々な噂があります。

　米国のNSA（国家安全保障局）は、DESを定めるときにLuciferを精査して、アルゴリズムに対していくつかの変更を加えました。その1つが鍵長の縮小です。

　NSAは世界中で諜報活動を行っている組織です。DESの強度が高くなりすぎて解読しにくくなってしまうと、自分たちが困ると判断したからだという噂があります。また、NSAだけが把握している裏口[*31]が、DESに仕込まれているという噂もあります。現在までにそのような裏口は見つかっていませんが、存在しないとも言い切れません。

3.10.2 DESの定義

▶ サブ鍵生成アルゴリズム

　DESは16ラウンドなので、秘密鍵から16個のサブ鍵を生成するように設計されています（ 図3.25 ）。

入力	key：秘密鍵（64ビット）
出力	$k_1, \ldots, k_{16}$：サブ鍵（各48ビット）
動作	1：64ビットから56ビットに変換する縮小転置 $PC1$[*32] を適用します。その結果を (C_0, D_0) とします。C_0 は左28ビットのブロック、D_0 は右28ビットのブロックです。 $$(C_0, D_0) = PC1(key)$$ 2：$i = 1$ とします。 3：$i \leq 16$ の間、以降を繰り返します。 　3a：C_{i-1} と D_{i-1} をあるビット数だけ左巡回シフトして、その結果をそれぞれ C_i と D_i とします。シフトするビット数は、i の値によって決まります。$i = 1, 2, 9, 16$ のときは1ビットシフト、それ以外の場合は2ビットシフトです。 $$(C_i, D_i) = \bigl(\mathrm{LS}_i(C_{i-1}), \mathrm{LS}_i(D_{i-1})\bigr)$$ 　3b：C_1 と D_1 を合わせて、8ビットを除いて縮小転置 $PC2$ を適用して、48ビットの鍵 k_i とします。 $$k_i = PC2(C_i, D_i)$$ 　3c：$i = i + 1$ とします。 4：$k_1, \ldots, k_{16}$ を出力します。

[*31]：ここでいう裏口とは、正規の手段を経ずに復号できてしまう仕組みのことを指します。
[*32]："Permuted Choice" の略です。

図3.25 DESのサブ鍵生成アルゴリズム

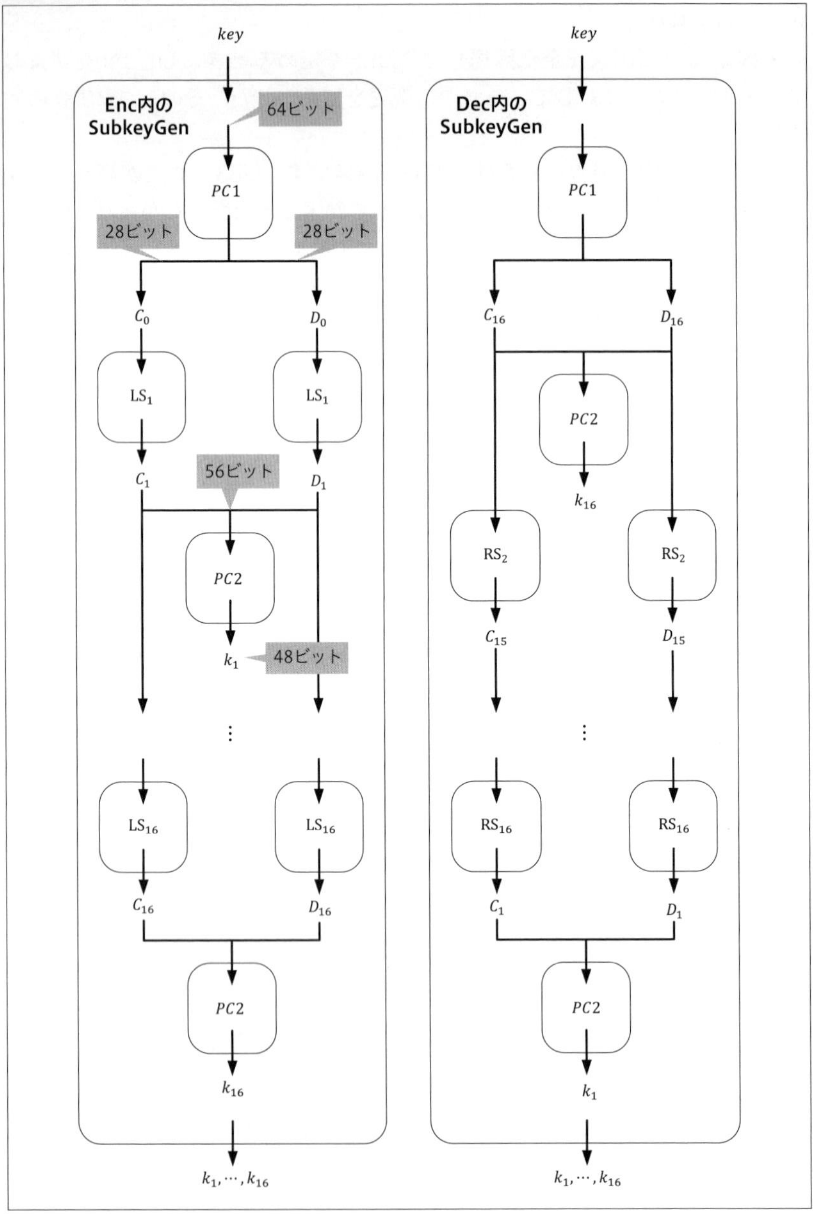

動作のステップ1の$PC1$は、64ビットから56ビットに縮小する処理であり、 表3.6 （8行7列）のように表現できます。この表は行ごとに読み、どのような値に変換されるかを意味します。

表3.6 縮小転置PC1の表

57	49	41	33	25	17	9
1	58	50	42	34	26	18
10	2	59	51	43	35	27
19	11	3	60	52	44	36
63	55	47	39	31	23	15
7	62	54	46	38	30	22
14	6	61	53	45	37	29
21	13	5	28	20	12	4

数式で表すと次のようになります。

$$PC1(x) = PC1(x_1, \cdots, x_{64}) = (x_{57}, x_{49}, \cdots, x_{12}, x_4)$$

これは、64ビットのxに$PC1$を適用すると、「xの57番目のビット、49番目のビット、…、4番目のビット」のように並んだ56ビット値が得られます。

xの8, 16, 24, 32, 40, 48, 56, 64ビットは使われていません。これらは誤り検出に使われています（7ビット列に対する奇数パリティ[*33]）。わざわざ誤り検出しているのは、DESが発表された当時、データ通信の信頼性が高くなかったからといわれています。

縮小転置$PC1$を図で表すと、 図3.26 のようになります。

図の上の四角形は入力ビット、下は出力ビットです。線で結ばれた位置にビット値が移動します。図から入力を8ビットごとにブロック化し、各ブロックから1つのビットを選ぶことで、出力の8ビットの並びを得ています。

ステップ3aでは左に巡回シフトしますが、復号のサブ鍵を生成する際には、右に巡回シフトします[*34]。復号の$i = 1$のときは右シフトせず、$i = 2, 9, 16$のときは1ビットシフト、それ以外のときは2ビットシフトします。そして、得られたサブ鍵は順にk_{16}からk_1に設定します。

ステップ3bの縮小転置$PC2$は、56ビットから48ビットに縮小する処理であり、 表3.7 （8行6列）のように表現できます。

[*33]：誤り検出の方式の一種。ビット列に含まれる1が奇数個であればパリティビットは0、偶数個であれば1にします。例えば、0011 101bという7ビットには1が4個含まれるので、奇数パリティのパリティビットは1になります。よって、0011 1011bになります。

[*34]：図では左巡回シフトをLS（Left Shift）、右巡回シフトをRS（Right Shift）と表現しました。

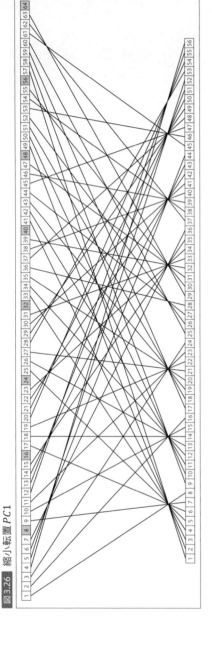

図 3.26 縮小転置 *PC1*

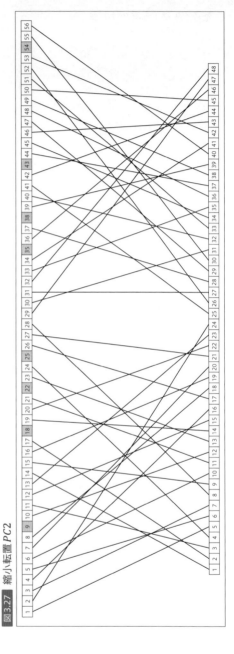

図 3.27 縮小転置 *PC2*

表3.7 縮小転置 $PC2$ の表

14	17	11	24	1	5
3	28	15	6	21	10
23	19	12	4	26	8
16	7	27	20	13	2
41	52	31	37	47	55
30	40	51	45	33	48
44	49	39	56	34	53
46	42	50	36	29	32

数式で表すと次のようになります。

$$PC2(x) = PC2(x_1, \cdots, x_{56}) = (x_{14}, x_{17}, \cdots, x_{29}, x_{32})$$

また、 図3.27 からわかるように、入力の前半（1～28ビット目）は出力でも前半、後半（29～56ビット目）は出力でも後半になります。

》データ暗号化部アルゴリズム

入力	m：平文（64ビット） $k_1, \ldots, k_{16}$：サブ鍵（各48ビット）
出力	c：暗号文（64ビット）
動作	1：$n = 1$とします。 2：平文に初期転置 IP を適用します。 3：左右に2分割します。これを左32ビット L_0、右32ビット R_0 とします。 4：$n \leq 16$ の間、次の処理を繰り返します。 　　4a：R_{n-1} とサブ鍵 k_n を入力して、ラウンド関数 f を計算します。この関数 f の詳細は後述します。 $$y = f(R_{n-1}, k_n)$$4b：L_{n-1} と y の排他的論理和を取り、それを $L_n{}'$ とします。$R_n{}'$ は R_{n-1} と同じです。 $$L_n{}' = L_{n-1} \oplus y$$$$R_n{}' = R_{n-1}$$4c：$n = 16$ でなければ、左右32ビットごとを入れ替えます。 $$L_n = R_n{}'$$$$R_n = L_n{}'$$4d：$n = n + 1$ とします。 5：L_{16} と R_{16} を連結して、最終転置 IP^{-1} を適用して出力します。 $$c = IP^{-1}(L_{16} \| R_{16})$$

図3.28 DESのデータ暗号化部アルゴリズム

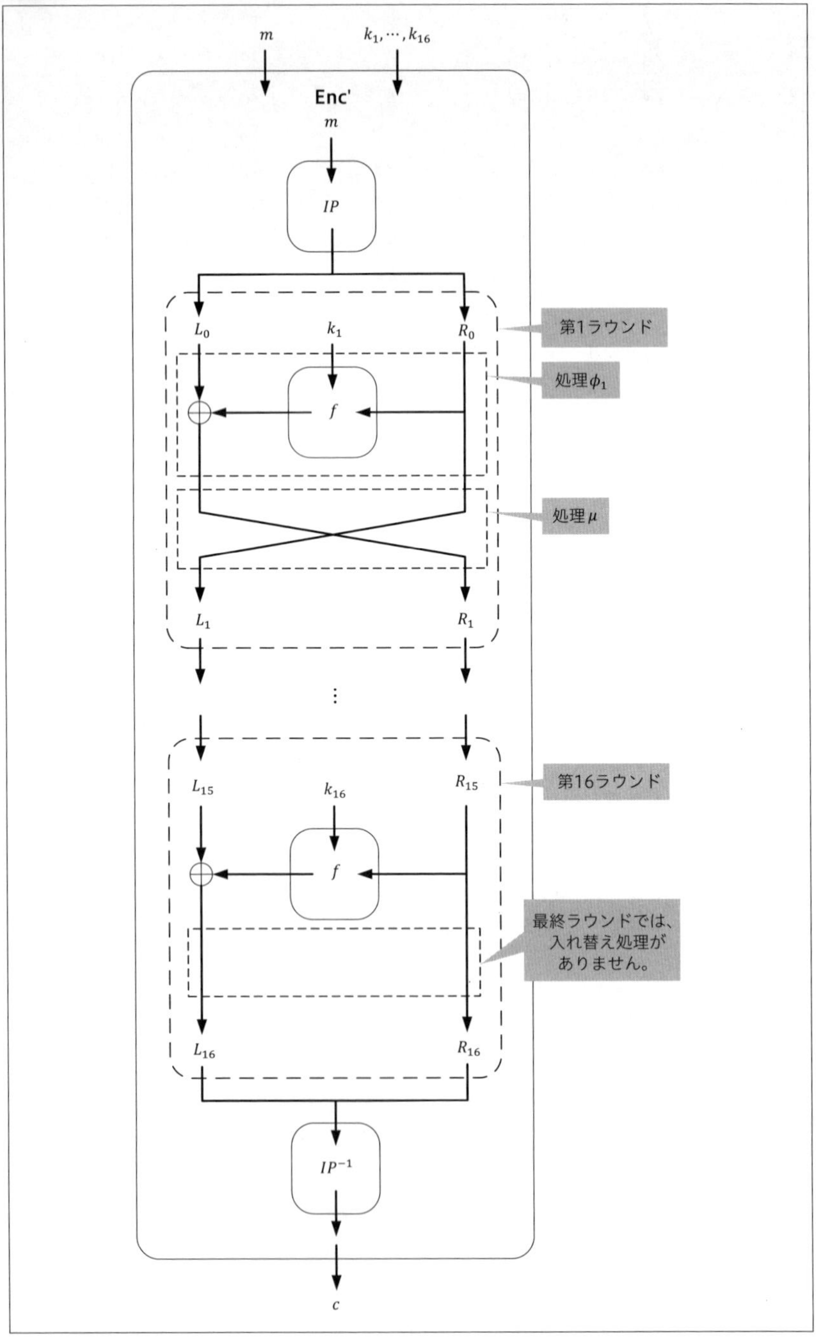

動作のステップ2の初期転置IPは、 表3.8 （8行8列）のように表現できます。

表3.8 初期転置IPの表

58	50	42	34	26	18	10	2
60	52	44	36	28	20	12	4
62	54	46	38	30	22	14	6
64	56	48	40	32	24	16	8
57	49	41	33	25	17	9	1
59	51	43	35	27	19	11	3
61	53	45	37	29	21	13	5
63	55	47	39	31	23	15	7

数式で表すと次のようになります。

$$IP(x) = IP(x_1, \cdots, x_{64}) = (x_{58}, x_{50}, \cdots, x_{15}, x_7)$$

図で表すと 図3.29 のようになります。

IPによる変換は、入力を全単射しているだけです。64ビットの入力を8ビットずつにブロック化すると、 表3.8 の行に対応します。つまり、1ブロック目は1行目になっています。

特に8列目に注目してください。ここに連続する1から8までの値が登場しています。これは、各行から1ビット選んで新しいブロックを生成していることを意味します（ 図3.29 を見ると明らか）。同様にして、各列に連続する8個の値が現れ、これらが新しいブロックに相当します。

動作のステップ4の処理はラウンド処理と呼ばれ、全体として16回のラウンド処理が実行されます。ここがFeistel構造になっています。

ステップ4bの段階では、右32ビットR_nは暗号化されていません。そこで、次のラウンドがある場合に備えて、ステップ4cで左32ビットと右32ビットを入れ替えます。

ステップ4aと4bの処理をϕ_i、ステップ4dの処理をμとします。このとき、データ暗号化部アルゴリズムは次のように表現できます[35]。

$$c = \text{Enc}'(k_1, \cdots, k_{16}, m) = IP^{-1} \circ \phi_{16} \circ \mu \circ \phi_{15} \circ \cdots \circ \mu \circ \phi_1 \circ IP(m)$$

ステップ5の最終転置IP^{-1}は、 表3.9 （8行8列）のように表現できます。

---

[35]：「∘」は合成記号です。$g \circ f(x) = g(f(x))$となります。

図3.29 初期転置 IP

図3.30 最終転置 IP^{-1}

表3.9 最終転置 IP^{-1} の表

40	8	48	16	56	24	64	32
39	7	47	15	55	23	63	31
38	6	46	14	54	22	62	30
37	5	45	13	53	21	61	29
36	4	44	12	52	20	60	28
35	3	43	11	51	19	59	27
34	2	42	10	50	18	58	26
33	1	41	9	49	17	57	25

数式で表すと次のようになります。

$$IP^{-1}(x) = IP^{-1}(x_1, \cdots, x_{64}) = (x_{40}, x_8, \cdots, x_{57}, x_{25})$$

図で表すと 図3.30 のようになります。

最終転置 IP^{-1} は初期転置 IP の逆転置であり、次の関係を満たします。

$$IP(IP^{-1}(x)) = x$$

これは IP の表（ 表3.8 ）と IP^{-1} の表（ 表3.9 ）を用いると確認できます。例えば、IP の表により、m の1ビット目は58ビット目に移ります。IP^{-1} の表により、58ビット目は1ビット目に移ります。他のビットについても同様の議論ができます。IP^{-1} は IP の線を上下反転させただけなので、各ビットが元の位置に戻ることは明らかです。

Feistel構造は、ラウンド鍵の順番を逆にするだけで、暗号化アルゴリズムを用いて復号を実現できます。Feistel構造そのものにはDESのように IP と IP^{-1} の処理はありません。しかしながら、$IP(IP^{-1}(x)) = x$ という関係を満たすので、復号に問題はありません。

ラウンド関数

ところで、ステップ4aではラウンド関数 f が用いられていました。これは非線形関数であり、この関数 f の設計によって暗号的強度が大きく変わります（ 図3.31 ）。

入力	x：32ビット k_n：サブ鍵（48ビット）
出力	y：計算結果（32ビット）
動作	1：xに拡大転置Eを適用して、鍵と同じ48ビットにします。 $$x' = E(x)$$ 2：得られたデータとサブ鍵k_nの排他的論理和を取ります。 $$x'' = x' \oplus k_n$$ 3：6ビットごとに分割して、8個のグループを作ります。各グループに対して変換$S_n(n=1,\dots,8)$を適用して、4ビットに変換します。得られた結果を連結したx'''は、32ビット（＝4ビット×8個）になります。 $$x''' = S(x'')$$ 4：出力転置Pを適用します。 $$y = P(x''') = P(S(E(x) \oplus k_n))$$ 5：yを出力します。

図3.31　ラウンド関数fのアルゴリズム

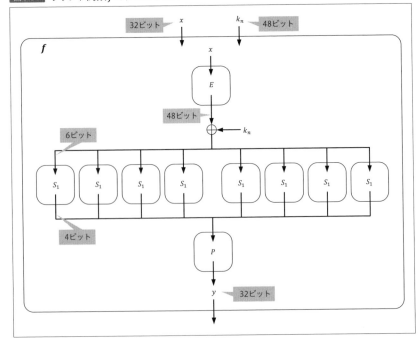

　動作のステップ1の拡大転置Eは、表3.10 （8行6列）のように表現できます。特に、32ビットのうち16個のビット（$4k$番目と$4k+1$番目、背景色が

ある値）を2回用いることで、32ビットから48ビットへの拡大を実現しています。

表3.10 拡大転置 E の表

32	1	2	3	4	5
4	5	6	7	8	9
8	9	10	11	12	13
12	13	14	15	16	17
16	17	18	19	20	21
20	21	22	23	24	25
24	25	26	27	28	29
28	29	30	31	32	1

数式で表すと次のようになります。

$$E(x) = E(x_1, \cdots, x_{32}) = (x_{32}, x_1, \cdots, x_{32}, x_1)$$

図で表すと 図3.32 のようになります。

48ビットに拡大するのは、ビットをより早く撹拌する準備のためです。1行目と2行目を比較すると、共通ビット（4, 5）を持っています。また、1行目と8行目を比較すると、共通ビット（32, 1）を持っています。同様にして、n 行目と $n-1$ 行目、n 行目と $n+1$ 行目は共通ビットを持ちます。

ステップ3の変換 S_n は、別のビットデータに変換する処理です。S-boxとも呼ばれ、規則性を排除することを目的とします。8個のS-boxが存在し、各ラウンドで異なるものが使われます（S-boxの具体的な内容は後述します）。ラウンド関数 f は非線形関数と述べましたが、DESにおいて非線形な部分はS-boxのみです。そのため、S-boxが安全性の強度に大きく影響しています。

ステップ4の出力転置 P は、表3.11 （8行4列）のように表現できます。

表3.11 出力転置 P の表

16	7	20	21
29	12	28	17
1	15	23	26
5	18	31	10
2	8	24	14
32	27	3	9
19	13	30	6
22	11	4	25

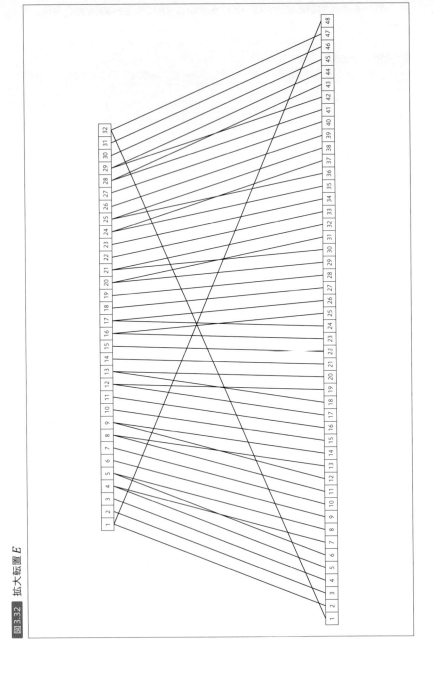

図3.32 拡大転置 E

また、図で表すと 図3.33 のようになります。

図3.33 出力転置 P

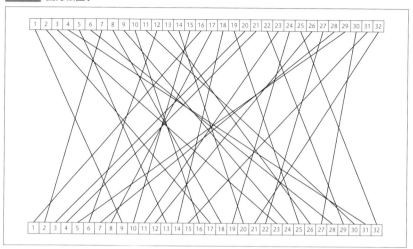

P はS-boxの出力を転置して、次のラウンドにおいて別のS-boxに入力されるように設計されています。こうすることで、暗号化全体で1ビットの変化が効率よく撹拌されます。もし撹拌の効率が悪いと、同じ安全性を持つような暗号文を得るためには、ラウンド処理が多くなってしまいます。

DESのS-boxは 表3.12 のようになります。

表3.12 DESのS-box

S1	0	1	2	3	4	5	6	7	8	9	10	11	12	13	14	15
0	14	4	13	1	2	15	11	8	3	10	6	12	5	9	0	7
1	0	15	7	4	14	2	13	1	10	6	12	11	9	5	3	8
2	4	1	14	8	13	6	2	11	15	12	9	7	3	10	5	0
3	15	12	8	2	4	9	1	7	5	11	3	14	10	0	6	13

S2	0	1	2	3	4	5	6	7	8	9	10	11	12	13	14	15
0	15	1	8	14	6	11	3	4	9	7	2	13	12	0	5	10
1	3	13	4	7	15	2	8	14	12	0	1	10	6	9	11	5
2	0	14	7	11	10	4	13	1	5	8	12	6	9	3	2	15
3	13	8	10	1	3	15	4	2	11	6	7	12	0	5	14	9

S3	0	1	2	3	4	5	6	7	8	9	10	11	12	13	14	15
0	10	0	9	14	6	3	15	5	1	13	12	7	11	4	2	8
1	13	7	0	9	3	4	6	10	2	8	5	14	12	11	15	1
2	13	6	4	9	8	15	3	0	11	1	2	12	5	10	14	7
3	1	10	13	0	6	9	8	7	4	15	14	3	11	5	2	12

S4	0	1	2	3	4	5	6	7	8	9	10	11	12	13	14	15
0	7	13	14	3	0	6	9	10	1	2	8	5	11	12	4	15
1	13	8	11	5	6	15	0	3	4	7	2	12	1	10	14	9
2	10	6	9	0	12	11	7	13	15	1	3	14	5	2	8	4
3	3	15	0	6	10	1	13	8	9	4	5	11	12	7	2	14

S5	0	1	2	3	4	5	6	7	8	9	10	11	12	13	14	15
0	2	12	4	1	7	10	11	6	8	5	3	15	13	0	14	9
1	14	11	2	12	4	7	13	1	5	0	15	10	3	9	8	6
2	4	2	1	11	10	13	7	8	15	9	12	5	6	3	0	14
3	11	8	12	7	1	14	2	13	6	15	0	9	10	4	5	3

S6	0	1	2	3	4	5	6	7	8	9	10	11	12	13	14	15
0	12	1	10	15	9	2	6	8	0	13	3	4	14	7	5	11
1	10	15	4	2	7	12	9	5	6	1	13	14	0	11	3	8
2	9	14	15	5	2	8	12	3	7	0	4	10	1	13	11	6
3	4	3	2	12	9	5	15	10	11	14	1	7	6	0	8	13

S7	0	1	2	3	4	5	6	7	8	9	10	11	12	13	14	15
0	4	11	2	14	15	0	8	13	3	12	9	7	5	10	6	1
1	13	0	11	7	4	9	1	10	14	3	5	12	2	15	8	6
2	1	4	11	13	12	3	7	14	10	15	6	8	0	5	9	2
3	6	11	13	8	1	4	10	7	9	5	0	15	14	2	3	12

S8	0	1	2	3	4	5	6	7	8	9	10	11	12	13	14	15
0	13	2	8	4	6	15	11	1	10	9	3	14	5	0	12	7
1	1	15	13	8	10	3	7	4	12	5	6	11	0	14	9	2
2	7	11	4	1	9	12	14	2	0	6	10	13	15	3	5	8
3	2	1	14	7	4	10	8	13	15	12	9	0	3	5	6	11

表の使い方は、次のとおりです。S-boxの入力6ビットに対して、1番目と6番目のビットを2進数として、表の行に対応させます。ただし、表の行番号は上から0, 1, 2, 3とします。

次に、入力6ビットの残りの4ビット（2～5番目のビット）を表の列に対応させます。ただし、表の列番号は左から0, 1, …, 15とします。このようにして指定されたセルの数が決まり、その値をバイナリ表現した4ビットを出力します。

問題：

これを踏まえて、次の設問に答えてください。

(1) S_1に01 0101bを入力したときの出力値を求めてください。
(2) S_5に01 0101bを入力したときの出力値を求めてください。
(3) S_6に10 1100bを入力したときの出力値を求めてください。

解答：

(1) 行番号：01b→1、列番号：1010b→12

　　S_1における当該セルの値は、9です。これをバイナリ値に変換すると1001bになるので、出力値は1001bになります。

(2) 行番号：01b→1、列番号：1010b→12（∵(1)と同じビット列の入力のため）

　　S_5における当該セルの値は、3です。これをバイナリ値に変換すると0011bになるので、出力値は0011bになります。このようにS-boxが異なれば、入力が同じでも出力は異なります。

(3) 行番号：10b→2、列番号：0110b→6

　　S_6における当該セルの値は、12です。これをバイナリ値に変換すると1100bになるので、出力値は1100bになります。

初期転置IPと拡大転置Eの組み合わせ

考察：

初期転置IPと拡大転置Eを組み合わた表（8行6列）を作成すると、 表3.13 のようになります。

表3.13 *IP*と*E*を組み合わせた表

7	57	49	41	33	25
33	25	17	9	1	59
1	59	51	43	35	27
35	27	19	11	3	61
3	61	53	45	37	29
37	29	21	13	5	63
5	63	55	47	39	31
39	31	23	15	7	57

例えば、平文の1ビット目は、次の過程を経て11ビット目と13ビット目に移ることを意味しています。これを*IP*と*E*の表で確かめてください。

検証：

1ビット目は*IP*により40ビット目に移ります。また、*E*を適用する前に32ビットごと左右に分離されます。40ビット目は右側*R*の8ビット目になります。8ビット目は*E*により、11と13ビット目に移ります。以上のビットの移動は、図で表すと一目瞭然です（ 図3.34 ）。

*IP*と*E*の組み合わせ表の各行（6ビット）は各S-boxに対応します。特に6ビットのうち1ビット目と6ビット目の値によりS-boxの行が決まり、2〜5ビット目の値によりS-boxの列が決まります。その結果、S-boxの1つの値（4ビット）が決まります。

ところで、表の奇数行に注目します。奇数行の1列目と6列目はすべて32以下の値です。つまり、平文mの$m_1 \sim m_{32}$のうちの8ビット（＝2ビット×4行）が、$S_i(i：奇数)$の行を決定しています。奇数行の残りの2〜5列目はすべて32より大きい値です。つまり、平文mの$m_{33} \sim m_{64}$のうちの8ビットが、$S_i(i：奇数)$の列を決定しています。

表の偶数行については、まったく逆の議論が成り立ちます。*IP*と*E*を適当に設計した場合、このような対称性は生まれません。つまり、*IP*と*E*を組み合わせることで、このような議論が成り立つように設計したといえます。

▶ データ復号部アルゴリズム

EncのSubkeyGen内において、16ラウンド分の左シフトが実行されます。これらの合計シフト量は28（＝4＋2×12）になります。C_0, D_0はそれぞれ28ビットなので、(C_{16}, D_{16})は(C_0, D_0)に一致します。そして、(C_{16}, D_{16})から生成されるサブ鍵をk_{16}としました。

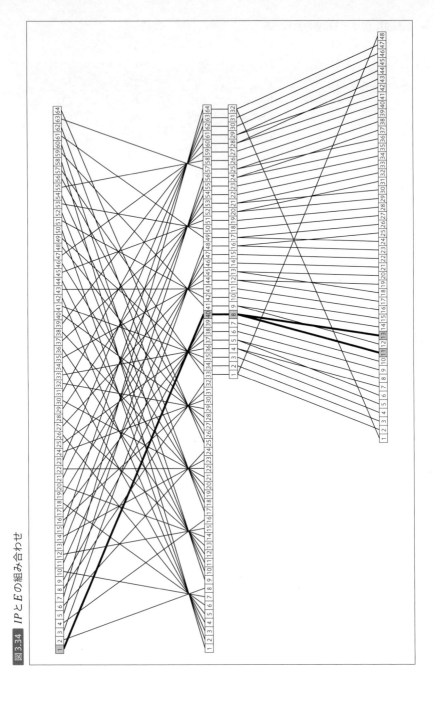

図3.34 IPとEの組み合わせ

一方、DecのSubkeyGen内において、1ラウンド目は右シフトせずに、(C_{16}, D_{16})としました。つまり、これから生成されるサブ鍵はEncのk_{16}そのものです。以降は右シフトすることで、Encのサブ鍵を逆順に生成している状況と同じになります。よって、Enc内で生成されたサブ鍵全体とDec内で生成されたサブ鍵全体は一致します。

また、データ復号部アルゴリズムの処理は、データ暗号化部アルゴリズムの処理と反対のプロセスになります。

$$m' = \mathrm{Dec}'(k_1, \cdots, k_{16}, c) = \mathrm{Enc}'(k_{16}, \cdots, k_1, c)$$
$$= IP^{-1} \circ \phi_1 \circ \mu \circ \phi_2 \circ \cdots \circ \mu \circ \phi_{16} \circ IP(c)$$

つまり、Dec'はEnc'を用いることで実現できます。ただし、サブ鍵の与える順番を逆にします。このような仕組みであるため、実装しやすくなっています。

暗号文を復号すると元の平文に戻ることは、次のように確認できます。その際、$\phi_i = \phi_i^{-1}$、$\mu = \mu^{-1}$を用いています。

$$\mathrm{Dec}'\big(k_1, \cdots, k_{16}, \mathrm{Enc}'(k_1, \cdots, k_{16}, m)\big)$$
$$= \underbrace{IP^{-1} \circ \phi_1 \circ \mu \circ \phi_2 \circ \cdots \circ \mu \circ \phi_{16} \circ IP}_{} \circ \underbrace{IP^{-1} \circ \phi_{16} \circ \mu \circ \phi_{15} \circ \cdots \circ \mu \circ \phi_1 \circ IP(m)}_{}$$
$$= m$$

3.10.3 DESの死角を探る

DESの歴史は長いため、多くの研究成果が知られています。ただし、これらの結果が暗号解読に直接的に結び付くとは限りません。

▶ 相補性

相補性とは

任意の秘密鍵key、任意の平文mに対して、暗号文をビット反転したものを考えます。これは、秘密鍵と平文をビット反転したものを暗号化したものに一致します。オーバーラインをビット反転の記号とすると、次のように表現されます。これを相補性といいます。

$$\mathrm{Enc}(\overline{key}, \overline{m}) = \overline{\mathrm{Enc}(key, m)}$$

相補性の証明

　平文と鍵を反転して入力した状況を考えます。拡大転置 E は、ビットを入力 x のビットだけを使って拡大しているだけです。そのため、次のようにして $E(\bar{x}) = \overline{E(x)}$ が成り立ちます。

$$E(\bar{x}) = PC1(\overline{x_1}, \cdots, \overline{x_{32}}) = (\overline{x_{32}}, \overline{x_1}, \cdots, \overline{x_{32}}, \overline{x_1})$$
$$= \overline{(x_{32}, x_1, \cdots, x_{32}, x_1)} = \overline{E(x)}$$

　また、i ラウンド用のサブ鍵生成のアルゴリズムを K_i とすると、$K_i(\overline{key}) = \overline{K_i(key)}$ が成り立ちます。

　初期転置は入力のビットを入れ替えているだけなので、入力が $\bar{m}$ であれば、左32ビットは $\overline{L_0}$、右32ビットは $\overline{R_0}$ になります。1ラウンド目において、f の入力は $\bar{R}$ と $\overline{k_1}$ になります。すると、S-boxの入力は、$E(\overline{R_0}) \oplus \overline{k_1} = \overline{E(R_0)} \oplus \overline{k_1} = E(R_0) \oplus k_1$ になります。最後の式変形では、任意の $a, b \in \{0, 1\}$ において、$a \oplus b = \bar{a} \oplus \bar{b}$ が成り立つことを利用しています（ 表3.14 ）。

表3.14 $a \oplus b$ と $\bar{a} \oplus \bar{b}$ の計算結果

a	b	$\bar{a}$	$\bar{b}$	$a \oplus b$	$\bar{a} \oplus \bar{b}$
0	0	1	1	0	0
0	1	1	0	1	1
1	0	0	1	1	1
1	1	0	0	0	0

　よって、$f(\overline{R_0}, \overline{k_1}) = f(R_0, k_1)$ になります。ここで、$Q = f(R_0, k_1)$ とおきます。すると、$\overline{L} \oplus Q = \overline{L \oplus Q}$ が成り立つので、1ラウンドが終了すると、左32ビットは $\overline{L_1} = \overline{R_0}$、右32ビットは $\overline{R_1} = \overline{L \oplus Q}$ になります。

　以上の議論は、他のラウンドについても同様です。つまり、m を反転することで、ラウンド処理の結果も反転した値になります。最後の最終転置 IP^{-1} はビットを入れ替えているだけであるため、反転を維持したままです。ゆえに、最終的に出力される暗号文は、（反転していない）平文の暗号文を反転したものになります。

相補性を利用した攻撃

　選択平文攻撃者[15]は、鍵全数探索で未知の鍵 key を求めようとします。攻撃者は暗号化オラクルを用いて、平文と暗号文のペア $(m, c_1) = (m, \text{Enc}(key, m))$、および反転した平文とその暗号文のペア $(\bar{m}, c_2) = (\bar{m}, \text{Enc}(key, \bar{m}))$

---

[15]：3.5.2 共通鍵暗号の攻撃モデル（選択平文攻撃）p.092

を入手します[*36]。

攻撃者は探索候補の秘密鍵key'として、1ビットが0のものをどれか選びます。ここでは最下位ビットが0の秘密鍵を候補に選びます。すると、候補の秘密鍵は2^{55}通りあります。

$$key' = \underbrace{* \cdots *}_{55} 0$$

秘密鍵の候補を使って、mを暗号化します。候補の鍵を使うので暗号化オラクルに送信する必要はありません。

$$c' = \text{Enc}(key', m)$$

得られた暗号文c'とオラクルから得た暗号文c_1を比較します。一致すれば、$key = key'$になります。

一致しなければ、c'と$\overline{c_2}$を比較します。c'と$\overline{c_2}$が一致すれば、$key = \overline{key'}$になります。なぜならば、$key = \overline{key'}$とすると、次のように$\overline{c_2} = c'$が成り立つからです。式変形の途中でDESの相補性を用いています。

$$\overline{c_2} = \overline{\text{Enc}(key, \overline{m})} = \overline{\text{Enc}(\overline{key'}, \overline{m})} = \overline{\overline{\text{Enc}(key', m)}}$$
$$= \text{Enc}(key', m) = c'$$

c'と$\overline{c_2}$も一致しない場合は、別の秘密鍵の候補に変えてやり直します。ゆえに、鍵全数探索で計算すべき暗号化の総数は2^{56}から2^{55}に縮小できたことになります。

▶ 弱鍵

（DESにおける）弱鍵（weak key）とは、すべてのサブ鍵が等しくなるような秘密鍵のことです[*37]。

問題：

弱鍵が生成される原因がサブ鍵生成アルゴリズムの動作にあることを考慮して、弱鍵を求めてください。

解答：

すべてのサブ鍵が等しくなるためには、C_0がすべて0またはすべて1で、D_0がすべて0またはすべて1でなければなりません（そうすれば何度巡回シフ

[*36]：選択平文攻撃を行う敵であれば、反転した平文と暗号文のペアも容易に得られます。
[*37]：弱鍵の広義の意味は、暗号強度が低下するような鍵のことを指します。

トしてもサブ鍵は等しくなる)。

[1] $C_0 = 0^{28}$、$D_0 = 0^{28}$のとき

このときのkeyを求めます。$PC1$の逆処理（$PC1^{-1}$と表現）により、8, 16, 24, 32, 40, 48, 56, 64ビット目を除く位置が確定します。

$PC1^{-1}(C_0, D_0)$
$= 0000000?\ 0000000?\ 0000000?\ 0000000?\ 0000000?\ 0000000?\ 0000000?\ 0000000?\,b$

「?」の位置はパリティビットに対応するので、奇数パリティを計算してセットすると次のようになります[*38]。

00000001 00000001 00000001 00000001 00000001 00000001 00000001 00000001b
$= 0x0101\ 0101\ 0101\ 0101$

[2] $C_0 = 0^{28}$、$D_0 = 1^{28}$のとき

$PC1^{-1}(C_0, D_0)$
$= 0001111?\ 0001111?\ 0001111?\ 0001111?\ 1110000?\ 1110000?\ 1110000?\ 1110000?\,b$
$= 00011111\ 00011111\ 00011111\ 00011111\ 11100000\ 11100000\ 11100000\ 11100000b$
$= 0x1F1F\ 1F1F\ E0E0\ E0E0$

[3] $C_0 = 1^{28}$、$D_0 = 0^{28}$のとき

$PC1^{-1}(C_0, D_0)$
$= 1110000?\ 1110000?\ 1110000?\ 1110000?\ 0001111?\ 0001111?\ 0001111?\ 0001111?\,b$
$= 11100000\ 11100000\ 11100000\ 11100000\ 00011111\ 00011111\ 00011111\ 00011111b$
$= 0xE0E0\ E0E0\ 1F1F\ 1F1F$

[4] $C_0 = 1^{28}$、$D_0 = 1^{28}$のとき

$PC1^{-1}(C_0, D_0)$
$= 1111111?\ 1111111?\ 1111111?\ 1111111?\ 1111111?\ 1111111?\ 1111111?\ 1111111?\,b$
$= 11111110\ 11111110\ 11111110\ 11111110\ 11111110\ 11111110\ 11111110\ 11111110b$
$= 0xFEFE\ FEFE\ FEFE\ FEFE$

よって、4個の弱鍵が得られます（奇数パリティ）。

$$0x0101\ 0101\ 0101\ 0101,\ 0x1F1F\ 1F1F\ E0E0\ E0E0,$$
$$0xE0E0\ E0E0\ 1F1F\ 1F1F,\ 0xFEFE\ FEFE\ FEFE\ FEFE$$

[*38]：16進数の表記を明示するために、$0x$という接頭語を付けています。

弱鍵から暗号文を生成されてしまうと、攻撃者は弱鍵の候補4個を用いて盗聴した暗号文を再度暗号化することで、平文を求められます（詳細は次の双対鍵を参照。しかし、弱鍵が選ばれる確率は$4/2^{56}$であり、無視できるほど小さいといえます。

双対鍵

双対鍵ペア（dual key pair）とは、$\mathrm{Enc}(key_1, *)$と$\mathrm{Dec}(key_2, *)$が等しくなるような秘密鍵ペア(key_1, key_2)です。準弱鍵ペア(semiweak key pair)と呼ばれることもあります。

DESを強くする1つの方法として、二重に暗号化する方式が考えられます。

$$y = \mathrm{Enc}(key_1, \mathrm{Enc}(key_2, x))$$

しかし、(key_1, key_2)が双対鍵ペアであると、図3.35 からyはxに一致してしまいます。つまり、2回暗号化して、元の平文に戻ります。

図3.35 双対鍵ペアにおける二重暗号化

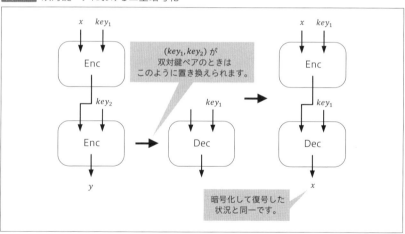

ある鍵が自分自身の双対鍵であるとき、自己双対といいます。前述の弱鍵は、自己双対鍵です。つまり、弱鍵の場合、同じ秘密鍵で2回暗号化すると元に戻ります。

DESには、以下の6組の双対鍵ペアが存在することが知られています。

$$(0x01FE\ 01FE\ 01FE\ 01FE, 0xFE01\ FE01\ FE01\ FE01)$$

$$(0x1FE0\ 1FE0\ 1FE0\ 1FE0, 0xE01F\ E01F\ E01F\ E01F)$$

$$(0x01E0\ 01E0\ 01E0\ 01E0, 0xE001\ E001\ E001\ E001)$$

$$(0x1FFE\ 1FFE\ 1FFE\ 1FFE, 0xFE1F\ FE1F\ FE1F\ FE1F)$$

$$(0x011F\ 011F\ 011F\ 011F, 0x1F01\ 1F01\ 1F01\ 1F01)$$

$$(0xE0FE\ E0FE\ E0FE\ E0FE, 0xFEE0\ FEE0\ FEE0\ FEE0)$$

❯ 差分解読法

差分解読法とは

差分解読法 (差分攻撃法) は、1990年にビハム (Biham) とシャミア (Shamir) によって発表された解読手法です。主にブロック暗号に対して適用されますが、ストリーム暗号やハッシュ関数に対しても適用できます。

解読法の名前に付いている「差分」とは、排他的論理和を意味します。例えば、「平文の差分」といったときは、2つの平文の排他的論理和を意味します。

差分解読法の概要

ある一定の差分 Δm を持つ平文の集合 $\{m_1, ..., m_n\}$ があったとします。

$$\Delta m = m_i \oplus m_j\ (i \neq j)$$

それぞれの平文に対する暗号文 $c_1, ..., c_n$ を計算して、それらの差分 Δc を計算します。

$$\Delta c = c_i \oplus c_j\ (i \neq j)$$

この差分 Δc の分布の中に、統計的なパターン（偏りなど）がないか探します。もし存在すれば、それを手がかりにして鍵の候補を絞り込みます。そして、鍵に影響を与えるビット数を小さくしていき、鍵の情報を順次特定していきます。これを繰り返して、解読が現実的な範囲になるまで鍵の候補を減らします。後は、その範囲内で鍵探索することで、秘密鍵を特定できます。

以上のように、解読者にとって都合のよい平文を選ぶ必要があるので、差分攻撃法は選択平文攻撃に分類できます。DESでは、（敵が選択した）2^{47} 個の平文と暗号文のペアがあれば、差分解読法を適用できることが知られています。

差分解読法とDES

　差分解読法は、DESと似ている共通鍵暗号の解読には効果がありました。しかし、DESに対しては、鍵の総当たり攻撃よりも早く解読できませんでした。なぜならば、DESのもとになったLuciferの開発者が、1970年の時点で差分解読法による攻撃を予見しており、差分解読法に耐性があるようにS-boxを設計していたからです。

　ラウンド数を15に減らしたDESの場合、差分解読法を成功させるには2^{52}回の暗号化処理が必要であることが知られています。一方、標準（16ラウンド）のDESの場合、差分解読法を成功させるには2^{58}回の暗号化処理が必要であることが知られています。

　DESの鍵長は、56ビットでした（64ビットのうち8ビットはパリティなので除外）。そのため鍵全数探索は、最悪の場合2^{56}回の計算が必要です。ちょうど16ラウンドで差分攻撃法の計算回数が鍵全数探索の計算回数を上回っていることからも、設計者は差分解読法の存在を知っていたことが明らかです。つまり、差分解読法は1970年の時点で知られており、1990年に再発見されたといえます。

排他的論理和の特徴

　DESを含む多くの共通鍵暗号方式では、排他的論理和が使われます。排他的論理和では交換律と結合律が成り立ちます。

交換律 … $x \oplus y = y \oplus x$
結合律 … $x \oplus (y \oplus z) = (x \oplus y) \oplus z$

　さらに、排他的論理和では、次の計算が成り立ちます。

$$「x = y \oplus z」 かつ 「x' = y' \oplus z'」 \Rightarrow 「x \oplus x' = (y \oplus z) \oplus (y' \oplus z')」$$

ここで、$z = z' = c$（定数）とすると、次のように書けます。

$$「x = y \oplus c」 かつ 「x' = y' \oplus c」 \Rightarrow 「x \oplus x' = y \oplus y'」$$

　$x \oplus x'$ や $y \oplus y'$ が差分です。c を鍵として考えると、2つの入力の差分（$x \oplus x'$）は鍵の値に関係なく、出力の差分（$y \oplus y'$）として現れることになります。差分解読法では、こうした性質を使って鍵を推定します。

▶ 線形解読法

　線形解読法とは、1993年に三菱電機の松井充氏によって発表された解読法です。16ラウンドのDESの解読に初めて成功した攻撃であり、コンピュータによる線形解読法でDESを解読できることを実証しました。このことがきっかけとなり、米国国立標準技術研究所（NIST）はAES[16]を公募しました。

　本来S-boxは非線形変換ですが、線形変換に近似することで、暗号化全体が線形変換の組み合わせと考えられます。その結果、鍵の部分情報を得られます。さらに様々な工夫を適用することで、秘密鍵を特定しようとする解読法が線形解読法です。

　最終的に、2^{43}個の平文と暗号文のペアがあれば、秘密鍵を特定できることが示されました。この平文と暗号文のペアは任意であるため、既知平文攻撃[17]に属します。

3.10.4 S-DES

　S-DES（Simplified DES）は、Edward Schaeferによって考案されました。S-DESは、DESを教育用に簡略化したものです。DESの構成部品のビット長やラウンド数が簡略化されていますが、DESの基本的な仕組みと同様です（表3.15）。

表3.15 DESとS-DESの比較

	DES	S-DES
ブロック長	64ビット	8ビット
鍵長	56ビット	10ビット
ラウンド数	16ラウンド	2ラウンド
S-BOX	8個（6ビット→4ビット）	2個（4ビット→2ビット）

　S-DESは、ブロック長やラウンド数も小さいので、十分に手で計算可能といえます。DESの仕組みが複雑に感じる場合は、S-DESに挑戦してみるとよいでしょう[*39][*40]。

[*39]："Cryptologia Volume 20, Issue 1, 1996"
　　　http://www.tandfonline.com/doi/abs/10.1080/0161-119691884799

[*40]："Appendix G: Simplified DES"
　　　http://mercury.webster.edu/aleshunas/COSC%205130/G-SDES.pdf

[16]：3.12 AES p.166
[17]：3.5.2 共通鍵暗号の攻撃モデル（既知平文攻撃）p.091

〈ブロック暗号〉
3.11 トリプルDES

安全性★★★☆☆　効率性★★☆☆☆　実装の容易さ★★★☆☆

ポイント
- DESを多重化することで鍵長を増やした共通鍵暗号です。
- ブロック長は64ビット、鍵長は112、168ビットの共通鍵暗号です。
- DESを実装済みであれば、比較的容易にトリプルDESに拡張できます。

3.11.1 トリプルDESとは

　DESの鍵長は、パリティを除くと56ビットでした。しかし、現在のコンピュータの処理速度を考慮すると、この鍵長では短すぎます。そこで、異なる鍵を使用してDESを繰り返して、鍵長を実質的に増やすという方法があります。

　1979年にタックマン（Tuchman）は、DESを3回繰り返す方式を提案しました。これをトリプルDES（Triple-DES、3-DES）といいます。

　トリプルDESには、2鍵トリプルDES（2-key-トリプルDES）と、3鍵トリプルDES（3-key-トリプルDES）の2種類が存在します。鍵長は112ビット（＝56×2）か168ビット（＝56×3）になります（パリティを除く。表3.16）。

　トリプルDESと比較して、通常のDESはシンプルDES（Simple-DES）と呼ばれることがあります。

表3.16 トリプルDESの種類

名称	鍵長（ビット）
2鍵トリプルDES	112
3鍵トリプルDES	168

3.11.2 トリプルDESの定義

▶ 2鍵トリプルDESの暗号化アルゴリズム

入力	m：平文（64ビット） key_1, key_2：秘密鍵（各64ビット、パリティを含む）
出力	c：暗号文（64ビット）
動作	1：DESのEncアルゴリズムにmとkey_1を入力して、暗号文を得ます。 2：DESのDecアルゴリズムにステップ1の暗号文とkey_2を入力して、一種の暗号文を得ます（ステップ1とは異なる秘密鍵なので、mに復号されない）。 3：DESのEncアルゴリズムにステップ2の暗号文とkey_1を入力して、暗号文を得ます。 4：暗号文を出力します。

図3.36 2鍵トリプルDESの暗号化アルゴリズム

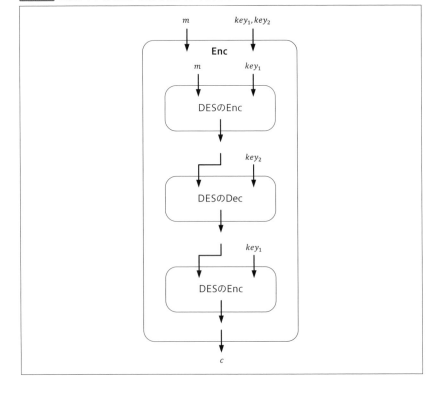

❯ 3鍵トリプルDESの暗号化アルゴリズム

入力	m：平文（64ビット） key_1, key_2, key_3：秘密鍵（各64ビット、パリティを含む）
出力	c：暗号文（64ビット）
動作	1：DESのEncアルゴリズムにmとkey_1を入力して、暗号文を得ます。 2：DESのDecアルゴリズムにステップ1の暗号文とkey_2を入力して、一種の暗号文を得ます。 3：DESのEncアルゴリズムにステップ2の暗号文とkey_3を入力して、暗号文を得ます。 4：暗号文を出力します。

図3.37 3鍵トリプルDESの暗号化アルゴリズム

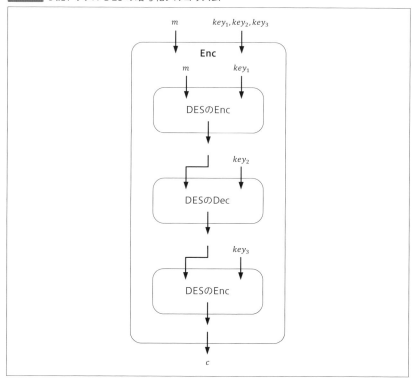

3.11.3 トリプルDESの特徴

❯❯ 同一の秘密鍵を使用する

トリプルDESでは、入力する秘密鍵が同一（$key_1 = key_2 = key_3$）であると、DESで1回暗号化した状況と同じになります。なぜならば、ステップ1とステップ2により、同一の秘密鍵で暗号化して復号したことになり、元の平文に戻るためです。

「Enc→Enc→Enc」のように単純に3回暗号化するのではなく、「Enc→Dec→Enc」のようにしているのは、トリプルDESを単独のDESとして利用できるように工夫した結果です。

❯❯ 効率性

1回の暗号化において、DESのEncやDecを計3回実行しているので、DESと比べてトリプルDESは処理速度が3分の1程度に落ちます。

3.11.4 トリプルDESの改良

❯❯ DESを繰り返さずに鍵長を増やす

DESX（Data Encryption Standard Extension）は、RSA社によって提案された暗号です。DESは1回しか使わず、鍵長が184ビット（= 56 + 64 × 2）に増えています。

入力	m：平文（64ビット） key_1, key_2：秘密鍵（各64ビット） key_3：秘密鍵（64ビット、パリティを含む）
出力	c：暗号文（64ビット）
動作	1：mとkey_1で排他的論理和を取ったものを平文として、DESのEncアルゴリズムに入力します。その際に入力する鍵はkey_3です。 2：ステップ1の出力値とkey_2で排他的論理和を取り、暗号文として出力します。

図3.38 DESXの暗号化アルゴリズム

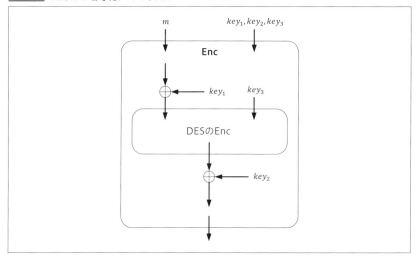

　DESはFeistel構造であるため、「最終ラウンドの入力の半分のビット」と「暗号文の半分のビット」は等しくなります。これは安全性を低下させる原因となる恐れがあります。DESXではDESのEncアルゴリズムの平文に鍵を作用させ、さらに暗号文にも鍵を作用させています。

トリプルDESの課題

　トリプルDESは鍵長を長くして、安全性の強度を高めているにすぎません。これを解決したのが、次世代国際標準暗号となる128ビットブロック暗号です。

3.12 〈ブロック暗号〉 AES

安全性★★★★☆　効率性★★★☆☆　実装の容易さ★★★☆☆

ポイント
- ✅ 米国の新国家標準のブロック暗号です。
- ✅ ブロック長は128ビット、鍵長は128、192、256ビットのブロック暗号です。
- ✅ SPN構造を採用しており、ラウンド数は少なく、並列処理にも向いています。

3.12.1 AESとは

　従来の標準暗号であったDESは、（パリティを除く）鍵長が56ビットであったため、計算機の高速化にともない時代遅れとなってしまいました。また、DESの設計にはNSAが大きくかかわっており、NSAに都合のよい要件が仕様に組み込まれているのではないかという懸念がありました。

　そこで、NISTは、1997年に次世代の標準暗号となるAES（Advanced Encryption Standard）を選定するプロジェクトを発表しました。これをAESコンペティションといいます。1998年8月には世界中から15種類の共通鍵暗号方式が応募され、1999年8月にはNISTにより5種類に絞られました。そして、2000年10月にベルギーのルーベン・カトリック大学の研究者であるダーメン（Joan Daemen）とライメン（Vincent Rijmen）が考案したラインダール（Rijndael）[41]という暗号がAESとして選ばれました[42]。

　AESは、2001年にはFIPS 197[43]として規定されました。米国政府機関では使用が義務付けられ、CRYPTRECでも推奨暗号となっています。現在AESは様々な場面で採用されており、今後も広く使われていくと考えられています。

　AESは、ブロック長が128ビットのブロック暗号です。鍵長は128、192、256ビットに対応しています。SPN構造[18]を採用しており、全体的にセキュリティマージンが低く抑えられています。

---

[41]：ラインダール（Rijndael）という名は、開発者であるホアン・ダーメン（Joan Daemen）とビンセント・ライメン（Vincent Rijmen）の名前にちなんでいます。

[42]：AESはラインダール以外の候補となった暗号も含みますが、本書でAESといった場合はラインダールを指すことにします。

[43]：http://nvlpubs.nist.gov/nistpubs/FIPS/NIST.FIPS.197.pdf

●18：3.9.2 ブロック暗号の暗号構造（SPN構造）p.115

3.12.2 AESの種類

AESは、鍵長によって 表3.17 の3つのタイプに分類できます。

表3.17 AESの種類

タイプ	鍵長（ビット）	鍵長kw（ワード）	ブロック長（ビット）	ラウンド数N
AES-128	128	4	128	10
AES-192	192	6	128	12
AES-256	256	8	128	14

鍵長はワード単位[*44]で考えると、ラウンド数を簡単に計算できます。なぜならば、ラウンド数をN、鍵長（ワード）をkwとすると、次の関係が成り立つからです。

$$N = kw + 6$$

鍵長が大きければ、暗号の強度は高まります。しかしながら、暗号化の際にそれだけ多くのビットを混ぜなければならないため、多くのラウンド数が必要になります。つまり、暗号化・復号の全体の処理時間は長くなります。

Column　AESコンペティションの意義

AESコンペティションは、様々な面において透明性が確保されていました。例えば、AESが満たすべき仕様、選考における評価項目が公開されました。また、候補となった暗号の仕様や評価の結果も公開されました。さらに、世界中の暗号研究者による評価も選定に反映されました。

よって、AESコンペティションを通じて、次世代暗号を決定できただけでなく、信頼性のある方式を決定するプロセスも確立できました。こうした仕組みは、SHA-3のコンペティションに活かされました。

[*44]：ワードとはCPUが機械語の命令を一度に処理するのが最も自然なデータ長のことです。そのため、CPUの種類によって1ワードあたりのビット長は異なります。ここでは1ワード＝4バイト＝32ビットとしています。

3.12.3 AESの定義

▶ サブ鍵生成アルゴリズム

keyが128ビットのときのサブ鍵生成アルゴリズムは、次のとおりです。keyが192、256ビットの場合は、後に紹介する 図3.40 と 図3.41 を参考にしてください。

入力	key：秘密鍵（128ビット）
出力	$k_0, ..., k_N$：サブ鍵（各128ビット、$N = 10$）

動作	1：keyを1ワード（＝4バイト＝32バイト）ごとに分割して、それぞれを $w_0, ..., w_{kw-1}$ とします（kw は key のワード長）。ここでは、keyが128ビットなので、$kw = 4$ になります。
	
	2：$i = 1$ とします。
	
	3：$k_0 = (w_0, w_1, w_2, w_3)$ とします。
	
	4：$i \leqq 10$ の間、次の処理を繰り返します。
	    4a：$w_{4i-1}(= w_{4(i-1)+3})$ について次の処理を行います。これは1ワードなので、以降は1バイトのブロックに4分割して考えます。ここで見やすさのために、$n = 4i - 1$ とおきます。
	$$w_n = (w_{n,0}, w_{n,1}, w_{n,2}, w_{n,3})$$
	    4a-1：w_{4i-1} に対して RotWord 処理を適用します。これは、ブロックに関する左巡回シフトです。
	$$(w_{n,0}, w_{n,1}, w_{n,2}, w_{n,3}) \leftarrow (w_{n,1}, w_{n,2}, w_{n,3}, w_{n,0})$$
	    4a-2：続けて SubWord 処理を施します。これは、各ブロックに対して、データ暗号化アルゴリズムの SubByte 処理を適用するものです。
	    4a-3：$\text{Rcon}_i = (x^{i-1} \mod m(x), 0, 0, 0)$ とステップ4a-2の結果に対して、排他的論理和を取ります。ただし、$m(x) = x^8 + x^4 + x^3 + x + 1$ とします。その結果をtempとします。
	    4b：$j = 0$ とします。
	    4c：$j < 4(i - 1)$ の間、次の処理を繰り返します。これにより、次のラウンド用の4つのブロックを生成します。
	    4c-1：$w_{4i+j-4}(= w_{4(i-1)+j})$ とtempの排他的論理和を取ります。その結果を w_{4i+j} とします。
	$$w_{4i+j} = w_{4i+j-4} \oplus \text{temp}$$
	    4c-2：次の処理用にtempを上書きします。
	$$\text{temp} = w_{4i+j}$$
	    4c-3：$j = j + 1$ とします。
	    4d：サブ鍵 k_i を次のように決めます。
	$$k_i = (w_{4i}, w_{4i+1}, w_{4i+2}, w_{4i+3})$$
	    4e：$i = i + 1$ とします。
	
	5：$k_0, ..., k_{10}$ を出力します。

添字が複数出てきて複雑そうに見えますが、図3.39 を参照すると比較的わかりやすいといえます。

図3.39 AESのサブ鍵生成アルゴリズム（key：128ビット）

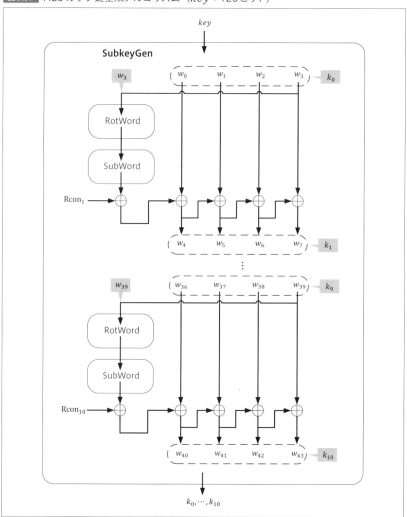

動作のステップ4a-2ではSubByte処理、すなわちS-boxが適用されます。つまり、サブ鍵は非線形処理で生成されていることになります。

ステップ4a-3の$Rcon_i$はラウンド定数といいます。定数と付いていますが、iに依存しています。このステップの処理の計算は、$GF(2^8) = Z_2[x]/(x^8 + x^4 + x^3 + x + 1)$上で考えます[19]。詳細は、次に解説するデータ暗号化アル

ゴリズムのSubBytes処理を参照してください。

keyが192、256ビットのときのサブ鍵生成アルゴリズムは、図3.40と図3.41のとおりです。大筋はkeyが128ビットのときと同様です。しかしながら、サブ鍵は128ビット固定なので、サブ鍵を構成するブロックの取り方が少々異なります。

図3.40　AESのサブ鍵生成アルゴリズム（key：192ビット）

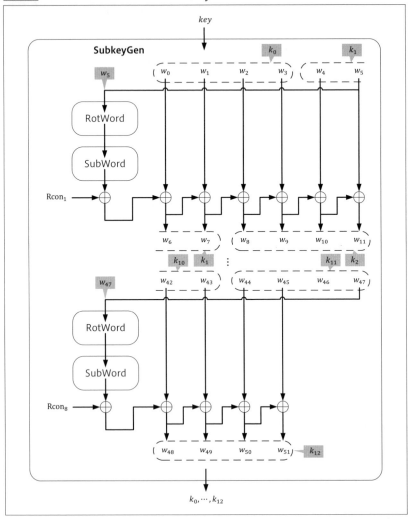

●19：4.10.2 楕円ElGamal暗号を理解するための数学知識（p^n個の要素を持つ有限体）p.385

図3.41 AESのサブ鍵生成アルゴリズム（key：256ビット）

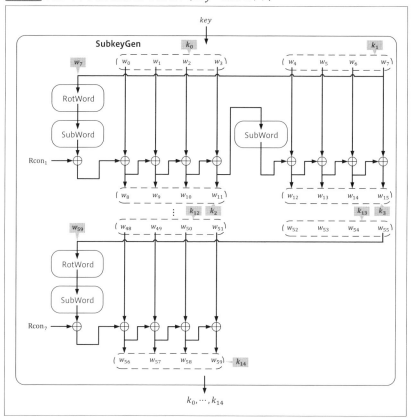

▶ データ暗号化アルゴリズム

AESは、$n = 128$、$b = 8$、$l = 16$のSPN構造になります（ 図3.42 ）。

入力	m：平文（128ビット） $k_0, ..., k_N$：サブ鍵（各128ビット、$N = 10, 12, 14$）
出力	c：暗号文（128ビット）
動作	1：$i = 1$とします。
	2：平文mを8ビット（＝1バイト）ごとに16個のブロック$s_{i,j}(0 \leq i < 4, 0 \leq j < 4)$に分割したまま管理します。ここでは、見やすいように行列（4行4列）の形で表現し、状態行列と呼ぶことにします。 $$s = \begin{bmatrix} s_{0,0} & s_{0,1} & s_{0,2} & s_{0,3} \\ s_{1,0} & s_{1,1} & s_{1,2} & s_{1,3} \\ s_{2,0} & s_{2,1} & s_{2,2} & s_{2,3} \\ s_{3,0} & s_{3,1} & s_{3,2} & s_{3,3} \end{bmatrix}$$

3：	AddRoundKey(s, k_0)を計算して、sに入力します。
4：	$i \leq N$の間、次の処理を繰り返します。 4a：SubBytes(s)を計算して、sに入力します。 4b：ShiftRows(s)を計算して、sに入力します。 4c：$i \neq N$の場合、MixColumns(s)を計算して、sに入力します。 4d：AddRoundKey(s, k_i)を計算して、sに入力します。 4e：$i = i + 1$とします。
5：	$c = s$として、cを出力します。

図3.42　AESのデータ暗号化アルゴリズム

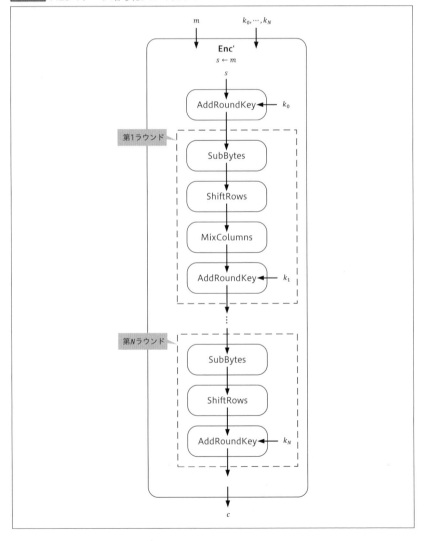

ステップ1のsは、中間状態を保持します（図3.43）。sの初期状態は平文であり、最終状態が暗号文になります。

図3.43 状態行列の初期状態の作り方

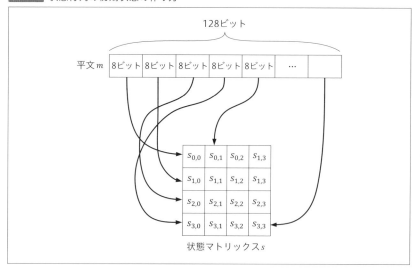

ステップ4において、バイト演算（SubBytes処理）、行演算（ShiftRows処理）、列演算（MixColumns処理）、鍵を使った撹拌（AddRoundKey処理）を経て、状態行列の中身を大きく撹拌します。

ステップ4cにおいて、最終ラウンドではMixColumns処理を適用しません。

SubBytes処理

SubBytes処理は、状態行列sの各ブロック（8ビット）に対して、非線形変換であるS-box[20]を適用する処理です。この1ブロックに対する処理をSubByte処理と呼ぶことにします（単数形であることに注意）。入力は8ビットであり、その上位4ビットをx、下位4ビットをyとします。表3.18から出力値が決まります。この表では8ビット値を2桁の16進数表示をしています。

●20：3.10.2 DESの定義（S-box）p.147

表3.18 AESのデータ暗号化におけるS-box

									y								
		0	1	2	3	4	5	6	7	8	9	A	B	C	D	E	F
	0	63	7C	77	7B	F2	6B	6F	C5	30	01	67	2B	FE	D7	AB	76
	1	CA	82	C9	7D	FA	59	47	F0	AD	D4	A2	AF	9C	A4	72	C0
	2	B7	FD	93	26	36	3F	F7	CC	34	A5	E5	F1	71	D8	31	15
	3	04	C7	23	C3	18	96	05	9A	07	12	80	E2	EB	27	B2	75
	4	09	83	2C	1A	1B	6E	5A	A0	52	3B	D6	B3	29	E3	2F	84
	5	53	D1	00	ED	20	FC	B1	5B	6A	CB	BE	39	4A	4C	58	CF
	6	D0	EF	AA	FB	43	4D	33	85	45	F9	02	7F	50	3C	9F	A8
	7	51	A3	40	8F	92	9D	38	F5	BC	B6	DA	21	10	FF	F3	D2
x	8	CD	0C	13	EC	5F	97	44	17	C4	A7	7E	3D	64	5D	19	73
	9	60	81	4F	DC	22	2A	90	88	46	EE	B8	14	DE	5E	0B	DB
	A	E0	32	3A	0A	49	06	24	5C	C2	D3	AC	62	91	95	E4	79
	B	E7	C8	37	6D	8D	D5	4E	A9	6C	56	F4	EA	65	7A	AE	08
	C	BA	78	25	2E	1C	A6	B4	C6	E8	DD	74	1F	4B	BD	8B	8A
	D	70	3E	B5	66	48	03	F6	0E	61	35	57	B9	86	C1	1D	9E
	E	E1	F8	98	11	69	D9	8E	94	9B	1E	87	E9	CE	55	28	DF
	F	8C	A1	89	0D	BF	E6	42	68	41	99	2D	0F	B0	54	BB	16

問題：

aの値を次のようにしたとき、SubByte処理にaを入力した結果のバイナリ値を計算してください。

（1） $a = 0011\ 0001$b
（2） $a = 0x9A$

解答：

（1）をS-boxを使う方法で求めます。aを上位4ビットと下位4ビットに分けると、$x = 0011$b $= 0x3$、$y = 0001$b $= 0x1$、になります。S-boxの表（表3.18）からセルの値は$0xC7$になります。つまり、$0xC7 = 1100\ 0111$bになります。

（2）も同様の方法で求めます。$x = 0x9$、$y = 0xA$であり、セルの値$0xB8 = 1011\ 1000$bになります。

S-boxの作り方

SubBytes変換に必要なものはS-boxの表のみですが、AESの仕様書にはS-boxの作り方も示されています。これには理由があります。DESのS-boxは、作り方が公開されていませんでした。また1990年代に米国政府は、必要

であれば暗号解読のための裏口を民間の暗号に導入できる法律を制定しようとしていました。こうした背景があり、DESのS-boxの中に裏口となる何らかの細工があるのではないかと疑われていました。そこで、ラインダールの設計者はS-boxの作成法を公開し、こうした疑いを払拭しようと考えたわけです。

実際のS-boxの作り方は、sの各ブロックに対して、有限体$GF(2^8)$上における乗法逆元を計算し、その結果をアフィン変換[*45]します。

ステップ1

乗法逆元を計算する関数をgとし、その動作は次のようになります。係数が$GF(2)$の既約多項式$m(x) = x^8 + x^4 + x^3 + x + 1$を固定します。ここで入力の8ビットを$a = a_7 \cdots a_0$とします。この数$a$を$GF(2^8) = Z_2[x]/(x^8 + x^4 + x^3 + x + 1)$の元$a_7 x^7 + \cdots + a_0 \bmod m(x)$とみなします。例えば、$a = 0011\ 0001b$であれば、$x^5 + x^4 + 1 \bmod m(x)$になります。

gは、aの乗法逆元を入力として、$b = a^{-1}$を出力します。この逆数の計算は、多項式における拡張ユークリッドの互除法[●21]を用いて実現できます。ただし、AESでは$a = 0^8$のときは$b = g(a) = 0^8$と定義します。

ステップ2

$GF(2)$上におけるアフィン変換の関数をfとし、その動作は次のようになります。fは8ビットの$b = b_7 \cdots b_0$を入力とします。このとき、出力する$c = c_7 \cdots c_0$は次の計算をします。演算は$GF(2)$上で行います。

$$\begin{bmatrix} c_0 \\ c_1 \\ c_2 \\ c_3 \\ c_4 \\ c_5 \\ c_6 \\ c_7 \end{bmatrix} = \begin{bmatrix} 1 & 0 & 0 & 0 & 1 & 1 & 1 & 1 \\ 1 & 1 & 0 & 0 & 0 & 1 & 1 & 1 \\ 1 & 1 & 1 & 0 & 0 & 0 & 1 & 1 \\ 1 & 1 & 1 & 1 & 0 & 0 & 0 & 1 \\ 1 & 1 & 1 & 1 & 1 & 0 & 0 & 0 \\ 0 & 1 & 1 & 1 & 1 & 1 & 0 & 0 \\ 0 & 0 & 1 & 1 & 1 & 1 & 1 & 0 \\ 0 & 0 & 0 & 1 & 1 & 1 & 1 & 1 \end{bmatrix} \begin{bmatrix} b_0 \\ b_1 \\ b_2 \\ b_3 \\ b_4 \\ b_5 \\ b_6 \\ b_7 \end{bmatrix} \oplus \begin{bmatrix} 1 \\ 1 \\ 0 \\ 0 \\ 0 \\ 1 \\ 1 \\ 0 \end{bmatrix}$$

問題：

$a = 0000\ 0000b$としたとき、「S-boxの結果」と「乗法逆元をアフィン変

[*45]：アフィン変換とは、線形変換と平行移動を組み合わせた処理です。ベクトルの世界では、行列の積によって線型変換を表し、ベクトルの加法で平行移動を表します。

[●21]：4.5.2 RSA暗号を理解するための数学知識（拡張ユークリッドの互除法）p.252

解答：

[1] S-boxを用いた場合

a の上位4ビット x は $0000\text{b} = 0x00$、下位4ビット y は $0000\text{b} = 0x00$ であるため、S-boxの表から $0x63$ が得られます。これはバイナリ表示すると、0110 0011bになります。

[2] 乗法逆元をアフィン変換した場合

$a = 0^8$ の乗法逆元は $b = 0^8$ になります。アフィン変換の計算式に $b_7 = \cdots = b_0 = 0$ を代入すると、次のように展開できます。

$$\begin{bmatrix}c_0\\c_1\\c_2\\c_3\\c_4\\c_5\\c_6\\c_7\end{bmatrix} = \begin{bmatrix}1&0&0&0&1&1&1&1\\1&1&0&0&0&1&1&1\\1&1&1&0&0&0&1&1\\1&1&1&1&0&0&0&1\\1&1&1&1&1&0&0&0\\0&1&1&1&1&1&0&0\\0&0&1&1&1&1&1&0\\0&0&0&1&1&1&1&1\end{bmatrix}\begin{bmatrix}0\\0\\0\\0\\0\\0\\0\\0\end{bmatrix} \oplus \begin{bmatrix}1\\1\\0\\0\\0\\1\\1\\0\end{bmatrix} = \begin{bmatrix}0\\0\\0\\0\\0\\0\\0\\0\end{bmatrix} \oplus \begin{bmatrix}1\\1\\0\\0\\0\\1\\1\\0\end{bmatrix} = \begin{bmatrix}1\\1\\0\\0\\0\\1\\1\\0\end{bmatrix}$$

よって、$c = c_7 \cdots c_0 = 0110\ 0011\text{b}$ になります。

以上より、両方の計算結果が一致することが確認できました。

問題：

$a = 0001\ 0010\text{b}$ としたとき、乗法逆元をアフィン変換するアプローチで計算してください。ただし、$GF(2^8)$ 上において、$(\alpha^4 + \alpha)^{-1} = \alpha^7 + \alpha^5 + \alpha^3 + \alpha$ であることは知っているものとします。

解答：

a の逆元 b は、$b = 1010\ 1010\text{b}$ になります。b をアフィン変換すると、次のようになります。

$$\begin{bmatrix}c_0\\c_1\\c_2\\c_3\\c_4\\c_5\\c_6\\c_7\end{bmatrix} = \begin{bmatrix}1&0&0&0&1&1&1&1\\1&1&0&0&0&1&1&1\\1&1&1&0&0&0&1&1\\1&1&1&1&0&0&0&1\\1&1&1&1&1&0&0&0\\0&1&1&1&1&1&0&0\\0&0&1&1&1&1&1&0\\0&0&0&1&1&1&1&1\end{bmatrix}\begin{bmatrix}0\\1\\0\\1\\0\\1\\0\\1\end{bmatrix} \oplus \begin{bmatrix}1\\1\\0\\0\\0\\1\\1\\0\end{bmatrix} = \begin{bmatrix}1\\0\\0\\1\\0\\0\\0\\1\end{bmatrix}$$

c をバイナリ表現に戻すと、$c = 1100\,1001\text{b}$ になります。S-boxの表を使って検算してみると、$0x\text{C}9 = 1100\,1001\text{b}$ となり、先の結果と一致しています。

ShiftRows処理

状態行列 s のブロックの並び順を変更する処理です。暗号化では、s の1から4行目をそれぞれ 0, 1, 2, 3 バイト分だけ左巡回シフトします。その結果、次のようになります（図3.44）。

$$s \leftarrow \begin{bmatrix} s_{0,0} & s_{0,1} & s_{0,2} & s_{0,3} \\ s_{1,1} & s_{1,2} & s_{1,3} & s_{1,0} \\ s_{2,2} & s_{2,3} & s_{2,0} & s_{2,1} \\ s_{3,3} & s_{3,0} & s_{3,1} & s_{3,2} \end{bmatrix}$$

図3.44 ShiftRows処理

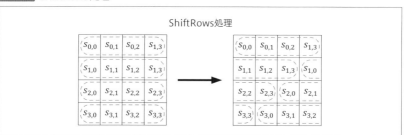

MixColumns処理

MixColumns処理は、次の手順を実行します。

ステップ1

状態行列 s の各ブロックのビット列 $s_{i,j} = a_7 \ldots a_0$ を多項式 $a_7 x^7 + \cdots + a_0$ で表現します。ただし、多項式の係数は $\text{GF}(2)$ です。

ステップ2

次の行列計算を行います。

$$\begin{bmatrix} s_{0,0} & s_{0,1} & s_{0,2} & s_{0,3} \\ s_{1,0} & s_{1,1} & s_{1,2} & s_{1,3} \\ s_{2,0} & s_{2,1} & s_{2,2} & s_{2,3} \\ s_{3,0} & s_{3,1} & s_{3,2} & s_{3,3} \end{bmatrix} \leftarrow \begin{bmatrix} x & x+1 & 1 & 1 \\ 1 & x & x+1 & 1 \\ 1 & 1 & x & x+1 \\ x+1 & 1 & 1 & x \end{bmatrix} \begin{bmatrix} s_{0,0} & s_{0,1} & s_{0,2} & s_{0,3} \\ s_{1,0} & s_{1,1} & s_{1,2} & s_{1,3} \\ s_{2,0} & s_{2,1} & s_{2,2} & s_{2,3} \\ s_{3,0} & s_{3,1} & s_{3,2} & s_{3,3} \end{bmatrix}$$

各列に同じ処理が適用されるので、列に注目して次のように表現することもあります（$0 \leqq i < 4$）。

$$\begin{bmatrix} s_{0,i} \\ s_{1,i} \\ s_{2,i} \\ s_{3,i} \end{bmatrix} \leftarrow \begin{bmatrix} x & x+1 & 1 & 1 \\ 1 & x & x+1 & 1 \\ 1 & 1 & x & x+1 \\ x+1 & 1 & 1 & x \end{bmatrix} \begin{bmatrix} s_{0,i} \\ s_{1,i} \\ s_{2,i} \\ s_{3,i} \end{bmatrix}$$

計算は$GF(2^8) = Z_2[x]/(x^8 + x^4 + x^3 + x + 1)$上で行うので、8次以上になった場合は、$m(x) = x^8 + x^4 + x^3 + x + 1$で割った剰余を考えます。

ステップ3
最後に多項式から元のビット列に戻します。

問題：
sの1列目が$\begin{bmatrix} 0x01 \\ 0x01 \\ 0x01 \\ 0x01 \end{bmatrix}$のとき、変換後の1列目を調べてください。

解答：
計算過程は次のとおりです。ここで、最初の矢印はビット列から多項式への変換、2番目の矢印は多項式からビット列を意味します。また、多項式の係数は$GF(2)$なので、例えば$2x = 0, 2 = 0$になることを利用しています。

$$\begin{bmatrix} x & x+1 & 1 & 1 \\ 1 & x & x+1 & 1 \\ 1 & 1 & x & x+1 \\ x+1 & 1 & 1 & x \end{bmatrix} \begin{bmatrix} 0x01 \\ 0x01 \\ 0x01 \\ 0x01 \end{bmatrix} \rightarrow \begin{bmatrix} x & x+1 & 1 & 1 \\ 1 & x & x+1 & 1 \\ 1 & 1 & x & x+1 \\ x+1 & 1 & 1 & x \end{bmatrix} \begin{bmatrix} 1 \\ 1 \\ 1 \\ 1 \end{bmatrix}$$

$$= \begin{bmatrix} x + (x+1) + 1 + 1 \\ 1 + x + (x+1) + 1 \\ 1 + 1 + x + (x+1) \\ (x+1) + 1 + 1 + x \end{bmatrix} = \begin{bmatrix} 1 \\ 1 \\ 1 \\ 1 \end{bmatrix} \rightarrow \begin{bmatrix} 0x01 \\ 0x01 \\ 0x01 \\ 0x01 \end{bmatrix}$$

問題：
sの2列目が$\begin{bmatrix} 0x01 \\ 0x02 \\ 0x03 \\ 0x04 \end{bmatrix}$のとき、変換後の2列目を調べてください。

解答：
2列目の計算も1列目の計算と同様です。計算方法は同じで、計算結果が2列目になるだけです。

$$\begin{bmatrix} x & x+1 & 1 & 1 \\ 1 & x & x+1 & 1 \\ 1 & 1 & x & x+1 \\ x+1 & 1 & 1 & x \end{bmatrix}\begin{bmatrix} 0x01 \\ 0x02 \\ 0x03 \\ 0x04 \end{bmatrix} \to \begin{bmatrix} x & x+1 & 1 & 1 \\ 1 & x & x+1 & 1 \\ 1 & 1 & x & x+1 \\ x+1 & 1 & 1 & x \end{bmatrix}\begin{bmatrix} 1 \\ x \\ x+1 \\ x^2 \end{bmatrix}$$

$$= \begin{bmatrix} x + x(x+1) + (x+1) + x^2 \\ 1 + x^2 + (x+1)^2 + x^2 \\ 1 + x + x(x+1) + x^2(x+1) \\ (x+1) + x + (x+1) + x^3 \end{bmatrix} = \begin{bmatrix} x+1 \\ x^2 \\ x^3+1 \\ x^3+x \end{bmatrix} \to \begin{bmatrix} 11b \\ 100b \\ 1001b \\ 1010b \end{bmatrix} = \begin{bmatrix} 0x03 \\ 0x04 \\ 0x09 \\ 0x0A \end{bmatrix}$$

これまでは多項式の演算の結果が7次以下であるため、問題ありませんでした。しかし、乗算の結果、8次以上になることがあります。$m(x) = x^8 + x^4 + x^3 + x + 1$ を法とした世界なので、$x^8 + x^4 + x^3 + x + 1 = 0$ です。つまり、$x^8 = x^4 + x^3 + x + 1 (= -x^4 - x^3 - x - 1)$ を代入して、次数を小さくできます。

問題：
s の1列目が $\begin{bmatrix} 0x10 \\ 0x20 \\ 0x40 \\ 0x80 \end{bmatrix}$ のとき、変換後の1列目を調べてください。

解答：

$$\begin{bmatrix} x & x+1 & 1 & 1 \\ 1 & x & x+1 & 1 \\ 1 & 1 & x & x+1 \\ x+1 & 1 & 1 & x \end{bmatrix}\begin{bmatrix} 0x10 \\ 0x20 \\ 0x40 \\ 0x80 \end{bmatrix} \to \begin{bmatrix} x & x+1 & 1 & 1 \\ 1 & x & x+1 & 1 \\ 1 & 1 & x & x+1 \\ x+1 & 1 & 1 & x \end{bmatrix}\begin{bmatrix} x^4 \\ x^5 \\ x^6 \\ x^7 \end{bmatrix}$$

$$= \begin{bmatrix} x \cdot x^4 + (x+1)x^5 + x^6 + x^7 \\ x^4 + x \cdot x^5 + (x+1)x^6 + x^7 \\ x^4 + x^5 + x \cdot x^6 + (x+1)x^7 \\ (x+1)x^4 + x^5 + x^6 + x \cdot x^7 \end{bmatrix} = \begin{bmatrix} x^7 \\ x^4 \\ x^4 + x^5 + x^8 \\ x^4 + x^6 + x^8 \end{bmatrix}$$

$$= \begin{bmatrix} x^7 \\ x^4 \\ x^4 + x^5 + (x^4 + x^3 + x + 1) \\ x^4 + x^6 + (x^4 + x^3 + x + 1) \end{bmatrix} = \begin{bmatrix} x^7 \\ x^4 \\ x^5 + x^3 + x + 1 \\ x^6 + x^3 + x + 1 \end{bmatrix} \to \begin{bmatrix} 1000\ 0000b \\ 0001\ 0000b \\ 0010\ 1011b \\ 0100\ 1011b \end{bmatrix}$$

$$= \begin{bmatrix} 0x80 \\ 0x10 \\ 0x2B \\ 0x4B \end{bmatrix}$$

なお、文献によっては、MixColumns処理の式が次のように表現されていることもありますが、どちらも同じ意味になります（$0 \leq i < 4$）。

$$\begin{bmatrix} s_{0,i} \\ s_{1,i} \\ s_{2,i} \\ s_{3,i} \end{bmatrix} \leftarrow \begin{bmatrix} 0x02 & 0x03 & 0x01 & 0x01 \\ 0x01 & 0x02 & 0x03 & 0x01 \\ 0x01 & 0x01 & 0x02 & 0x03 \\ 0x03 & 0x01 & 0x01 & 0x02 \end{bmatrix} \begin{bmatrix} s_{0,i} \\ s_{1,i} \\ s_{2,i} \\ s_{3,i} \end{bmatrix}$$

AddRoundKey処理

AddRoundKey処理は、次の手順のようにして、状態sにサブ鍵を加算する処理です。

ステップ1

iラウンド用のサブ鍵k_i（128ビット）をsと同様に8ビットずつ16個のブロックに分割します。すると、次のような行列が得られたことになります。

$$k_i = \begin{bmatrix} k_{0,0} & k_{0,1} & k_{0,2} & k_{0,3} \\ k_{1,0} & k_{1,1} & k_{1,2} & k_{1,3} \\ k_{2,0} & k_{2,1} & k_{2,2} & k_{2,3} \\ k_{3,0} & k_{3,1} & k_{3,2} & k_{3,3} \end{bmatrix}$$

ステップ2

各ブロックについて8ビットの排他的論理和を適用します。

$$\begin{bmatrix} s_{0,0} & s_{0,1} & s_{0,2} & s_{0,3} \\ s_{1,0} & s_{1,1} & s_{1,2} & s_{1,3} \\ s_{2,0} & s_{2,1} & s_{2,2} & s_{2,3} \\ s_{3,0} & s_{3,1} & s_{3,2} & s_{3,3} \end{bmatrix} \oplus \begin{bmatrix} k_{0,0} & k_{0,1} & k_{0,2} & k_{0,3} \\ k_{1,0} & k_{1,1} & k_{1,2} & k_{1,3} \\ k_{2,0} & k_{2,1} & k_{2,2} & k_{2,3} \\ k_{3,0} & k_{3,1} & k_{3,2} & k_{3,3} \end{bmatrix}$$

$$= \begin{bmatrix} s_{0,0} \oplus k_{0,0} & s_{0,1} \oplus k_{0,1} & s_{0,2} \oplus k_{0,2} & s_{0,3} \oplus k_{0,3} \\ s_{1,0} \oplus k_{1,0} & s_{1,1} \oplus k_{1,1} & s_{1,2} \oplus k_{1,2} & s_{1,3} \oplus k_{1,3} \\ s_{2,0} \oplus k_{2,0} & s_{2,1} \oplus k_{2,1} & s_{2,2} \oplus k_{2,2} & s_{2,3} \oplus k_{2,3} \\ s_{3,0} \oplus k_{3,0} & s_{3,1} \oplus k_{3,1} & s_{3,2} \oplus k_{3,2} & s_{3,3} \oplus k_{3,3} \end{bmatrix}$$

▶ データ復号アルゴリズム

復号の処理は、暗号化の処理の逆順になります。その際、使用する関数は暗号化時の逆関数です。ここでは"Inv"を頭に付けて表現しました（ 図3.45 ）。

入力	c：暗号文（128ビット） $k_0, ..., k_N$：サブ鍵（各128ビット、$N = 10, 12, 14$）
出力	m'：復号結果
動作	1：$i = N$とします。

図3.45 AESのデータ復号アルゴリズム

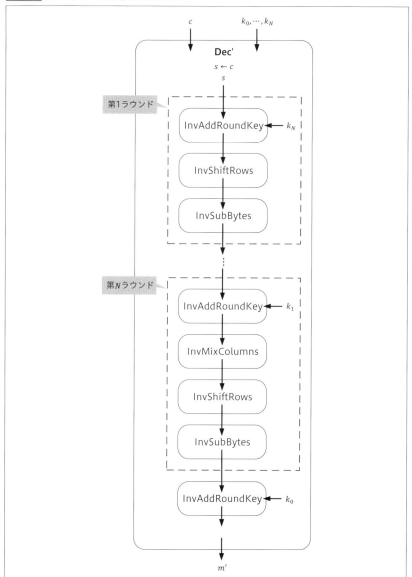

2：平文 m を8ビット（＝1バイト）ごとに16個のブロック $s_{i,j} (0 \leq i < 4, 0 \leq j < 4)$ に分割します。ここでは、見やすいように行列（4行4列）の形で表現します。

$$s = \begin{bmatrix} s_{0,0} & s_{0,1} & s_{0,2} & s_{0,3} \\ s_{1,0} & s_{1,1} & s_{1,2} & s_{1,3} \\ s_{2,0} & s_{2,1} & s_{2,2} & s_{2,3} \\ s_{3,0} & s_{3,1} & s_{3,2} & s_{3,3} \end{bmatrix}$$

動作　3：$i \geq 1$ の間、次の処理を繰り返します。
　　　　3a：InvAddRoundKey(s, k_i) を計算して、s に入力します。
　　　　3b：$i \neq 1$ の場合、InvMixColumns(s) を計算して、s に入力します。
　　　　3c：InvShiftRows(s) を計算して、s に入力します。
　　　　3d：InvSubBytes(s) を計算して、s に入力します。
　　　　3e：$i = i - 1$ とします。

4：InvAddRoundKey(s, k_0) を計算して、s に入力します。

5：$m' = s$ として、m' を出力します。

　動作のステップ3bにおいて、初回ラウンドではInvMixColumns処理を適用しません。

InvSubBytes 処理

　InvSubBytes処理は、「（復号用の）S-boxを用いるアプローチ」か「アフィン変換してから、その乗法逆元を計算するアプローチ」を採用します。上位4ビットを x、下位4ビットを y とします（ 表3.19 ）。

表3.19　AESのデータ復号におけるS-box

| | | \multicolumn{16}{c}{y} | | | | | | | | | | | | | | |
		0	1	2	3	4	5	6	7	8	9	A	B	C	D	E	F
	0	52	09	6A	D5	30	36	A5	38	BF	40	A3	9E	81	F3	D7	FB
	1	7C	E3	39	82	9B	2F	FF	87	34	8E	43	44	C4	DE	E9	CB
	2	54	7B	94	32	A6	C2	23	3D	EE	4C	95	0B	42	FA	C3	4E
	3	08	2E	A1	66	28	D9	24	B2	76	5B	A2	49	6D	8B	D1	25
	4	72	F8	F6	64	86	68	98	16	D4	A4	5C	CC	5D	65	B6	92
	5	6C	70	48	50	FD	ED	B9	DA	5E	15	46	57	A7	8D	9D	84
	6	90	D8	AB	00	8C	BC	D3	0A	F7	E4	58	05	B8	B3	45	06
x	7	D0	2C	1E	8F	CA	3F	0F	02	C1	AF	BD	03	01	13	8A	6B
	8	3A	91	11	41	4F	67	DC	EA	97	F2	CF	CE	F0	B4	E6	73
	9	96	AC	74	22	E7	AD	35	85	E2	F9	37	E8	1C	75	DF	6E
	A	47	F1	1A	71	1D	29	C5	89	6F	B7	62	0E	AA	18	BE	1B
	B	FC	56	3E	4B	C6	D2	79	20	9A	DB	C0	FE	78	CD	5A	F4
	C	1F	DD	A8	33	88	07	C7	31	B1	12	10	59	27	80	EC	5F
	D	60	51	7F	A9	19	B5	4A	0D	2D	E5	7A	9F	93	C9	9C	EF
	E	A0	E0	3B	4D	AE	2A	F5	B0	C8	EB	BB	3C	83	53	99	61
	F	17	2B	04	7E	BA	77	D6	26	E1	69	14	63	55	21	0C	7D

仕様書には、InvSubBytes処理のアフィン変換に使う式が載っていますが、ここではその導出過程を追います。SubBytes処理のアフィン変換は次のようなものでした（bが入力、cが出力）。

$$\begin{bmatrix} c_0 \\ c_1 \\ c_2 \\ c_3 \\ c_4 \\ c_5 \\ c_6 \\ c_7 \end{bmatrix} = \begin{bmatrix} 1 & 0 & 0 & 0 & 1 & 1 & 1 & 1 \\ 1 & 1 & 0 & 0 & 0 & 1 & 1 & 1 \\ 1 & 1 & 1 & 0 & 0 & 0 & 1 & 1 \\ 1 & 1 & 1 & 1 & 0 & 0 & 0 & 1 \\ 1 & 1 & 1 & 1 & 1 & 0 & 0 & 0 \\ 0 & 1 & 1 & 1 & 1 & 1 & 0 & 0 \\ 0 & 0 & 1 & 1 & 1 & 1 & 1 & 0 \\ 0 & 0 & 0 & 1 & 1 & 1 & 1 & 1 \end{bmatrix} \begin{bmatrix} b_0 \\ b_1 \\ b_2 \\ b_3 \\ b_4 \\ b_5 \\ b_6 \\ b_7 \end{bmatrix} \oplus \begin{bmatrix} 1 \\ 1 \\ 0 \\ 0 \\ 0 \\ 1 \\ 1 \\ 0 \end{bmatrix}$$

bの係数の行列の逆行列は、次のようになります。

$$\begin{bmatrix} 1 & 0 & 0 & 0 & 1 & 1 & 1 & 1 \\ 1 & 1 & 0 & 0 & 0 & 1 & 1 & 1 \\ 1 & 1 & 1 & 0 & 0 & 0 & 1 & 1 \\ 1 & 1 & 1 & 1 & 0 & 0 & 0 & 1 \\ 1 & 1 & 1 & 1 & 1 & 0 & 0 & 0 \\ 0 & 1 & 1 & 1 & 1 & 1 & 0 & 0 \\ 0 & 0 & 1 & 1 & 1 & 1 & 1 & 0 \\ 0 & 0 & 0 & 1 & 1 & 1 & 1 & 1 \end{bmatrix}^{-1} = \begin{bmatrix} 0 & 0 & 1 & 0 & 0 & 1 & 0 & 1 \\ 1 & 0 & 0 & 1 & 0 & 0 & 1 & 0 \\ 0 & 1 & 0 & 0 & 1 & 0 & 0 & 1 \\ 1 & 0 & 1 & 0 & 0 & 1 & 0 & 0 \\ 0 & 1 & 0 & 1 & 0 & 0 & 1 & 0 \\ 0 & 0 & 1 & 0 & 1 & 0 & 0 & 1 \\ 1 & 0 & 0 & 1 & 0 & 1 & 0 & 0 \\ 0 & 1 & 0 & 0 & 1 & 0 & 1 & 0 \end{bmatrix}$$

これが逆行列であることは、掛け合わせて単位行列になることから確認できます。

$$\begin{bmatrix} 1 & 0 & 0 & 0 & 1 & 1 & 1 & 1 \\ 1 & 1 & 0 & 0 & 0 & 1 & 1 & 1 \\ 1 & 1 & 1 & 0 & 0 & 0 & 1 & 1 \\ 1 & 1 & 1 & 1 & 0 & 0 & 0 & 1 \\ 1 & 1 & 1 & 1 & 1 & 0 & 0 & 0 \\ 0 & 1 & 1 & 1 & 1 & 1 & 0 & 0 \\ 0 & 0 & 1 & 1 & 1 & 1 & 1 & 0 \\ 0 & 0 & 0 & 1 & 1 & 1 & 1 & 1 \end{bmatrix} \begin{bmatrix} 0 & 0 & 1 & 0 & 0 & 1 & 0 & 1 \\ 1 & 0 & 0 & 1 & 0 & 0 & 1 & 0 \\ 0 & 1 & 0 & 0 & 1 & 0 & 0 & 1 \\ 1 & 0 & 1 & 0 & 0 & 1 & 0 & 0 \\ 0 & 1 & 0 & 1 & 0 & 0 & 1 & 0 \\ 0 & 0 & 1 & 0 & 1 & 0 & 0 & 1 \\ 1 & 0 & 0 & 1 & 0 & 1 & 0 & 0 \\ 0 & 1 & 0 & 0 & 1 & 0 & 1 & 0 \end{bmatrix} = \begin{bmatrix} 1 & 0 & 0 & 0 & 0 & 0 & 0 & 0 \\ 0 & 1 & 0 & 0 & 0 & 0 & 0 & 0 \\ 0 & 0 & 1 & 0 & 0 & 0 & 0 & 0 \\ 0 & 0 & 0 & 1 & 0 & 0 & 0 & 0 \\ 0 & 0 & 0 & 0 & 1 & 0 & 0 & 0 \\ 0 & 0 & 0 & 0 & 0 & 1 & 0 & 0 \\ 0 & 0 & 0 & 0 & 0 & 0 & 1 & 0 \\ 0 & 0 & 0 & 0 & 0 & 0 & 0 & 1 \end{bmatrix}$$

InvSubBytes処理はSubBytes処理の逆操作になるので、入出力のbとcを逆に入れ替えます（復号時のアフィン変換の入力を$b = b_7 \cdots b_0$、出力を$c = c_7 \cdots c_0$とした）。後はbからcを求める形に変形します。

$$\begin{bmatrix} b_0 \\ b_1 \\ b_2 \\ b_3 \\ b_4 \\ b_5 \\ b_6 \\ b_7 \end{bmatrix} = \begin{bmatrix} 1&0&0&0&1&1&1&1 \\ 1&1&0&0&0&1&1&1 \\ 1&1&1&0&0&0&1&1 \\ 1&1&1&1&0&0&0&1 \\ 1&1&1&1&1&0&0&0 \\ 0&1&1&1&1&1&0&0 \\ 0&0&1&1&1&1&1&0 \\ 0&0&0&1&1&1&1&1 \end{bmatrix}\begin{bmatrix} c_0 \\ c_1 \\ c_2 \\ c_3 \\ c_4 \\ c_5 \\ c_6 \\ c_7 \end{bmatrix} \oplus \begin{bmatrix} 1 \\ 1 \\ 0 \\ 0 \\ 0 \\ 1 \\ 1 \\ 0 \end{bmatrix}$$

$$\begin{bmatrix} b_0 \\ b_1 \\ b_2 \\ b_3 \\ b_4 \\ b_5 \\ b_6 \\ b_7 \end{bmatrix} \oplus \begin{bmatrix} 1 \\ 1 \\ 0 \\ 0 \\ 0 \\ 1 \\ 1 \\ 0 \end{bmatrix} = \begin{bmatrix} 1&0&0&0&1&1&1&1 \\ 1&1&0&0&0&1&1&1 \\ 1&1&1&0&0&0&1&1 \\ 1&1&1&1&0&0&0&1 \\ 1&1&1&1&1&0&0&0 \\ 0&1&1&1&1&1&0&0 \\ 0&0&1&1&1&1&1&0 \\ 0&0&0&1&1&1&1&1 \end{bmatrix}\begin{bmatrix} c_0 \\ c_1 \\ c_2 \\ c_3 \\ c_4 \\ c_5 \\ c_6 \\ c_7 \end{bmatrix} \oplus \begin{bmatrix} 1 \\ 1 \\ 0 \\ 0 \\ 0 \\ 1 \\ 1 \\ 0 \end{bmatrix} \oplus \begin{bmatrix} 1 \\ 1 \\ 0 \\ 0 \\ 0 \\ 1 \\ 1 \\ 0 \end{bmatrix}$$

$$\begin{bmatrix} b_0 \\ b_1 \\ b_2 \\ b_3 \\ b_4 \\ b_5 \\ b_6 \\ b_7 \end{bmatrix} \oplus \begin{bmatrix} 1 \\ 1 \\ 0 \\ 0 \\ 0 \\ 1 \\ 1 \\ 0 \end{bmatrix} = \begin{bmatrix} 1&0&0&0&1&1&1&1 \\ 1&1&0&0&0&1&1&1 \\ 1&1&1&0&0&0&1&1 \\ 1&1&1&1&0&0&0&1 \\ 1&1&1&1&1&0&0&0 \\ 0&1&1&1&1&1&0&0 \\ 0&0&1&1&1&1&1&0 \\ 0&0&0&1&1&1&1&1 \end{bmatrix}\begin{bmatrix} c_0 \\ c_1 \\ c_2 \\ c_3 \\ c_4 \\ c_5 \\ c_6 \\ c_7 \end{bmatrix}$$

$$\begin{bmatrix} 0&0&1&0&0&1&0&1 \\ 1&0&0&1&0&0&1&0 \\ 0&1&0&0&1&0&0&1 \\ 1&0&1&0&0&1&0&0 \\ 0&1&0&1&0&0&1&0 \\ 0&0&1&0&1&0&0&1 \\ 1&0&0&1&0&1&0&0 \\ 0&1&0&0&1&0&1&0 \end{bmatrix}\begin{bmatrix} b_0 \\ b_1 \\ b_2 \\ b_3 \\ b_4 \\ b_5 \\ b_6 \\ b_7 \end{bmatrix} \oplus \begin{bmatrix} 1 \\ 1 \\ 0 \\ 0 \\ 0 \\ 1 \\ 1 \\ 0 \end{bmatrix} = \begin{bmatrix} c_0 \\ c_1 \\ c_2 \\ c_3 \\ c_4 \\ c_5 \\ c_6 \\ c_7 \end{bmatrix}$$

$$\begin{bmatrix} c_0 \\ c_1 \\ c_2 \\ c_3 \\ c_4 \\ c_5 \\ c_6 \\ c_7 \end{bmatrix} = \begin{bmatrix} 0&0&1&0&0&1&0&1 \\ 1&0&0&1&0&0&1&0 \\ 0&1&0&0&1&0&0&1 \\ 1&0&1&0&0&1&0&0 \\ 0&1&0&1&0&0&1&0 \\ 0&0&1&0&1&0&0&1 \\ 1&0&0&1&0&1&0&0 \\ 0&1&0&0&1&0&1&0 \end{bmatrix}\begin{bmatrix} b_0 \\ b_1 \\ b_2 \\ b_3 \\ b_4 \\ b_5 \\ b_6 \\ b_7 \end{bmatrix} \oplus \begin{bmatrix} 0&0&1&0&0&1&0&1 \\ 1&0&0&1&0&0&1&0 \\ 0&1&0&0&1&0&0&1 \\ 1&0&1&0&0&1&0&0 \\ 0&1&0&1&0&0&1&0 \\ 0&0&1&0&1&0&0&1 \\ 1&0&0&1&0&1&0&0 \\ 0&1&0&0&1&0&1&0 \end{bmatrix}\begin{bmatrix} 1 \\ 1 \\ 0 \\ 0 \\ 0 \\ 1 \\ 1 \\ 0 \end{bmatrix}$$

$$\begin{bmatrix} c_0 \\ c_1 \\ c_2 \\ c_3 \\ c_4 \\ c_5 \\ c_6 \\ c_7 \end{bmatrix} = \begin{bmatrix} 0&0&1&0&0&1&0&1 \\ 1&0&0&1&0&0&1&0 \\ 0&1&0&0&1&0&0&1 \\ 1&0&1&0&0&1&0&0 \\ 0&1&0&1&0&0&1&0 \\ 0&0&1&0&1&0&0&1 \\ 1&0&0&1&0&1&0&0 \\ 0&1&0&0&1&0&1&0 \end{bmatrix}\begin{bmatrix} b_0 \\ b_1 \\ b_2 \\ b_3 \\ b_4 \\ b_5 \\ b_6 \\ b_7 \end{bmatrix} \oplus \begin{bmatrix} 1 \\ 0 \\ 1 \\ 0 \\ 0 \\ 0 \\ 0 \\ 0 \end{bmatrix}$$

以上でInvSubBytes処理のアフィン変換の式が得られました。

InvShiftRows処理

InvShiftRows処理は、ShiftRows処理の左巡回シフトを右巡回シフトに置き換えた処理になります。

InvMixColumns処理

MixColumns処理の変換は、$GF(2^8)$上で逆変換を持ちます。

$$\begin{bmatrix} \alpha & \alpha+1 & 1 & 1 \\ 1 & \alpha & \alpha+1 & 1 \\ 1 & 1 & \alpha & \alpha+1 \\ \alpha+1 & 1 & 1 & \alpha \end{bmatrix}^{-1}$$

$$= \begin{bmatrix} \alpha^3+\alpha^2+\alpha & \alpha^3+\alpha+1 & \alpha^3+\alpha^2+1 & \alpha^3+1 \\ \alpha^3+1 & \alpha^3+\alpha^2+\alpha & \alpha^3+\alpha+1 & \alpha^3+\alpha^2+1 \\ \alpha^3+\alpha^2+1 & \alpha^3+1 & \alpha^3+\alpha^2+\alpha & \alpha^3+\alpha+1 \\ \alpha^3+\alpha+1 & \alpha^3+\alpha^2+1 & \alpha^3+1 & \alpha^3+\alpha^2+\alpha \end{bmatrix}$$

InvMixColumns処理では、状態行列sの各列に対して、上記の逆行列を掛け合わせます（$0 \leq i < 4$）。

$$\begin{bmatrix} s_{0,i} \\ s_{1,i} \\ s_{2,i} \\ s_{3,i} \end{bmatrix} \leftarrow \begin{bmatrix} \alpha^3+\alpha^2+\alpha & \alpha^3+\alpha+1 & \alpha^3+\alpha^2+1 & \alpha^3+1 \\ \alpha^3+1 & \alpha^3+\alpha^2+\alpha & \alpha^3+\alpha+1 & \alpha^3+\alpha^2+1 \\ \alpha^3+\alpha^2+1 & \alpha^3+1 & \alpha^3+\alpha^2+\alpha & \alpha^3+\alpha+1 \\ \alpha^3+\alpha+1 & \alpha^3+\alpha^2+1 & \alpha^3+1 & \alpha^3+\alpha^2+\alpha \end{bmatrix} \begin{bmatrix} s_{0,i} \\ s_{1,i} \\ s_{2,i} \\ s_{3,i} \end{bmatrix}$$

InvAddRoundKey処理

$GF(2^8)$の元uは$u + u = 0$であり、減算は加算と等しくなるので、InvAddRoundKeyとAddRoundKeyは同じ動作になります。

3.12.4 AESの特徴

▶ AESとの相性

AESのアルゴリズムには細かい処理がたくさん存在しますが、それらは基本的に8ビット単位で処理されています。そのため、実装さえクリアできれば、ソフトウェア・ハードウェアの双方で無駄なビットがなく、効率がよいといえます。

3.12.5 AESの安全性

鍵長が長く、ラウンド数が多いほど、暗号の強度が高くなります。AESは、それまでに知られていたあらゆる解読法に耐性があるように設計されており、特に差分解読法や線形解読法[22]に対しては十分な強度を持つように設計されています。

また、既存の攻撃手法に対して十分な安全性を持っていることを数値的に評価できるように考えられています。

▶差分解読法に対する耐性

AESのS-boxは、一定の入力に対する出力の差分になるべく偏りが出ないように設計されているため、差分解読法に耐性があるといえます。

具体的にいうと、「AESが8ラウンド以上であれば、差分解読法は鍵全数探索法よりも効率的にならないこと」とされています。鍵長が一番小さいAES-128でも10ラウンドなので、十分にカバーできています。

▶線形解読法に対する耐性

AESのS-boxは、線形変換からできるだけ遠くなるように設計されているため、線形解読法に耐性があるといえます。

具体的にいうと、AESが8ラウンド以上であれば、線形解読は鍵全数探索法よりも効率的にならないとされています。

●22：3.10.3 DESの死角を探る（差分解読法、線形解読法）p.158

3.13 ブロック暗号の利用モード

3.13.1 利用モードとは

利用モード（暗号利用モード）とは、ブロック暗号を利用して機密性や認証を実現する仕組みのことです。利用モードは次の3つに分類されます。

①暗号化モード（暗号化利用モード、機密モード）
②認証モード
③認証付暗号化モード

一般に「利用モード」といった場合には、暗号化モードを指します。次の項からは、暗号化モードについて説明します。

なお、認証モードは、第6章で解説するメッセージ認証コード（MAC：Message Authentication Code）に該当します。認証付暗号化モードについても、メッセージ認証コードの章で解説します●23。

3.13.2 暗号化モードとは

ブロック暗号は、一定のブロック長に対して暗号化します。しかしそのままでは、ブロック長より大きい平文に対応できません。暗号化モードでは、ブロック暗号をうまく利用することで、この問題を解決します。つまり、暗号化モードにより、任意長の平文に対する共通鍵暗号を構成できるわけです。

暗号化モードは、FIPS PUB-81[*46]で標準化されているものと、SP800-38A[*47]で推奨されているものがあります。3.14節からは、5種類の暗号化

[*46]："DES MODES OF OPERATION"
　　　http://csrc.nist.gov/publications/fips/fips81/fips81.htm
[*47]："Recommendation for Block Cipher Modes of Operation - Methods and Techniques"
　　　http://nvlpubs.nist.gov/nistpubs/Legacy/SP/nistspecialpublication800-38a.pdf

●23：6.8.5 認証付暗号化モード p.493

モード（ECB/CBC/CFB/OFB/CTRモード）を解説します。

3.13.3 暗号化モードの定義

暗号化モードENCは、3つのアルゴリズムの組（ENC-KeyGen, ENC-Enc, ENC-Dec）から構成されます（図3.46）。

ENC-KeyGenは、（暗号化モードの）鍵生成アルゴリズムであり、セキュリティパラメータkを入力として、秘密鍵keyを出力します。

ENC-Encは、（暗号化モードの）暗号化アルゴリズムであり、平文mと秘密鍵keyを入力として、暗号文cを出力します。

ENC-Decは、（暗号化モードの）復号アルゴリズムであり、暗号文cと秘密鍵keyを入力として、復号結果m'を出力します。

nビットブロック暗号にもとづく暗号化モードとすると、暗号化モードの平文空間Mはntビット列（nビットの倍数）の集合です。ここで、tは分割後のブロック数に相当します。

図3.46 暗号化モードのアルゴリズム

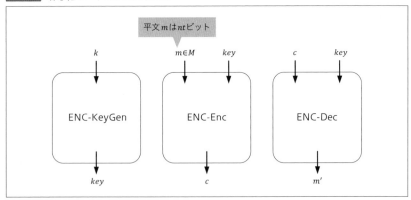

ただし、このままでは任意長の平文を暗号化できません。そこで、平文のビット長がnビットの倍数になるように、パディングと呼ばれるデータの詰め物を入れて調整します（図3.47）。以降、暗号化アルゴリズムの実行前にパディングアルゴリズムを実行しておき、平文のサイズは調整済みであるものとします[*48]。

[*48]：暗号化アルゴリズム内にパディングアルゴリズムを組み込んでいるとしても、実装上は問題ありません。

図3.47 パディングアルゴリズムの実行タイミング

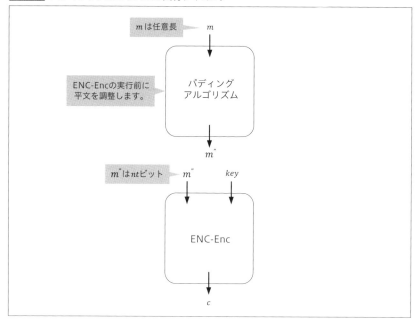

3.13.4 暗号化モードの安全性

ブロック暗号が安全であっても、暗号化モードが安全であるとは言い切れません。暗号化モードが安全かどうかは、その内部構造に依存します。

▶ 識別不可能性の検証方法

暗号化モードは、暗号文から平文の部分情報が漏れないことが求められます。ここで、暗号化モードの安全性として、選択平文攻撃に対する識別不可能性を定義します。

「ENC-Encの入力が乱数である状況」を $b = 0$、「ENC-Encの入力がオラクルへの送信データである状況」を $b = 1$ とします。どちらも最終的に暗号文を返します。$b = 0$ の状況において生成されるランダム値は、送られてきた m と同じサイズのものとします。

ここで、選択平文攻撃を行う識別子 D を考えます。D は i 回目に送信した平文 m_i に対する c_i を得た後で、適応的に次の平文 m_{i+1} を選択できます。また、各平文 m_i のブロック数を変えてもよいとします。ただし、同じ平文は送信し

ないものとします[*49]。D の目標は b を推測することであり、b の推測値 b' を出力します（図3.48）。

このとき、D の暗号化モード ENC-Enc に対するアドバンテージを次のように定義します。

$$\mathrm{Adv}(D) = \left| \Pr[b' = b] - \frac{1}{2} \right|$$

図3.48 暗号化モードにおける識別子

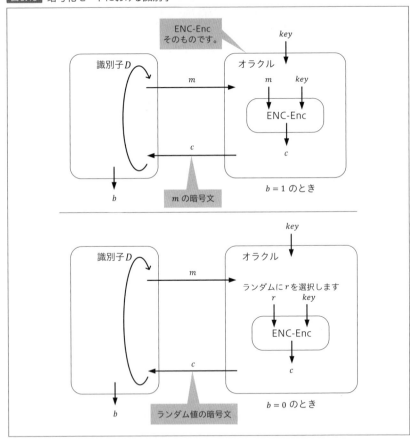

[*49]：同じ平文の送信を許してしまうと、$b = 1$ のときは同じ暗号文が返ってきますが、$b = 0$ のときは違う暗号文が返ってきます。その結果、識別子 D は自明に識別できてしまいます。

計算量は高々tであり、高々q回オラクルにアクセスし、送信する平文の総ブロック数が高々σブロックである、すべての敵を考えます。こうした敵のうち、最も大きな$\mathrm{Adv}(D)$が、識別成功の最大の確率になります。これを$\mathrm{Adv}(t, q, \sigma)$と表記することにします。

$$\mathrm{Adv}(t, q, \sigma) = \max\{\mathrm{Adv}(D)\}$$

十分大きなt, q, σに対しても、$\mathrm{Adv}(t, q, \sigma)$が無視できるほど小さい値であれば、識別子は$b$を識別できません。そのような暗号化モードENCは、「選択平文攻撃に対して識別不可能性を持つ」あるいは「IND-CPA安全である」といいます。

3.13.5 どの暗号化モードを採用するか

どの暗号化モードを採用するべきかは、利用する環境やシステムの特性によって異なります。CRYPTRECでは、CBC/CFB/OFB/CTRモードが推奨されています[*50]。現状では、CTRモードやOFBモードを利用するのが一般的とされています。また、CBCモードは、CBC-MAC[●24]と併用されることがよくあります。

[*50]:"CRYPTREC暗号リスト(電子政府推奨暗号リスト)"
　　　https://www.cryptrec.go.jp/list.html

●24：6.4 CBC-MAC p.471

〈暗号化モード〉
ECBモード

安全性★☆☆☆☆　効率性★★★★★　実装の容易さ★★★★★

ポイント
- 最も単純な仕組みの暗号化モードです。
- 同一の平文ブロックをECBモードで暗号化すると、同一の暗号文ブロックが出力されるという問題があります。
- ビット誤りがブロック内で収まるので、処理を並列化して効率化しやすいというメリットがあります。

3.14.1 ECBモードとは

　ECB (Electronic CodeBook) モードは、平文をブロック長に分割して、それらを単純にブロック暗号で暗号化します。各ブロックに対する暗号化・復号の処理は独立になっています。

3.14.2 ECBモードの定義

　nビットブロック暗号の（KeyGen, Enc, Dec）を用いて、ECBモードの各アルゴリズムを説明します。以後、他の暗号化モードでも同様です。

▶ ECBモードの鍵生成アルゴリズム

入力	k：セキュリティパラメータ
出力	key：秘密鍵（kビット）
動作	1：KeyGenアルゴリズムにkを入力し、keyを得ます。 2：keyを出力します。

▶ ECBモードの暗号化アルゴリズム

入力	m：平文（ntビット） key：秘密鍵（kビット）
出力	c：暗号文（ntビット）
動作	1：分割アルゴリズムを用いて、mをnビットごとに分割して、平文ブロック$m_1, ..., m_t$が得られたとします。 2：$i = 1$とします。 3：$i \leq t$の間、次の処理を繰り返します。 　　3a：次のようにして、平文ブロックを暗号化します。 $$c_i = \mathrm{Enc}(key, m_i)$$ 　　3b：$i = i + 1$とします。 4：$c = (c_1, ..., c_t)$を出力します。

図3.49 ECBモードの暗号化アルゴリズム[*51]

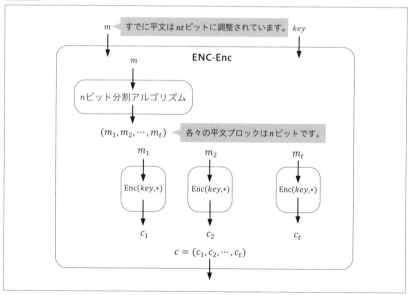

[*51]：Encアルゴリズムに入力する秘密鍵は常にkeyであるため、図3.49ではEnc(key,*)のように表記しました。

❯ ECBモードの復号アルゴリズム

入力	c：暗号文（ntビット） key：秘密鍵（kビット）
出力	m'：復号結果
動作	1：分割アルゴリズムを用いて、cをnビットごとに分割して、暗号文ブロック$c_1, ..., c_t$が得られたとします。
	2：$i = 1$とします。
	3：$i \leqq t$の間、次の処理を繰り返します。 　　3a：次のようにして、暗号文ブロックを復号します。 $$m'_i = \mathrm{Dec}(key, c_i)$$ 　　3b：$i = i + 1$とします。
	4：$m' = (m_1', ..., m_t')$を出力します。

　暗号化アルゴリズムでは内部でEncを使用していますが、復号アルゴリズムではその部分をDecに置き換えただけであり、その他の動作については同一です。また、単純にt回ブロック暗号を呼び出しているだけであり、仕組みは非常にシンプルです。そのため、実装が容易といえます。

　また、暗号化・復号における各ブロックに対する処理は互いに独立であるため、並列化できるというメリットがあります。

3.14.3 ECBモードの死角を探る

❯ 平文に繰り返しデータがある場合における暗号化

　平文の中に同じ値を持つ平文ブロックが複数存在したとします。それらをECBモードで暗号化すると、同じ値を持つ平文ブロックは、同じ値の暗号文ブロックに変換されてしまいます。ブロック暗号に同じ平文と鍵を入力すると、同じ暗号文が出力されるからです。

　この結果、平文の中に同じ値の繰り返しがあることが暗号文から推測されてしまいます。本来、暗号化の結果は「あたかもランダム値に見える」ことが理想的であり、同じビット長の繰り返しが何度も登場する確率は、ほとんどありえないことです。それにもかかわらず、同一の暗号文ブロックが存在すれば、平文ブロックの中身はわからないにしろ、同じ内容が繰り返し暗号化されていることがわかります。

　また、ある暗号文ブロックが解読されてしまうと、同一値を持つ暗号文ブロックに対応する平文ブロックも解読されたことになります。つまり、何らか

のきっかけで暗号文の一部分が判明したり、平文の特徴（高い頻度で登場する単語がある、決まった規則性を持つなど）が判明したりすると、それをきっかけとして芋づる式に解読されてしまう危険性もあります。

▶ 暗号文ブロックのすり替え

ECBモードは、暗号文ブロックのすり替えに脆弱といえます。例えば、アリスが「連絡先はalice@gmail.comになります」という文書をECBモードで暗号化して、その暗号文をボブに送信したとします。

このとき、各平文ブロックは、$m_1 =$"連絡先は"、$m_2 =$"alice@gmail.com"、$m_3 =$"になります"とします。各暗号文ブロックをc_1, c_2, c_3とすると、アリスからボブに$c = c_1 \| c_2 \| c_3$が送信されます。

選択平文攻撃[25]を行う敵は、暗号化オラクルにアクセスして、$m_2' =$"attacker@gmail.com"という平文に対する暗号文c_2'を得ます。敵は、2番目の暗号文ブロックをc_2からc_2'にすり替えたとします。すると、ボブは暗号文を復号した結果、アリスの連絡先を"attacker@gmail.com"だと認識してしまいます（図3.50）。

図3.50　ECBモードにおける暗号文ブロックのすり替え

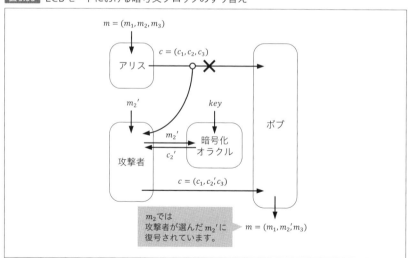

● 25：3.5.2 共通鍵暗号の攻撃モデル（選択平文攻撃）p.092

画像ファイルの暗号化

　ECBモードには、同一の平文ブロックが同一の暗号文ブロックに暗号化されるという問題がありました。特に、画像ファイルのように同じメッセージブロックを生成しやすいデータでは、深刻な問題を引き起こします。

　画像を構成するピクセルは色情報を持ちます。情報はすべてビットで構成されるので、色情報もビット列で表現されます。つまり、同じ色情報を暗号化すると、別の同じ色情報になるといえます（厳密にはブロック長と色のビットデータの持ち方による）。そのため、暗号化された画像は、元の画像とは色が変わりますが、元の画像に近いパターンが浮かび上がることがあります。

　例えば、クマムシの画像（図3.51）をECBモードで暗号化してみます。その結果、暗号化された画像の細かい部分は不鮮明ですが、輪郭を判別できます（図3.52）。一方、ECBモード以外（ここではCBCモード）で暗号化すると、オリジナル画像の特徴が消えており、何の画像の暗号文なのかはまったくわかりません（図3.53）。

図3.51　オリジナル画像

図3.52　ECBモードで暗号化された画像

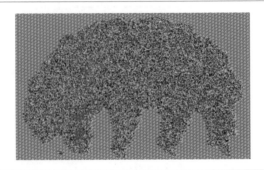

図3.53 CBCモードで暗号化された画像

　なお、このような画像を生成するには、次のような一連のコマンドを実行します[*52]。PPMファイルはGimpで扱えます。「pass:」で指定している文字列を変えると鍵が変更されるので、様々なパターンの画像を生成できます。

```
pi@raspberrypi ~ $ head -n 4 image.ppm > header.txt
pi@raspberrypi ~ $ tail -n +5 image.ppm > body.bin
pi@raspberrypi ~ $ openssl enc -aes-128-ecb -nosalt -pass
pass:"ipusiron" -in body.bin -out body.ecb.bin    ←ECBモードで暗号化
pi@raspberrypi ~ $ cat header.txt body.ecb.bin > image.ecb.ppm
pi@raspberrypi ~ $ openssl enc -aes-128-cbc -nosalt -pass
pass:"ipusiron" -in body.bin -out body.cbc.bin    ←CBCモードで暗号化
pi@raspberrypi ~ $ cat header.txt body.cbc.bin > image.cbc.ppm
```

▶ 伝送におけるビット誤りの影響

　アリスがECBモードで生成した暗号文をボブに送信しているとします。このとき、何らかの影響（敵による改ざん、通信エラー、ノイズの影響など）により、暗号文の1ビットだけがビット反転したとします。
　ボブがその状態のまま復号すると、該当ビットを含むブロック内にビット誤りが拡散します（ブロック暗号は撹拌処理を含むため）。すると、本来の平文ブロックと比べると、複数個所のビットが違ってしまいます。その結果、ランダム値に見える平文ブロックに復号されてしまいます。
　ただし、ECBモードの復号アルゴリズム内においてブロック暗号の復号ア

[*52] : https://blog.filippo.io/the-ecb-penguin/

ルゴリズムは独立しているので、ビット誤りは他の平文ブロックに影響することはなく、1ブロック内で収まります（図3.54）。

図3.54　ECBモードのビット誤りの影響

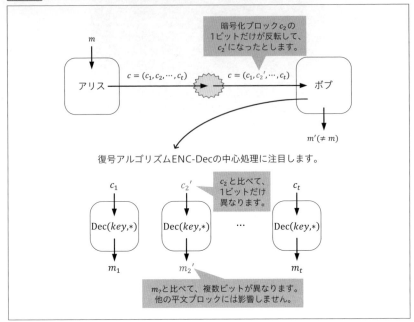

通信中にデータのビットが変わってしまう現象は、たびたび起こり得ます。そこで、一般には通信プロトコルにおける枠組みで、こうした問題を検出しようと試みます。

ノイズなどの影響によるビット誤りであれば、全データから比べてビット誤りの割合は少なく、ビット誤りの位置も分散されているはずです。こういった状況であれば、誤り訂正という技術によりビット誤りを検出でき、ビット誤りを自動的に修正しようとします。これは、データを特徴的に示す内容を冗長化して保持することで実現化します。

しかし、意図的にデータを改ざんする敵は、誤り訂正のチェックをパスするように偽造文を作り、対応する冗長データも改ざんできます。こうした問題を解決するには、データの完全性を保証する暗号技術を用いなければなりません。例えば、メッセージ認証コードやデジタル署名などが挙げられます。

3.15 〈暗号化モード〉CBCモード

安全性★★★★☆　効率性★★★★☆　実装の容易さ★★★★★

ポイント
- ◎ CTRモードと同様によく使われる暗号化モードです。
- ◎ メッセージ認証コードと相性がよく、CBC-MACが広く採用されています。
- ◎ 復号時には並列処理が可能です。

3.15.1 CBCモードとは

ECBモードでは、各ブロックに対する処理が完全に独立していました。つまり、ブロックをまたがる平文ブロック同士での撹拌機能がないということです。

CBC (Cipher Block Chaining) モードは、暗号文ブロックを次の暗号化に影響させるモードです。具体的にいうと、1つ前の暗号文ブロックと平文ブロックの排他的論理和を取り、それを暗号化アルゴリズムの入力とします。こうした工夫により、同じ内容の平文ブロックがあっても、別の内容の暗号文ブロックが生成されます。

CBCモードは古くから標準化されていたこともあり、広く利用されています。現在で最もよく使われている暗号化モードの1つです。

3.15.2 CBCモードの定義

▶ CBCモードの鍵生成アルゴリズム

入力	k：セキュリティパラメータ
出力	key：秘密鍵（kビット）
動作	1：KeyGenアルゴリズムにkを入力し、keyを得ます。 2：keyを出力します。

▶ CBCモードの暗号化アルゴリズム

入力	m：平文（ntビット） key：秘密鍵（kビット） IV：初期値（nビット）

出力	c：暗号文（$n(t+1)$ビット）
動作	1：分割アルゴリズムを用いて、mをnビットごとに分割して、平文ブロック $m_1, ..., m_t$が得られたとします。
	2：$i = 1$とします。
	3：$c_0 = $ IVとします。
	4：$i \leq t$の間、次の処理を繰り返します。 　　4a：次のようにして、平文ブロックを暗号化します。 $$c_i = \mathrm{Enc}(key, m_i \oplus c_{i-1})$$ 　　4b：$i = i + 1$とします。
	5：$c = (c_0, ..., c_t)$を出力します。

図3.55　CBCモードの暗号化アルゴリズム

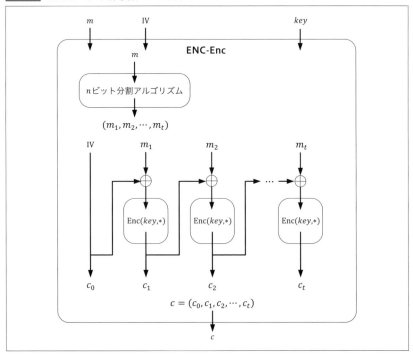

過去の暗号文ブロックをフィードバックして、暗号化対象の平文ブロックと排他的論理和を取ります。ただし、最初のブロックにはフィードバックするデータがないので、初期値（Initial Vector：IV）を設定します（図3.55）。これは初期ベクトル、初期ベクタとも呼ばれます。

このENC-Encアルゴリズムでは初期値IVを入力するようにしていますが、

これをやめて内部でランダムに生成するように変更できます。この場合、暗号文は平文、秘密鍵、乱数である初期値によって決まります。つまり、同一の平文と同一の鍵であっても、別の暗号文になります。このような暗号を確率的暗号といいます。

暗号文cにはc_0が含まれるので、入力のmよりも1ブロック多く持ちます。初期値であるc_0は秘密である必要はありませんが、c_1を正確に復号するためには完全性が保証されなければなりません。

最終の暗号文ブロックc_tは、すべての平文ブロック$m_1, ..., m_t$から影響を受けています。一方、c_{t-1}は、m_tの影響は受けていません。つまり、メッセージ認証子にするならば、c_tが一番よいということになります。

CBCモードの復号アルゴリズム

ENC-Encアルゴリズムでは、Encアルゴリズムの前に排他的論理和を取りました。一方、ENC-Decアルゴリズムでは、Decアルゴリズムの後に排他的論理和を取ります（ 図3.56 ）。

図3.56 CBCモードの復号アルゴリズム

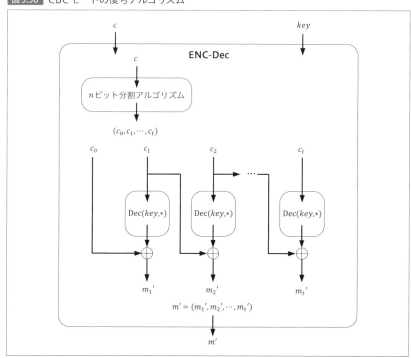

入力	c：暗号文（$n(t+1)$ビット） key：秘密鍵（kビット）
出力	m'：復号結果
動作	1：分割アルゴリズムを用いて、cをnビットごとに分割して、暗号文ブロック$c_0, \dots, c_t$が得られたとします。
	2：$i = 1$とします。
	3：$i \leqq t$の間、次の処理を繰り返します。 　　3a：次のようにして、暗号文ブロックを復号します。 $$m_i' = \mathrm{Dec}(key, c_i) \oplus c_{i-1}$$ 　　3b：$i = i + 1$とします。
	4：$m' = (m_1', \dots, m_t')$を出力します。

3.15.3 CBCモードの特徴

初期値IVの取り扱い

IVは秘密にする必要がないので、暗号文に含めて送信されます（復号時にこの値が必要であるため）。しかしながら、IVは予測できないような値とします。仕様上、ノンス（nonce）の暗号文や、（FIPS規格の）疑似乱数[26]を使用することを推奨されています。

ノンスとは、一度しか使ってはいけないデータのことです。つまり、暗号化のたびに変化する値ともいえます。生成する方法は問われませんが、そのデータが一度しか生成されないことを保証する仕組みが必要です。例えば、メッセージ番号やカウンタ値（毎回値をインクリメントする）などが挙げられます。

ここで注意すべき点は、ノンスを直接IVに設定してはいけないということです。なぜならば、ノンスそのものは予測可能な値であるためです。例えば、ノンスと秘密鍵を入力としたハッシュ値や暗号文などにすることが必要です[53]。

並列処理

暗号化では、前のブロックの計算が終わらないと次の計算ができません。そのため、暗号化時には並列処理ができません。一方、復号では、暗号文を入力

＊53：ハッシュ関数の入力が完全に推測可能な値であれば、そのハッシュ値も推測可能になります。

●26：8.6.5 疑似乱数と真性乱数 p.609

された時点で、各ブロックの復号に必要な全情報が揃っています。そのため、復号時には並列処理ができます。

3.15.4 CBCモードの死角を探る

▶ 伝送におけるビット誤りの影響

平文ブロックにたった1ビットのエラーがあったとすると、ブロック暗号の暗号化アルゴリズムの撹拌処理によって、対応する暗号文ブロックの全体にエラーが拡散します。そのため、伝送中にビット誤りが発生した場合は、その暗号文ブロックを破棄するしかありません。これは仕方ありませんが、ECBモード以外はブロックをまたがって撹拌処理を行います。つまり、前のブロックにあるエラーが次以降のブロックに伝播してしまう可能性があるということです。すると、1つのブロックの暗号文だけでなく、複数のブロックの暗号文を破棄することになります。これにより、伝送路の信頼性が低い環境では、データの再送が頻発して、伝送速度が低下してしまう恐れがあります。

CBCモードでは、伝送時に暗号文ブロックc_iにビット誤りが生じると、平文ブロックm_i'とm_{i+1}'の復号が影響を受けます。ただし、最初と最後に対応する$i = 0, t$の場合は1つのブロックだけに影響します（表3.20）。

表3.20 CBCモードにおけるビット誤りとその影響

ビット誤りが生じた暗号文ブロック	影響が出る平文ブロック
c_0	m_1'
$c_i\ (i = 1, \cdots, t = 1)$	m_i', m_{i+1}'
c_t	m_t'

暗号文ブロックc_iのビット誤りが1ビットだけであったとしても、ブロック暗号の特性により、平文ブロックm_i'はランダム値に見える出力が得られます（これはECBモードと同じ）。一方、m_{i+1}'に関しては、c_iが持っていたのと同一の位置だけにビット誤りを持ちます。

次に、一部の暗号文ブロック全体が失われたときを考えます。暗号文ブロックc_iを損失すると、対応する平文ブロックm_i'が損失したことになり、次の平文ブロックm_{i+1}'が誤った結果になります。しかしながら、その誤りはm_{i+2}'に伝播されません。

〈暗号化モード〉

3.16 CFBモード

安全性★★★☆☆　効率性★★★☆☆　実装の容易さ★★★☆☆

ポイント
- ブロック暗号をストリーム暗号として利用できる暗号化モードです。
- ビット誤りの影響は大きいですが、ブロックが消失してもある程度経過すると回復します。
- 復号時には並列処理が可能です。

3.16.1 CFBモードとは

CFB（Cipher FeedBack）モードは、1つ前の暗号文ブロックを暗号化アルゴリズムの入力に戻し、再度暗号化します。つまり、平文ブロックは暗号化アルゴリズムで直接暗号化されません。復号でも、同様の暗号化処理を行います。

なお、5つの暗号化モードの中では使われることが最も少ないものだといえます。

3.16.2 CFBモードの定義

❭ CFBモードの鍵生成アルゴリズム

入力	k：セキュリティパラメータ
出力	key：秘密鍵（kビット）
動作	1：KeyGenアルゴリズムにkを入力し、keyを得ます。 2：keyを出力します。

❭ CFBモードの暗号化アルゴリズム

フィードバックする値をx_iとし、ブロック暗号の入力とします。CFBモードではx_iに暗号文を設定します（ 図3.57 ）。

入力	m：平文（ntビット） key：秘密鍵（kビット） IV：初期値（nビット）
出力	c：暗号文（$n(t+1)$ビット）

動作	1：分割アルゴリズムを用いて、mをnビットごとに分割して、平文ブロック$m_1, \dots, m_t$が得られたとします。 2：$i = 1$とします。 3：$c_0 = \mathrm{IV}, x_1 = \mathrm{IV}$とします。 4：$i \leq t$の間、次の処理を繰り返します。 　　4a：次のようにして、平文ブロックを暗号化します。$$c_i = m_i \oplus \mathrm{Enc}(key, x_i)$$ $$x_{i+1} = c_i$$ 　　4b：$i = i + 1$とします。 5：$c = (c_0, \dots, c_t)$を出力します。

図3.57 CFBモードの暗号化アルゴリズム

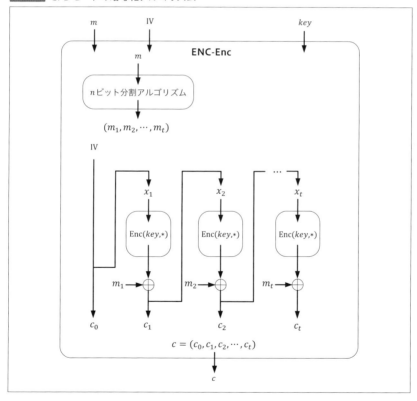

▶ CFBモードの復号アルゴリズム

CFBモードの復号アルゴリズムでは、ブロック暗号の復号アルゴリズム

Decではなく、暗号化アルゴリズムEncを用います。

入力	c：暗号文（$n(t+1)$ビット） key：秘密鍵（kビット）
出力	m'：復号結果
動作	1：分割アルゴリズムを用いて、cをnビットごとに分割して、暗号文ブロック$c_0, \dots, c_t$が得られたとします。 2：$i = 1$とします。 3：$x_1 = c_0$とします。 4：$i \leq t$の間、次の処理を繰り返します。 　　4a：次のようにして、暗号文ブロックを復号します。 $$m_i' = c_i \oplus \mathrm{Enc}(key, x_i)$$ $$x_{i+1} = m_i'$$ 　　4b：$i = i + 1$とします。 5：$m' = (m_1', \dots, m_t')$を出力します。

3.16.3 CFBモードの特徴

▶ 初期値IVの取り扱い

初期値IVを秘密にする必要はありません。理由は次のとおりです。攻撃者が暗号文ブロック$c_i (= m_i \oplus \mathrm{Enc}(key, x_i))$から平文ブロック$m_i$を特定するためには、$\mathrm{Enc}(key, x_i)$を特定しなければなりません。しかしながら、Encの鍵keyを知らないので、$x_i (=\mathrm{IV})$を知っていても、$\mathrm{Enc}(key, x_i)$の値がわかりません。

CBCモードのように、IVは予想不可能にします。例えば、ノンスの暗号文や疑似乱数を使用することを推奨されています[27]。

▶ ストリーム暗号に応用する

CFBモードを応用することで、ストリーム暗号[28]を構築できます。Encアルゴリズムの出力はnビットですが、そのうちのkビット（これがストリーム暗号の鍵となる）を選択して、平文と排他的論理和を取って暗号化します。これをk-CFBモードといいます。

----

[27]：3.15.3 CBCモードの特徴 p.202

[28]：3.8 ストリーム暗号 p.108

k-CFBモードの暗号化アルゴリズムは、次のとおりです（図3.58）。ただし、$\mathrm{MSB}_k(x)$はxの上位kビット、$\mathrm{LSB}_k(x)$はxの下位kビットを意味します。

入力	m：平文（ktビット） key：秘密鍵 IV：初期値 k：フィードバックビット数（ブロック暗号のブロック長ではない）
出力	c：暗号文
動作	1：分割アルゴリズムを用いて、mをkビットごとに分割して、t個の平文ブロック$(m_1,...,m_t)$が得られたとします。 2：$i = 1$とします。 3：$c_0 = \mathrm{IV}, x_1 = \mathrm{IV}$とします。 4：$i \leq t$の間、次の処理を繰り返します。 　　4a：次のようにして暗号文ブロックを計算します。 　　　　$c_i = m_i \oplus \mathrm{MSB}_k\bigl(\mathrm{Enc}(key, x_i)\bigr)$ 　　　　$x_{i+1} = \mathrm{LSB}_{n-k}(x_i) \| c_i$ 　　4b：$i = i + 1$とします。 5：$c = (c_0, c_1, ..., c_t)$を暗号文として出力します。

図3.58　k-CFBモードの暗号化アルゴリズムの中心処理

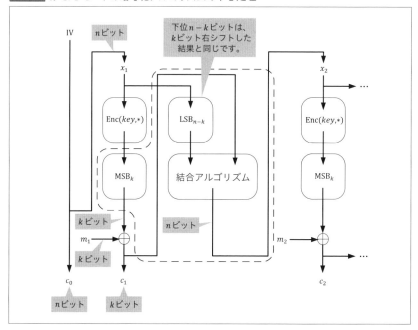

動作のステップ4aにおいて、ブロック暗号の入力値はkビットずつシフトされて処理されています。

特に、図の破線で囲んだ部分がk-CFBモードで追加された処理になります。n-CFBモードは従来のOFBモード[29]と同一の結果になり、1-CFBモードは1ビットごとのストリーム暗号になります。kを小さくすれば、その分暗号化処理が増えることになるので、効率性は下がります。

▶ 伝送におけるビット誤りの影響

CFBモードでは、伝送時に暗号文ブロックc_iにビット誤りが生じると、平文ブロックm_i'と、それに続く$\lceil n/k \rceil$個の平文ブロックに影響します[*54]。つまり、ビット誤りによる影響が大きいといえます。

平文ブロックm_i'のビット誤りは、c_iのビット誤りの同一位置だけに現れます。そして、そのビット誤りは、次のブロックの復号においてブロック暗号の入力にされてしまいます。ブロック暗号の特性により、影響が出る平文ブロックは、すべてランダム値のように見えます。

一方、暗号文ブロックの一部が消失するなどの復号の同期がずれても、$\lceil n/k \rceil$個後には同期が回復します。

考察：

1-CFBモードではビット誤りが起きたり、暗号文ブロックの一部が消失したりしたときに、どのぐらいのビット処理が進めば回復するでしょうか。

検証：

$k = 1$のときであるため、少なくともnビット分の処理が進めば正常に戻ります。

[*54]：$\lceil x \rceil$は天井関数（ceiling function）であり、x以上の最初の整数を意味します。例えば、$\lceil 3.5 \rceil = 4$になります。

[29]：3.17 OFBモード p.209

〈暗号化モード〉
OFBモード

安全性★★★☆☆　効率性★★☆☆☆　実装の容易さ★★★☆☆

- ブロック暗号をストリーム暗号として利用できる暗号化モードです。
- ビット反転に対しては強い耐性を持ちますが、暗号文ブロックの消失には脆弱といえます。
- 暗号化と復号において、並列処理はできません。順番にブロックを処理していく必要があります。

3.17.1　OFBモードとは

　OFB（Output FeedBack）モードは、ブロック暗号を用いた疑似乱数生成器[30]から鍵系列[*55]を作り、その鍵系列と平文の排他的論理和を取って暗号化するモードです。つまり、ブロック暗号をストリーム暗号として利用しているといえます。

　平文ブロックと暗号化アルゴリズムの出力の排他的論理和で、暗号文ブロックを作ります。この点でCFBモード[31]と似ています。

3.17.2　OFBモードの定義

▶ OFBモードの鍵生成アルゴリズム

入力	k：セキュリティパラメータ
出力	key：秘密鍵（kビット）
動作	1：KeyGenアルゴリズムにkを入力し、keyを得ます。 2：keyを出力します。

▶ OFBモードの暗号化アルゴリズム

　フィードバックする値をx_iとし、ブロック暗号の入力とします。OFBモー

---

*55：鍵のように使用できるビット列を鍵系列と呼ぶことにします。

[30]：8.7 疑似乱数生成器 p.612　　[31]：3.16 CFBモード p.204

ドでは x_i にブロック暗号の出力を設定します（図3.59）。

入力	m：平文（ntビット） key：秘密鍵（kビット） IV：初期値（nビット）
出力	c：暗号文（$n(t+1)$ビット）
動作	1：分割アルゴリズムを用いて、m を n ビットごとに分割して、平文ブロック $m_1, …, m_t$ が得られたとします。 2：$i = 1$ とします。 3：$c_0 = $ IV、$x_1 = $ IV とします。 4：$i \leqq t$ の間、次の処理を繰り返します。 　　4a：次のようにして、平文ブロックを暗号化します。$$c_i = m_i \oplus \mathrm{Enc}(key, x_i)$$ $$x_{i+1} = \mathrm{Enc}(key, x_i)$$ 　　4b：$i = i + 1$ とします。 5：$c = (c_0, …, c_t)$ を出力します。

図3.59　OFBモードの暗号化アルゴリズム

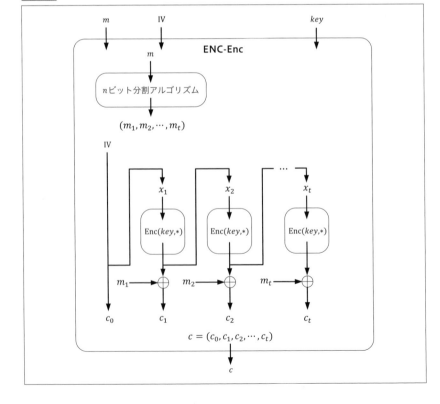

▶ OFBモードの復号アルゴリズム

OFBモードの復号アルゴリズムではブロック暗号の復号アルゴリズムDecではなく、暗号化アルゴリズムEncを用います。

入力	c：暗号文（$n(t+1)$ビット） key：秘密鍵（kビット）
出力	m'：復号結果
動作	1：分割アルゴリズムを用いて、cをnビットごとに分割して、暗号文ブロック$c_0, …, c_t$が得られたとします。 2：$i = 1$とします。 3：$x_1 = c_0$とします。 4：$i \leq t$の間、次の処理を繰り返します。 　　4a：次のようにして、暗号文ブロックを復号します。 $$m_i' = c_i \oplus \mathrm{Enc}(key, x_i)$$ $$x_{i+1} = \mathrm{Enc}(key, x_i)$$ 　　4b：$i = i + 1$とします。 5：$m' = (m_1', …, m_t')$を出力します。

3.17.3　OFBモードの特徴

▶ IVの取り扱い

CBCモード[32]やCFBモードと同様に、初期値IVは秘密にする必要はありませんが、予測不可能な値とします。

▶ ストリーム暗号に応用する

OFBモードを応用することで、ストリーム暗号[33]を構築できます。Encアルゴリズムの出力はnビットですが、そのうちのkビット（これがストリーム暗号の鍵となる）を選択して、平文と排他的論理和を取って暗号化します。これをk-OFBモードといいます。

k-OFBモードの暗号化アルゴリズムは次のとおりです（図3.60）。

● 32：3.15 CBCモード p.199
● 33：3.8 ストリーム暗号 p.108

入力	m：平文（ktビット） key：秘密鍵 IV：初期値 k：フィードバックビット数（ブロック暗号のブロック長ではない）
出力	c：暗号文
動作	1：分割アルゴリズムを用いて、mをkビットごとに分割して、t個の平文ブロック$(m_1, ..., m_t)$が得られたとします。 2：$c_0 = $ IV、$x_1 = $ IVとします。 3：$i = 1$とします。 4：$i \leq t$の間、次の処理を繰り返します。 　　4a：次のようにして暗号文ブロックを計算します。 　　$$c_i = m_i \oplus \mathrm{MSB}_k(\mathrm{Enc}(key, x_i))$$ 　　$$x_{i+1} = \mathrm{LSB}_{n-k}(x_i) \| \mathrm{MSB}_k(\mathrm{Enc}(key, x_i))$$ 　　4b：$i = i + 1$とします。 5：$c = (c_0, c_1, ..., c_t)$を暗号文として出力します。

図3.60　k-OFBモードの暗号化アルゴリズムの中心処理

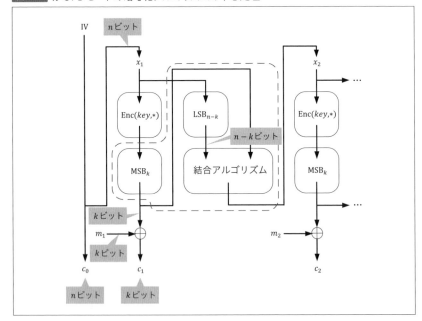

図3.60 を見ると、特に破線で囲んだ部分が k-OFBモードで追加された処理になります。n-OFBモードは従来のOFBモードと同一の結果になり、1-OFBモードは1ビットごとのストリーム暗号になります。

k-OFBモードの復号アルゴリズムの基本動作は、暗号化アルゴリズムとほとんど同様の動作になります。ただし、cのうちc_0はnビットであることに注意します。残りは、kビット分割アルゴリズムで分割します。IVの代わりにc_0を用いて、平文ブロックの代わりに暗号文ブロックを適用します。このように暗号化アルゴリズムと復号アルゴリズムの基本動作が同じなのは、k-OFBモードの中心処理によりストリーム暗号の鍵を生成することが目的だからです。

▶ OFBモードとストリーム暗号の違い

OFBモードはストリーム暗号と基本的に同じ構成です。ストリーム暗号とは異なり、暗号化のたびに更新するのは秘密鍵ではなく、初期ベクトルIVの値です。ただし、IVの値は秘密にする必要性がないため、ストリーム暗号よりも運用がしやすいといえます。

ストリーム暗号は鍵のセットアップが必要ですが、OFBモードは鍵のセットアップが不要です。しかし、処理速度は、疑似乱数生成器の処理速度とほぼ同等のストリーム暗号の方が高速です。OFBモードは、ブロック暗号の処理速度の約k/n倍になることが知られています（kは平文ブロック長、nはブロック長）。

OFBモードは一種の疑似乱数生成器なので、生成された系列は必ず周期を持ちます。ブロック暗号が理想的であるという前提で、k-OFBモードの平均周期は、次のようになることが知られています。

- $k = n$の場合…平均周期は約2^{n-1}になる。
- $k < n$の場合…平均周期は約$2^{\frac{n}{2}}$になる。

▶ x_iの生成方法の差による影響

CFBモードと比べると、OFBモードはブロック暗号の入力であるx_iの取り方が異なります。CFBモードでは排他的論理和を取った後ですが、OFBモードでは排他的論理和を取る前です。よって、OFBモード（k-OFBモードも含む）は、IVがわかればx_iの値を事前に計算可能です。

復号アルゴリズムは、暗号文からIVに相当する値を抽出して用います。これを暗号文とは別に共有できれば、復号時にも事前に計算ができます。

▶ 伝送におけるビット誤りの影響

OFBモードでは、伝送時に暗号文ブロックc_iにビット誤りが生じると、平文ブロックm_i'に影響が出ます。しかも、平文ブロックm_i'のビット誤りは、c_iのビット誤りの同一位置だけに現れます。つまり、ビット誤りがまったく拡大しません。これは他の暗号化モードと異なる大きな特徴といえます。

しかしながら、暗号文ブロックc_iを消失すると、対応する平文ブロックm_i'が損失したことになり、さらにそれ以降に続く平文ブロックすべてを正しく復号できません。

〈暗号化モード〉
CTR モード

安全性★★★★★　効率性★★★★★　実装の容易さ★★★★☆

ポイント
- カウンタを用いる暗号化モードです。
- 並列処理や実装性の観点で優れている暗号化モードです。
- 理想的なブロック暗号を用いることで、CTRモードは選択平文攻撃に対して識別不可能性を持つことが知られています。

3.18.1 CTRモードとは

CTR（CounTeR：カウンタ）モードとは、その名のとおりカウンタを用いる暗号化モードです。5種類の暗号化モードの中で最も新しい方式です。近年になって利用される場面が徐々に増えてきました。CTRモードの暗号文は、ブロック暗号の暗号文とカウンタの値を組み合わせたものになります。

3.18.2 CTRモードの定義

▶ 鍵生成アルゴリズム

入力	k：セキュリティパラメータ
出力	key：秘密鍵（kビット）
動作	1：KeyGenアルゴリズムにkを入力し、keyを得ます。 2：keyを出力します。

▶ 暗号化アルゴリズム

入力	m：平文（ntビット） key：秘密鍵（kビット） ctr：カウンタの初期値（nビット）
出力	c：暗号文（$n(t+1)$ビット） ctr：カウンタの最終値
動作	1：分割アルゴリズムを用いて、mをnビットごとに分割して、平文ブロック$m_1, \ldots, m_t$が得られたとします。 2：$i = 0$とします。

動作	3 : $c_0 = ctr$ とします。 4 : $i \leq t$ の間、次の処理を繰り返します。 　　4a : $ctr = ctr + 1$ とします。 　　4b : ブロック暗号の暗号化アルゴリズム Enc を用いて、$s_i = \text{Enc}(key, ctr)$ を計算します。 　　4c : $c_i = s_i \oplus m_i$ を計算します。 　　4d : $i = i + 1$ とします。 5 : $c = (c_0, c_1, \ldots, c_t), ctr$ を出力します。

カウンタ値 ctr は、暗号化アルゴリズムの呼び出し元が管理しており、暗号化時に入力するものとします（通常の ENC-Enc に入力を追加した）。秘密鍵を共有した時点で ctr を 0 に初期化し、秘密鍵を更新するまでカウンタの値は保持されています。ブロック暗号で暗号化するたびに、カウンタ値は増加し続け

図3.61　CTRモードの暗号化アルゴリズム

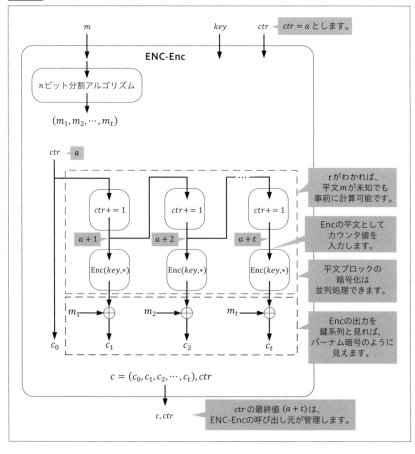

ます（ 図3.61 ）。

ENC-Encはカウンタ値を出力します。これは送信するものではなく、次回の入力に使用するためのものです。

カウンタ値をブロック暗号に入力して得られる暗号文は、一種の鍵系列になります。この鍵系列と平文の排他的論理和の結果が暗号文になります。

平文のサイズさえわかっていれば、平文が決まらなくても、鍵系列を生成する前までを事前に計算できます。平文のサイズがわかれば、カウンタの最大値 t が決まるからです。

平文ブロックの暗号化は、並列処理できます。

▶ 復号アルゴリズム

入力	c：暗号文（$n(t+1)$ビット） key：秘密鍵（kビット）
出力	m'：復号結果
動作	1：分割アルゴリズムを用いて、cをnビットごとに分割して、暗号文ブロック $c_0, \ldots, c_t$ が得られたとします。 2：$i = 0$とします。 3：カウンタ変数 ctr に c_0 をセットします。 4：$i \leq t$ の間、次の処理を繰り返します。 　　4a：$ctr = ctr + 1$とします。 　　4b：$s_i = \mathrm{Enc}(key, ctr)$を計算します。 　　4c：$m_i' = s_i \oplus c_i$を計算します。 　　4d：$i = i + 1$とします。 5：$m' = (m_1', \ldots, m_t')$を出力します。

CTRモードの暗号化アルゴリズムと復号アルゴリズムでは、ブロック暗号の暗号化アルゴリズムのみを使用します。そのため、暗号化アルゴリズムと復号アルゴリズムの実装が大きく異なるブロック暗号（例：AES[34]など）を用いる場合、実装が容易になり、記憶領域を節約できます。

復号アルゴリズムで正しく復号するには、暗号化で最終的に到達したカウンタ値を必要とします。暗号文の受信者にカウンタ値を知らせるために、本書では先頭ブロックにカウンタ値をセットしています。

---

[34]：3.12 AES p.166

3.18.3 CTRモードの特徴

▶ 可変長の平文に対応させる

次のようにアルゴリズムを修正することで、可変長の平文に対応できます。ただし、最終の平文ブロック m_t を u ビットとしました。

鍵生成アルゴリズム	変更なし
暗号化アルゴリズム	ステップ4cにて、$i \neq t$ ならば従来どおりに $c_i = s_i \oplus m_i$ を計算し、そうでなければ $c_t = \mathrm{MSB}_u(s_t) \oplus m_t$ を計算します[*56]。
復号アルゴリズム	ステップ4cにて、$i \neq t$ ならば従来どおりに $m_i{}' = s_i \oplus c_i$ 計算し、そうでなければ $m_t{}' = \mathrm{MSB}_u(s_t) \oplus c_t$ を計算します。

▶ 並列処理

暗号化アルゴリズムにおいて、各ブロックの処理で使うカウンタは、ctr を得た時点ですべて計算できます。つまり、各ブロックの暗号化処理は互いに独立しており、並列化できるというメリットがあります。同様の議論が復号アルゴリズムにもいえます。

3.18.4 CTRモードの死角を探る

▶ 暗号文を盗聴する

カウンタ値 ctr は暗号文の c_0 にセットされています。つまり、盗聴者はカウンタ値がわかります。しかし、盗聴者は秘密鍵 key を知らないので、ブロック暗号の暗号文（平文に対しては鍵系列に相当）は特定できません。そのため、暗号文から平文を知ることはできません。

▶ カウンタの取り扱い

CTRモードは、カウンタという特殊な変数を用います。カウンタを仕様どおりに使わないとどうなるのかを確認してみます。

考察：

CTRモードの仕様では、平文ブロックを暗号化するたびにカウンタ値をイ

[*56]：$\mathrm{MSB}_u(x)$ は x の上位 u ビットを意味します。

ンクリメント（値を1増やす）します。カウンタ値をインクリメントせずに固定した場合、どのようになるでしょうか。

検証：

ブロック暗号に対して、同じ平文と秘密鍵を入力すると、同じ暗号文になります。そのため、CTRモードの暗号化アルゴリズムのカウンタが固定値であれば、Encの出力値はすべて同一になります（図3.62）。同一の平文ブロックがあると、同一の暗号文ブロックになります。よって、ECBモード[35]のように安全性に問題があることになります。

図3.62 カウンタ値を固定する

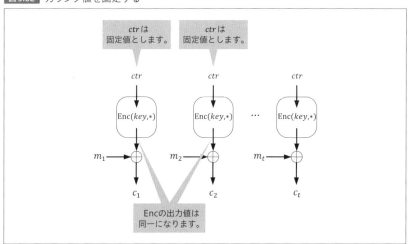

これを解決するには、各ブロックの暗号化に使われる（カウンタから得られる）入力値が異なるようにします。例えば、初期値を0、増加率を1とするだけで解決できます。

考察：

CTRモードの仕様ではカウンタ値を1ずつ増やしていますが、増加数を変えた場合はどうなるでしょうか。

検証：

平文ブロックが同一かどうかにかかわらず、暗号文ブロックを異なるようにするには、Encの入力のうち平文（CTRモードではカウンタ値）か秘密鍵を変

●35：3.14 ECBモード p.192

更しなければなりません。秘密鍵は頻繁に変更するわけにいかないので、カウンタ値を変更すればよいことになります。そのためにカウンタ値を単純に1ずつ増やしているわけです。そのため、別に2ずつ増やしたり、2倍したりしても安全性に影響は出ません。

カウンタ値はnビットなので、0から$2^n - 1$までの数値を表現できます。もし2ずつ増やしてしまうと、1ずつ増やしたときよりも、上限値に達しやすくなります。こうした無駄をなくすために、1ずつ増やす仕様になっています。そして、カウンタ値が上限値に達する前に秘密鍵を変更し、そのタイミングでカウンタ値を初期化します。

考察：

ENC-Encの内部でnビットの乱数を生成して、それをカウンタ値として用いた場合は、どうなるでしょうか。

検証：

ENC-Encの実行のたびに乱数を生成するため、カウンタ値の入出力は不要になります。これにより、呼び出し元でもカウンタ値を管理する必要がなくなります（図3.63）。

ただし、t回インクリメントするときに、カウンタ値で表現できる数値を超えないように工夫しなければなりません。例えば、乱数の取り得る範囲を若干小さくしておき、ある程度のインクリメントには耐えられるようにします。

図3.63　最初のカウンタ値を乱数にする

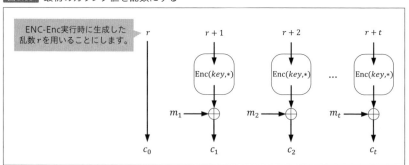

SP800-38A[*57]では、次の2つの方法が推奨されています。これにより、同一の秘密鍵であっても、同一のカウンタ値が使われないことを保証します。

＊57： "NIST Special Publication 800-38A"
http://nvlpubs.nist.gov/nistpubs/Legacy/SP/nistspecialpublication800-38a.pdf

①前のメッセージの最後に使われたカウンタ値を保持しておき、次の暗号化の際にはその値のインクリメント値を使用する。
②ノンスと標準インクリメント関数の値を組み合わせる。

①でいう「最後に使われたカウンタ値」とは、最終の暗号化ブロックの暗号化に使用したカウンタ値のことです。本書で紹介した暗号化アルゴリズムは、この方法を採用しています。

②のアプローチでは、カウンタブロックの下位sビットを$ctr(x,s)$、上位$n-s$ビットをNonceとします。

$$ctr = \text{Nonce}||ctr(x,s)$$

このとき、カウンタブロックサイズはnです（平文ブロックサイズと同一）。正の整数xはsビットであり、$0 \sim 2^s - 1$の範囲内の数で表現されます。標準インクリメント関数 (standard incrementing function) は、次のように定義します。

$$ctr(x,s) = x + 1 \bmod 2^s$$

ただし、「平文のブロック数t」が「カウントの総数」(2^s個) 以下になるようにsのサイズを決定しなければなりません。

例：

> $n = 8$、$s = 5$のとき、同一ノンスであっても、32個 ($= 2^s = 2^5$) の異なるカウンタブロックが得られます。カウンタブロックの初期値が「***1 1110b」であったとします。すると、CTRモード内の暗号化のたびに、カウンタブロックは次のように遷移します。特に、「***1 1111b」→「***0 0000b」の部分は、10 0000bは法$2^5 (= 10\ 0000b)$で0になることを利用しています。
> 「***1 1110b」→「***1 1111b」→「***0 0000b」→
> 「***0 0001b」→「***0 0010b」→「***0 0011b」→…
> 平文のブロック数が32個以下であれば、同一の秘密鍵で同一のカウンタブロックが使われることはありません。

伝送におけるビット誤りの影響

アリスはCTRモードで生成した暗号文をボブに送信します。このとき、何らかの影響により、c_0以外の暗号化ブロックがビット反転したとします。ボブがその状態のまま復号すると、正しい復号結果と比べて同一位置のビットが反転します（表3.21）。よって、ビット誤りの影響は1ビットだけに留まり、ビット誤りに対しては非常に強いといえます（図3.64）。

図3.64 CTRモードのビット誤りの影響

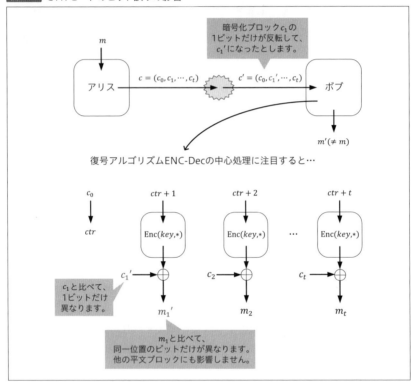

表3.21 ビット反転時の復号結果と正しい復号結果の比較

元の ビット値 ①	ビット反転 した結果 ②	鍵系列にて 対応する ビット ③	ビット反転 したまま復号 した結果 ④ (=②⊕③)	正しい 復号結果 ⑤ (=①⊕③)	④と⑤の 比較
1	0	1	1	0	反転
1	0	0	0	1	反転
0	1	1	0	1	反転
0	1	0	1	0	反転

3.18.5 CTRモードとバーナム暗号

　CTRモードの理解を深めるために、バーナム暗号[36]と比べてみましょう。図3.65 を見ながら検討してみます。

　ENC-Enc内のブロック暗号の暗号文 s_i を、鍵系列ブロックとして考えます。もしブロック暗号が疑似ランダム関数であれば、鍵系列はランダム値になります。このときは、完全にバーナム暗号と同等です。よって、平文に関する情報は何も漏れません。

　ところが、CTRモードでは各 s_i の値は異なります。なぜならば、実際のブロック暗号は、疑似ランダム置換のように働くからです（理想とギャップがある）。

　ここでは比較しやすいように、バーナム暗号をブロック化して、ブロックごとに暗号化します。ブロック化されているだけで、仕組みはまったく変わっていません。さらに、CTRモードに近づけるために、バーナム暗号にブロック暗号を組み込みました。CTRモードとの違いはカウンタではなく乱数を使っているところです。こうして得られたCTRモード化したバーナム暗号は、これまでどおり鍵系列ブロックが小さい確率で一致します。一方、CTRモードでは常に鍵系列ブロックが異なります。

　このような差により、「CTRモード化したバーナム暗号」はバーナム暗号と同様に情報理論的な安全[37]を満たしますが、CTRモードは情報理論的な安全性を満たしません。

---

[36]：3.7 バーナム暗号 p.096
[37]：3.7.6 バーナム暗号の安全性（情報理論的安全性）p.104

図3.65 CTRモードとバーナム暗号

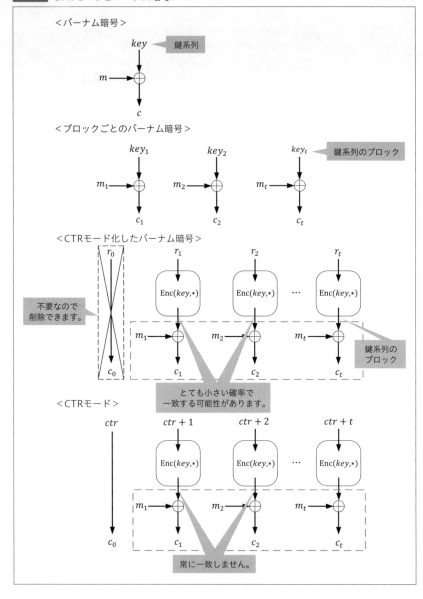

　CTRモード化したバーナム暗号は、ブロック暗号の入力として乱数を使っています。そのため、バーナム暗号と同様に、送受信者間で鍵系列を共有するのかという問題が出てきます。

C H A P T E R

4

公開鍵暗号

4.1 公開鍵暗号の概要

4.1.1 公開鍵暗号とは

　共通鍵暗号では、送受信者間にて秘密鍵を事前に共有しなければならないという問題がありました。こうした問題を解決する方法として、1976年にディフィ（Diffie）とヘルマン（Hellman）によって、新たな暗号が提案されました。また、マークル（Merkle）も1つの手法を独立に提案しました。いずれも秘密鍵を事前に共有することが不要な暗号であり、公開鍵暗号と名付けられました。

　公開鍵暗号は、通信相手の公開鍵で暗号化し、自身の秘密鍵で復号する暗号です。公開鍵は名前のとおり公開されており、誰でも参照できます。送信者は、相手の公開鍵で平文を暗号化して、暗号文を生成します。秘密鍵は秘密に管理しておくべき鍵であり、自身に暗号文が送られてきたら、秘密鍵を使って復号します。

　事前に鍵の共有が不要であるため、不特定多数が存在するネットワーク（例えばインターネット）に適しています。

4.2 公開鍵暗号の定義

4.2.1 公開鍵暗号の構成

公開鍵暗号は、鍵生成アルゴリズムKeyGen、暗号化アルゴリズムEnc、復号アルゴリズムDecの組（KeyGen, Enc, Dec）で構成されます（ 図4.1 ）。

図4.1 公開鍵暗号のアルゴリズム

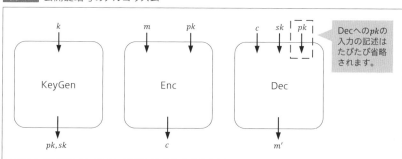

Decへのpkの入力の記述はたびたび省略されます。

KeyGenは鍵を生成するためのアルゴリズムです。セキュリティパラメータkを入力すると、公開鍵pkと秘密鍵skを出力します。セキュリティパラメータとは、公開鍵や秘密鍵のサイズを決定する値です。$k=2048$であれば、KeyGenが出力する公開鍵は2048ビットになります。そして、公開鍵により平文空間が決まります。

Encは暗号化のためのアルゴリズムです。平文mとpkを入力すると、暗号文cを出力します。

Decは復号のためのアルゴリズムです。c, pk, skを入力すると、復号結果であるm'を出力します[*1]。平文と一致していれば、$m' = m$になります。pkは公開されるものなので、自明に使用するという意味から、Decの入力にて省略されることがたびたびあります。以後本書でも省略しますが、pkも入力されていることを忘れないようにしてください。

[*1]：復号結果の他に、復号不可を示す特別な記号を出力する公開鍵暗号も存在します。詳細はRSA-OAEPの項で解説します。

4.2.2 公開鍵暗号の仕組み

アリスがボブに公開鍵暗号の暗号文を送信する状況を考えます。ボブは事前にKeyGenアルゴリズムを用いて、公開鍵と秘密鍵を生成します。公開鍵は誰でも参照できる場所に公開されたり、アリスからの要求に対してボブが公開鍵を返したりします。ここではシンプルに、公開鍵は自由に参照できるものとします。

アリスは、平文とボブの公開鍵をEncアルゴリズムに入力して暗号化します。そして、出力された暗号文をボブに送信します。ボブは暗号化に使われた公開鍵に対応する秘密鍵を持っているので、Decアルゴリズムを使って、平文に戻せます（図4.2）。

図4.2 送受信者と公開鍵暗号のアルゴリズムの関係

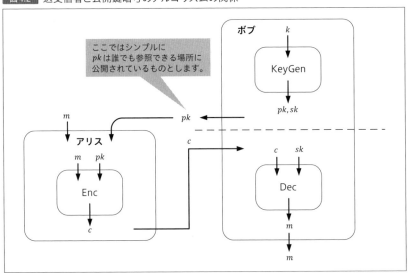

4.2.3 公開鍵暗号の性質

公開鍵暗号は、次の条件を満たさなければなりません。

- 正当性
- 秘匿性

▶ 正当性

公開鍵暗号の正当性とは、暗号文を復号すると、元の平文に戻ることです。つまり、任意の鍵ペア (pk, sk) と、任意の平文 m を考えたときに、次が成り立つことです。

$$\mathrm{Dec}(sk, \mathrm{Enc}(pk, m)) = m$$

この時点では、各アルゴリズムはブラックボックスなので、正当性を満たすことはわかりません。公開鍵暗号を具体的に作るとき、すなわち各アルゴリズムの動作を決めるときには、正当性を満たすように設計しなければなりません。

▶ 秘匿性

公開鍵暗号の秘匿性とは、公開鍵 pk と暗号文 c から、平文 m に関する情報を得られないことです。秘匿性は、攻撃モデルと解読モデルによって分類されます。詳細については、公開鍵暗号の安全性の項（次節）で解説します。

Column 公開鍵暗号のたとえ話

共通鍵暗号は、錠前を備えた箱にたとえられます。ここでは、アリスがボブに平文を隠した状態で送りたいとします。アリスは平文を箱に入れて、施錠します。ボブは箱を解錠して平文を取り出します。施錠と解錠に使用した鍵は、アリスとボブの間で事前に共有しておく必要があります。この鍵は秘密鍵（共通鍵）に対応します。

一方、公開鍵暗号は、南京錠で施解錠できる箱にたとえられます。ボブはアリスに自分の南京錠を送ります。その南京錠の鍵は、誰にも渡さずに所有しておきます。アリスは箱に平文を入れて、ボブの南京錠で施錠して、ボブに送ります。ボブは自分の鍵で南京錠を解錠して、平文を取り出します。南京錠は公開鍵、南京錠の鍵は秘密鍵に対応します。

図4.3 共通鍵暗号と公開鍵暗号のたとえ話

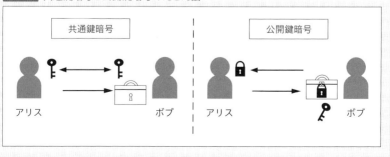

4.3 公開鍵暗号の安全性

公開鍵暗号の安全性は、攻撃者の攻撃モデルを設定し、その設定の下で解読モデルを達成できるかどうかで議論します。

4.3.1 公開鍵暗号の攻撃モデル

攻撃者の攻撃モデルが強力であるほど、攻撃者が得られる情報が多くなり、公開鍵暗号の解読に成功しやすくなります。そこで、攻撃モデルを次の3種類に分類します。前提として、どの攻撃モデルでも公開鍵は攻撃者に与えられているものとします。

❯ 選択平文攻撃

選択平文攻撃（Chosen Plaintext Attack：CPA）とは、あらかじめ選択した平文と、それに対応した暗号文を利用して攻撃するモデルです（ 図4.4 ）。

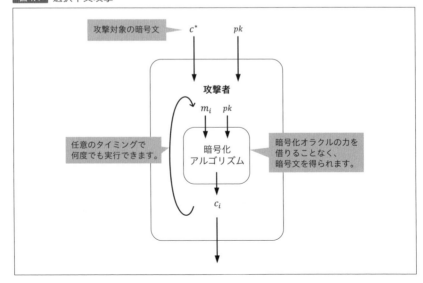

図4.4　選択平文攻撃

公開鍵は誰でも利用できるので、敵は暗号化オラクルの力を借りることなく、自分で任意の平文を暗号化できます。つまり、どのような公開鍵暗号であっても、選択平文攻撃を適用できます。よって、公開鍵暗号では少なくとも選択平文攻撃を想定する必要があります。

▶ 選択暗号文攻撃

選択暗号文攻撃（Chosen Ciphertext Attack：CCA、CCA1）とは、あらかじめ選択した暗号文と、それに対応する平文を利用して攻撃するモデルです。復号オラクルを利用して、平文を得られます（図4.5）。ただし、攻撃対象となる暗号文そのものは、復号オラクルに送信できないものとします[*2]。

さらに、過去に得た平文と暗号文のペアの情報を活用して、暗号文を選択することはできないものとします。これは復号オラクルからの応答を活用して、次の暗号文を決められないことを意味します。

つまり、まとめて複数の暗号文を復号オラクルに送り、対応する平文を返されたら、それ以降は復号オラクルが使えない状況と同等といえます。

図4.5　選択暗号文攻撃

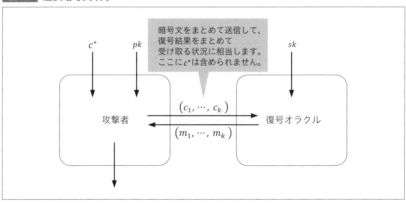

例えば、夜間にサーバルームに侵入し、復号処理を持つサーバを不正利用して、暗号文と平文のペアを収集します。その後で、自宅で暗号を解読する状況が、選択暗号文攻撃に相当するといえます。

[*2]：攻撃対象の暗号文を送信できてしまうと、それの平文を得た時点で攻撃に成功してしまうからです。

適応的選択暗号文攻撃

適応的選択暗号文攻撃（Adaptive Chosen Ciphertext Attack：CCA2）とは、前述した選択暗号文攻撃と同様に、選択した暗号文とそれに対応する平文を利用して攻撃するモデルです（図4.6）。ただし、攻撃対象となる暗号文そのものは選択できないものとします。

選択暗号文攻撃とは異なり、いつでも復号オラクルを利用できます。つまり、復号オラクルから復号結果を受け取ったら、何らかの解析を行い、その後再び復号オラクルに暗号文を送信できます。復号と解析を交互に行えるため、選択暗号文攻撃よりも強力な攻撃といえます。

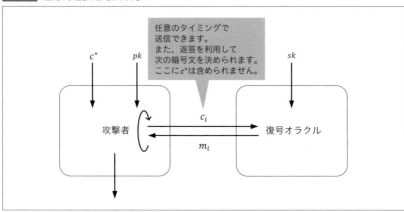

図4.6　適応的選択暗号文攻撃

この攻撃の例としては、攻撃者が復号装置を入手したり、復号サーバに自由にアクセスできたりする場合などが該当します。

各攻撃モデルの強さ

攻撃モデルの強さの大きさは、以下の関係になります[*3]。

選択平文攻撃＜選択暗号文攻撃＜適応的選択暗号文攻撃

[*3]：共通鍵暗号とは異なり、公開鍵暗号では常に選択平文攻撃を実現できます。そのため、この「選択暗号文攻撃」という記述は、「選択平文攻撃＋選択暗号文攻撃」を意味しており、「選択平文攻撃」という表記が省略されています。

4.3.2 公開鍵暗号の解読モデル

▶ 公開鍵暗号解読のレベル

先に触れた、公開鍵暗号の性質の1つである秘匿性とは、平文に関する情報が漏れないことです。平文に関する情報とは、完全な平文だけでなく、平文の部分情報も含まれます。攻撃によっては、「完全な平文は漏れないが、平文の部分情報は漏れる」という状況もありえます。そこで、公開鍵暗号の解読は、次のレベルに大別されます。

- **全面的解読**：ユーザーの秘密鍵を解読できる。
- **完全解読**：暗号文から完全に平文を解読できる。
- **部分解読**：暗号文から平文の部分情報を解読できる。

ここでいう部分情報とは、最下位ビット、ハミング重み[*4]、関数値[*5]などが挙げられます。また、平文空間が限定されているとき[*6]に、暗号文から平文全体が求められることは、部分解読に属するものとします。以上を踏まえると、解読の困難性の大きさは以下の関係になります。

部分解読＜完全解読＜全面的解読

完全解読は一方向性、部分解読は強秘匿性・識別不可能性・頑強性という概念で定式化されます。これらは攻撃者の達成度に対応しています。

▶ 一方向性

公開鍵を用いて暗号化するのは容易です。逆に、秘密鍵を用いて復号するのも容易です。しかし、秘密鍵を用いずに復号することは困難です。これを一方向性（Onewayness：OW）といいます。つまり、平文全体が漏れないということです。

[*4]：ビット列の中の1の個数のことです。
[*5]：平文を入力としたときの関数値です。例えば、平方剰余記号の値などが挙げられます。
[*6]：例えば、平文空間が1ビットに限定された場合などが該当します。

Semantic Security

Semantic Security（SS）とは、秘密鍵を使わない場合、暗号文から平文に関するどのような部分情報も得ることが困難であることです。つまり、平文に関する情報が1ビットさえも漏れないことを意味します。

識別不可能性

識別不可能性（Indistinguishability：IND）とは、2つの平文m_0, m_1のどちらかの暗号文（c_0またはc_1）が与えられたときに、その暗号文がどちらの平文を暗号化したものかを識別できないことです。Semantic Securityと識別不可能性は、等価であることが知られています。両者をまとめて強秘匿と呼ぶこともあります。

一般に、安全性の証明では識別不可能性の方が扱いやすいため、後ほど識別不可能性の定式化を行います。

頑強性

頑強性（Non-Malleability：NM）とは、暗号文$c = \text{Enc}(pk, m)$が与えられたときに、別の（意味のある）暗号文$c' = \text{Enc}(pk, m')$を生成できないことです。ここでいう「意味のある」というのは、攻撃者にとってmとm'の間に意図した関係があることを指します。例えば、$m' = m + 1$、$m' = 2m$、mとm'の偶奇の一致など、あらゆる関係が対象になります。

ランダムに暗号文を選択しただけで、「与えられた暗号文に対応した平文」と「ランダムに選んだ暗号文に対応した平文」に偶然何らかの関係があるかもしれません。しかし、意図した関係であるとはいえません。つまり、意図した関係を満たさないので、頑強性を破ったことにはなりません（ランダムに選択した結果、偶然に意図した関係を満たす場合は別）。

例えば、与えられた暗号文$c(= \text{Enc}(pk, m))$から、$c'(= \text{Enc}(pk, m + 1))$を求めることができれば、頑強性を破ったことになります。c'はcの元の平文に1を加算した結果の暗号文になっています。

暗号を利用したアプリケーションによっては、こうした攻撃がシステムやサービスに大きな影響を与えてしまうことがあります。入札値が暗号化された匿名オークションであれば、攻撃者は標的の入札値mよりも1円だけ高い入札値（$m+1$）で落札してしまう恐れがあります。

4.3.3 公開鍵暗号の安全性の関係

▶ 公開鍵暗号の安全性レベル

公開鍵暗号の安全性のレベルは、「攻撃モデル」と「解読モデル」の組み合わせで決定されます。例えば、解読モデルが一方向性、かつ攻撃モデルが選択平文攻撃であるとき、「選択平文攻撃に対して一方向性を満たす」あるいはOW-CPA安全といいます。

解読モデルには達成度の難易が、攻撃モデルには攻撃者の能力の強弱があります。つまり、解読モデルと攻撃モデルの組み合わせにも、大小関係が現れます。それをまとめたものが 表4.1 です。

矢印は、安全性に関する強弱を表しています。矢印の始点の安全性を満たせば、矢印の終点の安全性も満たします。つまり、矢印の始点の安全性の方が、より強いことを意味します。例えば、IND-CPA安全であればOW-CPA安全ですが、その逆はいえません。

表4.1 公開鍵暗号の安全性の関係

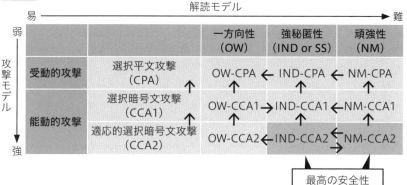

この表から、OW-CPA安全が最も弱い安全性であり、NM-CCA2安全が最も強い安全性であることがわかります。また、適応的選択暗号文攻撃（CCA2）の下では、識別不可能性と頑強性は等価であることが示されています。

現実ではどのような攻撃が行われるかわかりません。そのため、現実で起こり得る最悪の状況を想定して、その状況でも安全であるべきです。そのため、公開鍵暗号を設計する際には、IND-CCA2安全を満たすことが目標の1つになります。

安全性・効率性・仮定の関係

　一般に、安全性と効率性はてんびんの関係にあります。安全性が強い暗号は実装や運用の効率性が低くなり、効率性を求めると安全性が弱くなるということです。

　また、前提とする環境の仮定や、困難な問題に関する仮定なども絡んできます。仮定は弱い方が望ましいとされます[*7]。現実ではありえないほどの強い仮定を設ければ、（その仮定のうえでは）安全性の強い暗号が簡単に設計できてしまうからです。

　環境の仮定の例の1つとして、信頼できる第三者の存在が挙げられます。このような存在の仮定により、強い安全性を実現しやすくなります。しかし、そのような第三者を実現することは現実的ではなかったり、実現できたとしても運用コストが非常に高かったりします。

　また、素因数分解問題が困難であるという仮定を考えてみます。4.5節で詳しく述べますが、この仮定よりRSA問題の方が強い仮定になります。なぜならば、素因数分解問題が解ければRSA問題も解けますが、逆にRSA問題を解けても素因数分解問題が解ける方法が現時点で見つかっていないためです。

　こうした背景もあるため、様々な公開鍵暗号が提案されています。安全性は弱くても、効率性の高い暗号があります。その一方で、効率性は低くても、安全性の強い暗号もあります。また、同じ安全性であっても、用いる仮定が異なったり、効率性が違ったりします。

　様々な暗号があるので、暗号を利用したアプリケーションの開発者は、安全性と効率性のどちらを重視するかによって、使用する暗号を使い分けられます。

4.3.4　安全性の定式化

IND-CPA安全の定式化

攻撃者と挑戦者のゲーム

　2つの平文 m_0, m_1 に対して、m_0 の暗号文と m_1 の暗号文を識別できないとき、「識別不可能性の意味で安全」あるいはIND安全といいます。さらに、選択平文攻撃が可能である敵に対してIND安全であれば、IND-CPA安全となります。

　IND-CPA安全であることは、攻撃者Aと挑戦者Challengerの間のゲーム

[*7]：端的にいえば仮定は存在しない方がよいのですが、公開鍵暗号では何かしらの仮定が必要とされます。

で定式化できます 図4.7 。Challengerは攻撃される側の善人で、攻撃者は善人に対して攻撃しようとする悪人のようなものです。

Challengerはkを入力として鍵生成アルゴリズムを実行して、pk, skを得ます。このうち、公開鍵pkをAに入力します。Aは2つの平文m_0, m_1を選び、その両方をChallengerに送信します。Challengerは1ビットをランダムに選び、bとします。そのbを用いて、平文のどちらを暗号化するかを決定します。m_bを暗号化アルゴリズムに入力して、得られた暗号文をc^*（解読対象。チャレンジ暗号文と呼ぶ）とします。Challengerはc^*をAに返します。Aの目的はChallengerのbを推測することであり、推測値b'を出力します。

図4.7 IND-CPAのゲーム

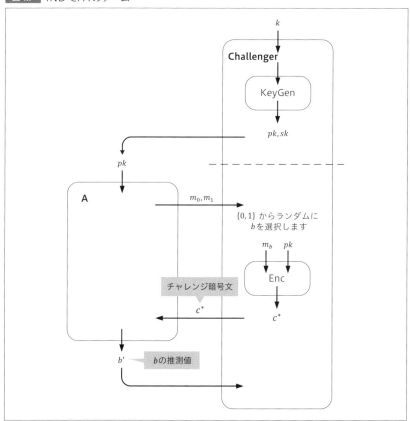

以上のゲームにおいて、IND-CPA安全を破る敵Aの優位性を次のように定義します。これをAのIND-CPAアドバンテージといいます。

$$\mathrm{Adv}^{\mathrm{IND\text{-}CPA}}(A) = \left| \Pr[b' = b] - \frac{1}{2} \right|$$

これは次のようにも表現できることは、共通鍵暗号の章（p.132）において言及済みです。

$$\mathrm{Adv}^{\mathrm{IND\text{-}CPA}}(A) = |\Pr[b' = 1 | b = 0] - \Pr[b' = 1 | b = 1]|$$

任意のAに対しても、$\mathrm{Adv}^{\mathrm{IND\text{-}CPA}}(A)$が無視できるほど小さければ、公開鍵暗号はIND-CPA安全であるといいます。

IND-CPA安全とOW-CPA安全の関係

安全性の関係表（ 表4.1 ）を見ると、IND-CPA安全はOW-CPA安全より強い安全です。そのため、IND-CPA安全であれば、OW-CPA安全を満たします。これを証明するには、この対偶を示します。つまり、CPA攻撃者がOW（一方向性）を破るならば、CPA攻撃者がIND（識別不可能性）を破ることを示します。

問題：

一方向性を破る選択平文攻撃をするアルゴリズムBを用いて、識別不可能性を破る選択平文攻撃をするアルゴリズムAを構成してください。

解答：

IND-CPAのゲームを考えます 図4.8 。攻撃者AはChallengerにm_0, m_1を送信すると、チャレンジ暗号文c^*を返されます。Bにc^*とpkを入力して起動し、m'を得ます。Aは$m' = m_0$であれば$b' = 0$、そうでなければ$b' = 1$として、b'を出力します。すると、Bが一方向性を破る確率で、Aは識別不可能性を破ることができます。

図4.8 識別不可能性を破るアルゴリズムA

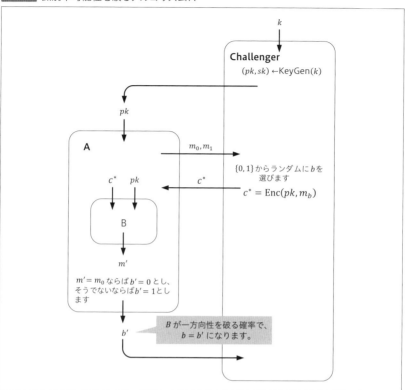

Column 命題の逆・裏・対偶

「AならばBである」($A \Rightarrow B$)という命題に対して、逆・裏・対偶は 表4.2 のように定義します。ここで「￣」(オーバーライン)は否定を意味します。

表4.2 命題の逆・裏・対偶

名称	意味	記号での表現	説明
前提となる命題	AならばBである	$A \Rightarrow B$	
逆	BならばAである	$B \Rightarrow A$	AとBを入れ替えただけです。
裏	AでなければBでない	$\bar{A} \Rightarrow \bar{B}$	AとBを否定しただけです。
対偶	BでなければAではない	$\bar{B} \Rightarrow \bar{A}$	命題を逆にして、裏にしたものです。

これらの関係性を図示すると、 図4.9 のようになります。

図4.9 命題の逆・裏・対偶の関係

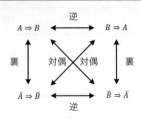

ある命題「$A \Rightarrow B$」（A ならば B）が真（正しい）のとき、その対偶は真ですが、逆や裏は必ずしも真とは限りません。つまり、ある命題とその対偶の真偽は一致するので、対偶の真偽を示せば、元の命題の真偽を示したことになります。命題を直接証明することが難しい場合、対偶を証明するというテクニックがよく使われます。

▶ IND-CCA2 安全の定式化

　IND-CPA のゲームに、敵 A が復号オラクルにアクセスできるという状況を追加したものが、IND-CCA のゲームになります。

　IND-CCA のゲームにて、敵のアドバンテージが無視できるほど小さければ、IND-CCA 安全であるといいます。復号オラクルは、送られてきた値を復号アルゴリズムに入力して、その出力結果を返すオラクルです。ただし、A はチャレンジ暗号文 c^* を復号オラクルに送信できないものとします（ 図4.10 ）。特に、適応的に復号オラクルにアクセスできれば、IND-CCA2 安全であるといいます。

図4.10 IND-CCA2のゲーム

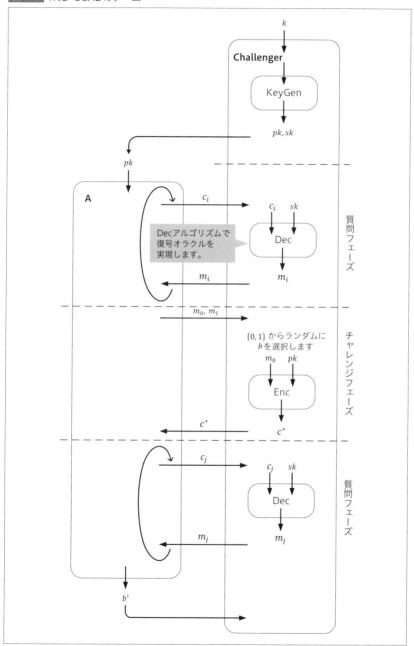

4.4 公開鍵暗号に対する攻撃

4.4.1 公開鍵暗号に対する攻撃の分類

公開鍵暗号に対する攻撃は、次の2つに大別されます。

- 公開鍵暗号に共通する攻撃
- 個別の公開鍵暗号に対する攻撃

前者は公開鍵暗号の仕組みに対する攻撃で、後者は具体的な公開鍵暗号に対する攻撃です。公開鍵暗号のアルゴリズム KeyGen, Enc, Dec の動作が決まれば、それに応じた攻撃が存在します。

これまでに公開鍵暗号の定義を行いましたが、まだ具体的な構成については述べていません。そこで、ここでは公開鍵暗号に共通する攻撃について解説します。個別の公開鍵暗号に対する攻撃については、各々の公開鍵暗号の解説(4.5節以降)を参照してください。

4.4.2 公開鍵のすり替え

公開鍵暗号で使われる公開鍵が正しいものか(本当に通信相手のものかどうか)を、どのように保証するかという問題があります。もし正規の通信相手の公開鍵ではなく、攻撃者の公開鍵である場合、その公開鍵によって生成された暗号文は、その攻撃者によって復号されてしまいます。

こうした問題を解決する手段の1つが、公開鍵暗号基盤(PKI)です。インターネット上には、認証局と呼ばれる機関が存在します。認証局は、公開鍵のユーザーと、そのユーザーに対応する公開鍵の関係を保証する証明書を発行します。公開鍵を使用するユーザーは、この証明書を参照することで、公開鍵の正当性を検証できます(デジタル署名の技術が使われる)。

4.4.3 全数探索攻撃

公開鍵暗号の秘密鍵に対して、全数探索攻撃を行ったとします。鍵長がkビットであったとしても、実際に使われている鍵は2^k個よりもはるかに少なくなります。なぜならば、鍵の仕様を満たさない数が含まれるからです。よって、2^k回より少ない計算で特定できると期待できます。

例えば、素因数分解問題が困難であることにもとづく公開鍵暗号を考えます。2つの素数p, qがランダムに選ばれ、$N = pq$が計算されます。このNは公開鍵であり、攻撃者の目的はNから約数であるp, qを全数探索することです。そのためには、Nを素数で割り切れるかどうかを、小さい値から順に計算すればよいことになります。

このとき、素数ではない値は考える必要がありません。また、試すべき素数の候補は、$\sqrt{N}$より小さい数で十分です。なぜならば、$N = p, q$であり、pqにおいて、小さい方は$\sqrt{N}$より小さい数の集合に属し、大きい方は$\sqrt{N}$より大きい数の集合に属するからです。探索にて片方が判明すれば、もう片方も自動的に判明します。よって、$\sqrt{N}$より小さい素数についてのみ探索すれば十分ということになります。現実的にはp, qとして大きな素数が選ばれるので、小さな素数について検査することも省略できます。

以上から、次のことがいえます。全数探索攻撃において、共通鍵暗号と公開鍵暗号の鍵長が同じであった場合、公開鍵暗号の方が検査すべき計算回数が少なくて済みます。公開鍵暗号の鍵長が共通鍵暗号の鍵長の10倍であったとしても、公開鍵暗号の方が安全であると単純には言い切れません。

4.5 RSA暗号

安全性★☆☆☆☆　効率性★★★☆☆　実装の容易さ★★★★★

ポイント

- ◎ 最初に具体的な構成が発表された公開鍵暗号です。
- ◎ RSA暗号は、RSA仮定の下でOW-CPA安全です。
- ◎ RSA暗号の一方向性を破ることが、素因数分解を解くことと同等に困難であるかはわかっていません。

4.5.1 RSA暗号とは

　1976年にディフィ（Diffie）とヘルマン（Hellman）は公開鍵暗号の概念を発表しましたが、具体的な暗号の実現には至りませんでした。1977年にリベスト（Rivest）、シャミア（Shamir）、エーデルマン（Adleman）はRSA暗号を提唱しました。これは初めての具体的な公開鍵暗号であり、暗号開発者の3人の頭文字を取って命名されました。

　ところが、1973年には英国政府通信本部（GCHQ）のチームが、同様の暗号をすでに考案していたといわれています。GCHQは最高機密機関であり、守秘義務があったため、そのことを長年公表することができなかったといいます。

4.5.2 RSA暗号を理解するための数学知識

　RSA暗号の具体的構成を理解するには、いくつかの数学的な準備が必要です。ここでは、わかりやすさを重視して直観的な説明を行っています。

　ここからは、以下の流れで解説していきます。本題までの準備が少し長いですが、順に読めばRSA暗号をしっかり理解できるはずです。

　①最大公約数の計算（数学知識）
　②整数の合同（数学知識）
　③既約剰余類（数学知識）
　④オイラー関数（数学知識）
　⑤フェルマーの小定理（数学知識）
　⑥RSA暗号の定義（RSA暗号の基礎）

⑦RSA暗号の計算で遊ぶ（RSA暗号の実現）
⑧RSA暗号に対する攻撃（攻撃手法）
⑨素数の生成（鍵生成アルゴリズムの詳細）
⑩RSA暗号の死角を探る（RSA暗号の課題検証）

最大公約数の計算

最大公約数とは

割り算の復習

まず、最大公約数という言葉を理解するために、割り算から復習します。任意の整数aを整数bで割ったとします。そのときの結果の商をq、余り（剰余）をrとして、次のように表現されます。

$$a \div b = q \ldots r$$
$$\frac{a}{b} = q \ldots r$$

掛け算での表現に直すと、次のようになります。

$$a = bq + r, 0 \leq r < b$$

特に、$r = 0$のとき、$a = bq$となります。このとき、aはbで割り切れるといい、$b|a$と表現されます。縦棒の右側が大きな値になる、と覚えるとよいでしょう。

約数と倍数

整数aがあり、bで割り切れるとき、bをaの約数といいます。また、aはbの整数倍なので、bの倍数といいます。

$$a = bk \quad (k は 0 以外の整数)$$

例)

6の約数は、$\pm 1, \pm 2, \pm 3, \pm 6$になります。逆に、6の倍数は$\pm 12, \pm 18, \ldots$のように無限にあります。

任意のnについて考えたとき、$\pm 1, \pm n$はいつも約数になるので、これらは自明な約数と呼ばれます。また、プラスとマイナスの値は常に対になっているので、正の値だけを考えることが多々あります。以降でも、正の約数や倍数だけに注目します。

公約数と公倍数

与えられた整数 a, b を割り切る整数を、a, b の公約数といいます。公約数の中で最大のものを a, b の最大公約数（greatest common divide）といい、$\mathrm{GCD}(a, b)$ で表します。

また、a, b の倍数のうち共通である整数を、a, b の公倍数といいます。正の公倍数のうちで最小のものを a, b の最小公倍数（least common multiple）といい、$\mathrm{LCM}(a, b)$ で表します。

特に、$\mathrm{GCD}(a, b) = 1$ のとき、a と b は互いに素であるといいます。

例）

> 整数6と12を考えた場合、両方の数は1, 2, 3, 6で割り切れます。よって、これらの数はすべて6と12の公約数であり、最大公約数は $\mathrm{GCD}(6, 12)$ $= 6$ になります。

例）

> 整数3と4を考えた場合、（正の）公約数は1のみです。よって、GCD $(3, 4) = 1$ なので、3と4は互いに素です。3と4の（正の）公倍数は12, 24, …です。この中で最小のものは12なので、最小公倍数は $\mathrm{LCM}(3, 4)$ $= 12$ になります。

例）

> 整数1と6を考えた場合、（正の）公約数は1のみです。よって、GCD $(1, 6) = 1$ なので、1と6は互いに素です。これは一般化でき、1と任意の整数の最大公約数は常に1です。

例）

> 整数0と6の最大公約数について考えてみます。（0を除く）どの整数も0を掛けると0になるので、0は「0を除く任意の整数の約数」といえます。つまり、6の約数すべてが0と6の公約数になります。よって、$\mathrm{GCD}(0, 6)$ $= 6$ になります。

最大公約数と最小公倍数には、次のような関係があります。

$$\mathrm{GCD}(a, b)\mathrm{LCM}(a, b) = ab$$

この関係を利用すれば、最大公約数から最小公倍数を計算できます。

素数

1か自分自身でしか割り切れない数を素数といいます。これは、「aが素数のとき、1以上a未満のすべての整数bに対して、$\mathrm{GCD}(a,b) = 1$となる」と言い換えられます。逆に素数でない整数を合成数といいます。ただし、1は素数でも合成数でもないものとします。

素因数

整数aが与えられたとき、aの約数かつ素数であるものを、aの素因数といいます。aを素因数の積で表すことを素因数分解といいます。

素朴な最大公約数の求め方

素朴な最大公約数の求め方は、2や3といった小さな約数を持つかどうかを調べ、持つならば対象の値をそれらの値で割って小さくします。これを繰り返して、最終的に両者の値が素であるところまで続けます。最後に割った値を乗算したものが、最大公約数になります。

例えば、120と108の最大公約数を求めたいとします。両者は2で割れるので、2で割って60と54にします。まだ2で割れるので、2で割り30と27にします。もう2では割れませんが、3で割れます。3で割って10と9にします。10と9は互いに素なので、これで終了です（ 図4.11 ）。

このように、小さい素数から割り切れるかを確かめていきます。上記の例では、割ったときに使った値は2, 2, 3になります。これらをすべて掛け合わせた値12（= 2 × 2 × 3）が最大公約数になります。

図4.11　素朴な最大公約数の求め方

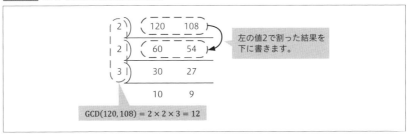

次のアプローチは、両者の値に対して素因数分解を行い、共通している因数を抽出するという方法です。

ところで、Nが合成数ならば、$\sqrt{N}$以下の約数を必ず持つということが知られています。これを証明するには背理法を用います。Nが$\sqrt{N}$以下の約数を持たないと仮定して、矛盾を導きます。Nが約数Mを持つとき、$\sqrt{N}$以下では

ないので、$M > \sqrt{N}$ になります。しかし、N/M を計算すると別の約数が求まりますが、次のように展開でき、$\sqrt{N}$ より小さくなっています。

$$N/M < N/\sqrt{N} = \sqrt{N}$$

これは仮定に矛盾しています。よって、主張が証明できました。

例）

> 4620と2860の最大公約数を求めたいとします。$m=4620$、$n=2860$ とし、それぞれを素因数分解します。その際、先ほどの主張を活用しています（$\sqrt{4620} \fallingdotseq 68$、$\sqrt{2860} \fallingdotseq 53.5$）。
>
> $$m = 4620 = \underline{2} \times \underline{2} \times 3 \times \underline{5} \times 7 \times \underline{11}$$
> $$n = 2860 = \underline{2} \times \underline{2} \times \underline{5} \times \underline{11} \times 13$$
>
> 共通している素因数は2, 2, 5, 11なので、最大公約数は220（$=2 \times 2 \times 5 \times 11$）になります。

ものさしを使った最大公約数の求め方

数がとても大きくなってしまうと、素朴な最大公約数の求め方や、素因数分解して共通因数を探す方法では限界があります。そこで、機械的に求められる別の方法を紹介します。

例えば、21と15の最大公約数を求めたいとします。21個のマス目を持つものさしと、15個のマス目を持つものさしを用意して、以下のことを行います（ 図4.12 ）。

ステップ1
長いものさしに、短いものさしをあてがいます。

ステップ2
マス目の差が短いものさしより大きい場合、短いものさしを続けてあてがいます。この差が、短いものさしよりも小さくなるまで繰り返します。

ステップ3
差が1以上であれば、ステップ1に戻ります。その際、これまで使用した「長いものさし」を捨て、代わりに「差から得られたものさし」に切り替えます。差が0であれば、終了します。そのときの短いものさしのマス目が、求める最大公約数になります。

図4.12 ものさしを使ったGCD(21, 15)の求め方

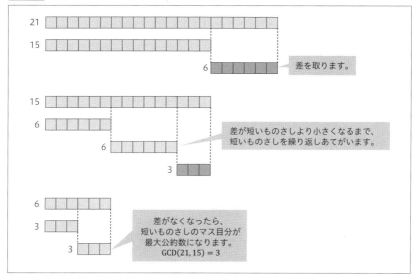

　この手続きは、大きい方の数を小さい方の数で割り、余りが0になるまで繰り返しています。最後に余りが0になったときの、小さい方の数が最大公約数になっています。この例では、最大公約数3が得られます。

　この方法で最大公約数を求められるのは、$a > b \ (> 0)$に対して、次が成り立つからです。

$$\text{GCD}(a, b) = \text{GCD}(a - b, b)$$

　aのマス目を持つものさしに、bのマス目を持つものさしをあてがうと、その差分は$a - b$になります。短いものさしを何度もあてがうことで、差分を小さくすることができます。これを、短いものさしより差分が小さくなるまで繰り返します。短いものさしをq回あてがったとすると、次のように表現できます。どのタイミングでも値は一致しています。

$$\text{GCD}(a, b) = \text{GCD}(a - b, b) = \text{GCD}(a - 2b, b) = \cdots = \text{GCD}(a - qb, b)$$

　差分をrとすれば、$a = bq + r$という関係になっており、$a - qb = r$を代入すると、次のように書き直せます。

$$\text{GCD}(a, b) = \text{GCD}(r, b)$$

　結局は余りに注目することで、最大公約数の候補となる値をどんどん小さくしていくことができます。

例）

4620と2860の最大公約数は、次のように計算できます。

$$\mathrm{GCD}(4620, 2860) = \mathrm{GCD}(1760, 2860) = \mathrm{GCD}(1760, 1100)$$
$$= \mathrm{GCD}(660, 1100) = \mathrm{GCD}(660, 440)$$
$$= \mathrm{GCD}(220, 440) = \mathrm{GCD}(220, 0) = 220$$

ユークリッドの互除法

　ユークリッドの互除法とは、2つの正の整数の最大公約数を求めるアルゴリズムです。真の発見者はわからず、言及している最古の本がユークリッドの『原論』であることから、このように呼ばれています。

　ユークリッドの互除法は、先ほどのものさしを使った最大公約数の求め方と同等の動作をします。次のアルゴリズムと、ものさしを使った場合の手続きを比較すると理解しやすいでしょう。

ユークリッドの互除法	
入力	m, n：正の整数
出力	$\mathrm{GCD}(m, n)$：mとnの最大公約数
動作	1：mとnを比較して、必要なら入れ替えて$m \geqq n$にします。
	2：mをnで割り、商をq、余りをrとします。
	3：余りrが0であれば、そのときの除数nを出力します。そうではない場合、除数nをmに、余りrをnに置き換えて、ステップ2に戻ります。

　mとnの小さい方の10進桁数をNとすると、ユークリッドの互除法により、mとnの最大公約数は最悪でも$5N$回の割り算で求めることができます。つまり、多項式時間の計算で終わるため、効率的といえます。例えば、10桁の数であっても、最大で50回の割り算で済むことになります。

バイナリ・ユークリッドの互除法

　ユークリッドの互除法は高速なアルゴリズムですが、コンピュータでは情報を2進数で扱うことを考慮すると、より高速化できます。このアルゴリズムはジョセフ・スタイン（Josef Stein）によって1961年に提案されたアルゴリズムであり、バイナリ・ユークリッドの互除法といいます。aとbがともに偶数であれば$\mathrm{GCD}(a, b) = 2 \times \mathrm{GCD}(a/2, b/2)$であり、$a$が奇数で$b$が偶数であれば$\mathrm{GCD}(a, b) = \mathrm{GCD}(a, b/2)$であることを利用します。

バイナリ・ユークリッドの互除法	
入力	m, n：正の整数
出力	$\mathrm{GCD}(m, n)$：m と n の最大公約数
動作	1：$g = 1$ とおきます。 2：$m \leq 0$ であれば、ステップ5に進みます。m が偶数かつ n が偶数であれば、$m = m/2$、$n = n/2$、$g = 2g$ として、ステップ2を繰り返します。そうでない場合、以降を実行します。 3：m が偶数かつ n が奇数であれば、$m = m/2$ として、ステップ2に戻ります。m が奇数かつ n が偶数であれば、$n = n/2$ として、ステップ2に戻ります。どちらでもない場合、以降を実行します。 4：m が奇数かつ n が奇数であれば、$t = |m - n|/2$ とします[*8]。その後、$m < n$ であれば $n = t$ とし、そうでなければ $m = t$ として、ステップ2に戻ります。 5：gn を出力します。

m, n の最下位ビットに注目して、0であれば偶数、1であれば奇数とすぐに判定できます。さらに、2で割る操作は1ビット右シフト[*9]で実現できます。どちらの処理でも、除算は不要になります。除算より右シフトの方が高速で実現できるため、ステップ数が増えたとしても、全体の計算速度の向上が期待できます。

問題：

バイナリ・ユークリッドの互除法を使って、4620 と 2860 の最大公約数を求めてください。

解答：

$4620 = 1\ 0010\ 0000\ 1100b$、$2860 = 1011\ 0010\ 1100b$ であることを考慮すると、次のように計算できます。

$\mathrm{GCD}(1\ 0010\ 0000\ 1100b, 1011\ 0010\ 1100b)$　　（$g = 1$）

$= \mathrm{GCD}(1001\ 0000\ 0110b, 101\ 1001\ 0110b)$　（∵ m, n が偶数→m, n を1ビットシフト、$g = 2g$）

$= \mathrm{GCD}(100\ 1000\ 0011b, 10\ 1100\ 1011b)$　（∵ m, n が偶数→m, n を1ビットシフト、$g = 2g$）

$= \mathrm{GCD}(1101\ 1100b, 10\ 1100\ 1011b)$　（∵ m, n が奇数→
$t = |100\ 1000\ 0011b - 10\ 1100\ 1011b|/2 = |1\ 1011\ 1000b|/2 = 1101\ 1100b$）

[*8]：$|\cdot|$ は絶対値の記号を意味します。絶対値とは符号を正に書き換えた値です。対象の値が負ならば正にし、正ならば正のままです。例えば、$|-4| = 4$、$|6| = 6$ になります。

[*9]：最下位ビットの1ビット分を削除することと同等です。

$= \mathrm{GCD}(110\,1110\mathrm{b}, 10\,1100\,1011\mathrm{b})$ 　（$\because m =$偶数かつnが奇数→mを1ビットシフト）

$= \mathrm{GCD}(11\,0111\mathrm{b}, 10\,1100\,1011\mathrm{b})$ 　（$\because m =$偶数かつnが奇数→mを1ビットシフト）

$= \mathrm{GCD}(11\,0111\mathrm{b}, 1\,0100\,1010\mathrm{b})$ 　（$\because m, n$が奇数→$t = |11\,0111\mathrm{b} - 10\,1100\,1011\mathrm{b}|/2 = |-$
$10\,1001\,0100\mathrm{b}|/2 = 1\,0100\,1010\mathrm{b}$）

$= \mathrm{GCD}(11\,0111\mathrm{b}, 1010\,0101\mathrm{b})$ 　（$\because m =$奇数、nが偶数→nを1ビットシフト）

$= \mathrm{GCD}(11\,0111\mathrm{b}, 11\,0111\mathrm{b})$ 　（$\because m, n$が奇数→$t = |11\,0111\mathrm{b} - 1010\,0101\mathrm{b}|/2 = |-$
$110\,1110\mathrm{b}|/2 = 11\,0111\mathrm{b}$）

$= 11\,0111\mathrm{b} \times g$

$= 55 \times 4$

$= 220$

拡張ユークリッドの互除法

　ユークリッドの互除法の応用として、次の定理が示されます。m, nを正の整数とし、dをその最大公約数とします。すると、適当な整数（負の数を含む）u, vを用いて、次の式を満たすようにできます。

$$mu + nv = d \quad \leftarrow \text{(1)}$$

　特に、$\mathrm{GCD}(m, n) = 1$ならば、$mu + nv = 1$になります。

　(1) 式を満たす整数u, v, dは、拡張ユークリッドの互除法というアルゴリズムで求められます。具体的なアルゴリズムは次のとおりです。

拡張ユークリッドの互除法	
入力	m, n：正の整数（$m > n$）
出力	u, v：$mu + nv = d$を満たす整数 d：$\mathrm{GCD}(m, n)$
動作	1：次のように値を設定します。 　　$(r_0, r_1) = (m, n), (u_0, u_1) = (1, 0), (v_0, v_1) = (0, 1), i = 2$
	2：以下の処理を繰り返します。 　　2a：$q_i = [r_{i-2}/r_{i-1}]$とします。 　　2b：$r_i = r_{i-2} - q_i r_{i-1}$を計算します。 　　2c：$r_i = 0$のとき、ループを抜けます（ステップ3に進みます）。 　　2d：$u_i = u_{i-2} - q_i u_{i-1}$、$v_i = v_{i-2} - q_i v_{i-1}$を計算します。 　　2e：$i = i + 1$とします。
	3：$u = u_{i-1}$、$v = v_{i-1}$、$d = r_{i-1}$を出力します。

ステップ2a〜2bは、r_{i-2}をr_{i-1}で割った余りをq_i、余りをr_iとする処理です。[]はガウス記号といい、小数点以下を切り捨てます。

ステップ3で、$\mathrm{GCD}(r_0, r_1) = r_{i-1}$にもなっています。

問題：

拡張ユークリッドの互除法を用いて、$31u + 7v = 1$を満たす(u, v)を求めてください。

解答：

拡張ユークリッドの互除法の計算過程は 表4.3 のようになります。

表4.3 拡張ユークリッドの互除法の計算（$31u + 7v = 1$）

i	q_i	r_i	u_i	v_i
0		31	1	0
1		7	0	1
2	4	3	1	-4
3	2	1	-2	9
4	3	0		

結果は、$u = -2$、$v = 9$になります。実際に代入して検算しても、$31 \cdot (-2) + 7 \cdot 9 = -62 + 63 = 1$となり、問題ありません。

整数の合同

時計とカレンダーの合同を考える

突然ですが、時計に注目してください。時計の短針は、12時の次が1時になります。これは、12時を0時として数え直すからです。つまり、12時は0時、13時は1時、14時は2時となります。これは12で割った余りと考えられます。

次は、カレンダーに注目してください。カレンダーは7日周期で折り返しています。1日の下に必ず8日、15日、22日、29日が登場します。曜日の観点で見れば、これらはすべて同じ曜日になります。今日が月曜日のとき、100日後の曜日を知りたいとします。100を7で割った余りは2です。月曜日から見ると2日後は水曜日なので、100日後も水曜日と判明します。

ここで、整数の合同という概念を定義します。整数a, bに対して、$a - b$がmの倍数であるとき、次のように書くことにします。

$$a = b \bmod m$$

このような式を合同式といい、「a と b は法 m で合同である」といいます。modとはモジュロ（modulo）を略したものであり、日本語では「法」といいます[*10]。

例）

> 時計の例であれば法12になり、次の式が成り立ちます。
> $12 = 0 \bmod 12$ （∵ $12 - 0 = 12$ は12で割り切れる）
> $13 = 1 \bmod 12$ （∵ $13 - 1 = 12$ は12で割り切れる）

例）

> カレンダーの例であれば法7になり、次の式が成り立ちます。
> $8 = 1 \bmod 7$ （∵ $8 - 1 = 7$ は7で割り切れる）
> $15 = 1 \bmod 7$ （∵ $15 - 1 = 14$ は7で割り切れる）
> $100 = 2 \bmod 7$ （∵ $100 - 2 = 98 = 7 \times 14$ は7で割り切れる）

また、法 m での合同は、次の3つの性質を満たします。

(i) **反射律**：任意の整数は、法 m で自分自身に合同である。
(ii) **対称律**：$a = b \bmod m$ ならば $b = a \bmod m$ が成り立つ。
(iii) **推移律**：$a = b \bmod m$ かつ $b = c \bmod m$ ならば、$a = c \bmod m$ が成り立つ。

そして、合同の定義である「$a - b$ が m で割り切れる」という条件は、「a, b をそれぞれ m で割った余りが等しい」という条件に置き換えられます。このことから、法 m の合同式の計算では、$m - 1$ より大きい数が出たら、m で割った余りに置き換えられます。

例）

> $8 = 1 \bmod 7$ （∵8を7で割った余りは1、1を7で割った余りは1）
> $15 = 8 \bmod 7$ （∵15を7で割った余りは1、8を7で割った余りは1）

[*10]：文献によっては、合同式を $a \equiv b \pmod{m}$、剰余類を $(a \bmod m)$、a を m で割った余り（剰余）を $a \bmod m$ や $a \bmod m$ と表現することもあります。

m時間時計

整数がプロットされた数直線を筒に巻き付けた状況を考えます（ 図4.13 ）。筒の円周の長さが5とすると、5の周期で数が重なり合います。同じ位置にある数は合同の関係にあるといえます。例えば、…, $-4, 1, 6, \cdots$は同じ位置に現れており、$-4 = 1 \bmod 5$、$6 = 1 \bmod 5$が成り立ちます。

図4.13　巻き付けられた数直線

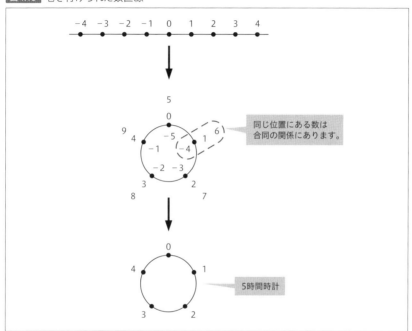

法5で考えれば、任意の整数は0以上4以下の数で表現できるので、これらの数だけを図に残します。すると、5時間で1周する時計のようなものになるので、5時間時計と名付けます。5時間時計では0, 1, 2, 3, 4だけが登場します。

一般に、円周の長さがmである時計を、m時間時計と呼ぶことにします。無限の個数を持つ整数全体の集合を、合同という概念によって小さな数の集合に閉じ込めている状況といえます。

時計演算

合同の概念により、m時間時計が指す時間で演算ができます。これを時計演算と呼ぶことにします。

ここでは5時間時計で考えます。まず加算について見ていきます（ 図4.14 ）。1時と2時を足すと、3時になります。そして、3時に4時を足すと、2時にな

ります。これは一般の時計と同じ考え方です。単純に足すと3時から見て4時間後は7時になりますが、5時間周期なので、7時は2時になります。合同式で表現すれば、$1+2=3 \bmod 5$、$3+4=2 \bmod 5$になります。

図4.14 時計演算（加算）の例

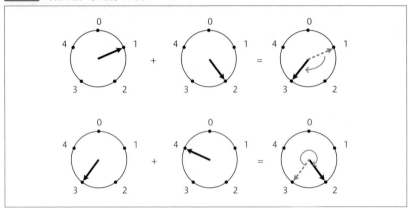

次に、減算について見ていきます（図4.15）。3時から1時を引くと、2時になります。これは3時から見て、1時間前は2時になるということです。つまり、引くという行為は、反時計周りに回転することを意味します。そして、2時から4時を引くと、3時になります。合同式で表現すれば、$3-1=2 \bmod 5$、$2-4=-2=3 \bmod 5$になります。

図4.15 時計演算（減算）の例

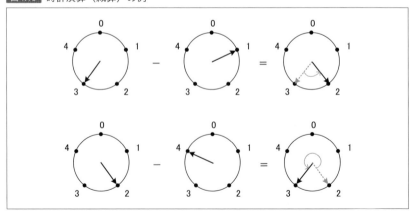

最後に、乗算について見ていきます（図4.16）。2時に2時を掛けると、4時になります。これは0時から見て2時を2回足したと考えます。そして、2時

に3時を掛ける場合は、1時になります。合同式で表現すれば、$2 \times 2 = 4$ mod 5、$2 \times 3 = 6 = 1$ mod 5になります。

図4.16 時計演算（乗算）の例

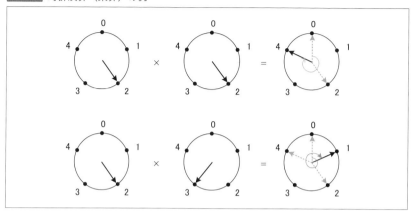

m以上のときだけmで割った余りで考える、という点を除けば、いずれの演算も整数における演算とそっくりであることがわかります。また、時計演算は合同式の演算と完全に対応していることがわかります。以降は、基本的には合同式で表記し、都度必要に応じてm時間時計を用いて解説します。

合同式の加算・減算・乗法

$a = c$ mod m、$b = d$ mod mとしたとき、次のような加算・減算・乗算ができます。

$$\begin{aligned}&\text{(i)} \quad a + b = c + d \bmod m \\ &\text{(ii)} \quad a - b = c - d \bmod m \\ &\text{(iii)} \ ab = cd \bmod m\end{aligned}$$

これらは次のようにして示すことができます。$a = c$ mod mから、$a - c = sm$と書けます。また、$b = d$ mod mから、$b - d = tm$と書けます。ただし、s, tは整数とします。

$$(a+b) - (c+d) = (c+sm) + (d+tm) - (c+d) \quad (\because a = c+sm, b = d+tm)$$
$$= (c+d) + (s+t)m - (c+d)$$
$$= (s+t)m$$

$$(a - b) - (c - d) = (c + sm) - (d + tm) - (c - d) \quad (\because a = c + sm, b = d + tm)$$

$$= (c - d) + (s - t)m - (c - d)$$

$$= (s - t)m$$

$$ab - cd = (c + sm)(d + tm) - cd \quad (\because a = c + sm, b = d + tm)$$

$$= cd + ctm + sdm + stm^2 - cd$$

$$= (ct + sd)m + stm^2$$

$$= ((ct + sd) + stm)m$$

この結果は、次の剰余類同士の演算を定義するときに使用します。

剰余類

　5時間時計を構成する前に戻り、円周が5の筒に数直線を巻き付けたところを再び考えます。このとき、同一位置には複数の整数が存在します。例えば、…、-5, 0, 5, …は同じ位置に存在します。同じ位置にある整数を同一グループと見なすと、全体で5つのグループができます。グループにC_iという名前を付けます。iはグループ内の要素の代表であり、ここでは$i = 0, …, 4$とします（ 表4.4 、 図4.17 ）。

　このような合同な整数の集まりを、剰余類といいます。上記の例では、C_0, …, C_4はそれぞれ剰余類であり、5個の剰余類があります。一般化すると、整数全体は法mで、m個の剰余類の集まりに分類されます。図から直観的にわかると思いますが、剰余類は重複しておらず、すべての剰余類を合わせると整数全体に一致します。

$$C_i \cap C_j = \emptyset, Z = C_0 \cup \cdots \cup C_{m-1}$$

　剰余類の集合をZ_mと表現することにします。また、mの倍数全体の集合をmZと表現すると、法mの剰余類の集合はZをmZで割って得られたという意味で、Z/mZと書かれます。

$$Z_m = Z/mZ = \{C_0, \cdots, C_{m-1}\}$$

　このとき、$0, …, m-1$は、各剰余類の代表元といいます。

　剰余類は数ではなく集合ですが、剰余類の集合にある種の構造を持たせたいため、和と積を次のように定義します。

表4.4　5時間時計とグループ化

グループ名	定義	集合の要素
C_0	0と合同なすべての整数全体	$\cdots, -10, -5, 0, 5, 10, \cdots$
C_1	1と合同なすべての整数全体	$\cdots, -9, -4, 1, 6, 11, \cdots$
C_2	2と合同なすべての整数全体	$\cdots, -8, -3, 2, 7, 12, \cdots$
C_3	3と合同なすべての整数全体	$\cdots, -7, -2, 3, 8, 13, \cdots$
C_4	4と合同なすべての整数全体	$\cdots, -6, -1, 4, 9, 14, \cdots$

図4.17　巻き付けられた数直線と剰余類

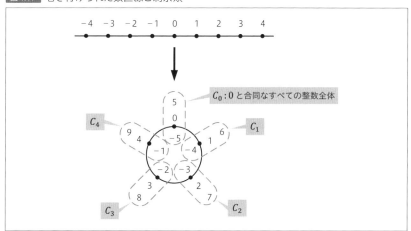

和：$C_a + C_b = C_{a+b}$
積：$C_a \times C_b = C_{a \times b}$

　これらの定義で矛盾がないことを確認しましょう。まず和について確認します。$C_a = C_{a'}$、$C_b = C_{b'}$とすると、剰余類の定義より$a = a' \bmod m$、$b = b' \bmod m$になります。このとき、$a' + b' - (a+b) = (a'-a) + (b'-b) = 0 + 0 = 0 \bmod m$となるので、$a' + b' = a + b \bmod m$になります。よって、必ず$C_{a'+b'}$は$C_{a+b}$に一致し、定義に問題はありません。

　次に、積についても同様に確認します。$a'b' - ab = a'b' - ab' + ab' - ab = (a'-a)b' + a(b'-b) = 0 + 0 = 0$となるので、$a'b' = ab \bmod m$になります。よって、必ず$C_{a' \times b'}$は$C_{a \times b}$に一致し、定義に問題はありません。

　Z_mの元である剰余類の計算と、剰余類の元の計算は並行しています（剰余類における等式と、整数における合同式は対応している）。

$$\text{剰余類の計算} \longleftrightarrow \text{合同式の計算}$$

$$C_a + C_b = C_c \longleftrightarrow a + b = c \bmod m$$

$$C_a \times C_b = C_c \longleftrightarrow a \times b = c \bmod m$$

ここで、剰余類 C_a を代表元 a で置き換えると、Z_m は次のように書けます。

$$Z_m = \{0, \cdots, m - 1\}$$

これは、時計演算のときの集合とまったく同じです。よって、Z_m を m で割った余りである整数の集まり、すなわち m 時間時計と同一視しても計算上は支障ありません[*11]。

例）

法 $2, 6$ の剰余類の集合は、次のように表現できます。

$$Z_2 = \{0, 1\}$$

$$Z_6 = \{0, 1, 2, 3, 4, 5\}$$

特別な断り書きがない限り、このような整数の集合として考えても問題ありません。

合同式の加算

ここでは、法 6 での加算について確認します（ 表4.5 ）。例えば、$a = 4$、$b = 5$ の場合は、$a + b = 4 + 5 \bmod 6 = 9 \bmod 6 = 3 \bmod 6$ と計算できます。

表4.5 法 6 の加算表（$a + b \bmod 6$）

a \ b	0	1	2	3	4	5
0	0	1	2	3	4	5
1	1	2	3	4	5	0
2	2	3	4	5	0	1
3	3	4	5	0	1	2
4	4	5	0	1	2	3
5	5	0	1	2	3	4

[*11]：コンピュータで扱う場合には、こうした整数である方が都合がよいといえます。

加算表を観察すると、次の特徴を発見できます。

> **特徴1**
>
> $a=b$のセル（左上から右下への対角線のところ）を境に、右上のセルと左下のセルは対称になっています。つまり、$1+3=3+1$のように$a+b=b+a$が成り立っています。これを、交換できるという意味で、可換といいます。
>
> **特徴2**
>
> $a=0$のときは、常に$a+b=b$となっています。このようなaを単位元といいます。
>
> **特徴3**
>
> すべての行と列において、すべての数（0〜5）が現れています。よって、aを固定して考えたとき、加算すると単位元（加算では0）になるbが常に存在します。このようなbをaの逆元といいます。
>
> $$a + b = 0 \bmod 6$$
>
> よって、$b = -a \bmod 6$と計算できます。

ところで、減算は負の数の加算と考えることができます。合同式は余りだけで考えるので、正の数も負の数も区別はありません。例えば、$-4 \bmod 6$は、$2 \bmod 6$と同じと考えます。以上は法6についての議論ですが、一般の法mでも同様の議論ができます。

合同式の乗算

暗号の世界では、特に乗算がよく登場するので、詳しく見ていきます。まず、法7での乗算について確認します（ 表4.6 ）。

表4.6 法7の乗算表（$ab \bmod 7$）

a \ b	0	1	2	3	4	5	6
0	0	0	0	0	0	0	0
1	0	1	2	3	4	5	6
2	0	2	4	6	1	3	5
3	0	3	6	2	5	1	4
4	0	4	1	5	2	6	3
5	0	5	3	1	6	4	2
6	0	6	5	4	3	2	1

この乗算表を観察すると、次の特徴を発見できます。

特徴1

$a=0$または$b=0$のとき、必ず0になっています。

特徴2

$a=1$のときの行と、$b=1$のときの列は同じ並びになっています。これは1以外でも同様です。

特徴3

$a=3$、$b=4$のとき$ab=5$であり、$a=4$、$b=3$のとき$ab=5$になります。つまり、aとbの値を入れ替えても、乗算の結果は一致します。これは$ab=ba$を意味しており、乗算にて可換になっています。

特徴4

$a=1$のときは、常に$ab=b$となっています。このようなaを単位元といいます。加算のときの単位元は0でした。つまり、演算によって単位元の値は変わります。

特徴5

$a=0$以外のすべての行において、0～6の数が1つずつ登場しています。このことから、$a \neq 0$と任意のcに対して、次の式を満たすようなbが存在します。

$$ab = c \bmod 7$$

例えば、$a=3$、$c=5$とすれば、$3b=5 \bmod 7$を満たすbは4になります。cを自由に変更しても、bは常に見つかります。

cは任意なので、当然ながら$c=1$（単位元）としても、次の式を満たすbが存在します。つまり、どの行においてもaの逆数bが存在します。

$$ab = 1 \bmod 7$$

次に、法6での乗算について確認します（ 表4.7 ）。

表4.7 法6の乗算表（$ab \bmod 6$）

a ＼ b	0	1	2	3	4	5
0	0	0	0	0	0	0
1	0	1	2	3	4	5
2	0	2	4	0	2	4

a\b	0	1	2	3	4	5
3	0	3	0	3	0	3
4	0	4	2	0	4	2
5	0	5	4	3	2	1

　この乗算表を観察して、法7の乗算表（表4.6）との違いを探します。$a = 1, 5$ のときには、0～6の数が1つずつ登場しています。しかし、それ以外のときにはそうなっていません。そのため、例えば、$a = 2$の行に注目すると、3が存在しないので、次の式を満たすbは存在しません。

$$2b = 3 \bmod 6$$

　また、4は存在するので、次の式を満たすbは存在しますが、1つだけではありません。$b = 2, 5$の場合、この式を満たします。

$$2b = 4 \bmod 6$$

　法6と$a = 1, 5$は互いに素ですが、法6と$a = 2, 3, 4$は互いに素ではありません。このことから前者の方、法と互いに素である整数の行や列には、0以上法未満の数が1つずつ登場していると推測できます。また、法と互いに素でない整数の行や列では、そうならないと推測できます。この推測は当たっており、数学的に証明されています。

合同式の除算

　次は除算ですが、ここでは割り算を掛け算にして考えます。aをbで割るということは、aにbの逆数を掛けることと同じです。

$$a \div b = a \times \frac{1}{b} = a \times b^{-1}$$

　例えば、3の逆数は1/3であり、掛け合わせて1になります。合同式では、$ax = 1 \bmod m$ となる逆数xのことを、法mにおけるaの逆元といいます。

　これまでの表を参考にすると、法7では、$a = 3$かつ$b = 5$のときにセルが1になります。つまり、3の逆数は5、5の逆数は3になります。

　一方、法6では、$a = 1$かつ$b = 1$のとき、掛け合わせて1になります。しかし、$a = 3$のときに掛け合わせて1になるbは存在しません。法6の乗算表において、$a = 3$のときにセルが1になるところが存在しないからです。よって、法6では除算はできません[*12]。

[*12]：すべての数で演算が成り立たないと、その演算はできないと判断します。

実は、a, b, m が与えられたとき、$ax = b \bmod m$ となる解 x が存在するかどうかは、$\mathrm{GCD}(a, m) = g$ の値に依存することが知られています[*13]。ここでは、これまでに挙げた乗算表を使って確認してみます。

$g = 1$ であれば、解は1つだけ存在します。法7であれば、$a \neq 0$ のすべての行ですべての値が登場しています。法6であれば、$a = 1, 5$（6と素である数）の行で、すべての値が登場しています。よって、x が1つだけ決まります。

g が b を割り切らないとき、解が存在しません。法6の $a = 2$ を考えると、$g = \mathrm{GCD}(a, m) = \mathrm{GCD}(2, 6) = 2$ になります。$b = 3$ のとき、$g = 2$ が $b = 3$ を割り切らないので、$2x = 3 \bmod 6$ となる解 x は存在しません。これは 表4.7 を見ても、$a = 2$ の行にて、値が3であるセルがないことからも確かめられます。

g が b を割り切るとき、解は f 個存在します。$a_1 = a/g$、$b_1 = b/g$、$m_1 = m/g$ とおくと、$a_1 x = b_1 \bmod m_1$ になります。$\mathrm{GCD}(a_1, m_1) = 1$ になっているので、法 m_1 での解は1個存在します。これを x_0 とすると、法 m での解は $x_0, x_0 + m_1, \cdots, x_0 + (g-1)m_1$ になります。例えば、法6の $(a = 2, b = 4)$ のときの解を調べたいとします。$g = \mathrm{GCD}(a, m) = 2$ になり、$x = 2 \bmod 3$ と考えられます。よって $x_0 = 2$ であり、法6での解は $2, 5(= 2 + 3)$ の2個になります。これは 表4.7 を見ても、$a = 2$ の行にて、$b = 2, 5$ のときにセルの値が4になっていることからも確かめられます。

今度は、法と互いに素な行と列に注目します。ここに含まれるどの値も逆元を持つので、割り算が可能です。例えば、3の逆元が5であることに注意すると、$5 \div 3$ は次のように計算できます。

$$5 \div 3 = 5 \times \frac{1}{3} = 5 \times 5 = 25 = 4 \bmod 7$$

こうした計算により、法7の除算表を作ると 表4.8 のようになります。ただし、$b = 0$ のときは不定なので、計算はできません。

表4.8 法7の除算表（$a/b \bmod 7$）

a \ b	0	1	2	3	4	5	6
0	-	0	0	0	0	0	0
1	-	1	4	5	2	3	6
2	-	2	1	3	4	6	5
3	-	3	5	1	6	2	4
4	-	4	2	6	1	5	3
5	-	5	6	4	3	1	2
6	-	6	3	2	5	4	1

[*13]：式の a, b と表の a, b を混同しないようにしてください。

上記では乗算表から逆元を調べましたが、効率的に求める別の方法が知られています。

xが法Nにおけるaの逆元であれば、$ax = 1 \bmod N$が成り立つことになります。これは$ax - 1$がNの倍数であることを意味します。よって、$ax - 1 = Ny$のxを解くことで、逆元を計算できます。$ax - Ny = 1$と変形でき、$x = u$、$-y = v$とおけば、$au + Nv = 1$になります。

これは拡張ユークリッドの互除法における$\text{GCD}(a, N) = 1$のときの式とまったく同じ形です。つまり、拡張ユークリッドの互除法によって、aの逆数である$u(= x)$を求められます。

問題：

拡張ユークリッドの互除法を用いて、法7における5の逆数を求めてください。

解答：

$\text{GCD}(5, 7) = 1$なので、5の逆数は存在します。法7における5の逆数をvとすると、次のように書くことができます。

$$5v = 1 \bmod 7$$
$$7u + 5v = 1 \ (u\text{は整数})$$

拡張ユークリッドの互除法を使って、上記の式を満たす(u, v)を求めます（必要に応じて、$m > n$になるように調整する 表4.9 ）。

表4.9 拡張ユークリッドの互除法の計算（$7u + 5v = 1$）

i	q_i	r_i	u_i	v_i
0		7	1	0
1		5	0	1
2	1	2	1	-1
3	2	1	-2	3
4	2	0		

よって、$u = -2$、$v = 3$が得られます。5の逆数は$v = 3$になります。これが正しい結果であることは、法7の乗算表（ 表4.6 ）を参照して、$a = 5$、$b = 3$のときにセルが1であることからも確認できます。また、$5 \times 3 = 15 \bmod 7 = 1$のような検算でも確認できます。

▶ 既約剰余類

法10の乗算表（ 表4.10 ）を考えます。

表4.10 法10の乗算表

a \ b	0	1	2	3	4	5	6	7	8	9
0	0	0	0	0	0	0	0	0	0	0
1	0	1	2	3	4	5	6	7	8	9
2	0	2	4	6	8	0	2	4	6	8
3	0	3	6	9	2	5	8	1	4	7
4	0	4	8	2	6	0	4	8	2	6
5	0	5	0	5	0	5	0	5	0	5
6	0	6	2	8	4	0	6	2	8	4
7	0	7	4	1	8	5	2	9	6	3
8	0	8	6	4	2	0	8	6	4	2
9	0	9	0	7	6	5	4	3	2	1

　ここで、法と素であるような行と列だけを残した表を作ると、**表4.11** のようになります。

表4.11 法10の変形乗算表

a \ b	1	3	7	9
1	1	3	7	9
3	3	9	1	7
7	7	1	9	3
9	9	7	3	1

　残された整数の集合は$\{1, 3, 7, 9\}$になります。この集合で加算はできませんが、乗算はできます。なぜならば、$3 + 7 = 0 \bmod 10$（集合にない値）、$3 \times 7 = 21 = 1 \bmod 10$（集合内の値）になるからです。これは、この集合内のすべての数で成り立ちます。

　剰余類の計算と合同式の計算は並行するので、表の各行・各列は剰余類と見ることができます。このとき、上記のように残された数に対応する剰余類C_1, C_3, C_7, C_9を（法10の）既約剰余類といいます。

　一般化すると、既約剰余類の集合は、1以上N以下でNと互いに素である整数の集合と同じ構造を持ちます。そこで、この集合をZ_N^*とすると、次のようになります。

$$Z_N^* = \{x \mid 1 \leq x \leq N - 1, \mathrm{GCD}(x, N) = 1\}$$

例)

これまでに取り上げた法6, 7, 10の既約剰余類の集合は、次のように表現できます。

$$Z_6^* = \{1, 5\}$$
$$Z_7^* = \{1, 2, 3, 4, 5, 6\}$$
$$Z_{10}^* = \{1, 3, 7, 9\}$$

オイラー関数

nを正の整数とします。このとき、nを超えない正の整数のうちでnと互いに素であるものの個数を$\varphi(n)$と書き、このφをオイラー関数といいます。

前半の条件は1以上n以下と言い換えられます。つまり、$\varphi(n)$の値は、法nの既約剰余類の集合の要素数と一致します。

$n=1$から20までのオイラー関数の値を調べてみます（表4.12）。nを超えず、nと互いに素である値を探し、その値の個数を数えるだけです。

表4.12　オイラー関数の値

n	nを超えず、nと互いに素である値	個数	n	nを超えず、nと互いに素である値	個数
1	1	1	11	1, 2, 3, 4, 5, 6, 7, 8, 9, 10	10
2	1	1	12	1, 5, 7, 11	4
3	1, 2	2	13	1, 2, 3, 4, 5, 6, 7, 8, 9, 10, 11, 12	12
4	1, 3	2	14	1, 3, 5, 9, 11, 13	6
5	1, 2, 3, 4	4	15	1, 2, 4, 7, 8, 11, 13, 14	8
6	1, 5	2	16	1, 3, 5, 7, 9, 11, 13, 15	8
7	1, 2, 3, 4, 5, 6	6	17	1, 2, 3, 4, 5, 6, 7, 8, 9, 10, 11, 12, 13, 14, 15, 16	16
8	1, 3, 5, 7	4	18	1, 5, 7, 11, 13, 17	6
9	1, 2, 4, 5, 7, 8	6	19	1, 2, 3, 4, 5, 6, 7, 8, 9, 10, 11, 12, 13, 14, 15, 16, 17, 18	18
10	1, 3, 7, 9	4	20	1, 3, 7, 9, 11, 13, 17, 19	8

上記の結果を観察すると、次の特徴を見出せます[*14]。

[*14]：ここで示した特徴以外も存在しますが、本書の内容に直接影響しないため省略しています。

特徴1

n が素数のとき、$\varphi(n)$ になっています。なぜならば、n 未満の数はすべて、素数と素になるからです。

特徴2

GCD$(m, n) = 1$ のとき、$\varphi(mn) = \varphi(m)\varphi(n)$ を満たします。例えば、$m = 5$、$n = 6$ の場合を考えてみます。$1 \sim 30$ の整数を m 行 × n 列の表に並べ、30と互いに素である数を太字で表しました（ 表4.13 ）。

表4.13　5×6の表（1～30の整数を並べたもの）

1	2	3	4	**5**	6
7	8	9	10	**11**	12
13	14	15	16	**17**	18
19	20	21	22	**23**	24
25	26	27	28	**29**	30

太字は8個あるので、$\varphi(24) = 8$ になります。また、太字を含む列は2つであり、それぞれは同数の太字（4個）を含みます。太字を含む列の数は $\varphi(6) = 2$、1列に含まれる太字の数は $\varphi(5) = 4$ に対応します。よって、$\varphi(24) = \varphi(5)\varphi(6)$ が成り立ちます。

❯ べき乗の計算

フェルマーの小定理

同じ値を何回も掛け合わせると、べき乗の計算になります。公開鍵暗号では、べき乗剰余が多く登場するので、ここで考察してみます。合成数の法の代表として法6、素数の法の代表として法7を用いて、べき乗を表にしてみます（ 表4.14 、 表4.15 ）。

表4.14　法6のべき乗表（$a^b \bmod 6$）

a ＼ b	0	1	2	3	4	5
0	1	0	0	0	0	0
1	1	1	1	1	1	1
2	1	2	4	2	4	2
3	1	3	3	3	3	3
4	1	4	4	4	4	4
5	1	5	1	5	1	5

表4.15 法7のべき乗表（$a^b \bmod 7$）

a \ b	0	1	2	3	4	5	6
0	1	0	0	0	0	0	0
1	1	1	1	1	1	1	1
2	1	2	4	1	2	4	1
3	1	3	2	6	4	5	1
4	1	4	2	1	4	2	1
5	1	5	4	6	2	3	1
6	1	6	1	6	1	6	1

　$b=0$のときは常に1になるので除外します。また、$a=0$のときは、$b=0$以外のときに常に0になるので除外します。このように、指数計算では0を除外して考えることが多いといえます（規則性を見出すときに邪魔になるため）。

　法7のべき乗表（表4.15）の$b=6$（$=7-1=n-1$）の部分に注目します。すると、$a=1〜6$において、$a^6 \bmod 7$が常に1になっています。これは法6では成り立っていません。つまり、法が素数のときだけ、$p-1$乗すると1に一致していると考えられます。

　これを一般化した結果を、フェルマーの小定理といいます。pを素数とし、aをpと互いに素な整数とします。このとき、次が成り立ちます。

$$a^{p-1} = 1 \bmod p$$

　フェルマーの小定理は、RSA暗号だけでなく、多くの暗号技術に登場する重要な定理です。

オイラーの定理

　フェルマーの小定理が成り立つためには、法が素数でなければなりませんでした。法を合成数に一般化した結果が、オイラーの定理です。mを整数とし、aをmと互いに素な整数とします。このとき、次が成り立ちます。

$$a^{\varphi(m)} = 1 \bmod m$$

　例えば、$m=6$のとき、互いに素な整数aは$1, 5$です。法6のべき乗表（表4.14）にて、$a=1, 5$かつ$b=\varphi(6)=2$のセルの値は1であることを確認できます。

底の法と指数の法

「$A = B^C \bmod m$」というべき乗剰余計算は、今後もたくさん登場します[15]。$\bmod m$という表記から、B, Aは法mの値として考えればよいことがわかります。

一方、Cは法$\varphi(m)$の値として考えます。これはオイラーの定理より、Bを$\varphi(m)$乗してしまえば1になるためです。Cが$\varphi(m)$より大きい値であっても、$C = \varphi(m)$のときにAは1に巡回するので、Cは$\varphi(m)$で割った余りに置き換えてもAの結果であることに変わりはありません。

ここでは、RSA暗号とElGamal暗号[1]の暗号化の計算の一部を例にして、取り扱う数がどの範囲内の値であるかを紹介します（ 表4.16 ）。

表4.16 RSA暗号とElGamal暗号の取り扱う数の範囲

暗号名	暗号化の計算 （の一部）	取り扱う数の範囲
RSA暗号	$c = m^e \bmod N$	mは法Nの値なので、$\{0, ..., N-1\}$内の値であることを前提とします。 eは法$\varphi(N) = \varphi(pq) = (p-1)(q-1)$の値です。 cは法Nの値なので、$\{0, ..., N-1\}$内の値になります。
ElGamal暗号	$c_1 = g^r \bmod p$	gは法pの値であり、$\{1, ..., p-1\}$内の値から選ばれます[16]。 rは法$\varphi(p) = p-1$の値なので、$\{0, ..., p-2\}$内から選ばれます。 c_1は法pの値なので、$\{1, ..., p-1\}$内の値になります[17]。

4.5.3 RSA暗号の定義

▶ RSA暗号の構成

RSA暗号は（KeyGen, Enc, Dec）から構成されています（ 図4.18 ）。

---

[15]：Aは底、Bは指数（べき指数）、A^Bはべきといいます。Cは法mで計算した結果なので、べき乗剰余といいます。これまではべき乗と呼んでいましたが、これ以降はべき乗剰余と呼ぶことにします。

[16]：0が除外されていますが、これはgが原始元である条件を満たさなければならないためです。$g = 0$のときは、何乗しても0だからです。よって、0は原始元にはなりません。

[17]：0が除外されているのは、gとrの取り方によりc_1が0にならないためです。

[1]：4.6 ElGamal暗号 p.315

図4.18 RSA暗号のアルゴリズム

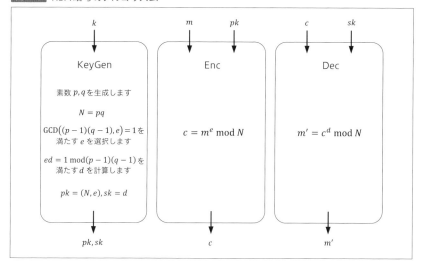

❯ 鍵生成アルゴリズム

入力	k：セキュリティパラメータ
出力	pk：公開鍵 sk：秘密鍵
動作	1：kビットの素数pとqをランダムに生成します。 2：$N = pq$を計算します。 3：$\mathrm{GCD}(\varphi(N), e) = 1$となる$e$ $(1 < e < \varphi(N))$をランダムに選びます。ここで$\varphi(N) = (p-1)(q-1)$です。 4：$ed = 1 \bmod \varphi(N)$を満たすようなd (>0)を計算します。 5：$pk = (N, e)$、$sk = d$として出力します。

このアルゴリズムは他の暗号技術でもよく使われるので、RSAGenと呼ぶことにします。

動作のステップ1において、p, qは十分に大きな素数を選択しなければなりません。256ビット（10進39桁）の合成数は、一般のコンピュータでも数秒で素因数分解ができます。さらに、2010年に768ビットの合成数の素因数分解が成功しており、1024ビットの素因数分解も近いうちに成功する可能性があります。そのため、実用上はNが2048ビット以上になるようにp, qを選択するのが好ましいといえます。

また、p, qはランダムに生成する必要があります。p, qの生成に偏りがあった

り、脆弱な素数が選択されたりすると、その隙を突かれてしまう恐れがあります[*18]。こうした素数を生成するためには、素数生成アルゴリズムを用います。

ステップ3におけるオイラー関数は、$\varphi(N) = \varphi(pq) = \varphi(p)\varphi(q) = (p-1)(q-1)$になります。これは$N = pq$から直接得られる結果ですが、次のように考えることもできます。1からNまでにN個の整数があり、そのうちpの倍数はq個、qの倍数はp個、N（$= pq$）の倍数が1個あります。これら以外はNの約数ではないので、オイラー関数は$\varphi(N) = N - (p+q) + 1 = (p-1)(q-1)$になります。なお、オイラー関数の代わりに、$L = \mathrm{LCM}(p-1, q-1)$を用いることもあります。

ステップ3のeを求めるためには、N未満の乱数eを選択し、$\mathrm{GCD}(\varphi(N), e) = 1$が成り立つかを検証します。成り立たなければ、$e$を選択し直します。一般に整数$a$に対して、$a$と互いに素な整数は、平均して$6a/\pi^2$個存在することが知られています。よって、$e$をランダムに選んだときに、$\mathrm{GCD}(\varphi(N), e) = 1$になる確率は$0.6 (\fallingdotseq 6a/\pi^2)$になります。つまり、2〜3回程度で目的の$e$が得られると期待できます。

もし$\mathrm{GCD}(\varphi(N), e) \neq 1$とすると、ステップ4において、法$\varphi(N)$の世界では逆元$d$を計算することができなくなってしまいます。

ステップ4では、拡張ユークリッドの互除法に$\varphi(N)$（$= m$とする）とe（$= n$とする）を入力して、出力u, vを得ます。

$$\varphi(N)u + ev = \mathrm{GCD}(\varphi(N), e) = 1$$

ここで求めたいdはvになります。もし負の数であれば、法Nで考えるためにNを加えて正の数にします。

本書の鍵生成アルゴリズムでは、先にeを決定してからdを求めていましたが、この手順は逆でも本質的に変わりません。ただし、暗号化の計算を減らすために、ステップ3の条件を満たすなら$e = 3$や$e = 65537$（$= 2^{16} + 1$）などの固定値がよく使われます[*19]。この場合は先にeを決定することになります。

なお、NをRSAモジュール（RSA暗号が自明の場合には、単にモジュールと呼ぶ）、eを暗号化指数、dを復号指数と呼ぶことがあります。

＊18：DebianのOpenSSLでは、鍵生成においてp, qに偏りがあるというバグがありました（CVE-2008-0166）。その結果、生成されるSSH鍵ペア（公開鍵と秘密鍵のペア）が高々32768パターンになってしまいました。この全パターンのSSH鍵ペアは調べられており、公開されています。これを使用している場合、対応する秘密鍵がばれていることになります。

＊19：べき乗剰余計算を高速化するための工夫の1つです。詳細はp.278で解説しています。

暗号化アルゴリズム

入力	m：平文。ただし、$0 \leq m < N$とします。 pk：公開鍵
出力	c：暗号文
動作	1：$c = m^e \bmod N$を計算します。cの値は$0 \leq c < N$とします。 2：cを出力します。

復号アルゴリズム

入力	c：暗号文 pk：公開鍵 sk：秘密鍵
出力	m'：復号結果
動作	1：$m' = c^d \bmod N$を計算します。m'の値は$0 \leq m' < N$とします。 2：m'を出力します。

4.5.4 RSA暗号の計算で遊ぶ

正当性の検証

公開鍵暗号の条件の1つである正当性を満たすことを確認します。

$ed = 1 \bmod \varphi(N)$より、ある整数$k \geq 0$対して$ed = k\varphi(N) + 1$となります。よって、m'は次のように展開できます。最後ではオイラーの定理を使っています。

$$m' = c^d = (m^e)^d = m^{ed} = m^{k\varphi(N)+1} = m^{k\varphi(N)} \cdot m$$

ここでmとNが互いに素かどうかで場合分けします。

[1] **GCD$(m, N) = 1$のとき**

オイラーの定理を用いて、次のように変形できます。

$$m' = m^{k\varphi(N)} \cdot m = 1^k \cdot m = m \bmod N$$

[2] **GCD$(m, N) \neq 1$のとき**

$N = pq$より、GCD$(m, N) = p$かqになります。

(i) $\mathbf{GCD}(N, m) = p$ のとき

法Nではなく法p, qで考えて、それぞれの結果をa, bとします。

$$a := m' = m^{ed} = 0^{ed} = 0 \bmod p$$
$$b := m' = m^{ed} = m^{k(p-1)(q-1)+1} = m \cdot (m^{q-1})^{k(p-1)} = m \cdot 1^{k(p-1)} = m \bmod q$$

なお、aの計算では、mはpの倍数であることを使っています。また、bの計算では、qは素数かつ$\mathrm{GCD}(m, q) = 1$より、フェルマーの小定理「$m^{q-1} = 1 \bmod q$」を使っています。

中国人の剰余定理[20]より、$px + qy = 1$となる整数x, yを用いて、m'は次のように計算できます。

$$m' = aqy + bpx \bmod pq$$
$$= 0 \cdot q \cdot y + m \cdot p \cdot x \bmod N$$
$$= mpx \bmod N$$
$$= m(1 - qy) \bmod N$$
$$= m - mqy \bmod N$$
$$= m \bmod N \quad (\because m は p の倍数なので、mq は N で割り切れる)$$

(ii) $\mathbf{GCD}(N, m) = q$ のときも同様の議論ができます。

以上より、$m' = m \bmod N$になるので、正当性が成り立ちます。

▶ 計算の演習（数値例）

問題

$p = 41$、$q = 73$としたとき、$N = pq$と$\varphi(N)$の値を計算してください。

解答：

$$N = pq = 41 \times 73 = 2993$$
$$\varphi(N) = (p-1)(q-1) = 40 \times 72 = 2880$$

問題

上記の問題に引き続いて、$e = 1001$を選んだとき、dを計算してください。

---

[20]：中国人の剰余定理については後述します。ここでは流れだけ理解してください。

解答：

$ed = 1 \bmod (p-1)(q-1)$ を満たすような d （> 0）を計算します。数式ソフトを使えば簡単に計算できます[*21]が、ここでは電卓のみで計算します。

$$ed = 1 \bmod (p-1)(q-1)$$

$$1001d = 1 \bmod 2880$$

$$2880u + 1001d = 1 \quad (\because u を整数とした)$$

拡張ユークリッドの互除法を適用して、u, d を求めることができます（ **表4.17** ）。

表4.17 拡張ユークリッドの互除法の計算（$2880u + 1001d = 1$）

i	q_i	r_i	u_i	v_i
0		2880	1	0
1		1001	0	1
2	2	878	1	-2
3	1	123	-1	3
4	7	17	8	-23
5	7	4	-57	164
6	4	1	236	-679
7	4	0		

その結果、$u = 236$、$d = -679$ になります。d を正の数にすると、$d = -679 + 2880 = 2201$ になります。

問題：

送りたいメッセージを数字に変換する方法として、ここでは単純に1文字を2桁の数字に置き換えて、連結するものとします。ただし、4桁ずつのブロックに分割します。

$$A = 00、B = 01、\cdots、Z = 25、空白 = 26$$

平文を $m = $ "HELLO" としたとき、RSA暗号の暗号文を計算してください。

解答：

平文 m は次のように符号化されます。最後は1文字分余るので空白を入れます。

[*21]：Maximaというフリーの数式ソフトがあります。このソフトを使えば、inv_mod(1001, 2880)という1行で計算できます。

$$\text{"HELLO"} \to \text{"HE LL O "} \to \text{"0704 1111 1426"}$$

平文ブロックを$m_1 = 0704$、$m_2 = 1111$、$m_3 = 1426$とします。そして、表4.18 のように計算します。

表4.18 暗号文ブロックの計算

平文ブロック	暗号文の計算	暗号文ブロック
$m_1 = 0704$	$m_1{}^e \bmod N = 704^{1001} \bmod 2993 = 2672$	$c_1 = 2672$
$m_2 = 1111$	$m_2{}^e \bmod N = 1111^{1001} \bmod 2993 = 2300$	$c_2 = 2300$
$m_3 = 1426$	$m_3{}^e \bmod N = 1246^{1001} \bmod 2993 = 2656$	$c_3 = 2656$

暗号文ブロックを連結すると、暗号文cが得られます。

$$c = c_1 \| c_2 \| c_3 = 2672 \| 2300 \| 2656 = 267223002656$$

▶ 通信文の数値化

共通鍵暗号の暗号化アルゴリズムの入力である平文mはビット列でした。そのため、通信文を1文字ずつASCIIコード[●2]などで変換して、それらを連結したもの（バイナリデータ）を平文として使用していました。

一方、RSA暗号の暗号化アルゴリズムの入力である平文mは、$0 \leqq m < N$の範囲内の整数でなければなりません。そこで、何らかの方法によって通信文と数値を対応付ける必要があります。これを解決するためのアプローチとして、いくつかの方法が考えられます[*22]。

①ASCIIコード表によって文字と整数を対応付けて、整数をmとする。
②独自の対応表によって文字と整数を対応付けて、整数を連結したものをmとする。
③ASCIIコード表によって文字と整数を対応付けて、整数を連結したものをmとする。
④256進数の値をmとする。

アプローチ①は最も単純な方法です。ASCIIコードは10進数の0～127が

[*22]：ここでは議論を簡単にするため文字について取り上げていますが、バイナリデータでも同様の議論が可能です。バイナリデータのバイナリ表現を、そのまま数のバイナリ表現として扱うだけです。

[●2]：3.4.3 共通鍵暗号の平文空間と暗号文空間（ASCII）p.089

英数文字などに対応しています。そこで、通信文の1文字ずつをASCIIコードで符号化して、その整数をmとします。しかし、1文字ずつ暗号化することになるので、効率が大変悪くなってしまいます。Nは一般に1024ビット以上のように非常に大きな数であるにもかかわらず、mが7ビットでは無駄が多いといえます[23]。逆に考えると、1つのmに複数文字の情報を詰め込められれば、無駄を削減できそうです。

アプローチ②は、平文空間の各文字に対して数字を割り振ります。例えば、「アルファベット＋数字＋空白」だけであれば、次のように対応付けます（ここでは必ず2桁になるようにしている）。

空白＝99、A＝10、B＝11、…、Z＝35、a＝40、b＝41、…、z＝55

例えば、"HELLO"という文字列は、"1714212124"になります。通信文が長ければ、数がどんどん大きくなってしまうので、Nの桁数より小さい桁数になるように分割します（"99"の連結があるため）。$N = 1261093$のように7桁であれば、mが最大で6桁になるように分割します（分割後のメッセージはブロックと呼ぶ）。こうすることで、1つのmで最大3文字分の情報が詰め込まれていることになります。先ほどの例では"171421", "2124"のように分割され、2回の暗号化で済みます。復号の際には、復号の計算結果の値に対して2桁ずつ抽出して、対応表を用いて文字に置き換えます。

アプローチ③は、アプローチ②の応用版といえます。独自の対応表を用意する必要はありません。ASCIIコード（10進数）は1桁～3桁の値であるため、3桁の数ではない場合は、先頭に0を詰めることにします。"HELLO"という文字列は、"072069076076079"になります（例：'H'→72→072）。$N = 1261093$のように7桁であれば、mが最大で6桁になるように分割します。こうすることで、1つのmで最大2文字分の情報が詰め込まれていることになります。先ほどの例では"072069", "076076", "079"のように分割され、3回の暗号化で済みます。復号の際には、復号の計算結果の値に対して下位から3桁ずつ抽出して、ASCIIコードの文字に置き換えます。

アプローチ④は、効率性を向上させた方法です。コンピュータで扱う基本データはバイト（＝8ビット）単位です。よって、8ビット列を基準にして、平文をブロック化することが考えられます。8ビットとは、0または1を8個並べたものです。よって、8ビットによって、256種類のデータを表現できます。

例えば、$N = 28661239$（＝6173×4643）とすると、このNは次の範囲

---

[23]：ASCIIコードでは、1文字を7ビットで表現します。

内に収まっています。

$$256^3（=16777216）<N<256^4（=4294967296）$$

つまり、256^3 までの数であれば、常に N より小さくなります。言い換えると、3個の8ビット列を、1つの m として扱えるということです。ここで、a, b, c を8ビットデータ（0〜255までの数）とすると、m は a, b, c の連結データとして表現されます（図4.19）。

図4.19 m の表現

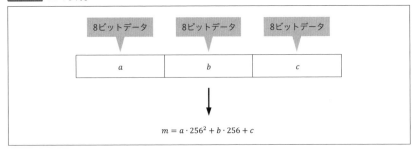

256進数で考えると、m は次のように計算でき、$0 \leq m < 256^3$ を満たします。

$$m = a \cdot 256^2 + b \cdot 256 + c$$

ここでは単純に、8ビットデータに対してASCIIの1文字分を対応させるものとします[*24]。"HELLO"という文字列は 72, 69, 76, 76, 79 になります。よって、次に示す2つの平文に分割でき、2回の暗号化で済みます。

$$m_1 = 72 \cdot 256^2 + 69 \cdot 256 + 76 = 4736332$$
$$m_2 = 76 \cdot 256^2 + 79 \cdot 256 + 0 = 5000960$$

高速べき乗剰余計算

べき乗計算の方法を考える

暗号化アルゴリズムや復号アルゴリズムでは、べき乗計算が登場します。これはRSA暗号に限らず、他の多くの公開鍵暗号でも同様です。ここでは、$a^x \bmod N$ を計算する方法について考察します。a, x, N は k ビットとします。

[*24]：ASCIIコードは7ビットで十分なので、ここでは1ビット無駄になっています。

そして、3つのパラメータの合計ビット数をnとすると、$n = 3k$になります。

　最も単純なアプローチは、最初に$x-1$回乗算してから、Nで割った余りを求めるという方法です。しかし、この方法では$x - 1 \fallingdotseq 2^k = 2^{n/3} = (2^{1/3})^n$回の乗算が必要となり、入力サイズ$n$の指数関数になっています。さらに、$N$で割る前に巨大な数になってしまい、計算過程を保存するメモリ領域の観点からも非効率です。場合によっては、通常のコンピュータが扱えるサイズを超えてしまう恐れがあります。

　次のアプローチは、最後に剰余を計算するのではなく、乗算をしながらこまめに剰余を計算するという方法です。$a = c \bmod N$かつ$b = d \bmod N$ならば、$ab = cd \bmod N$であることはすでに見ました。「aをNで割った余りc」と「bをNで割った余りd」を掛けたcdは、Nで割った余りに等しくなることを意味します。この方法であれば、計算過程を保存するメモリ領域は、それほど気にする必要がありません。また、乗算で扱う数が小さいということは、1回の乗算当たりの計算時間も効率化できています。しかしながら、乗算の回数は、依然として入力サイズnの指数関数のままです。

バイナリ法

　乗算の回数を改善するために、高速べき乗剰余法と呼ばれるアルゴリズムが存在します[*25]。最初に、最も基本的なバイナリ法を紹介します。

バイナリ法	
入力	a：底 x：指数 N：法
出力	$a^x \bmod N$の計算結果
動作	1：xの2進表現を求めます。その結果、$x = (x_{k-1}x_{k-2}\cdots x_0)_2 = 2^{k-1}x_{k-1} + 2^{k-2}x_{k-2} + \cdots + 2x_1 + x_0$であったとします。ただし、$x_{k-1} = 1$です。 2：$i = k-2$とします。 3：$y = a$とします。 4：$i \geq 0$の間、次の処理を繰り返します。 　　4a：$y = y^2 \bmod N$とします。 　　4b：$x_i = 1$ならば、$y = y \times a \bmod N$とします。 　　4c：$i = i-1$とします。 5：$y$を出力します。

[*25]：高速べき乗法と呼ぶこともあります。厳密には、べき乗と剰余を実行するので、本書では高速べき乗剰余法と呼ぶことにします。

動作のステップ1は、次に示す2進表現化アルゴリズムで実現できます。

2進表現化アルゴリズム	
入力	n：10進数
出力	binary(n)：nの2進数展開
動作	1：$i=0$とします。
	2：$n=0$になるまで、次の処理を繰り返します。
	2a：$m_i = n - 2\left[\dfrac{n}{2}\right]$、$n = \left[\dfrac{n}{2}\right]$を計算します。
	2b：$i = i+1$とします。
	3：$m_i||m_{i-1}||\cdots||m_0$を出力します。

問題：

$x=21$としたときに、$y = a^x \bmod N$を計算する過程を確認してください。

解答：

$x = 21 = 1\,0101\text{b} = (1\,0101)_2$のように、$x$を2進表示にしておきます。5桁なので$k=5$になります。

単純な計算では乗算回数が20回（$=x-1$）になりますが、バイナリ法では乗算回数が6回（$=1+2+1+2$）で済みます（ 表4.19 ）。

表4.19 バイナリ法の計算過程

順序	計算の内容	乗算回数	yの値
①	$y = a$	0回（代入だけ）	$y = a$
②	$i = 3(= k - 2 = 5 - 2)$のとき、$x_3 = 0$より、$y = y^2 \bmod N$	1回$(y \times y)$	$y = a^2$
③	$i = 2$のとき、$x_2 = 1$より、$y = y^2 \times a \bmod N$	2回$(y \times y \times a)$	$y = a^5$
④	$i = 1$のとき、$x_1 = 0$より、$y = y^2 \bmod N$	1回	$y = a^{10}$
⑤	$i = 0$のとき、$x_0 = 1$より、$y = y^2 \times a \bmod N$	2回	$y = a^{21}$

kビットの最大値は$x = 1\ldots 1\text{b} = (1\ldots 1)_2$になります。この$x$に対してバイナリ法を適用すると、常にステップ4bを実行することになります。ステップ4bの乗算回数は2回であり、$k-1$回ループするので、合計の乗算回数は$2(k-1) = 2(n/3 - 1) = 2n/3 - 2$回になります。これは最も乗算回数が多い状況ですが、入力サイズnの多項式になっています。

RSA暗号の暗号化アルゴリズムでは、$m^e \bmod N$を計算します。eは非常に大きいので、eを2進表現したとき1の個数は、平均して約$k/2$程度といえま

す。よって、バイナリ法による計算時間は、平均してLen(e)に比例します[*26]。

また、ステップ4aの「y = y^2 mod N」、ステップ4bの「y = $y \times a$ mod N」は、両方ともAB mod Nの形の計算です。A, B, Nのビット長は、大体kビットと考えられます。高速な乗算剰余計算を実現するモンゴメリ法を用いると、この計算時間はk^2に比例します。よって、暗号化処理はk^2Len(e)に比例します（復号処理も同じ形なので、同様の議論ができる）。

バイナリ法でより効率的な計算をするためには、eの2進表示で、なるべく1が登場しなければよいことになります。なぜなら、ステップ4bの処理をスキップでき、その分、乗算の回数が減るからです。「最上位ビットは1でなければならないこと」と「eは奇数でなければならないこと」[*27]を考慮すると、10⋯01bのような形式のeを選べば、暗号化の高速化が期待できます。

問題：

10⋯01bの形式を持つ数をいくつか挙げてください。

解答：

最小数は11b = 3になります。順に大きな数字を列挙すると、101b = 5、1001b = 9になります。すべての数は$2^a + 1 (a = 1, 2, ...)$で得られます。

RSA暗号では、暗号化のべき乗剰余計算を高速化するために、$e = 3$や$e = 65537 (= 2^{16} + 1)$といった数値が使われることがあります。

2^w-ary法

メモリサイズは増えますが、より高速にべき乗剰余計算を実現する2^w-ary法というアルゴリズムがあります。$w = 1$という特別の場合は、バイナリ法に相当します。

2^w-ary法	
入力	a：底 x：指数 N：法 w：ウィンドウ幅（ここでは簡易化のためにwはNを割り切る値とする）
出力	$y : a^x$ mod Nの計算結果
動作	1：$a(k) = a^k$ mod $N (k = 1, ..., 2^w - 1)$を計算し、リストに$a(k)$を記録しておきます。

[*26]：Len(・)は長さを返す関数です。

[*27]：eはGCD($(p-1)(q-1), e) = 1$を満たさなければなりません。p, qは奇素数なので、$(p-1)(q-1)$は偶数です。よって、eは奇数でなければなりません。

	2：xをwビットごとに区切り、$x = (x[(k/w)-1]x[(k/w)-2]...x[0])_2$の ように表現します。ここで、$x[j]$は$w$ビットの整数で、ウィンドウ（$w$ ビットブロック）と呼びます。
	3：$y = 1$、$j = (k/w)-1$とします。
動作	4：$j < 0$であれば、yを出力して終了します。$j \geqq 0$であれば、以降を実行します。
	5：$y = y^2 \bmod N$をw回実行します。
	6：$x[j] \neq 0$のとき、$y = y \times a(x[j]) \bmod N$を計算します。
	7：$j = j-1$として、ステップ4に戻ります。

ステップ1では、バイナリ法を用いてリストを作成します。リストの領域は、$(2^w - 1)k$ビット（＝データサイズk×データ個数$(2^w - 1)$）になります。

ステップ2は、wビットブロックによるxの分割処理です。例えば、$x = 1011\ 0100$bかつウィンドウ幅$w = 2$であれば、$x[3] = 10$b、$x[2] = 11$b、$x[1] = 01$b、$x[0] = 00$bになります。

ステップ5は、べき乗剰余計算をw回実行し、結果として$y = y^{2^w} \bmod N$になります。

問題：

2^w-ary法を用いて、$5^{180} \bmod 221$を計算してください。ただし、$w = 3$とします。

解答：

$a = 5$、$x = 180 = 1011\ 0100$b、$N = 221$として、2^w-ary法のアルゴリズムに入力します。

まず次のリストを作成します（バイナリ法で計算して作成する）。

$a(1) = 5^1 \bmod 221 = 5^{1\text{b}} \bmod 221 = 5 \bmod 221 = 5$

$a(2) = 5^2 \bmod 221 = 5^{10\text{b}} \bmod 221 = 5^2 \bmod 221 = 25$

$a(3) = 5^3 \bmod 221 = 5^{11\text{b}} \bmod 221 = (5^2 \bmod 221) \times 5 \bmod 221 = 125$

$a(4) = 5^4 \bmod 221 = 5^{100\text{b}} \bmod 221 = (5^2 \bmod 221)^2 \bmod 221 = 183$

$a(5) = 5^5 \bmod 221 = 5^{101\text{b}} \bmod 221 = ((5^2 \bmod 221)^2 \bmod 221) \times 5 \bmod 221 = 31$

$a(6) = 5^6 \bmod 221 = 5^{110\text{b}} \bmod 221 = \left((5^2 \bmod 221) \times 5 \bmod 221\right)^2 \bmod 221 = 155$

$a(7) = 5^7 \bmod 221 = 5^{111\text{b}} \bmod 221$

$\qquad = (((5^2 \bmod 221) \times 5 \bmod 221)^2 \bmod 221) \times 5 \bmod 221 = 112$

xaビット列は8桁ですが、$w (= 3)$で割り切れるように0を左詰めして9桁にします。

$$x = 1011\ 0100b = 0\ 1011\ 0100b$$

$$x[2] = 010b,\ x[1] = 110b,\ x[0] = 100b$$

そして、表4.20 のように計算します。

表4.20 2^w-ary法の計算過程

j	ステップ5の計算	ステップ6の計算
2	$y = y^2 \bmod N = 1^2 \bmod 221 = 1$ $y = y^2 \bmod N = 1^2 \bmod 221 = 1$ $y = y^2 \bmod N = 1^2 \bmod 221 = 1$	$x[j] = x[2] = 010b \neq 000b$なので、 $y = y \times a(x[j]) \bmod N = y \times a(x[2]) \bmod N$ $= y \times a(2) \bmod N = 1 \times 25 \bmod 221 = 25$
1	$y = y^2 \bmod N = 25^2 \bmod 221 = 183$ $y = y^2 \bmod N = 183^2 \bmod 221 = 118$ $y = y^2 \bmod N = 118^2 \bmod 221 = 1$	$x[j] = x[1] = 110b \neq 000b$なので、 $y = y \times a(x[j]) \bmod N = y \times a(x[1]) \bmod N$ $= y \times a(6) \bmod N = 1 \times 155 \bmod 221 = 155$
0	$y = y^2 \bmod N = 155^2 \bmod 221 = 157$ $y = y^2 \bmod N = 157^2 \bmod 221 = 118$ $y = y^2 \bmod N = 118^2 \bmod 221 = 1$	$x[j] = x[0] = 100b \neq 000b$なので、 $y = y \times a(x[j]) \bmod N = y \times a(x[0]) \bmod N$ $= y \times a(4) \bmod N = 1 \times 183 \bmod 221 = 183$

以上によって、$5^{180} \bmod 221 = 183$という結果が得られました。

▶ 乗算剰余計算

$AB \bmod N$という乗算剰余計算は、一般に処理に時間がかかります。

高速べき乗剰余計算を採用することで、$AB \bmod N$という乗算剰余計算の処理を減らせますが、乗算剰余計算がなくなるわけではありません。例えば、バイナリ法では、ステップ4aの「$y = y^2 \bmod N$」、ステップ4bの「$y = y \times a \bmod N$」に登場します。また、2^w-ary法では、ステップ5の「$y = y^{2^w} \bmod N$」、ステップ6の「$y = y \times a(j) \bmod N$」に登場します。

乗算剰余計算を効率化できれば、全体の処理も大幅に効率化できるはずです。高速であることが要求される暗号システムでは、乗算剰余計算のための専用のプロセッサ[*28]を用いることがあります。また、高速性を考慮した乗算剰余計算アルゴリズムとしてモンゴメリ法などが知られており、計算時間はk^2に比例します。

[*28]：CPUの処理の補助や代行を行う装置のことです。

▶ 法 N の素因数分解

　ある演算は効率的で、その逆演算は非常に困難であるような問題の1つに素因数分解問題があります。例えば、1847と3061はどちらも素数です。このとき、1847×3061は手計算でも可能ですが、5653667の素因数分解は手計算では非常に困難です。コンピュータであれば、この程度の桁数なら容易に素因数分解できますが、数百桁になってしまうと大変難しくなります。

　このような素因数分解問題（Integer Factorization Problem：IF）とは、2つの素数の積である整数 N に対して、$N = pq$ となる素数 p, q を求める問題のことです。

　RSA暗号では、N の素因数分解が困難になるように p, q が選ばれます。もし N の素因数分解が成功すれば、素因数 p, q が判明し、その結果 $\varphi(N) = (p-1)(q-1)$ を計算できます。後は鍵生成アルゴリズムのステップ4のように、e と $\varphi(N)$ から秘密鍵 d を計算できます。秘密鍵がわかれば、すべての暗号文を復号できてしまいます。

▶ 法 N のオイラー関数を計算する

　$\varphi(N)$ がわかれば、RSA暗号の解読に成功します。e から d を求めるには、$\varphi(N)$ がわかればよいからです。

　N の素因数分解ができれば、$\varphi(N)$ は容易に計算できます。$\varphi(N) = (p-1)(q-1)$ を計算するだけです。

　逆に、$\varphi(N)$ がわかれば、N の素因数分解ができるでしょうか。$p + q = N - \varphi(N) + 1 (= pq - (p-1)(q-1) + 1)$ より、$\varphi(N)$ がわかれば、$p+q$ を計算できます。さらに、$(p-q)^2 = (p+q)^2 - 4N$ より、$p+q$ がわかれば、$p-q$ を計算できます。よって、次の式により、$p+q$ と $p-q$ がわかれば、p, q を計算できます。

$$p = \frac{(p+q)+(p-q)}{2}, q = \frac{(p+q)-(p-q)}{2}$$

　これで N の素因数分解ができました。以上より、「N を素因数分解すること」と「$\varphi(N)$ を計算すること」の困難さに違いがないことがわかります（図4.20）。

図4.20 「Nを素因数分解すること」と「$\varphi(N)$を計算すること」

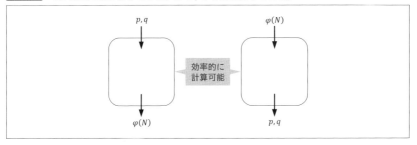

▶ 法 N が素数の場合（ポーリック・ヘルマン暗号）

RSA暗号では法Nが合成数ですが、ここでは法にp（素数）を使用した暗号もどきを考えます。

鍵生成 アルゴリズム	1：kを入力として、kビットの素数pをランダムに生成します。 2：$\mathrm{GCD}(\varphi(p), e) = 1$となる$e$（$1 < e < \varphi(p)$）をランダムに選びます。ここで$\varphi(p) = p - 1$です。 3：$ed = 1 \bmod \varphi(p)$を満たすような$d$（$> 0$）を計算します。 4：$pk = (p, e)$、$sk = d$として出力します。
暗号化 アルゴリズム	1：$m \in Z_p^*, pk$を入力として、$c = m^e \bmod p$を計算して、出力します。
復号 アルゴリズム	1：c, sk, pkを入力として、$m' = c^d \bmod p$を計算して、出力します。

鍵生成アルゴリズムのステップ3より、整数kを使って、$ed = 1 + k(p - 1)$と書けます。これを利用すると、正当性が示せます。mはZ_p^*の元なので、$\mathrm{GCD}(m, p) = 1$になっており、最後にフェルマーの小定理を使えます。

$$c^d = (m^e)^d \bmod p = m^{ed} \bmod p = m^{1+k(p-1)} \bmod p$$
$$= m \cdot m^{k(p-1)} \bmod p = m \cdot 1^k \bmod p = m$$

この暗号もどきは大きな問題を持っています。$pk = (p, e)$は公開鍵なので、攻撃者は$\varphi(p) = p - 1$を容易に解けます。そのため、拡張ユークリッドの互除法を使って$ed = 1 \bmod \varphi(p)$を満たすdを求められます。このdは秘密鍵そのものなので、任意の暗号文を復号できます。

この暗号もどきの問題を解決するには、p, eを秘密鍵に含めて、公開鍵を使用しないようにします。これでRSA暗号にそっくりな共通鍵暗号が完成します。これはポーリック・ヘルマン暗号と呼ばれています。

4.5.5 RSA暗号に対する攻撃

❯ 共通法攻撃

共通法攻撃とは

　RSA暗号を、複数人（m人）のユーザーからなる通信網で利用している状況を考えます。通常であれば、各ユーザーは異なる法の値$N_i = p_i q_i$と、鍵の値$e_i, d_i (1 \leqq i \leqq m)$を用います。

　しかし、このシステムでは鍵センタが1組のp, qだけを生成するものとします。そして、安全な通信路により、各ユーザーに対して$pk = (N, d_i)$、$sk = e_i$を配送します。つまり、各ユーザーは、共通の法$N = pq$を用います。このように共通の法を使った場合、暗号文が解読されてしまう恐れがあることが知られています。これを共通法攻撃といいます。

共通法攻撃の例

　ここで2人のユーザーが同じ平文mを暗号化した状況を考えます。すると、暗号文c_1, c_2は次のようになります。

$$c_1 = m^{e_1} \bmod N$$
$$c_2 = m^{e_2} \bmod N$$

　e_1とe_2が互いに素の場合、$ue_1 + ve_2 = 1$を満たす整数u, vが存在します。このu, vは拡張ユークリッドの互除法で求められます。uとvのうち、一方は正の整数で、もう一方は負の整数です。ここではvが負の整数であったとします。もし$\mathrm{GCD}(c_2, N) = 1$ならば、逆数c_2^{-1}が存在して、その値は拡張ユークリッドの互除法で求めることができます。また、$\mathrm{GCD}(c_2, N) \neq 1$ならば、脆弱な暗号文[*29]になり、素因数$p, q$がわかります。

　c_1, c_2^{-1}, u, v, Nはすべて既知なので、次の計算が可能です。この計算の結果、平文mを求められます。

$$(c_1)^u (c_2^{-1})^{-v} = (m^{e_1})^u ((m^{e_2})^{-1})^{-v} = (m^{e_1})^u (m^{e_2})^v$$
$$= m^{ue_1 + ve_2} = m \bmod N$$

　さらに、共通法を使用すると、秘密鍵に相当する情報が漏れる危険性もあります。アリスとボブが同じ共通法Nを用いて、鍵を生成したとします。

[*29]：脆弱な暗号文については後述します。

- アリスの公開鍵$pk_1 = (N, e_1)$、秘密鍵$sk_1 = d_2$
- ボブの公開鍵$pk_2 = (N, e_2)$、秘密鍵$sk_2 = d_2$

アリスは自身のd_1とe_1から、$e_1 d_1 - 1$を求められます。また、ボブの公開鍵からe_2を知ることができます。そこで、拡張ユークリッドの互除法により、$e_2 x = 1 \bmod (e_1 d_1 - 1)$を満たす$x$を求めます。すると、$x$は秘密鍵$sk_2 = d_2$そのものではありませんが、秘密鍵に代用できることが知られています。

ここでは、$c^{d_2} \bmod N$の代わりに、$c^x \bmod N$を計算して、mに一致するかどうかを確認してみます。

$c^x \bmod N$
$= m^{e_2 x} \bmod N$
$= m^{1 + l \cdot k \varphi(N)} \bmod N$ （∵整数lを使って$e_2 x = 1 + l \cdot k \varphi(N)$と書ける）
$= m \cdot m^{l \cdot k \varphi(N)} \bmod N$
$= m \bmod N$ （∵RSA暗号の正当性の証明と同様に、$m^{\varphi(N)} = 1$が成り立つ）

よって、アリスは（他人が作成した）ボブ宛の暗号文を復号できることになります。

以上のことからわかるように、RSA暗号では各ユーザーが個別の法を持つべきです。p, qをランダムに選択すれば、Nもランダムになるので、Nが共通になる確率は無視できるぐらい小さいといえます。

▶ 低暗号化指数攻撃

低暗号化指数攻撃とは

暗号化指数eが小さい値であれば、暗号化の計算処理を高速化できます。小さいeを採用した場合、通常のシステムであれば問題ありませんが、いくつかの特殊な状況では注意が必要です。

ユーザーごとに異なるNを用いたとしても、小さい共通の暗号化指数eを用いると、同一の平文mを暗号化してe人以上に送信した場合、mが判明してしまいます。これを低暗号化指数攻撃、あるいはヘイスタッド（Hastad）のブロードキャスト攻撃といいます[*30]。

[*30]: https://www.nada.kth.se/~johanh/rsalowexponent.pdf

低暗号化指数攻撃の例

例えば、$e = 3$として、3人にそれぞれ暗号文c_1, c_2, c_3を送ったとします。

$$c_1 = m^3 \bmod N_1, c_2 = m^3 \bmod N_2, c_3 = m^3 \bmod N_3$$

N_1, N_2, N_3は互いに素であるとします。なぜならば、そうでなければGCD (N_i, N_j)（i, jは$1, 2, 3$のいずれか）を計算することで、約数を特定できるからです。N_1, N_2, N_3が互いに素であれば、中国人の剰余定理より次のcを得られます。

$$c = m^3 \bmod N_1 N_2 N_3$$

$m < N_1$、$m < N_2$、$m < N_3$より、$m^3 < N_1 N_2 N_3$なので、Z上で通常の3乗根を計算すればmが求められます。

具体的な計算方法は次のとおりです。まず、実数値として3乗根を計算します。結果の近似値付近の整数が、求めたい値の候補になります。そこで候補の値を3乗して、元の値に一致するかどうかをチェックすれば、mを特定できます。

以上の攻撃を一般化すれば、e個の暗号文から同一の平文mを復号できます。しかし、eが大きければ、同一の平文の暗号文をe個集めることは非常に困難なので、この攻撃は適用できません。

▶ 小平文空間攻撃

RSA暗号では、公開鍵pk、平文mが同一であれば、同一の暗号文に暗号化されます（確定的暗号）。このような状況では、限定された平文空間から平文が選ばれた場合、暗号文から平文を求めるのが容易になることがあります。

平文空間が小さければ、すべての平文について事前に暗号化してリスト化できます。平文空間が小さいため、そのリストのサイズはそれほど大きくなりません。その後、攻撃者は盗聴した暗号文と、事前に計算した暗号文を比較することで、平文を特定できます。このような攻撃を、小平文空間攻撃といいます。

例えば、平文mが4桁の暗証番号である場合、平文の候補は10000通り（$= 10^4$）になります。この程度であれば、事前に暗号化しておき、その暗号文のリストを保持しておけます。

小平文空間攻撃を防ぐためには、暗号化において乱数を用いる必要があります。つまり、確率的暗号[3]を採用することにより解決できます。

---

[3]：4.6.5 ElGamal暗号の死角を探る（確率的暗号）p.324

4.5.6 素数の生成

▶ 素数生成アルゴリズム

RSA暗号の鍵生成アルゴリズムでは、大きな素数 p, q を生成しなければなりません。このように素数を生成する場面は、その他の公開鍵暗号やデジタル署名でも登場します。ここでは、大きな素数の生成方法について解説します。

素数生成アルゴリズムは、生成したい素数のビット数を入力とし、素数を出力します。内部動作の基本アイデアは、乱数を生成して、素数判定アルゴリズムで検査することです。素数であると判定されなければ、乱数の生成からやり直します（図4.21）。

図4.21 素数生成アルゴリズム

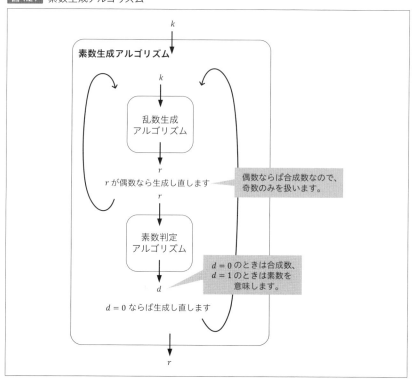

フェルマーテストによる素数判定

素数の生成にあたっての目標は、効率的かつ完全な素数判定アルゴリズムを構築することです。ここでいう完全とは、合成数か素数かを間違えずに判定す

ることを意味します。

フェルマーの小定理より、$GCD(a, p) = 1$であれば、$a^{p-1} = 1 \bmod p$が成り立ちます。この性質を利用して素数を検出するアルゴリズムを、フェルマーテストといいます。

フェルマーテスト	
入力	n：素数かどうかを調べたい整数
出力	d：素数かどうかの判定結果（$d = 1$ならば素数の可能性あり、$d = 0$ならば合成数）
動作	1：$1 < a < n$からランダムにaを選択します。 2：$a^{n-1} = 1 \bmod n$が成り立つとき、$d = 1$とします。そうでなければ、$d = 0$とします。 3：dを出力します。

フェルマーの小定理より、「n：素数」⇒「$1 \leqq a < n$の範囲の任意のaに関して、$a^{n-1} = 1 \bmod n$」が成り立ちます。なぜならば、$GCD(a, n) = 1$になるからです。この主張の対偶を取ると、「$a^{n-1} \neq 1 \bmod n$」⇒「n：合成数」が成り立ちます。フェルマーテストはこれを利用します。しかし、$a^{n-1} = 1 \bmod n$のときは、素数であるとは言い切れません。

問題：

$n = 15$（合成数）をフェルマーテストに入力し、aの全パターン時の出力を調べてください。

解答：

$1 < a < n = 15$なので、$a = 2, \dots, 14$について、$a^{n-1} \bmod n = a^{14} \bmod 15$の計算結果を確認します（表4.21）。

表4.21 フェルマーテストの結果

a	$a^{14} \bmod 15$の計算結果	フェルマーテストの出力値	判定結果
2	$2^{14} \bmod 15 = 4$	$d = 0$	合成数
3	$3^{14} \bmod 15 = 9$	$d = 0$	合成数
4	$4^{14} \bmod 15 = 1$	$d = 1$	素数の可能性あり
5	$5^{14} \bmod 15 = 10$	$d = 0$	合成数
6	$6^{14} \bmod 15 = 6$	$d = 0$	合成数
7	$7^{14} \bmod 15 = 4$	$d = 0$	合成数
8	$8^{14} \bmod 15 = 4$	$d = 0$	合成数
9	$9^{14} \bmod 15 = 6$	$d = 0$	合成数

a	$a^{14} \bmod 15$の計算結果	フェルマーテストの出力値	判定結果
10	$10^{14} \bmod 15 = 10$	$d = 0$	合成数
11	$11^{14} \bmod 15 = 1$	$d = 1$	素数の可能性あり
12	$12^{14} \bmod 15 = 9$	$d = 0$	合成数
13	$13^{14} \bmod 15 = 4$	$d = 0$	合成数
14	$14^{14} \bmod 15 = 1$	$d = 1$	素数の可能性あり

　$a = 4, 11, 14$の場合は、「素数の可能性あり」という判定になります。それ以外のaの場合には、合成数という判定になります。

　$d = 1$のときは合成数か素数かが判定できないので、フェルマーテストを実行した意味がないことになり、これを「フェルマーテストに失敗した」と表現します。これはテストに失敗しただけであり、テストによって間違った結果が出力されたわけではありません。

　ここでは、$n = 15$（合成数）を入力としました。もし「素数である」という結果が出力されれば完全に間違いですが、フェルマーテストは最悪でもテストに失敗するだけです。つまり、素数の可能性ありと出力されるに過ぎません。

　$\mathrm{GCD}(a, n) = 1$を満たす任意のaについて、$a^{n-1} = 1 \bmod n$となってしまう合成数nが無限に存在することが知られています。こうした合成数nをカーマイケル数といいます。

　例えば、$561 = 3 \cdot 11 \cdot 17$は最小のカーマイケル数です。よって、$1 < a < 561$において、$3, 11, 17$の倍数でないすべての整数$a$について、$a^{560} = 1 \bmod 561$になり、フェルマーテストでは$d = 1$を出力します。つまり、カーマイケル数は多くの場合でフェルマーテストに失敗します。

ミラー・ラビンテストによる素数判定

　フェルマーテストは完全なアルゴリズムとはいえませんが、高速に合成数の大半を取り除いてくれます。しかし残された素数の候補には、合成数がまだたくさん残っています。そこで、次の定理が役に立ちます。

> 　整数$p > 2$が素数のとき、$p = 2^k q + 1$（qは奇数）とおきます。このとき、$\mathrm{GCD}(a, p) = 1$を満たす自然数aについて、次に示す2つの条件のどちらかが成り立ちます。
>
> **条件**
> ① $a^q = 1 \bmod p$
> ② $a^q, a^{2q}, a^{2^2 q}, \cdots, a^{2^{k-1} q}$の中に、法$p$で$-1$となる数が存在する。

p は素数なので、フェルマーの小定理より、$a^{p-1} = 1 \bmod p$ が成り立ちます。ここで、$p-1 = 2^k q$ なので、次の数列の最後の数は法 p で1になります。

$$a^q, a^{2q}, a^{2^2 q}, \cdots, a^{2^{k-1} q}$$

[1] 数列の中に法 p で1でない数がある場合、その中で一番右側にある数を m とします。すると、m の右隣は1になります。このとき、m は右隣の 1/2乗になるため、$m = -1 \bmod p$ になります。この m は条件②を満たします。

[2] 数列の中に法 p で1でない数がない場合、数列のすべてが1であり、条件①を満たします。

この定理の主張は「p：素数」⇒「条件①か②を満たす」というものです。これの対偶を取ると、「条件①と②を両方とも満たさない」⇒「p：素数ではない（＝合成数）」となります。これを利用した素数判定アルゴリズムが、ミラー・ラビンテスト（Miller-Rabin test）です。

ミラー・ラビンテスト（Miller-Rabin test）

入力	n：素数かどうかを調べたい整数
出力	d：素数かどうかの判定結果（$d=1$ ならば素数の可能性あり、$d=0$ ならば合成数）
動作	1：$2^s \mid n-1$ を満たす s を計算します。 2：$n-1 = 2^s t$ を満たす t（奇数）を計算します。 3：$1 < a < n$ を満たす a をランダムに選択します。 4：$a^t = 1 \bmod n$ が成り立つとき、$d=1$ として出力します。そうでないとき、以降を実行します。 5：$u=0$ として、$u \leq s$ の間、次の処理を繰り返します。 　　5a：$a^{2^u t} = -1 \bmod n$ が成り立つとき、$d=1$ として出力します。そうでないとき、$u = u+1$ として処理を繰り返します。 6：$d=0$ を出力します。

動作のステップ4の式が定理の条件①に相当し、ステップ5aの式が定理の条件②に相当します。ループの最初は $a^t = -1 \bmod n$ を検証していることになります。

問題：

$n=15$（合成数）をミラー・ラビンテストに入力し、a の全パターン時の出力を調べてください。

解答：

$n - 1 = 14 = 2 \cdot 7 = 2^s t$ より、$s = 1, t = 7$ になります。

$1 < a < n = 15$ なので、$a = 2, \ldots, 14$ について、条件①と条件②が成り立つかどうかを確認します（表4.22）。$s = 1$ より、ステップ4のループは2回のみです。

表4.22　ミラー・ラビンテストの結果

a	$a^7 \bmod 15$の計算結果	$a^{14} \bmod 15$の計算結果	ミラー・ラビンテストの出力値	判定結果
2	$2^7 \bmod 15 = 8$	$2^{14} \bmod 15 = 4$	$d = 0$	合成数
3	$3^7 \bmod 15 = 12$	$3^{14} \bmod 15 = 9$	$d = 0$	合成数
4	$4^7 \bmod 15 = 4$	$4^{14} \bmod 15 = 1$	$d = 0$	合成数
5	$5^7 \bmod 15 = 5$	$5^{14} \bmod 15 = 10$	$d = 0$	合成数
6	$6^7 \bmod 15 = 6$	$6^{14} \bmod 15 = 6$	$d = 0$	合成数
7	$7^7 \bmod 15 = 13$	$7^{14} \bmod 15 = 4$	$d = 0$	合成数
8	$8^7 \bmod 15 = 2$	$8^{14} \bmod 15 = 4$	$d = 0$	合成数
9	$9^7 \bmod 15 = 9$	$9^{14} \bmod 15 = 6$	$d = 0$	合成数
10	$10^7 \bmod 15 = 10$	$10^{14} \bmod 15 = 10$	$d = 0$	合成数
11	$11^7 \bmod 15 = 11$	$11^{14} \bmod 15 = 1$	$d = 0$	合成数
12	$12^7 \bmod 15 = 3$	$12^{14} \bmod 15 = 9$	$d = 0$	合成数
13	$13^7 \bmod 15 = 7$	$13^{14} \bmod 15 = 4$	$d = 0$	合成数
14	$14^7 \bmod 15 = 14 = -1$	$14^{14} \bmod 15 = 1$	$d = 1$	素数の可能性あり

$a = 14$ のときだけ $d = 1$ になり、テストに失敗します。

ミラー・ラビンテストもフェルマーテストと同様に、入力 n が合成数でも、a の選び方によっては「素数の可能性あり」という判定を出力する可能性があります（テストの失敗）。しかし、a をランダムに選択するとき、テストに失敗する確率は $1/4$ 以下であることが知られています。表4.23 において、「○」は「テストに成功」、「×」は「テストに失敗」を意味します。

表4.23　ミラー・ラビンテストの入出力の関係

		入力 n	
		合成数	素数
出力 d	$d = 0$（合成数）	○	—
	$d = 1$（素数の可能性あり）	×	○

この事実を利用すると、ミラー・ラビンテストを10回繰り返した場合（図4.22）、10回すべてのテストが失敗する確率は $1/4^{10}$ 以下になります。逆

にいえば、ミラー・ラビンテストを10回繰り返して、10回すべてのテストで「素数の可能性あり」と判定されれば、$1 - 1/4^{10}$より大きい確率で素数になります。つまり、限りなく素数であることが期待できるといえます。

図4.22 ミラー・ラビンテストを用いた素数判定アルゴリズム

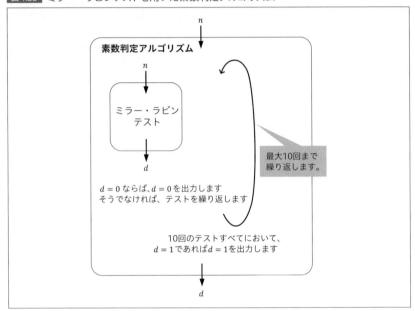

素数判定アルゴリズムの効率化

　素数判定アルゴリズムを構築できましたが、計算に少々時間がかかります。ミラーラビン・テストにはべき乗剰余計算があり、それを複数回実行することになるからです。重い処理の前にその入力を選別できれば、無駄に重い処理を実行する必要はありません。そこで、素数判定アルゴリズムの前に、素数候補の奇数から合成数をできる限りふるい分けします。

　例えば、ある程度の大きさ以下の素数表を用意しておきます。そして、奇素数を掛け合わせて、Uとします。

$$U = p_1 \times \cdots \times p_n$$

　乱数生成アルゴリズムが出力したrが奇数判定を通過したら、ユークリッドの互除法で最大公約数$\text{GCD}(r, U)$を計算します。もし$\text{GCD}(r, U) = 1$であれば、素数判定アルゴリズムを実行します。そうでなければ、合成数なので乱数の生成からやり直します（図4.23）。

図4.23 ふるい分けによる素数生成アルゴリズムの効率化

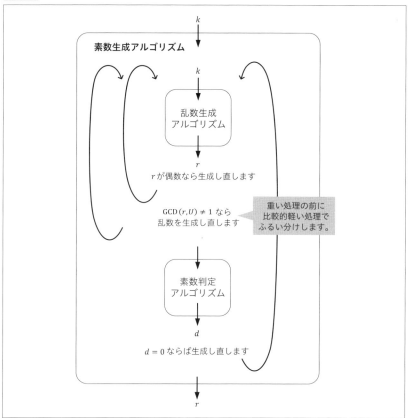

▶ p, q それぞれの条件

強素数を選ぶ

RSA暗号の鍵生成アルゴリズムでは、p, qはランダムな大きな素数としました。実際のRSA暗号では、もう少しp, qの選び方に関して制約があります。なぜならば、様々な素因数分解アルゴリズムが提案されており、ある条件を満たす場合にNから効率的にp, qが求められてしまう恐れがあるためです。

pは特に次の条件を満たさなければなりません（qも同様）。これを満足する素数を、強素数（あるいは強い素数）といいます。

① $p-1$は大きな素因数を含む。素因数をrとする。
② $p+1$は大きな素因数を含む。素因数をsとする。

③ $r-1$は大きな素因数を含む。素因数をtとする。

①は、整数Nの素因数分解が困難であるために必要です。ポラードの$p-1$法を用いると、$p-1$の素因数がすべて小さいときに、pが素因数分解されてしまいます。そのため、pを選ぶ際には、$p-1$が大きな素数（ここでは$p'=r$とする）で割り切れるようにすべきです。こうすれば、qは少なくとも1つは大きな素因数を持つので、ポラードの$p-1$法に対して耐性を持たせることができます。同様にqを選ぶ際にも、$q-1$が大きな素数q'で割り切れるようにします。このような素数pを見つけるためには、ランダムに素数p'を生成して、iに関して$p=ip'+1$が素数になるまで続けます。ただし、$i=2,4,...$です。

③は、さらに耐性を持たせるために必要です。$\varphi(\varphi(N))$が大きい値であり、かつ大きな素数で割り切れるようにします。すると、$\mathrm{GCD}(p-1,q-1)$が小さくなり、$p'-1$と$q'-1$がそれぞれ大きな素因数を持つことになります。

②は、ウィリアムズの$p+1$法[*31]に耐性を持たせるために必要な条件です。

①と③の条件を満たすことで、RSA暗号の周期が長くなることが知られています。ここでいう周期とは、次を満たすiのことです。これは暗号文をi回暗号化して、元の暗号文に一致した状況を意味します。

$$c^{e^i} \bmod N = c$$

この式を展開すると次のようになります。

$$c^{e^i} \bmod N = c = m^e \bmod N$$

$$c^{e^{i-1}} \bmod N = m$$

反復暗号化による復号攻撃

このiが小さければ、暗号文cを繰り返し暗号化することで、平文mを探索できます（やみくもに探索するより効率がよい）。この解読法を「反復暗号化による復号攻撃」あるいは「ポラードのサイクリング攻撃」といいます。①②を満たすようなpであれば、この解読法が成功する確率は極めて小さくなることが知られています。なぜならば、Z_N^*におけるcの位数と、$Z_{\varphi(N)}^*$におけるeの位数は、高い確率で非常に大きくなるからです。

----

*31：p+1の素因数がすべて小さいときに、pを素因数分解するアルゴリズムがp+1法です。
"P Plus 1 Factorization Method"
http://www.mersennewiki.org/index.php/P_Plus_1_Factorization_Method

ゴードンの強素数生成アルゴリズム

上記の3つの条件を満たすようなpを生成する方法の1つは、次のとおりです。

ゴードン（Gordon）の強素数生成アルゴリズム	
入力	k：生成する素数のビット長
出力	p：強素数
動作	1：$0.4k$ビットの素数qを生成します。 2：$r = 2aq + 1$の形であり、$0.5k$ビットの素数rを生成します。ここで、aは大きくない素数です。 3：$0.4k$ビットの素数を生成します。 4：$R = r^{-1} \bmod s$を計算します。 5：$0.1k$ビットのランダム値を生成し、$p = 1 + 2(bs - R)r$を計算します。 5a：pがkビットでなければ、bを2倍してpを計算し直します。kビットになるまで繰り返します。 5b：pがkビットであれば、素数判定アルゴリズムでpが素数であるかを判定します。pが素数であれば、出力します。そうでない場合は、ステップ5の最初からやり直します。

動作のステップ1やステップ3では、基本型の素数生成アルゴリズムを用います。また、ステップ2の素数rを求めるには、$2aq + 1$型（qは素数）の素数生成アルゴリズムを用います。

$2aq + 1$型の素数生成アルゴリズム	
入力	q：素数（kビット）
出力	p：素数（$2aq+1$型、$1.25k$ビット）
動作	1：$0.25k$ビットの整数aをランダムに生成します。 2：$r = 2aq + 1$を計算します。 3：素数判定アルゴリズムでrが素数であるかを判定します。rが素数である場合、出力します。rが合成数である限り、$r = r + 2q$として繰り返します。

強素数生成アルゴリズムのステップ5におけるbは、出力値のビット長を調整するためのものです。もしkビットと完全に一致しなくてもよいのであれば、「$p = 1 + 2(bs - R)r$」の代わりに「$p = 1 + 2(s - R)r$」を用いて、pが素数かどうかをチェックします。素数でなければ、$p = p + 2sr$を繰り返すことで実現できます。

強素数生成アルゴリズムによって生成されたpは、次の2式を満たします。

$$p \bmod r = 1 \Rightarrow p - 1 = 0 \bmod r$$
$$p \bmod s = -1 \Rightarrow p = 1 + 2(-1) \bmod s \Rightarrow p + 1 = 0 \bmod s$$

よって、pの条件①②を満たします。

例）

　ゴードンの強素数生成アルゴリズムを用いて、$k = 10$ビットの素数を生成したいとします。

ステップ1
4ビット（$= 0.4k$）の素数qを生成します。ここで$q = 1011\text{b} = 11$であったとします。

ステップ2
$2aq + 1$型の素数を生成します。aは1ビット（$= 0.1k$）なので、$a = 1$であったとします。すると、$r = 2aq + 1 = 2 \cdot 1 \cdot 11 + 1 = 23 = 1\,0111\text{b}$になり、5ビット（$= 0.5k$）の素数になります。

ステップ3
4ビットの素数sを生成します。ここで、$s = 1101\text{b} = 13$であったとします。

ステップ4
$R = r^{-1} \bmod s = 23^{-1} \bmod 13 = 10^{-1} \bmod 13 = 4 \bmod 13$となります。

ステップ5
$p = 1 + 2(bs - R)r = 1 + 2(13b - 4)23 = 598b - 183$になります。$b = 0$だと$p$は負の数になってしまいます。$b = 1$とすると、$p = 415$になり素数ではありません。$b = 2$にすると[32]、$p = 1013$になり素数です。$1013 = 11\,1111\,0101\text{b}$であり、目的の10ビットの素数になっています。

強素数生成アルゴリズムの注意点

　強素数生成アルゴリズムを使用すると、使用しない場合と比べて2割程度、計算時間が増えることが知られています。

　また、強素数であれば素因数分解アルゴリズムに対して常に安全、というわけではありません。楕円曲線法や数体ふるい法のような因数分解アルゴリズ

---

*32：結果的にbは1ビット（$= 0.1k$）ではなく、2ビットになっています。

ム[*33]に対しては、耐性を持つとは限りません。そのため、現在のところ強素数を選ぶことは、安全性を向上させるという点においてはそれほど意味がないと考えられています。

逆に、すべての素因数分解に対して安全であるような条件をすべて列挙することは、困難といえます。こういった状況でどのようにp, qを選択するのかというと、単純にランダムに選ぶことがよいといえます。p, qが十分に大きければ、高い確率で、強素数の条件や、素因数分解アルゴリズムに耐性を持つ条件を満たすことが期待できます。

▶ p, qの相互関係の条件

一般に、p, qは次の条件を満たすように選ばれることが望ましいとされます。

① $|p - q|$が大きすぎない。
② $|p - q|$が小さすぎない。

①の条件は、pあるいはqのどちらかが小さくなることにより、Nの素因数分解の計算時間が短縮されることに対して、耐性を持たせるためのものです。

②の条件は、次の方法でp, qを求めることに対して、耐性を持たせるためのものです。p, qを解に持つ2次方程式は、解と係数の関係より、次のようになります。ただし、$t = p + q$とおきました。

$$X^2 - (p+q)X + pq = 0$$
$$X^2 - tX + N = 0$$

$t = p + q$がわかれば、上記の2次方程式が完成し、解の公式でp, qが解けてしまいます。よって、$t = p + q$も容易に解けてはいけません。

ところで、次の関係式が成り立ちます。

$$(p+q)^2 - (p-q)^2 = 4pq$$
$$t^2 - (p-q)^2 = 4N \quad (\because t = p+1, pq = N)$$
$$t^2 = 4N + (p-q)^2$$
$$t = \sqrt{4N + (p-q)^2}$$

[*33]: "素因数分解問題調査研究報告書"
https://www.cryptrec.go.jp/estimation/rep_ID0019.pdf

$t = p + q$は整数なので、$4N + (p - q)^2$は平方数になるはずです。また、$p - q$は偶数なので、$p - q$の候補として小さい偶数から代入していき、$4N + (p - q)^2$が平方数になるまで続けます。特に、$p - q$が小さいと、このアプローチですぐに目的のtが判明してしまいます。これを防ぐために、$|p - q|$は小さすぎてはいけないということになります。

2つの条件を満たすためには、同じビット長の乱数の中から、ランダムに素数p, qを選択します。この方法を採用すると条件②を満たさないように思われますが、$t = p + q$を容易に計算できないぐらいに、「$|p - q|$が小さくなる確率」は無視できるほど小さくなることが知られています。

4.5.7 RSA暗号文の死角を探る

▶「平文＝暗号文」が起こる状況

暗号文が平文と変わらない場合、暗号化した意味がありません。鍵をどのように選んでも、暗号文が平文と変わらない場合があるかどうかを考察します。暗号文と平文が一致するということは、次が成り立ちます。

$$m^e \bmod N = m$$

単純に考えると、$m = 0$や$m = 1$であれば、どれだけべき乗計算しても計算結果は変わりません。さらに、eが奇数であることを考慮すると、次に示す9通りの連立合同式の解mのときに、暗号文と平文が一致することが知られています。

① $\begin{cases} m = 0 \bmod p \\ m = 0 \bmod q \end{cases}$ ② $\begin{cases} m = 0 \bmod p \\ m = 1 \bmod q \end{cases}$ ③ $\begin{cases} m = 0 \bmod p \\ m = -1 \bmod q \end{cases}$

④ $\begin{cases} m = 1 \bmod p \\ m = 0 \bmod q \end{cases}$ ⑤ $\begin{cases} m = 1 \bmod p \\ m = 1 \bmod q \end{cases}$ ⑥ $\begin{cases} m = 1 \bmod p \\ m = -1 \bmod q \end{cases}$

⑦ $\begin{cases} m = -1 \bmod p \\ m = 0 \bmod q \end{cases}$ ⑧ $\begin{cases} m = -1 \bmod p \\ m = 1 \bmod q \end{cases}$ ⑨ $\begin{cases} m = -1 \bmod p \\ m = -1 \bmod q \end{cases}$

例えば、$p = 7$、$q = 11$とした場合、$N = pq = 77$になります。⑥の場合、$m = 1 \bmod 7$かつ$m = -1 \bmod 11$であるため、$m = 21 \bmod 77$になります。このとき、$e = 3$とすれば$c = m^e = 21^3 = 9261 \bmod 77 = 21 \bmod 77 = m$、$e = 5$とすれば$c = m^e = 21^5 = 21 \cdot 21^2 = 21^3 = 21 \bmod 77 = m$となり、平文と暗号文が一致しています。

しかし、RSA暗号でこの問題が起こる確率は$9/N$であり、無視できるほど小さいといえます。

脆弱な暗号文

暗号文 c が素数 p, q のいずれかの一方の倍数である場合に、p, q が容易に推定されることが知られています。このとき、次に示す連立合同式のいずれかが成り立ちます。

$$① \begin{cases} c = 0 \bmod p \\ c \neq 0 \bmod q \end{cases} \text{または} \quad ② \begin{cases} c \neq 0 \bmod p \\ c = 0 \bmod q \end{cases}$$

両辺を掛け合わせると、次が成り立ちます。

$$c \neq 0 \bmod N$$

また、$g = \mathrm{GCD}(c, N)$ として、$g \neq 1$ が成り立つならば、①のときは $g = p$、②のときは $g = q$ になります。つまり、N/g を計算すれば、p, q が求まります。

攻撃者は、ユークリッドの互除法により g を計算して、次が成り立つことを確認します。

$$\begin{cases} c \neq 0 \bmod N \\ \mathrm{GCD}(c, N) \neq 1 \end{cases}$$

もし成り立てば、N/g を計算することで、p か q のどちらかを求めたことになります。つまり、N を素因数分解できたことになります。

この問題が起こる確率は $1/p + 1/q - 1/pq$ ($=p$ で割り切る確率 $+q$ で割り切る確率 $-pq$ で割り切る確率) になります。p, q が 1024 ビットだとすると、10 進 120 桁程度あるため、この確率は無視できるほど小さいといえます。

RSA 問題と RSA 仮定

RSA 暗号のよりどころ

RSA 暗号は「公開鍵 $pk = (N, e)$ を公開しても、d, p, q を求めることが困難である」ことを安全性の根拠にしています。素因数分解は困難であるので、N から p, q を効率的に求められません。p, q がわからないので、$(p-1)(q-1)$ を効率的に求められません。よって、d を効率的に求められません。

RSA 問題とは

(N, e) と c が与えられたときに、$c = m^e \bmod N$ を満たす m を求める問題を、RSA 問題といいます。また、RSA 問題を効率的に解くアルゴリズム(図4.24)が存在しないとする仮定を、RSA 仮定といいます。RSA 問題を効率的に解くアルゴリズムが存在するかどうかは、現在のところ未解決問題となっています。

図4.24　RSA問題を解くアルゴリズムの入出力

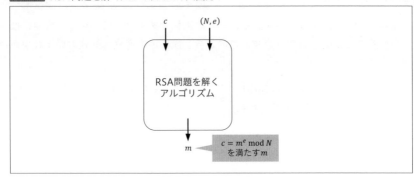

　(N, e) から d を求める問題と、RSA問題は異なります。RSA問題の目標は m を求めることであり、d を求めずに m を求められるかもしれないからです。d を求める問題が解ければ、RSA問題を解けます。

素因数分解問題とRSA問題の関係

　次に、素因数分解問題とRSA問題の関係を確認します。

考察：

　素因数分解問題が解けると、RSA問題が効率的に解けてしまうことを説明してください。

検証：

　暗号の世界では、次のように証明します。まず、N を素因数分解するアルゴリズムAが存在したと仮定します。このアルゴリズムは素因数分解さえ解ければよく、内部の動作は自由です。つまり、入力は N、出力は p, q で、内部はブラックボックスのアルゴリズムです。

　このAを使って、RSA問題を解くアルゴリズムBを構成できれば、上記の関係性を証明できたことになります。Bの内部の動作は 図4.25 のようになります。p, q を得た後は、鍵生成アルゴリズムと同様にして d を計算できます。Bの入出力がRSA問題の入出力と一致しています。

　一方、RSA問題が解けても、d を求める問題が解けるとは限りません。なぜならば、m, c, N が既知のときに、$m = c^d \bmod N$ を満たす d を求めることになるからです。すなわち、これは離散対数問題[4]になるということです。特に、$\mathrm{GCD}(m, N) = 1$ のときは、Z_N^* 上の離散対数問題になり、これを解くこと

図4.25 RSA問題を解くアルゴリズムの構成

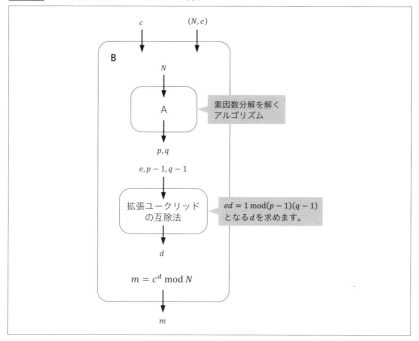

は非常に困難とされています[*34]。

　以上より、素因数分解問題が解ければ、RSA問題を解けることがわかりました。一方、RSA問題が解けても、素因数分解問題が解けるかどうかはわかっていません。つまり、RSA仮定は、素因数分解問題が困難という仮定よりも強いことになります[*35]。

　RSA暗号の一方向性を破ろうとする敵は、公開鍵(N, e)と暗号文cから、平文mを求めようとします。そのため、RSA暗号の一方向性は、素因数分解問題が困難という仮定ではなく、RSA仮定にもとづいています。

＊34：$\text{GCD}(m, N) \neq 1$になるような状況は、無視できるほど小さい確率でしか起きません。
＊35：p.236でも述べましたが、強い仮定の存在は望ましくありません。

● 4：4.6.5 ElGamal暗号の死角を探る（離散対数問題）p.329

▶ 識別不可能性の検証

選択平文攻撃[5]の下で、識別不可能性[6]を満たすかどうかを確認してみます。

攻撃者は公開鍵 $pk = (N, e)$ を入力として起動します。平文 m_0, m_1 を Challenger に送信して、チャレンジ暗号文 c^* を受け取ります。攻撃者は $m_0^e \bmod N$ と $m_1^e \bmod N$ を計算して、c^* と一致するかどうかを確認します。これにより、m_0, m_1 のどちらが暗号化されたのか判明し、b を特定できます。よって、識別不可能性は破られます。

この攻撃方法は RSA 暗号だけでなく、その他の確定的暗号にも適用できます。よって、確定的暗号は、選択平文攻撃の下で識別不可能性を満たしません。

▶ 頑強性の検証

選択平文攻撃の下で、頑強性[7]を満たすかどうかを確認してみます。

攻撃者は公開鍵 $pk = (N, e)$ を入力として起動します。攻撃者は Z_N から平文 m を選択して、暗号化アルゴリズムを用いて暗号文 c を得ます。さらに、$c' = c^2 \bmod N$ を計算して出力します。この c' は m^2 の暗号文になっているので、c' の平文は c の平文の2乗であるという関係性になっています。

この攻撃方法は RSA 暗号だけでなく、乗法準同型性[8]を持つ公開鍵暗号にも適用できます。よって、乗法準同型性を持つ公開鍵暗号は、選択平文攻撃の下で頑強性を満たしません。

▶ 一方向性の検証

RSA 仮定の下で、RSA 暗号は選択平文攻撃に対して一方向性[9]を満たすことが知られています。対偶を取ると、RSA 暗号の一方向性を破る選択平文攻撃者が存在すれば、RSA 問題を効率的に解けることになります。

RSA 問題を解くアルゴリズムと、RSA 暗号の一方向性を破るアルゴリズムは、オラクルへのアクセスを除いて入出力が完全に一致しています。よって、対偶の主張は自明に成り立ちます。

次に、適応的選択暗号文攻撃[10]の下で一方向性を満たすかどうかを確認します。攻撃者は、暗号文 c と公開鍵 pk を入力され、平文 m を求めることが目

●5：4.3.1 公開鍵暗号の攻撃モデル（選択平文攻撃）p.230
●6：4.3.2 公開鍵暗号の解読モデル（識別不可能性）p.234
●7：4.3.2 公開鍵暗号の解読モデル（頑強性）p.234
●8：4.6.5 ElGamal 暗号の死角を探る（準同型性）p.327
●9：4.3.2 公開鍵暗号の解読モデル（一方向性）p.233
●10：4.3.1 公開鍵暗号の攻撃モデル（適応的選択暗号文攻撃）p.232

標になります。攻撃者は平文m'を選択して、暗号化オラクルに送信すると、暗号文$c' = m'^e \bmod N$が返ってきます。$c'' = c/c'$を計算すると、次が成り立ちます。

$$c'' = \frac{c}{c'} = \frac{m^e}{m'^e} = \left(\frac{m}{m'}\right)^e \bmod N$$

そのため、c''を復号オラクルに送信すると、$m'' = m/m'$が返ってきます。最後に、攻撃者は$m'm''$を出力します。その出力値は$m'm'' = m$になっており、一方向性を破ったことになります。よって、適応的選択暗号文攻撃の下で一方向性を満たしません。

▶ 部分情報の漏えい

最下位ビットの計算

RSA暗号の暗号文から、平文の部分情報が漏えいする可能性について考察します。RSA暗号の暗号化では$c = m^e \bmod N$であり、eは常に奇数になります。そのため、暗号文cのヤコビ記号[11]は次のように展開できます。

$$\left(\frac{c}{N}\right) = \left(\frac{m^e}{N}\right) = \left(\frac{m}{N}\right)^e = \left(\frac{m}{N}\right)$$

よって、攻撃者は、暗号文cから平文の部分情報(m/N)を計算できます。

mのヤコビ記号は計算できましたが、最下位ビット$\mathrm{LSB}(m)$、すなわちmの偶奇はそう簡単に計算できません。cから$\mathrm{LSB}(m)$を求めることは、cからm全体を求めることと同程度に難しいことが証明されています($\mathrm{LSB}(m)$はハードコアビット)。

LSBアルゴリズムとHALFアルゴリズム

次に、平文の最下位ビットを計算するアルゴリズム、平文の大小を計算するアルゴリズムが存在すると仮定した場合について考察します。

まず準備として、LSBアルゴリズムとHALFアルゴリズムを定義します。

LSBアルゴリズムは、与えられた$c = m^e \bmod N$に対して、mの最下位ビットを出力します。HALFアルゴリズムは、与えられた$c = m^e \bmod N$に対して、入力値が$0 \leqq m < N/2$ならば0を出力し、$N/2 < m \leqq N-1$ならば1を出力します(図4.26)。入力値のcではなく、mに注目していることに注意してください。LSBアルゴリズムでは平文の最下位ビット、HALFアルゴリ

●11:4.8.2 Rabin暗号を理解するための数学知識(ヤコビ記号)p.361

ズムでは大小いずれかという部分情報が得られます。

図4.26 LSBアルゴリズムとHALFアルゴリズム

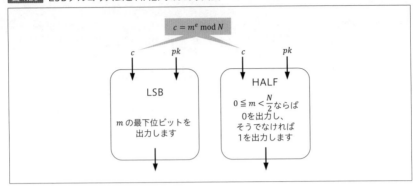

考察：

次の式が成り立つことを確認してください。

$$\mathrm{HALF}(c) = \mathrm{LSB}(c \times \mathrm{Enc}(pk, 2) \bmod N)$$

検証：

左辺と右辺は次のように展開できます。右辺の途中の式変形では、RSA暗号の乗法準同型性を利用しています。

$$(左辺) = \mathrm{HALF}(c) = \mathrm{HALF}(m^e \bmod N)$$

$$(右辺) = \mathrm{LSB}(c \times \mathrm{Enc}(pk, 2) \bmod N) = \mathrm{LSB}(\mathrm{Enc}(pk, m)\mathrm{Enc}(pk, 2) \bmod N)$$
$$= \mathrm{LSB}(\mathrm{Enc}(pk, 2m) \bmod N) = \mathrm{LSB}((2m)^e \bmod N)$$

mで場合分けして考えます。

[1] $0 \leq m < \dfrac{N}{2}$ の場合

(左辺) = 0　（∵ HALFの定義）
(右辺) = 0　（∵ $0 \leq 2m < N$ になり、偶数なので、最下位ビットは0）

[2] $\dfrac{N}{2} < m \leq N-1$ の場合

(左辺) = 1　（∵ HALFの定義）
(右辺) = 1　（∵ $N < 2m \leq 2(N-1)$ になり、法Nで考えると$2m-N$は奇数なので、最下位ビットは1）

以上により、HALFアルゴリズムはLSBアルゴリズムで構成できます。

考察：

次の式が成り立つことを確認してください。

$$\mathrm{LSB}(c) = \mathrm{HALF}(c \times \mathrm{Enc}(pk, 2^{-1}) \bmod N)$$

検証：

$(\text{左辺}) = \mathrm{LSB}(c) = \mathrm{LSB}(m^e \bmod N)$

$(\text{右辺}) = \mathrm{HALF}(c \times \mathrm{Enc}(pk, 2^{-1}) \bmod N) = \mathrm{HALF}(\mathrm{Enc}(pk, m)\mathrm{Enc}(pk, 2^{-1}) \bmod N)$

$\qquad = \mathrm{HALF}\left(\mathrm{Enc}\left(pk, \dfrac{m}{2}\right) \bmod N\right) = \mathrm{HALF}\left(\left(\dfrac{m}{2}\right)^e \bmod N\right)$

$m' = m/2$とおいて、m'で場合分けして考えると、前述と同じ議論により左辺と右辺は一致します。以上により、LSBアルゴリズムはHALFアルゴリズムでも構成できます。ゆえに、「HALF(c)を計算すること」と「LSB(c)を計算すること」は等価です。なお、ここでは相互に構成し合えるということまでしか言及しておらず、具体的な構成については言及していません（図4.27）。

図4.27 HALFアルゴリズムとLSBアルゴリズムの相互構成

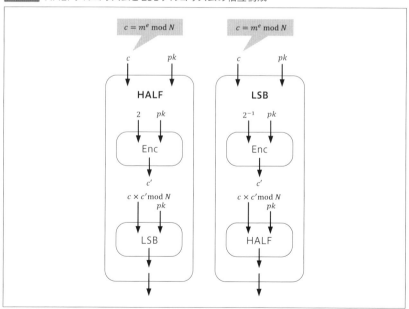

攻撃者はHALFオラクルにアクセスでき、暗号文cから平文mを特定したいとします。ここで$k = [\log_2 N]$とします（Nのビット長）。

攻撃者は$i = 0$と初期化して、$i \leq k$の間は次の操作を繰り返します。HALFオラクルにcを送信して、b_1を受け取ります。そしてListに(i, b_i)を記録します。その後、$c = c \times \text{Enc}(pk, 2) \bmod N$、$i = i + 1$とします（次回のオラクルへの送信の準備）。

low $= 0$、high $= N$、$i = 0$とします。攻撃者は、$i \leq k$の間は次の操作を繰り返します。mid $= (\text{high} + \text{low})/2$を計算します。Listのレコード$(i, *)$を参照して、$b_i = 1$であればlow $=$ mid、そうでなければhigh $=$ midとします（次回の計算の準備）。その後、$i = i + 1$とします。

最後に、攻撃者は$x = [\text{high}]$として、xを出力します（図4.28）。

図4.28 HALFオラクルを用いたアルゴリズムの構成

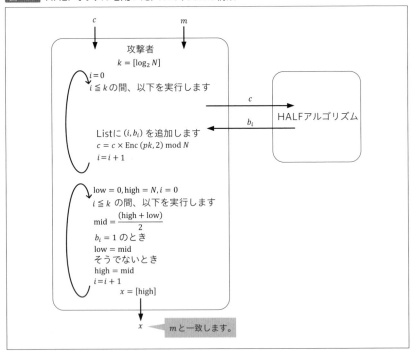

上記のアルゴリズムにおいて、ループのi回目でHALFオラクルに送信するデータは、$c \times \text{Enc}(pk, 2)^i$になります。これは、Encの乗法性より、$\text{Enc}(pk, m \times 2^i)$になります。HALFオラクルからの戻り値である$b_i$をListに記録したら、それを使って、平文$m$の候補を絞り込みます（表4.24）。$m$は整数なので、最終的に一意に決まります。

表4.24 m の候補の絞り込み

i	b_i	$b_i = 0$ となる m の範囲
0	$\text{HALF}\big(\text{Enc}(pk, m)\big)$	$\left[0, \dfrac{n}{2}\right)$
1	$\text{HALF}\big(\text{Enc}(pk, m \times 2)\big)$	$\left[0, \dfrac{n}{2^2}\right) \cup \left[\dfrac{2n}{2^2}, \dfrac{3n}{2^2}\right)$
2	$\text{HALF}\big(\text{Enc}(pk, m \times 2^2)\big)$	$\left[0, \dfrac{n}{2^3}\right) \cup \left[\dfrac{2n}{2^3}, \dfrac{3n}{2^3}\right) \cup \left[\dfrac{4n}{2^3}, \dfrac{5n}{2^3}\right) \cup \left[\dfrac{6n}{2^3}, \dfrac{7n}{2^3}\right)$
...	...	...

問題：

$pk = (N, e) = (2993, 1001)$、$c = 2672$ とします。このとき、HALFオラクルは **表4.25** の b_i を返すものとします。このときの平文 m を求めてください。

表4.25 HALF オラクルの返答パターン

i	0	1	2	3	4	5	6	7	8	9	10	11
b_i	0	0	1	1	1	1	0	0	0	0	1	1

解答：

$k = [\log(2993)] = [11.5] = 11$ となるので、i は0から11まで計算します。上記のアルゴリズムどおりに動作すると、各 low, mid, high の値は、**表4.26** のように推移します。

表4.26 アルゴリズムの動作の流れ

i	b_i	midの計算時			次回の計算の準備	
		low	mid	high	low	high
0	0	0	1496.5	2993	0	1496.5
1	0	0	748.25	1496.5	0	748.25
2	1	0	374.13	748.25	374.13	748.25
3	1	374.13	561.19	748.25	561.19	748.25
4	1	561.19	654.72	748.25	654.72	748.25
5	1	654.72	701.49	748.25	701.49	748.25
6	0	701.49	724.87	748.25	701.49	724.87
7	0	701.49	713.18	724.87	701.49	713.18
8	0	701.49	707.34	713.18	701.49	707.34
9	0	701.49	704.42	707.34	701.49	704.42
10	1	701.49	702.96	704.42	702.96	704.42
11	1	702.96	703.69	704.42	703.69	704.42

よって、$m = [\text{high}] = [704.42] = 704$ と平文が計算されました[*36]。

なお、HALF オラクルの返り値 b_i は、表4.27 のように計算しています。e 乗される値が $N/2 = 2993/2 = 1496.5$ より大きいか小さいかで、b_i の値が決まります。

表4.27 HALF オラクルの返り値の計算

i	b_i
0	$\text{HALF}\big(\text{Enc}(pk, m)\big) = \text{HALF}(704^e) = 0$
1	$\text{HALF}\big(\text{Enc}(pk, m \times 2)\big) = \text{HALF}(1408^e) = 0$
2	$\text{HALF}\big(\text{Enc}(pk, m \times 4)\big) = \text{HALF}(2816^e) = 1$
3	$\text{HALF}\big(\text{Enc}(pk, m \times 8)\big) = \text{HALF}(2639^e) = 1$
4	$\text{HALF}\big(\text{Enc}(pk, m \times 16)\big) = \text{HALF}(2285^e) = 1$
5	$\text{HALF}\big(\text{Enc}(pk, m \times 32)\big) = \text{HALF}(1577^e) = 1$
6	$\text{HALF}\big(\text{Enc}(pk, m \times 64)\big) = \text{HALF}(161^e) = 0$
7	$\text{HALF}\big(\text{Enc}(pk, m \times 128)\big) = \text{HALF}(322^e) = 0$
8	$\text{HALF}\big(\text{Enc}(pk, m \times 256)\big) = \text{HALF}(644^e) = 0$
9	$\text{HALF}\big(\text{Enc}(pk, m \times 512)\big) = \text{HALF}(1288^e) = 0$
10	$\text{HALF}\big(\text{Enc}(pk, m \times 1024)\big) = \text{HALF}(2576^e) = 1$
11	$\text{HALF}\big(\text{Enc}(pk, m \times 2048)\big) = \text{HALF}(2159^e) = 1$

▶ 復号指数 d の条件

復号指数 d が小さい値であれば、復号処理の計算量を削減できます。しかしながら、ボネ（Boneh）とダーフィー（Durfee）は、$d < N^{0.292}$ のとき、$pk = (N, e)$ から効率的に d を計算できることを証明しました。

また、$N^{0.292} < d$ であっても、$d < \sqrt{N} = N^{0.5}$ のとき、$pk = (N, e)$ から効率的に d を計算できると予想されています。よって、公開法 N の半分以下のビット長である d は避けるべきといえます。

[*36]：p.274 の $pk = (N, e)$、p.276 の c_1 から、それを復号した結果、m_1 と一致します。

4.5.8 RSA暗号の効率化

❯ 復号アルゴリズムの高速化

中国人の剰余定理

整数 $m_1, m_2, ..., m_k$ が互いに素な正の整数とします。このとき、次の連立合同式は、積 $m = m_1 m_2 ... m_k$ を法として、一意な解を持つことが知られています。これを中国人の剰余定理（Chinese Remainder Theorem：CRT）といいます。

$$x = a_1 \bmod m_1$$

$$x = a_2 \bmod m_2$$

$$\vdots$$

$$x = a_k \bmod m_k$$

この連立方程式を解く効率的なアルゴリズムとして、GaussのアルゴリズムとGarnerのアルゴリズムが知られています。

Gaussのアルゴリズム

まずはGaussのアルゴリズムを紹介します。

Gaussのアルゴリズム	
入力	$a_1, ..., a_k$：任意の整数 $m_1, ..., m_k$：法
出力	$x = a_i \bmod m_i$　$(i = 1, ..., k)$ を満たす整数 x
動作	1：$m = m_1 m_2 ... m_k$ を計算します。
	2：$i = 1, b = 0$ とします。
	3：$i \leqq k$ の間、次を繰り返します。 　　3a：$M_i = m/m_i$ を計算します。 　　3b：$y_i = M_i^{-1} \bmod m_i$ を計算します。 　　3c：$b = b + a_i M_i y_i \bmod m$ を計算します。 　　3d：$i = i + i$ とします。
	4：$x = b$ とし、x を出力します。

このアルゴリズムを実行することで、b は次の計算をしていることになります。

$$b = \sum_{i=1}^{k} a_i M_i y_i \bmod m$$

ここで$M_i y_i$は、法m_iのときは1、法m_i以外のときは0になります。

Garnerのアルゴリズム

次にGarnerのアルゴリズムを紹介します。

Garnerのアルゴリズム	
入力	$a_1, ..., a_k$：任意の整数 $m_1, ..., m_k$：法
出力	$x = a_i \bmod m_i \quad (i = 1, ..., k)$を満たす整数$x$
動作	1：$m = m_1$、$b = a_1$、$i = 2$、$b = 0$とします。
	2：$i \leq k$の間、次を繰り返します。 　　2a：$c = m^{-1} \bmod m_i$を計算します。 　　2b：$b = b + mc(a_i - b)$を計算します。 　　2c：$m = mm_i$を計算します。 　　2d：$i = i + 1$とします。
	3：$x = b$とし、xを出力します。

中国人の剰余定理による復号処理

中国人の剰余定理によると、RSA暗号の復号である$m' = c^d \bmod N$の計算を行うためには、まず次の2つの式を計算します。

$$m_1 = c^d \bmod p, m_2 = c^d \bmod q$$

その後、次のどちらかの方法によってm'を計算できます。①はGaussのアルゴリズム、②はGarnerのアルゴリズムに対応します。

① $px + qy = 1$として、$m' = m_1 qy + m_2 px \bmod N$を計算します。

② $a = p^{-1} \bmod q$として、$m' = \{a(m_2 - m_1) \bmod q\}p + m_1$を計算します。ここで、$a(m_2 - m_1)$の部分は法$q$で計算して負の数であれば、正の値に調整します。

ところで、m_1, m_2は次のように計算した方が効率がよいといえます（ 図4.29 ）。ここでフェルマーの小定理を用いています。法pでは$p-1$乗が1になるので、べき乗を計算する場合には、その指数を$p-1$で割った余りだけを用いれば十分です。

$$m_1 = c^d \bmod p = (c \bmod p)^{d \bmod p-1} \bmod p$$

$$m_2 = c^d \bmod q = (c \bmod q)^{d \bmod q-1} \bmod q$$

図4.29 中国人の剰余定理による復号処理

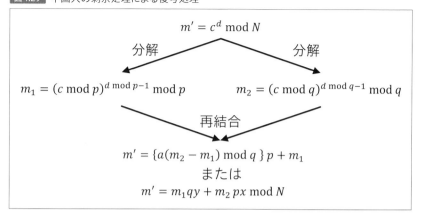

p, q がわかれば、中国人の剰余定理を使うことで、法Nのべき乗剰余計算を高速化できます。中国人の剰余定理を応用した、高速な復号アルゴリズムは次のとおりです。秘密鍵skに、Nの素因数p, qだけでなく、事前に計算できるa, d_1, d_2を含めるようにしました。

	高速な復号アルゴリズム
入力	c：暗号文 $pk = (N, e)$：公開鍵 $sk = (p, q, a, d_1, d_2)$：秘密鍵 ただし、$a = p^{-1} \bmod q$、$d_1 = d \bmod p - 1$、$d_2 = d \bmod q - 1$とします。
出力	m'：復号結果
動作	1：$c_1 = c \bmod p$、$c_2 = c \bmod q$を計算します。 2：$m_1 = c_1{}^{d_1} \bmod p$、$m_2 = c_2{}^{d_2} \bmod q$を計算します。 3：$m' = \{a(m_2 - m_1) \bmod q\}p + m_1$を計算して、出力します。

このアルゴリズムには、法Nでの計算は登場せず、法pあるいは法qでの計算だけになります。p, qはNのほぼ半分のビット長であるため、c_1, d_1, c_2, d_2もNのほぼ半分のビット長になります。

復号処理の計算時間は、$k^2 \mathrm{Len}(d)$に比例することをすでに述べました（kはデータ長）。指数dとデータの大きさが同程度であれば、$\mathrm{Len}(d) = k$となります。よって、復号処理の計算時間はk^3に比例します。

ここで紹介した高速なアルゴリズムであれば、データ長がほぼ半分になるため、べき乗剰余計算の計算時間は$k^3/8 (= (k/2)^3)$に比例します。m_1とm_2という2つを計算する必要があるので、全体として計算時間は$k^3/4 (= 2 \times k^3/8)$に比例します（従来のアルゴリズムの計算時間は、k^3に比例していました）。

ところで、高速化したアルゴリズムは、べき乗剰余計算以外にも、ステップ1の処理があります。ステップ1は暗号文 c が必要なので事前に計算はできませんが、この処理はべき乗剰余計算よりも簡単に計算できるので、べき乗剰余計算の比較では無視できるといえます。

結局のところ、高速化したアルゴリズムは、従来のアルゴリズムよりも計算時間を約1/4に短縮できたことになります。さらに、p, q それぞれに関連する部分を並列計算できれば、最終的に1/8程度に短縮できることが期待できます。

問題：

$p = 5$、$q = 11$、$e = 3$、$d = 27$、$m = 17$ としたときの、暗号文 c を計算してください。その後、高速化した復号アルゴリズムで復号してください。

解答：

暗号文は次のように計算できます。

$$c = m^e \bmod N = 17^3 \bmod 55 = 18$$

高速化した復号アルゴリズムを用いると、次のような各種計算を行い、最後に m' を計算できます。

$a = p^{-1} \bmod q = 5^{-1} \bmod 11 = 9$

$d_1 = d \bmod p - 1 = 27 \bmod 4 = 3, d_2 = d \bmod q - 1 = 27 \bmod 10 = 7$

$c_1 = c \bmod p = 18 \bmod 5 = 3, c_2 = c \bmod q = 18 \bmod 11 = 7$

$m_1 = c_1^{d_1} \bmod p = 3^3 \bmod 5 = 2, m_2 = c_2^{d_2} \bmod q = 7^7 \bmod 11 = 6$

$m' = \{a(m_2 - m_1) \bmod q\}p + m_1 = \{9(6 - 2) \bmod 11\}5 + 2 = 3 \cdot 5 + 2 = 17$

以上により、平文 m と復号結果 m' が一致することを確かめられました。

4.6 ElGamal暗号

安全性★★★☆☆　効率性★★★★☆　実装の容易さ★★★★☆

- 暗号文は平文の約2倍の大きさになります。
- 確率的暗号の一種です。
- CDH仮定の下で、ElGamal暗号はIND-CPA安全です。

4.6.1 ElGamal暗号とは

ElGamal（エルガマル）暗号は、1984年にエルガマルによって提案されました。暗号化の際に、乱数を用いて平文をマスクすることで安全性を向上させます。CDH仮定の下でIND-CPA安全[12]であることが証明されています。

4.6.2 ElGamal暗号を理解するための数学知識

法が素数のときの位数

ElGamal暗号の定義を解説する前に、いくつかの数学的準備をします。フェルマーの小定理[13]によれば、pが素数かつ$GCD(a, p) = 1$であれば、$a^{p-1} = 1 \bmod p$になります。ところが、$p-1$よりも小さい値kで、次の(1)式を満たす場合があります。

$$a^k = 1 \bmod p \quad \leftarrow (1)$$

いずれにしても、(1)式を満たす自然数kの中で最も小さい値を、法pにおけるaの位数といいます。

例えば、法7のべき乗表を使って、べき乗が1になるようなbの値を調べます。ここで、法7のべき乗表を再掲します（表4.28）。ただし、$a=0$、$b=0$は除外してあります。

- [12]：4.3.4 安全性の定式化（IND-CPA安全）p.236
- [13]：4.5.2 RSA暗号を理解するための数学知識（フェルマーの小定理）p.268

表4.28 法7のべき乗表（$a^b \bmod 7$）

a \ b	1	2	3	4	5	6
1	1	1	1	1	1	1
2	2	4	1	2	4	1
3	3	2	6	4	5	1
4	4	2	1	4	2	1
5	5	4	6	2	3	1
6	6	1	6	1	6	1

すると、各aの位数は 表4.29 のようになります。

表4.29 法7の位数表

a	$a^b = 1 \bmod 7$を満たすb	位数k
1	1, 2, 3, 4, 5, 6	1
2	3, 6	3
3	6	6
4	3, 6	3
5	6	6
6	2, 4, 6	2

$a = 3, 5$のときは、位数が6（$= p - 1$）になります。その行に$1, 2, \ldots, 6$（$= p - 1$）の数が登場しています。これらの数はZ_7^*の元のすべてになります。つまり、$a = 3, 5$のべき乗剰余は、Z_7^*の元を生成することを意味します。ここで、7時間時計において、$a = 2, 3$のべき乗剰余を確認してみます（ 図4.30 ）。

図4.30 7時間時計と法7における位数

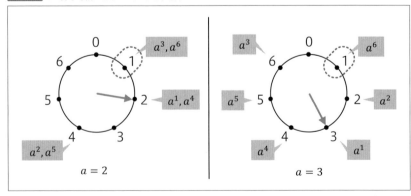

この結果は一般化されます。位数が$p-1$であるようなaは、法pの原始元といい、原始元のべき乗剰余によって、$Z_p^* = \{1, ..., p-1\}$のすべての元を生成することが知られています。

　ところで、表では$b=0$を除外しましたが、$b=0$のときは常に1に一致します。一方、フェルマーの小定理より、$b=6$（$=p-1$)のときも常に1に一致します（表からも明らか）。よって、「$b=1,2,...,p-1$でZ_p^*の元がすべて登場する」は、「$b=0,2,...,p-2$でZ_p^*の元がすべて登場する」のように書き換えることもできます。

　法7の位数の種類は、1, 2, 3, 6の4パターンがありました。これらはすべて6（$=p-1$）を割り切ります。これも一般的に成り立つことが知られています。つまり、任意のaに対して、（法pにおける）aの位数は$p-1$を割り切ります。

▶ 法が整数のときの位数

　これまでの議論は法が素数でしたが、これを整数にまで一般化します。正の整数m（素数とは限らない）とaは、mと互いに素とします。このとき、オイラーの定理[14]より、次が成り立ちます。

$$a^{\varphi(m)} = 1 \bmod m$$

よって、aのべき乗は、いつか1に一致します。そこで、$a^k = 1 \bmod m$となるような最小の正の整数kを、法mにおけるaの位数といいます。そして、位数が$\varphi(m)$と一致するようなaを、法mの原始元といいます。

4.6.3 ElGamal暗号の定義

　ElGamal暗号は（KeyGen, Enc, Dec）から構成されています（ 図4.31 ）。

●14：4.5.2 RSA暗号を理解するための数学知識（オイラーの定理）p.269

図4.31 ElGamal暗号のアルゴリズム

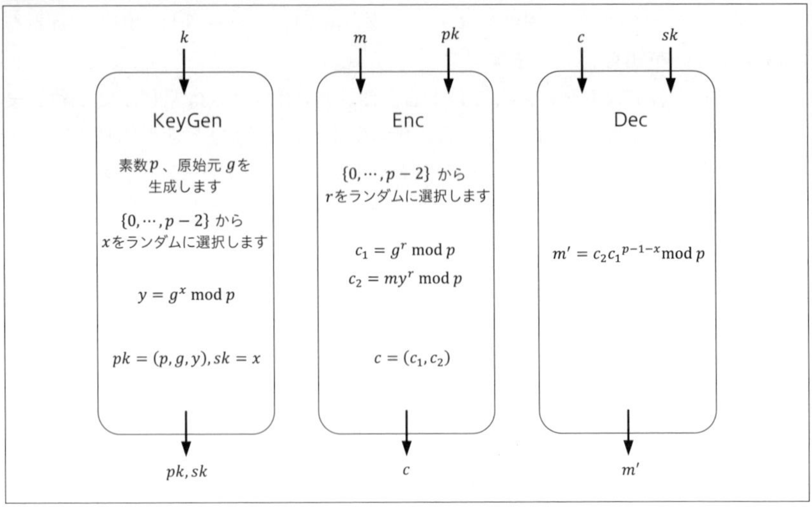

鍵生成アルゴリズム

入力	k：セキュリティパラメータ
出力	pk：公開鍵 sk：秘密鍵
動作	1：kビットのランダムな素数pと原始元g（$1 < g < p$）を選びます。 2：$0 \leq x \leq p-2$となる整数xをランダムに選びます[*37]。 3：$y = g^x \bmod p$を計算します。 4：$pk = (p, g, y)$と$sk = x$を出力します。

　このアルゴリズムは他の暗号技術でも使われるので、DLGenと呼ぶことにします。

　動作のステップ1の原始元gは、$1 < g < p$の範囲から選択していますが、これは$Z_p^* = \{1, ..., p-1\}$から選択している状況と同じです。ただし、$g=1$にならないようにしています。

　ところで、原始元gは大きな値でなくても、ランダムでなくても問題ありません。実際にはgは原始元でなくても、暗号の正当性は成り立ちます。しかし、gの周期が極端に短いと、$g^x \bmod p$として取り得る値が少なくなってし

[*37]：本書において、（ある範囲内から）「ランダムに選択する」と記述した場合には、等確率の確率分布という前提のうえで、ランダムに選択していることを意味します。

まいます。これではxが推測されやすくなってしまいます。こうした問題を防ぐために、gを原始元にします。gが原始元であれば、周期が一番長くなり、xが推測されにくくなるからです。

ステップ2では$0 \leqq x \leqq p-2$の範囲からxを選んでいますが、$1 \leqq x \leqq p-1$としても、得られるyは同じです。なぜならば、$x=0$のときと$x=p-1$のときは、任意のgに対して$g^x = 1 \bmod p$になるからです。$p-1$乗の計算よりは0乗の計算の方が効率がよいので、$0 \leqq x \leqq p-2$の範囲を用いています。

❯ 暗号化アルゴリズム

入力	m：平文$(0 < m < p)$ pk：公開鍵
出力	c：暗号文
動作	1：$0 \leqq r \leqq p-2$となる整数rをランダムに選びます。 2：$c_1 = g^r \bmod p$と$c_2 = my^r \bmod p$を計算します。 3：$c = (c_1, c_2)$を出力します。

$m=0$のときは、r, xの値にかかわらずc_2が常に0になってしまうので、ここでは除外しました[*38]。$0 < m < p$という範囲はZ_p^*と対応します。

ステップ2では、平文mはy^rと掛け合わせ、平文をマスクします。

ステップ3では、マスク済みの暗号文だけでなく、g^rも暗号文の一部としています。つまり、暗号文cは平文mに比べてサイズが2倍になっています。

❯ 復号アルゴリズム

入力	c：暗号文 pk：公開鍵 sk：秘密鍵
出力	m'：復号結果
動作	1：$m' = c_2 c_1^{p-1-x} \bmod p$を計算して、その結果$m'$を出力します。

ステップ1の計算は、次の計算と同じです。

$$m' = \frac{c_2}{c_1{}^x} \bmod p$$

[*38]：$m=0$を含めても復号は可能です。文献によっては、平文空間に0を含めていることもあります。

秘密鍵$sk = x$を知っていれば、$c_1 (= g^r)$から$c_1{}^x (= g^{xr} = y^r)$を計算できます。その後、c_2をc_1で割ることでマスクを取り除いて、平文mを抽出します。

4.6.4 ElGamal暗号の計算で遊ぶ

▶ 正当性の検証

ElGamal暗号の正当性は、次のようにして証明できます。

$$
\begin{aligned}
m' &\\
&= \mathrm{Dec}\big(sk, \mathrm{Enc}(pk, m)\big) \\
&= c_2 c_1^{p-1-x} \bmod p \\
&= m y^r \cdot g^{r(p-1-x)} \bmod p \\
&= m g^{rx} \cdot g^{r(p-1-x)} \bmod p \\
&= m g^{r(p-1)} \bmod p \\
&= m \cdot 1^r \bmod p \quad (\because \text{フェルマーの小定理}) \\
&= m \bmod p
\end{aligned}
$$

よって、正当性が成り立ちます。

▶ 計算の演習（数値例）

問題：

$pk = (p, g, y) = (2243, 2, 263)$としたとき、平文$m = 1107$の暗号文を計算してください。ただし、暗号化アルゴリズムの乱数は、$r = 403$とします。

解答：

$$
\begin{aligned}
c_1 &= g^r \bmod p = 2^{403} \bmod 2243 = 1940 \\
c_2 &= m y^r \bmod p = 1107 \cdot 263^{403} \bmod 2243 = 420
\end{aligned}
$$

よって、暗号文は$c = (c_1, c_2) = (1940, 420)$になります。

問題：

$sk = x = 322$としたとき、上記で求めた暗号文cを復号してください。

解答：

復号アルゴリズムの計算を実行します。

$$m' = c_2 c_1^{p-1-x} \bmod p = 420 \cdot 1940^{2243-1-322} \bmod 2243$$
$$= 420 \cdot 1940^{1920} \bmod 2243 = 1107$$

よって、復号した結果、元の平文 m と一致しています。

▶ 素数 p の条件

$p-1$ の素因数がすべて小さい場合に、離散対数を効率的に計算するアルゴリズムが知られています[*39]。そのため、ElGamal暗号の鍵生成アルゴリズムにおいて素数 p を生成する際には、$p-1$ が大きな素因数を含む、という条件を満たすことが望ましいといえます。

この条件を満たす p を生成する素朴な方法として、素因数分解を行うアプローチがあります。

入力	k：求めるべき素数のビット長
出力	p：素数（$p-1$ が大きな素因数を含む）
動作	1：基本型の素数生成アルゴリズムを用いて、k ビットの整数 p を生成します。 2：$p-1$ を素因数分解して、次が得られたものとします。ただし、$p_1 < \cdots < p_r$ とします。 $$p-1 = p_1^{e_1} \cdot \cdots \cdot p_r^{e_r}$$ 3：p_r が $0.9k$ ビット未満であれば、ステップ1に戻ります。そうでなければ、p を出力します。

ここでは、$p-1$ が $0.9k$ ビット以上の素因数を持つものとしていますが、最大の素因数のビット長を入力に与えるように容易に変形できます。このアルゴリズムは非常に単純ですが、暗号理論では大きなサイズを扱います。そのため、ステップ2の素因数分解は効率的に実現できません。よって、アルゴリズムに工夫が必要です。

次のアイデアは、t を大きな素数として、$2aq+1$ の形状を持つような素数 p を選択するというものです。このような p なら、$p-1 = (2aq+1) - 1 = 2aq$ は、$2, a, q$ という素因数を持ちます。q は大きな素数としたので、$p-1$ は大きな素因数を持つことになります。

[*39]：ポーリッヒ・ヘルマン（Pohlig-Hellman）のアルゴリズムという、離散対数問題を解読するアルゴリズムがあります。このアルゴリズムの計算時間は、$\varphi(p)$ の最大の素因数の平方根で抑えられます。つまり、p が素数であれば $\varphi(p) = p-1$ になり、$p-1$ のすべての素因数が小さければ効率的に解読されてしまいます。

これを実現する具体的なアルゴリズムは次のとおりです。

素数生成アルゴリズム（$p-1$が大きな素因数を含む）	
入力	k：求めるべき素数のビット長
出力	p：素数（$p-1$が大きな素因数を含む）
動作	1：基本型の素数生成アルゴリズムを用いて、$0.8k$ビットの素数qを生成します。 2：$2aq+1$型の素数生成アルゴリズムを用いて、$p=2aq+1$となる素数pを生成して出力します。ここでaは$0.2k$以下のビット長のランダムな整数です。

　$2aq+1$型の素数生成アルゴリズムは、kビットのqを入力すると、aは$0.25k$ビット、pは$1.25k$ビットになります。ここでは、kビットのpを得たいので、q,aのビット長を調整しています。

▶ 原始元の生成

原始元生成アルゴリズム

　ElGamal暗号の鍵生成アルゴリズムでは、原始元gを生成しなければなりません。

原始元生成アルゴリズム	
入力	なし
出力	g：原始元
動作	1：$g=2$とします。 2：原始元判定アルゴリズムでgが原始元かを判定します。gが原始元であれば出力します。gが原始元でなければ、$g=g+1$として繰り返します。

　このアルゴリズムでは、できる限り小さい原始元を見つけようとして2から開始していますが、必ずしも2でなくてかまいません。ランダムに選択することもあります。原始元は$\varphi(p-1)$個存在し、その割合は約$0.6(\fallingdotseq 6/\pi^2)$であることが知られています。そのため、素数判定アルゴリズムに比べて、ステップ2の繰り返し数は少なくて済みます。

　gが原始元であれば、素数pを法とした場合、$p-1$乗して初めて1になります。つまり、$1 \leqq i \leqq p-2$において次が成り立つことを確認できれば、gは原始元になります。

$$g^i \neq 1 \bmod p \quad \leftarrow (1)$$

　(1) 式のチェックの回数は$p-1$回です。$i=2$のべき乗剰余計算であれば時

間はかかりませんが、指数の値が1つずつ大きくなり、最終的には$i = p-2$のべき乗剰余計算を行います。pが非常に大きな数であれば、この計算は効率が悪くて現実的ではありません。

そこで、位数は$p-1$を割り切るという事実を利用します。$p - 1 = q_0^{e_0} \cdot q_1^{e_1} \cdot \cdots \cdot q_s^{e_s}$のように素因数分解されたとき、$g$が法$p$の原始元であるためには、$0 \leqq i \leqq s$において次が成り立たなければなりません。

$$g^{\frac{p-1}{q_i}} \neq 1 \bmod p \quad \leftarrow (2)$$

(2) 式の左辺は、位数となり得る候補に該当します。ただし、指数部分は$p-1$の素因数で割っているので、$p-1$は除外されています。$0 \leqq i \leqq s$の範囲で考えることで、位数となり得る候補にて、べき乗剰余の結果がすべて1に一致しないことを確認しています。検証式のチェックの回数は、$s+1$回です。なお、式にe_iが登場していないことから、$p-1$の素因数のうち、同一のものは考える必要はありません。

(2) 式を活用すれば、原始元の判定において、無駄なべき乗剰余の計算を除外でき、高速化が期待できます。しかし、$p-1$の素因数を使うので、$p-1$の素因数分解ができなければなりません。

原始元判定アルゴリズム

「素朴な原始元の計算方法では効率が悪いこと」と「$p-1$の素因数分解が必要であること」を解決する方法があります。それは、最初から都合のよい形式を持つ素数を選択するのです。例えば、次のような形式の素数pがよく採用されます。

① $p = 2q + 1$ （q：素数）
② $p = 2aq + 1$ （q：素数）

①の場合、$p-1$の素因数分解の結果は完全にわかっていることになります。なぜならば、$p - 1 = 2q$において、素因数は2とqだけしかないからです。しかも、素因数は2個しかないため、(2) 式の検証は2回だけで済みます。

②の場合、$p - 1 = 2aq$になります。$p = 2aq + 1$型の素数生成アルゴリズムを使った場合、aは小さい値になるので、aの素因数分解は可能です。素因数分解の結果が$p - 1 = 2aq = 2 \cdot a_0^{e_0} \cdot a_1^{e_1} \cdot \cdots \cdot a_k^{e_k} \cdot q$だったとすれば、(2) 式の検証は$k+3$回で済みます。

以上の議論をまとめると、原始元判定アルゴリズムは次のとおりです。ここでは、入力される素数pは①の形式であるものとします。

原始元判定アルゴリズム	
入力	g：原始元かを判定したい整数 p：$p=2q+1$の形式（q：素数）
出力	d：判定結果（1：原始元である、0：原始元ではない）
動作	1：$g \neq 1 \bmod p$であることを検証します。成り立てば以降を実行し、成り立たなければ$d=0$を出力します。 2：$g^2 \neq 1 \bmod p$であることを検証します。成り立てば以降を実行し、成り立たなければ$d=0$を出力します。 3：$g^q \neq 1 \bmod p$であることを検証します。成り立てば$d=1$を出力し、成り立たなければ$d=0$を出力します。

4.6.5 ElGamal暗号の死角を探る

▶ 乱数に注目する

　RSA暗号[15]では、同一の公開鍵の下で平文と暗号文は1対1に対応します。一方、ElGamal暗号では、暗号化に乱数を用いるため、同じ平文に対して毎回異なる暗号文が得られます（ 図4.32 ）。この乱数は、暗号化のたびに使われる、一種の使い捨ての秘密鍵といえます。このような暗号を確率的暗号といいます。

図4.32　確率的暗号の原理

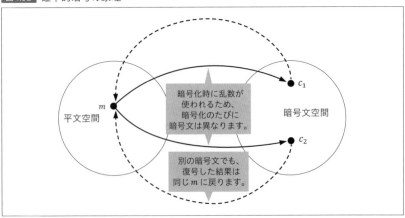

---

[15]：4.5 RSA暗号 p.244

確定的暗号と確率的暗号を比較すると、図4.33 のようになります。

図4.33 確定的暗号と確率的暗号の比較

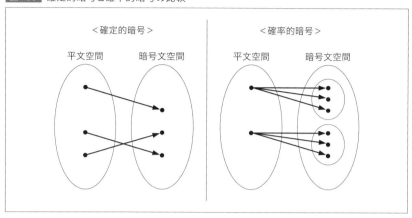

識別不可能性を満たすためには、確率的暗号でなければならないことが知られています。ここでは、乱数を使わないとどのような問題が生じるかを考えてみます。

考察：

暗号化アルゴリズム内のrを固定値にすると、どうなるでしょうか。

検証：

攻撃者は、暗号文$c = (c_1, c_2)$を盗聴して、mを特定することが目標です。仕様上、rが固定値であれば、rは既知の情報です。離散対数問題は効率的に求められないため、$y = g^x \bmod p$からxを計算することは困難です。また、$c_1 = g^r$はすべて既知の情報から構成されているので、特に有益な情報はありません。$c_2 = m y^r \bmod p$を変形すると、次のようになります。

$$m = \frac{c_2}{y^r} = c_2 \cdot y^{-r} = c_2 \cdot y^{p-1-r} \bmod p$$

c_2, y, r, pは既知の情報なので、mを計算できます。

考察：

暗号化アルゴリズムの実行のたびに、rはランダムに選択しなければなりませんが、もしrを使いまわした場合にはどうなるでしょうか。

検証：

アリスがボブに暗号文を送信し、その際にたった2回だけ乱数rを使いまわした状況を考えます。2つの平文m, m'のそれぞれの暗号文を、(c_1, c_2), (c_1', c_2')とします。ここで$c_1 = g^r \bmod p$、$c_1' = g^{r'} \bmod p$が成り立ちますが、同一のrを使いまわすので、$c_1 = c_1'$になります。$m = c_2 c_1^{p-1-x} = c_2 c_1^{-x}$ $= \dfrac{c_2}{c_1^x} \bmod p$より、$m \neq 0$なら次のように変形できます。

$$c_1^x = \frac{c_2}{m} \bmod p$$

$$g^{xr} = \frac{c_2}{m} \bmod p \quad (\because c_1 = g^r)$$

同様に、$g^{xr} = \dfrac{c_2'}{m'} \bmod p$が成り立ちます。よって、次の関係が成り立ちます。

$$\frac{c_2}{m} = \frac{c_2'}{m'} \bmod p$$

攻撃者にとってc_2, c_2', pは既知の情報です。この例ではm, m'は本来未知の情報ですが、もし何らかの方法でmを知ったとすると、残りのm'も計算できます。

例えば、乱数を使いまわす暗号化サーバがあり、攻撃者もアクセスできるものとします。攻撃対象の暗号文c_2'を入手し、暗号化サーバに平文mを送り、暗号文c_2を得ます。このような状況であれば、攻撃者はm'をすぐに解読できてしまいます。

考察：

暗号化アルゴリズムのrをカウンタ[40]とした場合、どうなるでしょうか。

検証：

1回目の暗号化では乱数rを使い、2回目の暗号化では$r+1$を使ったものとします。2つの平文m_1, m_2のそれぞれの暗号文を、(c_1, c_2), (c_1', c_2')とします。ここで$c_2 = m y^r \bmod p$、$c_2' = m' y^{r+1} \bmod p$が成り立ちます。

$$\frac{c_2'}{c_2} = \frac{m' y^{r+1}}{m y^r} = \frac{m' y}{m}$$

＊40：カウンタとは、処理ごとに増加する値のことです。

攻撃者にとってc_2, c_2', yは既知の情報です。もし何らかの方法でmを知ったとすると、残りのm'を計算できます。

考察：

暗号化アルゴリズムのrを$\{0, \ldots, p-2\}$の集合からではなく、$\{0, 1\}$の集合からランダムに選択した場合はどうなるでしょうか。

検証：

1/2の確率で、前回の暗号化と同じrを使ってしまうことになります。ここでは極端に小さい集合を選んでいますが、ランダム値の取り得る範囲が小さいと、同様の問題が生じます。

▶ 共通の素数と共通の原始元

ElGamal暗号を用いたシステム全体にて、共通の素数pと共通の原始元gを使用し、これらをシステムパラメータとして事前に受け取っておきます。暗号文を送信する場合には、送信先のユーザーの公開鍵を入手します。この公開鍵はシステムパラメータを除く、yだけになります。つまり、公開鍵のサイズを短縮化できます。

しかしながら、攻撃者は攻撃に備えて、システムパラメータを使って、$g^x \bmod p$のリストを作成しようと試みるかもしれません。これは非常に困難ですが、一度リストが完成すれば、システムで使われるすべての暗号文を解読できます。各ユーザーに対する暗号文の解読だけができる状況と比べると、攻撃者にとって非常に魅力的といえます。コストに見合うものと判断される可能性が高く、共通の素数と共通の原始元は危険といえます。

▶ 準同型性の検証

準同型性とは

準同型性（homomorphic）とは、任意の平文m_1, m_2に対する暗号文$\text{Enc}(m_1), \text{Enc}(m_2)$が与えられたときに、$\text{Enc}(m_1 \circ m_2)$を計算できる性質のことです[*41]。ただし、「$\circ$」は、加法「$+$」や乗法「$\times$」のような演算子になります。「$\circ$」が加法であれば加法準同型性、「$\circ$」が乗法であれば乗法準同型性といいます。

[*41]：暗号化アルゴリズムEncに対する公開鍵の入力の表記は省略しています。

つまり、前者の場合はEnc(m_1)⊙Enc(m_2) = Enc($m_1 + m_2$)、後者の場合はEnc(m_1)⊙Enc(m_2) = Enc($m_1 \times m_2$)という関係式を満たすことになります（「⊙」は何らかの演算子）。加法と乗法の両方に関して準同型性を満たす場合、完全準同型性といいます。

準同型性を持つ暗号であれば、いくつかの暗号文があるとき、平文や秘密鍵を知らずに、演算結果の暗号文を計算できます[*42]。それを復号すれば、集計結果のみを知ることができます。これを応用すると、電子投票、電子現金、紛失通信[*43]などに応用できます。

ここでは、ElGamal暗号が準同型性を持つかどうかを確認します。m_1, m_2に対する暗号文は次のとおりです。

$$\text{Enc}(m_1) = (c_{11}, c_{12}) = (g^{r_1}, m_1 y^{r_1})$$
$$\text{Enc}(m_2) = (c_{21}, c_{22}) = (g^{r_2}, m_2 y^{r_2})$$

この2つの暗号文を掛けると、次のように計算できます。

$$\text{Enc}(m_1) \times \text{Enc}(m_2) = (c_{11} \times c_{21}, c_{12} \times c_{22}) = (g^{r_1} g^{r_2}, m_1 y^{r_1} m_2 y^{r_2})$$
$$= (g^{r_1+r_2}, m_1 m_2 y^{r_1+r_2})$$

これは$m_1 \times m_2$の暗号文なので、乗法準同型性を持ちます。しかし、$m_1 + m_2$の暗号文ではないので、加法準同型性は持ちません。

考察：

ElGamal暗号を修正して、加法準同型性を持つようにしてください。

検証：

様々なアプローチが考えられますが、最もシンプルなのは「$x^a \times x^b = x^{a+b}$」という指数の法則に注目することです。mが指数[*44]の位置に存在すれば、うまくいきそうです。そこで、ElGamal暗号の暗号化アルゴリズムを次のように修正します。

$$\text{Enc}(m) = (c_1, c_2) = (g^r, g^m y^r)$$

このように修正しても、暗号文からmの情報は漏れません。この暗号化ア

＊42：暗号文を演算することで、別の平文の暗号文を計算できています。準同型性では加法や乗法といった、意味のある平文の暗号文になっています。

＊43：紛失通信は、暗号プロトコルの一種です。送信者のデータのどれを受信者が受信したのか、送信者に知られないようにするものです。

＊44：べきx^aにおいて、xを底、aをべき指数（または単に「指数」）と呼びます。

ルゴリズムについて、加法に関する準同型を持つかどうかを確認します。m_1, m_2に対する暗号文は次のとおりです。

$$\text{Enc}(m_1) = (c_{11}, c_{12}) = (g^{r_1}, g^{m_1} y^{r_1})$$
$$\text{Enc}(m_2) = (c_{21}, c_{22}) = (g^{r_2}, g^{m_2} y^{r_2})$$

この2つの暗号文を掛けると、次のように計算できます。

$$\text{Enc}(m_1) \times \text{Enc}(m_2) = (c_{11} \times c_{21}, c_{12} \times c_{22}) = (g^{r_1} g^{r_2}, g^{m_1} y^{r_1} g^{m_2} y^{r_2})$$
$$= (g^{r_1+r_2}, g^{m_1+m_2} y^{r_1+r_2})$$

これは$m_1 + m_2$の暗号文なので、加法準同型性を持ちます。

修正ElGamal暗号

この修正版のElGamal暗号は、修正ElGamal暗号（modified-ElGamal暗号）と呼ばれています。

修正ElGamal暗号の復号アルゴリズムは、ElGamal暗号と同様に、$c_2 c_1^{p-1-x} \bmod p$を計算します。ElGamal暗号の場合は平文mが得られましたが、修正ElGamal暗号の場合は$g^m \bmod p$が得られます。この値からmを計算することは、つまり離散対数問題を解くことになります。これは必要とするメッセージ空間が小規模であれば、問題になりません。g, pは公開情報で、mの候補が限定的なので、$g^m \bmod p$に関する全部のパターンを事前に計算してリストにします。後は、復号時にリストと照合することで、mを特定します。

▶ DLPとDL仮定

離散対数問題（DLP）

2^{10}は手計算でも簡単に解けます。また、$2^x = 256$を満たす整数を求めるには、対数計算をしたり、xの範囲を絞り込んだりして、xを特定できます。ここでは、範囲を絞り込む方法で解いてみます。xに適当な整数を代入します。例えば、$x = 5$とすると、$2^5 = 32$になります。256より小さいので、もっと大き目のxを選んでみます。$x = 10$とすると、$2^{10} = 1024$になります。今度は256より大きいので、xは5より大きく10より小さい値ということがわかります。こうしてxの範囲を絞り込んで、最終的に$x = 8$であることが特定できます。

今度は、法の世界で似たような状況を考えてみます。$2^{10} \bmod 19$は、手計算が十分可能です。一方、$2^x = 17 \bmod 19$を満たすような整数xを求めるには、先ほどのようなアプローチは通用しません。なぜならば、法の世界ではべき乗剰余の計算結果が巡回するので、xの範囲を絞り込めないからです。た

だし、絞り込めなくても、法19であれば手計算でも総当たりで解決できます。しかし、法の値が非常に大きくなると、手計算では手に負えなくなります。コンピュータであっても、xを求めることは非常に困難になります。

暗号理論では、「ある方向の計算は容易だが、その逆方向の計算は非常に困難」という性質を持つものを利用します。ここで取り上げた、計算が困難な問題を定義すると次のようになります。

pを素数、gをZ_p^*の原始元とします。そのとき、Z_p^*の任意の元yに対して、次を満たすxが存在します。

$$y = g^x \bmod p$$

Z_p^*の位数[*45]は$p-1$なので、この指数xは$0 \leqq x \leqq p-2$の中に1つだけ存在します。このxを（底gについての）yの離散対数といい、$\log_g y$と表します。

このとき、離散対数xを解く問題を、（Z_p^*における）離散対数問題（discrete logarithm problem：DLP）といいます（図4.34）[*46]。

図4.34　離散対数問題を解くアルゴリズムの入出力

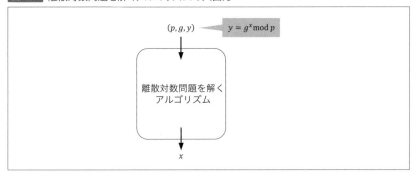

例えば、$p=13$とします。法13での原始元は2になります。なぜならば、2のべき乗剰余計算にて、12乗（$=p-12$）で最初に1と一致するからです（表4.30）。

表4.30　$2^x \bmod 13$の結果

x	(0)	1	2	3	4	5	6	7	8	9	10	11	12
$2^x \bmod 13$	(1)	2	4	8	3	6	12	11	9	5	10	7	1

原始元を選ぶと、計算結果が0を除くZ_{13}の元、すなわちZ_{13}^*の元をすべて構成します。

[*45]：集合の位数といった場合は、集合に含まれる元の個数を意味します。

[*46]：離散対数問題はZ_p^*以外の巡回群でも定義できます。詳細は後述します。

$$y = g^x \bmod p$$
$$y = 2^x \bmod 13$$

例えば、$y=6$とし、$6 = 2^x \bmod 13$を満たすx（離散対数）を求めたいとします。すでに上記の表（表4.30）が完成していれば、$2^x \bmod 13 = 6$の箇所を探し、xを特定できます。しかし、pが大きい場合には、この表を完成させることは現実的にできないといえます。もし表が完成していなければ、$x=0$から順に入力して、等式が成り立つことを確認するしかありません。その結果、離散対数は$x=5$になります。

なお、2の離散対数をすべて求めると 表4.31 のようになります。

表4.31　$\log_g y$の結果

y	1	2	3	4	5	6	7	8	9	10	11	12
$x(=\log_g y)$	0	1	4	2	9	5	11	3	8	10	7	6

この表から、離散対数は$0 \sim 11$（$= p-2 = 13-2$）のすべての整数が登場していることがわかります。これらの値は1回しか登場せず、登場する規則もわかりません。

離散対数仮定（DL仮定）

ElGamal暗号は、Z_p^*における離散対数問題にもとづいた公開鍵暗号です。離散対数を求めることが困難になるように、pが選ばれます。もし離散対数問題が解ければ、ElGamal暗号の一方向性を破ることができます。なぜならば、公開鍵の$y = g^x$から秘密鍵xを知ることできるからです。つまり、ElGamal暗号は離散対数問題の困難性に依存しています。しかし、ElGamal暗号の解読と離散対数問題が同程度に困難であるかは未解決です。

Z_p^*における離散対数問題を解くアルゴリズムとして、Shanksのアルゴリズム、Pohlig-Hellmanのアルゴリズム、指数計算法（index calculus method）などが知られています。これらのアルゴリズムを用いても、pが十分に大きい場合には効率的に解けません。離散対数問題を効率的に解くアルゴリズムは存在しないという仮定を、離散対数仮定（DL仮定）といいます。

▶暗号文からの秘密情報の漏えい

攻撃者は公開鍵$pk = (p, g, y)$、暗号文$c = (c_1, c_2)$を入手できます。ここから何らかの秘密情報を得ようとします。

c_1に注目すると、$c_1 = g^r \bmod p$の形になっており、Z_p^*上の離散対数問題

の困難性から r を効率的に求められません。

c_2 に注目すると、$c_2 = m y^r \bmod p$ の形になっています。m を特定するには、y^r を知らなければなりません（知っていれば、y^r の逆元を掛ければよい）。$y^r (= g^{rx})$ を計算するには、r を特定して y^r を計算するか、x を特定して c_1^x を計算するしかなさそうです。しかし、c_1 から r は漏れておらず、y から x も漏れていません。よって、r も x もわかりません。以上より、暗号文から秘密情報が漏れていないと考えられます。

CDH仮定とElGamal暗号の一方向性

Diffie-Hellman計算問題（CDH問題）

CDH問題（Diffie-Hellman計算問題）とは、素数 p、Z_p^* の原始元 g、$A = g^a \bmod p$、$B = g^b \bmod p$ が与えられたときに、$g^{ab} \bmod p$ を求める問題です（図4.35）。

図4.35 CDH問題を解くアルゴリズムの入出力

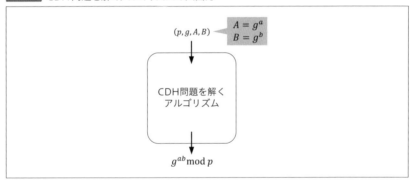

離散対数問題が解ければ、CDH問題は解けます。なぜならば、A から a、B から b が求められ、$g^{ab} \bmod p$ を計算できるからです。しかし、その逆がいえるかどうかは未解決です。

CDH仮定

p が十分に大きい場合に、CDH問題を効率的に解くアルゴリズムは見つかっていません。CDH問題を効率的に解くアルゴリズムは存在しないという仮定を、CDH仮定といいます。

では、CDH問題を解くことと、ElGamal暗号の一方向性を破ることの関係を調べてみます。CDH問題を解く効率的なアルゴリズムをD、ElGamal暗号の一方向性を破るアルゴリズムをEとします。

まず、Dが存在すると、Eを構成できることを示します[*47]。Eに公開鍵(p, g, y)、暗号文(c_1, c_2)を入力します。Eは(p, g, y, c_1)を入力として、Dを実行します。すると、Dから$g^{xr} \bmod p$が得られます。Eは$c_2(g^{xr})^{-1} \bmod p$を計算して、出力します（ 図4.36 ）。この出力値は平文mになっています。

図4.36　ElGamal暗号の一方向性を破るアルゴリズムの構成

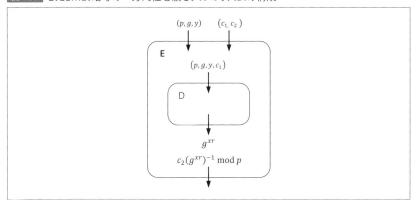

逆に、Eが存在すると、Dを構成できることを示します。Dは$(p, g, A = g^a, B = g^b)$を入力とします。DはZ_p^*からランダムにRを選びます。公開鍵(p, g, A)、暗号文$(c_1, c_2) = (B, R)$を入力として、Eを実行します。

図4.37　CDH問題を解く効率的なアルゴリズムの構成

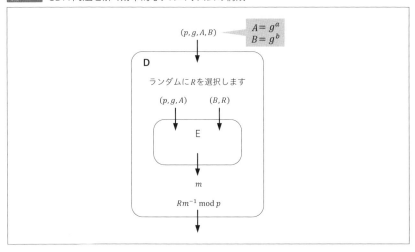

[*47]：存在を仮定するアルゴリズムは、内部の動作はブラックボックスでよく、入出力だけが合っていれば任意のアルゴリズムで問題ありません。

このとき、Eから見て、(B, R)はElGamal暗号の暗号文に見えます。すると、Eは$R = mA^b = mg^{ab} \bmod p$を満たす平文$m$を出力します。Dは$Rm^{-1} \bmod p$を計算して、出力します（図4.37）。この出力値は$g^{ab} \bmod p$になっています。

以上より、ElGamal暗号の一方向性は、CDH問題の困難性と等価であることが示されました。

頑強性の検証

アリスからボブにElGamal暗号の暗号文が送信されたとします。攻撃者は通信路を盗聴して、暗号文(c_1, c_2)を入手します。これを2乗して、$(c_1', c_2') = (c_1^2, c_2^2)$をボブに送信したとします（図4.38）。

図4.38 ElGamal暗号の頑強性を破ろうとする攻撃者

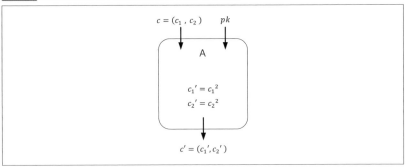

このとき、攻撃者が送信した暗号文は次のようになります。

$$c_1' = c_1^2 = (g^r)^2 = g^{2r}$$
$$c_2' = c_2^2 = (my^r)^2 = m^2 y^{2r}$$

この暗号文の復号結果は次のとおりです。

$$m' = c_2' c_1'^{p-1-x} = m^2 y^{2r} (g^{2r})^{p-1-x} = m^2 g^{2rx} g^{2r(p-1-x)}$$
$$= m^2 g^{2r(p-1)} = m^2 1^{2r} = m^2$$

これは、ElGamal暗号が乗法準同型性を持つことからもわかります。その結果、攻撃者はm^2の暗号文を作れたことになります。よって、ElGamal暗号は頑強性（NM）[16]を満たしません。

●16：4.3.2 公開鍵暗号の解読モデル（頑強性）p.234

▶ IND-CCA2 安全の検証

ElGamal暗号は頑強性（NM）を満たさないので、頑強性に関する安全性であるNM-CCA2安全、NM-CCA1安全、NM-CPA安全はすべて満たしません。これらを除外した中で最も強い安全性は、IND-CCA2安全になります[17]。そこで、IND-CCA2安全を満たすかどうかを直観的に確認してみます[*48]。

IND-CCA2のゲームで、次のように動作する攻撃者を考えます。攻撃者はm_0, m_1を選択してChallengerに送ります。Challengerはどちらかを暗号化して、チャレンジ暗号文として返します。攻撃者はチャレンジ暗号文を受け取ったら、それを2乗したものを復号オラクルに送信します（チャレンジ暗号文をそのまま復号オラクルに送信しているわけではないので、ルール違反ではない）。復号オラクルからの返り値と、m_0^2が一致するかどうかを確認します。一致すれば$b'=0$、一致しなければ$b'=1$とし、b'を出力します（図4.39）。

図4.39　ElGamal暗号のIND安全を破ろうとするCCA2攻撃者

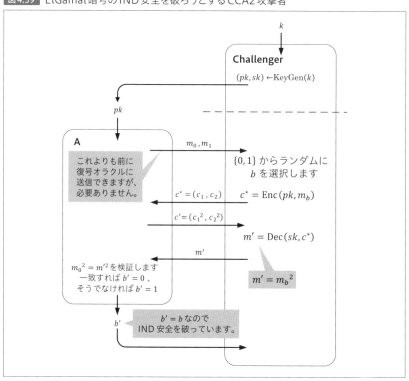

[*48]：NM-CCA2安全とIND-CCA2安全が等価であることを利用すれば、間接的にIND-CCA2安全を満たさないことを導けます。

[17]：4.3.3 公開鍵暗号の安全性の関係 p.235

チャレンジ暗号文はm_bの暗号文であり、それを2乗したものはm_b^2の暗号文になります（頑強性の項で解説したとおり）。そのため、その暗号文を復号すれば、m_b^2になっているはずです。m_bは攻撃者にとって既知なので、bを特定できます。よって、IND安全を破ることに成功しているため、IND-CCA2安全は満たしません。

❯ 部分情報の漏えい

ElGamal暗号の暗号文から、平文の部分情報が漏えいする可能性について考察します。攻撃者は、yに対して平方剰余記号[18]を適用して、1になるか-1になるかを調べます。

[1] $\left(\dfrac{y}{p}\right) = 1$の場合

c_2に対して平方剰余記号を適用すると、次のように展開できます。

$$\left(\frac{c_2}{p}\right) = \left(\frac{my^r}{p}\right) = \left(\frac{m}{p}\right)\left(\frac{y}{p}\right)^r = \left(\frac{m}{p}\right)$$

つまり、暗号文cから、平文mが平方剰余か否かの部分情報が漏れています。

[2] $\left(\dfrac{y}{p}\right) = -1$の場合

c_1に対して平方剰余記号を適用すると、次のように展開できます。

$$\left(\frac{c_1}{p}\right) = \left(\frac{g^r}{p}\right) = \left(\frac{g}{p}\right)^r$$

ここで、c_1, pは既知の情報なので、$\left(\dfrac{c_1}{p}\right)$を計算できます。また、$g, p$は既知の情報なので、$\left(\dfrac{g}{p}\right)$を計算できます。そこで、先の式を満たすような$r$の偶奇を特定します。

c_2に対して平方剰余記号を適用すると、次のように展開できます。

$$\left(\frac{c_2}{p}\right) = \left(\frac{my^r}{p}\right) = \left(\frac{m}{p}\right)\left(\frac{y}{p}\right)^r = \left(\frac{m}{p}\right)(-1)^r$$

$$\left(\frac{m}{p}\right) = \left(\frac{c_2}{p}\right)(-1)^r$$

●18：4.8.2 Rabin暗号を理解するための数学知識（平方剰余記号）p.358

> r はすでに特定済みなので、暗号文 c から平文 m が平方剰余か否かの部分情報が漏れています。

以上より、ElGamal暗号では平文の部分情報が漏えいすることがわかりました。

▶ ElGamal暗号とDiffie-Hellmanの鍵共有プロトコルの関係

ElGamal暗号の場合、$y = g^x \bmod p$ が公開されている状況で、$y^r \bmod p = g^{xr} \bmod p$ を正当なユーザー以外が計算できないことを利用し、$c_2 = my^r \bmod p$ とすることで m をマスクします。一方、Diffie-Hellmanの鍵共有プロトコル[19]では、$A = g^a \bmod p$、$B = g^b \bmod p$ が公開されている状況で、$A^b = B^a = g^{ab} \bmod p$ を正当なユーザー以外が計算できないことを利用して、そのまま鍵として利用します。よって、両者はかなり類似しているといえます。

4.6.6 ElGamal暗号の改良

▶ Cramer-Shoup暗号

IND-CPA安全であったElGamal暗号を改良した暗号に、Cramer-Shoup暗号があります。これは、1998年にCramerとShoupが提案した暗号です。DDH仮定[20]とハッシュ関数が衝突困難であるという仮定の下で、IND-CCA2安全であることが証明されています。

選択暗号文攻撃[21]の攻撃者は、復号オラクルを利用できます。攻撃者は平文を知らずに暗号文を作って、復号オラクルに問い合わせます。これを考慮すると、復号時に、平文を知らずに作った暗号文であることを検出できる機能を持たせられれば、攻撃者は有益な情報を得られません。

ElGamal暗号の場合、平文を知っていることと、乱数 r を知っていることはほとんど同等といえます。そこで、Cramer-Shoup暗号は、r を知っている証拠を暗号文に含めるように設計されています。暗号文には検証用のデータが追加されるため、暗号文のサイズが大きくなっています（ElGamal暗号の約2倍）。

- [19]：8.1.6 Diffie-Hellmanの鍵共有 p.570
- [20]：4.7.6 一般ElGamal暗号の死角を探る（DDH仮定）p.348
- [21]：4.3.1 公開鍵暗号の攻撃モデル（選択暗号文攻撃）p.231

4.7 一般ElGamal暗号

安全性★★★★ 効率性★★★ 実装の容易さ★★★

ポイント
- 一般化した離散対数問題にもとづくように設計されたElGamal暗号です。
- DDH仮定の下で、一般ElGamal暗号はIND-CPA安全です。
- 一般ElGamal暗号は様々な巡回群で実現できるため、実装や安全性の面で有利になることがあります。

4.7.1 一般ElGamal暗号とは

ElGamal暗号ではZ_p^*を扱いましたが、位数$p-1$は合成数になりました（pが素数だから）。この影響により、部分情報が漏れてしまう恐れがありました。これを解決するには、位数が素数である特別な集合にもとづくように暗号を設計します。

まず、位数が素数である巡回群を構築することを目標とします。それが実現できたら、あらゆる巡回群を扱えるようにElGamal暗号を一般化します。これを本書では、一般ElGamal暗号と呼びます[*49]。

4.7.2 一般ElGamal暗号を理解するための数学知識

▶ 代数系

Gを集合としたとき、$G \times G$からGへの写像$f: G \times G \to G$を、G上の演算といいます。例えば、実数同士の四則演算（加算・減算・乗算・除算）は、実数全体の集合R上の演算です。

ある集合の任意の値に対して演算を行った結果、演算結果の値が元の集合に属しているとき、その演算は「閉じている」と表現します。集合Gが演算fについて閉じているとき、(G, f)を代数系といいます。ここで、$f(a, b)$を$a \circ b$で表すと、$(G, \circ)$が代数系になります。

例えば、Rから10と$\sqrt{3}$を選び、その乗算結果$10\sqrt{3}$は実数に含まれます。実数のすべての数において、乗算の結果が実数に含まれるので、Rは乗算につ

[*49]: 本書では、Z_p^*を上の離散対数問題にもとづく暗号をElGamal暗号と呼んだため、それと区別するために一般ElGamal暗号と呼んでいます（本書独自の呼び名）。

いて閉じていることになります。

> 問題：

自然数全体の集合Nは、加算について閉じているかを確認してください。また、減算について閉じているかも確認してください。

> 解答：

例えば、Nから$3, 7$を選び、加算した結果の10（$=3+7$）はNに含まれます。これはどの値を選択しても同様です。よって、Nは加算について閉じています。

一方、減算した結果の-4（$=3-7$）はNに含まれていません。よって、Nは減算について閉じていません。ゆえに、$(N, +)$は代数系ですが、$(N, -)$は代数系ではありません。

> 問題：

整数全体の集合Zの四則演算について、閉じているかどうかを確認してください。

> 解答：

例えば、Zから$3, 5$を選択します。

- 加算した結果の8（$=3+5$）はZに含まれる。
- 減算した結果の-2（$=3-5$）はZに含まれる。
- 乗算した結果の15（$=3\times5$）はZに含まれる。
- 除算した結果の$3/5$（$=3\div5$）はZに含まれない。

他の値でも同様なので（除算の場合は含まれたり含まれなかったりする）、Zは加算・減算・乗算について閉じていますが、除算については閉じていません。

群

群とは

整数全体の集合Zは、加算について閉じていました。加えて、次の3つの性質も満たします。a, b, cはZの元とします。

(i) $a+(b+c)=(a+b)+c$が成り立つ。
(ii) $a+0=0+a=a$となる0が存在する。
(iii) $a+(-a)=(-a)+a=0$となる$-a$が存在する。

こういった性質を満たすため、$(Z, +)$は群をなします。これは次のように、一般の代数系でも定義できます。代数系$(G, \circ)$が次の3つの条件を満たすとき、$(G, \circ)$は群といいます[50]。

(i) **結合法則**：Gの任意の元a, b, cに対して、$(a \circ b) \circ c = a \circ (b \circ c)$が成り立つ。

(ii) **単位元の存在**：Gの任意の元aに対して、$a \circ e = e \circ a = a$となる$e (\in G)$が存在する。この$e$を単位元という。

(iii) **逆元の存在**：Gの任意の元aに対して、$a \circ a^{-1} = a^{-1} \circ a = e$となる$a^{-1} (\in G)$が存在する。この$a^{-1}$を$a$の逆元という。

例えば、$(\{0, 1\}, \oplus)$が群かどうかを確認します。ここで$\{0, 1\}$は1ビットの集合、$\oplus$は排他的論理和です。modを使って表現すると、次のようになります。

$$a \oplus b = a + b \bmod 2$$

排他的論理和の演算表は 表4.32 のとおりです。

表4.32 排他的論理和の演算表

a \ b	0	1
0	0	1
1	1	0

演算は閉じているので、$(\{0, 1\}, \oplus)$は代数系です。次に、群の条件 (i) ～ (iii) を確認します。

結合法則を満たすのは明らかです。単位元は$e = 0$になります。$a = 1$の逆元は1、$a = 0$の逆元は0になり、すべてのaに逆元が存在します。よって、$(\{0, 1\}, \oplus)$は群になります。

可換群

さらに、次の条件を満たすとき、演算$\circ$は可換といいます。$(G, \circ)$が群であれば、可換群（アーベル群）といいます。

(iv) **交換法則**：Gの任意の元a, bに対して、$a \circ b = b \circ a$が成り立つ。

---

[50] 「演算$\circ$についてGは群をなす」と呼ばれることもあります。また、演算が自明であれば単に「Gは群である」といいます。

有限群

群 $(G, \circ)$ について、集合 G の元の個数を $|G|$ と表記し、群 G の位数といいます。G の位数が有限のとき、G を有限群といいます。

例えば、整数全体の集合 Z は要素が無限に存在するので、有限群ではありません。一方、Z_m (m は正の整数) は m 個の剰余類を含むので、有限群です。

$$Z_m = \{C_0, \cdots, C_{m-1}\}$$

考察：

$(Z_m, +)$ が群であるかを確認してみます。

検証：

$a \in C_a \in Z_m$、$b \in C_b \in Z_m$ のとき、$a + b \in C_{a+b} \in Z_m$ で演算は閉じています。

次の条件を満たすので、$(Z_m, +)$ は可換群です。ここでは、剰余類の計算と合同式の計算が並行していることを積極的に利用しています。

(i) 結合法則：$a + (b + c) = (a + b) + c \bmod m$
(ii) 単位元の存在：$a + 0 = 0 + a = a \bmod m$
(iii) 逆元の存在：$a + (-a) = (-a) + a = 0 \bmod m$
(iv) 交換法則：$a + b = b + a \bmod m$

Z_m の位数は m （有限）なので、有限群です。

考察：

$(Z_m, \times)$ が群であるかを確認してみます。

検証：

$ab \in C_{ab} \in Z_m$ で演算は閉じています。

群の条件である (iii) を満たさない場合があるため、$(Z_m, \times)$ は可換群ではありません。

(i) **結合法則**：$a(bc) = (ab)c \bmod m$
(ii) **単位元の存在**：$a \cdot 1 = 1 \cdot a = a \bmod m$
(iii) **逆元の存在**：例えば、$m = 6$、$a = 2$ のとき、どの値を掛け合せても 1 にならない。

(iv) 交換法則：$ab = ba \bmod m$

考察：

　pを素数とした場合、$(Z_p^*, \times)$は可換群であるかを確認してみます。

$$Z_p^* = \{C_1, \cdots, C_{p-1}\}$$

検証：

　$a \in C_a \in Z_p^*, b \in C_b \in Z_p^*$のとき、$ab \in C_{ab} \in Z_p^*$で演算は閉じています。
　次の条件を満たすので、$(Z_p^*, \times)$は可換群です。

(i)　結合法則：$a(bc) = (ab)c \bmod p$
(ii)　単位元の存在：$a \cdot 1 = 1 \cdot a = a \bmod p$
(iii)　逆元の存在：$a \cdot a^{-1} = a^{-1} \cdot a = 1 \bmod m$　（拡張ユークリッドの互除法により、逆元の存在が示される）
(iv)　交換法則：$ab = ba \bmod p$

　Z_p^*の位数は$p-1$（有限）なので、有限群です。

位数

　Gの元aについて、$\underbrace{a \circ \cdots \circ a}_{k} = e$となる自然数$k$が存在するとき、これを満たす最小の$k$を、$a$の位数といいます[51]。また、そのような$k$が存在しないとき、$a$の位数は無限大といいます。

　演算が乗算$\times$であれば、$a^k = e$と書けます。例えば、Z_p^*で考えれば、$a^k = 1 \bmod p$を満たす最小のkが、aの位数になります。

部分群

　群$(G, \circ)$にて、Gの部分集合としてH（空集合を除く）を考えます。このとき、$(H, \circ)$も群であるとき、HはGの部分群といいます。

　部分群の定義は、次のような条件として言い換えられます。a, bはHの任意の元、a^{-1}はaの逆元とします。

(i)　$a \circ b \in H$
(ii)　$a^{-1} \in H$

＊51：ここでいう「位数」とは「元の位数」です。これまでに登場した「群の位数」とは別物です。

問題：

$(Z_6, +)$ が群になることはすでに確認済みです。$G = Z_6 = \{0, 1, 2, 3, 4, 5\}$ と置き、G の部分集合として、$H = \{0, 2, 4\}$ と $K = \{0, 1, 2\}$ を考えます。この H と K は部分群になるかどうかを確認してください。

解答：

H の加算表は 表4.33 のようになります。

表4.33 H の加算表

a \ b	0	2	4
0	0	2	4
2	2	4	0
4	4	0	2

表から、G の演算に閉じていることがわかります。結合法則は自明に成り立ちます。また、単位元は 0 です。0, 2, 4 の逆元は、それぞれ 0, 4, 2 であることもわかります。よって、H は G の部分群です。

一方、K の加算表は 表4.34 のようになります。

表4.34 K の加算表

a \ b	0	1	2
0	0	1	2
1	1	2	3
2	2	3	4

$1 + 2 = 3$ は K に含まれていません。つまり、G の演算で閉じていません。よって、K は G の部分集合ではありますが、部分群ではありません。

H が G の部分群であるとき、$|H|$ は $|G|$ の約数になることが知られています。その逆は一般に成り立ちません。

例えば、$H = \{0, 2, 4\}$ は、$Z_6 = \{0, 1, 2, 3, 4, 5\}$ の部分群でした。$|H| = 3$ は、$|Z_6| = 6$ を割り切っています。

巡回群

群 $(G, \circ)$ の元 a について、次のように定義される $<a>$ は G の部分群になります。

$$< a > := \left\{ \underbrace{a \circ \cdots \circ a}_{m} \,\middle|\, m \in Z \right\}$$

$(G, +)$ であれば $\{ma|m \in Z\}$、$(G, \cdot)$ であれば $\{a^m|m \in Z\}$ になります。この部分群 $< a >$ を、a で生成された G の巡回部分群といいます。特に、G のある元 a にて、$G = < a >$ が成り立つとき、G を巡回群、a を G の生成元といいます。

群 G の元 a の位数は、a で生成された巡回部分群 $< a >$ の位数に等しくなります。つまり、次が成り立ちます。

$$|a| = |< a >|$$

有限巡回群 G の元の位数は、G の位数 $|G|$ の約数になります。これは次のように導けます。

群 G の位数を n、G の元 a の位数を k とします（$k \leqq n$）。a の生成する部分巡回群を H とすると、$|H| = k$ になります。「H が G の部分群であるとき、$|H|$ は $|G|$ の約数になる」という結果より、k は n の約数になります。

例えば、群 $(Z_6, +)$ について考えます。

表4.35 部分群の位数と元の位数（群 $(Z_6, +)$）

a	部分群 $< a >$	$< a >$ の位数	a の位数	備考
0	$< 0 > = \{0\}$	1	1	
1	$< 1 > = \{0, 1, 2, 3, 4, 5\} = G$	6	6	$a = 1$ は G の生成元
2	$< 2 > = \{0, 2, 4\}$	3	3	
3	$< 3 > = \{0, 3\}$	2	2	
4	$< 4 > = \{0, 2, 4\}$	3	3	
5	$< 5 > = \{0, 1, 2, 3, 4, 5\} = G$	6	6	$a = 5$ は G の生成元

表4.35 から、任意の元 a において、$|< a >| = |a|$ になっていることが確かめられます。また、a の位数は 1, 2, 3, 6 であり、いずれも $|G| = 6$ の約数になっていることも確かめられます。

以上で数学的準備が整いました。以降では、暗号理論の話に戻ります。

4.7.3 離散対数問題と群

離散対数問題の一般化

これまでは、p を素数とした乗法群の Z_p^* を考えてきましたが、離散対数問

題は他の巡回群でも実現できます。ここでは、位数が大きな素数qの巡回群Gについて、離散対数問題を考えます。生成元をgとすると、Gは次のように書けます。

$$G = <g> = \{g, g^2, \cdots, g^q = 1\} = \{1, g, g^2, \cdots, g^{q-1}\}$$

ここでGの元をyとしたとき、次を満たすxが、$0 \leqq x \leqq q-1$の中に1つだけ存在します。

$$y = g^x$$

このxはyの離散対数であり、xを求める問題をG上の離散対数問題といいます。

離散対数問題が困難である、位数が素数の有限巡回群はいくつか知られていますが、本書では次の2つの群を解説します。

- **Z_p^*の部分群**：本項のテーマです。
- **有限体上の楕円曲線の点のなす群**：楕円ElGamal暗号の項を参照してください[22]。

一般ElGamal暗号は離散対数問題が困難であり、かつ演算が簡単である、あらゆる群の上で実現できます。実装はまた別問題ですが、設計自体は従来のElGamal暗号と同様なので難しくありません。

あらゆる群を用いて暗号を設計できるということは、とても大きな長所といえます。例えば、Z_p^*上の離散対数問題を効率的に解くアルゴリズムが発見された場合、従来のElGamal暗号の安全性は破られてしまいます。しかし、他の群を用いた一般ElGamal暗号の安全性が破られてしまうとは限りません。もし他の群の離散対数問題にまで影響が及ばないのであれば、その一般ElGamal暗号は使用し続けることができます。

Z_p^*の部分群の構成

原始元の生成の解説において、「$p = 2q+1$」（q：素数）や、「$p = 2aq+1$」（q：素数）という形の素数pを用いることで、原始元gの生成を効率化できることを述べました。実は、このようなp, q, gを生成してから、次のようにしてαを決定します。ただし、$\alpha \neq 1$とします。

[22]：4.10.2 楕円ElGamal暗号を理解するための数学知識（有限体上の楕円曲線の点）p.393

$$\alpha = g^{\frac{p-1}{q}} \bmod p$$

例えば、$p = 2aq + 1$とすると、αは次の値になります。

$$\alpha = g^{\frac{p-1}{2a}} \bmod p = g^{2a} \bmod p$$

$p = 2q + 1$や$p = 2aq + 1$であれば、このαをq乗すると1になります。$q < p$であるため、αの位数はqになります。

$$\alpha^q = \left(g^{\frac{p-1}{q}}\right)^q \bmod p = g^{p-1} \bmod p = 1 \bmod p$$

αはq乗で巡回することを考えると、αによって生成される次の集合は、Z_p^*の部分群であり、元の個数はqになります。

$$<\alpha> = \{1, \alpha, \alpha^2 \bmod p, \cdots, \alpha^{q-1} \bmod p\}$$

一連の流れを、図4.40 に整理しました（$p = 2q + 1$の場合）。最終的に、位数がq（素数）の部分群が生成できたことを確認できます。

図4.40 Z_p^*とその部分群

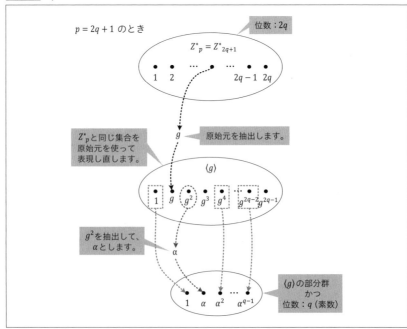

上記の手続きを実装して、巡回群Gとパラメータを出力するアルゴリズムを、GenGと呼ぶことにします。GenGにセキュリティパラメータのkを入力すると、位数が素数q（kビット）の群G, q, Gのランダムな生成元gを出力します。

　例えば、80ビット安全性を要求するのであれば、pは1024ビット、qは160ビットでなければなりません。$k = 160$をGenGに入力したとき、内部で利用するpは1024ビットとなるように実装します。

4.7.4　一般ElGamal暗号の定義

　一般ElGamal暗号は、(KeyGen, Enc, Dec)から構成されています（図4.41）。

図4.41　一般ElGamal暗号のアルゴリズム

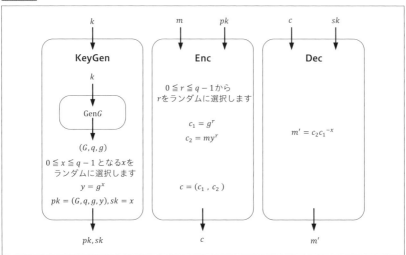

▶ 鍵生成アルゴリズム

入力	k：セキュリティパラメータ
出力	pk：公開鍵 sk：秘密鍵
動作	1：GenGアルゴリズムにkを入力して、(G, q, g)を出力値として得ます。 2：$0 \leq x \leq q-1$となる整数xをランダムに選択します。 3：$y = g^x$を計算します。 4：$pk = (G, q, g, y)$と$sk = x$を出力します。

❯ 暗号化アルゴリズム

入力	m：平文（Gの元） pk：公開鍵
出力	c：暗号文
動作	1：$0 \leqq r \leqq q-1$ となる整数 r をランダムに選びます。 2：$c_1 = g^r$, $c_2 = my^r$ を計算します。 3：$c = (c_1, c_2)$ を出力します。

❯ 復号アルゴリズム

入力	c：暗号文 pk：公開鍵 sk：秘密鍵
出力	m'：復号結果
動作	1：$m' = c_2 c_1^{-x}$ を計算して、その結果 m' を出力します。

4.7.5　一般ElGamal暗号の計算で遊ぶ

❯ 正当性の検証

一般ElGamal暗号の正当性は、次のようにして証明できます。

$$m' = \mathrm{Dec}(sk, \mathrm{Enc}(pk, m)) = c_2 c_1^{-x} = my^r \cdot g^{r(-x)} = mg^{rx} \cdot g^{-rx} = m$$

よって、正当性が成り立ちます。

4.7.6　一般ElGamal暗号の死角を探る

❯ DDH仮定と拡張ElGamal暗号

判定DH問題（DDH問題）

GenGアルゴリズムから (G, q, g) を得ます。$a, b, c \in Z_q$ をランダムに選択したとき、(g, g^a, g^b, g^{ab}) と (g, g^a, g^b, g^c) を識別する問題を、DDH（判定DH）問題といいます（ 図4.42 ）。

図4.42 DDH問題を解くアルゴリズムの入出力

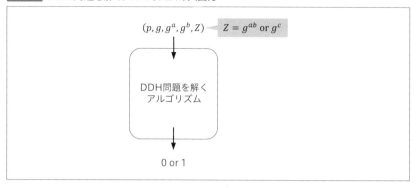

　CDH問題[23]が解ければ、DDH問題も解けます。なぜならば、CDH問題が解けると、$A = g^a$, $B = g^b$からg^{ab}を求めることができ、Zと比較することで$Z = g^{ab}$なのか$Z = g^c$なのかを判定できるからです。しかし、その逆がいえるかどうかは未解決です。

　qが十分に大きい場合に、DDH問題を効率的に解くアルゴリズムは見つかっていません。DDH問題を効率的に解くアルゴリズムは存在しないという仮定を、DDH仮定といいます。

IND-CPA安全の検証

　一般ElGamal暗号は、DDH仮定の下で、選択平文攻撃[24]に対して識別不可能性[25]を満たすことが知られています。これを直観的に確認してみます。

　次の手順を実行するGame0を定義します（ 図4.43 ）。これは一般ElGamal暗号におけるIND-CPAゲーム[26]です。

ステップ1
Challengerは、Z_qからランダムにxを選択して、秘密鍵にします。$y = g^x$を計算して、公開鍵とします。yを敵Aに送信します。

ステップ2
AはGから2つの平文m_0, m_1を選択し、Challengerに送信します。

●23：4.6.5 ElGamal暗号の死角を探る（CDH問題）p.332
●24：4.3.1 公開鍵暗号の攻撃モデル（選択平文攻撃）p.230
●25：4.3.2 公開鍵暗号の解読モデル（識別不可能性）p.234
●26：4.3.4 安全性の定式化（IND-CPAのゲーム）p.236

ステップ3
Challengerは、$\{0,1\}$からランダムにbを選択します。

ステップ4
Challengerは、Z_qからランダムにrを選びます。$c_1 = g^r$、$c_2 = m_b y^r$ を計算して、チャレンジ暗号文$c^* = (c_1, c_2)$をAに送信します。

ステップ5
Aはbの推測値b'を出力します。

図4.43 Game0

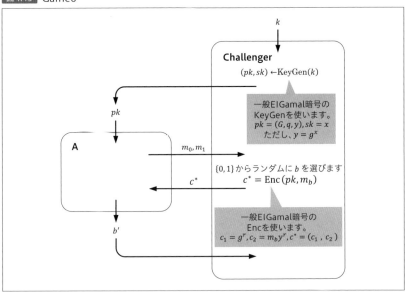

さて、Game0のステップ4を次のように変更したものも考えます。これをGame1と定義します（図4.44）。

ステップ4'
Challengerは、Z_qからランダムにr, uを選びます。$c_1 = g^r$、$c_2 = m_b g^u$ を計算して、チャレンジ暗号文$c^* = (c_1, c_2)$をAに送信します。

変更点だけに注目すると、Game0ではy^rを使いますが、Game1ではg^uを使います。Game0で扱われる情報は$(g, y, g^r, y^r) = (g, g^x, g^r, g^{xr})$、Game1で扱われる情報は$(g, y, g^r, g^u) = (g, g^x, g^r, g^u)$です。

図4.44 Game1

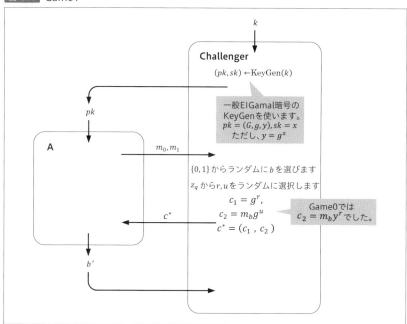

ここで、敵Aを用いて、(g, g^x, g^r, g^{xr})と(g, g^x, g^r, g^u)を識別しようとする識別子Dを考えます。Dの入力は(g, y, g^r, Z)で、次のように動作します（図4.45）。

ステップ1
Dは（Challengerのように振る舞って）Aに$pk = (g, y)$を入力します。

ステップ2
Aは2つの平文m_0, m_1をChallengerに対して送信してくるので、Dに届きます。

ステップ3
Dは$\{0, 1\}$からランダムにbを選択します。

ステップ4
Dは$c_1 = g^r$, $c_2 = m_b Z$を計算して、Aに$c^* = (c_1, c_2)$を送信します。

ステップ5
Aはbの推測値b'を出力します。

ステップ6
Dは$b' = b$のときに$d = 1$、$b' \neq b$のときに$d = 0$として、dを出力します。

図4.45 DDH問題を破ろうとする識別子 D

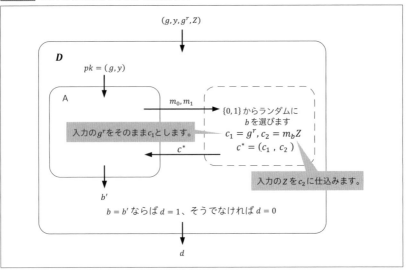

すると、Dのアドバンテージは次のようになります。

$$\mathrm{Adv}(D) = |\Pr[D(g, y, g^r, Z) = 1 | Z = g^{xr}] - \Pr[D(g, y, g^r, Z) = 1 | Z = g^u]|$$

DDH仮定により、$\mathrm{Adv}(D)$は無視できるほど小さくなります。また、$Z = g^{xr}$としたときのゲームはGame0、$Z = g^u (\neq g^{xr})$としたときのゲームはGame1そのものです。そのため、$\mathrm{Adv}(D)$は次のように書き換えられます。

$$\mathrm{Adv}(D) = |\Pr[b' = b \text{ in Game0}] - \Pr[b' = b \text{ in Game1}]|$$

$\mathrm{Adv}(D)$は無視できるほど小さかったので、$|\Pr[b' = b \text{ in Game0}] - \Pr[b' = b \text{ in Game1}]|$も無視できるほど小さくなります。

ところで、Game1では、uを乱数とし、c_2の計算以外でuを使っていません。そのため、$c_2 = m_b g^u$は完全にm_bをマスクしています。つまり、m_bの情報はまったく漏れません。そのため、Game1でAがbの推測値を当てるには、完全にランダムにbを選ぶしかなく、成功確率は1/2になります。

$$\Pr[b' = b \text{ in Game1}] = \frac{1}{2}$$

$\left|\Pr[b' = b \text{ in Game0}] - \frac{1}{2}\right|$は無視できるほど小さいため、ElGamal暗号は選択平文攻撃に対して識別不可能性を満たします。

▶ IND-CCA2 安全の検証

攻撃者はGからm_0, m_1を選択して、Challengerに送信します。すると、Challengerはチャレンジ暗号文$c^* = (c_1, c_2)$を返します。攻撃者は適応的選択暗号文攻撃[27]が可能であるため、Gからm'を選択して、$c' = (c_0, c_1 \cdot m')$を復号オラクルに送信します。その返答はm''であったとします。そこで、攻撃者は$m''/m' = m_0$が成り立つかを検証します。成り立てば0を出力し、そうでなければ1を出力します。

復号オラクルの返答は$m'' = m_b \cdot m'$となっているため、攻撃者は完全にbを推測できます。ゆえに、適応的選択暗号文攻撃に対しては識別不可能性を満たしません（IND-CCA2安全ではない）。

以上より、ElGamal暗号はIND-CPA安全ですが、IND-CCA安全ではありません。攻撃者にCCA攻撃を許すと、復号オラクルを利用できるため、安全でなくなります。対策としては、次の2つが考えられます。

①復号オラクルを容易に利用できなくする。
②復号オラクルを利用しても、攻撃が成功しないようにする。

アプローチ①は、運用で安全性を担保しようという発想です。この状況を実現できれば、IND-CPA安全の暗号でも十分といえます。アプローチ②は、RSA-OAEP[28]などの公開鍵暗号で採用されています。

● 27：4.3.1 公開鍵暗号の攻撃モデル（適応的選択暗号文攻撃）p.232
● 28：4.9 RSA-OAEP p.377

4.8 Rabin 暗号

安全性 ★★☆☆☆　効率性 ★★★★☆　実装の容易さ ★★★☆☆

ポイント

- RSA暗号に類似した鍵生成アルゴリズムと暗号化アルゴリズムを用いる公開鍵暗号です。
- 素因数問題が困難であるという仮定の下で、Rabin暗号はOW-CPA安全です。
- 復号時に4つの平文の候補が出力されるので、1つに特定するための何らかの工夫が必要になります。

4.8.1 Rabin暗号とは

1979年にRabinが発表した公開鍵暗号です。Rabin暗号は、素因数分解問題が困難という仮定の下で、OW-CPA安全です。RSA暗号[29]は法Nを用いていましたが、OW-CPA安全がNの素因数分解の困難性に帰着できませんでした。

一方、Rabin暗号は同様に法Nを用いますが、同じOW-CPA安全がNの素因数分解の困難性に帰着できるように設計されています。これは基本的な問題の困難性に帰着された、初めての公開鍵暗号といわれています。暗号の安全性を数学的に証明するという観点において、その後の暗号研究に大きな影響を与えたとされています。

4.8.2 Rabin暗号を理解するための数学知識

▶ 平方剰余

Rabin暗号では、平文を2乗して暗号文を生成します。復号時には、その逆演算に対応する2次の合同方程式を解くことになります。そこで、2次の合同方程式に関する数学的準備を行います。

平方剰余と平方非剰余

次の合同方程式を考えた場合、解があるときと解がないときがあります。

●29：4.5 RSA暗号 p.244

$$x^2 = a \bmod p \quad \leftarrow (1)$$

ここで、$p=7$として、べき乗表を確認します（ 表4.36 ）。

表4.36 法7のべき乗表（$x^b \bmod 7$）

x \ b	1	2	3	4	5	6
1	1	1	1	1	1	1
2	2	4	1	2	4	1
3	3	2	6	4	5	1
4	4	2	1	4	2	1
5	5	4	6	2	3	1
6	6	1	6	1	6	1

特に$b=2$の列に注目します。これは$a = x^2 \bmod 7$の値になります。よく見ると、xが3以下と4以上の部分で、上下対称になっています。

これを直観的に理解するためには、xの列のところを書き換えます。法7では、$4 = -3$、$5 = -2$、$6 = -1$なので、 表4.37 のように書き換えられます。

表4.37 $b=2$の列に注目したところ

x	$x^2 \bmod 7$
1	1
2	4
3	2
-3	2
-2	4
-1	1

xの列では、1, 2, 3にマイナスを付けた値が逆順になっています。法pにおいて、任意の値bは、$b^2 = (-b)^2 \bmod p$が成り立ちます。つまり、bと$-b$の2つは、2乗の世界では一致するということです。

この表から、$x^2 = a \bmod 7$の解が存在するときのa、および解が存在しないときのaが判明します。x^2の列に登場する数は、ある整数xの平方を、法pで考えたときの値です。よって、$a = 1, 4, 2$のときに、それぞれ$x = 1, 2, 3$という解があることがわかります。一方、残りの$a = 3, 5, 6$には解がありません。なぜならば、x^2の列に登場していない数だからです。

(1) 式にて解を持つ場合、aを（法pの）平方剰余といいます。一方、解を持たない場合は、平方非剰余といいます。xではなく、a側に注目していることに注意してください。法pの平方剰余の集合をQR_p、平方非剰余の集合をQNR_pと表記します。先ほどの例では、$QR_7 = \{1, 2, 4\}$、$QNR_7 = \{3, 5, 6\}$に

なります。

問題：

$x^2 = 3 \bmod 11$において、平方剰余と平方非剰余をすべて列挙してください。

解答：

1以上の10以下の整数xを対象にして、$x^2 \bmod 11$を計算します（ 表4.38 ）。

表4.38 $x^2 \bmod 11$の結果

x	1	2	3	4	5	6	7	8	9	10
$x^2 \bmod 11$	1	4	9	5	3	3	5	9	4	1

計算結果として1, 3, 4, 5, 9が現れています。これらは、11を法とする平方剰余です。また、それ以外の2, 6, 7, 8, 10が、11を法とする平方非剰余です。

$$\mathrm{QR}_{11} = \{1, 3, 4, 5, 9\}, \mathrm{QNR}_{11} = \{2, 6, 7, 8, 10\}$$

平方剰余の個数

$p = 7, 11$のとき、平方剰余と平方非剰余の数はどちらも一致していました。一般にpを法とするとき、平方剰余の数は$(p-1)/2$個で、残りの$(p-1)/2$個は平方非剰余であることが知られています。このことから、Z_p上から整数をランダムに選ぶと、法pの平方剰余になる確率はちょうど1/2になります。

平方剰余と離散対数

aの離散対数をtとすると、次のようになります。

$$a = g^t \bmod p$$

(1) 式に代入すると、次のようになります。

$$x^2 = g^t \bmod p$$

tが偶数であれば、$t = 2s$（sは整数）と書けるので、代入します。

$$x^2 = g^{2s} = (g^s)^2 \bmod p$$

すると、g^sは (1) 式の解であり、aはpの平方剰余になります（aの離散対数tが偶数のとき、この結果が得られた）。また、その逆も成り立っています。

このことをまとめると、次の結果が得られます。整数aの離散対数が偶数のとき、aはpの平方剰余であり、奇数のときは平方非剰余です。

平方剰余や平方非剰余の積

a, b を平方剰余とすると、次を満たす x, y が存在します。

$$x^2 = a \bmod p$$

$$y^2 = b \bmod p$$

ここで $(xy)^2$ を計算すると、次のように変形できます。

$$(xy)^2 = x^2 y^2 = ab \bmod p$$

よって、ab は平方剰余になります。

離散対数に注目しても同じ結果が得られます。前述の結果より、a, b が平方剰余であれば、偶数の離散対数です。ab は離散対数の和であり、偶数と偶数の和は偶数なので、ab は平方剰余となります。

この離散対数に注目するアプローチを利用すると、平方剰余と平方非剰余の積は平方非剰余、平方非剰余と平方非剰余の積は平方剰余であることがわかります。なぜならば、奇数と偶数の和は奇数、奇数と奇数の和は偶数だからです。

例えば、法 7 の乗法表から、$a = 0$、$b = 0$ を削除します。さらに、行と列において、平方剰余と平方非剰余のまとまりになるように整理します（図4.46）。

$$QR_7 = \{1, 2, 4\}, QNR_7 = \{3, 5, 6\}$$

図4.46 法 7 の乗法表の変形版

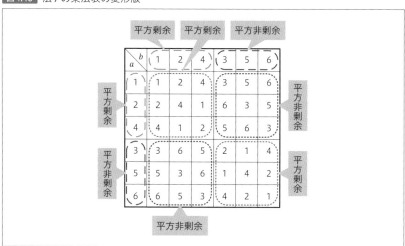

このように、平方剰余同士（あるいは平方非剰余同士）の積は平方剰余になり、平方剰余と平方非剰余の積は平方非剰余になっていることがわかります。

❯ 平方剰余記号

平方剰余記号とは

pを奇素数とし、aをGCD$(a, p) = 1$を満たす整数とします。このとき、$x^2 = a \bmod p$が解を持つとき、aは法pの平方剰余になります。解を持たないとき、aは法pの非平方剰余になります。これを平方剰余記号（ルジャンドル記号）という記号で定義します。

$$\left(\frac{a}{p}\right) = \begin{cases} 1 & (a：平方剰余) \\ -1 & (a：平方非剰余) \end{cases}$$

また、GCD$(a, p) \neq 1$である場合、すなわち$p|a$の場合には、$x^2 = a \bmod p$は、$x = 0 \bmod p$という1つの解を持ちます。これを次のように定義します。

$$\left(\frac{a}{p}\right) = 0$$

法7のべき乗表において、$b = 3$の列に注目します（ 表4.39 ）。

表4.39 法7のべき乗表（$x^b \bmod 7$）

x \ b	1	2	3	4	5	6
1	1	1	1	1	1	1
2	2	4	1	2	4	1
3	3	2	6	4	5	1
4	4	2	1	2	4	1
5	5	4	6	2	3	1
6	6	1	6	1	6	1

この列には、1か6しか登場していません。法7では$6 = -1$なので、$b = 3$には± 1しか登場しないことになります。

この結果は一般化でき、オイラー規準と呼ばれています[*52]。与えられた任意の整数a、奇素数pに対して、$\left(\frac{a}{p}\right)$の値を求める、次の公式が知られています。

$$\left(\frac{a}{p}\right) = a^{\frac{p-1}{2}} \bmod p$$

[*52]：文献によっては、「オイラー基準」と表記していることがあります。

問題：

$a = 5, p = 11$としたとき、平方剰余記号$\left(\dfrac{a}{p}\right)$の値を求めてください。

解答：

オイラー規準により、平方剰余記号の値を次のように求められます。

$$\left(\frac{a}{p}\right) = \left(\frac{5}{11}\right) = 5^{\frac{11-1}{2}} \bmod 11 = 5^5 \bmod 11 = 1$$

よって、5は（法11の）平方剰余であることがわかります。つまり、$x^2 = 5 \bmod 11$は解を持つことになります。

平方剰余記号の性質

平方剰余記号について、次に示す性質が成り立つことが知られています。

(i) $\text{GCD}(a, m) \neq 1$のとき、$\left(\dfrac{a}{m}\right) = 0$

　　特に、$\left(\dfrac{0}{m}\right) = 0$

(ii) $\text{GCD}(a, m) = 1$のとき、$\left(\dfrac{a^2}{m}\right) = 1$

　　特に、$\left(\dfrac{1}{m}\right) = 1$

(iii) $\text{GCD}(a, p) = 1$、$\text{GCD}(b, p) = 1$のとき、$\left(\dfrac{ab}{p}\right) = \left(\dfrac{a}{p}\right)\left(\dfrac{b}{p}\right)$

(iv) $a = b \bmod p$であれば、$\left(\dfrac{a}{p}\right) = \left(\dfrac{b}{p}\right)$

(v) （第1補充法則）

$$\left(\frac{-1}{p}\right) = \begin{cases} 1 \ (p = 1 \bmod 4) \\ -1 \ (p = 3 \bmod 4) \end{cases}$$

(vi) （第2補充法則）

$$\left(\frac{2}{p}\right) = \begin{cases} 1 \ (p = \pm 1 \bmod 8) \\ -1 \ (p = \pm 3 \bmod 8) \end{cases}$$

(vii) （相互法則）

　　奇素数p, qに対して、次が成り立ちます。

$$\left(\frac{q}{p}\right) = \begin{cases} \left(\dfrac{p}{q}\right) \ (p = 1 \bmod 4 \text{ or } q = 1 \bmod 4) \\ \\ -\left(\dfrac{p}{q}\right) \ （それ以外） \end{cases}$$

問題：

平方剰余記号 $\left(\dfrac{1003}{1151}\right)$ の値を計算してください。ただし、$1003 = 17 \times 59$ という素因数分解を知っているものとします。

解答：

平方剰余記号の性質を駆使することで、次のように計算できます。特に、最初に素因数分解できることが大きく効いています。これにより分解でき、相互法則により扱う値を小さくできます。

$$\left(\frac{1003}{1151}\right) = \left(\frac{17 \times 59}{1151}\right) = \left(\frac{17}{1151}\right)\left(\frac{59}{1151}\right) = \left(\frac{1151}{17}\right) \cdot -\left(\frac{1151}{59}\right)$$

$$= -\left(\frac{12}{17}\right)\left(\frac{30}{59}\right) = -\left(\frac{2^2 \cdot 3}{17}\right)\left(\frac{2 \cdot 3 \cdot 5}{59}\right)$$

$$= -\left(\frac{3}{17}\right)\left(\frac{2}{59}\right)\left(\frac{3}{59}\right)\left(\frac{5}{59}\right) = \left(\frac{3}{17}\right)\left(\frac{3}{59}\right)\left(\frac{5}{59}\right)$$

$$= \left(\frac{17}{3}\right) \cdot -\left(\frac{59}{3}\right)\left(\frac{59}{5}\right) = -\left(\frac{2}{3}\right)\left(\frac{2}{3}\right)\left(\frac{4}{5}\right) = -1$$

Column 平方剰余の相互法則

平方剰余の相互法則（以後、相互法則と略す）は、初等整数論で美しい定理の1つとされています。ガウス（Gauss）は、これを整数論の基本定理と呼んでおり、7つの異なる証明を与えています。相互法則だけで1冊の本が出版されているほどです。

これまで時計演算では、同じ m 時間時計同士でしか計算できませんでした。ところが、平方剰余の相互法則は、p 時間時計と q 時間時計を結び付けます。このことを、べき乗表を通じて直観的に解説します。

まず、$p = 1 \bmod 4$ と $p = 3 \bmod 4$ によって結果が異なるので、$p = 5, 7, 11, 13$ のべき乗表を用意します（ 表4.40 ～ 表4.43 ）。ただし、平方剰余に関係するものなので、$b = 2$ の列だけに注目しました。

表4.40 $x^2 \bmod 5$ のべき乗表

x	$x^2 \bmod 5$
1	1(=11)
2	4
3	4
4	1(=11)

表4.41 $x^2 \bmod 7$ のべき乗表

x	$x^2 \bmod 7$
1	1
2	4(=11)
3	2
4	2
5	4(=11)
6	1

表4.42 $x^2 \bmod 11$ のべき乗表

x	$x^2 \bmod 11$
1	1
2	4
3	9
4	5
5	3
6	3
7	5
8	9
9	4
10	1

表4.43 $x^2 \bmod 13$ のべき乗表

x	$x^2 \bmod 13$
1	1
2	4
3	9
4	3
5	12
6	10
7	10
8	12
9	3
10	9
11	4
12	1

2つの p, q において、次のような3つの結果が得られます。

① 法が $p=5$ の表では、11（$=q$）が存在します。一方、法が $q=11$ の表では、5（$=p$）が存在します。よって、$\left(\dfrac{1}{5}\right) = 1$、$\left(\dfrac{5}{11}\right) = 1$ になります。これは、相互法則において、$p = 1 \bmod 4$ かつ $q = 3 \bmod 4$ に対応します。

② 法が $p=5$ の表では、13（$=q$）が存在しません。一方、法が $q=13$ の表では、5（$=p$）が存在しません。よって、$\left(\dfrac{3}{5}\right) = -1$、$\left(\dfrac{5}{11}\right) = -1$ になります。これは、相互法則において、$p = 1 \bmod 4$ かつ $q = 1 \bmod 4$ に対応します。

③ 法が $p=7$ の表では、11（$=q$）が存在します。一方、法が $q=11$ の表では7（$=p$）は存在しません。よって、$\left(\dfrac{4}{7}\right) = 1$、$\left(\dfrac{7}{11}\right) = -1$ になります。これは、相互法則において、$p = 3 \bmod 4$ かつ $q = 3 \bmod 4$ に対応します。

ヤコビ記号

ヤコビ記号とは

平方剰余記号 $\left(\dfrac{a}{p}\right)$ の計算の際に、a の素因数分解がわかっていれば、相互法則を活用できます。しかし、a が大きい奇数であると素因数分解は難しく、その結果として効率的に平方剰余記号の値を計算できません。

これを解決する概念が、ヤコビ記号です。平方剰余記号では、分母が奇素数 p で定義されていましたが、ヤコビ記号では正の奇数 m に拡張されています。ヤコビ記号は、$m = p_1^{e_1} \cdot \cdots \cdot p_r^{e_r}$ と a に対して、次のように定義されます。右辺の $\left(\dfrac{a}{p_i}\right)$ は平方剰余記号です。

$$\left(\frac{a}{m}\right) = \left(\frac{a}{p_1}\right)^{e_1} \cdots \left(\frac{a}{p_r}\right)^{e_r}$$

もし m が奇素数であれば、ヤコビ記号 $\left(\dfrac{a}{m}\right)$ は平方剰余記号と同じものになります。

ヤコビ記号 $\left(\dfrac{a}{m}\right)$ は、a が法 m の平方剰余であるかどうかについて教えてくれるわけではありません。a が法 m で平方剰余であれば、ヤコビ記号は $\left(\dfrac{a}{m}\right) = 1$ になりますが、その逆は必ずしも成り立たないからです。

ヤコビ記号が有用なのは、素因数分解の問題を解決するということと、平方剰余記号と同じ規則を持つということにおいてです。

ヤコビ記号の性質

平方剰余記号に成り立つ性質 (i)～(vii) は、ヤコビ記号でも成り立ちます。

(i) $\mathrm{GCD}(a, m) \neq 1$ のとき、$\left(\dfrac{a}{m}\right) = 0$

特に、$\left(\dfrac{0}{m}\right) = 0$

(ii) $\mathrm{GCD}(a, m) = 1$ のとき、$\left(\dfrac{a^2}{m}\right) = 1$

特に、$\left(\dfrac{1}{m}\right) = 1$

(iii) $\left(\dfrac{ab}{m}\right) = \left(\dfrac{a}{m}\right)\left(\dfrac{b}{m}\right)$

(iv) $a = b \bmod m$ であれば、$\left(\dfrac{a}{m}\right) = \left(\dfrac{b}{m}\right)$

(v) （第1補充法則）

$$\left(\frac{-1}{m}\right) = \begin{cases} 1 & (p = 1 \bmod 4) \\ -1 & (p = 3 \bmod 4) \end{cases}$$

(vi) （第2補充法則）

$$\left(\frac{2}{m}\right) = \begin{cases} 1 & (p = \pm 1 \bmod 8) \\ -1 & (p = \pm 3 \bmod 8) \end{cases}$$

(vii)（相互法則）

m, n がともに3以上の奇数のとき、次が成り立ちます。

$$\left(\frac{m}{n}\right) = \begin{cases} \left(\dfrac{n}{m}\right) & (p = 1 \bmod 4 \text{ or } q = 1 \bmod 4) \\ -\left(\dfrac{n}{m}\right) & (\text{それ以外}) \end{cases}$$

問題：

ヤコビ記号 $\left(\dfrac{1003}{1151}\right)$ の値を計算してください。ただし、$1003 = 17 \times 59$ という素因数分解を知らないものとします。

解答：

平方剰余記号のときは、相互法則を使う際に分子が素数かどうかを気にする必要がありました。しかし、ヤコビ記号では、奇数かどうかを気にするだけです。分子が偶数であれば、素因数2で分解します。このおかげで、効率的に計算できます。

$$\left(\frac{1003}{1151}\right) = -\left(\frac{1151}{1003}\right) = -\left(\frac{148}{1003}\right) = -\left(\frac{2^2 \cdot 37}{1003}\right) = -\left(\frac{2^2}{1003}\right)\left(\frac{37}{1003}\right)$$

$$= -\left(\frac{37}{1003}\right) = -\left(\frac{1003}{37}\right) = -\left(\frac{4}{37}\right) = -1$$

ヤコビ記号の計算アルゴリズム

入力	a：整数 m：奇数$(0 < a < m)$
出力	output：ヤコビ記号の結果（1または-1）
動作	1：$j = 1$とします。 2：$a \neq 0$の間、以降を繰り返します。 　　2a：aが偶数の間、以降を繰り返します。 　　　　2a-1：$a = \dfrac{a}{2}$とします。 　　　　2a-2：$m = 3 \bmod 8$または$m = 5 \bmod 8$のとき、$j = -j$とします。 　　2b：aとnを入れ替えます。 　　2c：$a = 3 \bmod 4$かつ$m = 3 \bmod 4$のとき、$j = -j$とします。 　　2d：$a = a \bmod m$を計算します。 3：$m = 1$ならばoutput $= j$とし、そうでなければoutput $= 0$とします。その後、outputを出力します。

このアルゴリズムは、ユークリッドの互除法[30]を利用して設計されています。

4.8.3 Rabin暗号の定義

Rabin暗号は（KeyGen, Enc, Dec）から構成されています（図4.47）。

図4.47 Rabin暗号のアルゴリズム

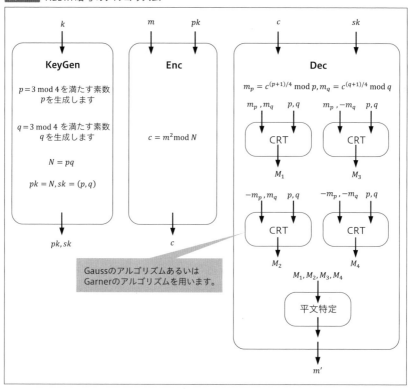

▶ 鍵生成アルゴリズム

入力	k：セキュリティパラメータ
出力	pk：公開鍵 sk：秘密鍵

●30：4.5.2 RSA暗号を理解するための数学知識（ユークリッドの互除法）p.250

動作	1：$p = 3 \bmod 4$、$q = 3 \bmod 4$を満たす大きな素数p, qを選択します。 2：$N = pq$を計算します。 3：$pk = N$、$sk = (p, q)$として、出力します。

ステップ1にて、$4k+3$という形の素数を用いている理由は、こうした素数を用いると復号を高速化できることが知られているからです。

$p = 3 \bmod 4$、$q = 3 \bmod 4$としたときの$N = pq$を、Blum数といいます。

暗号化アルゴリズム

入力	m：平文（Z_Nの元） pk：公開鍵
出力	c：暗号文
動作	1：$c = m^2 \bmod N$を計算して、cを出力します。

Rabin暗号の暗号化は、RSA暗号と比べると圧倒的に高速です。なぜならば、RSA暗号ではe乗（最低でも$e = 3$）しているのに対し、Rabin暗号では2乗しかしていないからです。

復号アルゴリズム

入力	c：暗号文 pk：公開鍵 sk：秘密鍵
出力	m'：復号結果
動作	1：$m_p = c^{(p+1)/4} \bmod p$、$m_q = c^{(q+1)/4} \bmod q$を計算して、$m_p, -m_p, m_q, -m_q$を得ます。 2：$M_1 = m_p \bmod p$かつ$M_1 = m_q \bmod q$となる$M_1$を、中国人の剰余定理を用いて求めます。これを$M_1 = (m_p, m_q)$と定義します。 $M_2 = (-m_p, m_q)$、$M_3 = (m_p, -m_q)$、$M_4 = (-m_p, -m_q)$についても同様にして求めます。 3：何らかの方法（詳細は後述）により、4つの平文候補M_1, M_2, M_3, M_4のうちから1つ選択して出力します。

暗号文の平方根の計算

$m^2 = c \bmod N$は、次の2つの合同式を解くことと同値です。

$$m^2 = c \bmod p, m^2 = c \bmod q$$

c が法 p（あるいは q）の平方剰余かどうかは、オイラー規準により決定できます。しかし、オイラー規準は判定結果の1ビットを出力するだけであり、c の平方根を探すためには役に立ちません。

ところで、$p = 3 \bmod 4$ かつ c が法 p の平方剰余であれば、次が成り立ちます。

$$(\pm m_p)^2$$

$$= \left(\pm c^{(p+1)/4}\right)^2 \bmod p$$

$$= c^{(p+1)/2} \bmod p$$

$$= c^{(p-1)/2} \cdot c \bmod p$$

$$= c \bmod p \quad \left(\because c \text{ は法 } p \text{ の平方剰余であるため、} \left(\frac{c}{p}\right) = c^{\frac{p-1}{2}} \bmod p = 1\right)$$

よって、c が法 p の平方剰余なら、その解は、$\pm m_p = \pm c^{(p+1)/4} \bmod p$ になります。同様にして、c が法 q における平方剰余なら、その解は $\pm m_q = \pm c^{(q+1)/4} \bmod q$ です。4つの解の組み合わせに対して中国人の剰余定理[31] を用いることで、平文候補（暗号文の平方根）が得られます。

正しい平文を決定する

最後に、4つの異なる平文候補から、正しい平文を決定しなければなりません。もし平文が自然言語で書かれていれば、正しい平文を決定するのは容易といえます。もしそうでなければ、平文を構造化したり、冗長情報を付与したりすることで解決します。しかし、こうした対策によって、素因数分解問題の困難性に帰着できなくなります。

ではどのように正しい平文を決定するのか、3つのアプローチを見ていきます。

①意味のある文を埋め込むアプローチ

送信者IDや日付などを平文に埋め込みます。復号によって4つの候補が得られたら、正規表現などで特定の形式の文字列を検索することで、正しい平文を特定できます。

----

[31]：4.5.8 RSA暗号の効率化（中国人の剰余定理）p.311

②平文にある種の構造を持たせるアプローチ

mに何らかの構造を持たせます。例えば、最下位64ビットに0…0bとなる値を用いたり、mの一部の繰り返しを持たせたりします。復号して得た4つの平文の候補の中から、こうした構造を持つものが正しい平文であることを特定できます。

同じ構造を持つ平文の候補が複数出力されることは否定できませんが、その確率は非常に低いといえます（低いように構造のルールを決める）。構造を持たせた分、平文空間は小さくなります。

③NがBlum数であることを積極的に利用するアプローチ

NがBlum数であれば、第1補充法則より次が成り立ちます。

$$\left(\frac{-1}{p}\right) = -1, \left(\frac{-1}{q}\right) = -1$$

Rabin暗号の復号で$m_p, -m_p, m_q, -m_q$が得られ、これらに平方剰余記号を適用すると、次の関係を満たします。

$$\left(\frac{m_p}{p}\right) = \left(\frac{-1 \cdot -m_p}{p}\right) = \left(\frac{-1}{p}\right)\left(\frac{-m_p}{p}\right) = -\left(\frac{-m_p}{p}\right)$$

$$\left(\frac{m_q}{q}\right) = -\left(\frac{-m_q}{q}\right)$$

また、$c \in QR_N$に対して$m^2 = c \bmod N$を満足するmは4つあります（ 表4.44 ）。

表4.44 $m^2 = c \bmod N$を満足する4つのm

	$\left(\frac{m}{p}\right) = 1$	$\left(\frac{m}{p}\right) = -1$
$\left(\frac{m}{q}\right) = 1$	$m = M_1$と定義する	$m = M_2$と定義する
$\left(\frac{m}{q}\right) = -1$	$m = M_3$と定義する	$m = M_4$と定義する

よって、平文候補M_1, M_2, M_3, M_4は、次を満たします。ここで復号同順[53]とします。

----

[53]：前者が+であれば後者は−、前者が−であれば後者は+となるという意味です。

$$\left(\frac{M_1}{N}\right) = \left(\frac{M_1}{p}\right)\left(\frac{M_1}{q}\right) = \left(\frac{M_4}{p}\right)\left(\frac{M_4}{q}\right) = \left(\frac{M_4}{N}\right) = \pm 1$$

$$\left(\frac{M_2}{N}\right) = \left(\frac{M_2}{p}\right)\left(\frac{M_2}{q}\right) = \left(\frac{M_3}{p}\right)\left(\frac{M_3}{q}\right) = \left(\frac{M_3}{N}\right) = \mp 1$$

さらに、次が成り立ちます。

$$M_1 = -M_4 \bmod N$$
$$M_2 = -M_3 \bmod N$$

　以上より、平文mの法Nにおける平方剰余記号との対応値aと、その符号ビットbがわかれば、どのM_1, M_2, M_3, M_4が正しい平文かを特定できます。単純に平方剰余記号の値をaにしても問題ありませんが、ここではaを1ビットで表現するために平方剰余記号の値が-1のときは$a = 0$、1のときは$a = 1$とします。符号ビットは$N/2$を区切りした大小で決まります[*54]。そこで、bは、$0 \leqq m < N/2$であれば0、そうでなければ1と定義します。

　よって、暗号文cにaとbを追加して、(c, a, b)を送信するようにします。冗長ビットはたった2ビットです。こうすることで、復号する側は4つの平文候補から正しい平文を特定できます[*55]。

4.8.4 Rabin暗号の計算で遊ぶ

▶ 計算の演習（数値例）

問題 :

　$p = 11$、$q = 23$としたとき、$m = 158$を暗号化したときの暗号文cと冗長情報a, bを求めてください。

解答 :

　暗号文は次のように計算できます。

$$c = m^2 \bmod N = 158^2 \bmod 253 = 170$$

　$p = 3 \bmod 4$かつ$q = 3 \bmod 4$なので、NはBlum数です。冗長情報a, bは次のように計算できます。

[*54] : Z_Nの代表元を、$Z_N = \left\{ -\dfrac{N-1}{2}, \cdots, 0, \cdots, \dfrac{N-1}{2} \right\}$のようにとることで符号を決めることもできます。

[*55] : $0 < m < \dfrac{N}{2}$かつ$\left(\dfrac{m}{N}\right) = 1$を満たすように、平文空間を限定することでも、一意に復号できます。

$$\left(\frac{m}{N}\right) = \left(\frac{m}{p}\right)\left(\frac{m}{q}\right) = \left(\frac{158}{11}\right)\left(\frac{158}{23}\right) = \left(\frac{4}{11}\right)\left(\frac{20}{23}\right)$$

$$= \left(\frac{5}{23}\right) = \left(\frac{23}{5}\right) = \left(\frac{3}{5}\right) = \left(\frac{5}{3}\right) = \left(\frac{2}{3}\right) = -1$$

m の法 N における平方剰余記号の値が -1 なので、$a = 0$ になります。また、$N/2 = 126.5 < m = 158 < N = 253$ より、$b = 1$ になります。

よって、$(c, a, b) = (170, 0, 1)$ になります。

問題：

上記の (c, a, b) から、平文 m を復号してください。

解答：

$$m_p = c^{\frac{p+1}{4}} \bmod p = 170^3 \bmod 11 = 4$$

$$m_q = c^{\frac{q+1}{4}} \bmod q = 170^6 \bmod 23 = 3$$

よって、$m_p = 4$、$-m_p = -4 = 7$、$m_q = 3$、$-m_q = -3 = 20$ となります。

中国人の剰余定理で M_1, M_2, M_3, M_4 を計算しますが、次の値を共通で使用するので、先に計算しておきます。

$$y_1 = \left(\frac{N}{p}\right)^{-1} \bmod p = q^{-1} \bmod p = 23^{-1} \bmod 11 = 1^{-1} \bmod 11 = 1$$

$$y_2 = \left(\frac{N}{q}\right)^{-1} \bmod p = p^{-1} \bmod q = 11^{-1} \bmod 23 = 21$$

M_1, M_2, M_3, M_4 を以下のように計算します。

[1] $M_1 = 4 \bmod 11$ かつ $M_1 = 3 \bmod 23$ を満たす M_1 を求める

$$M_1 = m_p \cdot \frac{N}{p} \cdot y_1 + m_q \cdot \frac{N}{q} \cdot y_2 \bmod N$$

$$= 4 \cdot 23 \cdot 1 + 3 \cdot 11 \cdot 21 \bmod 253 = 26$$

[2]　$M_2 = 7 \bmod 11$ かつ $M_2 = 3 \bmod 23$ を満たす M_2 を求める

$$M_2 = (-m_p) \cdot \frac{N}{p} \cdot y_1 + m_q \cdot \frac{N}{q} \cdot y_2 \bmod N$$
$$= 7 \cdot 23 \cdot 1 + 3 \cdot 11 \cdot 21 \bmod 253 = 95$$

[3]　$M_3 = 4 \bmod 11$ かつ $M_3 = 20 \bmod 23$ を満たす M_3 を求める

$$M_3 = m_p \cdot \frac{N}{p} \cdot y_1 + (-m_q) \cdot \frac{N}{q} \cdot y_2 \bmod N$$
$$= 4 \cdot 23 \cdot 1 + 20 \cdot 11 \cdot 21 \bmod 253 = 158$$

➡ $M_3 = -M_2 \bmod N$ を利用して、計算することもできます。

$$M_3 = -M_2 \bmod N = -95 \bmod 253 = 158$$

[4]　$M_4 = 7 \bmod 11$ かつ $M_4 = 20 \bmod 23$ を満たす M_4 を求める

$$M_4 = (-m_p) \cdot \frac{N}{p} \cdot y_1 + (-m_q) \cdot \frac{N}{q} \cdot y_2 \bmod N$$
$$= 7 \cdot 23 \cdot 1 + 20 \cdot 11 \cdot 21 \bmod 253 = 227$$

➡ $M_4 = -M_1 \bmod N$ を利用して、計算することもできます。

$$M_4 = -M_1 \bmod N = -26 \bmod 253 = 227$$

よって、$M_1 = 26$、$M_2 = 95$、$M_3 = 158$、$M_4 = 227$ が平文の候補になります。a, b を使って、平文の候補から本当の平文を探します。$b = 1$ より、m は M_3 あるいは M_4 です。

$$\left(\frac{M_3}{p}\right) = \left(\frac{158}{11}\right) = 1, \left(\frac{M_3}{q}\right) = \left(\frac{158}{23}\right) = -1$$
$$\left(\frac{M_4}{p}\right) = \left(\frac{227}{11}\right) = -1, \left(\frac{M_4}{q}\right) = \left(\frac{227}{23}\right) = -1$$

掛け合わせて -1($a = 0$ より)になるのは、M_3 です。ゆえに、$m = M_3$ と判明します。

❱ 4つの平文候補が現れる条件

復号において4つの平文候補が現れるためには、$m^2 = c \bmod p$、$m^2 = c$

$\bmod q$ が、それぞれ異なる2個の解 m を持つ場合だけです。すなわち $GCD(m, N) = 1$ のときだけです。任意に m を選んだ場合、$GCD(m, N) \neq 1$ になる確率は、無視できるほど小さいことがわかっています。よって、非常に高い確率で4つの平文候補が得られます。

4.8.5 Rabin暗号に対する攻撃

▶ 低暗号化指数攻撃

Rabin暗号の暗号化は、平文を2乗します。これはRSA暗号の暗号化で、暗号化指数が $e = 2$ の場合と同様です。同一の平文 m が、互いに素な法 N_1 と N_2 を使用して暗号化されれば、次が成り立ちます。

$$c_1 = m^2 \bmod N_1, c_2 = m^2 \bmod N_2$$

攻撃者は公開鍵 N_1, N_2、盗聴した c_1, c_2 を知っているので、次の両式を満たす1つの数 c' を決めます。

$$c' = c_1 \bmod N_1, c' = c_2 \bmod N_2$$

中国人の剰余定理を用いることで、次の式を満たす c' が得られます。

$$c' = m^2 \bmod N_1 N_2$$

$m < N_1$ かつ $m < N_2$ より、$m^2 < N_1 N_2$ です。よって、平方根を求めるアルゴリズムを使って、c' から m を求めます。よって、Rabin暗号は、同一の平文 m から得られた異なる2つの暗号文があれば、平文 m を特定できます。

▶ 積攻撃

Rabin暗号は乗法準同型性[32]を持ちます。同一ユーザー宛の異なる2つの暗号文を盗聴したとします。同一ユーザー宛なので、法は共通です。

$$c_1 = m_1^2 \bmod N, c_2 = m_2^2 \bmod N$$

すると、新たな暗号文が得られます。

$$c' = c_1 \cdot c_2 = m_1^2 m_2^2 \bmod N = (m_1 m_2)^2 \bmod N$$

●**32**：4.6.5 ElGamal暗号の死角を探る（準同型性）p.327
●**33**：4.3.2 公開鍵暗号の解読モデル（一方向性）p.233

▶ 選択平文攻撃

素因数分解問題が困難という仮定の下で、Rabin暗号は一方向性[33]を満たすことが知られています。対偶を取ると、Rabin暗号の一方向性を破るアルゴリズムがあれば、素因数分解問題を効率的に解くアルゴリズムが存在します。前者のアルゴリズムをAとし、後者のアルゴリズムをBとします。Aの存在を仮定して、Bを構成できれば、上記が成り立つことを証明できます。

BはN（pとqの合成数）を入力とし、$1 \leq x < N$からランダムにxを選択します。このxは$x = (a, b)$を満たすと仮定します。つまり、次が成り立ちます。

$$x = a \bmod p \text{ かつ } x = b \bmod q$$

$GCD(x, N) \neq 1$が成り立つかを検証します。成り立てば、その値はNの素因数になります。成り立たなければ、$c = x^2 \bmod N$を計算します（$c = (a^2, b^2)$を満たす）。Aに公開鍵$pk = N$、暗号文としてcを入力します。Aから見て、Rabin暗号の暗号文と公開鍵のように見えるので、cの平文mが出力されます。

Bは$s = GCD(m - x, N)$、$t = N/s$を計算して、s, tを出力します（図4.48）。

図4.48 素因数分解を解くアルゴリズムの構成

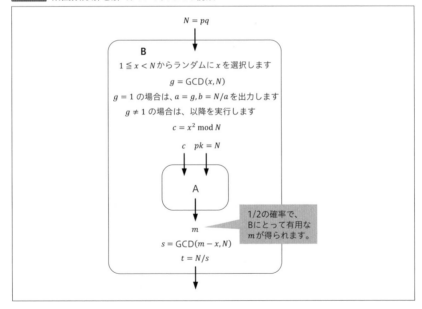

ところで、Aが出力した平文mは、それぞれ次のいずれかの条件（①〜④）を満たします。

① $m = a \bmod p$ かつ $m = b \bmod q$

② $m = -a \bmod p$ かつ $m = b \bmod q$

③ $m = a \bmod p$ かつ $m = -b \bmod q$

④ $m = -a \bmod p$ かつ $m = -b \bmod q$

そのため、s の値は条件①〜④によって次のように変わります。

---

[1] 条件①の場合

$x - m = (0, 0)$ の解、すなわち次を満たす解 $X (= x - m)$ を計算します。

$$X = 0 \bmod p \text{ かつ } X = 0 \bmod q$$

中国人の剰余定理（Gauss のアルゴリズム）より、次のように計算できます。

$$X = 0 \cdot q \cdot q^{-1} + 0 \cdot p \cdot p^{-1} \bmod pq = 0 \bmod N$$

よって、$s = \mathrm{GCD}(m - x, N) = \mathrm{GCD}(0, N) = N$ になります[*56]。

[2] 条件②の場合

$x - m = (2a, 0)$ の解、すなわち次を満たす解 $X (= x - m)$ を計算します。

$$X = 2a \bmod p \text{ かつ } X = 0 \bmod q$$

中国人の剰余定理より、次のように計算できます。

$$X = 2a \cdot q \cdot q^{-1} + 0 \cdot p \cdot p^{-1} \bmod pq = 2aq \cdot q^{-1} \bmod N$$

よって、$s = \mathrm{GCD}(m - x, N) = \mathrm{GCD}(2aq \cdot q^{-1}, pq) = q$ になります。

[3] 条件③の場合

$x - m = (0, 2b)$ の解、すなわち次を満たす解 $X (= x - m)$ を計算します。

$$X = 0 \bmod p \text{ かつ } X = 2b \bmod q$$

中国人の剰余定理より、次のように計算できます。

$$X = 0 \cdot q \cdot q^{-1} + 2b \cdot p \cdot p^{-1} \bmod pq = 2bq \cdot q^{-1} \bmod N$$

よって、$s = \mathrm{GCD}(m - x, N) = \mathrm{GCD}(2bp \cdot p^{-1}, pq) = p$ になります。

[*56]：最大公約数の解説で、$\mathrm{GCD}(0, 6) = 6$ であることを説明しました。ここでは法 N なので、$0 = uN$（u：整数）と書けます。よって、$\mathrm{GCD}(0, N) = \mathrm{GCD}(tN, N) = N$ と計算しても問題ありません。

[4] 条件④の場合

$x - m = (2a, 2b)$の解、すなわち次を満たす解$X(=x-m)$を計算します。

$$X = 2a \bmod p \text{ かつ } X = 2b \bmod q$$

中国人の剰余定理より、次のように計算できます。

$$X = 2a \cdot q \cdot q^{-1} + 2b \cdot p \cdot p^{-1} \bmod pq$$

よって、$s = \mathrm{GCD}(m - x, N) = \mathrm{GCD}(2a \cdot q \cdot q^{-1} + 2b \cdot p \cdot p^{-1}, pq) = 1$になります。

以上の考察から、B は x をランダムに選択しているため、条件②か条件③のときに、因数分解に成功したことになります。A の成功確率（Rabin 暗号の一方向性を破る確率）を η とします。$\mathrm{GCD}(x, N) = 1$ のとき、$\eta/2$ の確率で条件②③になります。$\mathrm{GCD}(x, N) \neq 1$ になることを考慮すると、全体として $\eta/2$ 以上の確率で素因数分解できます。

一方、B の存在を仮定すると、A は容易に構成できます。A に暗号文 c と公開鍵 $pk = N$ が入力されたとします。A は B に N を入力して、素因数の p, q を得ます。p, q は秘密鍵そのものなので、復号アルゴリズムに c と (p, q) を入力して復号結果 m' を得ます。B はその m' を平文として出力します（図4.49）。

図4.49 Rabin暗号の一方向性を破るアルゴリズムの構成

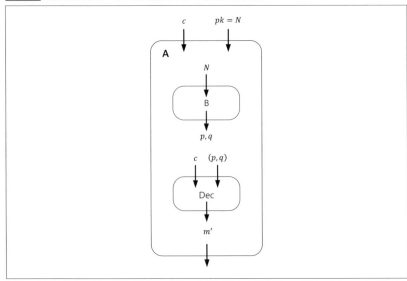

▶ 選択暗号文攻撃

OW-CPA安全の証明では、選択平文攻撃者（上記の例ではA）は、Rabin一方向性を破るアルゴリズム（上記の例ではB）に $c = x^2 \bmod N$ を与えることで、平文 m を得ていました（$x \neq \pm m$ になる確率は $1/2$）。

これと同様の動作を実行する、選択暗号文攻撃者●34 を考えます。Bに入力するのではなく、復号オラクルに送信します。すると、平文 m が得られます。ゆえに、Rabin暗号はOW-CCA安全ではありません。

4.8.6 Rabin暗号の死角を探る

▶ 部分情報の漏えい

Rabin暗号では、c から m の最下位ビットを求めることは、c から m 全体を求めることぐらい困難であることが知られています（$\mathrm{LSB}(m)$ はハードコアビット）。しかしながら、何らかの冗長情報を持たせた場合には、その冗長情報そのものが平文の部分情報といえます。

▶ RSA暗号とRabin暗号の暗号化関数の比較

RSA暗号の暗号化関数 f_{RSA} は、Z_N から選んだ m を Z_N に写します。Rabin暗号の暗号化関数 f_{Rabin} は、Z_N^* から選んだ m を Z_N^* に写します*57。ところが、1つの暗号文に対して、RSA暗号の場合は平文が一意に決まりますが、Rabin暗号の場合は平文が4つ得られます。

例えば、$p = 3$、$q = 7$ として、Z_N^* の平文を暗号化してみます（表4.45、表4.46）。

表4.45 Rabin暗号の平文空間と暗号文空間の例

m	$c = m^2 \bmod N$	m	$c = m^2 \bmod N$
1	1	11	16
2	4	13	1
4	16	16	4
5	4	17	16
8	1	19	4
10	16	20	1

---

*57：$\mathrm{GCD}(m, N) = 1$ でなければ4つの平文候補が得られないので、ここでは Z_N^* で考えています。

●34：4.3.1 公開鍵暗号の攻撃モデル（選択暗号文攻撃）p.231

表4.46 Rabin暗号の平文空間と暗号文空間の例（$e = 5$）

m	$c = m^5 \bmod N$	m	$c = m^5 \bmod N$
1	1	11	2
2	11	12	3
3	12	13	13
4	16	14	14
5	17	15	15
6	6	16	4
7	7	17	5
8	8	18	9
9	18	19	10
10	19	20	20

Rabin暗号の場合、平文空間は$\{1, 2, 4, 5, 8, 10, 11, 13, 16, 17, 19, 20\}$、暗号文空間は$\{1, 4, 16\}$になります。$c = 1$に対応する平文$m = 1, 8, 13, 20$は、4つ存在します。他の$c$の値についても、同様に対応する平文$m$は4つ存在します（図4.50）。

図4.50 f_{RSA}とf_{Rabin}の違い

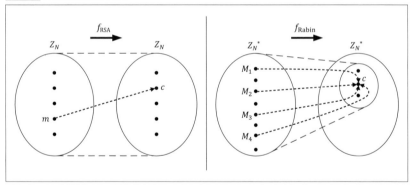

f_{RSA}は全単射ですが、f_{Rabin}は単射ではありません。この差は安全性証明に現れます。Rabin暗号の安全性証明では、Rabin暗号の一方向性を破るアルゴリズムを仮定することで、素因数分解問題を効率的に解くアルゴリズムを構成しました。これは、同一の暗号文を与える複数の平文があることをうまく利用した結果です。一方、RSA暗号ではこのアプローチを適用できません。

4.9 RSA-OAEP

安全性★★★★☆　効率性★★☆☆☆　実装の容易さ★★★☆☆

ポイント
- RSA暗号を改良して安全性を向上させた暗号です。
- ランダムオラクルモデルにおいて、RSA-OAEPはIND-CCA2安全です。
- 復号アルゴリズムに一種の認証機能を持っているといえます。

4.9.1 RSA-OAEPとは

1994年にベラーレ（Bellare）とロガウェイ（Rogaway）が発表した公開鍵暗号です。RSA-OAEP（Optimal Asymmetric Encryption Padding）は、適応的選択暗号文攻撃者[35]に対して、識別不可能性[36]を満たすことを目標として設計されました。この攻撃者は、復号オラクルに問い合わせられます。しかし、平文を知っている暗号文を復号オラクルに問い合わせても、すでに知っている平文が返ってくるだけなので、有用な情報は得られません。そのため、平文を知らない暗号文を作り、それを復号オラクルに問い合わせて、対応する平文を受け取ります。こうした平文と暗号文のペアから、解読に対して有用な情報を得ようとします。

RSA-OAEPでは復号の際に、不適切な暗号文であることを検出する機能を持たせ、不適切であることを検出した場合にはエラーメッセージを返します。こうすることで、攻撃者は復号オラクルから有益な情報を得られなくなり、安全であることが期待できます。

さらに識別不可能性を満たすために、確率的暗号[37]でなければなりません。そこで暗号化の処理の中で乱数を用いています。

4.9.2 RSA-OAEPの定義

RSA-OAEPは（KeyGen, Enc, Dec）から構成されています。ここではパディングを行う方式を解説します（ 図4.51 ）。

---

[35] : 4.3.1 公開鍵暗号の攻撃モデル（適応的選択暗号文攻撃）p.232
[36] : 4.3.2 公開鍵暗号の解読モデル（識別不可能性）p.234
[37] : 4.6.5 ElGamal暗号の死角を探る（確率的暗号）p.324

図4.51 RSA-OAEPのアルゴリズム

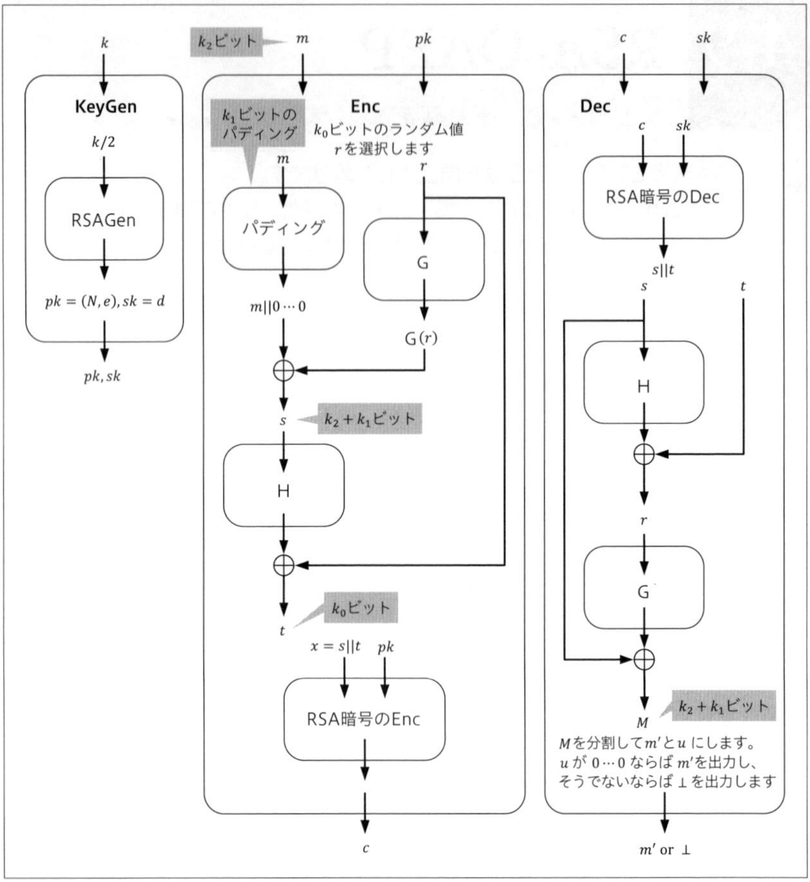

❯ 鍵生成アルゴリズム

入力	k：セキュリティパラメータ
出力	pk：公開鍵 sk：秘密鍵
動作	1：RSAGenアルゴリズムに$k/2$を入力し、pk, skを得て、そのまま出力します。

RSAGenアルゴリズム[38]は、kを入力すると、内部でkビットの素数p, q

●**38**：4.5.3 RSA暗号の定義（RSAGen）p.271

を生成します。そして、$N = pq$ とするため、N は $2k$ ビットになります。RSA-OAEP で使用する N を k ビットにするためには、RSAGen アルゴリズムに $k/2$ を入力します。

▶ 暗号化アルゴリズム

k_0, k_1, k_2 は、$k = k_2 + k_1 + k_0$ となる整数とします。G は k_0 ビットを入力とし、$k_2 + k_1$ ビットを出力するランダム関数です。出力値のサイズが入力値のサイズより大きいならば、疑似乱数生成器といえます。

H は $k_2 + k_1$ ビットを入力とし、k_0 ビットを出力するランダム関数です。入力値のサイズが出力値のサイズよりも大きいならば、圧縮関数といえます。f は RSA 関数（RSA 暗号の暗号化アルゴリズム）とします。

$$G: \{0,1\}^{k_0} \to \{0,1\}^{k_2+k_1}$$

$$H: \{0,1\}^{k_2+k_1} \to \{0,1\}^{k_0}$$

$$f(pk, m) = m^e \bmod N, \quad f^{-1}(sk, c) = c^d \bmod N$$

実装上では G, H にハッシュ関数が代用されます[*58]。

入力	m：平文（k_2 ビット。$k_2 < k$ を満たす） pk：公開鍵
出力	c：暗号文
動作	1：k_0 ビットのランダムビット列 r を選択します。 2：$s = (m \| 0^{k_1}) \oplus G(r)$ を計算します。 3：$t = r \oplus H(s)$ を計算します。 4：$x = s \| t$ とします。 　　もし x が f の定義域でなければ、ステップ1に戻ります。 5：$c = f(pk, x)$ を計算して、出力します。

動作のステップ4にて、x の各ビットは m に依存しています。つまり、x に m が埋め込まれている状況といえます。

また、x は k ビット（$= k_2 + k_1 + k_0$）になっています。この x は RSA 関数の平文として扱うため、この時点でビット列から $0 \leq m < N$ の範囲内の整数に変換します。逆にいえば、この変換の都合や、使用するハッシュ関数の

[*58]：ハッシュ関数は入力が任意長で、出力が固定長です。RSA-OAEP で必要とする G, H は入力値が固定長ですが、必要とするものは固定長の出力値なので、入力値が任意長のハッシュ関数でカバーできます。

ハッシュ値のサイズに合わせて、パラメータk_0, k_1, k_2の値が具体的に決まります。

暗号化はランダムビット列rを用いているので、確率的暗号であり、識別不可能性を満たすことが期待できます。

▶ 復号アルゴリズム

入力	c：暗号文 pk：公開鍵 sk：秘密鍵
出力	m'：復号結果 あるいは $\perp$：復号失敗
動作	1：$f^{-1}(sk, x)$を計算して、$s\|t$とします。sは$k_2 + k_1$ビット、tはk_0ビットです。
	2：$r = t \oplus \mathrm{H}(s)$を計算します。
	3：$M = s \oplus \mathrm{G}(r)$を計算します。
	4：Mの下位k_1ビットを抽出して、uとします。Mの上位k_2ビットを抽出して、m'とします。
	5：$u = 0^{k_1}$ならば、m'を出力します。そうでなければ、$\perp$を出力します。

ステップ4にて、$k_2 + k_1$ビットのMを2つに分割して、m'とuにします。

ステップ5は正当な暗号文を検出しており、適応的選択暗号文攻撃者に備えています。平文を知っていれば、0が所定の個数分（k_1個）だけ連続するフォーマットになっているはずです。一方、任意に選択した暗号文であれば、復号結果が所定のフォーマットを満たす確率は小さいといえます。つまり、暗号文に対応する平文を知らない攻撃者には、復号結果として$\perp$が返されます。

適応的選択暗号文攻撃者が、復号オラクルに「所定のフォーマットを満たす平文から作られた暗号文」を送信できるときのことを考えてみます。これは言い換えれば、攻撃者は送信する暗号文に対応する平文を（非常に大きい確率で）知っているときになります。そのため、復号オラクルから得られる知識はすでに既知の情報であるといえ、復号オラクルを有効に活用できない状況になります。

4.9.3 RSA-OAEPの計算で遊ぶ

▶ 正当性の検証

$m' = m$が成り立つかどうかを確認します。

$M = (\mathrm{Dec}\,\mathit{の}\,s) \oplus G(r) = (\mathrm{Enc}\,\mathit{の}\,s) \oplus G(r) = (m||0^{k_1}) \oplus G(r) \oplus G(r) = m||0^{k_1}$

Mの下位k_1ビット列が0^{k_1}なので、上位k_2ビット列をm'とすれば、$m' = m$になります。よって、正当性を満たします。

4.9.4 RSA-OAEPに対する攻撃

▶ 暗号文攻撃

攻撃者は、暗号文cからmを求めるために、$c(=f(x))$から$x(=s||t)$の全ビットを特定しようとするかもしれません。sがわかれば、$H(s)$を計算でき、tと排他的論理和を取ることでrを計算できます。また、rがわかれば、$G(r)$を計算でき、sと排他的論理和を取ることで$m||0...0$を計算できます。

一方、攻撃者がxの部分情報を入手しても、sやtの一部にわからない部分があります。sの一部がわからなければ、$H(s)$の出力値はわからないので、rを計算できません。また、tの一部がわからなければ、$H(s)$が完全にわかっても、rの一部がわかりません。いずれにしてもrの一部がわかないため、$G(r)$を計算できず、sを知っていても$m||0...0$を求められません。よってmの部分情報を得るまでに至りません。

▶ 小平文空間攻撃

RSA-OAEPは確率的暗号です。つまり、同じ平文を暗号化しても、異なった暗号文が得られます。そのため、小平文空間攻撃を適用できません。なぜかというと、事前に暗号文を計算しておいても、一意に平文が決まらないためです。

▶ ランダムオラクルモデルにおけるRSA-OAEPの安全性

2つの関数G, Hがランダム関数であるという仮定の下で、RSA-OAEPはIND-CCA2安全を満たすことが知られています。G, Hをハッシュ関数として考えた場合は、理想的なハッシュ関数であれば同一の主張になります。いずれにしても、これらの仮定はランダムオラクルモデルで置き換えられます。

ランダムオラクルモデルとはその名のとおり、ランダム関数として動作するランダムオラクルへアクセスできるモデルです。ランダムオラクルの仕組みを直観的にいえば、どのような質問xに対しても乱数yを返すオラクルです。この乱数は一様かつ独立なものです。ただし、同じ質問に対しては同じ乱数を返します。そのため、オラクルはxとyをテーブルで管理しておきます。質問が来たときにテーブル内に同一のxがあれば、対応するyを返します（ 図4.52 ）。

図4.52 ランダムオラクルの動作

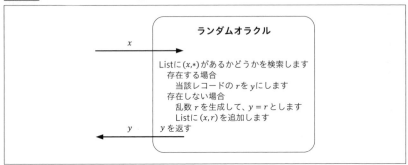

ランダムオラクルモデルでは、攻撃者は必要に応じてハッシュ関数の代わりにランダムオラクルにアクセスするものとします。しかし、現在開発されているすべてのハッシュ関数は、一様かつ独立な乱数を出力しません。つまり、現在のところ、理想的に安全なハッシュ関数は発見されていません。

このことから、ランダムオラクルモデルは比較的強い仮定といえます。暗号の世界では、ランダムオラクルモデルを仮定せずに、強い安全性を持つ暗号を設計することが目標の1つになっています。

なお、fにRSA関数を使わずに、任意の一方向性関数を使った場合、適応的選択暗号文攻撃に対して識別不可能性を満たすとは限りません。

4.9.5 RSA-OAEPの効率性

RSA-OAEPは、RSA暗号の暗号化処理や復号処理に加えて、その入力値を作るためにハッシュ関数を実行したり、排他的論理和を繰り返し実行したりします。また、送信される暗号文の長さは、パディングした分だけ大きくなります。そのため、RSA暗号から比べれば効率性は落ちます。

4.10 楕円ElGamal暗号（楕円曲線暗号）

安全性★★★★★　効率性★★☆☆☆　実装の容易さ★★☆☆☆

ポイント
- 同程度の安全性であれば、楕円ElGamal暗号は、従来のElGamal暗号より鍵を短くできます。
- 鍵が短いため、計算量は比較的小さいといえます。
- 楕円曲線上の離散対数問題にもとづく暗号は、従来の離散対数問題にもとづく暗号よりも安全であると考えられています。

4.10.1 楕円ElGamal暗号とは

1985年、コブリッツ（Koblitz）とミラー（Miller）はそれぞれ独立に、離散対数問題が難しいと思われる新しい演算を楕円曲線上に発見しました[*59]。これにより、楕円曲線上で離散対数問題[●39]にもとづく暗号を構成できるようになりました。

その応用として、楕円曲線上のElGamal暗号（以後、楕円ElGamal暗号と略す）、楕円曲線上のDiffie-Hellmanの鍵共有[●40]、IDベース暗号[●41]などがあります。特に、楕円ElGamal暗号は、楕円曲線暗号と呼ばれることもあります。

等価安全性によると、「2048ビットの公開鍵であるElGamal暗号」と「256ビットの公開鍵である楕円ElGamal暗号」は同等の安全性を持ちます。ElGamal暗号の暗号文のサイズは、平文の2倍になります。つまり、ElGamal暗号の暗号文が4096ビットであれば、楕円ElGamal暗号の暗号文は512ビットになります。扱うビット数が小さいということは、計算速度も高速化されます。

[*59]：「難しいと思われる」というところがポイントです。楕円曲線上の離散対数問題は、従来の離散対数問題（有限体上の離散対数問題）と比べて同程度以上に困難であるかは、長年議論されています。現在のところはそう考えられているということにすぎず、将来もそうであるとは限りません。すでに、ある種の楕円曲線では、従来の離散対数問題に帰着してしまうことが明らかになっています。また、ある種の楕円曲線の離散対数問題を多項式で解くアルゴリズムが知られています。

- ●39：4.6.5 ElGamal暗号の死角を探る（離散対数問題）p.329
- ●40：8.1.8 楕円曲線上のDiffie-Hellmanの鍵共有 p.577
- ●41：4.11 IDベース暗号 p.411

4.10.2 楕円ElGamal暗号を理解するための数学知識

▶ 環

2つの演算「+」「・」を持つ代数系 $(R, +, \cdot)$ が、次の4つの条件を満たすとき、R を環といいます[60]。

(i) $(\boldsymbol{R}, +)$ が可換群

(ii) $(\boldsymbol{R}, \cdot)$ における単位元の存在：0でない単位元を持つ。

(iii) $(\boldsymbol{R}, \cdot)$ における結合法則：R の任意の元 a, b, c に対して、次が成り立つ。

$$(a \cdot b) \cdot c = a \cdot (b \cdot c)$$

(iv) $(\boldsymbol{R}, +, \cdot)$ における分配法則：R の任意の元 a, b, c に対して、次が成り立つ。

$$a \cdot (b + c) = a \cdot b + a \cdot c$$

$$(a + b) \cdot c = a \cdot c + b \cdot c$$

さらに、次の条件を満たすとき、$(R, +, \cdot)$ を可換環といいます。

(v) $(\boldsymbol{R}, \cdot)$ における交換法則：R の任意の元 a, b に対して、次が成り立つ。

$$a \cdot b = b \cdot a$$

考察：

整数全体の集合 Z が環であるかどうかを確認してみます。

検証：

(i) $(Z, +)$ は可換群であること：すでに確認済み。

(ii) $(Z, \cdot)$ における単位元の存在：Z の任意の元 a に対して、
$a \cdot 1 = 1 \cdot a = a$ より、単位元 1 を持つ。

(iii) $(Z, \cdot)$ における結合法則：Z の任意の元 a, b, c に対して、
$(a \cdot b) \cdot c = a \cdot (b \cdot c)$ が成り立つ。

(iv) $(Z, +, \cdot)$ における分配法則：Z の任意の元 a, b, c に対して、

---

[60]：条件（ii）を満たさないものも環に含める流儀があります。こうした流儀の場合、条件（ii）を満たす環を、単位元を持つ環（あるいは単位環）と呼びます。

$$a \cdot (b+c) = a \cdot b + a \cdot c, (a+b) \cdot c = a \cdot c + b \cdot c$$が成り立つ。

以上より、Zは環であることがわかりました。

例)

> Z_mが可換群であることはすでに確認しました。また、乗法において単位元1が存在します。乗法における結合法則と分配法則も成り立ちます。よって、剰余類の集合Z_mが環になり、剰余類環とも呼ばれます。

▶ 有限体

体と有限体

Z_mは積に関する逆元が存在しないことがあります。ところが、$m=p$が素数であれば、0を除く任意の$a \in Z_p$に対して、逆元$a^{-1} \bmod p$が存在します。逆元を掛けることは、除算と同等です。つまり、Z_pでは四則演算ができます。このように四則演算ができる世界を、体といいます。

これをきちんと定義すると、次のようになります。代数系$(F, +, \cdot)$が次の2つの条件を満たすとき、Fを体といいます。

(i) $(F, +, \cdot)$は可換環
(ii) $(F, \cdot)$における逆元の存在：加法の単位元0以外のどの元も乗法の逆元を持つ。

この条件（ii）は、乗法の単位元をeとすると、Fの0でない任意の元aに対して、次を満たす元a^{-1}が存在することを意味します。

$$a \cdot a^{-1} = a^{-1} \cdot a = e$$

体$(F, +, \cdot)$について、集合Fの元の数を$|F|$で表し、体Fの位数といいます。特に、位数が有限の体を有限体（ガロア体）といいます。元の個数をnとすると、有限体は$GF(n)$と表記されます。

例えば、Z_pの元は有限であるため、Z_pは有限体です。実数全体の集合Rは体ですが、元は有限ではないので、Rは有限体ではありません。

p^n個の要素を持つ有限体

任意の素数p、任意の正の整数nに対して、p^n個の要素を持つ有限体$GF(p^n)$が存在します。このとき、pを$GF(p^n)$の標数、nを拡大次数といいます。

ここでは、$GF(p^n)$の構成法を簡単に解説します。まずはいくつかの定義を準備します。

まず、pを素数とします。変数xに関するすべての多項式の集合を、$Z_p[x]$とします（係数はpを法とする）。この集合に、多項式の加法と乗法を自然に定義できるので、環になります。$Z_p[x]$の演算は、通常の多項式の演算と同様ですが、係数をZ_pで考えるという点で異なります。

例）

$Z_3[x]$における加算と乗法を確認します。$f(x) = x^3 + 2x + 1$、$g(x) = 2x^3 + x^2 + x + 2$の加算と乗法の結果は、次のように計算できます。係数を法3で考えます。

$$f(x) + g(x) = (x^3 + 2x + 1) + (2x^3 + x^2 + x + 2)$$
$$= 3x^3 + x^2 + 3x + 3$$
$$= (3 \bmod 3)x^3 + (1 \bmod 3)x^2 + (3 \bmod 3)x + (3 \bmod 3)$$
$$= x^2$$

$$f(x)g(x) = (x^3 + 2x + 1)(2x^3 + x^2 + x + 2)$$
$$= 2x^6 + x^5 + x^4 + 2x^3 + 4x^4 + 2x^3 + 2x^2 + 4x + 2x^3 + x^2 + x + 2$$
$$= 2x^6 + x^5 + 5x^4 + 6x^3 + 3x^2 + 5x + 2$$
$$= (2 \bmod 3)x^6 + (1 \bmod 3)x^5 + (5 \bmod 3)x^4 + (6 \bmod 3)x^3$$
$$\quad + (3 \bmod 3)x^2 + (5 \bmod 3)x + (2 \bmod 3)$$
$$= 2x^6 + x^5 + 2x^4 + 2x + 2$$

$f(x), g(x) \in Z_p[x]$としたとき、$g(x) = q(x)f(x)$であるような$q(x) \in Z_p[x]$が存在するとき、$f(x)$は$g(x)$を割り切るといいます。整数のときのように、$f(x)|g(x)$と表記します。

$f(x) \in Z_p[x]$について、最も大きいべき指数をfの次数といい、$\deg(f)$と表記します。

さらに、多項式について合同式も定義できます。$f(x), g(x), h(x) \in Z_p[x]$で、$\deg(f) = n \geqq 1$とします。もし$f(x)|(g(x) - h(x))$であれば、$g(x) = h(x) \bmod f(x)$とします。

以上の議論は、整数の合同の議論と非常に類似しています。

$Z_p[x]/(f(x))$と表される、$f(x)$を法とする多項式の環を定義したいとしま

す。$Z_p[x]$から$Z_p[x]/(f(x))$を構成する方法は、$f(x)$を法とする合同式の考え方にもとづいています。そのため、ZからZ_mを構成する方法と類似した構成方法で実現できます。

$\deg(f) = n$とし、$g(x)$を$f(x)$で割ると、$g(x) = q(x)f(x) + r(x)$かつ$\deg(r) < n$となる唯一の商$q(x)$と、剰余$r(x)$を得ます。よって、$f(x)$を法とすることで、$Z_p[x]$における多項式は高々$n-1$次の多項式と一意に合同になります。

例）

$Z_2[x]$における除算を確認してみます。$f(x) = x^4 + x^2 + 1$ を $g(x) = x+1$で割ると、商は$x^3 + x^2$、剰余は1になります[*61]。

$$
\begin{array}{r}
x^3 + x^2 \\
x+1 \overline{\smash{\big)}\ x^4 \ \ x^2 + 1} \\
\underline{x^4 + x^3 } \\
x^3 + x^2 + 1 \\
\underline{x^3 + x^2 } \\
1
\end{array}
$$

ここで、$Z_p[x]/(f(x))$の要素全体を、$Z_p[x]$における高々$n-1$次のp^n個の多項式と定義します。$Z_p[x]/(f(x))$における加算と乗算は、$Z_p[x]$と同様に定義されます。

$$f(x), g(x), h(x) \in Z_p[x]$$
$$g(x) + h(x) := g(x) + h(x) \bmod f(x)$$
$$g(x)h(x) := g(x)h(x) \bmod f(x)$$

その結果、$Z_p[x]/(f(x))$は環になります。

次に、$Z_p[x]/(f(x))$が体になるかどうかを考察します。Z_mが体になるためには、mが素数でなければなりませんでした。こうした議論は、$Z_p[x]/(f(x))$でも同様です。素数に対応するものとして、既約という概念を定義します。

多項式$f(x) \in Z_p[x]$は、$\deg(f_1) > 0$かつ$\deg(f_2) > 0$であり、$f(x) = f_1(x)f_2(x)$となる2つの多項式$f_1(x), f_2(x) \in Z_p[x]$が存在しないときに既

[*61]：係数は法2の世界なので、0か1になります。計算上、係数が−1になる場合は1に置き換わります。

約であるといい、逆に存在するときは可約といいます。直観的に説明すると、既約な$f(x)$とは、これ以上因数分解できないことを意味します。

$f(x) \in Z_p[x]$について、あるZ_pの元αに対して、$f(\alpha)=0$であるための必要十分条件は、$f(x)$が$x-\alpha$で割り切れることになります。

例）

1次の多項式はすべて既約です。

例）

$Z_2[x]$において、$f(x)=x^2+x+1$は既約です。もし可約であれば、$f(x)$は1次多項式で割り切れなければなりません。しかし、$f(0)=1$、$f(1)=1$となり、0になることはありません。よって、$x-0=x$、$x-1=x+1$で割り切れません。この2つの多項式は、1次多項式の全パターンであり、これらで割り切れないということは可約になりません（既約になる）。

問題：

$Z_2[x]$の2次の既約多項式をすべて求めてください。

解答：

上記の2つ目の例と同様にして既約多項式を調べられますが、ここでは別の方法で調べてみます。

$Z_2[x]$の2次多項式は、次の4通りです。

$$f_1=x^2, f_2=x^2+1, f_3=x^2+x, f_4=x^2+x+1$$

この中のうち、1次式で割り切れないものが既約多項式になります。$Z_2[x]$の1次多項式は、次の2通りです。

$$g_1=x, g_2=x+1$$

g_1, g_2について重複を許して掛け合わせると、 表4.47 のようになります。

表4.47 g_1, g_2の掛け合わせ

×	$g_1=x$	$g_2=x+1$
$g_1=x$	$x \cdot x = x^2$	$x \cdot (x+1) = x^2+x$
$g_2=x+1$	$x \cdot (x+1) = x^2+x$	$(x+1)^2 = x^2+2x+1 = x^2+1$

得られた結果が、可約な2次多項式のすべてになります。よって、$f_2 = x^2 + 1$、$f_4 = x^2 + x + 1$ が、2次の既約多項式になります。

$f(x)$ が n 次の既約多項式であるときに限り、$Z_p[x]/(f(x))$ は体になることが知られています。$Z_p[x]/(f(x))$ は、要素数 p^n の体なので、$GF(p^n)$ になります。

$Z_p[x]$ における次数が $n \geq 1$ の場合、少なくとも1つの既約多項式が存在することが知られています。複数の既約多項式が存在した場合、どの既約多項式を用いても、構築される有限体は同型になることが知られています。よって、すべての素数 p と1以上の整数 n について、p^n 個の要素を持つ有限体が必ず一意に存在します。例えば、$GF(p)$ は、Z_p と完全に一致します。

例えば、8個（$=2^3$）の要素を持つ体を構築したいとします。

そこで、$Z_2[x]$ における3次の既約多項式を探します。$Z_2[x]$ における多項式なので、係数は0か1のみです。3次の多項式の全パターンは、表4.48 のとおり8種類（$=2^3$）あります。ただし、定数項がない多項式は必ず x で割り切れてしまい、既約ではありません。

表4.48 3次の多項式のパターン

多項式	ベクトル表現 $(a_3 a_2 a_1 a_0)$	既約か否か
$f_1(x) = x^3 + x^2 + x + 1$	(1111)	×（$x^3 + x^2 + x + 1 = (x+1)(x^2+1)$）
$f_2(x) = x^3 + x^2 + x$	(1110)	×（定数項が0）
$f_3(x) = x^3 + x^2 + 1$	(1101)	○
$f_4(x) = x^3 + x^2$	(1100)	×（定数項が0）
$f_5(x) = x^3 + x + 1$	(1011)	○
$f_6(x) = x^3 + x$	(1010)	×（定数項が0）
$f_7(x) = x^3 + 1$	(1001)	×（$x^3 + 1 = (x+1)(x^2+x+1)$）
$f_8(x) = x^3$	(1000)	×（定数項が0）

ここでは $f_5(x)$ を用いて、体 $Z_2[x]/(x^3 + x + 1)$ を構築します。2次（$= n - 1 = 3 - 1$）以下の多項式は、0、1、x、$x+1$、x^2、x^2+1、x^2+x、x^2+x+1 の8種類あります。$x^3 + x + 1$ を法として、乗算を確認してみます。例えば $x^2 + 1$、と $x^2 + x + 1$ の乗算は、次のように計算できます[*62]。

[*62]：$x^3 + x + 1 = 0$ より、$x^3 = -x - 1 = x + 1$ が成り立ちます。これを代入して、次数を下げて計算するという方法もあります。

$$(x^2 + 1)(x^2 + x + 1) \bmod x^3 + x + 1$$

$$= x^4 + x^3 + x^2 + x^2 + x + 1 \bmod x^3 + x + 1$$

$$= x^4 + x^3 + 2x^2 + x + 1 \bmod x^3 + x + 1$$

$$= x^4 + x^3 + x + 1 \bmod x^3 + x + 1$$

$$= (x + 1)(x^3 + x + 1) + x^2 + x \bmod x^3 + x + 1$$

$$= x^2 + x \bmod x^3 + x + 1$$

$x^3 + x + 1$を法として、乗法表を完成させると 表4.49 のようになります。ただし、係数のみに注目してベクトルで表現しています。

表4.49 法$x^3 + x + 1$の乗法表

	(000)	(001)	(010)	(011)	(100)	(101)	(110)	(111)
(000)	(000)	(000)	(000)	(000)	(000)	(000)	(000)	(000)
(001)	(000)	(001)	(010)	(011)	(100)	(101)	(110)	(111)
(010)	(000)	(010)	(100)	(110)	(011)	(001)	(111)	(101)
(011)	(000)	(011)	(110)	(101)	(111)	(100)	(001)	(010)
(100)	(000)	(100)	(011)	(111)	(110)	(010)	(101)	(001)
(101)	(000)	(101)	(001)	(100)	(010)	(111)	(011)	(110)
(110)	(000)	(110)	(111)	(001)	(101)	(011)	(010)	(100)
(111)	(000)	(111)	(101)	(010)	(001)	(110)	(100)	(011)

0（＝(000)）を除くと、任意の多項式に逆元となる多項式が存在します。よって、$Z_2[x]/(x^2 + x + 1)$では四則演算ができ、要素も有限（8個の多項式）なので、有限体になります。

ここで0を除く要素を1つ選択します。ここでは、$\beta = (010)$とします。βのべき乗を考えると、表4.50 のように値が推移します。

このように、8乗して元の値に戻ります。その際、すべての元が、βのべき乗で表されています。また、この場合では別の元を選んでも同様の議論がいえます。よって、乗法に関して巡回群になります。

表4.50 べき表現とベクトル表現の対応

べき表現	ベクトル表現
β	(010)
β^2	(010) × (010) ＝ (100)
β^3	(100) × (010) ＝ (011)
β^4	(011) × (010) ＝ (110)
β^5	(110) × (010) ＝ (111)
β^6	(111) × (010) ＝ (101)
β^7	(101) × (010) ＝ (001)
β^8	(001) × (010) ＝ (010)

❯ 楕円曲線

任意の体 F 上の楕円曲線は、次の式で与えられます。

$$y^2 + a_1 xy + a_2 y = x^3 + a_3 x^2 + a_4 x + a_5$$

ある条件の下で、次のような単純な形に表現できることが知られています[*63]。

$$y^2 = x^3 + ax + b$$

係数や x, y を実数として[*64]、この式を満たす点 (x, y) をプロットすると、表4.51 に示す曲線が得られます。

表4.51 判別式とグラフの関係

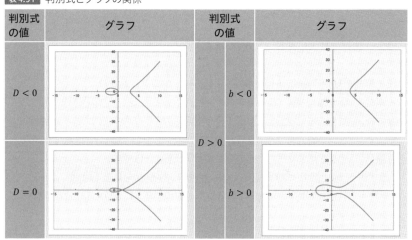

曲線が描かれているということは、x と y の組み合わせは無限に存在することを意味します。また、判別式 $D = 4a^3 + 27b^2$ が正・ゼロ・負のどれであるかによって、曲線の形状が大きく異なります。$D = 0$ のときは、重根や三重根を持つので、楕円曲線暗号には使用しません。以降は $D \neq 0$ とします。

なお、楕円曲線は、「楕円形のような曲線」という意味ではなく、「楕円の弧の長さを計算するときに出てくる曲線」という意味です。グラフを見ても楕円形には見えません。

問題：

$y^2 = x^3 + 2x + 1$ の判別式 D を求めてください。

[*63]：体 F の標数が5以上の場合は変形できます。標数が2または3のときは、別の形に変形されます。
[*64]：実数全体は体になります。

解答：

判別式は、楕円曲線の係数によって求められます（$a = 2$、$b = 1$）。

$$D = 4 \cdot 2^3 + 27 \cdot 1^2 = 32 + 27 = 59$$

楕円曲線上の加算

楕円曲線上の2点 $P(x_1, y_1)$、$Q(x_2, y_2)$ を取って、加算することを考えます。楕円曲線上の点の加算は、次のように定義されます（ 図4.53 ）。この加算のことを楕円加算といいます。

---

[1] 直線PQが y 軸に平行でない場合（$x_1 \neq x_2$）

2点P, Qを結んだ直線は再び楕円曲線と交わるので、この点をRとします。さらに、Rから見て、x 軸に対称の位置にある点をR'とします。この場合、加算は $P + Q = R'$ と定義します[65]。

[2] 直線PQが y 軸に平行な場合（$x_1 = x_2$ かつ $y_1 \neq y_2$）

点P, Qが x 軸に関して上下対称の位置にあるとき、直線PQは y 軸と平行になります。そのため、直線PQは楕円曲線と交わらないように見えます。そこで、y 軸方向の無限のかなたに点があり、y 軸に平行なすべての直線はこの点を通ると考えます。これが無限遠点Oです。

また、x 軸に関してOと上下対称の位置にある点をOとします。よって、P + Q = (Oと上下対称の位置にある点) = Oであり、P + Q = Oになります。

[3] PとQが一致する場合

点Pを通る接線は、楕円曲線と1カ所で交わります。この点をRとします。さらに、Rから見て、x 軸に対称の位置にある点をR'とします。この場合、加算は $P + P = R'$ と定義します。[1] の場合と考え方は同じです。

[4] P, Qのどちらかが無限遠点Oの場合

2点P, Oを結んだ直線は、点Rで楕円曲線と交わります。Rから見て、x 軸に対称の位置にPが存在します。よって、P + O = Pになります。同様にQ + O = Qも成り立ちます。そして、P, Qの両方がOなら、O + O = Oになります。

---

[65]：$P + Q = R$ と定義してしまうと、群をなしません。これでは不都合であるため、$P + Q = R'$ としています。

図4.53 楕円曲線上の加算

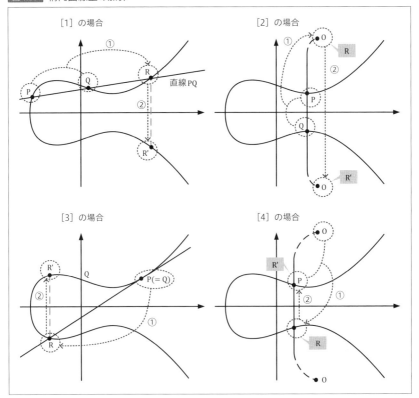

▶ 有限体上の楕円曲線の点

これまでの楕円曲線は、体F上で考えていました。しかし、コンピュータは無限個の元を持つ体を扱えません。そのため、楕円曲線暗号では、有限体上の楕円曲線が用いられます。有限体FをZ_pとすると、楕円曲線Eは次のようになります[66]。

$$E: y^2 = x^3 + ax + b \bmod p \quad \leftarrow (1)$$

ただし、$a, b \in Z_p$は、$D = 4a^3 + 27b^2 \neq 0 \bmod p$を満たす整数です。

一般の楕円曲線の点は無限にありましたが、有限体上の楕円曲線の点は有限個です。集合$\{(x, y) | x, y \in Z_p\}$の中で、(1)を満たす要素の集合に無限遠点

---

[66]：楕円曲線Eが、体Fで定義されていることを強調したい場合には、$E(F)$と書きます。

$0\ (=(\infty,\infty))$ を加えたものを、楕円曲線 E の点集合といい、$E(Z_p)$ で表します。$E(Z_p)$ の個数、すなわち点の個数を $\#E(Z_p)$ で表します。

問題：

Z_{11} 上の楕円曲線 $E\colon y^2 = x^3 + x + 2 \bmod 11$ について、点集合 $E(Z_{11})$ を計算してください。

解答：

いくつかのアプローチがありますが、最初は最も素朴な方法で考えます。(x, y) の全パターンを考えると、121通り（$=11^2$）あります（表4.52）。セルは（左辺の結果, 右辺の結果）で表現しています。

表4.52 x と y の全パターン

y＼x	0	1	2	3	4	5	6	7	8	9	10
0	(2, 0)	(4, 0)	(1, 0)	(10, 0)	(4, 0)	(0, 0)	(4, 0)	(0, 0)	(5, 0)	(3, 0)	(0, 0)
1	(2, 1)	(4, 1)	(1, 1)	(10, 1)	(4, 1)	(0, 1)	(4, 1)	(0, 1)	(5, 1)	(3, 1)	(0, 1)
2	(2, 4)	(4, 4)	(1, 4)	(10, 4)	(4, 4)	(0, 4)	(4, 4)	(0, 4)	(5, 4)	(3, 4)	(0, 4)
3	(2, 9)	(4, 9)	(1, 9)	(10, 9)	(4, 9)	(0, 9)	(4, 9)	(0, 9)	(5, 9)	(3, 9)	(0, 9)
4	(2, 5)	(4, 5)	(1, 5)	(10, 5)	(4, 5)	(0, 5)	(4, 5)	(0, 5)	(5, 5)	(3, 5)	(0, 5)
5	(2, 3)	(4, 3)	(1, 3)	(10, 3)	(4, 3)	(0, 3)	(4, 3)	(0, 3)	(5, 3)	(3, 3)	(0, 3)
6	(2, 3)	(4, 3)	(1, 3)	(10, 3)	(4, 3)	(0, 3)	(4, 3)	(0, 3)	(5, 3)	(3, 3)	(0, 3)
7	(2, 5)	(4, 5)	(1, 5)	(10, 5)	(4, 5)	(0, 5)	(4, 5)	(0, 5)	(5, 5)	(3, 5)	(0, 5)
8	(2, 9)	(4, 9)	(1, 9)	(10, 9)	(4, 9)	(0, 9)	(4, 9)	(0, 9)	(5, 9)	(3, 9)	(0, 9)
9	(2, 4)	(4, 4)	(1, 4)	(10, 4)	(4, 4)	(0, 4)	(4, 4)	(0, 4)	(5, 4)	(3, 4)	(0, 4)
10	(2, 1)	(4, 1)	(1, 1)	(10, 1)	(4, 1)	(0, 1)	(4, 1)	(0, 1)	(5, 1)	(3, 1)	(0, 1)

よって、以下のときに、左辺と右辺が一致します。

$$(x, y) = (1, 2), (1, 9), (2, 1), (2, 10), (4, 2), (4, 9), (5, 0), (6, 2),$$
$$(6, 9), (7, 0), (8, 4), (8, 7), (9, 5), (9, 6), (10, 0)$$

これが E の解になるので、楕円曲線上の点になります。さらに、無限遠点 O も、楕円曲線の点になります。ゆえに、これらの16点の集合が $E(Z_{11})$ になります。

無限遠点以外の点をプロットすると、図4.54 のようになります。離散的（飛び飛び）に位置し、$y = p/2 = 11/2 = 5.5$ に関して、対称になっていることがわかります（x 軸の点を除外）。

図4.54 点をプロットしたところ

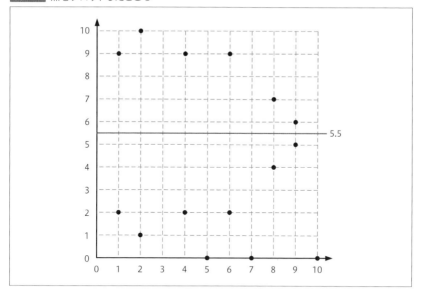

別解：

(x, y)の全パターンを調べるという方法は確実ですが、pが大きくなるほど手間がかかります。そこで、xの全パターンについて、Eの右辺が平方剰余[42]かどうかを調べるというアプローチを紹介します。

次に示すオイラー規準を用いて、$z = x^3 + x + 2$と置き、zが平方剰余か否かを判定できます。

$$\left(\frac{a}{p}\right) = a^{\frac{p-1}{2}} \bmod p$$

$$\left(\frac{z}{11}\right) = z^5 \bmod 11$$

zが平方剰余であれば、yは解を持ちます。$p = 11$は$p = 3 \bmod 4$の形の素数であるため、次の公式により、平方剰余数の平方根yを求められます。

$$y = \pm z^{\frac{p+1}{4}} \bmod p = \pm z^{\frac{11+1}{4}} \bmod 11 = \pm z^3 \bmod 11$$

ただし、$z = 0$のときは平方剰余ではありませんが、$y = 0$のとき左辺と右辺が一致します（表4.53）。

---

[42]：4.8.2 Rabin暗号を理解するための数学知識（平方剰余）p.354

表4.53 オイラー規準の計算結果とyの値

x	Eの右辺($=z$)	オイラー規準の計算結果	QR$_{11}$内か否か	y
0	2	-1	×	—
1	4	1	○	2, 9
2	1	1	○	1, 10
3	10	-1	×	—
4	4	1	○	2, 9
5	0	0	×	0
6	4	1	○	2, 9
7	0	0	×	0
8	5	1	○	4, 7
9	3	1	○	5, 6
10	0	0	×	0

よって、以下の結果が得られます。これは先ほどの解答と同じ結果になっています。

$$(x, y) = (1, 2), (1, 9), (2, 1), (2, 10), (4, 2), (4, 9), (5, 0), (6, 2),$$
$$(6, 9), (7, 0), (8, 4), (8, 7), (9, 5), (9, 6), (10, 0)$$

また、点の数に関して、次に示すハッセの定理が知られています。

$$p + 1 - 2\sqrt{p} \leq \#E(Z_p) \leq p + 1 + 2\sqrt{p}$$

これにより、楕円曲線上の点の個数の範囲を絞り込めます。

問題：

Z_{11}上の楕円曲線$E: y^2 = x^3 + x + 2 \bmod 11$について、ハッセの定理を適用した結果を確認してください。

検証：

ハッセの定理に$p = 11$を適用すると、次が得られます。

$$11 + 1 - 2\sqrt{11} \leq \#E(Z_{11}) \leq 11 + 1 + 2\sqrt{11} \quad (\because p = 11)$$
$$5.36 \leq \#E(Z_{11}) \leq 18.64 \quad (\because \sqrt{11} \fallingdotseq 3.32)$$
$$6 \leq \#E(Z_{11}) \leq 18 \ (\because 点の個数は整数)$$

$E(Z_{11})$は16点でしたので、範囲内に収まっていることが確認できます。

楕円加算の結果の座標について

O以外の2点$P(x_1, y_1)$, $Q(x_2, y_2)$を楕円加算すると、R'（$=P+Q$）が得られます。

---

[1] $x_1 = x_2$かつ$y_1 + y_2 = 0 \bmod p$のとき、$R' = P + Q = O$

[2] それ以外のとき、R'の座標は次のように計算できます。

$$(x_4, y_4) = (\lambda^2 - x_1 - x_2, \lambda(x_1 - x_3) - y_1)$$

(a) $P \neq Q$のとき、$\lambda = \dfrac{y_2 - y_1}{x_2 - x_1} \bmod p$

(b) $P = Q$のとき、$\lambda = \dfrac{3x_1{}^2 + a}{2y_1} \bmod p$

この結果で注目すべき点は、$P+Q$の座標が、Pの座標とQの座標の有理式で表現できているということです。

考察：

PとQが離れているとき（ただし、直線PQがy軸と平行でないとする）に、R'の座標(x_4, y_4)が前述した結果になることを確認してください。

検証：

直線PQの傾きをλとすると、直線の式は次のようになります。

$$y = \lambda(x - x_1) + y_1, \lambda = \frac{y_2 - y_1}{x_2 - x_1} \quad \leftarrow (2)$$

（1）式に（2）式を代入すると、次が得られます。

$$\{\lambda(x - x_1) + y_1\}^2 = x^3 + ax + b$$
$$x^3 - \lambda^2 x^2 + (a + 2\lambda^2 x_1 - 2\lambda y_1)x + b - \lambda^2 x_1{}^2 + 2\lambda x_1 y_1 - y_1{}^2 \quad \leftarrow (3)$$
$$= 0$$

交点Rの座標を(x_3, y_3)とすると、x_1, x_2, x_3は（3）式の解になります。すると、3次方程式と解と係数の関係より、次が成り立ちます。

$$(x - x_1)(x - x_2)(x - x_3) = x^3 - (x_1 + x_2 + x_3)x^2$$
$$+ (x_1 x_2 + x_2 x_3 + x_3 x_1)x - x_1 x_2 x_3 \quad \leftarrow (4)$$

xについて（3）式と（4）式の係数を比較すると、次の3式が得られます。

$$-\lambda^2 = -(x_1 + x_2 + x_3) \quad \leftarrow (5)$$
$$a + 2\lambda^2 x_1 - 2\lambda y_1 = x_1 x_2 + x_2 x_3 + x_3 x_1$$
$$b - \lambda^2 x_1{}^2 + 2\lambda x_1 y_1 - y_1{}^2 = -x_1 x_2 x_3$$

(5) 式から、$x_3 = \lambda^2 - x_1 - x_2$ になります。(2) 式にRの座標を代入すると、$y_3 = \lambda(x_3 - y_1) + y_1$ になります。R'は x 軸に対称なので、R'の座標については次が成り立ちます。

$$x_4 = x_3 = \lambda^2 - x_1 - x_2$$
$$y_4 = -y_3 = -\lambda(x_3 - x_1) - y_1 = \lambda(x_1 - x_3) - y_1$$

考察：

PとQが同じときに、R'の座標 (x_4, y_4) が前述した結果になることを確認してください。

検証：

(1) 式を x について微分すると、次が得られます。

$$y' = \frac{3x^2 + a}{2y}$$

よって、$P(x_1, y_1)$ における傾きを λ とすると、接線は次のように表現できます。ただし、$y \neq 0$ とします。

$$y = \lambda(x - x_1) + y_1, \lambda = \frac{3x_1{}^2 + a}{2y_1}$$

接線と楕円曲線は交わるので、(3) 式が得られます。以降、同様の議論により、R'の座標については次が成り立ちます。ただし、x_1 は (3) 式の重根なので、$x_1 = x_2$ です。

$$x_4 = x_3 = \lambda^2 - x_1 - x_2 = \lambda^2 - 2x_1$$
$$y_4 = -y_3 = -\lambda(x_3 - x_1) - y_1 = \lambda(x_1 - x_3) - y_1$$

考察：

$x_1 = x_2$ かつ $y_1 = 0$ としたとき、楕円加算の結果はどうなるか調べてください。

検 証：

$x_1 = x_2$より、PとQはx軸で対称の位置に存在します。$y_1 = 0$より、Pは楕円曲線とx軸が交わる点に位置します。$D < 0$のときは離れ小島のような部分があるので、候補は全体として3点あります。一方、$D > 0$のときは1本の曲線で描かれるので、候補は1点しかありません（ 図4.55 ）。

図4.55 $x_1 = x_2$かつ$y_1 = 0$のときの楕円加算

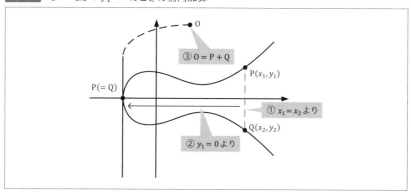

いずれにしても、P＝Qとなり、$y_1 + y_2 = 0$になります。接線を引くと、y軸に平行になるので、P＋Q＝0になります。これは「[1] $x_1 = x_2$かつ$y_1 + y_2 = 0 \bmod p$」に該当しています。

楕円曲線上の点のスカラー倍

楕円曲線上の任意の点Pに対するスカラー倍kPは、次のようにk個のPを加算したことを意味します（加算の回数は$k - 1$回）。

$$k\mathrm{P} = \underbrace{\mathrm{P} + \cdots + \mathrm{P}}_{k}$$

そのためkPを求めるには、次のように順番に加算します。

```
2P = P + P   （P = Qの場合）
3P = 2P + P  （2P ≠ Pより、P ≠ Qの場合）
4P = 3P + P  （3P ≠ Pより、P ≠ Qの場合）
  ...
```

考 察：

楕円曲線$E: y^2 = x^3 + x + 2 \bmod 11$上のP(1, 2)を基準点として、スカラー倍した結果を確認してください。

検証：

- $P = (1, 2)$
- $2P = P + P$

$$\lambda = (3 \cdot 1^2 + 1)/(2 \cdot 2) = 4/4 = 1 \bmod 11$$

$$(2P \, \text{の} \, x \, \text{座標}) = \lambda^2 - 1 - 1 = 1 - 2 = -1 = 10 \bmod 11$$
$$(2P \, \text{の} \, y \, \text{座標}) = \lambda(1 - 10) - 2 = 1 \cdot (-9) - 2 = -11 = 0 \bmod 11$$

よって、$2P = (10, 0)$であり、これは$E(Z_{11})$に含まれます。

- $3P = 2P + P = (10, 0) + (1, 2)$

$$\lambda = (2 - 0)/(1 - 10) = 2/(-9) = -2/9 \ \bmod 11$$

$1/9 \ \bmod 11$は、9の乗法逆元であり、次のように計算します。

$$1/9 \ \bmod 11$$
$$1 = 9x \bmod 11$$

pの値が小さいので、$x = 0, 1, \ldots, 10$と代入して1になるものを探してもよいのですが、ここでは拡張ユークリッドの互除法[43]を用いることにします。

$$1 = 9x \bmod 11$$
$$1 = 9x \bmod 11 \ (y : \text{整数})$$
$$9x + 11y = 1$$
$$11y + 9x = 1 \ (\because \text{大きい係数を第1項})$$

拡張ユークリッドの互除法を用いて、$11u + 9v = 1$を満たす(u, v)を計算します（ 表4.54 ）。

表4.54 拡張ユークリッドの互除法の計算 （$11u + 9v = 1$）

i	q_i	r_i	u_i	v_i
0		11	1	0
1		9	0	1
2	1	2	1	-1
3	4	1	-4	5
4	2	0		

---

[43]：4.5.2 RSA暗号を理解するための数学知識（拡張ユークリッドの互除法）p.252

$(u, v) = (-4, 5)$ が得られました。$u = y$、$v = x$ であり、$x = 1/9$ を求めたかったので、$x = 1/9 = 5$ になります。λ の計算に戻ります。

$\lambda = -2/9 = -2(5) = -10 = 1 \bmod 11$
$(3Pのx座標) = \lambda^2 - 10 - 1 = 1 - 11 = 1 \bmod 11$
$(3Pのy座標) = \lambda(10 - 1) - 0 = 1 \cdot 9 = 9 \bmod 11$

よって、$3P = (1, 9)$ であり、これは $E(Z_{11})$ に含まれます。

- $4P = 3P + P = (1, 9) + (1, 2)$
  $(3Pのx座標) = (Pのx座標)$ より、$3P + P = O$
  よって、$4P = O$ であり、無限遠点は当然 $E(Z_{11})$ に含まれます。

- $5P = 4P + P = O + P = P$

以上より、点をスカラー倍すると「$P \to 2P \to 3P \to O \to P \to \cdots$」のように巡回しています（ 図4.56 ）。

すべての点についての巡回をまとめると、表4.55 のようになります。

図4.56 　点 $(1, 2)$ のスカラー倍による巡回の様子

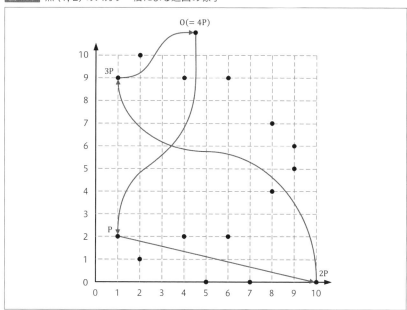

表4.55 各基準点のスカラー倍の巡回

基準点	スカラー倍の巡回	点の位数
(1, 2)	(1, 2) → (10, 0) → (1, 9) → O	3
(1, 9)	(1, 9) → (10, 0) → (1, 2) → O	3
(2, 1)	(2, 1) → (8, 4) → (4, 9) → (10, 0) → (4, 2) → (8, 7) → (2, 10) → O	7
(2, 10)	(2, 10) → (8, 7) → (4, 2) → (10, 0) → (4, 9) → (8, 4) → (2, 1) → O	7
(4, 2)	(4, 2) → (8, 4) → (2, 10) → (10, 0) → (2, 1) → (8, 7) → (4, 9) → O	7
(4, 9)	(4, 9) → (8, 7) → (2, 1) → (10, 0) → (2, 10) → (8, 4) → (4, 2) → O	7
(5, 0)	(5, 0) → O	1
(6, 2)	(6, 2) → (8, 4) → (9, 6) → (10, 0) → (9, 5) → (8, 7) → (6, 9) → O	7
(6, 9)	(6, 9) → (8, 7) → (9, 5) → (10, 0) → (9, 6) → (8, 4) → (6, 2) → O	7
(7, 0)	(7, 0) → O	1
(8, 4)	(8, 4) → (10, 0) → (8, 7) → O	3
(8, 7)	(8, 7) → (10, 0) → (8, 4) → O	3
(9, 5)	(9, 5) → (8, 4) → (6, 9) → (10, 0) → (6, 2) → (8, 7) → (9, 6) → O	7
(9, 6)	(9, 6) → (8, 7) → (6, 2) → (10, 0) → (6, 9) → (8, 4) → (9, 5) → O	7
(10, 0)	(10, 0) → O	1
O	O	0

❯ 楕円曲線上の離散対数問題

楕円曲線上の任意の点Pに対して、次のような集合を考えます。

$$< P >= \{O, P, 2P, \cdots\} = \{nP : n \in Z\} \text{かつ} < P > \subseteq E(Z_p)$$

このとき、スカラー倍はいつかOに一致するので、< P >は巡回群になります。

「楕円曲線E上の点PとQが与えられたとき、$Q = nP$を満たす整数nを求める」問題を、楕円曲線上の離散対数問題 (ECDLP) といいます[67]。略して楕円離散対数問題とも呼ばれます。楕円離散対数問題は、「有限体の元」を「楕円曲線の点」に、「有限体上の乗法演算」を「楕円曲線上の加法演算」に置き換えることで得られた問題といえます。

楕円離散対数問題は、通常の離散対数問題と比べて、解くことが非常に困難であると考えられています。楕円離散対数問題を解く効率的なアルゴリズムは

---

[67]：点Pは始点を意味し、基準点やベースポイントと呼ばれます。

発見されておらず、例えば、通常の離散対数問題を解く強力なアルゴリズムであった「数体ふるい法」[*68]などの指数計算法が使えません。そのため、鍵長2048ビットのRSA暗号と、224ビットの楕円曲線暗号は、同等の強度を持つといわれています。

4.10.3 楕円ElGamal暗号の定義

一般に、有限体$GF(p^k)$上の楕円曲線を用いて楕円ElGamal暗号を構成できますが、ここでは説明を簡単にするために、$GF(p) = Z_p$上の楕円曲線を用いて解説します（図4.57）。

図4.57 楕円ElGamal暗号のアルゴリズム

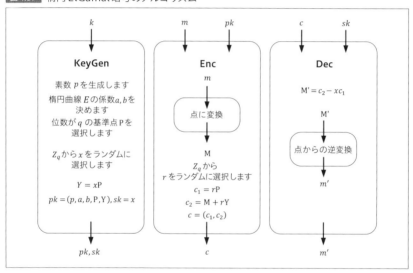

▶ 鍵生成アルゴリズム

入力	k：セキュリティパラメータ
出力	pk：公開鍵 sk：秘密鍵
動作	1：kビットの素数pを生成します。

[*68]： "The number field sieve"
http://www.std.org/~msm/common/nfspaper.pdf

動作	2：有限体 Z_p 上の楕円曲線 $E: y^2 = x^3 + ax + b$ の係数 a, b を定めます。
	3：E 上の点を1つ選び、Pとします（基準点）。ただし、Pの位数を q とします（qP = O）。
	4：Z_p から x をランダムに選択して、E 上でY = xPを計算します。
	5：$pk = (p, a, b, \mathrm{P}, \mathrm{Y})$、$sk = x$ として出力します。

　動作のステップ2で a, b を定めることで、使用する楕円曲線を決定しています。単純に楕円曲線を構成するだけであれば、判別式が0でないようにするだけです。しかし、暗号理論に適した楕円曲線は、位数（点の個数）が大きな素数で割れる必要があります。

　ステップ5において、pk のうちY以外の (p, a, b, P) は、システムの共通パラメータにできます。

❯ 暗号化アルゴリズム

入力	m：平文（整数） pk：公開鍵
出力	c：暗号文
動作	1：平文 m を楕円曲線 E 上の点の1つに変換します[69]。ここでは変換した結果の点を M $= (m_1, m_2)$ とします（$m_1 \in Z_p, m_2 \in Z_p$）。
	2：Z_p から r をランダムに選択して、$c_1 = r$Pを計算します。
	3：公開鍵 pk を用いて、$c_2 = $ M $+ r$Yを計算します。ただし、ここの「+」は楕円加算ではなく、法 p における通常の加算です[70]。
	4：$c = (c_1, c_2)$ を暗号文として、出力します。

　楕円曲線ベースではない暗号（RSA暗号やElGamal暗号など）では、平文 m のバイナリデータを整数に対応付けて、有限体上の乗法演算により暗号化・復号を行っていました。しかし、楕円曲線ベースの暗号では、平文 m を楕円曲線上の点に対応付けて、楕円曲線上の加算演算により暗号化・復号を行います。

　システムの共通パラメータが (p, a, b, P) であったとき、動作のステップ2は事前に計算できます。

　ステップ2やステップ3では、楕円曲線上のスカラー倍 nPの計算を行います。この計算はバイナリ法や 2^w-ary法と類似のアルゴリズムによって実行できます。

---

[69]：この処理は埋め込みと呼ばれ、埋め込みアルゴリズムで実現できます。

[70]：括弧の各項ごとを加算します。法 p におけるベクトルの和を意味します。

404

▶ 復号アルゴリズム

入力	c：暗号文 pk：公開鍵 sk：秘密鍵
出力	m'：復号結果
動作	1：$M' = c_2 - xc_1$を計算します。この「$-$」は、法pにおける通常の減算です。 2：楕円曲線上の点M'から整数m'に戻して、その結果を出力します。

4.10.4 楕円ElGamal暗号の計算で遊ぶ

▶ 正当性の検証

復号結果と平文が一致することを確認します。

$$
\begin{aligned}
m' &\to M' \\
&= c_2 - xc_1 \\
&= (M + rY) - xrG \\
&= M + rxG - xrG \quad (\because Y = xG) \\
&= M \\
&\to m
\end{aligned}
$$

よって、正当性を満たします。

▶ 計算の演習（数値例）

楕円曲線$E: y^2 = x^3 + x + 2 \bmod 11$を用いて、楕円ElGamal暗号の暗号化と復号を確認してみます。

問題：

基準点Pを$(4, 9)$とするとき、秘密鍵$x = 5$に対する公開鍵$Y = xP$を計算してください。

解答：

次のようにYを計算できます（表4.53 を参考）。

$$Y = xP = 5P = 5(4, 9) = (2, 10)$$

問題：

前述の公開鍵を用いて、$M = (8, 4)$を暗号化した結果を求めてください。ただし、Mはすでに楕円曲線上の点になっており、生成される乱数は$r = 3$だったとします。

解答：

c_1, c_2をそれぞれ計算します。

$$c_1 = rP = 3P = (2, 1)$$
$$c_2 = M + rY = (8, 4) + 3(2, 10) = (8, 4) + (4, 2) = (12, 6) = (1, 6)$$

c_2の計算にて、「$(8, 4) + (4, 2) = (12, 6) = (1, 6)$」は、法11における加算になっていることに注意してください。よって、$c = (c_1, c_2)$が暗号文になります。

問題：

上記で生成したcを復号した結果、Mに戻ることを確認してください。

解答：

秘密鍵$sk = x = 5$を用いて、次の計算を行います。

$$M' = c_2 - xc_1 = (1, 6) - 5(2, 1) = (1, 6) - (4, 2) = (-3, 4) = (8, 4)$$

よって、M'はMと一致することがわかります。

4.10.5 楕円ElGamal暗号の死角を探る

▶ 楕円ElGamal暗号の安全性

盗聴者が入手できる情報は、公開鍵と暗号文です。これらの情報から秘密鍵を求めることは、楕円曲線上の離散対数問題を解くことになります。通常の離散対数問題を準指数時間で解くアルゴリズムは知られていますが、楕円曲線上の離散対数問題を解くアルゴリズムは今のところ、計算に指数時間かかるものしか知られていません。

しかし、ある特殊な楕円曲線[71]の場合は、楕円曲線上の構造（有理点がなす有限可換群）が、有限体上の構造（乗法群や加法群）に帰着できてしまいま

---

[71]：超特異楕円曲線、アノマラス楕円曲線、トレースが2の楕円曲線暗号などです。

す。その結果、準指数時間あるいは多項式時間で、離散対数問題が解かれてしまいます。つまり、楕円ElGamal暗号に、こうした特殊な楕円曲線を使用してはいけません。

▶ 楕円ElGamal暗号の課題

ElGamal暗号の暗号文は2因子 (c_1, c_2) でしたが、楕円ElGamal暗号の暗号文は4因子になります (c_1, c_2はそれぞれ点の座標、すなわち2次元ベクトル)。これにより、楕円ElGamal暗号を実装する場合、ElGamal暗号の2倍の記憶領域を必要とします。

楕円曲線暗号には、安全な楕円曲線を用いなければなりません。一般に、楕円曲線の位数が大きな素因数を持つことが重要とされます。こうした楕円曲線を選ぶためには、楕円曲線の群$E(F_q)$の位数、すなわち点の個数を計算できなければなりません。

ハッセの定理により、楕円曲線上の点の個数の範囲はわかります。点の個数を直接求めるアルゴリズムとして、Schoof法やSEA (Schoof-Elkies-Atkin) 法が知られています。Schoof法は理論的に多項式時間で計算できますが、pが大きい場合は非常に計算時間がかかり、実用的ではありませんでした。SEA法はSchoof法を高速化するために改良されたアルゴリズムであり、現在用いられることが多いものです。

楕円ElGamal暗号における平文空間は、楕円曲線上の点の集合になります。しかしながら、楕円曲線上のすべての点を確定的に生成する簡単な方法は見つかっていません(すべての点を特定することは、点の個数を数えるよりも難しい)。

ところで、楕円ElGamal暗号は鍵サイズを小さくできます。すなわち、qの値を小さくできます。ハッセの定理によれば、qが小さければ、範囲は狭くなります。そうすると、結果的に平文空間が小さくなってしまいます。そのため、単純に鍵サイズを小さくできないといえます。うまくバランスを取りながら、各パラメータを設定する必要があります。

4.10.6 楕円曲線上のペアリング

▶ ペアリングとは

$Z_p(= GF(p))$上の楕円曲線$E: y^2 = x^3 + ax + b$上の有理点の集合は、群の構造を持ちました。その群をGとします。また、位数が素数qの部分群をG_1とし、$GF(p^k)$の位数が素数qの部分群をG_Tとします。ただし、kは$q|(p^k-1)$となる最小の正整数です。

ここで、次のような写像eを考えます。

$$e: G_1 \times G_1 \to G_T$$

楕円曲線上の2点P, Qから効率的に$e(P, Q)$を計算でき、これは$GF(p^k)$の要素になります。このとき、G_1の任意の2点P, Q、任意の整数a, bに対して、次の関係式を満たす性質を、双線形性といいます。

$$e(aP, bQ) = e(P, Q)^{ab}$$

また、$e(P, P) \neq 1$となるP$\in G_1$が存在します。これを満たす性質を非退化性といいます。双線形性と非退化性の両方を満たす写像eは、ペアリングといいます。

楕円曲線上の離散対数問題は困難であるため、P, Q$(= aP)$が与えられたとき、aを効率的に計算できません。その一方で、ペアリングの性質により、$e(P, Q) = e(P, aP) = e(P, P)^a$を計算できます。この性質は、暗号理論の道具として活用できます。

❯ ペアリングの性質

G_1の任意の2点P, Q、任意の整数a, bに対して、次の関係式が成り立ちます。

$$e(P, aQ + bQ) = e(P, aQ)e(P, bQ)$$
$$e(aP + bP, Q) = e(aP, Q)e(bP, Q)$$

問題 :

ペアリングの双線形性を活用して、上記の関係式が成り立つことを証明してください。

解答 :

前者の関係式に関しては、次のようにして左辺と右辺が一致することを確認できます。

$$（左辺） = e(P, aQ + bQ) = e(P, (a + b)Q) = e(P, Q)^{a+b}$$
$$（右辺） = e(P, aQ)e(P, bQ) = e(P, Q)^a e(P, Q)^b = e(P, Q)^{a+b}$$

後者の関係式も、同様にして証明できます。

さらに、G_1の任意の2点P, Qに対して、次の関係式が成り立ちます。

$$e(P, Q + R) = e(P, Q)e(P, R)$$
$$e(P + Q, R) = e(P, R)e(Q, R)$$

問題：

先ほどの関係式を用いて、上記の関係式が成り立つことを証明してください。

解答：

先ほどの関係式と形が似ていることに注目します。1つ目の関係式においては、aQをQに、bQをRに置き換えます。また、2つ目の関係式においては、aPをPに、bPをQに、QをRに置き換えます。

ペアリングとDDH問題

$P, aP, bP, cP \in G$を選択したとき（a, b, cはランダム）、(P, aP, bP, abP)と(P, aP, bP, cP)を識別する問題を、楕円曲線上におけるDDH問題といいます。

考察：

Gがペアリングの成り立つ群G_1とすると、DDH問題を効率的に解くことができます。そこで、DDH問題を解くアルゴリズムを構成してみます。

検証：

DDH問題を解くアルゴリズムをAとして、図4.58 のように動作することにします。Aは、最後に判定結果の1ビットを出力します。

双線形性より、$e(aP, bP) = e(P, P)^{ab}$、$e(P, cP) = e(P, P)^c$ が成り立ちます。よって、$e(aP, bP) = e(P, cP)$が成り立てば$ab = c \bmod q$、成り立たなければ$ab \neq c \bmod q$と判定できます。

図4.58 DDH問題を解くアルゴリズムA

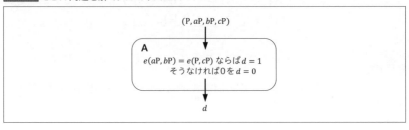

Column 内積と双線形性

$GF(p)$ 上の2つのベクトル $X = (x_1, x_2)$、$Y = (y_1, y_2)$ を考えます[*72]。X と Y の内積は、次のように定義されます。

$$(X, Y) = x_1 y_1 + x_2 y_2$$

任意の $a, b \in GF(p)$ に対して、aX と bY の内積を考えると、次のように計算できます。

$$(aX, bY) = ax_1 by_1 + ax_2 by_2 = ab(x_1 y_1 + x_2 y_2) = ab(X, Y)$$

よって、内積は双線形性を満たします。

2つのベクトル X, Y から、内積 (X, Y) を計算すると、$GF(p)$ の要素になります。$X, Y (= aX)$ が与えられたときに、a を計算したいとします。$X = (x_1, x_2)$、$Y = (y_1, y_2)$ とすれば、$a = y_1/x_1$ であるため、a を効率的に計算できます。

図4.59 ベクトルの世界と楕円曲線上の点の世界

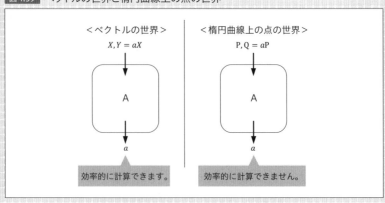

[*72]: $x_1, x_2, y_1, y_2 \in GF(p)$ という意味です。

4.11 IDベース暗号

安全性★★★★★　効率性★★★☆☆　実装の容易さ★☆☆☆☆

ポイント
- 個人の識別情報を公開鍵として利用できる公開鍵暗号です。
- 鍵の露呈を考慮した安全性を満たすIDベース暗号もあります。
- ペアリングを用いて設計できます。

4.11.1 IDベース暗号とは

公開鍵暗号を利用する際には、暗号化に使用する公開鍵は公開されます。何らかの方法で、攻撃者の公開鍵にすり替えられてしまうと、攻撃者に暗号文を復号されてしまいます。これを防ぐ一般的な方法として、PKI[44]があります。しかし、PKIは運用上のコストが高いといえます。

この問題を解決する暗号の1つに、IDベース暗号(identity-based encryption：IBE)があります[*73]。IDベース暗号では、個人の識別子ID(以後、IDと略す)を積極的に用います。IDは、メールアドレスやユーザー名などのように、公開性の高い情報でかまいません。暗号化の際には、宛先のIDとシステム公開鍵を用います。復号の際には、IDに対応した秘密鍵を用います。

このように、IDベース暗号では、暗号文の中に宛先が埋め込まれている状況であり、攻撃者が公開鍵をすり替える隙がありません。

4.11.2 IDベース暗号の定義

IDベース暗号は、セットアップアルゴリズムSetup、鍵生成アルゴリズムKeyGen、暗号化アルゴリズムEnc、復号アルゴリズムDecの組(Setup, KeyGen, Enc, Dec)で構成されます(図4.60)[*74]。

[*73]：IDベース暗号を実現するには楕円曲線上のペアリングが要求されますが、PKIが不要になる点を考慮して、効率性を若干高めに設定しました。

[*74]：鍵抽出を明示するために、Extractというアルゴリズム名が用いられることもあります。extractとは「抽出する」という意味です。

●44：8.3 PKI p.588

図4.60 IDベース暗号のアルゴリズム

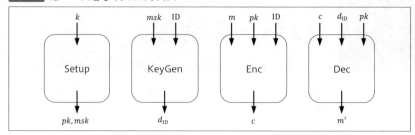

Setupにセキュリティパラメータkを入力すると、システム公開鍵pkと、マスタ秘密鍵mskを出力します。システム公開鍵は誰でも参照できるようにし、マスタ秘密鍵はセットアップアルゴリズムを実行した自身が保持して、他人には秘密にします。

KeyGenにmskとIDを入力すると、入力したIDに対応した秘密鍵d_{ID}を出力します。

Encに平文mとpk、IDを入力すると、暗号文cを出力します。

Decにc, pk, d_{ID}を入力すると、復号結果のm'を出力します。各アルゴリズムを仕様どおりに実行すれば、$m = m'$になるという性質が正当性です。IDベース暗号も正当性を満たす必要があります。

4.11.3　IDベース暗号の仕組み

▶ 鍵センタによる仲介

アリスは暗号文をボブに送信したいとします。信頼できる鍵センタが、事前にシステムのユーザーを管理しています。鍵センタはSetupを実行し、システム公開鍵pkとマスタ秘密鍵mskを得ます。続けて、KeyGenにmskとIDを入力して、そのIDの秘密鍵d_{ID}を得ます。pkは公開情報とし、d_{ID}は対応するユーザーに安全に配布します。

アリスは、平文mとボブのIDと公開鍵pkで暗号文cを作成して、ボブに送信します。ボブは自身の秘密鍵d_{ID}を使って復号します（図4.61）。

攻撃者がボブ宛の暗号文を盗聴しても、ボブの秘密鍵を知らないので平文を求められません。

また、攻撃者がボブになりすましても、暗号化に用いられるIDを制御できません。暗号文の生成にはボブのIDが使用されるので、攻撃者自身の秘密鍵を使っても正しく復号できないことになります。

図4.61 送受信者とIDベース暗号のアルゴリズムの関係

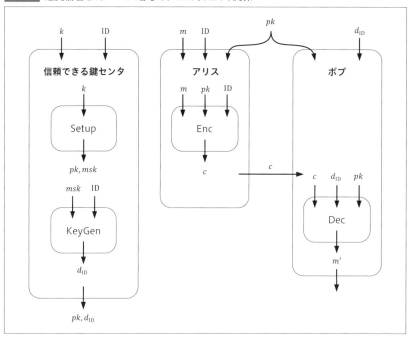

▶ IDベース暗号と公開鍵暗号の関係

IDベース暗号のIDに、ビット長が0の空のビット列を設定し、SetupをKeyGenに内包させることで、実質的に公開鍵暗号と同じになります。つまり、IDベース暗号は公開鍵暗号の自然な拡張といえます。

4.11.4 IDベース暗号の死角を探る

▶ IDベース暗号の安全性

IDベース暗号の安全性は、達成度、ID攻撃モデル、復号攻撃モデルという3つの組み合わせで考えます。

達成度と復号攻撃モデルは、4.3節で取り上げたモデルと同様です。達成度には、一方向性（OW）、強秘匿性（IND）、頑強性（NM）があります。また、復号攻撃モデルには、選択平文攻撃（CPA）、選択暗号文攻撃（CCA）、適応的選択暗号文攻撃（CCA2）があります。

ID攻撃モデル

ID攻撃モデルはIDベース暗号特有の攻撃モデルで、次の3種類があります。

①無ID攻撃
②選択ID（selective ID：sID）攻撃
③適応的ID（adaptive ID：ID）攻撃

①の場合、攻撃者はKeyGenオラクルにアクセスできません。つまり、誰の秘密鍵も得ることができません。

②の場合、攻撃者はチャレンジ暗号文が与えられる前後に、何度もKeyGenオラクルにアクセスできます。しかし、システム公開鍵pkが与えられる前に、チャレンジID（チャレンジ暗号文に指定されるID）をChallengerに提示しなければなりません。つまり、チャレンジIDを決めるために、KeyGenオラクルからの応答を利用することはできません。②は、受信者以外の複数のユーザーと攻撃者が結託した状況といえます。

③の場合、②の場合と同様に、チャレンジ暗号文が与えられる前後に何度もKeyGenオラクルにアクセスできます。チャレンジIDは、任意のタイミングでChallengerに提示できます。ただし、チャレンジIDをKeyGenオラクルに送信できないものとします。

例えば、達成度が頑強性で、ID攻撃法が適応的ID、復号攻撃モデルが適応的選択暗号文攻撃のとき、「NM-ID-CCA2安全」と表記します。この安全性はIDベース暗号において最も望ましい安全性になりますが、実はIND-ID-CCA2安全と等価であることが知られています。

鍵の露呈を考慮した安全性

一般に公開鍵暗号では、秘密鍵が露呈していないと仮定して安全性を考察します。しかしながら、現実には秘密鍵が漏えいする事態は起こり得ます。そういった事態に陥っても、被害を最小限に抑えることが好ましいといえます。

鍵の露呈を考慮した安全性には、次の2つが挙げられます。

- フォワード安全性（forward security）
- バックワード安全性（backward security）

フォワード安全性とは、ある期間の秘密鍵が露呈しても、その期間より前の秘密鍵は露呈しないことです。一方、バックワード安全性とは、ある期間の秘密鍵が露呈しても、その期間より後の秘密鍵は露呈しないことです。

こうした安全性を満たす公開鍵暗号は、公開鍵をそのままにしたまま、秘密鍵を一定期間ごとに更新します。通常の公開鍵暗号では、こうしたことはできません。なぜならば、鍵生成アルゴリズムによって、公開鍵と秘密鍵は対になって生成されるからです。片方を更新したければ、対となるもう片方も更新しなければなりません。

IDベース暗号にペアリング[●45]を組み合わせることで、鍵の露呈を防ぐ公開鍵暗号を構成できることが知られています。

4.11.5 Boneh-Franklin IDベース暗号の定義

Boneh-Franklin IDベース暗号は、ボネ（Boneh）とフランクリン（Franklin）によって提案されたIDベース暗号です[*75]。Boneh-Franklinスキームとも呼ばれます。Boneh-Franklin IDベース暗号は（Setup, KeyGen, Enc, Dec）から構成されています（図4.62）。

図4.62 Boneh-Franklin IDベース暗号のアルゴリズム

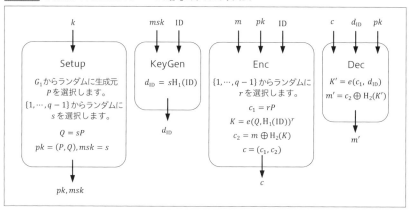

---

* [*75]: "Identity-Based Encryption from the Weil Pairing"
  https://crypto.stanford.edu/~dabo/papers/bfibe.pdf
  "Boneh-Franklin scheme"
  https://en.wikipedia.org/wiki/Boneh-Franklin_scheme

●45：4.10.6 楕円曲線上のペアリング p.407

▶ セットアップアルゴリズム

G_1は位数が素数q（kビット）の巡回群とします。

入力	k：セキュリティパラメータ
出力	pk：公開鍵 msk：マスタ秘密鍵
動作	1：G_1からランダムに生成元Pを選択します。 2：$Z_q^*\{1, ..., q-1\}$からランダムにsを選択します。 3：$Q = sP$を計算します。 4：$pk = (P, Q)$、$msk = s$として、出力します。

▶ 鍵生成アルゴリズム

H_1はG_1の値を出力するハッシュ関数とします。

入力	msk：マスタ秘密鍵 ID：送信相手のID
出力	d_{ID}：ユーザー秘密鍵
動作	1：$d_{\mathrm{ID}} = sH_1(\mathrm{ID})$を計算します。 2：$d_{\mathrm{ID}}$を出力します。

例えば、ボブのIDを"bob@mail.test.com"とします。このとき、ボブのユーザー秘密鍵は、$d_{\mathrm{Bob}} = sH(\text{"bob@mail.test.com"})$になります。つまり、ID情報のハッシュ値が、マスタ秘密鍵sでマスクされています。

▶ 暗号化アルゴリズム

H_2はnビット値を出力するハッシュ関数とします。

入力	m：平文（nビット） pk：（送信相手の）公開鍵 ID：送信相手のID
出力	c：暗号文
動作	1：$Z_q^*\{1, ..., q-1\}$からランダムにrを選びます。 2：$c_1 = rP$を計算します。 3：$K = e(Q, H_1(\mathrm{ID}))^r$を計算して、$c_2 = m \oplus H_2(K)$とします。 4：$c = (c_1, c_2)$として、$c$を出力します。

▶ 復号アルゴリズム

入力	c：暗号文 pk：公開鍵 d_{ID}：ユーザー秘密鍵
出力	m'：復号結果
動作	1：$K' = e(c_1, d_{\mathrm{ID}})$を計算します。 2：$m' = c_2 \oplus H_2(K')$を計算して、$m'$を出力します。

4.11.6 Boneh-Franklin IDベース暗号の計算で遊ぶ

▶ 正当性の検証

復号アルゴリズムの動作のステップ1の式は、次のように展開できます。

$$K' = e(c_1, d_{\mathrm{ID}}) = e(rP, sH_1(\mathrm{ID_{ID}})) = e\big(P, H_1(\mathrm{ID_{ID}})\big)^{rs}$$

一方、暗号化アルゴリズムのステップ3の式は、次のように展開できます。

$$K = e(Q, H_1(\mathrm{ID_{ID}}))^r = e(sP, H_1(\mathrm{ID_{ID}}))^r = e\big(P, H_1(\mathrm{ID_{ID}})\big)^{rs}$$

よって、$K' = K$になります。

また、復号アルゴリズムのステップ2の式は次のように展開できるので、正当性を満たします。

$$m' = c_2 \oplus H_2(K') = (m \oplus H_2(K)) \oplus H_2(K) = m$$

4.11.7 Boneh-Franklin IDベース暗号の死角を探る

▶ Boneh-Franklin IDベース暗号の安全性

ランダムオラクルモデルにおいて、BDH仮定の下でBoneh-Franklin IDベース暗号はIND-ID-CPA安全であることが知られています。BDH問題（Bilinear DH problem）とは、(P, aP, bP, cP)が与えられたときに、$e(P,P)^{abc}$を求める問題のことです。ただし、Pは楕円曲線上の点で、a, b, cは整数とします。BDH問題はCBDH問題と呼ばれることもあります。

417

ECDLP（楕円曲線上の離散対数問題）[46]が解けると、BDH問題も解けます。なぜならば、ECDLPが容易であれば、PとaPからaが求められ、同様にしてb, cも求められるからです。

さらに、BDH問題の判定問題バージョンとして、DBDH問題があります。これは$(P, aP, bP, cP, e(P, P)^{abc})$と$(P, aP, bP, cP, d)$を識別する問題です。ただし、$d$は有限体の値とします。

BDH問題が解けると、DBDH問題も解けます。なぜならば、$e(P, P)^{abc}$を識別するより、値を求める方が困難であるためです。

なお、ランダムオラクルモデルにおいてIND-ID-CCA2安全を満たす、改良版のIDベース暗号も提案されています。

鍵証明書不要暗号

IDベース暗号では、公開鍵は個人の固有情報と結び付けられますが、自分のIDに対応する秘密鍵を自由に作れないように設計されています。そのため、信頼できる鍵センタに秘密鍵の作成を頼らざるを得ません。もし自分のIDに対応する秘密鍵を自身で作れたら、攻撃者もターゲットのIDに対応する秘密鍵を作れてしまいます。その結果、暗号文をその秘密鍵で復号できてしまいます。

鍵センタは秘密鍵を作れるので、IDベース暗号における暗号文をすべて解読できます。一方、従来のPKIでは、証明書に認証局の署名を付け、公開鍵の正当性を保証するだけであり、秘密鍵を管理するわけではありません。

鍵証明書不要暗号は、従来の公開鍵暗号とIDベース暗号を用いて二重に暗号化します。攻撃者は公開鍵をすり替えることができても、復号はできません。ちなみに、鍵センタなら公開鍵をすり替えることで復号できます。しかし、公開鍵をすり替えたことは露見しやすいので、信頼性を落とす行為を鍵センタがやるとは思えません（秘密鍵で復号するのは隠れて実行できるが、すり替えはすぐに露見する）。

●46：4.10.2 楕円曲線 ElGamal暗号を理解するための数学知識（楕円曲線上の離散対数問題）p.402

CHAPTER

5

ハッシュ関数

5.1 ハッシュ関数の概要

5.1.1 ハッシュ関数とは

ハッシュ関数（hash function）とは、任意長のメッセージを入力すると、メッセージを代表する固定長[*1]の値を出力する関数です（性質①、 図5.1 ）。ハッシュ関数の出力をハッシュ値と呼びます。入力サイズが小さくても大きくても、出力サイズは一定になります。ハッシュ（hash）とは、「切り刻む」「細かくする」という意味です。

また、同じハッシュ関数に同じメッセージが入力されたとき、同じハッシュ値が出力されなければなりません（性質②）。さらに、入力値が大きくても高速でハッシュ値を計算できることが求められます（性質③）。そのため、ハッシュ関数はリアルタイムな処理に使用できます。

図5.1 ハッシュ関数の基本的な特徴

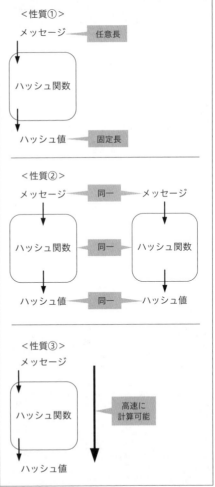

[*1]：一般にはコンピュータが処理しやすいビット数になるように、ハッシュ関数が設計されることが多いといえます。

5.2 ハッシュ関数の安全性

5.2.1 理想的なハッシュ関数

暗号理論で用いられるハッシュ関数は、次のように振る舞うことが理想的とされます。

ここではnビットのハッシュ値を出力するものとします。メッセージがハッシュ関数に入力されると、それがリストに記録されていなければ、コインをn回振るような動作をします。コインを振って表が出れば0、裏が出れば1として、n回振った結果のビット値を連結して出力します。

一方、入力値がリストに記録されていれば、該当レコードから以前出力した値を調べて、それを出力します。

しかし、このような理想的なハッシュ関数（図5.2）を具体化したものは見つかっていません[*2]。

図5.2 理想的なハッシュ関数

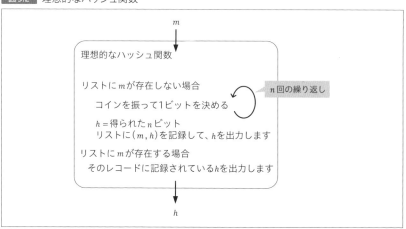

[*2]：ただし、基本的な性質③を犠牲にすれば、このアルゴリズムどおりのハッシュ関数を実現できます。

5.2.2 ハッシュ関数の標準的な安全性

ハッシュ関数の標準的な安全性として、次の3つが挙げられます。

- 一方向性（原像計算困難性）
- 第2原像計算困難性
- 衝突困難性

これらの安全性を満たすハッシュ関数は、暗号学的ハッシュ関数と呼ばれることがあります。本書で単にハッシュ関数と記述した場合は、暗号学的ハッシュ関数を指しているものとします。

▶ 一方向性（原像計算困難性）

一方向性（One-wayness：OW）とは、ハッシュ値が与えられたとき、元のメッセージを求めることが困難であることです。原像計算困難性（Preimage Resistance：PR）とも呼ばれます。このように逆計算が困難な関数を、一般に一方向性関数といいます。

また、一方向性を破ろうとする攻撃を原像攻撃といいます。ハッシュ関数を原像攻撃する攻撃者は、$h\,(=H(m))$ を入力として与えられたとき、$h=H(m')$ を満たす m' を出力することが目標になります。この条件を満たすのであれば、m 以外の値を出力しても攻撃に成功したことになります（図5.3）。

図5.3 原像攻撃

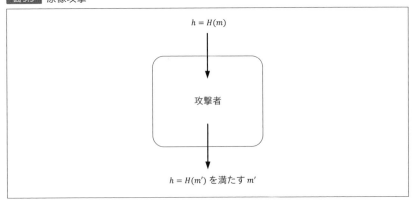

第2原像計算困難性

第2原像計算困難性（Second Preimage Resistance：2ndPR）とは、あるメッセージ（第1原像）とそのハッシュ値が与えられたときに、同一のハッシュ値になる別のメッセージ（第2原像）を計算すること（図5.4）が困難であることです。

図5.4　第2原像計算困難性を破ろうとする攻撃者

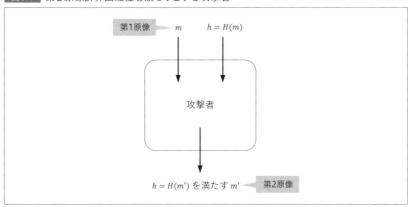

衝突困難性

メッセージ空間からメッセージを選択してハッシュ関数に入力すると、ハッシュ値が得られます。ハッシュ値空間はメッセージ空間より小さくなります（要素数が少ないという意味）。

そのため、必ず $m_2 \neq m_3$ かつ $H(m_2) = H(m_3)$ となる (m_2, m_3) が存在します（メッセージは異なるが、ハッシュ値が同じ。図5.5）。この現象をハッシュ値の衝突といい、(m_2, m_3) を衝突ペアと呼びます。

図5.5　ハッシュ関数の入出力の関係

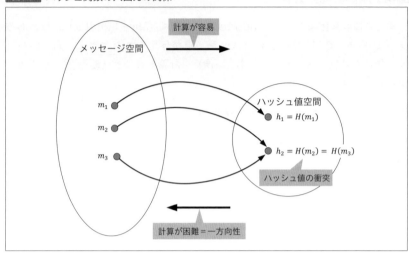

　システムによっては、衝突ペアを容易に見つけられると、その隙をついて悪用される恐れがあります。そのため、暗号理論で用いるハッシュ関数は、衝突ペアを見つけることが困難でなければなりません。

　衝突困難性（Collision Resistance：CR）とは、同じハッシュ値になるような2つの異なるメッセージを求めることが困難であることです。攻撃者は指定された衝突するハッシュ値を求める必要はなく、衝突さえすれば任意のハッシュ値でよいことになります（図5.6）。

図5.6　衝突困難性を破ろうとする攻撃者

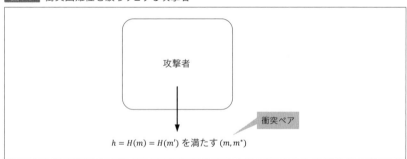

第2原像計算困難性と衝突困難性の強弱

第2原像計算困難性を破ること（第2原像を求めること）と、衝突困難性を破ること（任意の衝突ペアを見つけること）を比較した場合、攻撃者にとっては後者の方が実現しやすいといえます。なぜならば、ハッシュ値が指定されている状況より、任意のハッシュ値でよい状況の方が条件は厳しくないからです。

安全とは、攻撃者による攻撃を防ぐことです。そのため、攻撃者にとって攻撃しやすいことを防ぐものの方が、安全性が強いことになります。よって、第2原像計算困難性より、衝突困難性の方が安全性が強いことになります。そのため、第2原像計算困難性は「弱い意味での衝突困難性」、衝突困難性は「強い意味での衝突困難性」とも呼ばれます。

一方向性と衝突困難性の強弱

ハッシュ関数Hが衝突困難性を持つならば、Hは一方向性を持ちます。これの対偶は「Hが一方向性を持たないならば、Hは衝突困難性を持たない」という主張になります。これを示すためには、Hの一方向性を破る任意のアルゴリズムAを用いて、Hの衝突困難性を破るアルゴリズムBを構成します（図5.7）。

図5.7　衝突困難性を破るアルゴリズムBの構成

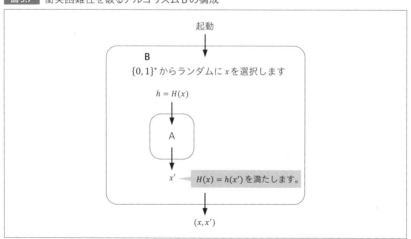

図のようにBが構成できたので、衝突困難性は一方向性より安全性が強いことになります。

5.2.3 衝突ペアが求まる条件と確率

▶ 衝突ペアが必ず求まる条件

$n+1$羽の鳩がn個の巣に入るとき、2羽以上の鳩が入る巣が少なくとも1つは存在します。これを鳩の巣原理といいます。n羽の鳩は別々の巣に入りますが、最後の1匹はすでに他の鳩がいる巣に入らざるを得ません。

ハッシュ値における鳩の巣原理について考えてみます（図5.8）。ハッシュ値はkビットとします。1回目は0…00…00bに対してハッシュ値を取ると、kビットのハッシュ値が得られます。2回目は0…00…01bに対してハッシュ値を取り、過去のハッシュ値以外が得られたとします。同様に2^k回目まで行います。2^k回目は00…01…11bに対してハッシュ値を取ります。うまくいけば、ここまでに衝突は発生しません。しかし、2^k+1回目で0…10…00bに対してハッシュ値を取ると、鳩の巣原理により過去のハッシュ値のどれかと一致します（$y=H(x)$において、xが鳩、yが鳩の巣に相当する）。つまり、ハッシュ関数を2^k+1回計算すると、必ず（確率1で）衝突は発生し、その衝突ペアが求まります。

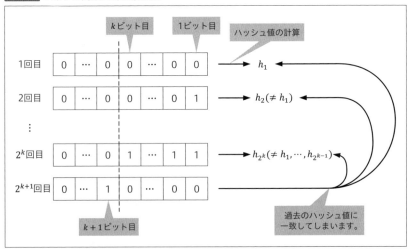

図5.8 ハッシュ関数と鳩の巣原理

▶ 衝突ペアが求まる確率

q個のボールをn個の箱にランダムに入れるとします。$q>n$とすると、鳩の巣原理より2個以上のボールが入る箱が必ず1つは存在します。

ところで、$q = \sqrt{n}$ のとき、2個以上のボールが同じ箱に入る確率は0.3以上であることが知られています。特に、$q = 1.18\sqrt{n}$ のとき、その確率は0.5以上になります。

これをハッシュ関数の世界で考えます。$y = H(x)$ において、x をボール、y を箱とします。ハッシュ値が k ビットとすると、箱は 2^k 個存在することになります。つまり、$n = 2^k$ です。先ほどの事実より、$q = \sqrt{n} = \sqrt{2^k} = 2^{k/2}$ のとき、2個以上のボールが同じ箱に入る確率は0.3以上になります。2個以上のボールが同じ箱に入るということは、衝突ペアが求まることを意味します。よって、ハッシュ値が k ビットの場合、ハッシュ関数を $2^{k/2}$ 回 ($=\sqrt{2^k}$) 計算すると、0.3以上の確率で衝突ペアが求まります。こうした数学的事実を利用した攻撃を誕生日攻撃（バースデーアタック）といいます。

> ### Column　バースデーパラドックス
>
> バースデー問題というものがあり、これは「何人集まれば誕生日の一致するペアが存在するか」という問題です。鳩の巣原理で考えると、1年は365日なので、366人集まれば誕生日が一致するペアは必ず存在します。
>
> それでは、ランダムに20人（$\fallingdotseq \sqrt{365}$）が集まった場合はどうでしょうか。ランダムに集められたのですから、直観的には誕生日が一致するペアが存在する確率は低いように思われます。しかし、実際のところ0.3という高い確率で誕生日の一致するペアが存在します。また、24人（$\fallingdotseq 1.18\sqrt{365}$）人集まれば、その確率は1/2になります。これは直観と反する結果であるため、バースデーパラドックスといいます。

5.2.4　3つの安全性を破るための計算回数

ハッシュ値が n ビットのハッシュ関数の安全性を破りたい攻撃者がいたとします。最も素朴な攻撃は、「目的の出力値を得るまで、入力を切り替えながらハッシュ関数の計算を繰り返す」という方法です。この攻撃で安全性を破るのに必要なハッシュ関数の計算回数は、 表5.1 のようになります[*3]。

---

*3：ハッシュ値の個数という観点で見ることもできます。

●1：8.7 疑似乱数生成器 p.612

表5.1 手当たり次第計算する場合の平均的な計算回数

安全性の種類	破るために必要な計算回数
一方向性	2^{n-1} 回程度
第2原像計算困難性	2^{n-1} 回程度
衝突困難性	$2^{n/2}$ 回程度

2^{n-1} 回の計算ということは、ハッシュ値空間の半分に相当するハッシュ値を計算したことになります。また、前述の議論により、$2^{n/2}$ 回計算すれば、約0.3の確率で衝突ペアを見つけられます。この攻撃はハッシュ関数の内部構造について考慮していないため、すべてのハッシュ関数に通用します。

例）

MD5（p.449参照）は128ビットのハッシュ値を出力します。この攻撃でMD5の第2原像計算困難性を破るには 2^{127} 回程度、衝突困難性を破るためには 2^{64} 回程度の計算が必要です。

上記の例のように、第2原像計算困難性と衝突困難性を比較すると、衝突困難性の方が少ない回数で破られます。つまり、計算回数という観点からも、衝突困難性を破る方が簡単ということになります。

5.2.5 その他の安全性

ハッシュ関数には、これまでに説明した以外の安全性も存在します。

近似衝突困難性（near collision resistance）

よく似たハッシュ値（数ビット程度の違い）を持つ2つの異なるメッセージを効率的に特定できないこと。

部分原像計算困難性（partial preimage resistance）

一部が不明なメッセージとそのハッシュ値が得られたとき、その一部を特定することが困難であること。

こうした安全性を持つためには、特定の入力の一部がハッシュ値の一部に大きく影響しないように設計しなければなりません。その結果として、疑似乱数生成器[1]に近い仕組みを持つことになります。

5.3 ハッシュ関数の応用

データの一致性を調べるためには、一方向性や衝突困難性を満たさないハッシュ関数でも十分に活用できます。こうしたハッシュ関数は、データの探索に応用されています。本項では、暗号学的ハッシュ関数の応用例を紹介します。

5.3.1 データの改ざんの検出

▶ データの変化をチェックする2つのアプローチ

保管したデータと付け合わせる

データが変化していないことを確認する最も素朴な方法は、同一のデータを安全に保管しておき、2つのデータの先頭から最後まで1ビットずつチェックすることです。すべて一致すれば変化しておらず、1ビットでも一致しなければ変化したことになります。保管したデータがバックアップになるので、元に戻すことも可能です。しかし、データの容量が大きくなると、時間がかかりすぎてしまうという大きな欠点があります。

特徴値を比較する

次のアプローチは、データの特徴値のみを安全に保管しておき、チェック時には保管した値と現在のデータの特徴値を比較するという方法です。特徴値が一致すれば変化していない確率が高く、一致しなければ変化したことになります。ここで問題になるのは特徴値の取り方です。データの変化の要因がノイズなどであれば、ビットが反転する位置はランダムに近いといえます。また、変化したビット数は全体から見て割合が非常に小さくなります。こうした状況であれば、チェックサムなどの単純な技術で変化を検出でき、うまくすれば誤りの位置を検出して自動的に訂正できます[*4]。

ところが、攻撃者はデータを意図的に変更します。そうした状況ではチェッ

[*4] ネットワークのTCP (Transmission Control Protocol) では、CRC-32と呼ばれるチェックサムを使って誤りを検出しています。

クサムなどのチェックをすり抜けるようなデータを簡単に作成されてしまいます。そこで暗号技術の道具の1つである、（暗号学的に安全な）ハッシュ関数の出番となります。ハッシュ関数を使えば、任意長のデータから固定長のハッシュ値を得られます。そして、データのハッシュ値と安全に保管しておいたハッシュ値を比較します（図5.9）。ハッシュ値は短い長さなので、比較することは容易です（目視でも可能なレベル）。データが一致していれば、保存していたハッシュ値と一致します。一方、もしデータが改ざんされていれば、ほとんどの場合において、保存していたハッシュ値と一致しません。

図5.9 ハッシュ関数によるデータの改ざんの検出

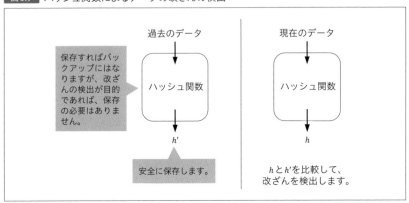

▶ 保管されたハッシュ値の重要性

　保管されたハッシュ値は安全でなければなりません。つまり、ハッシュ値が改ざんされてはいけないということです。もし保管されたハッシュ値が安全でなければ、攻撃者はデータだけでなく、保管されたハッシュ値も「改ざんしたデータのハッシュ値」に変更してしまいます。そうすると、データが改ざんされたにもかかわらず、改ざんを検出できません。
　こうした問題を防ぐには次の例のように、比較したいデータと同じ場所に、守りたいハッシュ値を保存してはいけません。

例）ローカル環境にあるプログラムの場合

　プログラムのハッシュ値はUSBフラッシュメモリなどに記録しておき、コンピュータから隔離して物理的に安全な場所に保管します。

例）**インターネット環境にあるプログラムの場合**

　プログラムをダウンロードできるWebサイトがあったとします。そこに、ダウンロードのリンクとハッシュ値を載せます。プログラムは別のWebサイトに用意しておき、リンクはそのURLを指すようにします。
　攻撃者が後者のWebサイトを攻撃してプログラムを改ざんしても、ハッシュ値の比較で検出できます。一方、前者のWebサイトを攻撃してハッシュ値を変更しても、ハッシュ値の比較で検出できます。ところが、ハッシュ値とリンクのURL（偽のプログラムの場所）を変更した場合、ハッシュ値の比較で検出できません[*5]。よって、前者のWebサイトが安全であることが保証されないと、ハッシュ値だけで改ざんを検出できません。

課題：

　ネットワークを介して送信したデータの改ざんを検出したいとします。このとき、データとハッシュ値をどのように送信すれば目的を達成できますか。

考察：

　ネットワーク上のデータは盗聴・改ざんの恐れがあります。対象のデータとハッシュ値を送信すれば、攻撃者はどちらも改ざんできます。これはデータと保管されたハッシュ値が同一の場所にある状況と同等です。よって、この方法ではデータの改ざんを検出できません。
　これを解決するには、メッセージ認証コードやデジタル署名を用います。また、信頼できる掲示板でも改ざんを検出できます。掲示板は公開されており、不正に変更できないものとします。この掲示板に正しいハッシュ値を書き込むことで、ネットワーク上でもデータの改ざんを検証できます。

5.3.2 暗号技術の構成要素としての利用

　ハッシュ関数は疑似乱数生成器、メッセージ認証コードのHMAC[●2]、公開鍵暗号のRSA-OAEP[●3]、多くのデジタル署名、パスワード認証、ブロック暗号[●4]、ストリーム暗号[●5]などの暗号技術の構成要素として用いられています。

[*5]：URLの信頼性をチェックする別の仕組みがあれば、不正を検出できる可能性があります。

[●2]：6.7 HMAC p.484　　　　　　　　[●4]：3.9 ブロック暗号 p.112

[●3]：4.9 RSA-OAEP p.377　　　　　　[●5]：3.8 ストリーム暗号 p.108

5.4 ハッシュ関数の基本設計

5.4.1 安全なハッシュ関数に必要な処理

　安全なハッシュ関数を設計するには、データの撹拌処理と圧縮処理が必要と考えられています。

　撹拌処理では、転置（値の入れ替え）と換字（別の値に変換する）によって、見かけ上入力値とは関連のなさそうな値を出力します。

　圧縮処理では、ハッシュ値のサイズに合うようにサイズを調整します。入力したメッセージが大きければ小さくし、メッセージが小さければ大きくしなければなりません。その際、単純にサイズを調整するだけでなく、入力値がわからないようにします。つまり、一方向性を満たすことを考慮しなければなりません。

5.4.2 撹拌処理を実現するということ

　ブロック暗号は撹拌処理によって暗号文を作成します。そのため、ブロック暗号を道具として利用すれば、ハッシュ関数が構成できるのではないかと考えられました。ブロック暗号とハッシュ関数の違いは 表5.2 のとおりです。

表5.2　ブロック暗号とハッシュ関数の違い

	ブロック暗号	ハッシュ関数
入力	平文（固定長）、鍵	メッセージ（任意長）
出力	暗号文（固定長）	ハッシュ値（固定長）
必要とされる内部処理	撹拌処理	撹拌処理、圧縮処理

　ブロック暗号には鍵があります。鍵によって入力値（平文）を撹拌処理して、暗号文を作ります。同じ鍵があれば暗号文から元の平文に戻せます。

　一方、ハッシュ関数は鍵を用いずに、様々な工夫によって撹拌処理を実現しています（次節以降で解説）。

5.4.3　圧縮処理と一方向性を同時に実現するということ

公開鍵暗号の最も弱い安全性は一方向性でした。つまり、公開鍵暗号で用いられている仮定を利用すれば、一方向性を満たすことが期待できます。

例えば、(Z_p 上の) 離散対数問題を考えます。これは $y = g^x \bmod p$ から x を求めるという問題です。離散対数問題が困難であるという仮定の下では、この関数は一方向性を満たします。しかし、置換であるために圧縮されておらず、そのままではハッシュ関数に利用できません。よって、圧縮処理を組み込むためには、工夫が必要となります。詳細は「数論的安全性を根拠にした構成法」[6] で解説します。

こうした計算にはべき乗計算[7]が必要です。これはビット演算と比べてとても処理速度が遅く、ハッシュ関数に組み込んでしまうと高速性が失われてしまう恐れがあります。そのため、多くのハッシュ関数は別のアプローチで圧縮処理と一方向性を実現しています。

> **Column　ハッシュ関数の解読の歴史**
>
> ブロック暗号の差分解読法が一般に発表されたのは1990年です。それ以降、ブロック暗号に対する攻撃手法の研究が活発化しました。1994年には、線形解読法によって実際のDESの解読が初めて行われました。さらに1999年には、22時間15分でDESが解読されています。それにともない、2000年にCamellia、2001年にAESが発表されました。これにて、安全なブロック暗号の設計が一段落したといえます。
>
> すると、ブロック暗号の研究者がハッシュ関数の研究にシフトしてきました。ハッシュ関数の衝突を見つける手法が、ブロック暗号の差分解読法と似ているからです。その影響により、2004年にはMD4、MD5、SHA-0、RIPEMD、2005年にはSHA-1に対する攻撃法が発表されました。それ以降もハッシュ関数の解読研究が進んでいます。

●6 : 5.5.4 圧縮関数の構成方法（数論的安全性を根拠にした構成法）p.445
●7 : 4.5.2 RSA暗号を理解するための数学知識（べき乗の計算）p.268

5.5 反復型ハッシュ関数

5.5.1 反復型ハッシュ関数とは

　入出力が固定長の圧縮関数を繰り返して用いることで、ハッシュ関数を構成する方法が知られています。この構成法をMD（Merkel-Damgard：マーケル・ダンガード）変換、またはMerkelのmeta法（Merkel's meta method）といいます。MD変換によって構成されたハッシュ関数を反復型（繰り返し

図5.10 反復型ハッシュ関数の構造（MD構造）

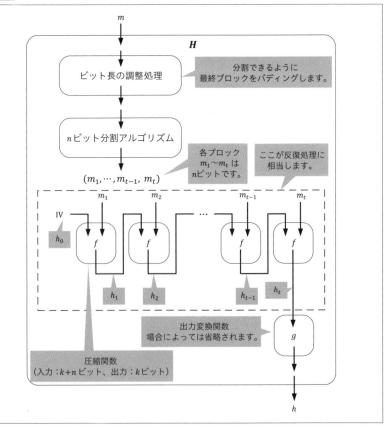

型）ハッシュ関数と呼び、反復型ハッシュ関数の構造をMD構造と呼びます（ 図5.10 ）。

入力されたデータをブロックと呼ばれる単位に分割するために、その前段階としてパディングでサイズを調整します。その後、ブロックに分割して、それらに対して繰り返し圧縮関数を適用します。その際、初期値ベクトルIVは基本的に定数の初期値を用います[*6]。最後に出力変換関数を実行してから、その結果をハッシュ値として出力します。

5.5.2 圧縮関数

圧縮関数（固定長圧縮関数）とは、固定長の入力を固定長の出力に圧縮する関数です（ 図5.11 ）。ただし、入力サイズは出力サイズより大きいものとします。圧縮関数の入力は固定長なので、入力が任意長のハッシュ関数より設計が容易といえます。

また、圧縮関数は入力サイズよりも出力サイズが小さいため、衝突が生じます。

図5.11　圧縮関数

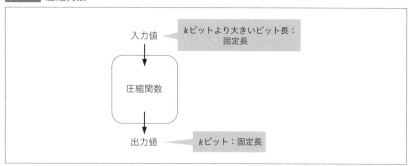

問題：

圧縮関数を具体的に構成してください。ただし、一方向性を満たす必要はありません。

解答：

一方向性を満たさないため、単純に入力サイズより出力サイズが小さいような関数を考えればよいことになります。ここでは、4ビットのメッセージmを

[*6]：例外としてパディング後のメッセージの情報を用いるバージョンもあります。

入力とし、1ビットを出力する圧縮関数を考えます。次に圧縮関数の動作案を
いくつか紹介します。

案1

入力値の最下位ビットを出力します。例えば、$m = 0101b$であれば出力
値は1bになります。

案2

入力値の各ビットで1の数が偶数なら0を出力し、奇数なら1を出力しま
す。例えば、$m = 0101b$であれば、1の数は2個なので、出力値は0bに
なります。

案3

入力値の各ビットを排他的論理和で計算して、出力します。例えば、$m = 0101b$であれば、$0 \oplus 1 \oplus 0 \oplus 1 = 0$なので、出力値は0bになります。
実質的に案2と同等です。

なお、ここで挙げた圧縮関数は簡単に一方向性を破られます。

5.5.3 MD変換

基本形のMD変換

基本形のMD変換で構成されるハッシュ関数のアルゴリズム

基本形のMD変換で構成されるハッシュ関数のアルゴリズムは次のとおり
です。圧縮関数f（入力：$k + n$ビット、出力：kビット）から、ハッシュ関数
H（入力：任意長、出力：kビット）を構成することが目標です（ 図5.12 ）。

入力	m：メッセージ（任意長）
出力	h：ハッシュ値（kビット）
動作	1：mのビット列がnの整数倍のとき、$\tilde{m} = m$とします。そうでないとき、$\tilde{m} = m\|0\cdots0$とし（0でパディング）、$\tilde{m}$のビット長がnの整数倍になるようにします。
	2：$\tilde{m}$をnビットごとに分割して、それぞれのブロックを$m_1, \ldots, m_t$とおきます。
	3：$h_0 = 0^k$とします。

| 動作 | 4：$i = 1, ..., t$に対して、次の計算をします。
$$h_i = f(h_{i-1} \| m_i)$$
5：$h = h_t$として、出力します。 |

図5.12 MD変換（基本形）によるハッシュ関数

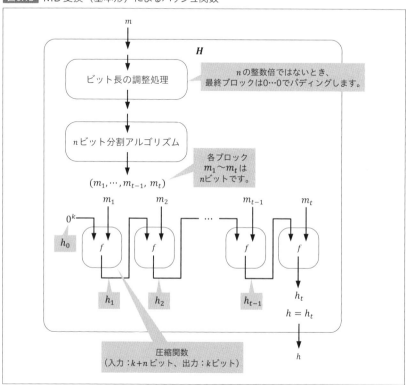

ステップ4の処理を繰り返すのが主な動作になるので、h_iは内部状態に相当し、h_0は内部状態の初期値になります。

Feistel構造を持つブロック暗号はラウンド数が固定であるため、暗号化内の繰り返し処理は固定です。一方、基本形のMD変換によるハッシュ関数は、入力のメッセージ長によりtの値が変動するため、繰り返し数が変わります。つまり、メッセージが大きいほどtは大きくなるので、ハッシュ値の処理速度は遅くなります（運用上問題になる程度には遅くならない）。

MD変換（基本形）の問題点

上記のMD変換のままでは、いくつか問題があります。これについて見て

いきます。

「パディング前のデータ」と「パディング後のデータ」は、1対1に対応できる方法でなければなりません。なぜならば、「パディング後のデータ」が「パディング前の別のデータ」と区別できなくなるからです。区別ができないメッセージであれば、同じハッシュ値が出力されてしまいます。

例えば、メッセージ$m = 1100\ 1000$bと$m' = 1100\ 1$bがあったとします。ブロックサイズが$n = 4$であれば、m'はパディングされ、パディング後のデータは$1100\ 1000$bになります。これはmと一緒の値であり、区別できなくなってしまいます。パディング後の処理も同一になるため、ハッシュ値が一致します。つまり、(m, m')が衝突ペアになってしまいます。

こうした問題を回避するためには、メッセージがブロックサイズの倍数のサイズであっても、必ずパディングします。その際、$0\cdots0$bではなく、$10\cdots0$bでパディングすると元のメッセージとパディングの境界が明確になります。mのパディング後のデータは$1100\ 1000\ 1000$b、m'のパディング後のデータは$1100\ 1100$bになります[*7]。

課題：

Hに$m = m_1||\ldots||m_j||m_{j+1}||\ldots||m_t$を入力し、ステップ4のある$j$で$h_j = h_0$になったとします。このとき、$m' = m_{j+1}||\ldots||m_t$とすると、$(m, m')$は衝突ペアになることを確認してください。

考察：

Hに$m = m_1||\ldots||m_j||m_{j+1}||\ldots||m_t$を入力すると、$i = j+1$の時点で$h_{j+1} = f(h_j||m_{j+1}) = f(h_0||m_{j+1})$になります。また、$H$に$m' = m_{j+1}||\ldots||m_t$を入力すると、$i = 1$の時点で$h_1 = f(h_0||m_{j+1})$になります。どちらも以降のブロックが一致するので、それから先のh_iの計算も同一です。よって、最後の出力されるハッシュ値も一致します。

衝突を回避するには

mとm'はブロックサイズが異なるので、パディング後のデータはまったく異なります。それにもかかわらず衝突が起きています。こうした衝突を防ぐためには、$m_{t+1} = 0\ldots0||\text{binary}(|m|)$という処理を追加します[*8]。

そして、ステップ4でiを$t+1$まで繰り返し、ステップ5で$h = h_{t+1}$とし

[*7]：パディング後のデータから前のデータに戻す処理は存在しませんが、1対1に対応するので戻すことは可能です。元に戻す場合には、末尾から"$10\cdots0$"のフォーマットの部分を切り取ります。

[*8]：$|\cdot|$はビット長、$\text{binary}(\cdot)$はバイナリ表現を意味します。

て出力します。この手法をMD強化法（MD-strengthening）といいます（ 図5.13 ）。Hの入力サイズが異なることで、m_{t+1}の値が変化し、その結果ハッシュ値も変化します。これにより、先ほどのような衝突の問題を回避します。

図5.13 MD強化法

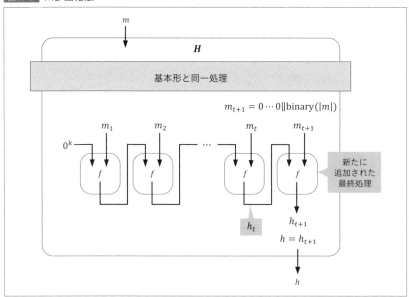

圧縮関数fが衝突困難かつ$f(z) = 0^k$を満たすzが効率的に計算できないならば、基本形のMD変換で構成されたハッシュ関数Hは衝突困難であることが知られています。

これはMD変換の初期値0^kから、さかのぼってfの入力が計算できないことを意味します（ 図5.14 ）。

図5.14 MD変換と$f(z) = 0^k$の逆計算

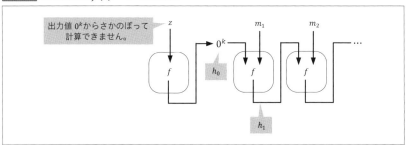

> 課題：

「$f(z) = 0^k$ を満たす z が効率的に計算できない」という仮定があるということは、この仮定がないとハッシュ関数 H は衝突すると推測できます。仮定が成り立たないとして、衝突する例を挙げてください。

> 考察：

$f(0^k||x) = 0^k$（ただし、x のサイズは m ビット）となるような x を探します。このとき、任意のメッセージ m に対して、$H(m) = H(x||m)$ になります（図5.15）。つまり、衝突ペア $(m, x||m)$ が見つかります。

図5.15 m と $x||m$ のハッシュ値の計算過程

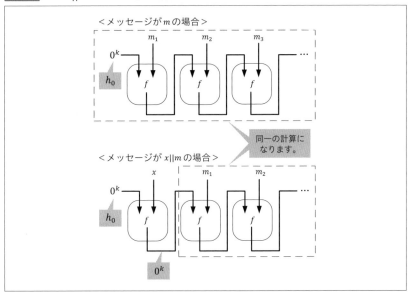

一般形のMD変換

一般形のMD変換で構成されるハッシュ関数のアルゴリズム

一般形のMD変換で構成されるハッシュ関数のアルゴリズムは次のとおりです。圧縮関数 f（入力：$k + n + 1$ ビット、出力：k ビット）から、ハッシュ関数 H（入力：任意長、出力：k ビット）を構成することが目標です（図5.16）。

入力	m：メッセージ（任意長）
出力	h：ハッシュ値（k ビット）

動作	1：mのビット列がnの整数倍のとき、$\tilde{m} = m$とします。そうでないとき、$\tilde{m} = m\|0^d$とし（0でパディング）、$\tilde{m}$のビット長がnの整数倍になるようにします。
	2：$\tilde{m}$をnビットごとに分割して、それぞれのブロックを$m_1, ..., m_t$とおきます。
	3：$h_0 = 0^{k+1}$として、次の計算をします。 $$h_1 = f(h_0\|m_1)$$
	4：$i = 2, ..., t+1$に対して、次の計算をします。 $$h_i = f(h_{i-1}\|1\|m_i)$$ ただし、$m_{t+1} = 0...0\|\text{binary}(d)$とします。
	5：$h = h_{t+1}$として、出力します。

図5.16 MD変換（一般形）によるハッシュ関数

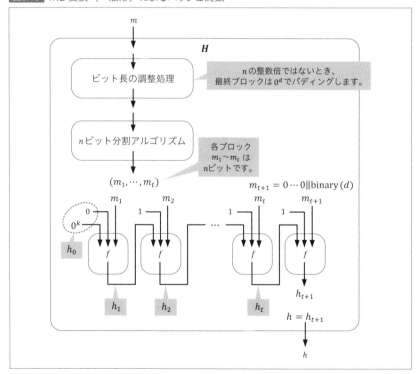

問題：

圧縮関数f（入力サイズ：128+512+1ビット、出力サイズ：128ビット）を用いて、一般形のMD変換でハッシュ関数Hを作成します。メッセージm

（サイズ：1000ビット）をHに入力したときの、Hの動作はどうなるでしょうか。

解答：

ブロックサイズは512ビットなので、$m_1 \sim m_3$は次のようになります。

- $m_1 = m$の先頭512ビット
- $m_2 = m$の残り（488ビット）$||0^d$　ただし、$d = 24$
- $m_3 = 0\cdots0||11000$　ただし、$\text{binary}(d) = 11000b$

$h_i\ (i = 0, \ldots, 3)$を計算すると次のようになります。各h_0は129ビット、$h_1 \sim h_3$は128ビットです。

$$h_0 = 0^{129}, h_1 = f(h_0||m_1), h_2 = f(h_1||1||m_2),$$
$$h_3 = f(h_2||1||m_3), h = h_3$$

圧縮関数からハッシュ関数を作る

圧縮関数fが衝突困難ならば、一般形のMD変換で構成されたハッシュ関数Hも衝突困難になることが知られています。つまり、圧縮関数からハッシュ関数を作っても衝突困難性が維持されることになります。

基本形では「$f(z) = 0^k$を満たすzが効率的に計算できない」という仮定が必要でしたが、一般形ではこの仮定は不要になります。一般形は若干複雑になりましたが、fの具体的な構成が容易になったことになります。

上記の主張に対して対偶を取ると、「ハッシュ関数Hが衝突するならば、圧縮関数fが衝突する」という結果が得られます。

問題：

前述した問題のf, mと新たなメッセージm'（サイズ：488ビット）を考えます。このとき、ハッシュ関数Hが衝突するならば、圧縮関数fが衝突することを確認してください。ただし、衝突ペアは(m, m')とします。

考察：

m_1', m_2'は次のようになります。

- $m_1' = m'||0^d$　ただし、$d = 24$
- $m_2' = 0\cdots0||11000$　ただし、$\text{binary}(d) = 11000b$

$h_i{'}\ (i=0,...,2)$を計算すると次のようになります。

$$h_0 = 0^{129}, h_1{'} = f(h_0||m_1{'}), h_2{'} = f(h_1{'}||1||m_2{'}), h{'} = h_2{'}$$

$m, m{'}$のハッシュ値はそれぞれ$h = f(h_2||1||m_3)$、$h{'} = f(h_1{'}||1||m_2{'})$です。ハッシュ値が衝突するので、$h = h{'}$になります。また、$m_3 = m_2{'}$が成り立っています。$h_2||1||m_3$と$h_1{'}||1||m_2{'}$を比較すると、後半の$1||m_3$と$1||m_2$は一致するので、前半の$h_2$と$h_1{'}$に注目します。

[1] $h_2 \neq h_1{'}$ならば、fに衝突が見つかったことになります。
[2] $h_2 = h_1{'}$ならば、$f(h_1||1||m_2) = f(0^{129}||m_1{'})$が成り立ちます。ここで、$h_1||1||m_2 \neq 0^{129}$であるため、$f$に衝突が見つかったことになります。

5.5.4 圧縮関数の構成方法

圧縮関数の構成法は様々な方法が提案されており、表5.3 の3つに大別されます。

表5.3 圧縮関数の構成法

構成法	構成法の例	採用しているハッシュ関数
ハッシュ関数専用の構成法	専用構成	MD族(MD4、MD5、SHA-1、SHA-2、RIPEMD)、Whirlpoolなど
ブロック暗号を利用した構成法	PGV変換法など	単ブロック長ハッシュ関数
		倍ブロック長ハッシュ関数
数論的安全性を根拠にした構成法	剰余演算にもとづく方式	MASH-1、MASH-2など

▶ PGV変換法

PGV変換法とは

PGV (Preneel-Govaerts-Vandewalle) 変換法とは、ブロック暗号を用いて圧縮関数を構成する方法の1つです。

ブロック暗号の暗号化アルゴリズムEncを用いて、圧縮関数の出力値を作りたいとします。圧縮関数の入力はh_{i-1}, m_i、出力はh_iです。ただし、h_0はランダムな初期値とします。

このとき、圧縮関数の中でEncを実行しますが、様々な組み合わせが考えられます。Encの入力をx, key、出力に適用するデータをzとします。圧縮関数の

出力値h_iのサイズとブロックサイズが同じとすると[*9]、h_iは次のようになります。

$$h_i = \text{Enc}(key, x) \oplus z$$

x, key, zとなる候補に、$h_i, m_i, h_{i-1} \oplus m_i, 0\cdots0\text{b}$の4種類があったとします（図5.17、$0\cdots0\text{b}$は別の定数としてもよい）。すると、組み合わせの全パターンは64種類（$=4^3$）になります。

図5.17 圧縮関数とEncの入出力

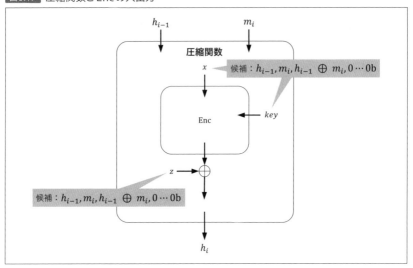

衝突困難性を満たす圧縮関数

ブロック暗号が理想的に安全である場合、64種類のパターンのうち、表5.4の12個の圧縮関数は衝突困難性を満たすことが知られています。

表5.4 衝突困難性を満たす12の圧縮関数

①	$h_i = \text{Enc}(h_{i-1}, m_i) \oplus m_i$	⑦	$h_i = \text{Enc}(m_i, h_{i-1}) \oplus h_{i-1} \oplus m_i$
②	$h_i = \text{Enc}(h_{i-1}, h_{i-1} \oplus m_i) \oplus h_{i-1} \oplus m_i$	⑧	$h_i = \text{Enc}(m_i, h_{i-1}) \oplus h_{i-1}$
③	$h_i = \text{Enc}(h_{i-1}, m_i) \oplus h_{i-1} \oplus m_i$	⑨	$h_i = \text{Enc}(h_{i-1} \oplus m_i, m_i) \oplus m_i$
④	$h_i = \text{Enc}(h_{i-1}, h_{i-1} \oplus m_i) \oplus m_i$	⑩	$h_i = \text{Enc}(h_{i-1} \oplus m_i, h_{i-1}) \oplus h_{i-1}$
⑤	$h_i = \text{Enc}(m_i, h_{i-1}) \oplus h_{i-1}$	⑪	$h_i = \text{Enc}(h_{i-1} \oplus m_i, m_i) \oplus h_{i-1}$
⑥	$h_i = \text{Enc}(m_i, h_{i-1} \oplus m_i) \oplus h_{i-1} \oplus m_i$	⑫	$h_i = \text{Enc}(h_{i-1} \oplus m_i, h_{i-1}) \oplus m_i$

[*9]：圧縮関数の出力値はそのままハッシュ関数のサイズに一致します。つまり、この種のハッシュ関数はハッシュ値のサイズがブロックサイズになるので、単ブロック長ハッシュ関数といいます。

特に①はMatyas-Meyer-Oseas圧縮関数、③はMiyaguchi-Preneel圧縮関数、⑤はDavies-Meyer圧縮関数（以後、デイビス・メイヤー圧縮関数と呼ぶ）といいます。これらを図にすると 図5.18 のようになります。

図5.18 代表的な圧縮関数

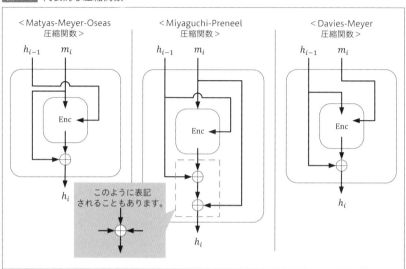

ブロック暗号は、鍵さえあれば「平文から暗号文を作ること」（暗号化）と「暗号文から平文を得ること」（復号）は容易です。しかし、平文と暗号文から鍵を得ることは容易ではありません。このような構成にすると、衝突ペアが起こることからもわかるように、平文・暗号文・鍵を決めることが難しくなります。

▶ 数論的安全性を根拠にした構成法

算術的圧縮関数

算術演算をベースにして構成した圧縮関数を算術的圧縮関数といいます。ここでは、（Z_p上での）離散対数問題を解くことが困難であるという仮定の下で、衝突困難性を満たす圧縮関数を構成します。

p, qを素数とします。ただし、$p = 2q + 1$とします。aを mod pの原始元、bを$\{1, ..., p - 1\}$からランダムに選択します。x_1, x_2 （$\in \{0, ... q - 1\}$）に関して、関数fを次のように定義します。

$$f(x_1, x_2) = a^{x_1} b^{x_2} \bmod p$$

入出力はビット値で扱うものとすると、入力はpのバイナリ値の桁数の約2

倍、出力サイズはpのバイナリ値の桁数程度になります。よって、fは圧縮関数になっています。

例）

> $p = 101$とすると、出力値は$\{1, ..., 100(= p - 1)\}$のどれかになります。10進数のxをバイナリ値にしたときの桁数は、$[\log_2 x] + 1$で計算できます（ただし、$[\;]$はガウス記号であり、小数点以下切り捨てを意味する）。ここでは、$p - 1 = 100$なので、出力値の最大値である$p - 1$のバイナリ値は7桁（$= [\log_2 100] + 1 = [6.7] + 1$）です。
>
> また、入力値は$(x_1, x_2) \in \{0, ... q - 1\} \times \{0, ... q - 1\}$になります。$x_1, x_2$のどちらも$\{0, ... q - 1\}$のどれかになります。$q = (p - 1)/2 = 100/2 = 50$なので、$q - 1 = 49$になります。$x_1$の最大値である$q - 1$のバイナリ値は6桁（$= [\log_2 49] + 1 = [5.6] + 1$）です。同様に$x_2$の最大値のバイナリ値も6桁です。よって、入力は12桁（$= 6 + 6$）のバイナリ値で表現できます。
>
> ところで、pのバイナリ値は7桁（$= [\log_2 101] + 1 = [6.7] + 1$）です。$p$を基準に考えると、入力サイズは$p$のバイナリ値の桁数の約2倍、出力サイズは$p$のバイナリ値の桁数になっています。

fの衝突困難性の確認

次に、fの衝突困難性を確認します。離散対数問題を解くことが困難であれば、fは衝突困難になります。これを示すために、対偶を取った「fが衝突困難でなければ、離散対数問題が解ける」という主張を示します。

fの衝突ペアを(x, x')とします。ただし、$x = (x_1, x_2), x' = (x_3, x_4)$とします。このとき、$x \neq x'$かつ$f(x) = f(x')$が成り立ちます。

$$a^{x_1} b^{x_2} = a^{x_3} b^{x_4} \bmod p$$
$$a^{x_1 - x_3} = b^{x_4 - x_2} \bmod p$$
$$a^{x_1 - x_3} = a^{s(x_4 - x_2)} \bmod p \quad (\because b = a^s \bmod p とした)$$
$$x_1 - x_3 = s(x_4 - x_2) \bmod p - 1 \quad \leftarrow (1)$$

$d = \mathrm{GCD}(x_4 - x_2, p - 1) = \mathrm{GCD}(x_4 - x_2, 2q)$が$x_1 - x_3$の約数のときのみ、$s$が解けます。$0 \leqq x_2, x_4 \leqq q - 1$より$|x_4 - x_2| < q$であり、$d = 1$または$d = 2$になります。

[1] $d=1$ならば、(1) 式は法$p-1$の世界で一意に解けます。$s = (x_1 - x_3)(x_4 - x_2)^{-1} \bmod p-1$になります。
[2] $d=2$のとき、(1) 式は法$p-1$の世界で2つの異なる解があります。sの解の候補を、$b = a^s \bmod p$に代入して矛盾がないものがsになります。

ゆえに、離散対数sが計算できました。

5.5.5 反復型ハッシュ関数と圧縮関数の安全性

▶ 疑似衝突性

初期ベクトルIVが任意に選べるという条件の下で、異なる初期ベクトルIV′($\neq$ IV)に対して、次のようなメッセージブロックのペア(x, x')を効率的に計算できないときに、圧縮関数fは疑似衝突性を持つといいます。

$$x \neq x' \text{かつ} f(\text{IV}||x) = f(\text{IV}'||x')$$

▶ 各衝突の影響度

圧縮関数の衝突とハッシュ関数の衝突を比較すると、影響度は「圧縮関数の衝突＜ハッシュ関数の衝突」という大小関係になります[*10]。なぜならば、圧縮関数に衝突が見つかっても、ハッシュ関数の衝突につながるとは限らないからです。ハッシュ関数に衝突が見つからなければ、アプリケーションに影響が波及しません。

また、衝突、疑似衝突、近似衝突を比較すると、影響度は「近似衝突＜疑似衝突＜衝突」という大小関係になります。

以上を組み合わせると、影響度は「圧縮関数の近似衝突＜圧縮関数の疑似衝突＜圧縮関数の衝突＜ハッシュ関数の近似衝突＜ハッシュ関数の疑似衝突＜ハッシュ関数の衝突」のような関係になります。

▶ 多重衝突攻撃

反復型ハッシュ関数の構造を利用した攻撃として、多重衝突攻撃があります。

[*10]：攻撃者にとっては、ハッシュ関数の衝突より圧縮関数の衝突の方が破りやすいといえます。攻撃しやすいものが安全ということは、強い安全性になります。つまり、圧縮関数の衝突困難性はハッシュ関数の衝突困難性より強い安全性になります。安全性の大小関係と影響度の大小関係は対応していることがわかります。

ハッシュ関数Hに対して、$H(m_1) = \cdots = H(m_r)$となる異なるメッセージの組$(m_1, \ldots, m_r)$を多重衝突組といいます[*11]。Hは反復型ハッシュ関数とし、h_1で衝突ペア(x_1, x_1')、h_2で衝突ペア(x_2, x_2')が求まったとします（図5.19）。

$$f(\text{IV}||x_1) = f(\text{IV}||x_1') = h_1$$
$$f(h_1||x_2) = f(h_1||x_2') = h_2$$

図5.19 h_1とh_2で衝突した場合

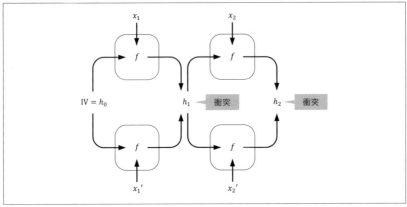

このとき、4重衝突組$(m_1, \ldots, m_4)$が存在し、各メッセージの値は次のようになります。

$$m_1 = x_1||x_2, m_2 = x_1||x_2', m_3 = x_1'||x_2, m_4 = x_1'||x_2'$$

逆に4重衝突組を求めるには、fの2つの衝突を発見すればよいことになります。fの出力値をkビットとすれば、1つの衝突ペアを求めるにはfを$2^{k/2}$回程度計算する必要があります。よって、4重衝突組を求めるには、$2 \times 2^{k/2}$回程度の計算が必要になります。

同様に考えて、$2^{k/2}$重衝突組を求めるには、fを$(k/2) \times 2^{k/2}$回程度計算する必要があります。

ところで、通常の衝突を1つ見つけるには、$2^{k/2}$回程度、fの計算が必要です。$(k/2) \times 2^{k/2}$と$2^{k/2}$を比べると、$k/2 \ll 2^{k/2}$であるため$k/2$を無視できるので、$2^{k/2}$重衝突組を見つけることと衝突を見つけることは同じぐらいの手間だといえます。

[*11]：これまで議論してきた衝突ペアは、2重衝突組に相当します。

5.6 代用的なハッシュ関数

5.6.1 MD4／MD5

MD4は1990年、MD5は1991年にリベスト（Rivest）によって提案されたハッシュ関数です。MD4、MD5は128ビットのハッシュ値を出力します。特にMD4は、後の専用ハッシュ関数（例：MD5、SHA-1など）の設計に大きな影響を与えました。

MD5の衝突困難性は破られていますが、現在のところ第2原像計算困難性は破られていません[8]。しかし、衝突困難性が破られたことにより、MD5を利用しているアプリケーションでは様々な問題が発生しています。そのため、現在ではMD5の代わりに別の安全なハッシュ関数の使用が推奨されています。

5.6.2 SHA-1／SHA-2

▶ SHAとは

SHA（Secure Hash Algorithm）は米国国立標準技術研究所（NIST）によって米国標準として制定されたSHS（Secure Hash Standard）のアルゴリズムの総称です。1993年にFIPS180でSHA-0が制定されました。ところが、脆弱性が指摘されたため、1995年にSHA-1に置き換わりました。

SHA-1は2^{64}ビット未満のメッセージを入力として、160ビットのハッシュ値を出力します。内部で使用する圧縮関数の入力は$160+512$ビット（Kは定数なので入力サイズからは除外）、出力は160ビットであるため、ブロックサイズは512ビットです。

2002年にはSHA-1のアルゴリズムに改良が加えられ、160ビットを超えるハッシュ値を生成できるようになりました。これらをSHA-256、SHA-384、SHA-512といいます（数字がハッシュ値のビット長）。2004年にはSHA-224も発表されました。これらの4つのアルゴリズムをまとめてSHA-2と呼びます。

●8：5.2.2 ハッシュ関数の標準的な安全性 p.422

▶ SHA-1のアルゴリズムの概要

アルゴリズムの構造

SHA-1のアルゴリズムは 図5.20 のような構造を持ちます[*12]。

図5.20 SHA-1のアルゴリズムの基本構造

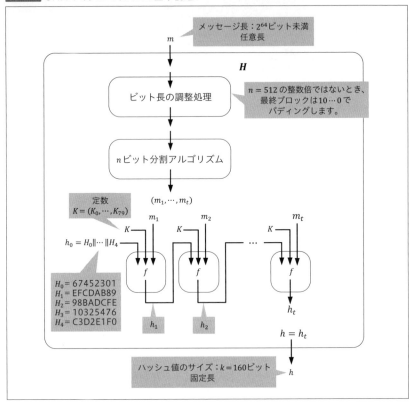

一般形のMD変換[●9]によく似た発想で設計されているので、MD変換の図（ 図5.16 ）と比べながら確認すると理解しやすいと思います。圧縮関数の入力に定数1ではなく、定数Kを入力します。また、最終ブロックは最後のメッセージブロックから計算した値を使っています。そのため、基本形と同様に伸長攻撃[●10]に弱いことが推測されます。

[*12]：SHA-1はMD4をベースにして設計されているので、MD族と呼ばれます。MD族に含まれるハッシュ関数は、すべて似たような構造を持ちます。

●9：5.5 反復型ハッシュ関数 p.434
●10：5.7.2 伸長攻撃 p.458

圧縮関数 f の構造

SHA-1で使われる圧縮関数 f の構造は 図5.21 のようになります。

図5.21　SHA-1の圧縮関数の基本構造

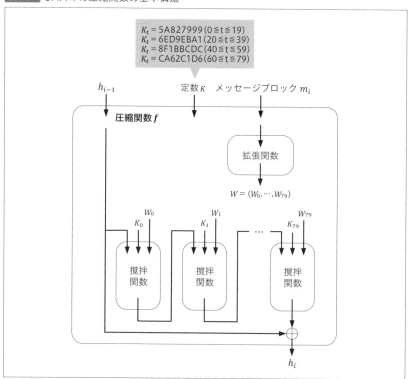

拡張関数はメッセージを拡大します。あたかもブロック暗号のサブ鍵生成アルゴリズムのようです。撹拌関数では、非線形変換と置換を逐次的に適用します。

5.6.3　SHA-3

▶ SHA-3とは

2004年にMD5に対する攻撃法が発表され、2005年にSHA-1は期待する安全性を保持していないことが明らかになりました。

このような背景があり、NISTは次期標準ハッシュ関数SHA-3を選定するプロジェクトを発表しました。これをSHA-3コンペティションといいます。AESコンペティションと同様に透明性を確保して、選定を行っています。

2012年にKeccakがSHA-3に選ばれ、2015年に正式版がFIPS PUB 202として公表されました。

SHA-3のアルゴリズムの概要

アルゴリズムの構造

SHA-3のアルゴリズムはスポンジ（sponge）構造を持ちます（ 図5.22 ）[13]。スポンジ構造は、2007年にベルトーニ（Bertoni）らによって提案されました。この構造は吸収（absorbing）段階と圧搾（squeezing）段階に分けられます。

図5.22　SHA-3のアルゴリズムの基本構造

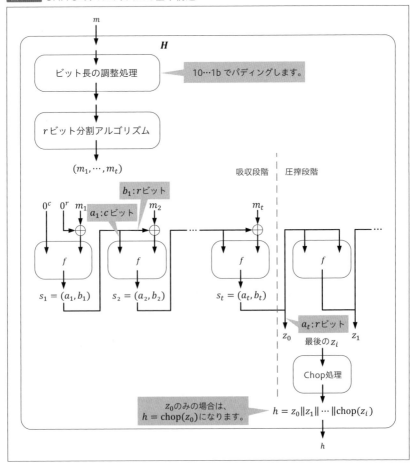

---

[13]：http://keccak.noekeon.org

スポンジ構造は、従来のMD構造とまったく異なる発想から設計されています。スポンジ構造は圧縮関数ではなく、ブロック置換関数による置換処理を繰り返します。置換処理なので入出力が同じであり、圧縮されていません。

メッセージをrビットごとに分割するために、メッセージは10…01bでパディングされます。最後が「1」になっているのは、スポンジ構造の比率を組み込むためです。

圧縮処理

圧縮処理に関しては、圧搾段階で一部をカットすることでハッシュ値を得ます（場合によってはここでも繰り返し処理をする）。SHA-3では、rはハッシュ値のサイズkより常に大きいので、z_0だけが使われます。なお、最後にchop処理でデータのカット処理を行って、サイズの調整を行う場合があります。

▶ スポンジ構造のブロック置換関数

ブロック置換関数の活用

スポンジ構造では、ブロック置換関数（あるいはブロック置換、スポンジ関数）fを繰り返すことで撹拌処理を実現します。

MD構造で使われる圧縮関数では、撹拌処理と圧縮処理を同時に実現しなければなりませんでした。一方、スポンジ構造のブロック置換関数では、撹拌処理だけを実現すればよいことになります。つまり、スポンジ構造の置換は実現化しやすいことが期待できます。

ブロック置換関数は、鍵の入力が不要（あるいは鍵の入力は定数）だと見なせます。そのため、鍵スケジュールの強度を考えたり、鍵スケジュール処理を用意したりする必要がありません。

ブロック置換関数fは置換なので、入出力は同一サイズ$c+r$になります。rはブロックサイズ、cはキャパシティという概念の値であり、次の計算式から求められます。ただし、wはワード長（単位はビット）、rはブロック置換関数の入出力サイズです。

$$c = 25w - r$$

cの値により必要なセキュリティ強度に応じて調整できます。一般に現像攻撃、衝突攻撃の耐性の2倍程度になるようにします。SHA-3では、ハッシュ値をkビットとすれば、$c = 2k$とします。

問題：

ハッシュ値が224ビットのSHA-3を考えます。このハッシュ関数にて使わ

れるブロック置換関数の入力サイズを計算してください。ただし、ワード長は64ビットとします。

解答：

先ほどの$c = 25w - r$を用いて、ブロックサイズrを計算します。

$$r = 25w - c = 25w - 2k = 25 \cdot 64 - 2 \cdot 224 = 1600 - 448 = 1152$$

SHA-3のバージョン

SHA-3には、 表5.5 に示すように様々なバージョンがあります。これをまとめてSHA-3シリーズといいます。

表5.5 SHA-3シリーズ

ハッシュ値		名称	ブロックサイズr
固定長	224ビット	224バージョン	1152
	256ビット	256バージョン	1088
	384ビット	384バージョン	832
	512ビット	512バージョン	586
可変長		SHAKE128	―
		SHAKE256	―

スポンジ構造において、ブロック置換関数の入出力サイズは$c + r$ビットであり、固定されています。つまり、入出力のサイズcを増やすと、相対的にrが小さくなり、ブロックサイズは小さくなります。ブロックサイズが小さいということは、分割されたブロック数が多くなり、ブロック置換関数の呼び出し回数が増えます。よって、パフォーマンスは下がりますが、安全性が向上します。

スポンジ構造と実装性

MD構造と同程度の安全性をスポンジ構造で実現するためには、MD構造内の圧縮関数より大きいブロック置換関数を用意しなければなりません。つまり、置換の計算結果を保持する内部状態バッファ（ 図5.22 におけるs_iを格納するメモリ）は大きめになります。

ただし、前述のようにブロック暗号の鍵スケジュール処理やフィードフォワードのためのメモリ領域が不要になります。その結果、スポンジ構造を持つハッシュ関数をハードウェア上に実装しても、MD構造の圧縮関数よりもコンパクトになるといえます。

Column ハッシュ値の具体値

"0000"（改行なし）だけを記載したtest.txtファイルを用意します。このファイルをバイナリファイルで開くと 図5.23 のようになっています。

図5.23 test.txtをバイナリファイルで開いたところ

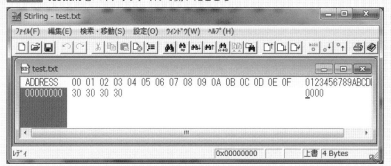

これを各種のハッシュ関数に入力して得られたハッシュ値は、 表5.5 のとおりです。

表5.5 各種ハッシュ関数のハッシュ値

ハッシュ関数	ハッシュ値（16進表記）	文字数
MD2	CA244D081350810113CFAFA278FFD581	32
MD4	F9FD57BF75CA55DBB4917D9F169FCBBB	32
MD5	4A7D1ED414474E4033AC29CCB8653D9B	32
SHA-1	39DFA55283318D31AFE5A3FF4A0E3253E2045E43	40
SHA-256	9AF15B336E6A9619928537DF30B2E6A2376569FCF9D7E773ECCEDE65606529A0	64
SHA3-256	A6AF70B7AF3F42352D783E8B07515E433C3D45669D4EFEE670516727193B291B	64
Keccak-224	9FE3FD548F2E9ABA46D8B5CD888584E4FFC73A469DBC1C3BDCD1821A	56

5.7 ハッシュ関数への攻撃

5.7.1 誕生日攻撃を超える衝突攻撃

▶ 解読の効率化

　誕生日攻撃で衝突ペアを求めるには、膨大な回数のハッシュ関数の計算が必要であり、現実的には非常に困難です。そこでハッシュ関数の内部構造に注目することで、誕生日攻撃よりも効率的な攻撃の実現を期待できます。

　2004年のCRYPTO2004にて、ワン・シャオユン（Xiaoyun Wang）らによって、MD5などの複数のハッシュ関数の衝突ペアを発見したという報告がありました。その手法の詳細は当初わかっていませんでしたが、2005年のEUROCRYPT2004にてWangらにより攻撃手法が明らかにされ、誕生日攻撃であれば2^{64}回の計算が必要になところを、公開された手法では2^{39}回の計算で解読できると発表されました。その後、シェ（Xie）らの改良により2^{20}回で解読できるようになりました。現在ではMD5の解読プログラムがインターネット上で配布されています。

　EUROCRYPT2004の発表では、SHA-1に関しては衝突ペアが発見されたのではなく、解読手法が発表されました。誕生日攻撃では2^{80}の計算が必要ですが、解読手法では2^{69}回の計算で済むといった内容です。これは約2000倍（＝2^{11}）の速さで解読できることになります。

　その後も多くの研究結果により、解読に必要な計算回数は削減されています。2015年には、特殊な状況であれば2^{58}回の計算によって解読できる方法（The SHAppeing）が発表されています。この解読法は既知の攻撃法にもとづいていますが、高性能のGPUカードを複数枚利用することで解読の高速化を実現します。

　2017年2月にはCWI[*14]とGoogleの研究により、SHA-1の衝突困難性が破られました。衝突攻撃を実証するために、SHA-1のハッシュ値が同一でコンテンツが異なる2つのPDFファイルが公表されました[*15]。

[*14]：https://www.cwi.nl
[*15]：http://shattered.io

内部構造を利用する衝突攻撃

ハッシュ関数は、内部に保持している初期ベクトルと、入力されたメッセージを撹拌処理して、最終的にハッシュ値を出力します。撹拌処理は、何度も撹拌関数を実行して実現します。

ここで2つのメッセージ$m, m' (m \neq m')$を考えます。mとm'は数カ所だけビットが反転しているものとします。ハッシュ関数は入力値であるメッセージを分割して、次々と（圧縮処理の中で）撹拌処理が行われます。ブロック内に差がなければ、圧縮関数の出力値は同じです。ブロック内に差があれば、撹拌処理により出力値に差が現れます。しかし、まだこの時点では数ビット程度しか差は出ません。以降、撹拌処理が施されるにつれて、そうした差のビット数が増えていき、値もばらばらになっていきます。

そこで、以降のブロックにおいて、出力値の差が拡散しないように一部のビットを制御して、最終的には出力値の差をうまく打ち消せれば、ハッシュ値が衝突します（図5.24）。

図5.24 ハッシュ関数の衝突

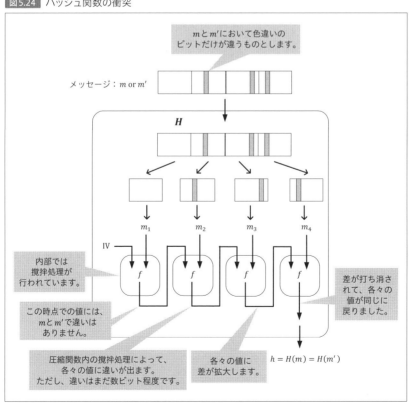

5.7.2 伸長攻撃

伸長攻撃（Length Extension Attack）とは、m に適当な文字列を追加した文字列 m' について、k を知ることなく、$h = H(k||m)$ から $h' = H(k||m')$ を計算する攻撃です[16]。反復型ハッシュ関数は、構造的に伸長攻撃に対して脆弱といえます。

攻撃者は $m, h = H(k||m)$ を得たとします。反復型ハッシュ関数の場合、内部の最終ブロック m_t は、$k||m$ の最後にパディング p を付けられ、n ビット分割して得られた t 番目のブロックになります。

$$m_t = 「k||m||p」 \text{ の分割後の } t \text{ 番目のブロック}$$

ハッシュ値 h は、最終ブロック m_t と、1つ前の圧縮関数の値 h_{t-1} を入力として圧縮関数 f から求まります。

$$h = H(k||m) = f(h_{t-1}, m_t) = h_t$$

ここで、メッセージ $m||p$ の後ろに適当な c を付けたとします。

$$m' = m||p||c$$

すると、c はパディングされるので、パディング後のデータを $\text{pad}(c)$ とすると、次のようになります（$\text{pad}(c)$ が $t+1$ 番目のブロックになる）。

$$h' = H(k||m') = H(k||m||p||c) = f(h, \text{pad}(c))$$

よって、k の値を知らなくても、h と c は既知であり、pad と f のアルゴリズムは公開されているので、h' を計算できます。

---

[16]：メッセージ認証コードに対する攻撃法にも伸長攻撃が存在しますが、内容は異なります。メッセージ認証コードにおける伸長攻撃は、メッセージ長を大きくして偽造文を作るという攻撃です。

CHAPTER

6

メッセージ認証コード

6.1 メッセージ認証コードの概要

6.1.1 メッセージ認証の必要性

アリスがネットワークを介して、ボブに商品を注文する状況を考えます。アリスは「○○という本を5冊購入します。配送先は東京都××です」という注文をボブに送ったとします。攻撃者は、注文の内容を変更して、商品名、購入数、配送先を書き換えられます。また、アリスのふりをしてボブに注文を送信できます。前者の攻撃を「改ざん」、後者の攻撃を「なりすまし」といいます。

ネットワークを利用した通信では、改ざんやなりすましを防止するような仕組みが必要です。メッセージの作成者が正当であるのを確認することをメッセージ認証と呼びます。

メッセージ認証を実現する技術の1つに、メッセージ認証コード（Message Authentication Code：MAC）があります。本章では、このメッセージ認証コードについて解説します。

6.1.2 メッセージ認証コードの仕組み

メッセージ認証コードは、メッセージの完全性を保証するための暗号技術です。メッセージ認証コードでは、送受信者間で秘密鍵を共有する必要があります。

アリスはメッセージ（伝えたい内容）と秘密鍵を認証子生成アルゴリズムに入力して、認証子（タグ）と呼ばれるデータを計算します。その後、アリスはメッセージと認証子をボブに送信します。ボブは受け取ったメッセージと秘密鍵から認証子を計算し、受け取った認証子と一致するかを確認します。一致すれば、アリスからのメッセージであり、改ざんもされていないと判断して受理します。一致しなければ、不正なものとして拒否します（図6.1）。

秘密鍵を知らない第三者は、ボブが受理するような認証子を効率的に作れません。秘密鍵は送受信者だけが共有しているので、受信者はこのデータが改ざんされていないことを確認できます。

さらに、再送攻撃[1]に対する対策が施されているという条件の下であれば、正当な送信者が送信したという認証ができ、なりすましを防止できます。

図6.1 メッセージ認証コードのやり取り

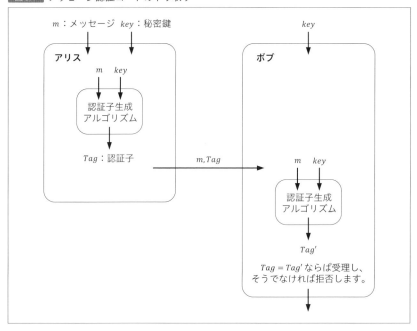

6.1.3 メッセージ認証コードの設計方針

第5章で見たように、ハッシュ関数を使えば、メッセージの改ざんを検知できます。しかし、メッセージとハッシュ値の両方が改ざんされると、ハッシュ関数だけでは検知できません。なぜならば、ハッシュ関数の計算は鍵なしで誰でも実行できるからです。メッセージの改ざんを防止するには、メッセージと秘密鍵から計算できる値を使えばよいことになります。ブロック暗号[*1][●2]やハッシュ関数を用いれば、メッセージの完全性を保証できます。

また、送受信者だけが共有している秘密鍵をうまく用いれば、なりすましを防止できることが期待できます。例えば、秘密鍵を知らないと生成できない値により、相手を認証します。

[*1]：ブロック暗号によるメッセージ認証コードは、利用モードでいう認証モードに該当します。

[●1]：6.2.2 再送攻撃 p.463
[●2]：3.9 ブロック暗号 p.112

6.2 メッセージ認証コードの課題

6.2.1 メッセージ認証コードにできないこと

　メッセージ認証コードによってなりすましや改ざんを検出できます。しかし、それ以外のセキュリティの機能を実現できません。そのためには別の暗号技術を組み合わせたり、代替したりする必要があります。

▶ 暗号化は実現できない

　メッセージ認証コードでは認証子を生成することが目的であり、メッセージは暗号化されていません。これを解決するには暗号化すればよいことになります。しかし、暗号化とメッセージ認証コードの組み合わせによっては、安全性が破られてしまう恐れがあります。こうした問題を解決する暗号技術が認証暗号[3]です。

▶ 否認防止ができない

　メッセージ認証コードでは、認証子の作成者による否認（repudiation）を防止できません。アリスがボブにメッセージと認証子を送ったとします。メッセージ認証コードの仕組みにより、第三者のメッセージではないことが証明できます。しかし、アリスが作ったに違いないとは言い切れません。なぜならば、ボブもアリスと同じ秘密鍵を共有しているため、ボブがそのメッセージと認証子の両方を作った可能性があるからです。

　例えば、アリスはボブに「〇〇を購入する」というメッセージと、それに対応する認証子を送ったとします。それにもかかわらず、アリスは「そのようなメッセージを送った覚えはない。それはボブが勝手にメッセージと認証子を作ったのではないか」と主張した場合、ボブとしてはその主張を拒否できないのです。

---

[3]：6.8 認証暗号 p.490

電子的に商取引を行う場合には、これは重大な問題を引き起こします。契約を一方的に破棄される恐れがあることを意味するからです。つまり、アリスとボブが絶対的に信用できる場合はメッセージ認証コードで問題ありませんが、そうでない場合にはデジタル署名を採用しなければなりません。

▶第三者に対して完全性を保証できない

　メッセージ認証コードはデジタル署名と違い、送受信者間で秘密鍵を共有しなければなりません。逆にいえば、秘密鍵を共有していない相手（第三者）に対してメッセージ認証コードを用いることはできません。
　デジタル署名であれば、公開されている署名鍵を用いて署名を作成します。そのため、署名を作成するタイミングで署名鍵を取得すればよいことになります。

6.2.2　再送攻撃

　再送攻撃（リプライ攻撃）とは、伝送路から集めたデータを加工せずに送信する攻撃です。例えば、アリスがボブにメッセージと認証子のペアを送信しようとしたときに、攻撃者はそれらのデータを奪って、ボブにそのまま送信します。
　つまり、受理するようなメッセージと認証を送ってきたからといっても、その送信者が秘密鍵を持っていることは保証されません。あくまでメッセージ認証コードで確認できるのは、秘密鍵を使って認証子が作られたことであり、メッセージが改ざんされていないということだけです。つまり、メッセージの認証はできていますが、相手の認証はできていません。
　再送攻撃は、メッセージ認証コードに限らず、あらゆる場面で脅威となりえます。そのため、別のフレームワークで対策をすることが多いです。例えば、暗号技術の中ではなく通信プロトコル側において、シーケンス番号（通し番号）、タイムスタンプ、セッション番号などを付加することでチェックします。

6.3 メッセージ認証コードの安全性

6.3.1 メッセージ認証コードにおける安全性とは

メッセージ認証コードを用いる場合、アリスとボブの間の通信路上にはメッセージと認証子が流れます。攻撃者はこれらを盗聴できます。通信を監視すれば、複数個のメッセージと認証子のペアを入手できます。より強力な攻撃者はアリスをコントロールして、アリスが送るメッセージを自由に変更できます。

こうした攻撃者でも改ざんやなりすましができない場合に、メッセージ認証コードは偽造不可能性を満たしたことになり、安全といえます。こうした安全性の定義をここから見ていきます。

6.3.2 選択メッセージ攻撃に対する偽造不可能性

▶ 認証子の偽造

認証子生成オラクルFにアクセスできるアルゴリズムである、敵Aを考えます。オラクルは認証子生成アルゴリズムと同様に、秘密鍵keyを使って認証子を生成します。keyは敵にとって未知です。

敵はオラクルFに対して、メッセージ$m_1, m_2, \dots$を送信して、オラクルは認証子$Tag_1, Tag_2, \dots$を返します。また、敵は適応的にメッセージを選択できるものとします。つまり、i回目に送信したメッセージm_iに対する認証子Tag_iを受け取った後に、次のメッセージm_{i+1}を選択できます。このような攻撃を（適応的な）選択メッセージ攻撃といいます。

ここで、敵がオラクルに送信したメッセージのリストを$M_{\mathrm{LIST}} = \{m_1, m_2, \dots\}$と表記します。敵の目的は、受信者が受理するような偽造文を出力することです。そのため、オラクルにアクセスした後で、偽造文(m^*, Tag^*)を出力します（ 図6.2 ）。

図6.2 認証子を偽造しようと試みる敵

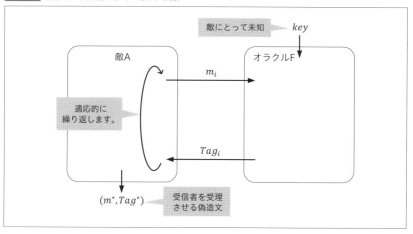

認証子の偽造不可能性

このとき「$m^* \notin M_{\text{LIST}}$」かつ「$F(key, m^*) = Tag^*$」という条件を満たす場合に、偽造が成功したと定義します。これはオラクルに送信していないメッセージにおいて、認証子が受理されたことを意味しています。ここで、敵Aのアドバンテージを次のように定義します。

$$\text{Adv}_F^{UF-CMA}(A) = \Pr[A^{F(key,*)} \text{ が偽造成功}]$$

計算量は高々tであり、高々q回オラクルにアクセスするすべての敵の集合を考えます。こうした敵のうちで最も大きな$\text{Adv}_F^{UF-CMA}(A)$が、偽造成功の最大の確率になります。これを$\text{Adv}_F^{UF-CMA}(t,q)$と表記することにします。

$$\text{Adv}_F^{UF-CMA}(t,q) = \max\{\text{Adv}_F^{UF-CMA}(A)\}$$

十分大きなtとqに対しても、$\text{Adv}_F^{UF-CMA}(t,q)$が無視できるほど小さい値であれば、Fを(偽造不可能性において)安全なメッセージ認証コードといいます。

6.3.3 疑似ランダム関数との識別不可能性

疑似ランダム関数とは

$\text{Rand}(M, n)$を、定義域がM(メッセージ空間)で、値域が$\{0,1\}^n$であるす

べての関数の集合とします。すると、Rand(M, n)からランダムに選んだ関数Rはランダム関数になります[*2]。

「ある認証子生成アルゴリズムが疑似ランダム関数である」とは、(適応的な)選択メッセージ攻撃を行う任意の敵が、関数F($key, \cdot$)の集合とRand(M, n)を識別できないことをいいます。もう少し厳密に述べると次のとおりです。

疑似ランダム関数の定義

ここで新しいアルゴリズムとして、識別子Dとオラクルとのゲームを考えます。オラクルは認証子生成アルゴリズムF、あるいはランダム関数Rのどちらかを使用します。Dはオラクルにアクセスして、オラクルがFなのかRなのかを識別しようとします（ 図6.3 ）。ここで、Fの状況を$b = 1$、Rの状況を$b = 0$と定義します[*3]。Dの目的はbを推測することであり、bの推測値b'を出力します。このとき、敵Dのアドバンテージは次のように定義できます。

図6.3　FとRに対する識別者

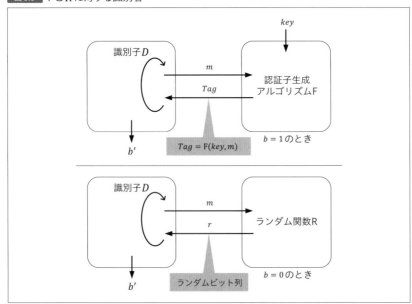

[*2]：ある定義域と地域を持つすべての関数の集合から（一様）ランダムに選択すれば、その関数はランダム関数です。

[*3]：どちらを0, 1に定義するかは自由ですが、ここでは理想を0、現実を1としています。

$$\text{Adv}_F^{PRF}(D) = \left| \Pr[b' = b] - \frac{1}{2} \right|$$

これは次のようにも表現できることは、第3章（p.132）で言及済みです。

$$\text{Adv}_F^{PRF}(D) = |\Pr[b' = 1|b = 0] - \Pr[b' = 1|b = 1]|$$
$$= |\Pr[b' = 1|b = 1] - \Pr[b' = 1|b = 0]|$$

さらに、b, b'を用いずに次のように表現されることもあります。Dの右上はアクセスするオラクルを意味します。例えば、$D^{F(key,\cdot)} = 1$はオラクルFにアクセスして、1を出力することを意味します。本章ではこの表現を用います。

$$\text{Adv}_F^{PRF}(D) = \left| \Pr\left[D^{F(key,\cdot)} = 1\right] - \Pr\left[D^{R(\cdot)} = 1\right] \right|$$

ただし、識別子とオラクルのゲームが開始したタイミングで、FかRのどちらかを使うかが決定されます。また、keyは鍵空間から、Rは$\text{Rand}(M, n)$からランダムに選ばれます。

計算量は高々tであり、高々q回オラクルにアクセスするすべての敵の集合を考えます。こうした敵のうちで最も大きな$\text{Adv}_F^{PRF}(D)$が、識別成功の最大の確率になります。これを$\text{Adv}_F^{PRF}(t, q)$と表記することにします。

$$\text{Adv}_F^{PRF}(t, q) = \max\{\text{Adv}_F^{PRF}(D)\}$$

十分大きなtとqに対しても、$\text{Adv}_F^{PRF}(t, q)$が無視できるほど小さければ、Fを（メッセージ空間Mの）疑似ランダム関数といいます。

❯ 疑似ランダム関数の存在と偽造不可能性の関係

$\text{Adv}_F^{UF-CMA}(t, q)$と$\text{Adv}_F^{PRF}(t, q)$について、次の関係が成り立つことが知られています。ただし、$t' \approx t$、$q' = q + 1$です[4]。

$$\text{Adv}_F^{UF-CMA}(t, q) \leq \text{Adv}_F^{PRF}(t', q') + \frac{1}{2^n}$$

Fが疑似ランダム関数であれば、$\text{Adv}_F^{PRF}(t', q')$は無視できるほど小さい値になります。また、$1/2^n$は$n$ビットが大きければ大きいほど0に近づきます。よって、上記の右辺は無視できるほど小さい値であり、左辺はそれで押さえられていることになります。よって、Fが疑似ランダム関数であれば、Fは偽造不可能性の意味で安全ということになります。

---

[4]：≈という記号はほぼ等しいことを意味します。この記号は世界共通で使われており、同等の記号である≒は日本・台湾・韓国でよく使われています。

疑似ランダム関数から構成する

疑似ランダム関数 $R : M \to \{0,1\}^n$ から、安全な認証子生成アルゴリズム $F : K \times M \to \{0,1\}^n$ を構成できます。RとFのメッセージ空間・値域が一致しているので、Fは入力値をそのままRに与えて、得られた出力値をそのまま出力するだけです（図6.4）。

図6.4　RによるFの構成

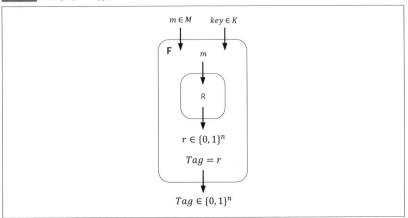

課題：

上記の主張の逆は一般に成り立ちません。これを示すには、安全かどうかにかかわらず、疑似ランダム関数ではない認証子生成アルゴリズムが存在すればよいことになります。そのような認証子生成アルゴリズムを具体的に考えてください。

考察：

nビットの認証子を出力する、安全な認証子生成アルゴリズムをFとします。また、$n+1$ビットの認証子を出力する認証子生成アルゴリズムF'を、次のように定義します。

$$F'(key, m) = F(key, m) || \mathrm{MSB}(m)$$

ただし、$\mathrm{MSB}(m)$はmの最上位ビットとします。このF'が安全で、疑似ランダム関数ではないことを示します。

また、AをF'に対して偽造を試みるアルゴリズム、BをFに対して偽造を試みるアルゴリズムとします。このとき、Aが存在すれば、Bが構成できることを示します。

BはAを起動します。すると、Aはm_iを（F'の）認証子生成オラクルに送るので、Bはm_iをそのまま（Fの）認証子生成オラクルに送ります。すると、Tag_iが返ってくるので、Bは$Tag_i || MSB(m_i)$をAに戻します。Aは最終的に偽造文を出力します。それが$(m^*, Tag^* || b^*)$であれば、Bは(m^*, Tag^*)を出力します（図6.5）。

図6.5 F'に対して偽造を試みるBの構成

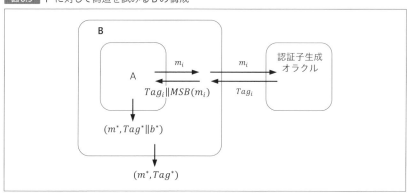

Bの出力値は、Fに対する偽造文になっています。よって、Aが偽造に成功すれば、Bも偽造に成功します。対偶を取ると、Bが偽造に成功しなければ、Aは偽造に成功しません。「Fは安全である」という仮定により、Bは偽造に成功しません。ゆえに、Aは偽造に成功しない、すなわちF'は安全です。

次に、F'が疑似ランダム関数ではないことを示すために、識別子Dとオラクルのゲームを考えます。Dはオラクルにmを送ると、$n+1$ビット列が返ってきます。Dはオラクルから得たTagの最下位ビット$LSB(Tag)$を見て、それが$MSB(m)$と一致すれば1を出力し、一致しなければ0を出力するものとします（図6.6）。

図6.6 F'に対する識別子の動作

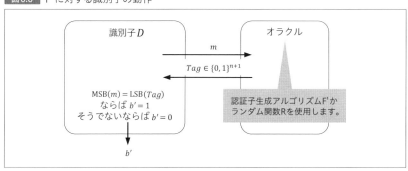

すると、オラクルが（F'の）認証子生成アルゴリズムを使ったのであれば、そのビット列は$Tag||\mathrm{MSB}(m)$になるので、Dは常に1を出力します。

一方、オラクルがランダム関数を使ったのであれば、そのビット列は完全なランダムビット列になります。$\mathrm{MSB}(m)$とランダムな1ビットが一致する確率は1/2なので、Dが1を出力する確率は1/2になります。アドバンテージの式に代入すれば、次のように計算できます。

$$\mathrm{Adv}_{\mathrm{F'}}^{PRF}(D) = \left|\Pr\left[D^{\mathrm{F'}(key,\cdot)} = 1\right] - \Pr\left[D^{R(\cdot)} = 1\right]\right| = \left|1 - \frac{1}{2}\right| = \frac{1}{2}$$

これは十分に小さいわけではないので、F'は疑似ランダム関数ではありません。

6.4 CBC-MAC

安全性★★☆☆☆　効率性★★★★★　実装の容易さ★★★★★

ポイント
- 最も基本的なメッセージ認証コードです。
- CBCモードの仕組みとほとんど同様です。
- メッセージサイズがブロック暗号のブロック長の倍数であれば安全ですが、そうではない場合には何らかの工夫が必要です。

6.4.1 CBC-MACとは

CBC-MACは、暗号化モードであるCBCモード[4]をベースにして作られたメッセージ認証コードです。

DES暗号[5]の時代には（DES暗号を用いた）CBC-MACがFIPS 113で策定され、米国銀行業界で標準化されました（ANSI X9.9、ISO8731）。その後、NISTはAES[6]が策定されたのを契機にして、CBC-MACの脆弱性を回避した新しいメッセージ認証コードとしてCMAC[7]を策定しました。

6.4.2 CBC-MACの仕組み

CBC-MACは、暗号化モードであるCBCモードをベースに設計されています。ただし、CBCモードはすべての暗号文ブロックを出力しますが、CBC-MACは最後の暗号文ブロックだけを認証子として出力します。

CBC-MACの認証子生成アルゴリズムは次のとおりです（ 図6.7 ）。

- [4]: 3.15 CBCモード p.199
- [5]: 3.10 DES p.136
- [6]: 3.12 AES p.166
- [7]: 6.6 CMAC p.479

入力	m：メッセージ（ビット長：nの整数倍） key：秘密鍵
出力	Tag：認証子
動作	1：メッセージmをnビットごとに分割して、$(m_1, m_2, ..., m_t)$にします。 2：ブロック暗号[8]の暗号化アルゴリズムEncを用いて、次のように計算します。ここで$\text{IV} = 0^n$を用います。 $$c_1 = \text{Enc}(key, \text{IV} \oplus m_1) = \text{Enc}(key, 0^n \oplus m_1) = \text{Enc}(key, m_1)$$ $$c_2 = \text{Enc}(key, c_1 \oplus m_2)$$ … $$c_t = \text{Enc}(key, c_{t-1} \oplus m_t)$$ 3：最後に得られたc_tを$Tag = c_t$として出力します。

図6.7 CBC-MACの認証子生成アルゴリズム

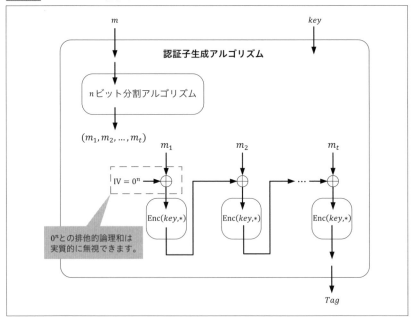

CBCモードのように、暗号文ブロックを連鎖的に用いて暗号化します。途中の結果は出力せずに、最後の暗号文ブロックを認証子とします。

●8：3.9 ブロック暗号 p.112

6.4.3 CBC-MACの死角を探る

▶ 認証子の偽造

ブロック暗号が安全であれば、CBC-MACは固定長（ntビット固定）のメッセージに対して安全ですが、可変長（nの倍数ビット）である場合には安全ではないことが知られています。ここでは、長さの異なるメッセージを許すと、認証子を偽造できることを確認します。

メッセージがnビットの場合

課題：

敵がnビットのメッセージmと、それに対する認証子Tagを入手したとします。このとき、同一のTagになるようなメッセージm'を生成できれば、偽造に成功したことになります。偽造に成功させるためには、敵はどのようなm'を用いればよいでしょうか。

考察：

mはnビットであるため、mをCBC-MACの認証子生成アルゴリズムに入力するとEncは1回だけしか実行されず、$\mathrm{Enc}(key, m) = Tag$という関係式が成り立ちます。

もしm'がmと同じnビットだとすると、$\mathrm{Enc}(key, m') = Tag$を満たす$m'$が生成できればよいことになります。しかし、ブロック暗号は安全であるため疑似ランダム置換であり、$m \ne m'$になりません。つまり、m'はnビットではうまくいきません。

次に、m'は$2n$ビットであるとします。このときの認証子生成アルゴリズムでは、Encは2回実行され、2回目のEncの直前に排他的論理和[9]が実行されます（1回目のEncの直前の排他的論理和は0^nを用いているので無視できる）。Tagを出力するようなm_1', m_2'を調べます。$\mathrm{Enc}(key, m) = Tag$という関係式が成り立つため、2回目のEncの入力である平文をmにできれば、うまくいきます。1回目のEncの出力は自由にコントロールできますが、どの値になるかは不明で、mを入力すればTagが出力されることしかわかりません。そこで、$m_1' = m$とすると、$Tag \oplus m_2' = m$が成り立ちます。式を変形すれば、$m_2' = m \oplus Tag$になります。よって、$m' = (m_1', m_2') = (m, m \oplus Tag)$とすれば、認証子は$Tag$になることがわかりました（ 図6.8 ）。

● 9：3.7.2 排他的論理和 p.096

図6.8 CBC-MACの偽造例

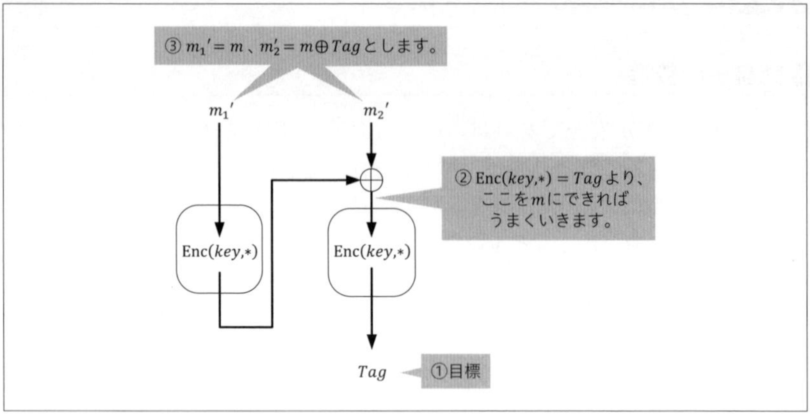

このように、メッセージ長を拡大して偽造文を作成する攻撃を伸長攻撃 (Length Extension Attack：LEA) といいます。

課題：

mをntビット（ただし、$t > 1$の整数とする）とし、それに対するメッセージ認証子をTagとします。そのとき、上記の議論と同様にして、メッセージを偽造できるかどうかを調べてください。

考察：

上記の議論で生成したメッセージは、$m' = (m_1', m_2') = (m, m \oplus Tag)$になります。ここで$m_2$に注目します。ここでは$m$は$nt$ビットですが、$Tag$はブロック暗号の出力値なので$n$ビットです。$nt$ビットと$n$ビットの排他的論理和は計算できません。よって、このアプローチでは偽造できないことになります。

mは既知なので、敵はmをnビットで分割できます。分割後の適当なブロックm_iはnビットなので、Tagとの排他的論理和を計算できます。そこで、$m' = (m_1', m_2') = (m, m_i \oplus Tag)$とすると、これによって生成される認証子は$Tag$になりません。$\mathrm{Enc}$の入力が$m_i$であるためです。

以上のように、メッセージがnビット（ブロック暗号のビット長と一致）という特殊な状況では、メッセージと認証子のペアは1組あれば偽造が成功します。

一方、任意のメッセージの場合には、メッセージと認証子のペアが1組だけでは偽造はうまくいきそうにありませんでした。それでは、2組以上存在すれば偽造できるかどうかを確認します。

任意のメッセージの場合

課題：

敵はメッセージと認証子のペアとして、$(m, Tag), (m', Tag')$ の2組を得られたとします。ここで m' は nt ビットとします。このとき、Tag' となるようなメッセージ m'' を偽造できるかどうかを調べてください。

考察：

m' を n ビットで分割して、$(m_1', m_2', ..., m_t')$ とします。上記のアプローチのように、最初に m を適用して、その過程で Tag を生成したとします。

この Tag を排他的論理和で消去するためには、$m'' = m || m_1' \oplus Tag || m_2' || \cdots || m_t'$ とします。すると、$m_1' \oplus Tag$ と Tag の排他的論理和は m_1' になり、m に関連する情報が完全に消えています。以降は、m' を適用したときと同じ状況であり、最終的に Tag が出力されます。よって、2組以上のメッセージと認証子のペアがあれば、偽造ができます（図6.9）。

図6.9　CBC-MACの偽造例 その2

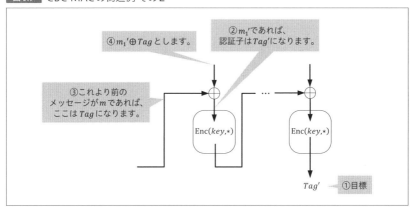

課題：

先頭ブロックのIVに 0^n 以外の値 N を使用して、メッセージと認証子と一緒に送るものとします。こうしたアプローチは偽造対策に有効でしょうか。

考察：

敵は (m, Tag, N) を入手したとします（m は n ビット）。ここでIVを N（0^n 以外の固定値）とすると、$Tag = \text{Enc}(key, m \oplus N)$ となります。このとき、$m' = (m, m \oplus Tag \oplus N)$ とすれば、Tag を生成できます。つまり、偽造に成

功したことになります。

IVを乱数やカウンターにしても、同様の攻撃が成り立ちます。よって、先頭ブロックのIVは偽造対策に有効ではないといえます。

こうした問題を解決するためのアプローチは次のとおりです。最も素朴なアプローチは、メッセージを固定長に限定することです。この場合、ブロック暗号が安全であれば、CBC-MACは安全であることが証明されています。

別のアプローチとしては、メッセージ長の情報をどこかに含めてしまうというものです。典型的な方法としては、メッセージの先頭にメッセージ長を付与するというアプローチがあります（図6.10）。しかし、ストリーム処理のようにメッセージ長が最初に決まらない処理には対応できないというデメリットがあります。なお、メッセージの最後にメッセージ長を付与してはいけません。なぜならば伸長攻撃が有効になるからです。

図6.10 メッセージの先頭にメッセージ長を付与する

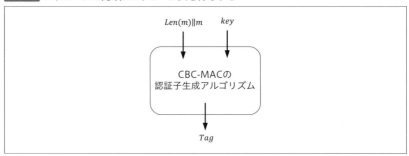

他のアプローチとしては、最後にもう一度暗号化して、その結果を認証子にする方式が挙げられます。この方式のメッセージ認証コードをEMACと呼び、詳細は次の節で解説します。

6.5 EMAC

安全性★★★★☆　効率性★★★☆☆　実装の容易さ★★★★☆

ポイント
- CBC-MACを改良したメッセージ認証コードです。
- 可変長のメッセージに対しても安全であるように設計されています。
- 最後にもう一度暗号化するので、合計で2つの秘密鍵を用います。

6.5.1 EMACとは

　CBC-MACは可変長のメッセージに対して脆弱でした。最後に暗号化した結果を認証子にすることで、この問題を解決したメッセージ認証コードがEMAC（Encrypted MAC）です。2つのブロック暗号の秘密鍵を使用します。

6.5.2 EMACの仕組み

　EMACの認証子生成アルゴリズムは次のとおりです（**図6.11**）。ただし、CBC-MACの認証子生成アルゴリズムを$\mathrm{CBC\text{-}MAC}(key, m)$と表記することにします（$key$はブロック暗号[10]で使用する鍵、$m$はメッセージ）。

図6.11 EMACの認証子生成アルゴリズム

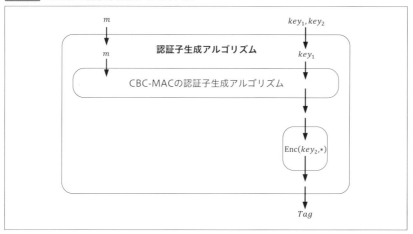

---

[10]：3.9 ブロック暗号 p.112

入力	m：メッセージ（ビット長：nの整数倍） key_1, key_2：秘密鍵
出力	Tag：認証子
動作	1：CBC-MACの認証子生成アルゴリズムを用いて得られた認証子を暗号化して、Tagを計算します。 $$Tag = \text{Enc}(key_2, \text{CBC-MAC}(key_1, m))$$ 2：Tagを出力します。

6.5.3 EMACの死角を探る

CBC-MACでは、敵は(m, Tag)が得られたとき、$m' = (m, m \oplus Tag)$とすることで、Tagと一致するメッセージを偽造できました。同様のアプローチがEMACで通用するかどうかを確認します。

CBC-MACの認証子生成アルゴリズムの内部では、1回だけEncが実行されるので、m, Tagの間には$Tag = \text{Enc}(key_2, \text{Enc}(key_1, m))$という関係式が成り立ちます。一方、$m' = (m, m \oplus Tag)$のときの認証子を$Tag'$とすると、次のように計算できます（図6.12）。

$$Tag' = \text{Enc}(key_2, \text{Enc}(key_1, \text{Enc}(key_1, m) \oplus m \oplus Tag))$$

このTag'はTagに一致しません。よって、このアプローチでは偽造に成功しません。

図6.12 EMACの偽造の試み

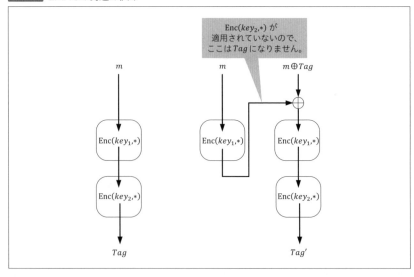

6.6 CMAC

安全性★★★★★　効率性★★★★☆　実装の容易さ★★★★☆

ポイント
- CBC-MACを改良したメッセージ認証コードです。
- 可変長のメッセージに対しても安全であるように設計されており、安全性が証明されています。
- 安全性が向上したにもかかわらず、効率性はそれほど低下していません。

6.6.1　CMACとは

　CMAC（Cipher-based MAC）はCBC-MAC[11]の脆弱性を改良したメッセージ認証コードです。NISTによって米国政府推奨方式に採用されています。元々はOMAC（One-key MAC）と呼ばれていましたが、NISTがSP 800-38Bを策定したときにCMACと改名されました。

　EMAC[12]では鍵が2つ必要でしたが、CMACでは鍵が1つで済みます。鍵が少なくて済む（小さくて済む）ということは、鍵の管理コストを低減できます。さらに、メッセージ長はブロック長nの整数倍である必要がなく、任意長のメッセージを扱うことができます。CMACはCBC-MACの最後に処理が追加されているだけであり、効率性はあまり落ちません。ブロック暗号[13]の呼び出し回数は最小です。CBC-MACからCMACに実装し直すことも容易です。

　また、AES[14]のような安全な128ビットブロック暗号を利用したときの偽造確率の限界値が示されています。SP 800-38BではFIPS承認ブロック暗号のみを対象にしていますが、基本的にはどのブロック暗号に対しても適用可能です。

- [11]：6.4 CBC-MAC p.471
- [12]：6.5 EMAC p.477
- [13]：3.9 ブロック暗号 p.112
- [14]：3.12 AES p.166

6.6.2 CMACの仕組み

▶ CMACの認証子生成アルゴリズム

CMACの認証子生成アルゴリズムは次のとおりです（ 図6.13 ）。

図6.13 CMACの認証子生成アルゴリズム

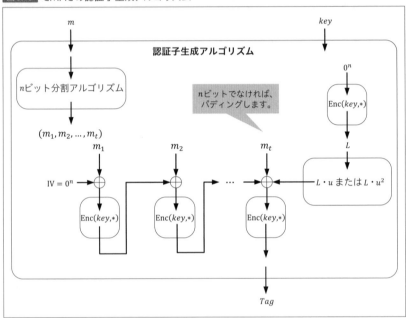

入力	m：メッセージ（任意長） key：秘密鍵（ブロック暗号で使用する）
出力	Tag：認証子
動作	1：メッセージmをnビットごとに分割して、$(m_1, m_2, ..., m_t)$とします。
	2：次のようにして、$c_1, c_2, ..., c_{t-1}$を計算します。 $\qquad c_1 = \text{Enc}(key, m_1)$ $\qquad c_2 = \text{Enc}(key, c_1 \oplus m_2)$ $\qquad \ldots$ $\qquad c_{t-1} = \text{Enc}(key, c_{t-2} \oplus m_{t-1})$

動作
3：最終ブロックにて、次のようにして認証子Tagを計算して出力します。
$|m_t| = n$の場合、$Tag = \text{Enc}(key, c_{t-1} \oplus m_t \oplus L_1)$
$|m_t| < n$の場合、$Tag = \text{Enc}(key, c_{t-1} \oplus (m_t \| 1 \| 0^i) \oplus L_2)$
ここで、$1 \| 0^i$はパディングであり、iは$m_t \| 1 \| 0^i$がnビットになるように取ります。
L_1, L_2は秘密鍵keyに依存した値です。

▶ 事前計算

L_1, L_2は、次のようにして事前に計算できます。

$$L = \text{Enc}(key, 0^n)$$
$$L_1 = L \cdot u$$
$$L_2 = L \cdot u^2 = (L \cdot u) \cdot u = L_1 \cdot u$$

また、$L \cdot u$は次のように計算します。Lの最上位ビットが0のときは、左シフトした値とします。そうでないときは、左シフトした値とCst_n（$n = 128$のときは$0x0\ldots087$）との排他的論理和[15]の結果の値とします。

L、$L \cdot u$、$L \cdot u^2$の値は事前に計算できますが、秘密鍵と同等に扱う必要があります。これらのうちの1つでも知っていれば、偽造が可能だからです。

6.6.3 CMACの死角を探る

▶ CMACの安全性

使用しているブロック暗号が「理想的に安全なブロック暗号と識別できない」という仮定の下で、CMACは任意の可変長のメッセージに対して安全であることが証明されています。適切にCMACを使えば安全ですが、誤った使い方がしばしば見られます。

▶ CTRモードとの鍵の共用

最初に、CTRモード[16]の秘密鍵とCMACの秘密鍵を共用した場合を考えてみます。

● **15**：3.7.2 排他的論理和 p.096
● **16**：3.18 CTRモード p.215

ここでは2ブロックで解説します。敵は選択平文攻撃[17]を行い、CTRモードの暗号化オラクルを用いて、平文と暗号文のペアを取得します。

$$m = (m_1, m_2)$$
$$c = (c_1, c_2) = (m_1 \oplus \mathrm{Enc}(key, N), m_2 \oplus \mathrm{Enc}(key, N+1))$$

得られた情報を組み合わせて、CMACのメッセージを $m' = (m_1', m_2') = (N, m_1 \oplus c_1)$ とします。すると、Tag は次のように計算できます。

$$Tag = \mathrm{Enc}(key, \mathrm{Enc}(key, m_1') \oplus m_2' \oplus L_1) = \mathrm{Enc}(key, L_1)$$

CMACの最終ブロックにて、Encの入力が L_1 になり、メッセージに依存していません。つまり、Tag は毎回同じ値になります（図6.14）。よって、別の平文と暗号文のペアを用いれば、異なるメッセージに対して同じ認証子を付けることができます。

図6.14 CTRモードとCMACにおける秘密鍵の共用

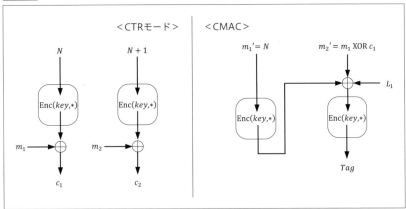

▶ CBCモードとの鍵の共用

次に、CBCモード[18]の秘密鍵とCMACの秘密鍵を共用した場合を考えてみます。

敵は選択平文攻撃を行い、CBCモードの暗号化オラクルを用いて、平文と暗号文のペアを取得します。

- [17]：3.5.2 共通鍵暗号の攻撃モデル（選択平文攻撃）p.092
- [18]：3.15 CBCモード p.199

$$m = (m_1, m_2)$$
$$c = (c_1, c_2) = (\text{Enc}(key, N \oplus m_1), \text{Enc}(key, c_1 \oplus m_2))$$

得られた情報を組み合わせて、CMACのメッセージを $m' = (m_1', m_2') = (m_1 \oplus N, c_1)$ とします。すると、Tag は次のように計算できます。

$$Tag = \text{Enc}(key, \text{Enc}(key, m_1') \oplus c_1 \oplus L_1) = \text{Enc}(key, L_1)$$

この場合も、Tag は毎回同じ値になります（ 図6.15 ）。

図6.15 CBCモードとCMACにおける秘密鍵の共用

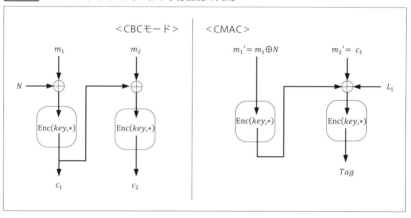

6.7 HMAC

安全性 ★★★★☆　効率性 ★★★★★　実装の容易さ ★★★★☆

ポイント
- ハッシュ関数を用いるメッセージ認証コードです。
- 米国標準のメッセージ認証コードの1つです。
- 既存のハッシュ関数を修正なしに利用でき、新しい堅牢なハッシュ関数が実用化されたときにも簡単に適用できます。

6.7.1 HMACとは

HMAC (Hash function-based MAC) は、ハッシュ関数を利用するメッセージ認証コードです。HMACは2回ハッシュ関数を用いて認証子を生成します。また、鍵付きハッシュ関数として利用されることがあります。

RFC 2104、米国規格協会（ANSI）においてANSI X9.71で定められています。また、NISTにより、FIPS-198として米国標準に定められています。そのため、多くの暗号技術の中で採用されています。例えば、SSHプロトコル、SSLプロトコルにおけるkey generation、IPsecプロトコルのIKEにおけるkey derivationなどに用いられています。

6.7.2 HMACの仕組み

▶ HMACの認証子生成アルゴリズム

HMACの認証子生成アルゴリズムは次のとおりです（図6.16）。ハッシュ関数Hは暗号学的に安全性が確認されているものとし、ハッシュ関数の入力はBバイト、出力はLバイトとします。tは認証子のバイト数とします。

入力	m：メッセージ key：秘密鍵（$L/2$バイト以上）
出力	Tag：認証子
動作	1：以下に示すように秘密鍵の長さを調節します。 　　　$\text{length}(key) = B$ならば、$key_0 = key$とします。 　　　$\text{length}(key) > B$ならば、$key_0 = H(key) \|\| 0 \ldots 0$とします（$B-L$個の0を追加して、$B$バイトにする）。 　　　$\text{length}(key) < B$ならば、$key_0 = key \|\| 0 \ldots 0$とします（0を追加して、$B$バイトにする）。

動作	
	2：key_0とipad（定数値）*5に対して、排他的論理和[19]を計算します。
	3：「ステップ2の計算結果」とメッセージを連結したものをハッシュ関数に入力します。その結果、h_1を得ます。
	4：key_0とopad（定数値）*6に対して、排他的論理和を計算します。
	5：「ステップ4の計算結果」と「ステップ3のハッシュ値h_1」を連結し、ハッシュ関数に入力します。その結果、h_2を得ます。
	6：h_2のうち左からtバイト分だけ抽出し、認証子Tagとして出力します。

図6.16 HMACの認証子生成アルゴリズム

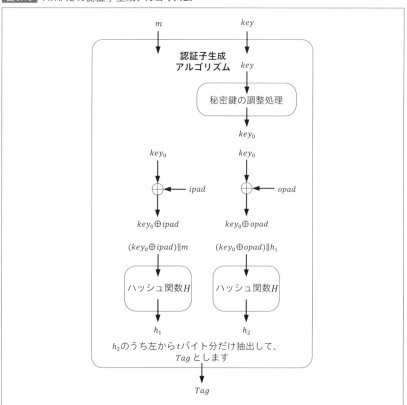

---

*5：ipadはバイト値$0x36$をB回繰り返した文字列です。'i' は "inner" を連想させるように付けてあります。

*6：opadはバイト値$0x5C$をB回繰り返した文字列です。'o' は "outer" を連想させるように付けてあります。

●19：3.7.2 排他的論理和 p.096

例えば、HMACで使用するハッシュ関数がSHA-256[20]だとします。SHA-256の出力は256ビットなので、$L = 32$バイト（$= 256/8$）になります。よって、HMACの鍵長は128ビット（$=L/2 = 32/2 = 16$バイト$=16 \times 8$ビット）以上になります。

仕様上、HMACの鍵長に上限はありませんが、Lバイトより大きくても強度が増すことはありません[*7]。

▶ 秘密鍵の短縮処理

鍵長がBバイトより大きい場合、ハッシュ関数に入力してLバイトのハッシュ値を得ます。それに0を連結してBバイトにしたものを、鍵key_0として利用します。

一方、鍵長がBバイトより小さい場合、Bバイトになるまで$0x00$（0の8ビット列）を連結します。例えば、鍵長が20バイト、$B = 64$バイトであれば、鍵keyに44バイト分の$0x00$を連結します。

▶ 出力の短縮処理

生成される認証子の長さは、ハッシュ値の長さと一致します。アプリケーションやプロトコルの関係上、認証子のサイズが大きくてそのまま使用できない場合には、短縮した値を一般的に使います。

HMACでは左からtバイト分だけを抽出します。出力のサイズtは最大Lバイトですが、最低でも4バイトにしなければなりません。ただし、通信帯域が著しく低かったり、プロトコルの試行回数に制限があったりするのでなければ、通常tは少なくとも$L/2$バイト以上にすることが望ましいといえます。すなわち、$L/2 \leqq t \leqq L$になります。

6.7.3 HMACの死角を探る

▶ Hが反復型のハッシュ関数の場合

HMACの内部動作を単純化して、ipadやopadを使用せず、ハッシュ関数を1回だけ使用する場合を考えます。つまり、秘密鍵とメッセージを連結した

＊7：ISO/IEC 9797-2では、鍵長をLバイト以上、Bバイト以下としています。

●20：5.6.2 SHA-1／SHA-2（SHA-256）p.449

ものをハッシュ関数に入力します（図6.17）。

図6.17 ハッシュ関数を1回だけ使用して認証子を生成する

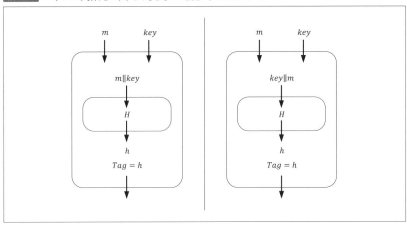

$H(m||k)$ とした場合、ハッシュ関数の衝突困難性[21]が破られていると、敵は $H(m) = H(m')$ を満たす (m, m') を計算できます。ここで、反復型のハッシュ関数[22]で $m||k$ を入力した場合を考えます。このとき、内部の計算過程において、k のブロック処理までは $H(m)$ の内部状態と一致します。また、$m'||k$ としても同じ議論になります。つまり、$H(m||k) = H(m'||k)$ を満たす (m, m') を計算できることになります。よって、敵は k を知らなくても m とは異なる m' に対して同一の認証子を生成できたことになります。

一方、$H(k||m)$ とした場合、H が反復型のハッシュ関数であれば、伸長攻撃[23]に対して脆弱です。敵はメッセージ m、認証子 $Tag = h = H(k||m)$ を入手します。目標は別のメッセージ m' と検証が受理される Tag' のペアを作ることです。反復型のハッシュ関数の場合、内部の最終ブロック m_t は $k||m$ の最後にパディング p ($= 0...0b$) を付けたものになります。

$$m_t = (「k||m」を分割した残り)||p$$

反復型のハッシュ関数の出力は、m_t と「1つ前の圧縮関数の出力値 h_{t-1}」を入力として、圧縮関数 f から求まります。

---

[21]: 5.2.2 ハッシュ関数の標準的な安全性（衝突困難性）p.423
[22]: 5.5 反復型ハッシュ関数 p.434
[23]: 6.4.3 CBC-MACの死角を探る（伸長攻撃）p.474

$$Tag = H(k||m) = f(h_{t-1}, m_t)$$

ここで、メッセージをm'として、$m||p$の後ろに適当なcを付けたものを作ります。

$$m' = m||p||c$$

これを先ほどのアルゴリズムに入力すると、認証子Tag'は次のように計算できます。ただし、p'はパディングになります。

$$Tag' = H(k||m') = H(k||m||p||c) = f(h, c||p')$$

よって、kの値を知らなくても、mとは異なるm'に対して、受理されるTag'を生成できます。

▶ 疑似ランダム関数と仮定した場合の安全性

理想的にランダムな圧縮関数からMD変換によって得られたハッシュ関数は、疑似ランダム関数[24]といえます。こうしたハッシュ関数を使用しているHMACは安全であることが証明されています。

しかし、実際に利用されているハッシュ関数は疑似ランダム関数とはいえません。例えば、ハッシュ関数MD5[25]をHMACで利用した場合（これをHMAC-MD5という）、秘密鍵が導出されてしまうことがあります。

ここでは単純化して、認証子生成アルゴリズムFが疑似ランダム関数の場合を考えます。このとき、選択メッセージ攻撃に対して偽造不可能性を持つことが知られています[*8][26]。これを直観的に確認してみます。

Fに対して選択メッセージ攻撃を行い、その成功確率がτ（無視できないほど大きいとする）である敵Aが存在したと仮定します。識別子DはAを呼び出して、偽造文(m^*, Tag^*)を入手します。Dはm^*をオラクルに送信して、認証子Tag'を受け取ります。Tag^*とTag'が一致したときは1を出力し、そうでなければ0を出力します（ 図6.18 ）。

オラクルがFを使用している状況であれば、Dが1を出力する確率はτになります。一方、オラクルがランダム関数Rを使用している状況であれば、Dが

＊8：疑似ランダム関数のみでも偽造不可能なので、HMACのように複雑に疑似ランダム関数を組み合わせれば偽造不可能性であることは十分に期待できます。HMACでは問題ありませんが、下手な組み合わせをしてしまうと脆弱性を生むことがありえます。

●**24**：6.3.3 疑似ランダム関数との識別不可能性 p.465

●**25**：5.6.1 MD4／MD5 p.449

●**26**：6.3.2 選択メッセージ攻撃に対する偽造不可能性 p.464

1を出力する確率は$1/2^{128}$（認証子が128ビットの場合）になります。なぜならば、Tag'はランダムビット列だからです。

図6.18 Fに対する識別子の動作

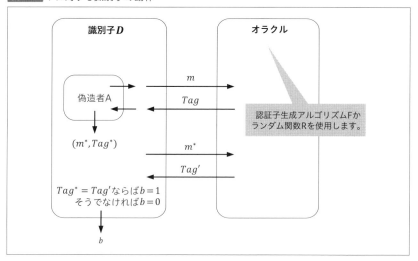

よって、Fに対するアドバンテージは次のように計算できます。

$$\mathrm{Adv}_F^{PRF}(D) = \left|\Pr[D^{F(key,\cdot)} = 1] - \Pr[D^{R(\cdot)} = 1]\right| = \left|\tau - \frac{1}{2^{128}}\right| \approx \tau$$

この値は無視できるほど小さいわけではないので、Fは疑似ランダム関数ではありません。よって、Fに対して選択メッセージ攻撃で偽造に成功するならば、疑似ランダム関数ではないことが示されました。これについて対偶を取ると、Fが疑似ランダム関数であれば、選択メッセージ攻撃で偽造に成功しないことになります。

6.8 認証暗号

6.8.1 認証暗号とは

認証暗号とは、暗号とメッセージ認証コード（MAC）を組み合わせて、秘匿性と偽造不可能性の両方を実現する暗号技術です。

❯ 暗号とメッセージ認証コードの組み合わせ

暗号とメッセージ認証コードを使えば、秘匿性と偽造不可能性を同時に満たすことが期待できます。しかし、組み合わせによっては問題が生じる可能性があります。

暗号化の処理とメッセージ認証コードの処理は、次に示す3つの組み合わせが考えられます。

- 暗号化-and-MAC
- 暗号化-then-MAC
- MAC-then-暗号化

他のアプローチとしては、暗号化アルゴリズムとタグ生成アルゴリズムの内部の各処理を同時に組み合わせる方法があります。これは認証付機密モードのところで説明します。

6.8.2 暗号化-and-MAC

暗号化-and-MACは、平文mを暗号化[*9]して暗号文cを作成します。それと同時に、平文mから認証子Tagを作成します。通信路上には$c = \text{Enc}(key, m)$、$Tag = \text{MAC}(key, m)$が流れます[*10]（図6.19）。しかし、Tagから平文の情報が漏れてしまう恐れがあります。

図6.19 MAC-and-暗号化

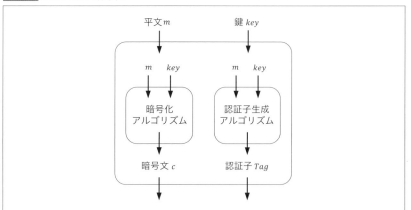

6.8.3 暗号化-then-MAC

暗号化-then-MACは、平文mを暗号化して暗号文cを作成します。その後で、暗号文cからメッセージ認証コードの認証子Tagを作成します。通信路上には$c = \text{Enc}(key, m)$、$Tag = \text{MAC}(key, c)$が流れます（図6.20）。

使用する暗号化モードとメッセージ認証コードが安全であれば、暗号化-then-MACは秘匿性と偽造不可能性を同時に実現することが証明されています。

[*9]：平文のサイズが大きい場合は暗号化モードを適用します。
[*10]：（暗号化モードを含む）暗号化アルゴリズムをEnc、認証子生成アルゴリズムをMACと表現しています。

図6.20 暗号化-then-MAC

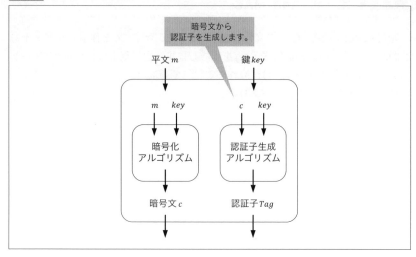

6.8.4 MAC-then-暗号化

MAC-then-暗号化は、平文mからメッセージ認証コードの認証子Tagを作成します。その後で、平文mと認証子Tagを入力として暗号文cを作成します。通信路上には$c = \mathrm{Enc}(key, m||Tag)$が流れます（図6.21）。

しかし、暗号化アルゴリズムが不要な冗長性を含む場合、攻撃者が暗号文cのうちの冗長性を改ざんすることで、メッセージ認証コードの安全性を破られる恐れがあります。

図6.21 MAC-then-暗号化

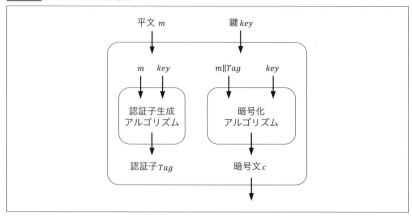

6.8.5 認証付暗号化モード

▶ 認証付暗号化モードの概要

認証暗号は、暗号化の処理とメッセージ認証コードの処理を分けて考えていました。

一方、暗号化の処理とメッセージ認証コードの処理を同時に行うアプローチもあります。認証付暗号化モードはこのアプローチで設計されています。言い換えると、認証暗号専用のブロック暗号モードになります。安全な暗号化モードと安全なメッセージ認証コードがあれば、暗号化とメッセージ認証を同時に実現できます。

なお、TLS1.2 (SSL3.3) からは、CCMモードやGCMモードが利用可能になっています。

▶ CCMモード

CCM (Counter with Cipher-block chaining mode) モードは、最も基本的な認証付暗号化モードです。CTRモード[27]（暗号化のため）とCBC-MAC[28]（認証のため）を組み合わせて設計されています[*11]。なお、128ビットブロック暗号を用いるように規定されています[*12]。また、適応的選択暗号文攻撃[29]に対して安全であることが証明されています。

CCMモードでは、メッセージと認証データに対してCBC-MACを適用して、認証子Tagを生成します。そして、メッセージと認証子を結合して、CTRモードで暗号化します。CCMモードではブロック暗号の暗号化アルゴリズムのみが用いられ、復号アルゴリズムは使いません。CBC-MACとCTRモードには同一の秘密鍵を利用できます。

---

*11 : http://csrc.nist.gov/groups/ST/toolkit/BCM/documents/proposedmodes/ccm/ccm.pdf
*12 : http://nvlpubs.nist.gov/nistpubs/Legacy/SP/nistspecialpublication800-38c.pdf

● 27 : 3.18 CTRモード p.215
● 28 : 6.4 CBC-MAC p.471
● 29 : 3.5.2 共通鍵暗号の攻撃モデル（適応的選択暗号文攻撃）p.093

❯ CTRモードとCMACの組み合わせ

CTRモードは暗号化が並列処理できましたが、CMAC[30]と組み合わせることで並列処理ができなくなります。CTRモードの暗号化では、ブロック暗号の暗号化アルゴリズムをm回実行します。加えて、CMACの処理では、ブロック暗号の暗号化アルゴリズムを$m+2$回実行します。このように効率性に関して課題があります。

また、CTRモードとCMACのそれぞれに対して秘密鍵を用意しなければなりません。

❯ GCMモード

GCM（Galois Counter Mode）モードは、CTRモードとユニバーサルハッシュ関数にもとづくメッセージ認証コードを組み合わせて設計されています[*13][*14]。なお、128ビットブロック暗号を用いるように規定されています。GCMモードは効率的であり、適応的選択暗号文攻撃に対して安全であることが知られています。NISTによって米国推奨認証暗号化モードに採用されています[*15]。

暗号化にはCTRモードを用いて、ブロック暗号の並列計算ができます。メッセージ認証子の計算には多項式を用います。ここでは1ブロック当たり1回の掛け算を行います。掛け算の処理は、一般に、ブロック暗号による暗号化よりも高速で実現できます。そのため、GCMモードはCTRモードとCMACの組み合わせよりも効率的に動作します。

GCMモードでは、ブロック暗号の秘密鍵だけがあれば十分です。つまり、鍵の管理コストが低いといえます。

[*13]：ユニバーサルハッシュ関数とは、鍵も入力できる特殊なハッシュ関数の1つです。

[*14]：https://eprint.iacr.org/2004/193.pdf

[*15]：http://nvlpubs.nist.gov/nistpubs/Legacy/SP/nistspecialpublication800-38d.pdf

[30]：6.6 CMAC p.479

CHAPTER

7

デジタル署名

7.1 デジタル署名の概要

7.1.1 デジタル署名とは

　日常における契約の際は文書に対して捺印しますが、これを電子的に実現するものがデジタル署名（電子署名）です。

　例えば、単純に捺印に相当する定型データを、電子化された文書データ（メッセージ）に付与したとします。すると、攻撃者がその定形データだけを抽出して、他の文書に付与してしまうかもしれません。捺印された文書からは簡単に印鑑を作成できませんが、データの場合は簡単に一部をコピーできてしまうことが問題になります。

　そこで、デジタル署名では文書データと捺印に相当するデータ（署名という）を密接に関連するようにします。署名は文書データによって異なるデータになります。これにより、もし攻撃者が署名をコピーして別の文書データに付けても、文書データから見ると正しい署名ではないので、有効ではありません。また、文書データを改ざんしても、署名から見ると正しい文書データではないので有効ではありません。

7.2 デジタル署名の定義

7.2.1 デジタル署名の構成

デジタル署名は、鍵生成アルゴリズム KeyGen、署名生成アルゴリズム Sign、署名検証アルゴリズム Ver の組 (KeyGen, Sign, Ver) で構成されます（ 図7.1 ）。

図7.1 デジタル署名のアルゴリズム

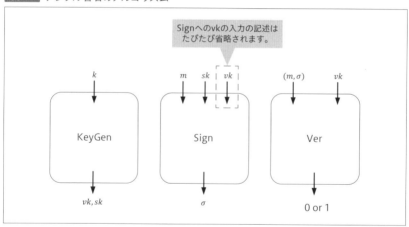

KeyGen にセキュリティパラメータ k を入力すると、検証鍵 vk と署名鍵 sk を出力します。検証鍵は誰でも参照できるようにし、署名鍵は鍵生成アルゴリズムを実行した自身が保持して、他人には秘密にします。

Sign はメッセージ m と鍵 vk, sk を入力とし、署名 σ を出力します[*1]。vk は公開されているものなので、自明に使用できるという意味から、Sign の入力から省略されることがたびたびあります。以後本書でも省略しますが、vk も使用していることを忘れないようにしてください。

[*1]: メッセージは平文であっても、暗号文であってもかまいません。内容を秘匿しつつ署名で改ざんを検知したい場合は、暗号文の署名を生成します。

Verはm、σ、vkを入力して、検証式が成り立つことを確認します。検証式が成り立てば受理を意味する1、成り立たなければ拒否を意味する0を出力します。

7.2.2 デジタル署名の仕組み

アリスが署名を付けたメッセージをボブに送信したいとします。KeyGenを実行して、署名鍵と検証鍵を生成します。検証鍵は公開しなければなりません。検証鍵を信頼できる公開掲示板に登録したり、署名と一緒に送ったりします[*2]。ここではシンプルに、アリスは検証鍵をボブに送信するものとします。

アリスはSignを実行して署名を生成します。そして、メッセージと署名の

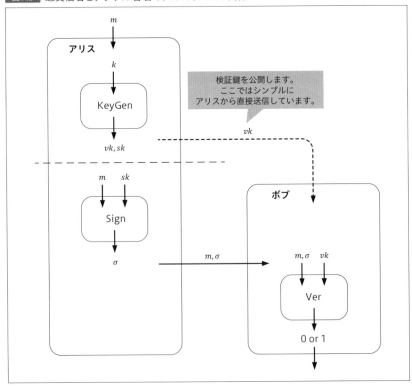

図7.2 送受信者とデジタル署名のアルゴリズムの関係

[*2]：検証鍵の正当性が保証されないと安全性に問題があるため、実際にはPKIなどを組み合わせます。

ペアをボブに送信します。これをメッセージ署名ペアと呼ぶことにします。

ボブはメッセージ署名ペアを受信したら、Verを実行します。アリスの検証鍵があるので、署名が正しいかどうかを検証できます。Verの出力で検証の結果を知ることができます（ 図7.2 ）。

7.2.3 デジタル署名の性質

デジタル署名は次の条件を満たさなければなりません。

- 正当性
- 偽造不可能性

▶ 正当性

デジタル署名の正当性とは、正しい署名鍵から生成された署名であれば、その署名は正しく検証されることです。つまり、アルゴリズムでいえば、$\mathrm{Ver}(vk, m, \mathrm{Sign}(sk, m)) = 1$が成り立つことを意味します。

▶ 偽造不可能性

偽造不可能性とは、デジタル署名の安全性です。メッセージ署名ペアを偽造しても、Verにて検証式が成り立たないことを意味します。詳細については、デジタル署名の安全性についての項で解説します。

> **Column** 現実世界における現代暗号・デジタル署名の実現例
>
> **共通鍵暗号**
>
> ダイヤル錠が付いている蓋を持つ箱を考えます。暗証番号（共通鍵に相当する）を入力して蓋を開け、文書（平文に相当する）を入れて、蓋を閉じて番号をずらします。この一連の行為は暗号化に相当します。そして、暗証番号を入力して蓋を開けて、文書を取り出します。この一連の行為は復号に相当します。
>
> **公開鍵暗号**
>
> アリスは暗号文をボブに送りたいとします。ボブは南京錠（公開鍵に相当する）と鍵（秘密鍵に相当する）を用意して、アリスに南京錠を渡します。ここで使用す

る南京錠は、鍵がなくても施錠できるタイプのものです。

アリスは箱に文書（平文に相当する）を入れて、蓋を閉じて南京錠で施錠します。この一連の行為は暗号化に相当します。そして、ボブは鍵で南京錠を解錠し、蓋を開けて中身を取り出します。この一連の行為は復号に相当します。ボブ以外の者は鍵を持たないので、一度施錠された南京錠を解錠できません。

デジタル署名

アリスはボブに100万円の借金があったとします。アリスは「アリスはボブに100万円を借りました」と書かれた借用書を作ります。この借用書には押印は不要です。代わりに、ボブや証人の前で借用書のコピーを箱に入れて[*3]、蓋を閉じてアリス自身の南京錠（署名鍵に相当する）で施錠します（施錠された箱は署名に相当する）。ここで使用する南京錠は、鍵がなければ施錠できないタイプのものです。この一連の行為は署名生成に相当します。その後、ボブに箱を渡します。

署名の検証には、次の手続きを行います。ボブは「アリスさん。箱を開けるのであなたの鍵を貸してください」といいます。皆（アリス、ボブ、その他の証人）の前で、箱を開けて中身を取り出します。「箱と一緒に渡した内容」と「取り出した中身」が一致すれば改ざんされていないと判断し、そうでなければ改ざんされていると判断します。

契約書を改ざんされた場合は、箱の中身と一致しないので不正を検出できます。署名の改ざんは、別の文書が入った箱にすり替えるということを意味し、やはり箱の中身が一致しないので不正を検出できます。

アリスが否認しようとしたら、取り出した中身を皆に見せて、「この鍵で開けられるということは、この南京錠はあなたのものです。つまり、あなたしか南京錠を施解錠できません。よって、中身に責任を負っているのはアリスさんしかありえません」といいます。これで否認を防止できます。

しかし、このままでは問題があります。アリスは鍵を貸すことを拒否したり、協力するふりをして別の鍵を渡したりするかもしれません。ボブがアリスから受け取った鍵で南京錠を解錠できなければ、アリスは否認できてしまいます。こうした問題を解決するには、信頼できる第三者が鍵とその所有者の対を安全に管理します。ボブはアリスから鍵を借りるのではなく、信頼できる第三者からアリスの鍵を借ります。

[*3]：透明の箱にすれば、ボブや証人の前で署名生成を行う必要はありません。ボブは箱を渡される時点で、蓋が閉まったまま中身をチェックします。デジタル署名は機密性を保証しないので、中身が見えても問題ありません。

7.3 デジタル署名と公開鍵暗号の関係

7.3.1 デジタル署名と危殆化

▶危殆化とは

　コンピュータの性能が向上したり、新しいコンピュータモデル[*4]に転換したり、暗号解読の手法が進歩したりすることで、暗号技術の安全性が見積り以上に低下してしまうことがあります。こうした現象を危殆化と呼びます。

▶暗号の危殆化

　システムの仕組みや運用にもよりますが、暗号化と復号は大抵一回限りです。例えば、戦時における行動の指令の暗号文を送ったとします。相手は暗号文を復号し、その命令に従い行動します。敵は暗号文を解読しようと試み、相手がその行動を取る前に解読できれば、裏をかけます。しかし、相手がすでに行動済みであれば、暗号文を解読してもほとんど意味はありません。
　平文の内容にもよりますが、以上のように、平文には情報として意味をなす期限があるといえます。よって、十数年後のコンピュータでも解読できないことを保証する暗号を使用すれば十分といえます。効率性を犠牲にしてまで、それ以上の安全性を保証することはありません。

▶デジタル署名の危殆化

　デジタル署名は一回署名された後、長期間にわたって使用され、何度も署名検証されます。つまり、デジタル署名は暗号よりも危殆化の影響を受けやすいといえます。
　その結果、危殆化により署名の偽造文が作成されてしまうかもしれません。また、正しい署名にもかかわらず、その署名は偽造されたものだと事後否認されることもありえます。

[*4]：量子コンピュータの実現化などを含みます。

例）

署名の偽造
「マロリーに100万円を借りた」（事実ではない）という借用書（メッセージと署名）を偽造されてしまう恐れがあります。

例）

署名に対する否認
「マロリーに100万円を借りた」（これは事実）という借用書があるにもかかわらず、「それは偽造されたものだからお金を借りていない」と主張される恐れがあります。

7.3.2 公開鍵暗号からデジタル署名を作れるか

❯ デジタル署名の誤解

デジタル署名は次のように説明されることがあります。しかし、これはよくある大きな誤解です[5]。

①デジタル署名は、公開鍵暗号から作れる。
②デジタル署名は、公開鍵暗号の秘密鍵で暗号化し、公開鍵で復号する。
③デジタル署名と公開鍵暗号は対称関係にある。

以下で、これらの誤解について説明していきます。

---

[5]：こうした誤解を生みやすい理由を考えると、RSA暗号が公開鍵暗号の代表として説明されるため、RSA暗号において成り立つことが一般的であるかのようにとらえられてしまうからかもしれません。また、公開鍵暗号の直後にデジタル署名が解説されることが多く、つい比較してしまうのかもしれません。さらに、書籍では「暗号の章」「デジタル署名の章」のそれぞれの最初でRSA暗号とRSA署名が解説されることも多いので、これらが対称的になっているという先入観を持たれやすいかもしれません。公開鍵暗号とデジタル署名は、目的がまったく異なります。そこで本書では、ハッシュ関数、メッセージ認証コード、デジタル署名のように並べて解説しています。

▶ 公開鍵暗号からデジタル署名を作れるか検証する

公開鍵暗号は（KeyGen, Enc, Dec）、デジタル署名は（KeyGen, Sign, Ver）で構成されていることはすでに言及しました。KeyGenが重複するので、公開鍵暗号のKeyGenをKeyGen'と表記します。

公開鍵暗号 =（KeyGen', Enc, Dec）

鍵生成アルゴリズム KeyGen'
$(pk, sk) \leftarrow \text{KeyGen}'(k)$

暗号化アルゴリズム Enc
$c \leftarrow \text{Enc}(pk, m)$

復号アルゴリズム Dec
$m \leftarrow \text{Dec}(sk, c)$
厳密には $m \leftarrow \text{Dec}(pk, sk, c)$

デジタル署名 =（KeyGen, Sign, Ver）

鍵生成アルゴリズム KeyGen
$(sk, vk) \leftarrow \text{KeyGen}(k)$

署名生成アルゴリズム Sign
$\sigma \leftarrow \text{Sign}(sk, m)$
厳密には $\sigma \leftarrow \text{Sign}(vk, sk, m)$

署名検証アルゴリズム Ver
$0 \text{ or } 1 \leftarrow \text{Ver}(vk, m, \sigma)$

公開鍵暗号（KeyGen', Enc, Dec）の存在を仮定して、デジタル署名（KeyGen, Sign, Ver）を作れるかを確認します。

KenGenは次のように構成します。セキュリティパラメータ k を入力とします。KenGen'を実行して、(pk, sk)（この sk は secret key）を得ます。sk（これは signing key）$= sk$, $vk = pk$ として、(sk, vk) を出力します。

次にSignを構成します。Signは vk, sk, m を入力とします。使用するアルゴリズムの候補はEncとDecしかありません。ここで場合分けして考えます。

[1] SignがEncを起動した場合

公開鍵 pk（$= vk$）があるのでEncを起動できます。そこで、Encに pk, m を入力し、出力を署名 σ としたとします。Signはそれをそのまま出力します。

最後にVerを構成します。Verは $vk, (m, \sigma)$ を入力します。残ったDecを起動しようとしても、Decの起動には sk（secret key）が必要です。しかし、Verに入力されていないのでこれはできません。よって、デジタル署名が構成できませんでしたので、[1]の場合は①と②の主張が否定されます。

［2］SignがDecを起動した場合

sk（secret key）があるので、Decを起動できます。Decにメッセージpk, sk, mを入力し、出力を署名σとします。Signはそれをそのまま出力します。

最後にVerを構成します。Verは$vk, (m, \sigma)$を入力とします。$vk = pk$なのでEncを起動できます。$\mathrm{Enc}(pk, \sigma) = m'$を計算して、$m$と一致するかどうかを検証します。一致すれば1を出力し、そうでなければ0を出力します（ 図7.3 ）。

図7.3　公開鍵暗号からデジタル署名を構成する

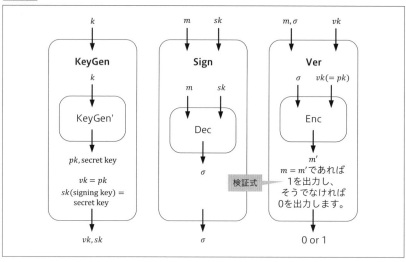

以上により、公開鍵暗号からデジタル署名が作られたように思えますが、実はVerの検証式に問題があります。RSA暗号[*1]のように、平文空間と暗号文空間が同じで、なおかつ確定的暗号なら、同じ入力であれば何度暗号化してもEncの出力は一致するので問題ありません。しかし、確率的暗号[*2]であれば、同じ入力であっても乱数によってEncの出力は異なります。

ゆえに、公開鍵暗号が確定的暗号という特殊なケースであれば、公開鍵暗号からデジタル署名を構成できますが、一般には公開鍵暗号からデジタル署名は構成できないことになります。よって、［2］の場合は①の主張が一般に成り立ちません（特殊な場合には成り立つ）。また、EncとDecの仕様から、②の主張も成り立ちません。

●1：4.5 RSA暗号 p.244
●2：4.6.5 ElGamal暗号の死角を探る（確率的暗号）p.324

最後に③の主張についてです。公開鍵暗号では暗号化には公開鍵、復号には秘密鍵を使います。一方、デジタル署名では署名生成には署名鍵（秘密鍵に相当）、署名検証には検証鍵（公開鍵に相当）を使います。鍵の公開性と秘密性という観点では、送受信者が使用する鍵が対称的に見えます。

また、[2] の構成では、署名生成アルゴリズム Sign では復号アルゴリズム Dec を用い、署名検証アルゴリズム Ver では暗号化アルゴリズム Enc を用いました。本来であれば「あるアルゴリズムを用いること」と「あるアルゴリズムそのものであること」はまったく異なりますが、この違いを無視すればアルゴリズムを対称的に利用しているように見えます。しかしながら、一般にはこの構成そのものがうまくいかないため、アルゴリズムの観点から対称性を持ち出すことはおかしいことになります。

例えばRSA暗号とRSA署名であれば、鍵は対称で、アルゴリズムも対称になっています。しかし、ElGamal暗号とElGamal署名では、鍵は非対称、アルゴリズムも非対称になっています（同一人物が提案したが、暗号と署名は別物と考えればよい）。

以上より、③の主張の正否は、対称的といっているものが何かをはっきりしなければ、結論が出ません。

7.4 デジタル署名の安全性

7.4.1 安全なデジタル署名とは

アリスはボブに「土曜日に会いましょう」というメッセージを送り、署名も付与したとします。このとき、攻撃者がメッセージを「金曜日に会いましょう」と改ざんして、偽造した署名にすり替えたとします。ボブは検証鍵を使ってメッセージと署名を検証します。この検証でボブが受理すれば、署名の偽造に成功したことになります。

偽造が成功すると、ボブが金曜日に待ち合わせ場所で待っていてもアリスは現れません。ボブはアリスが約束を破ったと思い、アリスは信用を損ないます。デジタル署名はこうした攻撃に対して安全でなければなりません。しかし、通常はそれだけでは十分に安全とはいえません。

攻撃者は意味のあるメッセージではなく、でたらめなメッセージ（文として意味をなさなくてもよい）に改ざんするかもしれません。攻撃者から見ると、その方が偽造しやすいためです。このとき、ボブが受理してしまうと、偽造に成功したことになります。デジタル署名ではこうした偽造にも成功しないことが要求されます。

公開鍵基盤を用いることで、デジタル署名の検証鍵の正当性を保証できます。検証鍵は公開するものなので、公開鍵暗号の公開鍵のように扱えるからです。電子署名法では、署名の法的有効性を確保するために、署名アルゴリズムやCA局となるための要件が規定されています。

7.4.2 デジタル署名の攻撃の種類

攻撃のレベル

デジタル署名に対する攻撃は、5つのレベルに分類できます（ 表7.1 ）。これらのレベルは、攻撃者が署名者（署名の送信者）になりすまして署名を偽造する際、どの程度の情報が攻撃者に知らされているかによって分けられます。

表7.1 デジタル署名の攻撃の種類

	受動的攻撃	能動的攻撃			
	直接攻撃	既知メッセージ攻撃	一般的選択メッセージ攻撃	指向的選択メッセージ攻撃	適応的選択メッセージ攻撃
メッセージ署名ペアを知っている（既知性）	×	○	○	○	○
メッセージ署名ペアを選択できる（選択性）	×	×	○	○	○
特定の署名者に依存した署名を得ることができる（個人性）	×	×	×	○	○
署名を見て別のメッセージに署名させることができる（適応性）	×	×	×	×	○

　署名の検証鍵は公開されるものであるため、攻撃対象の署名者（以後、ターゲットとする）の検証鍵だけが知られる状況が、最も情報が少ない状況といえます。他に考えられる状況として、暗号の攻撃モデルと同様に攻撃者は通信路を盗聴し、過去に通信されたメッセージと署名の情報を新たな署名の偽造に利用するかもしれません。さらに、攻撃者が選んだメッセージに対して、ターゲット自身が署名を付けるように誘導される状況も考えられます。

　それぞれの攻撃は「直接攻撃＜既知メッセージ攻撃＜一般的選択メッセージ攻撃＜指向的選択メッセージ攻撃＜適応的選択メッセージ攻撃」という強弱関係になります。暗号の世界では、実際には起こり得ないような最悪の事態を想定します。つまり、デジタル署名は適応的選択メッセージ攻撃に対して安全であるべきです。

　公開情報のみを利用する攻撃のことを受動的攻撃（passive attack）、積極的に署名者から情報を入手する攻撃のことを能動的攻撃（active attack）といいます。

直接攻撃

　直接攻撃（direct attack）とは、アリスの検証鍵 vk（公開情報）のみを利用する攻撃です（図7.4）。鍵単独攻撃（Key-Only Attack：KOA）とも呼ばれます。

図7.4 直接攻撃

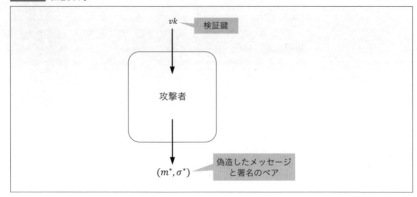

既知メッセージ攻撃

　既知メッセージ攻撃（Known Message Attack：KMA）とは、複数のメッセージ署名ペア $(m_1, \sigma_1), \ldots, (m_k, \sigma_k)$ と、検証鍵 vk を利用する攻撃です（ 図7.5 ）。

　ただし、攻撃者はメッセージを選択できないものとします（盗聴したデータだけが使え、署名オラクルは利用できない）。また、署名を偽造する場合には、新しいメッセージに対して偽造しなければならないものとします。入力で与えられたメッセージを出力することはできませんが、入力された署名は出力できます。すなわち、偽造したメッセージ署名ペアとして、(m^*, σ_i) $(i = 1, \ldots, k)$ は許されます。

　これは、通信路からメッセージと署名のペアを盗聴できる場合に適用できる攻撃です。

図7.5 既知メッセージ攻撃

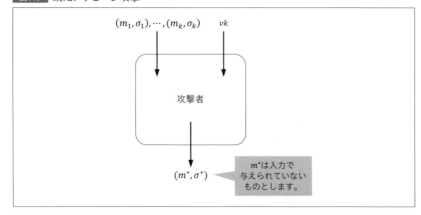

▶ 一般的選択メッセージ攻撃

一般的選択メッセージ攻撃（Generic Chosen Message Attack：GCMA）とは、攻撃者が事前に自由に選択したメッセージ$(m_1, ..., m_k)$と、対応する署名$(\sigma_1, ..., \sigma_k)$、および検証鍵$vk$を利用する攻撃です（図7.6）。攻撃者はメッセージを選べますが、署名を見る前にすべて決めておく必要があるため、非適応的（nonadaptive）です。

また、メッセージは検証鍵と独立に選んだものとします[*6]。これは署名オラクルからの応答を受けてから、検証鍵を受け取っていると考えることもできます。ただし、最低限の情報として、デジタル署名のシステムパラメータだけは与えられるものとします。

なお、偽造対象のメッセージは、署名オラクルに送っていないものでなければなりません[*7]。

この攻撃は、点検時や休憩時などの隙を狙って不正に署名処理を行って、署名を収集してから攻撃する場合に該当します。

図7.6　一般的選択メッセージ攻撃

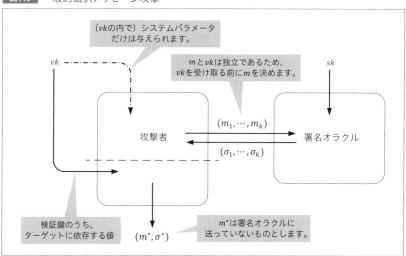

[*6]：メッセージの選択が検証鍵に依存していないことが、「一般的」と呼ばれる所以です。
[*7]：署名オラクルに偽造対象のメッセージを問い合わせてしまうと、偽造に成功する署名が得られてしまいます。そのため、こうした状況を除外します。これは以降の攻撃モデルに共通する条件になります。

▶ 指向的選択メッセージ攻撃

指向的選択メッセージ攻撃（Directed Chosen Message Attack：DCMA）とは、検証鍵に依存する形であらかじめ選択したメッセージ $(m_1, ..., m_k)$ と、それに対応する署名 $(\sigma_1, ..., \sigma_k)$、および検証鍵 vk を利用する攻撃です（図7.7）。

「検証鍵に依存する」とは、メッセージを決める前に検証鍵が与えられることを意味します。なお、署名の偽造の場合、偽造の対象であるメッセージを選択することはできないものとします。メッセージが検証鍵に依存すること以外は、一般的選択攻撃と同じであり、非適応的です。

実際の攻撃が適用できる環境としては、一般選択メッセージ攻撃と同様です。

図7.7 指向的選択メッセージ攻撃

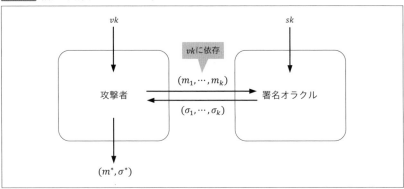

▶ 適応的選択メッセージ攻撃

適応的選択メッセージ攻撃（Adaptive Chosen Message Attack：ACMA）とは、攻撃者が自由に選択したメッセージ m_i と、それに対応する署名 σ_i、および検証鍵 vk を利用する攻撃です（図7.8）。

ただし、偽造対象のメッセージは、署名オラクルに送っていないものでなければなりません。過去に得られた署名を活用して、メッセージを選択できます。何度でも署名オラクルを利用できます。つまり、署名装置そのものを攻撃者が入手している状況といえます。

適応的選択メッセージ攻撃は、デジタル署名に対する最も強い攻撃になります。以降、「選択メッセージ攻撃」といった場合は、適応的選択メッセージ攻撃を指します。

図7.8 適応的選択メッセージ攻撃

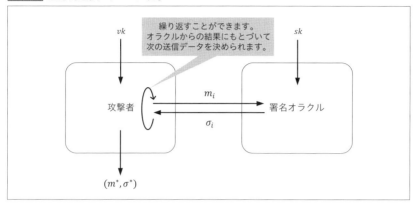

7.4.3 デジタル署名の偽造の種類

▶ デジタル署名の偽造とは

デジタル署名の攻撃者の目標は、署名鍵を特定したり、署名を偽造したりすることです。署名の偽造とは、$\mathrm{Ver}(vk, m^*, \sigma^*) = 1$ が成り立つようなメッセージ署名ペア (m^*, σ^*) を出力することです。

一般に、署名鍵を特定するより、署名を偽造する方が達成しやすいといえます。なぜならば、署名鍵があれば自由に署名を作れますが、偽造した署名から署名鍵が求まるとは限らないからです。

▶ 全面的解読

全面的解読(total break)とは、署名者の署名鍵(秘密鍵に相当)を計算できることです。

▶ 一般的偽造

一般的偽造(universally forgery)とは、どのようなメッセージに対しても偽造できることです。

逆に、一般的偽造が効率的にできないことを一般的偽造不可(Universally Unforgeable：UUF)といいます。あるメッセージに対して偽造が困難ということです。

▶ 選択的偽造

選択的偽造（selective forgery）とは、あるメッセージの集合が存在し、その集合に含まれる任意のメッセージに対して偽造できることです。

逆に、選択的偽造が効率的にできないことを選択的偽造不可（Selectiently Unforgeable：SUF）といいます。どのようなメッセージの集合 S（メッセージ空間の部分集合）に対しても、あるメッセージ $m \in S$ が存在し、そのメッセージ m に対して偽造が困難ということです。

S とメッセージ空間が一致する場合、選択的偽造不可と一般的偽造不可は等価になります。さらに、S が単一のメッセージだけを含む場合は、選択的偽造不可と存在的偽造不可は等価になります。

▶ 存在的偽造

存在的偽造（existential forgery）とは、少なくとも1つのメッセージに対する署名を偽造できることです。

逆に、存在的偽造が効率的にできないことを存在的偽造不可（Existentially Unforgeable：EUF）といいます。いかなるメッセージに対しても偽造が困難ということです。

7.4.4 デジタル署名の安全性レベル

▶ デジタル署名の安全性レベルとは

デジタル署名の安全性レベルは、攻撃者による「攻撃の種類」と「偽造の種類」によって決定されます。

より強力な攻撃者がより達成しやすい攻撃を実現できない場合、安全性が強くなります。適応的選択メッセージ攻撃は最も強力な攻撃であり、存在的偽造は最も達成しやすい偽造です。よって、最も安全なデジタル署名は、適応的選択メッセージ攻撃に対して存在的偽造不可、すなわち EUF-CMA 安全を満たさなければなりません。

▶ EUF-CMA 安全の定式化

あるデジタル署名が EUF-CMA 安全であることは、敵 A と挑戦者 Challenger の間のゲームで定式化できます（ 図7.9 ）。

Challenger は k を入力として、KeyGen アルゴリズムを実行して、vk, sk

を得ます。これらのうち、検証鍵 vk を A に入力します。A は自分が選択した
メッセージ m_i を署名オラクルに送信して、署名 σ_i を得ます。ただし、署名オ
ラクルは Challenger によって支配されており、Sign アルゴリズムが適用され
ます。A は署名を偽造することが目的なので、最終的に偽造文 (m^*, σ^*) を出
力します。ただし、署名オラクルに送信したメッセージは除くものとします。
Challenger は、偽造文を入力として Ver アルゴリズムを実行し、その結果を
出力します。

図7.9 適応的選択メッセージ攻撃を行う A と Challenger

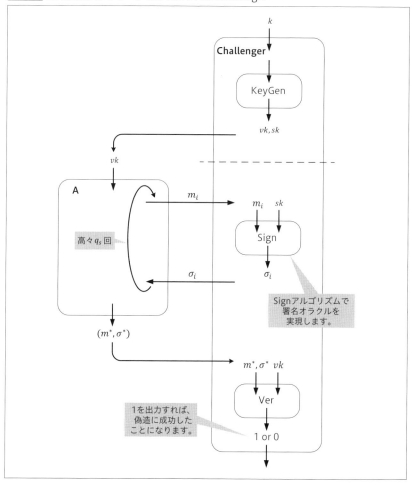

以上のゲームにおいて、EUF-CMA 安全性を破る敵 A の優位性を次のよう
に定義します。これを A の EUF-CMA アドバンテージといいます。

$$\text{Adv}^{EUF-CMA}(A) = \Pr[\text{Challenger}(k) = 1]$$

計算量は高々tであり、高々q_s回署名オラクルにアクセスするすべての敵の集合を考えます。こうした敵のうちで最も大きな$\text{Adv}^{EUF-CMA}(A)$が、最大の優位性を持つことになります。これを$\text{Adv}^{EUF-CMA}(t, q_s)$と表記することにします[8]。

$$\text{Adv}^{EUF-CMA}(t, q_s) = \max\{\text{Adv}^{EUF-CMA}(A)\}$$

十分大きなtとq_sに対しても、$\text{Adv}^{EUF-CMA}(t, q_s)$が無視できるほど小さければ、このデジタル署名はEUF-CMA安全であるといいます。

---

[8]：ランダムオラクルモデルであれば、ランダムオラクルへの質問回数の上限q_hも考慮して、$\text{Adv}^{EUF-CMA}(t, q_s, q_h)$とします。

7.5 デジタル署名に対する攻撃

7.5.1 検証鍵の正当性と構成部品の安全性

デジタル署名は偽造に対して安全であるように設計されていますが、それには条件があります。

第1に、検証鍵が正当(署名者のものであり、改ざんされていないこと)であることが保証されていなければなりません。第2に、デジタル署名を構成する部品に問題がないということです。例えば、デジタル署名にハッシュ関数が使われていれば、そのハッシュ関数は暗号学的に安全でなければなりません[3]。

7.5.2 中間者攻撃

デジタル署名を用いることで、メッセージに署名した人物を特定できます。そのためには、検証者が入手した検証鍵が本当に署名者のものであるという保証が必要です。

例えば、アリスが署名者、ボブが検証者であったとします。このとき、2人の間に攻撃者が割り込んだとします。攻撃者はアリスに対してボブになりすまし、ボブに対してアリスになりすまします。こうした攻撃法を中間者攻撃といいます。

検証鍵を公開するために、単純にアリスが検証鍵をボブに送信していたとします。攻撃者はアリスからのメッセージを書き換えて、攻撃者自身の署名鍵で署名し、書き換えたメッセージと署名をボブに送信します。すると、ボブは攻撃者の検証鍵で署名を検証するため、受理してしまいます。

中間者攻撃を防ぐためには、PKI[4] や PGP の信頼の輪(web of trust)[5] のような、公開される検証鍵の正当性を保証する仕組みが必要です。

- [3]:5.2 ハッシュ関数の安全性 p.421
- [4]:8.3 PKI p.588
- [5]:8.3.3 信頼の輪モデルによる公開鍵の正当性確認 p.589

7.5.3 ハッシュ関数を用いたデジタル署名に対する攻撃

▶ 衝突困難性に関する脆弱性がある場合

アリスはボブにメッセージとその署名(ハッシュ値を利用したデジタル署名)を送信したとします。ハッシュ関数に衝突困難性[●6]に関する脆弱性があると、衝突ペアを計算できます。つまり、$H(m) = H(m')$であるメッセージm, m'を計算できます。攻撃者はアリスに対してmに署名させて、σを得ます。その後、攻撃者は(m', σ)をボブに送信することで、「アリスがm'に署名した」と主張できます。

▶ 第2原像計算困難性に関する脆弱性がある場合

第2原像計算困難性[●7]に関する脆弱性があると、ハッシュ値から衝突する別のメッセージを計算できます。つまり、mと$h = H(m)$から$h = H(m')$となるようなm'を計算できます。攻撃者はその通信内容を傍受して、アリスの署名のまま、偽のメッセージにすり替えたいとします。そこで、攻撃者はハッシュ関数の第2原像計算困難性を破り、与えられたハッシュ値になる別のメッセージを求めます。攻撃者は得られた別のメッセージと(アリスの)署名をボブに送ります。

この時点でデジタル署名の安全性は破られているわけですが、もしメッセージが文意的[*9]であれば、ボブは送られてきたメッセージから内容を読み取れないので、おかしいと気付くかもしれません。しかし、もしメッセージが文意的でなければ、ボブは偽のメッセージであることに気付きません。

以上のように、ハッシュ関数の脆弱性はデジタル署名の偽造に結び付く恐れがあります。

[*9]: 文意的なメッセージとは、メッセージだけで言語的に意味を持つものです。例えば、英語の文章(あるいは、それをASCIIコードでエンコードされたビット列)は、内容を読み取れるので、文意的に意味を持ちます。逆に、乱数系列は、内容を読み取るものではないので、文意的に意味を持ちません。

[●6]: 5.2.2 ハッシュ関数の標準的な安全性(衝突困難性) p.423
[●7]: 5.2.2 ハッシュ関数の標準的な安全性(第2原像計算困難性) p.423

7.6 RSA署名

安全性★☆☆☆☆　効率性★★★★★　実装の容易さ★★★★★

ポイント
- RSA暗号を応用したデジタル署名です。
- 最初に具体化されたデジタル署名です。
- シンプルなデジタル署名であり、あらゆる攻撃に対して脆弱です。

7.6.1 RSA署名とは

RSA署名は、Rivest、Shamir、AdlemanによってRSA暗号[8]と同時に提案されたデジタル署名です。Diffie、Hellmanによって提案されたデジタル署名の概念を、最初に具体化したものになります。

7.6.2 RSA署名の定義

RSA署名は（KeyGen, Sign, Ver）から構成されています（図7.10）。

図7.10 RSA署名のアルゴリズム

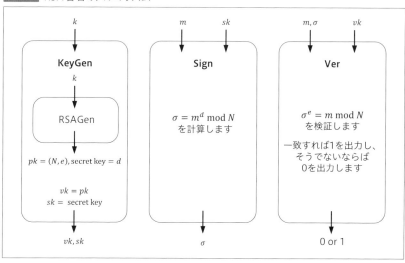

---

[8]: 4.5 RSA暗号 p.244

鍵生成アルゴリズム

入力	k：セキュリティパラメータ
出力	vk：検証鍵 sk：署名鍵
動作	1：RSAGenアルゴリズムにkを入力して、$pk = (N, e)$、secret key（秘密鍵）$= d$を受け取ります。 2：$vk = pk$, sk（署名鍵）$=$ secret keyとして、出力します。

署名生成アルゴリズム

入力	m：メッセージ（$\{0, \ldots, N-1\}$の値） vk：検証鍵 sk：署名鍵
出力	σ：署名
動作	1：$\sigma = m^d \bmod N$を計算します。 2：σを出力します。

署名検証アルゴリズム

入力	m：メッセージ σ：署名 vk：検証鍵
出力	0：拒否した場合 あるいは 1：受理した場合
動作	1：$m = \sigma^e \bmod N$が成り立つかどうかを検証します。成り立つ場合には1を出力し、成り立たない場合には0を出力します。

　検証者はeにより、署名$\sigma(= m^d \bmod N)$からmを導出できます[10]。だからといって、署名と一緒にメッセージmを送信しなくてもよいわけではありません。デジタル署名の目的はメッセージの改ざんを防止することです。そのための情報が署名であり、改ざんされていないと保証される情報がメッセージです。受信者に伝えたい情報はメッセージが主であり、メッセージがなければ相手と通信する意味がありません。

----

[10]：RSA署名ではメッセージを導出できますが、ハッシュ関数を組み合わせた署名の場合はハッシュ関数の一方向性により導出できなくなります。

7.6.3 RSA暗号とRSA署名のアルゴリズムの比較

$f(x) = x^e \bmod N, g(x) = x^d \bmod N$ とおきます。すると、RSA暗号の暗号化では f を使用し、復号では g を使用します。一方、RSA署名の署名生成では g を使用し、署名検証では f を使用します。よって、RSA暗号とRSA署名を比較すると、送受信者が使用する関数は対称関係になっています（表7.2）。

表7.2 RSA暗号とRSA署名の比較

RSA暗号		RSA署名	
鍵生成	$pk = (N, e)$ $sk(\text{secret key}) = d$	鍵生成	$vk = (N, e)$ $sk(\text{signing key}) = d$
暗号化	$c = f(m) = m^e \bmod N$	署名生成	$\sigma = g(m) = m^d \bmod N$
復号	$g(c) = c^d = m^{ed} = m \bmod N$	署名検証	$f(\sigma) = \sigma^e = m^{de}$ $= m \bmod N$

7.6.4 RSA署名の計算で遊ぶ

▶ 正当性の検証

RSA暗号において、m を暗号化してから復号すると m に戻ることを確認しました（RSA暗号の正当性）。すなわち、次が成り立ちます。

$$(m^e)^d = m \bmod N$$

ここで、e と d の順番を入れ替えると、次のようになります。

$$(m^d)^e = m \bmod N$$

$$\sigma^e = m \bmod N \quad (\because \sigma = m^d \bmod N)$$

よって、検証式が成り立つので正当性を満たします。

7.6.5 RSA署名の死角を探る

RSA署名に対する攻撃法を確認することで、安全なデジタル署名に必要な性質について理解を深めることができます[9][10]。

▶ 既知メッセージ攻撃による全面的解読

考察：

RSA署名の通信を盗聴して、署名鍵を計算できないことを確認してください。

検証：

攻撃者は既知メッセージ攻撃により、メッセージ署名ペアを盗聴します。ところが、$m, \sigma = m^d \bmod N$と$vk = (N, e)$からdを求めることはRSA問題を解くことになり、効率的にできません。よって、攻撃者は秘密情報のdを知ることはできず、全面的解読には失敗します。

▶ 直接攻撃による存在的偽造

攻撃者はZ_Nからランダムにσ'を選択します。その後、$m' = \sigma'^e \bmod N$を計算します（RSA暗号の暗号化と同じ）。攻撃者はメッセージ署名ペアとして(m', σ')をボブに送ります。すると、署名の検証が受理されます。よって、直接攻撃により存在的偽造が成功したことになります。

▶ 積攻撃による存在的偽造

RSA暗号にて同じ公開鍵で暗号化した場合、2つの暗号文を掛けた結果は、2つの平文を掛けた結果の暗号文と一致します。このような性質を乗法準同型性[11]といいます。

$$\mathrm{Enc}(pk, m_1) \cdot \mathrm{Enc}(pk, m_2) = \mathrm{Enc}(pk, m_1 \cdot m_2)$$

同様に、2つの署名を掛けた結果は、2つのメッセージを掛けた結果の署名と一致します。

----

[9]：7.4.2 デジタル署名の攻撃の種類 p.506

[10]：7.4.3 デジタル署名の偽造の種類 p.511

[11]：4.6.5 ElGamal暗号の死角を探る（準同型性）p.327

$$\text{Sign}(sk, m_1) \cdot \text{Sign}(sk, m_2) = \text{Sign}(sk, m_1 \cdot m_2)$$

アリスがメッセージ署名ペア$(m_1, \sigma_1), (m_2, \sigma_2)$をボブに送信していたとします。このとき、攻撃者は通信文を盗聴し、$m = m_1 \cdot m_2$、$\sigma = \sigma_1, \sigma_2$を計算します。計算結果をメッセージ署名ペアとして、(m, σ)をボブに送ります。これを積攻撃といいます。

考察：
RSA署名では積攻撃が成功することを確認してください。

検証：
次が成り立つために、署名の検証が受理されます。つまり、積攻撃が成功します。

$$\sigma^e = (\sigma_1, \sigma_2)^e = (m_1{}^d \cdot m_2{}^d)^e = m_1{}^{ed} \cdot m_2{}^{ed} = m_1 \cdot m_2 \bmod N$$

盗聴しただけで偽造文を生成したので既知メッセージ攻撃に該当し、あるメッセージの偽造文が生成できたので存在的偽造に成功したことになります。

指向的選択メッセージ攻撃による一般的偽造

次の動作を行う攻撃者を考えます。Z_Nからランダムにrを選択します。任意のメッセージmに対して、$m' = mr^e \bmod N$を計算します。eはvkに含まれているので、m'はvkに依存しており、指向的選択メッセージ攻撃になります。署名オラクルにm'を送り、対応する署名としてσ'を受け取ります。攻撃者は$\sigma = \sigma' r^{-1}$を計算して、(m, σ)を出力します。

考察：
上記の$(m, \sigma) = (m, \sigma' r^{-1})$が受理されることを確認してください。

検証：
署名オラクルから受け取った署名σ'について、次が成り立ちます。

$$\sigma' = m'^d = (mr^e)^d = m^d r^{ed} = m^d r \bmod N$$

よって、署名σについて、次が成り立ちます。

$$\sigma = \sigma' r^{-1} = (m^d r) r^{-1} = m^d$$

これを踏まえて、(m, σ)について検証式が成り立つことを確認します。

$$（検証式の左辺）= \sigma = m^d =（検証式の右辺）$$

検証式が成り立つので、(m, σ)は受理されます。よって、指向的選択メッセージ攻撃により、一般的偽造に成功したことになります。

▶ 適応的選択メッセージ攻撃による一般的偽造

攻撃者は任意のメッセージmに署名したいとします。攻撃者はZ_Nからランダムにメッセージm_1を選択します。ただし、m_1はmとは異なり、$\text{GCD}(m_1, m) = 1$を満たすものとします。

攻撃者は署名オラクルにm_1を送信して、σ_1を受信します。次に、$m_2 = m m_1^{-1} \bmod N$として、署名オラクルにm_2を送信し、σ_2を受信します。$\sigma = \sigma_1 \cdot \sigma_2$として、偽造文$(m, \sigma)$を出力します。すると、検証式が成り立ちます（積攻撃における検証式の展開と同様）。

この攻撃は乗法準同型性を持つことを利用しているため、積攻撃の一種といえます。

▶ RSA暗号とRSA署名が併用されている場面における攻撃

アリスとボブはRSA暗号とRSA署名を利用しているものとします。アリスはRSA暗号で平文mを暗号化して、その暗号文cをボブに送信しました。攻撃者はこの通信を盗聴しており、暗号文cを入手します。平文の内容を知りたい攻撃者は、「添付したデータに署名を付けて送り返してほしい」（実際はだましやすい文面にする）というメールをボブに対して送信します。その際、メールに暗号文cを添付します。ボブが素直に署名を付けて返してくれれば、その内容はcの平文mそのものであるため、攻撃者は目的を達成したことになります（ 図7.11 ）。

cはボブの公開鍵で暗号化されており、ボブがcに署名すると、署名アルゴリズムに暗号文cと署名鍵（＝暗号化に使った公開鍵に対応する秘密鍵d）を入力したことになります。RSA署名の署名生成アルゴリズムは、RSA暗号の復号アルゴリズムそのものであるため、出力される署名は平文mになります。

繰り返しになりますが、メッセージに署名を付けるという行為は、契約書に押印する行為に相当します。メッセージの内容を理解せずに、それに署名を付けるという行為は決してしてはいけません。

図7.11 暗号文の署名は平文

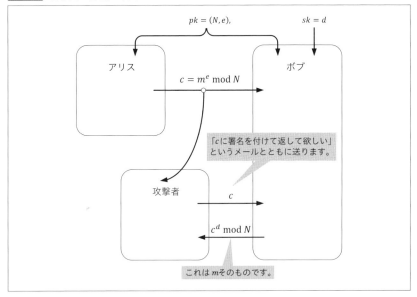

7.6.6 RSA署名の改良

▶ RSA署名の改良方法

これまでの議論のように、RSA署名は安全ではありません。こうした問題点を解消するために、メッセージ空間を狭めたり[*11]、ハッシュ関数やパディングの導入などで改良したりします。

特に、後者のアプローチはよく採用されています。RSA署名にハッシュ関数を組み合わせて改良したデジタル署名として、RSA-FDH署名[●12]があります。また、ハッシュ関数に加えてパディングをうまく組み合わせることで安全性を向上させた、RSASSA-PKCS1-v1_5[*12]やRSA-PSSがあります。

[*11]：例えば、メッセージ空間Mに対して署名の偽造が可能でも、Mの部分空間に対しては署名の偽造が不可能なことがあります。

[*12]：PKCS #1 v1.5署名と呼ばれることもあります。

[●12]：7.7 RSA-FDH署名 p.526

多重性を持つメッセージの署名

バイナリ表現が $w||w$ の形式を持つメッセージ m を用いた RSA 署名を考えます。m は 2 つの同一の部分からなっているために冗長ですが、これにより前述した直接攻撃と積攻撃に対して耐性を持たせられます。

こうした多重性を持つメッセージは、もともと送信するつもりだったメッセージのバイナリ表現を連結するだけです。ただし、連結して得たメッセージ（に対応する値）は、$\{0, ..., N-1\}$ に含まれていなければなりません。

署名生成アルゴリズムは RSA 暗号とまったく同じであり、署名検証アルゴリズムにはメッセージの形式チェックを追加します（図7.12）。

図7.12 多重性を持つメッセージの署名のアルゴリズム

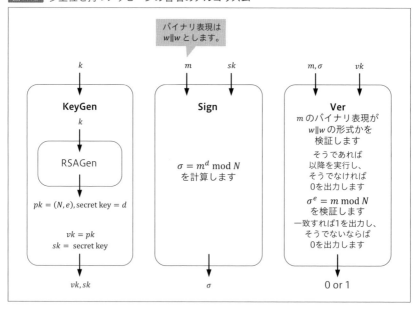

この方法において、直接攻撃について考えます。Z_N からランダムに σ' を選択し、$m' = \sigma'^e \bmod N$ を計算します。しかし、このように計算した m' は、$w||w$ の形式を持つことはほとんどありえません。また、$w||w$ の形式を持つメッセージに対する署名を、署名鍵なしに生成する方法は知られていません。

次に積攻撃について考えます。$w||w$ の形式を持つ 2 つのメッセージ署名ペア $(m_1, \sigma_1), (m_2, \sigma_2)$ を入手します。$m = m_1 m_2$、$\sigma = \sigma_1 \sigma_2$ とした場合、m が $w||w$ の形式を持つことはほとんどありえません。

▶ PKCSが定めているRSA署名

PKCSとは

EMC社（旧RSAセキュリティ社）を中心としてまとめた暗号技術標準（総称：PKCS）があります。#1から#15まであり、暗号技術に関する情報を広く規定しています。特に、#1はRSA暗号とRSA署名について定めています。本書の執筆時点では#1 v2.2まで公開されています[*13]。

RSASSA-PKCS1-v1_5

RSASSA-PKCS1-v1_5はPKCS #1 v1.5で規定されましたが、PKCS #1 v2.2でもサポートされています。実装上において、OpenSSL[●13]、SSL[●14]、S/MIMEなどで広く利用されています。RSASSA-PKCS1-v1_5はRSA署名のmの代わりに、次のようにして計算した結果$\mu(m)$を用います[*14]。ただし、cは定数（使用するハッシュ関数Hによって異なる）です。

$$\mu(m) = 0x00||0x01||0xFF\ldots0xFF||0x00||c||H(m)$$

RSA-PSS

RSA-PSS (RSA-Probabilistic Signature Scheme) は、1996年にBellare, Rogawayが提案したデジタル署名です[*15]。現在は様々な改良が施され、PKCS #1でRSASSA-PSSとして規定されています。

これはRKCS #1 v1.5より強力なパディングが用いられており、RSA-FDH署名と同等の強い安全性を持ちます（RSA仮定の下でランダムオラクルモデルにおいて、適応的選択メッセージ攻撃に対して存在的偽造不可）。さらに、RSA-FDH署名と比べて効率性も改善しています。そのため、現在実用度の高いデジタル署名の1つとされています。

[*13]：https://www.emc.com/collateral/white-papers/h11300-pkcs-1v2-2-rsa-cryptography-standard-wp.pdf
[*14]：$\mu(\cdot)$はエンベッド演算と呼ばれ、入力値の代表を計算する演算です。例えば、ハッシュ化してパディングしたりします。
[*15]：http://web.cs.ucdavis.edu/~rogaway/papers/exact.pdf

[●13]：9.5 OpenSSL p.679
[●14]：9.4 SSL p.670

7.7 RSA-FDH署名

安全性★★★★　効率性★★★★★　実装の容易さ★★★★★

ポイント
- RSA署名にハッシュ関数を組み合わせた方式です。
- RSA仮定の下でランダムオラクルモデルにおいて、選択メッセージ攻撃に対して存在的偽造不可を満たします。
- ハッシュ関数の設計に難があり、効率もあまりよくありません。

7.7.1 RSA-FDH署名とは

　RSA-FDH (Full Domain Hash) 署名は、1996年にBellare、Rogawayが提案したデジタル署名です。RSA署名にハッシュ関数を組み合わせることで実現でき、アルゴリズムの処理はシンプルです。しかしながら、適用するハッシュ関数の設計はそれほど容易ではなく、効率性や実装の面で問題があります。

7.7.2 RSA-FDH署名の定義

　RSA-FDH署名は（KeyGen, Sign, Ver）から構成されています（図7.13）。

図7.13　RSA-FDH署名のアルゴリズム

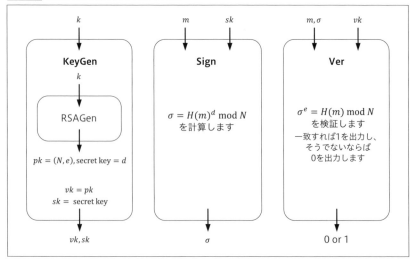

❯ 鍵生成アルゴリズム

入力	k：セキュリティパラメータ
出力	vk：検証鍵 sk：署名鍵
動作	1：RSAGenアルゴリズムにkを入力して、$pk = (N, e)$、secret key（秘密鍵）$= d$を受け取ります。 2：$vk = pk, sk$（署名鍵）$=$ secret keyとして、出力します。

❯ 署名生成アルゴリズム

入力	m：メッセージ vk：検証鍵 sk：署名鍵
出力	σ：署名
動作	1：$\sigma = H(m)^d \bmod N$を計算します。ただし、HはNと同一サイズを出力する衝突困難なハッシュ関数とします（$H : \{0,1\}^* \to \{0, ..., N-1\}$）。 2：$\sigma$を出力します。

　RSA署名ではmは$\{0, ..., N-1\}$の範囲内でしたが、RSA-FDH署名ではハッシュ関数を使うので、任意長のmに対して署名を付けることができます。

　また、RSA署名では単純にメッセージmをd乗していましたが、RSA-FDH署名ではメッセージのハッシュ値$H(m)$を計算してからd乗します。

　ハッシュ関数は、ハッシュ値がRSA暗号の復号アルゴリズムの入力範囲の全体（フルドメイン）に渡るものを用います。このようなハッシュ関数をフルドメインハッシュ関数と呼びます。例えば、N（のバイナリ値）が2048ビットの場合、2048ビットを出力するハッシュ関数が必要ということです。同一サイズを出力する具体的なハッシュ関数がない場合は、それより小さいサイズを出力するハッシュ関数に対して拡大関数を適用して設計します。しかしながら、このようなハッシュ関数は効率性に問題が生じる場合があります。

❯ 署名検証アルゴリズム

入力	m：メッセージ σ：署名 vk：検証鍵
出力	0：拒否した場合 あるいは 1：受理した場合
動作	1：$\sigma^e = H(m) \bmod N$を検証します。検証式が成り立つ場合には1を出力し、成り立たない場合には0を出力します。

7.7.3 RSA-FDH署名の計算で遊ぶ

▶ 正当性の検証

RSA暗号の正当性[15]より、「$m = m^{de} \bmod N$」が成り立ちます。このmに$H(m)$を代入すると「$H(m) = H(m)^{de} \bmod N$」が成り立ちます。これを踏まえたうえで、検証式が成り立つことを確認します。

（検証式の左辺）$= \sigma^e = (H(m)^d)^e = H(m)^{de} = H(m) \bmod N =$（検証式の右辺）

よって、検証式が成り立つので正当性を満たします。

7.7.4 RSA-FDH署名の死角を探る

▶ RSAモジュールの因数分解

RSAモジュールであるNは公開情報であり、これが因数分解できてしまうとp, qが判明します。RSA暗号のところで解説したとおり、p, qがわかると、秘密情報のdも決定します。dは署名鍵そのものであり、dがわかると任意のメッセージに対して署名を自由に付けられます。よって、Nは因数分解ができないように設定しなければなりません。

▶ 既知メッセージ攻撃による全面的解読

考察：

RSA-FDH署名の通信を盗聴しても、署名鍵を計算できないことを確認してください。

検証：

署名を偽造する素朴なアプローチは、署名者が秘密にしている署名鍵$sk = d$を特定することです。

通信路からメッセージmと署名σを盗聴します。署名の検証式は「$\sigma = H(m)^d \bmod N$」であるため、この検証式を満たすdを計算することが目標になります。しかし、$\sigma(= H(m)^d \bmod N)$からdを求めることは離散対数問題[16]を解くことになり、これはうまくいきません。

● 15：4.5.3 RSA暗号の定義（RSA暗号の正当性）p.273
● 16：4.6.5 ElGamal暗号の死角を探る（離散対数問題）p.329

積攻撃による署名偽造

考察：

RSA-FDH署名に対して、単純な積攻撃[17]が成功しないことを確認してください。

検証：

次のような積攻撃を考えます。攻撃者は2つのメッセージ署名ペアを入手します。それを$(m_1, \sigma_1), (m_2, \sigma_2)$とします。RSA署名の場合、単純に掛け合わせた署名は、メッセージを掛け合わせたものの署名と同じでした。

一方、RSA-FDH署名の場合、署名を掛け合せると$\sigma_1 \times \sigma_2 = H(m_1)^d \times H(m_2)^d$になり、メッセージを掛け合せると$m_1 m_2$になります。このメッセージに対して署名の検証式が成り立つためには、$\sigma = H(m_1 m_2)^d \bmod N$が成り立たなければなりません。しかし、署名を掛け合せると前述のように$\sigma_1 \times \sigma_2 = H(m_1)^d \times H(m_2)^d$になるので、$H(m_1 m_2)^d \bmod N$には一致しません。よって、単純な積攻撃は通用しません。

積攻撃を成功させるためには、次を満たすメッセージmを見つけなければなりません。

$$H(m) = H(m_1)H(m_2) \bmod N$$

m_1, m_2, Nは既知なので、右辺の値は決定します。しかし、ハッシュ関数の一方向性[18]により、$H(m)$からmを求めることは困難です。これにより、ハッシュ関数を用いることで積攻撃を防ぐことが期待できそうです。

しかし、現在では乗法性を利用した別の攻撃アプローチが発見されています。メッセージのハッシュ値を小さい素因数に分解できると、そのメッセージに対応する署名が生成できてしまうのです。これをデスメット・オドリズコ攻撃といいます。この攻撃法の概要は次のとおりです。

攻撃者はメッセージのハッシュ値が次のように素因数分解できたとします。p_iは素数、kは整数です。

$$H(m) = p_1 \cdot p_2 \cdot \cdots \cdot p_k$$

攻撃者は、上記の形式を満たすmを大量に選択します。選択したメッセージを署名オラクルに送信して、対応する署名を得ます。

---

[17]：7.6.5 RSA署名の死角を探る（積攻撃）p.520
[18]：5.2.2 ハッシュ関数の標準的な安全性（一方向性）p.422

$$\sigma_i = H(m_i)^d \bmod N$$

このとき、得られた署名は次のような形式になっています（dの値は不明）。ただし、各署名によって、p_iとkの値は異なります。

$$\sigma_i = {p_1}^d \cdot {p_2}^d \cdots {p_k}^d \bmod N$$

複数の署名を用いて、${p_i}^d \bmod N$を抽出します。抽出した値を組み合わせることで、ハッシュ値が小さな素因数に分解できる（素数の積になる）メッセージに対する署名を生成できます。以上により、署名の偽造に成功します。

ただし、ハッシュ値が大きければ素因数分解が困難になるので、ハッシュ値のサイズが大きいフルドメインハッシュ関数を採用することで、デスメット・オドリズコ攻撃に耐性を持たせられます。

❱ 単純な存在的偽造

考察：

RSA署名に対する存在的偽造の方法[19]と同様のアプローチで、RSA-FDH署名を偽造できるかを確認してください。

検証：

RSA署名に対する存在的偽造の方法と同様のアプローチを検証します。ランダム値σ'を選び、公開されている検証鍵$vk = (N, e)$を使って、$m' = H(\sigma')^e \bmod N$（①式）を計算します。一方、$\sigma'$が$m'$に対する正しい署名であるためには、署名の検証式「$H(m') = \sigma'^e \bmod N$」（②式）が成り立たなければなりません。①式と②式は等価ではないので、このアプローチでは存在的偽造に失敗したことになります。

ところで、②式を成り立たせるためには、ハッシュ関数の出力が$\sigma'^e \bmod N$になるような、入力m'を計算できなければなりません。これを実現するためにはハッシュ関数の一方向性を破らなければならず、これはできません。

❱ 衝突困難性が破られた場合の署名偽造

考察：

ハッシュ関数の衝突困難性[20]が保証されない場合、すなわち衝突ペア$(m_1,$

---

[19]：7.6.5 RSA署名の死角を探る p.520
[20]：5.2.2 ハッシュ関数の標準的な安全性（衝突困難性）p.423

m_2)を求められる場合、選択メッセージ攻撃によって署名を偽造できることを確認してください。

検証：

(m_1, m_2)は衝突ペアなので、$m_1 \neq m_2$かつ$H(m_1) = H(m_2)$を満たします。敵はm_1を署名オラクルに送信すると、署名$\sigma_1 = H(m_1)^d \bmod N$が返されます。$\sigma_1 = H(m_1)^d = H(m_2)^d \bmod N$が成り立つので、$\sigma_1$は$m_2$の正しい署名です。よって、敵は$(m_2, \sigma_1)$を出力することで、偽造に成功します。

以上より、RSA-FDH署名のハッシュ関数は、衝突困難でなければなりません。

選択メッセージ攻撃に対しての存在的偽造不可

選択メッセージ攻撃の流れ

RSA仮定[21]が成り立つものとします。さらに、ハッシュ関数Hがランダムオラクル[22]と仮定すると、RSA-FDH署名は選択メッセージ攻撃に対して安全です。

この主張を証明するために、選択メッセージ攻撃により有意な確率τで偽造に成功するアルゴリズムAが存在すると仮定します。このとき、確率$\tau/(q_s + q_h) (= \tau')$でRSA問題を解くアルゴリズムBを構成できることを示します。ただし、q_sは署名オラクルへの質問回数の上限、q_hはランダムオラクルへの質問回数の上限です。

アルゴリズムBに(N, e, y)を入力します。ただし、$y = x^e \bmod N$を満たすものとします。Bは(N, e)をRSA-FDH署名の検証鍵として入力することで、Aを起動します。Aは偽造文を生成する任意のアルゴリズムで、中身はブラックボックスであり、入出力だけに注目します。Aは署名オラクルとランダムオラクル（Hとする）にアクセスして、最終的に偽造文(m^*, σ^*)を出力します。

BはAに対して、署名オラクルとランダムオラクルをシミュレートしなければなりません。そこで、BはH-Listというテーブルを管理します。H-Listには、オラクルへの問い合わせ番号i、オラクルへの入力m_i、署名σ_i、ハッシュ値$H(m_i)$の4つの組を記憶します。このとき、Bは 図7.14 のように動作することでシミュレートを実現します。

- [21]：4.5.7 RSA暗号の死角を探る（RSA問題とRSA仮定）p.301
- [22]：4.9.4 RSA-OAEPに対する攻撃（ランダムオラクルモデル）p.381

図7.14 RSA問題を解くBの構成

図7.14 RSA問題を解くBの構成

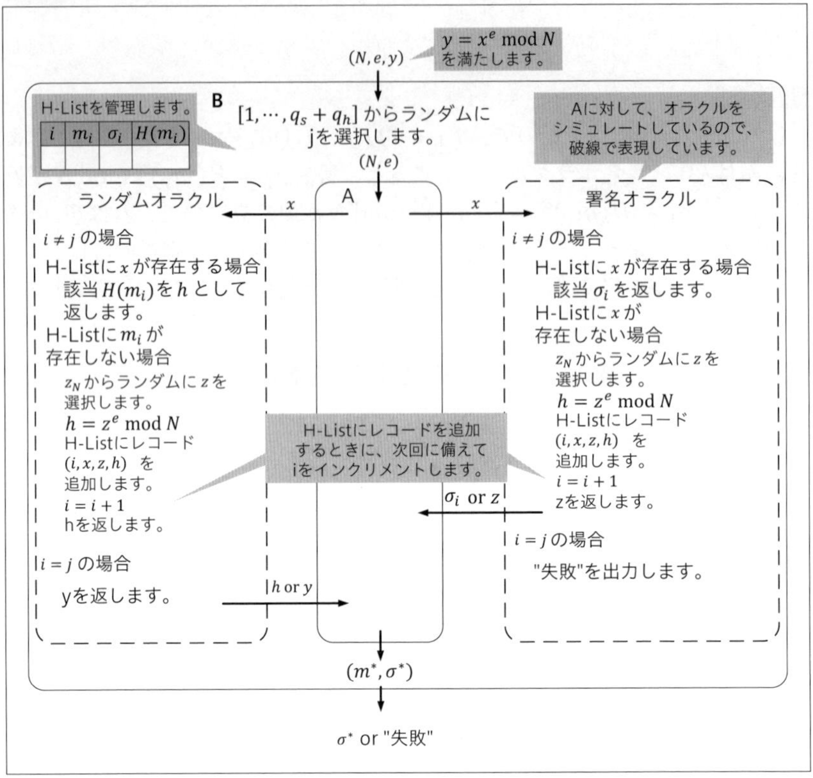

署名オラクルとランダムオラクルのシミュレート

最初に、H-Listは空に初期化し、$i = 1$とします（iはH-Listにレコードを追加するたびにインクリメントする）。

---

[1] Aが署名オラクルに対してxを送信した場合

H-Listに$m_i = x$となるレコードがあるかをチェックします。存在すれば、当該レコードのσ_iを返します。存在しなければ、Z_Nからzをランダムに選択して、$h = z^e \bmod N$を計算します。H-Listにレコード(i, x, z, h)を追加し、$i = i + 1$にしてから、署名としてzを返します。

---

[2] Aがランダムオラクルに対してxを送信した場合

H-Listに$m_i = x$となるレコードがあるかをチェックします。存在すれば、当該レコードの$H(m_i)$をhとして返します。存在しなければ、Z_Nからzをランダムに選択して、$h = z^e \bmod N$を計算します。H-Listにレコード(i, x, z, h)を追加し、$i = i + 1$にしてから、ハッシュ値としてhを返します。

[1]と[2]の両方とも、任意のiのレコードにおいて、次が成り立ちます。

$$\sigma_i = z_i, H(m_i) = z_i^e \bmod N$$

2式をまとめると、次のようになります。これは検証式そのものです。

$$H(m_i) = \sigma_i^{\ e} \bmod N$$

Bは署名鍵を知らないにもかかわらず、Aに対してつじつまが合う署名やハッシュ値を返すことができ、シミュレートに成功しています。しかしながら、これだけではAにy（RSA問題そのもの）を与えていないので、RSA問題を解くためにAの力を借りていることにはなりません。

そこで、BはどこかでAに対してyを送信しなければなりません。Aの力を借りるということは、Aの出力値を用いるということです。Aの出力値は署名の偽造文(m^*, σ^*)です。これを生成するために、Aはランダムオラクルに対してどこかのタイミングでm^*を送信しているはずです。もしそうでなければ、$H(m^*)$の値を確定できず、Aはランダムに決めるしかありません。ランダムに決めてしまうと、偽造に成功する確率は$1/N = 1/pq \approx 1/(2^n \cdot 2^n) = 1/2^{2n}$であり、有意な確率で偽造に成功することに矛盾します。

そこで、Bはオラクルに対してm^*が送られてきたタイミングをあらかじめ予測します。予測値jは、$\{1, ..., q_s + q_h\}$からランダムに選択して決めます。オラクルに対する質問回数をカウントしておき、$i = j$のときに次のように動作します（$i \neq j$のときは上記のシミュレーションどおり）。

[1']　Aが署名オラクルに対して m_j を送信した場合

　BはAの力によってRSA問題を解けないので、「失敗」を出力します[*16]。

[2']　Aがランダムオラクルに対して m_j を送信した場合

　BはH-Listに $(j, x, y, \bot)$ を追加してから、ハッシュ値として y をAに返します（問題の埋め込み）。このときAは問題が埋め込まれたことに気付きません。なぜかというと、y は法 N の世界からランダムに選択された値です。一方、$i \neq j$ のときに返す値は、Z_N からランダムに z を選択して、$h = z^e \bmod N$ を計算した結果です。この計算はRSA暗号の暗号化と同じであり、置換になっています。そのため、h も法 N の世界で一様ランダムに分布しています。つまり、y と h の分布は一致しており、Aは気付きません。

　最後にAが偽造文 (m^*, σ^*) を出力したら、Bは σ^* を出力します[*17]。予想が当たれば、次が成り立ちます。

$$H(m_j) = y, m^* = m_j, H(m^*) = (\sigma^*)^e \bmod N$$

　3式を整理すると、$y = (\sigma^*)^e \bmod N$ が成り立ちます。ここで、$y = x^e \bmod N$ より、$x = \sigma^*$ になります。

　つまり、B は σ^* を出力することで、y の答えである x を出力していることになります。予想が当たる確率は $1/(q_s + q_h)$ であり、Aが偽造に成功する確率は τ なので、全体として B がRSA問題を解く確率は $\tau/(q_s + q_h)$ になります。

[*16]：アルゴリズムとしては最終的に何か出力しなければならないので、失敗を意味する文字列（あるいは記号）を出力します。

[*17]：Aの偽造文が検証式を満たし、H-Listに含まれているかを確認するという動きを追加してもかまいません。その際、その両方を満たせば x を出力し、そうでなければ「失敗」を出力します。

7.8 ElGamal署名

安全性★★☆☆☆　効率性★★★☆☆　実装の容易さ★★★★★

- 離散対数問題にもとづくデジタル署名です。
- 直接攻撃や既知メッセージ攻撃に対して脆弱です。
- ハッシュ関数を組み合わせることにより、離散対数問題が困難という仮定の下でランダムオラクルモデルにおいて、選択メッセージ攻撃に対して存在的偽造不可を満たします。

7.8.1 ElGamal署名とは

1984年にElGamalによって提案されたデジタル署名です。ElGamal署名がそのまま使用される場面はほとんどありませんが、改良版であるDSA署名[23]はDSS (Digital Signature Standard) の1つとして普及しています。

7.8.2 ElGamal署名の定義

ElGamal署名は (KeyGen, Sign, Ver) から構成されています（図7.15）。

図7.15　ElGamal署名のアルゴリズム

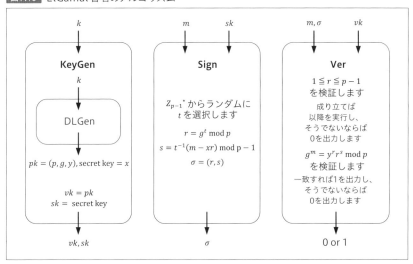

鍵生成アルゴリズム

鍵生成アルゴリズムは以下のとおりです。動作のステップ1で出力したパラメータは $y = g^x \bmod p$ を満たしています。

入力	k：セキュリティパラメータ
出力	vk：検証鍵 sk：署名鍵
動作	1：DLGenアルゴリズムに k を入力して、$pk = (p, g, y)$、secret key $= x$ を受け取ります。 2：$vk = pk, sk$（署名鍵）$=$ secret key として、出力します。

署名生成アルゴリズム

入力	m：メッセージ vk：検証鍵 sk：署名鍵
出力	σ：署名
動作	1：Z^*_{p-1} から t をランダムに選びます。 2：$r = g^t \bmod p$ を計算します。 3：$s = t^{-1}(m - xr) \bmod p - 1$ を計算します。 4：$\sigma = (r, s)$ として、σ を出力します。

「秘密鍵の値 x」と「秘密の乱数値 t」を使って、署名 s を生成しています。ElGamal暗号と同じく乱数を使っているので、確率的です。つまり、与えられたメッセージに対して、有効な署名が複数存在します。

ElGamal暗号では乱数の取り得る範囲は $Z_{p-1}(= \{0, 1, \cdots, p - 2\})$ でしたが、ElGamal署名では乱数の取り得る範囲は Z^*_{p-1} になります。ElGamal署名の署名生成アルゴリズムのステップ3で t^{-1} を用いるので、$\mathrm{GCD}(t, p - 1) = 1$ を満たす必要があるからです。Z^*_{p-1} から t を選択すれば、常に $\mathrm{GCD}(t, p-1) = 1$ を満たします。もし、ステップ3で、Z_{p-1} から t を選択すると記述した場合には、$\mathrm{GCD}(t, p - 1) = 1$ という条件が追加で必要となります。

ステップ3の式を変形すると、「$m = xr + ts \bmod p - 1$」になります。拡張ユークリッドの互除法[24] によって、この式を満たす s を計算できます。

● **23**：7.10 DSA署名 p.554
● **24**：4.5.2 RSA暗号を理解するための数学知識（拡張ユークリッドの互除法）p.252

▶ 署名検証アルゴリズム

入力	m：メッセージ σ：署名 vk：検証鍵
出力	0：拒否した場合 あるいは 1：受理した場合
動作	1：$1 \leqq r \leqq p-1$が成り立つかどうかを検証します。成り立つ場合には以降 を実行し、成り立たない場合には0を出力します。 2：$g^m = y^r r^s \bmod p$が成り立つかどうかを検証します。成り立つ場合には 1を出力し、成り立たない場合には0を出力します。

ステップ2の検証式には、法pでの3つのべき乗計算があります。そのため、RSA署名[25]の検証と比較すると、はるかに手間がかかるように見えます。ところが、検証式を次のように変形して、左辺の計算をまとめて実行することで効率を上げることができます。これはRSA署名の検証のような1回のべき乗計算と比べてもわずかに手間がかかる程度です。

$$y^r r^s g^{-m} = 1 \bmod p$$

7.8.3 ElGamal署名の計算で遊ぶ

▶ 正当性の検証

メッセージに対して正しく署名されていれば、次のように検証式を確認できます。

$$(検証式の右辺) = y^r r^s = g^{xr} g^{ts} = g^{xr+ts}$$
$$= g^{xr+t \cdot t^{-1}(m-xr)} \quad (\because s = t^{-1}(m-xr) \bmod p-1)$$
$$= g^{xr+m-xr} = g^m = (検証式の左辺)$$

よって、検証式が成り立つので、正当性を満たします。

●25：7.6 RSA署名 p.517

▶ 計算の演習（数値例）

問題：

$pk = (p, g, y) = (859, 206, 399)$ とし、$(m, \sigma) = (m, (r, s)) = (65, (373, 15))$ が送られたとします。このとき、ElGamal署名の検証者は受理するか、拒否するかを判定してください。

解答：

前節の署名検証アルゴリズムを実行します。

ステップ1にて、$1 \leq r = 373 \leq p - 1 = 858$ を満たすので、以降を実行します。

ステップ2にて、検証式を確認します。必要に応じて、高速べき乗を実装したプログラムや数式ソフトを用いて計算してください。

$$（検証式の左辺）= g^m = 206^{65} \bmod 859 = 19 \bmod 859$$
$$（検証式の右辺）= y^r r^s = 399^{373} \cdot 373^{15} \bmod 859$$
$$= 672 \cdot 643 \bmod 859 = 19 \bmod 859$$

左辺と右辺が一致するので、検証者は受理します。

7.8.4 ElGamal署名の死角を探る

▶ 通信文から秘密情報は漏れないか

アリスはメッセージ m に対する署名を付けて、ボブに送信するものとします。このとき、通信路にはメッセージ m と署名 $\sigma = (r, s)$ が流れます。

攻撃者はこれらの情報を盗聴します。$r(= g^t \bmod p)$ から t を計算するには、離散対数問題●26 を解くことになります。また、$s = t^{-1}(m - xr) \bmod p - 1$ では、x は秘密の乱数 t によってマスクされているので特定できません。よって、秘密の情報 t や x は漏れないことが期待できます*18。

▶ 与えられたメッセージの署名を生成する

署名鍵 $sk(= x)$ を知らない敵が、与えられたメッセージ m に対する署名を

---

*18：この段階では単独の r, s から秘密の情報が漏れないことを確認できただけであり、r, s をうまく組み合わせて特定できる可能性がまだ残されています。

●26：4.6.5 ElGamal暗号の死角を探る（離散対数問題）p.329

生成したいとします（図7.16）。

図7.16　与えられたメッセージの署名の生成を試みる敵

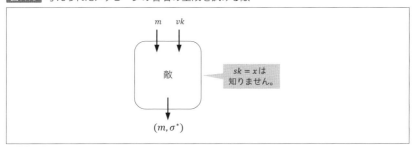

rからsを計算する場合を考えます。rを適当に選択します[*19]。xを知らないので、署名生成アルゴリズムのステップ3のように計算してsを決めることはできません。そこで、検証式から求めることになります。

$$g^m = y^r r^s \bmod p$$
$$r^s = g^m y^{-r} \bmod p$$
$$s = \log_r g^m y^{-r}$$

右辺に登場するm, r, g, yはすべて既知ですが、これは離散対数を計算することであり、効率的にsを計算できません。

次に、sからrを計算する場合を考えます。sを適当に選択します。未知のrを求めるには、検証式から求めることになります。

$$g^m = y^r r^s \bmod p$$

この式を満たすrを求める効率的な方法は知られていません。以上により、署名鍵を知らなければ、与えられたメッセージに署名を付けられないことが期待できます。

▶ 直接攻撃[27]による存在的偽造[28]　その1

特定のメッセージが与えられない状況で、秘密鍵なしにメッセージ署名ペアの生成を試みる敵を考えます（図7.17）。偽造文のメッセージは敵が自由に決

[*19]：tをランダムに選んで、仕様どおりにrを計算したり、直接rを適当に選択したりします。

● 27：7.4.2 デジタル署名の攻撃の種類（直接攻撃）p.507
● 28：7.4.3 デジタル署名の偽造の種類（存在的偽造）p.512

められるので、特定のメッセージが与えられた状況よりは攻撃がしやすいといえます。

図7.17 秘密鍵なしにメッセージ署名ペアの生成を試みる敵

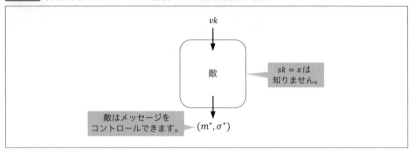

まず、敵はr, s、すなわち$\sigma^* = (r, s)$を選択してから、つじつまが合うm^*を計算する場合を考えます。検証式からm^*を求めることになります。

$$g^{m^*} = y^r r^s \bmod p$$
$$m^* = \log_g y^r r^s$$

右辺の登場するr, s, g, yはすべて既知ですが、これは離散対数を計算することであり、効率的にm^*を計算できません。

ところが、r, s, m^*を次のように同時に決定することで、偽造に成功できることが知られています。i, jは$0 \leq i, j \leq p - 2$を満たす整数とします。ただし、$\mathrm{GCD}(j, p - 1) = 1$とします[20]。

$$r = g^i y^j \bmod p$$
$$s = -rj^{-1} \bmod p - 1$$
$$m^* = -rij^{-1} \bmod p - 1$$
$$\sigma^* = (r, s)$$

問題：

上記のように計算された(m^*, σ^*)で検証式が成り立つことを確認してください。

解答：

検証式が成り立つことは次のように確認できます。

---

[20]：法$p - 1$の世界でj^{-1}の存在を保証するために、$\mathrm{GCD}(j, p - 1) = 1$という条件を設けています。

$$y^r r^s = y^r (g^i y^j)^{-rj^{-1}} = y^r g^{-irj^{-1}} y^{-r} = g^{-irj^{-1}} = g^{m^*} \bmod p$$

よって、直接攻撃によって存在的偽造に成功します。

▶ 直接攻撃による存在的偽造 その2

すでに直接攻撃によって存在的偽造が可能であることを見ましたが、i, j を削除してもう少し単純化してみます。

敵は整数 t（$1 \leq t \leq p-2$）をランダムに選び、$r = g^t y \bmod p$、$s = -r \bmod p-1$ を計算します。メッセージを $m = ts \bmod p-1$ とし、署名を $\sigma^* = (r, s)$ とします。すると、次のように検証式が成り立ちます。

$$y^r r^s = y^r (g^t y)^s = y^{-s} g^{ts} y^s = g^{ts} = g^m \bmod p$$

あるメッセージ m に対して偽造ができているので、存在的偽造になります。ゆえに、直接攻撃により存在的偽造に成功したことになります。

▶ 既知メッセージ攻撃による存在的偽造

既知メッセージ攻撃[29] よりも弱い攻撃である直接攻撃で存在的偽造に成功しているので、当然ながら既知メッセージ攻撃でも存在的偽造に成功します（メッセージ署名ペアを用いず検証鍵だけを用いればよい）。ここではあえて、以前に署名されたメッセージ署名ペアを利用して、別の偽造文を生成してみます。

敵が盗聴したメッセージ署名ペアを (m, σ) とします。ただし、$\sigma = (r, s)$ です。このとき、r^*, s^*, m^* を次のように決定することで、偽造に成功できることが知られています。h, i, j は $0 \leq h, i, j \leq p-2$ を満たす整数とします。ただし、$\text{GCD}(hr - js, p-1) = 1$ とします[*21]。

$$r^* = r^h g^i y^j \bmod p$$
$$s^* = sr^*(hr - js)^{-1} \bmod p-1$$
$$m^* = r^*(hm + is)(hr - js)^{-1} \bmod p-1$$
$$\sigma^* = (r^*, s^*)$$

---

*21：法 $p-1$ の世界で $(hr - js)^{-1}$ の存在を保証するために、$\text{GCD}(hr - js, p-1) = 1$ という条件を設けています。

●29：7.4.2 デジタル署名の攻撃の種類（既知メッセージ攻撃）p.508

❯ メッセージのハッシュ値を用いる ElGamal 署名

ElGamal 署名には、メッセージ m を直接用いる代わりに、メッセージの
ハッシュ値 $H(m)$ を用いる方法もあります。ただし、H は衝突困難なハッシュ
関数とします。すると、検証式は $g^{H(m)} = y^r r^s \bmod p$ になります。

具体的には各種アルゴリズムは次のように変形します（ 表7.3 ）。以後、
ハッシュ版 ElGamal 署名と呼ぶことにします。

表7.3　ハッシュ版 ElGamal 署名の各種アルゴリズム

鍵生成アルゴリズム	変更なし
署名生成アルゴリズム	m の代わりに、$H(m)$ を用いて計算します。 $s = t^{-1}(H(m) - xr) \bmod p - 1$
署名検証アルゴリズム	m の代わりに、$H(m)$ を用いて計算します。 $g^{H(m)} = y^r r^s \bmod p$

前述した攻撃法では $H(m)$ まで求めることはできますが、ハッシュ関数の一
方向性[30]により、m を特定できません。そのため、存在的偽造不可を期待で
きます。

❯ 署名検証アルゴリズムにおける r の範囲チェック

署名検証アルゴリズムのステップ1にて、$1 \leqq r \leqq p - 1$ という r の範囲
チェックを行います。このチェックがないと、知られた古い署名から新しい署
名が構成でき、偽造に成功してしまいます。

ハッシュ版 ElGamal 署名の署名検証アルゴリズムの検証式を変形します。

$$y^r r^s = g^{H(m)} \bmod p$$
$$xr + ts = H(m) \bmod p - 1 \quad (\because 指数に注目)$$

ここで、両辺に $H(m)^{-1} H(m')$ を掛けます。

$$xr \cdot H(m)^{-1} H(m') + ts \cdot H(m)^{-1} H(m') = H(m) \cdot H(m)^{-1} H(m') \bmod p - 1$$
$$xr \cdot H(m)^{-1} H(m') + ts \cdot H(m)^{-1} H(m') = H(m') \bmod p - 1$$
$$xr' + ts' = H(m') \bmod p - 1$$
$$(\because r' = r \cdot H(m)^{-1} H(m') \bmod p - 1, s' = s \cdot H(m)^{-1} H(m') \bmod p - 1 とおいた)$$

●30：5.2.2 ハッシュ関数の標準的な安全性（一方向性）p.422

$$g^{xr'}g^{ts'} = g^{H(m')} \bmod p$$
$$y^{r'}r'^{s'} = g^{H(m')} \bmod p$$

これは「$y^{r'}r'^{s'} = g^{H(m')} \bmod p$」ではありません。もし同値にするのであれば、$r = r' \bmod p$でなければなりません。これを許した場合、次の2式が成り立ちます。ただし、$u = H(m)^{-1}H(m')$とします。

$$r' = r \cdot H(m)^{-1}H(m') \bmod p - 1 = ru \bmod p - 1$$
$$r' = r \bmod p$$

上記の2式を満たすr'は、中国人の剰余定理[31]により具体的に計算できます。ここで、中国人の剰余定理のパラメータは、次のようにおきます。

$a_1 = r \bmod p$	$a_2 = rH(m)^{-1}H(m') \bmod p - 1$
$m_1 = p$	$m_2 = p - 1$
$M_1 = p - 1$	$M_2 = p$
$y_1 = M_1^{-1} = p - 1 \bmod p$	$y_2 = M_2^{-1} = 1 \bmod p - 1$
$m = m_1 m_2 = p(p-1)$	

$$\begin{aligned}
r' &= \sum_{i=1}^{2} a_i M_i y_i \bmod m \\
&= r(p-1)^2 + rH(m)^{-1}H(m')p \bmod p(p-1) \\
&= r(p^2 - p - p + 1 + H(m)^{-1}H(m')p) \bmod p(p-1) \\
&= r(p(p-1) - p + 1 + H(m)^{-1}H(m')p) \bmod p(p-1) \\
&= r(-p + 1 + H(m)^{-1}H(m')p) \bmod p(p-1)
\end{aligned}$$

攻撃者は$(m, \sigma) = (m, (r, s))$を入手してから、$m'$に対する署名$\sigma'$を次の値とします。

$$\begin{aligned}
\sigma' &= (r', s') \\
&= (r(-p + 1 + H(m)^{-1}H(m')p) \bmod p(p-1), sH(m)^{-1}H(m') \bmod p - 1) \\
&= (r(-p + 1 + up) \bmod p(p-1), su \bmod p - 1)
\end{aligned}$$

ここではrの範囲チェックがないことにしているので、検証式だけを確認します。すると、次のように検証式が成り立つので、有効な署名として受理されます。

[31]：4.5.8 RSA暗号の効率化（中国人の剰余定理）p.311

$$y^{r'} r'^{s'} = y^{ru} r^{su} = g^{rux} g^{sut} = g^{rux+sut} = g^{u(rx+st)}$$
$$= g^{H(m')H(m)^{-1}H(m)} = g^{H(m')} \bmod p$$

乱数 t の漏えいによる影響

署名生成アルゴリズムのステップ3から、次の式が得られ、展開できます。

$$s = (m - xr)t^{-1} \bmod p - 1$$
$$ts = m - xr \bmod p - 1$$
$$xr = m - ts \bmod p - 1$$

ここで、$\mathrm{GCD}(r, p-1) = 1$ であれば、$x = (m-ts)r^{-1} \bmod p - 1$ になります。もし、$\mathrm{GCD}(r, p-1) = d > 1$ であれば、次のようにして x を求めます。r と $p-1$ の最大公約数が d ということは、どちらも d で割り切れます。そのため、$m - xr$ も d で割り切れます。そこで、次のように m', r', p' を定義します。

$$m' = \frac{m - ts}{d}, r' = \frac{r}{d}, p' = \frac{p-1}{d}$$

すると、$m' = xr' \bmod p'$ と書けます。$\mathrm{GCD}(r', p') = 1$ から、$e = r'^{-1} \bmod p'$ が計算でき、$x = m'e \bmod p'$ となります。これにより、ある i ($0 \le i \le d - 1$) について、$x = m'e + ip' \bmod p - 1$ になります。つまり、d 個の x の候補が得られます。

x の候補の中から $y = g^x \bmod p$ を満たすものを探します。これが唯一正しい x になります。

乱数 t を使いまわしたことによる影響

2つの別々のメッセージに同じ乱数 t を使って署名を生成すると、攻撃者は t を得ることができます。

攻撃者は $(m_1, \sigma_1), (m_2, \sigma_2)$ を入手します。ただし、$\sigma_1 = (r, s_1) = (r, t^{-1}(m_1 - xr))$、$\sigma_2 = (r, s_2) = (r, t^{-1}(m_2 - xr))$ です。このとき、s_1 と s_2 で差を取ると、次のようになります。

$$s_1 - s_2 = t^{-1}(m_1 - m_2) \bmod p - 1$$
$$t(s_1 - s_2) = m_1 - m_2 \bmod p - 1$$

ここで、$\text{GCD}(s_1 - s_2, p - 1) = 1$であれば、$t = (m_1 - m_2)(s_1 - s_2)^{-1} \mod p - 1$になります。もし、$\text{GCD}(s_1 - s_2, p - 1) = d > 1$であれば、次のようにして$t$を求めます。$s_1 - s_2$と$p - 1$の最大公約数が$d$ということは、どちらも$d$で割り切れます。そのため、$m_1 - m_2$も$d$で割り切れます。そこで、次のように$m', s', p'$を定義します。

$$m' = \frac{m_1 - m_2}{d}, s' = \frac{s_1 - s_2}{d}, p' = \frac{p - 1}{d}$$

すると、$m' = s't \mod p'$と書けます。$\text{GCD}(s', p') = 1$から、$e = s'^{-1} \mod p'$が計算でき、$t = m'e \mod p'$となります。これにより、ある(i ($0 \leq i \leq d - 1$)について、$t = m'e + ip' \mod p - 1$になります。つまり、d個のtの候補が得られます。

tの候補の中から、$r = g^t \mod p$を満たすものを探します。これが唯一正しいtになります。

そして次の式が成り立つので、乱数tが漏えいしたときと同様の議論により、署名鍵xを計算できます。

$$s_1 = t^{-1}(m_1 - xr) \mod p - 1$$

xが判明すれば、任意のメッセージに対して署名を付けられます。この議論は、ハッシュ版ElGamal署名でも同様です。

pの選択

秘密の署名鍵xはyの離散対数です。離散対数問題が解けないように、pを大きく設定しなければなりません。ElGamal暗号で解説したとおり、ある条件を満たすpは特定の解読アルゴリズムに脆弱であるため、こうしたpを避けなければなりません。例えば、$p - 1$が小さな素因数のみを持つ場合は避けます。

また、$p = 3 \mod 4$で、生成元gが$p - 1$の約数とします。そのとき、Z_p^*は位数gの部分群Sを持ちますが、その部分群Sにおいて離散対数の計算が容易である場合は避けます。特に、$p - 1 = 2q$が成り立つように素数pを選ぶことが多いので、$p = 3 \mod 4$を満たすことは多いといえます。そこで、$p - 1$を割り切らないような生成元gを選ばなければなりません。$g = 2$などのように、gが小さいときは問題の状況に当てはまるので注意しなければなりません。

考察：

　ハッシュ版ElGamal署名を考えます。pを$p = 3 \bmod 4$となる素数とします。gは$p-1$の約数、すなわち$p-1 = gq$（qは整数）とします。

　攻撃者は$g^{qz} = y^q \bmod p$を満たすzを求めます。g^qとy^qは部分群Sの元であるため、仮定より離散対数問題を解いてzを得られます。このとき、r, sを次のようにします。

$$r = q,\quad s = \frac{(p-3)(H(m)-qz)}{2} \bmod p - 1$$

　このとき、$\sigma = (r, s)$はメッセージmに対する正当な署名になることを確認してください。ただし、$H(m) - qz$が偶数になるようなmを選ぶものとします。

検証：

　正当な署名かどうかは、検証式$g^{H(m)} = y^r r^s \bmod p$を満たすかどうかで確認します。

$$（検証式の右辺）= y^r r^s = y^q (q^{(p-3)/2})^{(H(m)-qz)} \quad \leftarrow (1)$$

　ここで、$p - 1 = gq$より$gq = -1 \bmod p$であるので、$q = -g^{-1} \bmod p$になります。さらに、gは$\bmod\ p$の原始元であるため、$g^{(p-1)/2} = -1 \bmod p$になります。また、$p = 3 \bmod 4$なので$p = 4a + 3$（aは整数）と書けます。すると、$(p-3)/2 = 4a/2 = 2a =$偶数であるため、$(-1)^{(p-3)/2} = 1$です。よって、次のように展開できます。

$$\begin{aligned}
q^{(p-3)/2} &= (-g)^{-(p-3)/2} = (-1)^{-(p-3)/2} g^{-(p-3)/2} \\
&= 1^{-1} \cdot g^{-(p-3)/2} = 1 \cdot g^{-(p-3)/2} \\
&= g^{-(p-1)/2} g = (-1)^{-1} g = -g \bmod p
\end{aligned}$$

　この結果を（1）式に代入すると、次のようになります。

$$\begin{aligned}
y^q (q^{(p-3)/2})^{(H(m)-qz)} &= y^q (-g)^{(H(m)-qz)} \\
&= y^q g^{(H(m)-qz)} (-1)^{(H(m)-qz)} \\
&= y^q g^{H(m)} g^{-qz} \quad (\because H(m) - qz は偶数) \\
&= y^q g^{H(m)} y^{-q} \quad (\because g^{qz} = y^q \bmod p) \\
&= g^{H(m)} \\
&= （検証式の左辺）
\end{aligned}$$

よって、有効な署名であることが確認できました。

ElGamal署名の安全性

ElGamal署名は、直接攻撃に対しても安全でないことがわかりました。加えて、一般的選択メッセージ攻撃[32]に対して存在的偽造が可能であり、指向的選択メッセージ攻撃[33]に対して選択的偽造[34]が可能であることが知られています。

ハッシュ版ElGamal署名をさらに変形してみます。具体的には、各種アルゴリズムは次のように変形します（表7.4）。以後、ハッシュ版変形ElGamal署名と呼ぶことにします。

表7.4 ハッシュ版変形ElGamal署名の各種アルゴリズム

鍵生成アルゴリズム	変更なし
署名生成アルゴリズム	mの代わりに、$H(m,r)$を用いて計算します。 $$s = t^{-1}(H(m,r) - xr) \bmod p - 1$$ 署名に$H(m,r)$を追加します。 $$\sigma = (r, s, H(m,r))$$
署名検証アルゴリズム	mの代わりに、$H(m,r)$を用いて計算します。 $$g^{H(m,r)} = y^r r^s \bmod p$$

ハッシュ版変形ElGamal署名は、離散対数問題が困難であれば、ランダムオラクルモデル[35]にて適応的選択メッセージ攻撃に対して存在的偽造不可であることが知られています。

7.8.5 ElGamal署名の一般化

ElGamal暗号と同様に、ElGamal署名も位数が知られている任意の巡回群[36]の中で実装できます。例えば、楕円曲線上でElGamal署名を実現できます。これを楕円ElGamal署名といいます。

- [32]：7.4.2 デジタル署名の攻撃の種類（一般的選択メッセージ攻撃）p.509
- [33]：7.4.2 デジタル署名の攻撃の種類（指向的選択メッセージ攻撃）p.510
- [34]：7.4.3 デジタル署名の偽造の種類（選択的偽造）p.512
- [35]：4.9.4 RSA-OAEPに対する攻撃（ランダムオラクルモデル）p.381
- [36]：4.7.2 一般ElGamal暗号を理解するための数学知識（巡回群）p.343

7.9 Schnorr署名

安全性★★★★☆　効率性★★★★☆　実装の容易さ★★★★☆

ポイント
- 離散対数問題を利用したデジタル署名です。
- Schnorrの証明プロトコルにハッシュ関数を組み合わせて構成されます。
- 離散対数問題が困難であるという仮定の下で、ランダムオラクルモデルにおいて選択メッセージ攻撃に対して存在的偽造不可であることが証明されています。

7.9.1 Schnorr署名とは

Schnorr署名は、1991年にシュノア（Schnorr）が提案したデジタル署名です。離散対数問題[37]の困難性にもとづきます。

非対話型の証明プロトコルは、衝突困難なハッシュ関数を用いることでデジタル署名に変形することができます。このアプローチにより、Schnorrの証明プロトコル[38]から構成されたデジタル署名をSchnorr署名といいます。

7.9.2 Schnorr署名の定義

Schnorr署名は（KeyGen, Sign, Ver）から構成されています（図7.18）。

図7.18　Schnorr署名のアルゴリズム

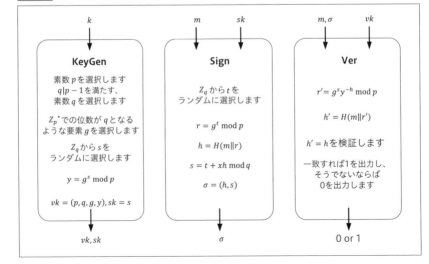

▶ 鍵生成アルゴリズム

入力	k：セキュリティパラメータ
出力	vk：検証鍵 sk：署名鍵
動作	1：素数pを選択します。 2：$q\|p-1$を満たす、素数qを選択します。 3：Z_p^*での位数がqとなるような要素gを選択します。すなわち、$g^q = 1 \mod p$を満たしています。 4：Z_qからsをランダムに選び、$y = g^s \mod p$を計算します[*22]。 5：$vk = (p, q, g, y)$、$sk = s$として、vkとskを出力します。

▶ 署名生成アルゴリズム

ここでHは衝突困難なハッシュ関数とします。メッセージmが与えられなくても、動作のステップ1〜2は事前に計算できます。

入力	m：メッセージ vk：検証鍵 sk：署名鍵
出力	σ：署名
動作	1：Z_qからランダムにtを選択します。 2：$r = g^t \mod p$を計算します。 3：$h = H(m\|\|r)$を計算します。 4：$s = t + xh \mod q$を計算します。 5：$\sigma = (h, s)$として出力します。

▶ 署名検証アルゴリズム

入力	m：メッセージ σ：署名 vk：検証鍵

[*22]：オリジナルのSchnorr署名の場合、$y = g^{-s} \mod p$になります。本書では解説上$y = g^s \mod p$としています。

- **37**：4.6.5 ElGamal暗号の死角を探る（離散対数問題）p.329
- **38**：9.1.5 Schnorrの証明プロトコル p.643

出力	0：拒否した場合 あるいは 1：受理した場合
動作	1：$r' = g^s y^{-h} \bmod p$を計算します。
	2：$h' = H(m \| r')$を計算します。
	3：$h' = h$が成り立つかどうかを検証します。成り立つ場合には1を出力し、成り立たない場合には0を出力します。

　公開鍵を$y = g^{-x} \bmod p$とするとステップ1の式は$r' = g^s y^h$になりますが、$y = g^x \bmod p$とすると$r' = g^s y^{-h}$になります。つまり、yのべき指数が負の数になっています。これを計算するには、次の2通りの方法があります。

　　①$1/y$を計算して、そのh乗を求める。
　　②$h' = -h \bmod q$を計算して、$y^{h'}$を求める。

　①の方法だと、逆元を求める必要があり、乗算に比べて一般的に計算量が大きくなります。②の方法だと、逆元を求める必要がなくなりますが、hが小さいときh'は大きな値になります（法qの世界であるため）。そのため、べき乗演算の計算量が大きくなります。
　以上より、署名検証アルゴリズムの効率性を下げないためには、公開鍵を$y = g^{-s} \bmod p$とした方が好ましいといえます。特にデジタル署名は、鍵生成や署名の生成は1回だけでも、署名の検証は何度も実行されると考えられるからです。

7.9.3 Schnorr署名の計算で遊ぶ

▶ 正当性の検証

　Schnorr署名には2つの検証式があるので、両方が成り立つことを確認します。

（1つ目の検証式の左辺）$= r' = g^s y^{-h} = g^{t+xh} g^{-xh} = g^t = r =$（1つ目の検証式の右辺）
（2つ目の検証式の左辺）$= h' = H(m \| r') = H(m \| r) = h =$（2つ目の検証式の右辺）

　よって、検証式が成り立つので、正当性を満たします。

7.9.4 Schnorr署名の死角を探る

▶ Schnorr署名の安全性

　Schnorr署名は、ランダムオラクルモデル[39]において、離散対数問題が困難という仮定の下で、選択メッセージ攻撃[40]に対して存在的偽造[41]不可の意味で安全です。これを証明するには、次の①と②を示せば十分です。②に関してはSchnorrの証明プロトコルの解説（第9章）で証明しているので、①の証明を目指します。

①Schnorrの証明プロトコルが受動的攻撃[42]に対して安全であれば、Schnorr署名はランダムオラクルモデルにおいて選択メッセージ攻撃に対して存在的偽造不可です。
②Schnorrの証明プロトコルは、離散対数問題が困難という仮定の下で、受動的攻撃に対して安全です。

　①を証明するために対偶を取ります。つまり、Schnorr署名に対して偽造が成功するアルゴリズムAの存在を仮定して、Schnorrの認証プロトコルに対して受動的攻撃が成功するBを構成できることを示します。
　アルゴリズムAは、ランダムオラクルに高々h回質問する、選択メッセージ攻撃を行う敵とします。Aの目的はSchnorr署名に対して偽造文を作ることです。偽造に成功する確率がτである敵Aが存在すると仮定すると、Schnorrの証明プロトコルに対して受動的攻撃に成功する確率がτ/hであるアルゴリズムBを構成できます。アルゴリズムBは 図7.19 のように構成します。
　Bは$\{1, ..., h\}$からランダムに選択し、iとします。これはランダムオラクルに対する問い合わせの何番目が偽造用であるかの予想値です。
　Aはランダムオラクルモデル内で選択メッセージ攻撃をするため、署名オラクルとランダムオラクルに対してアクセスしようとします。そこで、BはH-Listというテーブルを管理して、Aに対して署名オラクルとランダムオラクルをシミュレートします。
　Aが署名オラクルに対してmを送信した場合は、c, yをランダムに選択します。$x = g^y/h^c$を計算して、H-Listに(m, x, c)を登録してから、$\sigma = (c, y)$

- [39]: 4.9.4 RSA-OAEPに対する攻撃（ランダムオラクルモデル）p.381
- [40]: 7.4.2 デジタル署名の攻撃の種類（選択メッセージ攻撃）p.510
- [41]: 7.4.3 デジタル署名の偽造の種類（存在的偽造）p.512
- [42]: 7.4.2 デジタル署名の攻撃の種類（受動的攻撃）p.507

図7.19 Schnorrの証明プロトコルに対する敵Bの構成

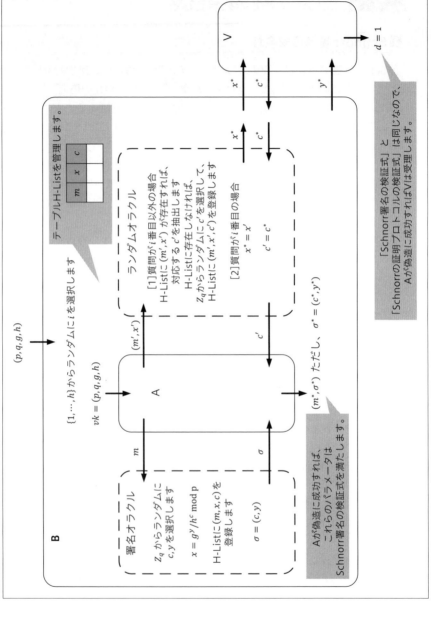

552 — デジタル署名

を返します。また、Aがランダムオラクルに対して(m', x')を送信した場合、何回目の質問かを確認します。i番目以外であれば、BはH-Listをチェックします。H-Listに(m', x')が存在した場合、対応するcをc'として返します。一方、H-Listに存在しない場合、c'をランダムに選択して、c'を返します。そして、H-Listに(m', x', c')を登録します。i番目であれば、x'をx^*として、Vに送信します。するとc^*が返ってくるので、それをc'としてAに返します。

最終的にAは(m^*, σ^*)を出力します。ただし、$\sigma^* = (c^*, y^*)$とします。その後、BはVにy^*を送信します。Aの出力値が正しい偽造文であれば、Schnorr署名の検証式を満たします。つまり、$g^{y^*} = x^* h^{c^*} \bmod p$が成り立ちます。

「Schnorr署名の検証式」と「Schnorrの証明プロトコルの検証式」は同じなので、対話情報(x^*, c^*, y^*)はSchnorrの証明プロトコルの検証式を満たします。よって、BはVに対してなりすましに成功します。

Aはランダムオラクルにh回アクセスし、署名を作るにはハッシュ関数の値を必要とします。つまり、h回のうちの1回はAの出力値（偽造）に関係するものになっています。Bは最初に$1 \sim h$の中からランダムに値iを選び、ランダムオラクルへのアクセスがi番目のときに、偽造に関する情報だと推測します。よって、その推測が当たる確率は$1/h$になります。さらに、Aが偽造に成功する確率がτであるため、全体としてBが受動的攻撃でなりすましに成功する確率はτ/hになります。これで①が証明できました。

7.10 DSA署名

安全性★★★☆☆　効率性★★★★☆　実装の容易さ★★★☆☆

ポイント
- ElGamal署名の署名サイズが小さくなるように改良した方式です。
- Schnorr署名の類似方式で、米国標準規格のデジタル署名です。
- DSA署名の安全性は証明されていませんが、ハッシュ関数の入力を若干変更することで安全性が証明されます。

7.10.1 DSA署名とは

　DSA（Digital Signature Algorithm：デジタル署名アルゴリズム）署名とは、米国国立標準技術研究所（NIST）により提案されたデジタル署名です。元々はDSS（Digital Signature Standard）として利用することを目的とし、1993年にFIPS 186として標準化されました。2000年にFIPS 186-2に改訂された際、DSSとしてDSA署名に加えて、RSA署名とECDSA（楕円曲線DSA）が追加されました。

　DSA署名は、署名のビット長を短縮するために、Schnorr署名[43]の技法を用いてElGamal署名[44]を改良した設計になっています。

7.10.2 DSA署名の定義

　DSA署名は（KeyGen, Sign, Ver）から構成されています（図7.20）。

- [43]：7.9 Schnorr署名 p.548
- [44]：7.8 ElGamal署名 p.535

図7.20 DSA署名のアルゴリズム

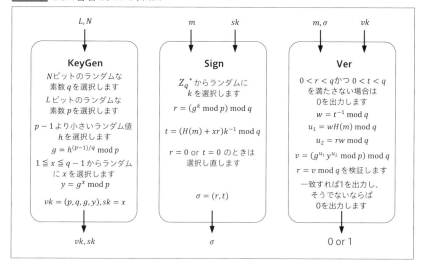

鍵生成アルゴリズム [*23]

入力	L, N：セキュリティパラメータ（$L > N$）
出力	sk：署名鍵 vk：検証鍵
動作	1：Nビットのランダムな素数qを選択します。ただし、$2^{N-1} < q < 2^N$とします。 2：Lビットのランダムな素数pを選びます。ただし、$2^{L-1} < p < 2^L$とし、$p - 1$がqで割り切れるような値とします[*23]。 3：ランダムな整数$h < p - 1$に対して、$g = h^{(p-1)/q} \bmod p$を計算します。ただし、$1 < g < p$とします。 4：$1 \leq x \leq q - 1$の範囲からランダムにxを選択して、$y = g^x \bmod p$を計算します。 5：$vk = (p, q, g, y)$、$sk = x$として出力します。

[*23]：当初のDSSでは、pは$t \in \{0, \ldots, 8\}$に対して、$2^{511+64t} < p < 2^{512+64t}$という条件を満たすものとされていました。このとき$p$のビット長は512と1024の間にあり、64の倍数になります。そのため、古い文献ではこのように定義されていることがあります。後のFIPS 186-3において、$(L, N) = (1024, 160)$, $(2048, 224)$, $(2048, 256)$, $(3072, 256)$を使用するように変更されました。

セキュリティパラメータ L と N は、p と q のビットの大きさを定めます。例えば、$(L, N) = (1024, 160), (2048, 224), (2048, 256), (3072, 256)$ の値が使われます。署名の有効期限（署名された情報の保護期間）や、署名に対する攻撃耐性を保証するためには、適切なセキュリティパラメータを選択しなければなりません。セキュリティパラメータが大きい値であれば安全性は向上しますが、計算の効率性が下がります。法の値が大きいと、べき乗計算に時間がかかるからです。

$(L, N) = (1024, 160)$ だとすると、ステップ1で選ばれる素数 q のビット長はちょうど160になります。

署名生成アルゴリズム

ハッシュ関数 H は、少なくとも N ビットの出力を持つ必要があります。

入力	m：メッセージ（任意の長さ） vk：検証鍵 sk：署名鍵
出力	σ：署名
動作	1：Z_q^* からランダムに k を選択します。 2：$r = (g^k \bmod p) \bmod q$ を計算します。 3：$t = (H(m) + xr)k^{-1} \bmod q$ を計算します。 4：$r = 0$ または $t = 0$ の場合は、ステップ1に戻ります。 5：$\sigma = (r, t)$ を署名として出力します。

ElGamal署名と同様に、動作のステップ1と2は m に依存しないため、事前に計算できます。

ElGamal署名では、g を位数が $p - 1$ となるような値[24]、すなわち g が原始元になるように設定されていました。g に原始元を使うと、ステップ2と3の法は $p - 1$ になり、一般に $q \ll p - 1$ となります。例えば、q のサイズは160ビット、p のサイズは1024ビットであり、圧倒的に q の方が小さくなります。そのため、DSA署名は法を小さくでき、その結果として計算量を削減できます。DSA署名はElGamal署名と同様に事前計算ができることは述べましたが、（q を使っているため）k の取り得る範囲が小さく、ElGamal署名よりも効率的に事前計算を完了できます。

---

[24]：1になるべき乗の最小値は $p - 1$ です。$g^{p-1} = 1 \bmod p$ になり、$p - 1$ 未満のべき乗では1になりません。

ステップ4で$t = 0$を除外しているのは、署名検証アルゴリズムで$t^{-1} \bmod q$を必要とするためです。

出力される署名σのサイズも小さくなります。先ほどと同様にqのサイズは160ビット、pのサイズは1024ビットとすると、ElGamal署名のサイズは2048ビット（＝ 1024×2）ですが、DSA署名のサイズは320ビット（＝ 160×2）になります。そのため、通信量が少なくて済みます。

▶ 署名検証アルゴリズム

入力	m：メッセージ σ：署名 vk：検証鍵
出力	1：受理 or 0：拒否
動作	1：$0 < r < q$かつ$0 < t < q$を満たさない場合には、0を出力します。 2：$w = t^{-1} \bmod q$を計算します。 3：$u_1 = wH(m) \bmod q$を計算します。 4：$u_2 = rw \bmod q$を計算します。 5：$v = (g^{u_1} y^{u_2} \bmod p) \bmod q$を計算します。 6：次の検証式を満たせば1を出力し、そうでなければ0を出力します。 $$r = v \bmod q$$

DSA署名の特徴の1つとして、計算が法pとqの下で行われていることが挙げられます。鍵生成は法pの下で計算を行っていますが、署名生成や署名検証は法qの下で計算が行われます。

ElGamal署名では法pのべき乗計算が3回ありましたが、DSA署名では法pのべき乗計算は2回（ステップ5）しかありません。しかしながら、この計算はどちらの方法でも一度にまとめてできることを考えると、それほど効率性の向上に影響していません。

DSA署名の効率性で重要なのは、指数の世界が法qであるということです。DSA署名の指数の世界は法q、ElGamal署名の指数の世界は法$p - 1$（ほぼpと同じ）です。qはpよりも小さいので、指数の世界が法qであればべき乗の数を抑えられ、べき乗計算の手間が少なくて済みます。

7.10.3 DSA署名の計算で遊ぶ

▶ 正当性の検証

正当なメッセージ署名ペアに対して、次が成り立ちます。

$$g^{u_1}y^{u_2} = g^{u_1+xu_2} = g^{(H(m)+xr)w} = g^{ktw} = g^k \bmod p$$

この関係式を用いて、検証式を確認します。

$$v = (g^{u_1}y^{u_2} \bmod p) \bmod q = (g^k \bmod p) \bmod q = r$$

よって、検証式が成り立つので正当性を満たします。

7.10.4 DSA署名の死角を探る

▶ 乱数 k を使いまわした場合

乱数 k は署名生成のたびにランダムに選択しなければなりません。もし、同じ k、すなわち同じ r を異なる署名に使うと、既知メッセージ攻撃[45]により全面的解読ができます。

この事実を確認します。同じ k を用いた2つの署名 $(m_1, \sigma_1), (m_2, \sigma_2)$ があったとします。ただし、$\sigma_1 = (r, t_1)$、$\sigma_2 = (r, t_2)$ とします。このとき、次の2式が成り立ちます。

$$t_1 = (H(m_1) + xr)k^{-1} \bmod q$$
$$t_2 = (H(m_2) + xr)k^{-1} \bmod q$$

両辺を割ると、次のように展開できます。

$$\frac{t_1}{t_2} = \frac{H(m_1) + xr}{H(m_2) + xr} \bmod q$$

$$(t_1 - t_2)rx = t_2 H(m_1) - t_1 H(m_2) \bmod q$$

ElGamal署名の場合と同様にして、x について解けます[46]。秘密鍵 x がわかれば、任意のメッセージに対して署名を付けられます。

---

[45]：7.4.2 デジタル署名の攻撃の種類（既知メッセージ攻撃）p.508
[46]：7.8.4 ElGamal署名の死角を探る（乱数 t を使いまわしたことによる影響）p.544

▶ DSA 署名の安全性

$H(m)$ の代わりに $H(m,r)$ を用いることで、安全性を証明できることが知られています。具体的には各種アルゴリズムは 表7.5 のように変形します。以後、変形 DSA 署名と呼ぶことにします。

表7.5　変形 DSA 署名の各種アルゴリズム

鍵生成アルゴリズム	変更なし
署名生成アルゴリズム	$H(m)$ の代わりに、$H(m,r)$ を用いて計算します。 $$t = (H(m,r) + xr)k^{-1} \bmod q$$ 署名に $H(m,r)$ を追加します。 $$\sigma = (r, s, H(m,r))$$
署名検証アルゴリズム	$H(m)$ の代わりに、$H(m,r)$ を用いて計算します。 $$u_1 = wH(m,r) \bmod q$$

変形 DSA 署名は、離散対数問題[47]が困難であるという条件の下、ランダムオラクルモデル[48]において適応的選択メッセージ攻撃[49]に対して存在的偽造不可[50]であることが知られています。逆にいえば、このような変形を施していない DSA 署名は安全性が証明されていないので、使用の際にはそれを考慮しなければなりません。

- [47]：4.6.5 ElGamal 暗号の死角を探る（離散対数問題）p.329
- [48]：4.9.4 RSA-OAEP に対する攻撃（ランダムオラクルモデル）p.381
- [49]：7.4.2 デジタル署名の攻撃の種類（適応的選択メッセージ攻撃）p.510
- [50]：7.4.3 デジタル署名の偽造の種類（存在的偽造）p.512

7.11 その他の署名

これまでは一般的なデジタル署名を見てきました。他にも、あらゆる観点から特殊なデジタル署名がたくさん提案されているので紹介します。

7.11.1 メッセージ復元型署名

メッセージ復元型署名は、署名から元のメッセージが復元されることで検証する方式のデジタル署名であり、検証者に署名のみを送信します。メッセージ復元型署名と区別するために、署名とメッセージを一緒に送信するタイプのデジタル署名はメッセージ添付型署名と呼ばれることがあります[*25]。

署名検証アルゴリズムに検証鍵 vk と署名 σ を入力すると、メッセージが出力されます[*26]。メッセージの冗長性などを用いて、復元されたメッセージが意味のある文章かを調べることで検証します（図7.21）。そのため、厳密な検証はできません。

図7.21 メッセージ添付型署名とメッセージ復元型署名

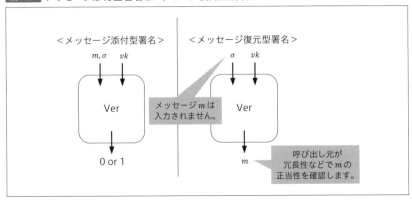

[*25] 本書では単にデジタル署名といった場合には、メッセージ添付型署名を指します。
[*26] メッセージを抽出しているだけで検証をしていないので、署名検証アルゴリズムと呼ぶのはあまり合っているとはいえませんが、慣例に従っています。

メッセージ復元型署名には、完全復元型と部分復元型があります。完全復元型は署名からメッセージを完全に復元します。一方、部分復元型は署名からメッセージの一部を復元し、残りは署名と一緒に送信されます。

メッセージ復元型署名の例として、NR署名や、復元型のRSA-PSS署名などが知られています。

7.11.2 使い捨て鍵署名

使い捨て鍵署名とは、メッセージに一度しか署名できないデジタル署名のことです。署名の検証は何度でも実行できます。また、一度だけに限らず、決められた数だけ署名できる使い捨て署名もあります。使い捨て鍵署名は、一方向性関数から構成できることが知られています。Lamport署名、Bos-Chaum署名などが知られています。

7.11.3 否認不可署名

ある状況のみでの使用を目的としたメッセージと署名があったとします。しかし、一度送信されたデータは、本来の目的を超えて流用されてしまうかもしれません。デジタル署名では、公開されている検証鍵を使えば誰でも署名を検証できます。そして、署名者の知らないところで検証され続けます。

この問題を解決する単純な方法は、鍵を更新することです。署名鍵と検証鍵を更新すれば、以前の署名鍵で作られた署名は新しい検証鍵で検証しても受理されません。しかし、署名鍵と検証鍵を更新してしまうと、あらゆる公開鍵暗号[*27]やデジタル署名に影響が出てしまい、好ましくありません。

こうした問題を解決する仕組みを組み込んだデジタル署名が、否認不可（undeniable）署名です。否認不可署名では、検証鍵だけでは署名が正当であるかどうかを検証できません。署名者の協力を得てゼロ知識証明プロトコル[●51]を用いることで、署名が正当であることを示します。

否認不可署名では、署名者が署名の偽造を証明するための否認プロトコルが組み込まれています。これにより、署名者は与えられた署名の偽造文が実際に偽造であることを証明できます。

署名者が有効な署名に対して偽造であると主張したり、署名の確認を断った

---

*27：特に「公開鍵＝検証鍵」「秘密鍵＝署名鍵」としていた場合、公開鍵暗号にも影響が出ます。

●51：9.1 ゼロ知識証明プロトコル p.634

り、署名の確認ができないようなプロトコルを実行したりするかもしれません。しかし、署名者が否認プロトコルの参加を断った場合には、署名は本物であるとみなされます。

否認不可署名として、Chaum-van Antwerpen署名などが知られています。

7.11.4 故障停止署名

故障停止（fail-stop）署名は、攻撃者による（検証式を満たす）署名の偽造が発生したことを、真の署名者が証明できるデジタル署名です。

検証式を満たす署名は、真の署名以外にもたくさん存在するようにします。こうすることで、もし無制限の計算能力を持っているような強力な攻撃者によって偽造されたとしても、署名者は偽造であることを高確率で検知して署名の使用を停止できます。つまり、fail then stopであり、これが「フェイルストップ」と呼ばれる所以です。

7.11.5 ブラインド署名

ブラインド（blind）署名とは、署名者に対してメッセージの内容がわからない状態（大体わかるが正確にはわからない状態）で署名してもらうデジタル署名です。

完全にメッセージの内容がわからない状態のブラインド署名のことは、完全ブラインド署名といいます。例えると、メッセージが封筒に入れられた状態で、署名欄が見えるところだけが切り抜かれているようなものです。しかし、これはあまり使い道がありません。メッセージに署名を付けるという行為は、契約書に押印する行為と同等です。契約書の内容を確認しないで押印するという行為は危険です。押印する側に非常に不利な内容が契約書に記載されているかもしれません。

ブラインド署名では、メッセージの内容は大体わかりますが、正確にはわからない状態になっています。例えると、先ほどと同様の切り抜かれた封筒を多数用意して、それらにメッセージを分けて入れます。署名者は1つだけ残して、他をすべて開封します。これにより、メッセージの大体の内容が把握できます。内容に問題がなければ、開封しなかった封筒に署名します。この例では、署名者の不利になるような内容をメッセージに書いた場合、大抵は発覚します。封筒が100通あれば、99/100の確率でその不正は発覚します。

ブラインド署名として、ブラインドRSA署名、ブラインドSchnorr署名、ブラインドFiat-Shamir署名などが知られています。

7.11.6 グループ署名

グループ署名とは、あるグループに属する者の署名からはそのグループに属することだけがわかり、個人を特定できないデジタル署名です。

例えば、会員制の掲示板があったとします。そのシステムの会員のみがその掲示板に書き込みできます。会員は自分の署名を付けて書き込みます。掲示板の管理人は、署名により書き込みが会員によるものだとわかりますが、どの会員であるかは特定できません。同じ会員が2回続けて書き込みしても、その書き込みが同一人物によるものだとはわかりません。書き込みに問題があった場合には、グループ管理者が会員を特定できます。

7.11.7 リング署名

リング署名とは、複数人の公開鍵情報が記載されたリストがあり、その中に真の署名者が存在することを保証するデジタル署名です。

検証者はリスト内に真の署名者が存在することだけがわかり、誰であるかは特定できません。署名者が公開鍵情報を追加するだけで、リストに含める人数を自由に決められます。誰でもリストに入れることができますが、関係が深い者をリストに入れた場合、メッセージの信憑性は上がる一方で匿名性は下がります。逆に関係が薄い者をリストに入れると匿名性は上がりますが、メッセージの信憑性が下がります。

また、真の署名者自身であっても、自分が署名したことを証明できません。そのため、最も疑わしい人物を拷問したり脅迫したりしても、自白は得られるかもしれませんが、その確証は得られません。

例えば、内部告発の文書にリング署名を付けるという応用が考えられます。グループ署名ではグループ管理者によって署名者が特定されてしまうので、内部告発のようなケースには向いていません。

7.11.8 検証者指定署名

検証者指定署名とは、指定した検証者のみが署名検証をできるようにしたデジタル署名です。検証者（署名者ではない）の検証鍵を用いることで、検証者のみが検証できるように設計されています。

7.11.9 代理署名

代理署名とは、署名者が別の代理人に署名生成の権利を委譲できるデジタル署名です。検証時には、署名者（代理人ではない）の検証鍵で署名検証できるように設計されています。

7.11.10 フォワード安全署名

フォワード安全署名は、フォワード安全性[52]を持つデジタル署名です。署名鍵が漏えいしても、ある時点より過去の署名の安全性が保証されます。署名鍵が更新されたとしても、検証鍵は更新されず同じものが使われ続けます。

---

[52]：4.11.4 ID ベース暗号の死角を探る（フォワード安全性）p.414

CHAPTER

8

鍵 と 乱 数

8.1 鍵の配送

8.1.1 鍵を安全に配送する

　現代暗号において鍵を安全に配送することはとても重要な課題です。特に、共通鍵暗号を用いるためには、何らかの方法により暗号化の前に送受信者で同一の秘密鍵を共有しなければなりません（ 図8.1 ）。

　本節では、安全に鍵を配送する方法を検討していきます。

図8.1　鍵の共有

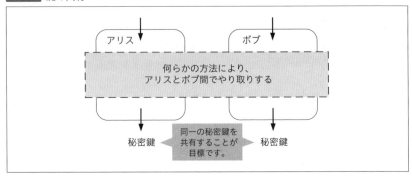

8.1.2 事前に鍵を直接渡す

　最も素朴なアプローチは、事前に鍵を直接渡すことです。アリスはランダム値を生成して、ボブに直接手渡します（ 図8.2 ）。そのランダム値を秘密鍵とすれば、両者間で鍵を共有できたことになります。

　手渡しであれば相手と対面するため、攻撃者がなりすましていたとしてもすぐに気付きます。また、渡している最中に盗まれることもありません。そういった意味でとても安全な方法といえます。

図8.2 鍵を直接渡すことによる鍵共有

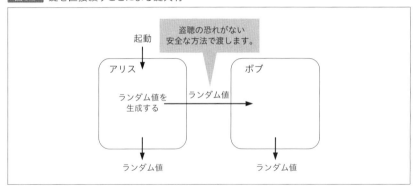

しかしながら、インターネットの世界では相手が近所にいるわけではないので、直接手渡すことは非常に困難です。郵送を使ったとしても、完全に安全であるとは言い切れず、時間と金銭的なコストもかかります。

8.1.3 鍵配送センタの力を借りる

▶ 鍵配送センタを利用して鍵を共有する

信頼できる鍵配送サーバ(以下、サーバと略す)の存在を仮定します。アリスとサーバ間、ボブとサーバ間の通信は安全であるものとします。

アリスはサーバに、自身のIDと通信相手のID(ここではボブ)を含む鍵生成クエリを送ります。するとサーバはランダム値を生成して、2者間の秘密鍵としてデータベースに登録します。その後で、サーバはアリスに秘密鍵を返します。ボブは秘密鍵を必要とするタイミングで、サーバに自身のIDと通信相手のID(ここではアリス)を含む鍵要求クエリを送ります。

アリスとボブの間で暗号通信することが決まっているのであれば、事前にサーバに対して鍵要求クエリを送信できます。サーバはデータベースから秘密鍵を抽出して返します。もしデータベースに該当の秘密鍵が存在しない場合は、存在しなかったことを意味するメッセージを返します(図8.3)。

アリスからサーバに鍵生成クエリが送られた時点で、サーバはボブに秘密鍵を通知するという方法も考えられます。しかし、実際の運用上はボブが常にオンラインとは限りません。そのため、鍵要求クエリを用意してあります。

図8.3 鍵配送センタによる鍵共有

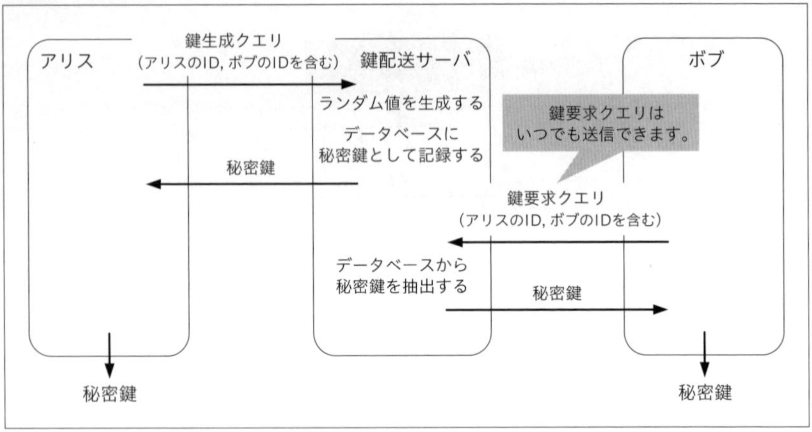

▶ 鍵配送センタの長所と短所

このアプローチであれば、個人が秘密鍵を管理しなくてもよくなります（管理してもよい）。秘密鍵が漏えいしても、サーバに鍵生成クエリを送るだけでよくなります。

しかし欠点もあります。サーバはすべての秘密鍵を管理することになります。n人が存在するネットワークで全員が共通鍵暗号を使うとすると、$n(n-1)/2$個の秘密鍵が必要となります。つまり、ネットワークの参加者が増えれば増えるほど、指数的に管理すべき秘密鍵が増えていきます。管理する秘密鍵が増えるということは、データベースの容量が増大し、データの検出にも時間がかかるということになります。攻撃者から見て、サーバは非常に魅力的な情報を管理しているため、集中攻撃される恐れがあります。特に、秘密鍵のデータベースが漏えいしてしまうと影響は計り知れません。また漏えいまでに至らなくても、DoS/DDoSアタック[*1]などで多大な負荷が与えられてしまうと、鍵生成クエリや鍵要求クエリに対する処理に影響が出るかもしれません。

安全なサーバを構築できたとしても、各参加者とサーバ間の安全な通信を実現することはさらに困難といえます。そのため、このような信頼できる第三者を仮定せずに、安全でないネットワーク上で秘密鍵を共有する仕組みが必要といえます。

[*1]：DoS（Denial of Service）アタックとは、提供するサービスを妨害したり、停止させたりする攻撃のことです。DDoS（Distributed Denial of Service）アタックとは、分散型のDoSアタックのことです。

8.1.4 共通鍵暗号による鍵共有

共有したい秘密鍵を、共通鍵暗号で暗号化して配送するアプローチです（図8.4）。事前に共有していた秘密鍵をマスタ鍵とし、これから共有する鍵を平文として扱います。この方式で使用する共通鍵暗号はブロック暗号[●1]です。

事前に共有した鍵を使いまわすということは、固定化されていることを意味します。鍵をこのように扱う場合、ブロック暗号では安全ですが、ストリーム暗号[●2]では安全でなくなってしまいます（ストリーム暗号では単純に鍵を使いまわせないため）。

このアプローチの問題は、最初の秘密鍵をどのようにして安全に共有するかいう課題が残ることです。

図8.4 共通鍵暗号による鍵共有

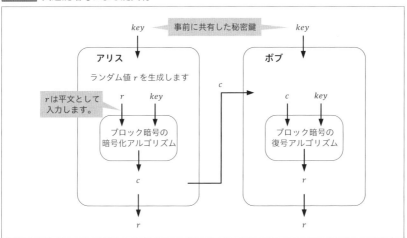

8.1.5 公開鍵暗号による鍵共有

共有したい秘密鍵を公開鍵暗号で暗号化して配送するアプローチもあります（図8.5）。

●1：3.9 ブロック暗号 p.112
●2：3.8 ストリーム暗号 p.108

図8.5 公開鍵暗号による鍵共有

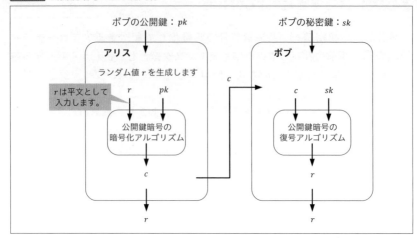

公開鍵暗号として確定的暗号を選択した場合、暗号文から平文（ここでは秘密鍵r）の部分情報が漏れます。これは確定的暗号が識別不可能性を満たさないためです[3]。部分情報が漏れないようにするためには、確率的暗号[4]を採用する必要があります。

どんなに強い安全性を持つ公開鍵暗号を適用しても、ボブになりすました攻撃者の公開鍵で暗号化してしまうと、攻撃者に復号されて、秘密鍵が漏れてしまいます。公開鍵の正当性を保証する仕組みを導入して、なりすましを防止しなければなりません。

8.1.6 Diffie-Hellmanの鍵共有

▶ Diffie-Hellmanの鍵共有とは

鍵共有プロトコルを用いて鍵を配送する方法もあります。ここでは、1976年にディフィ（W. Diffie）とヘルマン（M. Hellman）によって発表された、Diffie-Hellmanの鍵共有プロトコル（以後、DH鍵共有プロトコルと略す）を紹介します*2。

DH鍵共有プロトコルは、安全でないネットワーク上で、秘密鍵を第三者に

---

*2：鍵交換（key exchange）プロトコルと呼ぶこともあります。

[3]：4.5.7 RSA暗号の死角を探る（確定的暗号の識別不可能性）p.304
[4]：4.6.5 ElGamal暗号の死角を探る（確率的暗号）p.324

知られずに通信相手と共有する方法です。1人が生成した鍵を相手に送るのではなく、2人が協調し合います。両者は一時的な秘密情報を生成して、互いに相手の秘密情報を知らないままに、秘密鍵の共有を実現します。

下記に具体的な方法を記します（図8.6）。ステップ1は、プロトコルに従うのであれば、誰が実行しても問題ありません。

DH鍵共有プロトコル

1： ランダムに大きな素数pを生成し、Z_p^*の原始元g（$1 < g < p$）を選択し、pとgを公開します。
2： アリスは整数a（$1 \leq a \leq p-2$）をランダムに選び、$A = g^a \bmod p$を計算してボブに送ります。
3： ボブは整数b（$1 \leq b \leq p-2$）をランダムに選び、$B = g^b \bmod p$を計算してアリスに送ります。
4： アリスは$B^a \bmod p$を計算して出力します。
5： ボブは$A^b \bmod p$を計算して出力します。

図8.6　DH鍵共有プロトコル

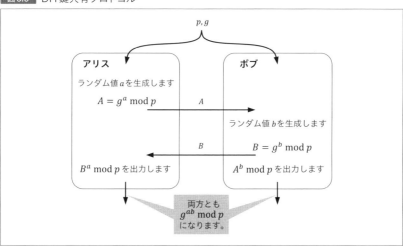

▶ DH鍵共有プロトコルの特徴

送受信者間で秘密鍵を共有できたとしても、同じ鍵をずっと使い続けることで鍵が漏えいする恐れがあります。これを防ぐためにはセッション鍵を用います。セッション鍵は、一種の使い捨ての鍵です。DH鍵共有プロトコルでは、

プロトコルを実行するたびにランダム値 r は生成し直されます。そのため万が一 r が漏えいしても、そのセッション内だけに被害を限定できます。

ネットワーク内に公開データベースが存在すれば、自分のIDと計算した値（A, Bの値）を公開します。こうすることで、必要なタイミングで、相手と送受信することなく、公開データベースの情報だけで秘密鍵を生成できます。通信相手がオフラインでも秘密鍵を計算でき、さらにその鍵を使った処理（例えば暗号化）までを事前計算できます。

▶ DH鍵共有プロトコルの計算で遊ぶ

DH鍵共有プロトコルの完全性

アリスとボブの出力値を計算すると、次のように展開され、値が一致します。この値を秘密鍵とすれば、両者間で秘密鍵を共有できたことになります。

$$アリスの出力値 = B^a = (g^b)^a = g^{ab} \bmod p$$
$$ボブの出力値 = A^b = (g^a)^b = g^{ab} \bmod p$$

▶ DH鍵共有プロトコルの死角を探る

DH鍵共有プロトコルとCDH仮定

アリスとボブがDH鍵共有プロトコルを実行しているときに、攻撃者が盗聴しているとします。このとき攻撃者が得られる情報は、p、g、$A = g^a \bmod p$、$B = g^b \bmod p$ です。これらから秘密鍵である $g^{ab} \bmod p$ を計算したいとします。

CDH仮定[5]の下では、この計算は効率的に行えません。また、離散対数問題より、p が十分に大きければ、$A = g^a \bmod p$ から a を効率的に求められません。$B = g^b \bmod p$ から b を求めることも同様です。さらに、$g^a \bmod p$ と $g^b \bmod p$ から $g^{ab} \bmod p$ を得るような、離散対数問題より効率的に計算するアルゴリズムも知られていません。よって、攻撃者は $g^{ab} \bmod p$ を計算できません。

DH鍵共有プロトコルに対する中間者攻撃

攻撃者は、アリスに対してはボブになりすまし、ボブに対してはアリスになりすまします。するとアリスとボブの間で通信文を奪い、それを改ざんできま

●5：4.6.5 ElGamal暗号の死角を探る（CDH仮定）p.332

す。このような攻撃を中間者攻撃といいます。攻撃者は次のように動作することで、アリスとボブに対して攻撃者が知っている秘密鍵を共有させることができます（ 図8.7 ）。

図8.7　DH鍵共有プロトコルに対する中間者攻撃

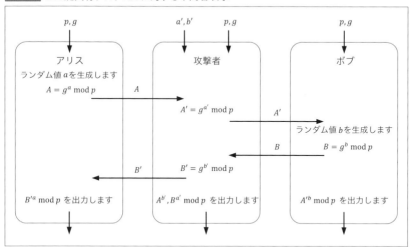

このとき、アリスとボブの出力値は次のとおりであり、$a' \neq b'$であれば一致していません。

$$\text{アリスの出力値} = B'^a = \left(g^{b'}\right)^a = g^{ab'} \bmod p$$
$$\text{ボブの出力値} = A'^b = \left(g^{a'}\right)^b = g^{a'b} \bmod p$$

アリスがボブに暗号文を送るときに、この出力値$g^{ab'} \bmod p$が秘密鍵として使われます。これは$A^{b'} \bmod p$と一致するため、攻撃者は復号できます。逆に、ボブからアリスに暗号文を送る場合も同様にして、攻撃者は復号できます。

以上により、DH鍵共有プロトコルは中間者攻撃に対して脆弱でした。中間者攻撃を防ぐためには、アリスとボブは攻撃者とではなく、お互いに通信文を交換していると確信しなければなりません。そのためには通信相手の認証を行います。しかし、DH鍵共有プロトコルの前に証明プロトコルを単純に実行するだけではうまくいきません（ 図8.8 ）。

よって、鍵共有プロトコルの中に相手認証を組み込む必要があり、これを実現化した鍵交換を認証鍵交換（Authenticated Key Exchange：AKE）と呼びます。

プロトコルの参加者間の通信は中間者によって支配されていると考え、こうした状況でもセッション（プロトコルの参加者の入出力）が安全であるべきで

図8.8 証明システムを回避する中間者攻撃

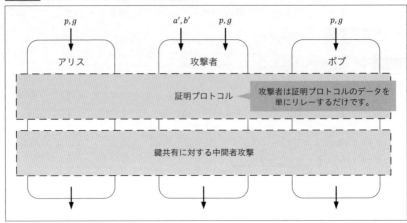

す。これをCK安全性といいます。例えば、ランダムオラクルモデル[6]において、HMQV鍵交換方式はCK安全性を持つことが知られています[*3]。

フォワード安全性

考察：

クライアントがサーバにDH鍵共有プロトコルで秘密鍵を共有し、その秘密鍵を使って共通鍵暗号の暗号通信をやり取りしているとします。このとき、攻撃者はクライアントとサーバの通信をすべて記録していたとします。その後、クライアントとサーバの侵入に成功して、システムを掌握したとします。侵入される前と侵入された後の暗号文が安全かどうかを確認してください。

検証：

将来の通信は明らかに安全ではありません（バックワード安全性[7]は持たない）。では、過去の通信についてはどうでしょうか。システムに一時的な秘密情報が残っていれば、共有された秘密鍵を生成できます。つまり、過去の通信も安全ではなくなります。

こうした問題を解決するには、秘密鍵の共有を終えたら一時的な秘密情報を即座に削除します。これにより、フォワード安全性を確保できます。

---

*3 : "HMQV: A High-Performance Secure Diffie-Hellman Protocol"
https://eprint.iacr.org/2005/176.pdf

●6 : 4.9.4 RSA-OAEPに対する攻撃（ランダムオラクルモデル） p.381
●7 : 4.11.4 IDベース暗号の死角を探る（フォワード安全性とバックワード安全性）p.414

▶ 3人以上で鍵を共有できない

共通鍵暗号による同報通信[*4]を実現するには、3人以上の間で秘密鍵を共有しなければなりません。

DH鍵共有プロトコルは2人の間で秘密鍵を共有します。DH鍵共有プロトコルを繰り返し用いても、3人の間で秘密鍵を共有できません。例えば、アリス、ボブ、キャロルの3人でDH鍵共有プロトコルを用いても、アリスとボブ間、ボブとキャロル間、キャロルとアリス間のそれぞれで別の秘密鍵が生成されてしまいます。

8.1.7 Station-to-stationプロトコルの鍵共有

▶ Station-to-stationプロトコルの鍵共有の概要

Station-to-station（STS）プロトコルは、ディフィ（Diffie）、ヴァン・オールスホット（Van Oorschot）、ウィーナー（Wiener）によって提案された鍵共有プロトコルです[*5]。このプロトコルは鍵共有を行いつつ、お互いのメッセージに対してデジタル署名を付けて相互認証することで、なりすましを防止します。

ここでは簡略化したSTSプロトコルを紹介します（図8.9）。

> **STSプロトコル（簡略版）**
> 1：大きな素数 p をランダムに生成し、Z_p^* の原始元 g（$1 < g < p$）を選択し、p と g を公開します。
> 2：アリスは整数 a（$0 \leq a \leq p-2$）をランダムに選び、$A = g^a \bmod p$ を計算してボブに送ります。
> 3：ボブは整数 b（$0 \leq b \leq p-2$）をランダムに選び、$B = g^b \bmod p$ を計算します。また、自身の署名鍵 sk_B を使って、$B||A$ に対しての署名を生成して、σ_B（$= \text{Sign}(sk_B, B||A)$）とします。この2つの値をアリスに送ります。
> 4：アリスはボブの検証鍵 vk_B で署名を検証します。検証に成功すれば、通信相手はボブと確信します。自身の署名鍵 sk_A を使って、$A||B$ に対して署名を生成して、σ_A（$= \text{Sign}(sk_A, A||B)$）として、ボブに送ります。また、アリスは $B^a \bmod p$ を計算して出力します（これが共有する秘密鍵 key に相当）。もし検証に成功しなければ、鍵共有は失敗とします。
> 5：ボブはアリスの検証鍵 vk_A で署名を検証します。検証に成功すれば、通信相手はアリスと確信します。ボブは $A^b \bmod p$ を計算して出力します（これが共有する秘密鍵 key に相当）。もし検証に成功しなければ、鍵共有は失敗とします。

[*4]：同じ内容の文面を不特定多数の相手に送信することです。

[*5]："Authentication and Authenticated Key Exchanges"
http://people.scs.carleton.ca/~paulv/papers/sts-final.pdf

図8.9 簡略化したSTSプロトコル

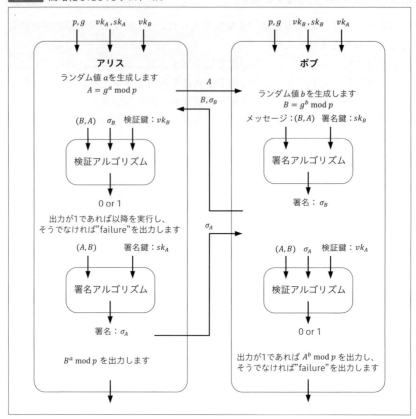

　ステップ1は、プロトコルに従うのであれば、これは誰が実行しても問題ありません。また、相手の検証鍵は公開されており、対応する公開鍵証明書は信頼された認証局によって署名されています。

STSプロトコルの死角を探る

中間者攻撃に対する安全性

　攻撃者は簡略化したSTSプロトコルに対して中間者攻撃を試みたとします。しかし、攻撃者はアリスとボブの署名鍵 sk_A, sk_B を知りません。そのため、ステップ3とステップ4の署名を作ることができず、この攻撃はうまくいきません（ 図8.10 ）。

図8.10 簡略化したSTSプロトコルに対する中間者攻撃

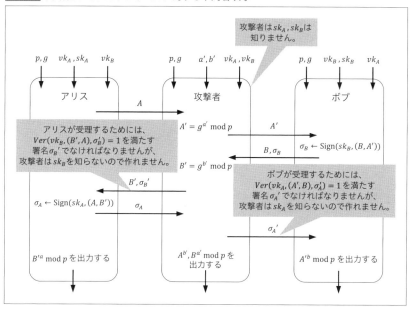

▶ 簡略化していないSTSプロトコル

簡略化したSTSプロトコルでは、署名を相手に送っていました。オリジナルのSTSプロトコルでは、計算で得られた新しい秘密鍵を用いて、署名を（共通鍵暗号で）暗号化してから送ります（ 表8.1 ）。

秘密鍵keyを使って署名を暗号化することで、署名者がkeyを知っていることも保証できます。

表8.1 オリジナルのSTSプロトコルの通信データ

	簡略化したSTSプロトコル	オリジナルのSTSプロトコル
ステップ3の通信データ	$B, \mathrm{Sign}(sk_B, B\|\|A)$	$B, \mathrm{Enc}(key, \mathrm{Sign}(sk_B, B\|\|A))$
ステップ4の通信データ	$\mathrm{Sign}(sk_A, A\|\|B)$	$\mathrm{Enc}(key, \mathrm{Sign}(sk_A, A\|\|B))$

8.1.8　楕円曲線上のDiffie-Hellmanの鍵共有

▶ 楕円曲線上のDiffie-Hellmanの鍵共有の概要

楕円離散対数問題[8]の困難性にもとづくDiffie-Hellmanの鍵共有（以後、

楕円DH鍵共有プロトコルと略す）があります。

> **楕円DH鍵共有プロトコル**
> 1：素数p、Z_p上の（1つの）楕円曲線$E: y^2 = x^3 + ax + b$、E上の1点$P \in E(Z_p)$を公開します。
> 2：アリスはE上からk_aをランダムに選び、$A = k_a P$を計算してボブに送ります。
> 3：ボブはE上からk_bをランダムに選び、$B = k_b P$を計算してアリスに送ります。
> 4：アリスは$k_a B$を計算して出力します。
> 5：ボブは$k_b A$を計算して出力します。

▶ 楕円DH鍵共有プロトコルの計算で遊ぶ

楕円DH鍵共有プロトコルの正当性

以下のように、アリスとボブの出力値が一致していることが確認できます。

$$（アリスの出力値）= k_a B = k_a(k_b P) = k_a k_b P$$
$$（ボブの出力値）= k_b A = k_b(k_a P) = k_a k_b P$$

▶ 双線形写像を用いた三者間の鍵共有

次の性質を満たす、点集合$E(Z_p)$の直積から乗法群Z_p^*へのペアリング写像[8][9] $e: E(Z_p) \times E(Z_p) \to Z_p^*$が存在するものとします。

$$e(P + R, Q) = e(P, Q)e(R, Q)$$
$$e(P, Q + R) = e(P, Q)e(P, R)$$
$$e(nP, Q) = e(P, nQ) = e(P, Q)^n$$

写像eを使うように、プロトコルを次のように改良します。

> **楕円DH鍵共有プロトコル（三者間版）**
> 1：素数p、Z_p上の（1つの）楕円曲線$E: y^2 = x^3 + ax + b$、E上の1点$P \in E(Z_p)$を公開します。
> 2：アリスはE上からk_aをランダムに選び、$A = k_a P$を計算してボブとキャロルに送ります。

●8：4.10.2 楕円ElGamal暗号を理解するための数学知識（楕円離散対数問題）p.402
●9：4.10.6 楕円曲線上のペアリング p.407

3：ボブはE上からk_bをランダムに選び、$B = k_b P$を計算してアリスとキャロルに送ります。

4：キャロルはE上からk_cをランダムに選び、$C = k_c P$を計算してアリスとキャロルに送ります。

5：アリスは$e(B, C)^{k_a}$を計算して出力します。

6：ボブは$e(C, A)^{k_b}$を計算して出力します。

7：キャロルは$e(A, B)^{k_c}$を計算して出力します。

このとき、次のように3人の出力値は一致しているので正当性が成り立ちます。

$$
\begin{aligned}
(アリスの出力値) &= e(B, C)^{k_a} = e(k_b P, k_c P)^{k_a} = e(P, P)^{k_a k_b k_c} \\
(ボブの出力値) &= e(C, A)^{k_b} = e(k_c P, k_A P)^{k_b} = e(P, P)^{k_a k_b k_c} \\
(キャロルの出力値) &= e(A, B)^{k_c} = e(k_a P, k_b P)^{k_c} = e(P, P)^{k_a k_b k_c}
\end{aligned}
$$

よって、アリス、ボブ、キャロルの三者間で秘密鍵を共有できます。

8.1.9 ハイブリッド暗号

❯ ハイブリッド暗号の概要

一般に共通鍵暗号は処理が高速ですが、鍵の配送について課題が残ります。一方、公開鍵暗号は一般に鍵の配送は不要ですが、処理が遅くなってしまいます。

両方の欠点を補う暗号がハイブリッド暗号です。つまり、ハイブリッド暗号により、高速かつ安全な暗号通信を実現できます。特に、大きい平文を暗号化する場合に向いています。例えば、Webサイトにおける暗号技術SSL[10]、メールの暗号化のPGPなどで採用されています。

具体的な方法を説明します（ 図8.11 ）。アリスはハイブリッド暗号でボブに暗号文を送信したいとします。

ハイブリッド暗号

1：アリスは（共通鍵暗号用の）秘密鍵keyを生成します。

2：アリスは、公開鍵暗号でkeyを暗号化して、ボブに送信します。これでアリスとボブの間でkeyが共有されたことになります。

3：アリスは、共通鍵暗号（鍵はkey）で暗号文を作り、ボブに送信します。

4：ボブは、共通鍵暗号（鍵はkey）で暗号文を復号します。

●10：9.4 SSL p.670

図8.11 ハイブリッド暗号によるやり取り

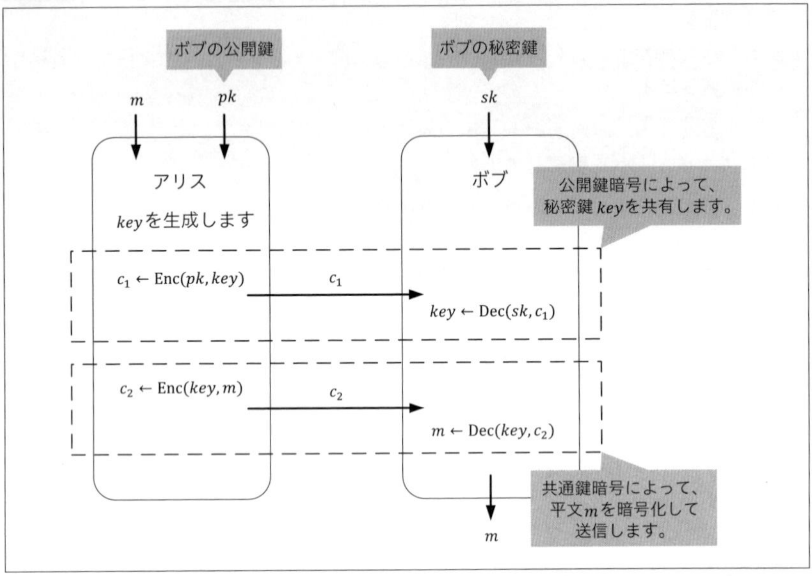

これは「公開鍵暗号による鍵共有」で共有した秘密鍵を使って、共通鍵暗号の暗号通信を行っていることと同等です。また、2階層の鍵階層に相当し、共通鍵暗号をデータの暗号化に用いて、公開鍵暗号をそのときのワーク鍵の暗号化に用いる状況に対応します[11]。

KEM-DEMフレームワーク

2001年にShoupは、鍵カプセル化メカニズム（Key Encapsulation Mechanism：KEM）とデータカプセル化メカニズム（Data Encapsulation Mechanism：DEM）を定式化しました[*6]。これをKEM-DEMフレームワークといいます。

KEMは公開鍵暗号の鍵共有の機能であり、DEMは共通鍵暗号の機能です。KEMとDEMを用いることで、ハイブリッド暗号を構成できます。KEM-DEMフレームワークでハイブリッド暗号を構成することにより、安全性の証明の議論が可能になります。

[*6]："A Proposal for an ISO Standard for Public Key Encryption"
http://eprint.iacr.org/2001/112.pdf

[●11]：8.2.3 鍵の保存（鍵の階層化）p.585

8.2 鍵管理

8.2.1 鍵管理の重要性

　現代暗号は、鍵に安全性の根拠をおいています。理論的に安全な暗号であっても、秘密鍵が漏えいしてしまうと安全でなくなります。そのため、暗号技術を利用したシステムを設計・運用する際には、鍵管理（key management）が非常に重要です。

　鍵管理では、（秘密の）鍵が漏えいしないように保護するのは当然ですが、厳重に保管して誰も使用できないのでは意味がありません。適切な条件において鍵を利用できなければなりません。他には、「鍵が改ざんされない」「万が一漏えいしても被害の影響が限定される」といった条件が必要です。

　米国のNISTは、2007年に鍵管理のガイドラインとして「NIST SP800-57 part1」[7]を発表しています。また、日本のIPA（情報処理推進機構）は、「安全な暗号鍵のライフサイクルマネージメントに関する調査」に関する報告書を公開しています。この報告書では「NIST SP800-57 part1」の内容を踏まえたうえで、鍵のライフサイクルを考慮した鍵管理について言及しています[8]。

8.2.2 鍵生成

▶鍵生成時の条件

　鍵生成の具体的な方法は、各種暗号技術の鍵生成アルゴリズムの動作によって異なります。鍵生成アルゴリズムを起動するには、鍵長を決定するセキュリティパラメータを入力します。鍵長が長ければ安全性は強くなりますが、効率性が下がります。そのため、適切な鍵長になるようにセキュリティパラメータ

---

*7：SP（Special Publications）800シリーズは、NIST内のCSD（Computer Security Division：コンピュータセキュリティ部門）が発行しているレポートです。米国の政府機関向けのセキュリティ対策がまとめられています。
　http://nvlpubs.nist.gov/nistpubs/SpecialPublications/NIST.SP.800-57pt1r4.pdf

*8：https://www.ipa.go.jp/security/fy19/reports/Key_Management/

を設定しなければなりません。等価安全性という概念を用いて、適切な鍵長を決定します。

好ましい鍵はランダムに生成されたビット列です。真性乱数[12]にもとづくビット列であることが理想的ですが、真性乱数の生成に時間がかかる場合は、疑似乱数生成器[13]で疑似乱数を生成して用います。ただし、暗号技術に使える疑似乱数は予測不可能性を満たさなければなりません。

〉等価安全性

「NIST SP800-57 part1」には、異なる種類の暗号に対しても安全性を比較できる評価尺度が載っています。これを等価安全性（equivalent security）といいます。

等価安全性における安全性指標は、最も効率的な攻撃手法が用いられたときの解読計算量で表現されます。解読計算量は、解読に必要な手間に相当します。解読計算量が大きければ、手間が増えるので安全性が強くなります。解読計算量が2^kであれば、その暗号は「kビット安全性（k-bit security）を持つ」といいます。解読計算量は暗号化処理の演算程度の手間と考えると、例えば解読計算量が2^kであれば、2^k回程度の暗号化処理の時間がかかることになります。

固有の脆弱性がない暗号の等価安全性は　表8.2　のとおりです。

表8.2　暗号の等価安全性

暗号技術		鍵長	（現時点の）最良の攻撃法	等価安全性に相当する最低限必要な鍵長				
				～2010年	2011年～2030年	2031年～		
				80ビット安全性	112ビット安全性	128ビット安全性	192ビット安全性	256ビット安全性
共通鍵暗号		共通鍵のビット長	鍵全数探索法	80	112	128	192	256
公開鍵暗号・デジタル署名	IFC	Nのビット長	数体ふるい法	1024	2048	3072	7680	15360
	FFC	(yのビット長, xのビット長)	指数計算法	(1024, 160)	(2048, 224)	(3072, 256)	(7680, 384)	(15360, 384)
	ECC	Yのビット長	ρ法	160～223	224～255	256～383	384～511	512～
ハッシュ関数		ハッシュサイズ	誕生日攻撃	160	224	256	384	512

素因数分解問題ベース（$N = pq$）の公開鍵暗号をIFC（Integer Factorization Cryptosystems）、離散対数問題ベース（$y = g^x$）の公開鍵暗号をFFC（Finite Field Cryptosystems）、楕円曲線上の離散対数問題ベース（$Y = xG$）の公開鍵暗号をECC（Elliptic Curve Cryptosystems）といいます。

コンピュータの能力や解読技術の進歩によって、安全とされる暗号の解読計

●12：8.6.5 疑似乱数と真性乱数 p.609
●13：8.7 疑似乱数生成器 p.612

算量は増加します。2010年以前では80ビット安全性を持てば十分でしたが、将来的には128ビット安全が必要と見積もられています。例えば、128ビット安全性を持つためには、共通鍵暗号であれば128ビットの鍵長が必要といわれています。また、IFCやFFCであれば3072ビット、ECCであれば224～255ビットの鍵長が必要といわれています。

IFCやFFCの鍵サイズと、ECCの鍵サイズの増加率はまったく異なります。IFCやFFCの鍵サイズが倍になっても、ECCの鍵サイズは緩やかに増えているだけです（楕円曲線暗号[●14]のメリットの1つ）。

各ビット安全性を満たす共通鍵暗号において、現在標準化されているものは 表8.3 のとおりです。3鍵トリプルDESは168ビットの鍵長を持ちますが、最も効率的な攻撃法が中間一致攻撃[*9]であるため、等価安全性としては112ビット安全性に相当するとされています。

表8.3 各ビット安全性を満たす具体的な共通鍵暗号

安全性	共通鍵暗号の種類
80ビット安全性	2TDEA（2鍵トリプルDES）
112ビット安全性	3TDEA（3鍵トリプルDES）
128ビット安全性	AES-128
192ビット安全性	AES-192
256ビット安全性	AES-256

鍵の数

共通鍵暗号の鍵の総数

システム全体に4人がいて、相互に暗号通信する状況を考えます。参加者Aから見ると、残りの3人と通信する際に秘密鍵 $key_{AB}, key_{AC}, key_{AD}$ が用いられます。Aは、この3つの秘密鍵を安全に管理しなければなりません。同様にして、B, C, Dも3つの秘密鍵を管理します。各秘密鍵は重複するので、2で割ると鍵の総数になります。よって、総数は6個（$=(4\times 3)/2$）になります（ 図8.12 ）。

これを n 人に拡張すると、各参加者は $n-1$ 個の鍵を管理し、システム全体

[*9]: ブロック暗号に対する攻撃であり、タイムメモリトレードオフ法の一種です。$c = \text{Enc}(key_2, \text{Enc}(key_1, m))$ は暗号化の二重化に相当します。中間一致攻撃では、時間と空間をバランスよく活用して、暗号化の中間値が一致するような、すなわち $\text{Enc}(key_1, m) = \text{Dec}(key_2, c)$ を満たすような組 (m, c) を探索します。

[●14]: 4.10 楕円ElGamal暗号（楕円曲線暗号）p.383

の鍵の総数は$n(n-1)/2$個になります。

図8.12 共通鍵暗号（4人）の鍵の総数

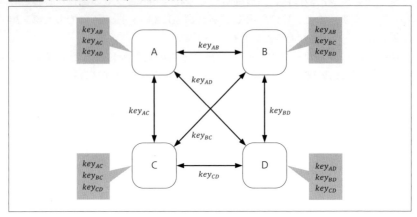

公開鍵暗号の鍵の総数

　システム全体に4人がいて、相互に暗号通信する状況を考えます。参加者Aから見ると、暗号化の際には通信相手の公開鍵を用います。この公開鍵を相手から都度送信してもらえるとすると、Aは管理する必要がありません。つまり、自分の公開鍵と秘密鍵だけを安全に管理すれば十分です。

　また、システム全体としては、4人の参加者の公開鍵と秘密鍵が登場するため、総数は8個（＝4人×2個）になります（図8.13）。

　これをn人に拡張すると、各参加者は2個の鍵を管理し、システム全体の鍵の総数は$2n$個になります。

図8.13 公開鍵暗号（4人）の鍵の総数

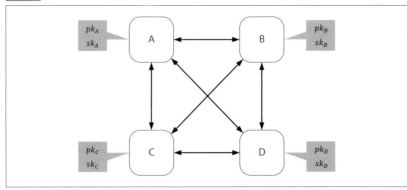

8.2.3 鍵の保存

❯ 鍵の階層化とマスタ鍵

　鍵をそのままの形で保存しておいた場合、何らかの攻撃により漏えいしないとは限りません。その鍵を守るために別の鍵で暗号化すれば、より安全に保存できます。

　このように、鍵は階層化できます。一番下の階層で用いられる鍵をワーク鍵（あるいはデータ暗号化鍵）と呼びます。下から2番目以上の鍵を鍵暗号化鍵、一番上の階層で用いる鍵をマスタ鍵といいます（ 図8.14 ）。

図8.14　鍵階層

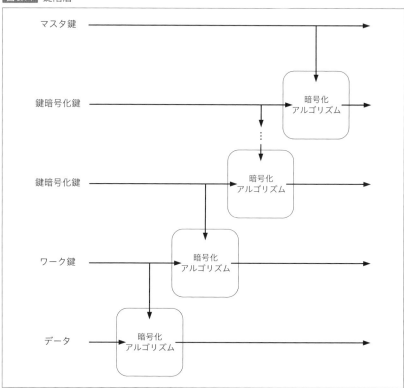

　しかしながら、マスタ鍵をどのようにして安全に保管するのかという問題が残ります。暗号システムで用いる鍵の安全性は、マスタ鍵の安全性に依存しています。なぜならば、マスタ鍵が漏えいしてしまうと、他の鍵（鍵暗号化鍵やワーク鍵）が導出できてしまうからです。また、マスタ鍵が破損したり、紛失

したりすると、暗号システムのすべての情報にアクセスできなくなってしまいます。これを防ぐためにマスタ鍵のバックアップを取ると、漏えいする機会がその分だけ増えてしまいます。

▶ 分散保管

マスタ鍵を安全に保存する方法の1つに、分散保管が挙げられます。秘密分散共有法●15 を使ってマスタ鍵を複数個のシェアにして、個別のコンピュータにシェアを保存します。(k, n) しきい値法であれば、n 個のシェアのうち k 個が揃うことでマスタ鍵を復元できますが、$k - 1$ 個が揃っていてもマスタ鍵を復元できません。

▶ IC カードに保管する

システムから切り離した媒体に鍵を保存することは非常に有効です。しかし、その媒体は適切に管理しなければなりません。

例えば、IC カードに秘密鍵を保存した場合、それを攻撃者に奪われてしまうと、なりすましされてしまいます。また、実装攻撃[10]により、IC カードから秘密鍵を奪われてしまう恐れもあります。そのため、できれば耐タンパ性[11]を備えた IC カードを用いるべきです。

▶ フォワード安全性

攻撃者にマスタ鍵やワーク鍵などを奪われたりしても、それ以前のワーク鍵を用いて生成された暗号文は解読されないことが望ましいといえます。このような特性をフォワード安全性（forward secrecy）といいます。

8.2.4 鍵の寿命

鍵には寿命があります。同じ鍵を長く使い続けた場合、長時間を費やしても解読しようとする攻撃者が現れるかもしれません。また、鍵が漏えいしてしまった場合に、過去の多くの暗号文が解読されてしまうかもしれません。1日

---

[10]：実装攻撃とは、アルゴリズムが実装されたソフトウェアやハードウェアを対象にした攻撃です。

[11]：アルゴリズムが実装されたソフトウェアやハードウェアを対象にした攻撃に対する防衛技術の総称です。

●15：9.2 秘密分散共有法 p.652

だけしか使わない鍵であれば、漏えいしてもその影響は限定的といえます。

これを端的にしたものがワンタイムパスワードです。これは使い捨てであり、使用した後に漏えいしても安全性に問題はありません。

8.2.5 鍵の廃棄

鍵を廃棄したり、更新したりする場合には、不要な鍵を完全に消去しなければなりません。特にコンピュータ上では、普段あまり意識しない場所にデータがコピーされることがあります。鍵のファイルを削除しても、メモリやディスク上に残っていたりします。また、一時ファイルやスワップファイルに鍵の情報が残されることも考えられます。

このように、コンピュータから鍵を確実に削除することは非常に困難です[*12]。鍵の消去コマンドが用意されていれば、それを利用します。場合によっては、鍵のビットパターンをディスク上で検索し、見つかったら別のビットパターンで上書きして消去します。

暗号アプリケーションの設計側であれば、メモリから鍵を安全に削除できるように実装します。メモリにアクセスできるプログラミング言語であれば、そうでない言語と比べて実現が容易といえます。ただし、知らないうちにデータを移動させるようなAPIなどには注意が必要です[*13]。また、スワップを禁止するAPIなどを用いることで、メモリがディスクに書き出されることを阻止できます。

[*12]：ディスクを何度もゼロフォーマットし、コンピュータを物理的に破壊すれば可能です。

[*13]：C言語のrealloc()などが挙げられます。データを別のメモリに移動させても、メモリマネージャが再割り当てしてそのデータを上書きするまで、元のアドレスに残ったままになります。

8.3 PKI（公開鍵基盤）

8.3.1 公開鍵の正当性

　公開鍵暗号で暗号文を作成するには通信相手の公開鍵が必要です。ネットワークの通信では相手が見えないので、公開鍵が攻撃者のものである恐れがあります。そこで、公開鍵の正当性（通信相手のものであること）を保証する手段が必要です。

8.3.2 フィンガープリントによる公開鍵の正当性確認

　こうした問題を解決する方法の1つとして、公開鍵のハッシュ値（フィンガープリントとも呼ばれる）を信頼できる方法で受け取り[14]、公開鍵（や検証鍵）は別経由（インターネット経由でもよい）で受け取るというアプローチがあります[15]（ 図8.15 ）。

　通信相手の公開鍵かどうかを判断するためには、受け取った公開鍵からハッシュ値を計算して、その値がフィンガープリントと一致することを確認します。一致すれば、受け取った公開鍵は通信相手のものだと判断できます。

　もし攻撃者がなりすまして公開鍵を送信してきたとしても、フィンガープリントと一致しないため不正な公開鍵であることがわかります。そして、フィンガープリントに一致するような公開鍵を作ることは、ハッシュ関数の性質（一方向性[16]）により非常に困難です。

＊14：例えば、名刺にフィンガープリントを記載して対面で渡したり、電話で伝えたりします。

＊15：公開鍵と検証鍵は本来同じものである必要はありませんが、運用上は公開鍵と検証鍵が同一の値であることがあります。

●16：5.2.2 ハッシュ関数の標準的な安全性（一方向性）p.422

図8.15 フィンガープリントによる正当性確認

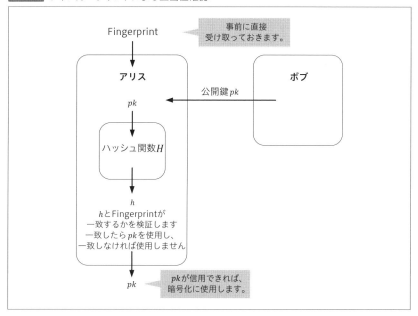

8.3.3 信頼の輪モデルによる公開鍵の正当性確認

▶ 信頼の輪モデルとは

信頼の輪(Web of Trust)モデルとは、知人が署名した公開鍵を信頼するという仕組みです。ユーザー同士が公開鍵に署名し合うことで、正当な公開鍵を広められます。

例えば、アリスはボブに暗号文を送りたいとします。公開鍵暗号で暗号化するためにはボブの公開鍵が必要です。しかし、初めてボブに暗号文を送るのであれば、ボブの公開鍵を初めて入手したことになります。ボブの公開鍵を確認したとき、アリスが信頼しているキャロル[16]の署名が付いていれば、その公開鍵は本当にボブのものであると信用します。これが信頼の輪モデルの基本的な考え方です。

PGPなどの暗号化ツールは信頼の輪モデルを採用しています。

---

[16]：信頼の輪モデルを理解し、むやみに署名を付けないユーザーでなければなりません。

▶ 信頼の輪モデルの仕組み

上記で信頼の輪モデルの簡単な例を挙げましたが、実際にはもう少し複雑です。ここから詳しく説明していきます。

ユーザーの信頼度

ユーザーごとに信頼度を設定できます。信頼度には次の4つのレベルがあります。ただし、未設定時はunknownになります。

- 未知（unknown）
- 信頼しない（none）
- ある程度信頼する（marginal）
- 完全に信頼する（full）

3ステップ[*17]以内に次の条件を1つでも満たせば、その鍵は完全に信頼できるものとします。

- 自身が署名している。
- その鍵に対して、信頼度がfullのユーザーの署名が1つ以上付いている。
- その鍵に対して、信頼度がmarginalのユーザーの署名が2つ以上付いている。

ポイントはそのユーザーの信頼度がfullであるかではなく、fullのユーザーから署名されているかという点です。

▶ 信頼の輪モデルの例

例えば、公開鍵に対して署名が次のように付いているものとします（ 図8.16 ）。

- AはBの公開鍵に署名を付けている。
- BはC, D, Eの公開鍵に署名を付けている。
- CはEの公開鍵に署名を付けている。
- DはFの公開鍵に署名を付けている。
- EはFの公開鍵に署名を付けている。
- FはGの公開鍵に署名を付けている。

＊17：システムによってステップ数は異なります。例えば、GPLにもとづいた暗号化ソフトであるGnuPGでは、5ステップとなります。

図8.16 署名の関係図

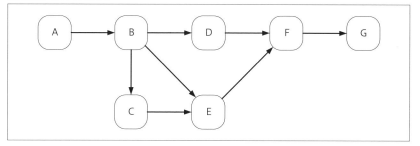

例1)

アリスをAとすると、アリスがC、E、Fの信頼度をfullにした場合、（アリスにとっての）ユーザーの公開鍵の正当性は次のようになります。

表8.4 例1の信頼度と公開鍵の正当性

ユーザー	信頼度	公開鍵の正当性
B	unknown	○ （アリス自身が署名している）
C	full	× （信頼度がunknownのBの署名しかない）
D	unknown	× （信頼度がunknownのBの署名しかない）
E	full	○ （信頼度がfullのCの署名がある）
F	full	○ （信頼度がfullのEの署名がある）
G	unknown	× （信頼度がfullのFの署名があるが、ステップ3以内に収まっていない）

例2)

アリスがD、E、Fの信頼度をmarginalにした場合、ユーザーの公開鍵の正当性は次のようになります。

表8.5 例2の信頼度と公開鍵の正当性

ユーザー	信頼度	公開鍵の正当性
B	unknown	○ （アリス自身が署名している）
C	unknown	× （信頼度がunknownのBの署名しかない）
D	marginal	× （信頼度がunknownのBの署名しかない）
E	marginal	× （信頼度がunknownのBとCの署名しかない）
F	marginal	○ （信頼度がmarginalのDとEの署名がある）
G	unknown	× （信頼度がmarginalのFの署名があるが、2つ以上ではない。しかも、ステップ3以内に収まっていない）

このように、信頼の輪モデルでは公開鍵の正当性が「①公開鍵を使用する主体」と「②署名の関係図」と「③ユーザーごとの信頼度」によって決まります。

8.3.4 認証局モデルによる公開鍵の正当性確認

▶ PKIと認証局

フィンガープリントの方法により暗号文の送信や署名の検証を実現できますが、送信側はフィンガープリントによるチェックをしなければならず手間がかかります。また、フィンガープリントの受け取りは困難であることが多いといえます。受け取れたとしても、その方法は決まっていないので、プログラムで受信と検証を自動的に行うことは難しそうです。

こうした課題を解決する方法として、インターネット上ではPKI（Public Key Infrastructure：公開鍵基盤）という仕組みがたびたび利用されています。PKIの仕組みは明確に決められており、ブラウザはそれに準拠しています。そのため、インターネットでショッピングする際にも、ユーザー側は意識することなく暗号通信による安全な買い物ができます。

PKIでは信頼できる第三者機関（TTP：Trusted Third Party）が、公開鍵の正当性を保証します。TTPは、公的な身分証明などにより公開鍵の本人を確認して、電子証明書（以後、証明書と略す）を発行します。証明書には、公開鍵とその所有者の情報が記載され、加えてTTPのデジタル署名が付いています。このように証明書を発行するTTPを電子認証局（以後、認証局と略す）といいます。

▶ PKIの構成要素

PKIは次の3つの要素から構成されます。

- 利用者：PKIを利用する存在（公開鍵を登録・利用する）
- 認証局：証明書を発行する存在
- リポジトリ：証明書を保管する存在

▶ PKIにおける公開鍵の登録と利用の流れ

PKIの基本的な流れについて説明します。アリスはボブに公開鍵暗号の暗号文を送信するものとします。つまり、アリスがボブの公開鍵を必要としている状況です（ 図8.17 ）。

図8.17 PKIの基本的な流れ

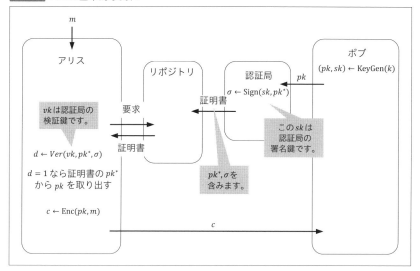

ステップ1
ボブは事前に公開鍵暗号の鍵ペア（公開鍵pkと秘密鍵sk）を作ります[*18]。公開鍵pkを認証局に提出します。

ステップ2
認証局は信頼できる方法でボブの本人性を確認して、ボブの証明書を発行します。その証明書には、ボブの公開鍵pkと認証局のデジタル署名σが入っています[*19]。

ステップ3
証明書はリポジトリに送信され、管理されます。

ステップ4
アリスはリポジトリにボブの証明書を要求することで、ボブの証明書を取得できます。

ステップ5
アリスは、証明書に記載されている認証局の署名を検証します。これは認

[*18]：認証局が鍵ペアを生成する方式もあります。
[*19]：本来は、ボブの公開鍵を含む証明書前情報に対して署名が計算されます（詳細はp.598を参照）。ここでは漠然とpkを含むことがわかるようにpk^*として、これに署名しています。

証局の検証鍵（＝公開鍵）により可能です。検証の結果、正当な署名であることがわかれば、ボブの公開鍵を信頼できるものとして扱います。

ステップ6
その公開鍵で暗号化して、ボブに暗号文を送ります。

　ステップ1で、ユーザーは公開鍵と秘密鍵を自己責任で作成します。そして、公開鍵を含む証明書は認証局経由でリポジトリが管理します。秘密鍵はユーザーが管理し続けます。いくら公開鍵の正当性が保証されたとしても、秘密鍵が漏えいしてしまえば安全でなくなります。

　これは実生活における印鑑登録サービスと非常に似ています（公開鍵暗号の場合は鍵が2種類、印鑑は1つという違いはある）。印鑑は自分で用意して、役所にその印鑑を登録します。役所は印鑑の証明書を発行し、印鑑はユーザー自身が管理しなければなりません。証明書により印鑑を持つ者の本人性が保証されますが、印鑑の紛失・盗難に対する安全性は保証されません。

　ステップ5で、認証局の署名を検証しますが、その際の検証鍵は正当でなければなりません。そこで、認証局自身が検証鍵（公開鍵に相当）の証明書を発行して、リポジトリに証明書が登録・管理されます。詳細は認証局の階層構造のところで解説します。

8.3.5　認証局

〉認証局とは

　認証局（Certification Authority：CA）とは、証明書を発行（承認）し、身元を保証する存在です。証明書を自分で勝手に発行しても、誰にも信用されません。例えば、運転免許証は身分証明に用いられることがあります。都道府県の公安委員会という信頼できる第三者が発行するから、運転免許証が信用されるわけです。

　認証局には様々なものがあり、信頼できる認証局だけでなく、信頼できない認証局も存在します。認証局は、認証局運用規定（Certificate Practice Statement：CPS）という文書を公開しています[20]。CPSで自身の認証局としてのポリシーを定めており、これを確認することで信頼に値する認証局かどうかをユーザーが判断できます。

＊20：RFC 2528などで規定されています。
　　　　https://tools.ietf.org/html/rfc2528

日本における認証局の認定

日本では、法律で認証局の運用基準が定められており、国の審査により認定されます。これを特定認証業務制度といいます[*21]。この制度で認定された認証局は、日本では最高の信頼性を持つものとされます。

認証局の階層構造

認証局は1つとは限りません。通常は複数存在し、階層構造になっています（ 図8.18 ）。

図8.18　認証局の階層構造

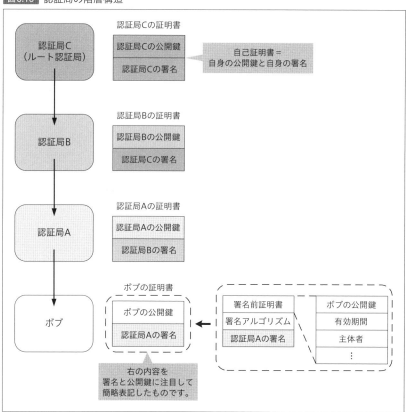

[*21]：特定認証業務は、電子署名法の中で定義されています。電子署名法とは、電子商取引の信頼性を確保するための「電子署名及び認証業務に関する法律」（平成12年法律第102号）です。

1つの認証局の検証鍵を安全に入手できれば、その認証局の配下に位置する認証局の検証鍵も安全に入手できます。最上位の認証局の証明書のほとんどは、その認証局自身の署名しか付いていません。このような証明書を自己証明書といいます。つまり、自己証明書について署名の検証に成功したとしても、公開鍵は本当にその認証局のものかどうかは保証されません。

8.4 リポジトリ

8.4.1 リポジトリとは

　リポジトリ（repository）とは、証明書の配布を行うサービスや組織のことです。認証局の主な役割は証明書を発行することであり、配布はリポジトリが行います。

　また、発行した証明書の信頼性が失われた場合は、認証局がその証明書を失効させて、証明書失効リスト（Certificate Revocation List：CRL）を発行します。このCRLもリポジトリに登録されて、ユーザーが参照できるようになります。

　いずれにしても、リポジトリは証明書やCRLをユーザーに公開します。一般にディレクトリサーバ[*22]が利用されることが多いといえます。ただし、単に公開するだけなので、別の方法でも代替できます。例えば、ファイルサーバに証明書を保管しておき、URLを通じて証明書をダウンロードできるようにしても、機能的には問題ありません。また、証明書を保存した媒体を直接渡すことができれば、リポジトリは省略できます。現在では、認証局がリポジトリを兼ねることも多くなってきています。

[*22]：ネットワーク上の資源を統一的に管理するためのサーバのことです。

8.5 電子証明書

8.5.1 電子証明書とは

電子証明書（以後、証明書と略す）は、公開鍵がその証明書に書かれた所有者のものであることを証明するために用いられます。ここでいう公開鍵とは、公開鍵暗号の公開鍵や、デジタル署名の検証鍵を指します。

8.5.2 証明書のフォーマット

▶ X.509

証明書のフォーマットは、国際標準化団体のITU（国際電気通信連合）により標準化されており、その代表的なものがX.509です。X.509では、証明書の論理的構造を規定しています。このフォーマットを利用していることを強調するときには、X.509証明書と呼ぶことにします。

X.509証明書は、DER形式でエンコードしたバイナリファイル（拡張子：der）や、Base64形式でエンコードしたテキストファイル（拡張子：pem）として保存されます[*23]。

X.509証明書は、「署名前証明書」「署名アルゴリズム」「署名値」から構成されます（ 表8.6 ）。署名前証明書は、基本領域と拡張領域に分けられます。基本領域には、証明書の所有者の公開鍵に関する情報が記載されます。拡張領域には、基本領域を補足する情報が追加されます。例えば、「検証鍵情報」「鍵使用目的（署名検証・否認防止・暗号化など）」「ポリシー情報」などが含まれます。署名値は、署名前証明書に対する認証局のデジタル署名です。

証明書は使用する形式によって、PKCS#11（ICカードなど）やPKCS#12（データファイルなど）で保存されます。

[*23]：pemファイルはテキストエディタで内容を確認できますが、エンコードされているので目視で設定値を確認することは困難です。拡張子をcerまたはcrtに変更すると、証明書ビューアで表示できます。

表8.6 X.509証明書の構造

証明書	署名前証明書	バージョン	
		シリアル番号	
		アルゴリズム識別子	
		発行者	
		有効期間	開始時刻
			終了時刻
		主体者	
		主体者公開鍵情報	アルゴリズム
			主体者公開鍵
		発行者ユニーク識別子	
		主体者ユニーク識別子	
		拡張領域	識別子
			重要度
			拡張値
	署名アルゴリズム		
	署名値		

▶ 証明書の拇印

　証明書の中に「拇印」（フィンガープリント）が存在する場合があります。これは証明書自体のハッシュ値になります。例えば、拇印アルゴリズムが"SHA1"、拇印が "24 5C 23 54 2A 42 CE EC 90 84 09 0D 3F BA A8 93 E2 17 7B 01" のとき、これらの情報は証明書の中に埋め込まれているわけではありません。ハッシュ値を用いて、証明書を一意に特定するために用います。

　ところで、証明書内にはシリアル番号があります。これは証明書の発行時に割り当てられるユニークな値です。同一の認証局であればシリアル番号は重複しませんが、異なる認証局が同一のシリアル番号を割り当ててしまう可能性を否定できません。また、自分で証明書を発行する場合はシリアル番号を適切に管理しておかないと、重複してしまうかもしれません。

　よって、証明書の一意性を確認するには、拇印を用いた方がよいといえます。

8.5.3 証明書の種類

〉認証の目的による分類

証明書の種類は、認証の目的の観点からは次の2通りに分類できます。特にサーバ証明書はよく使われます。

- **サーバ証明書**：サーバの認証に用いる証明書
- **クライアント証明書**：クライアントの認証に用いる証明書

クライアントからサーバへSSL通信する際にクライアント認証を行うと、クライアント証明書を保持するクライアントだけのアクセスを許します[*24]。クライアント証明書を持つことが認証になるので、ユーザー認証は不要となり、ユーザーの手間を軽減できます。ただし、クライアント証明書をユーザーごとにあらかじめ発行して、ユーザーのPCにはインポートしておく必要があります。

〉階層別による分類

認証局は階層構造を持つので、証明書のチェーンが複数の階層で構成されます（ 表8.7 ）。

表8.7 階層別による証明書

証明書の名前	説明
ルート証明書	階層構造の最も上位に位置する証明書。階層構造の最も基礎であることから、「根」を意味するrootが由来となっている。
中間証明書	階層構造において最上位・最下位以外に位置する証明書。証明書のチェーンが3階層以上の場合に存在する。
エンドエンティティ証明書	階層構造の最も下位に位置する証明書。サーバ証明書に対応する。

サーバ証明書による認証の場合、クライアントは信頼できる認証局のルート証明書をあらかじめ保持しています。また、信頼する者が発行した証明書を信頼します。チェーンと呼ぶように、この信頼の連鎖が繰り返されます。

＊24：SSLにおいて、クライアント認証はオプション扱いです。

例） SSLの証明書の階層関係

　ここでは具体的にSSLの証明書を確認してみます。Internet Explorer[25]でGoogle Maps[26]にアクセスします。URL入力欄の隣にある鍵アイコンをクリックすると、証明書を表示できます。証明書ウィンドウにて「証明のパス」タブを選択すると、証明書の階層構造を確認できます（図8.19）。それぞれの証明書の発行先と発行者の関係は 表8.8 のとおりです。

図8.19　証明書の階層構造の例

表8.8　証明書の発行先と発行者の関係

証明書の種類	発行先	発行者
ルート証明書	GeoTrust Global CA	GeoTrust Global CA
中間証明書	Google Internet Authority G2	GeoTrust Global CA
サーバ証明書	*.google.com	Google Internet Authority G2

　また、インターネットオプションの「コンテンツ」タブから、設定済みの証明書を確認できます。この例では、「信頼されたルート証明機関」に「GeoTrust Global CA」が存在することを確認できました（図8.20）。

---

* 25：他のブラウザでも、鍵アイコンから証明書の階層構造を確認できます（ブラウザにより、操作や名称は若干異なる）。
* 26：https://www.google.co.jp/maps

図8.20 信頼されたルート証明機関の一覧

　GeoTrust Global CAが自身に発行するルート証明書は（クライアントによって）信頼されています。そのため、このGeoTrust Global CAが発行する、Google Internet Authority G2の中間証明書も信頼できます。さらに、Google Internet Authority G2が発行する、*.google.com（google.comの任意のサブドメイン）のサーバ証明書も信頼できます[*27]。

8.5.4 証明書の信頼性

▶ 信頼性は審査の質によって左右される

　証明書の検証によって、「証明書に記載された組織名」と「実在する組織」の対応が十分に保証されるわけではありません。なぜならば、認証局は証明書を発行するときに本人性を審査しますが、その審査内容や審査基準はまちまちだからです。場合によっては、発行対象者名と電子メールだけで審査を通す認証局もあります。
　こうした審査の基準がゆるい認証局を利用して、身元を偽って取得した証明書がフィッシングサイトに使われるという事件も起きています。

[*27]：このように複数のサブドメインで使用可能なサーバ証明書をワイルドカード証明書といいます。

▶ EV SSL証明書

上記のような理由から、ユーザーとしては証明書があっても安心できないことになります。これを解決するためには、EV SSL（Extended Validation SSL）証明書が有効です。EV SSL証明書を発行する権利は、独立した監査によりある一定の基準を満たした一部の認証局だけに認められています。EV SSL証明書の発行を望む者に対して、認証局は厳格な審査で本人性を確認し、審査に問題がなければEV SSL証明書を発行します。審査内容は次のとおりです。

- ドメイン名所有権の確認
- 申請責任者の権限の認証
- 企業実在性の認証
- ブラックリストの掲載の有無

特に、組織の実在性確認のため、公的書類の提出を義務付けています。さらに、「日本に登記のある法人・団体」や「中央省庁および国の機関・地方公共団体およびその機関」からの申請のみを受け付けます。つまり、個人・個人事業主・任意団体からの申請は受け付けません。

ユーザーからすれば、EV SSL証明書は一般のSSL証明書より信頼できます。また、対応ブラウザであれば、目視で確認できる機能も備えてあります。例えば、Internet ExplorerであればEL SSL証明書の発行を受けたWebサイトにアクセスした場合に、アドレス欄が緑色になり、セキュリティステータスバー（図8.21 の右側の囲み）には「Webサイトの運営者」と「認証局」が交互に表示されます。

図8.21　アドレス欄とセキュリティステータスバー

8.5.5　証明書に対する攻撃

▶ 公開鍵の登録者へのなりすまし

PKIの基本的な流れの図では、最初にボブが公開鍵を認証局に送信しています。この通信で攻撃者が公開鍵をすり替えるかもしれません。また、攻撃者がボブになりすまして、公開鍵を登録するかもしれません。いずれにしても、こ

の攻撃が実現してしまうと、結果的に認証局は「攻撃者の公開鍵はボブのものである」という保証を与えてしまいます。

これを防ぐには、認証局が本人確認する際に、公開鍵のフィンガープリントも確認するようにします（PKIとは異なる枠組みで公開鍵の正当性を保証できる）。また、公的書類の提出も非常に有効といえます。

認証局になりすます

認証局の仕事は証明書を登録したり、CRLを発行したりすることです。これには大規模な設備は必要ありません。つまり、認証局と同等の作業をするソフトウェアがあれば、誰でも認証局を自称できます。

ボブは信頼できない認証局に公開鍵を登録してはいけません。また、アリスも信頼できない認証局が発行した証明書を鵜呑みにしてはいけません。証明書の階層構造により、信頼に値する認証局にチェーンされていることを検証しなければなりません。

わざと鍵を失効させる

アリスはボブから車の注文の契約をしましたが、数カ月後にアリスがその注文を否認したとします。契約に署名があれば、否認できません（デジタル署名が持つ否認不可のため）。ところが、アリスは否認する前にわざと秘密鍵を失ったことにして、認証局に新しい公開鍵を登録するかもしれません。このとき、ボブは署名を検証してもうまくいきません。なぜならば、検証鍵である公開鍵はすでに新しいものになっているからです。

こうした問題を防ぐためには、公開鍵が失効していてもそれを保管しているならば、認証局は公開鍵の要求に応えるようにしなければなりません。

Column Base64

　Base64とは、バイナリデータを文字列に変換する方法の一種です。使用される文字は64種類です。これらは印字可能な文字であり、具体的にはアルファベット（a〜z, A〜Z）、数字（0〜9）、一部の記号（+, /）です。ただし、データのサイズを揃えるために、パディングとして末尾に=を使用するので、厳密には65文字で表現されます。

　Base64の変換により、データサイズは元のデータより約35.1%増加します。

例）変換したい文字列を "akademeia" とした場合

1：ASCIIで各文字をバイナリ（2進数）に変換します。
"akademeia"
↓
0x61, 0x6b, 0x61, 0x64, 0x65, 0x6d, 0x65, 0x69, 0x61
↓
0110 0001b, 0110 1011b, 0110 0001b, 0110 0100b, 0110 0101b, 0110 1101b, 0110 0101b, 0110 1001b, 0110 0001b

2：各文字のバイナリを連結して、6ビットごとに分割します。最後が6ビットにならない場合は、0でパディングします。
011000010110101101100001011001000110010101101101011001010110100101100001b
↓
011000 010110 101101 100001 011001 000110 010101 101101 011001 010110 100101 100001b

3：本書付録（p.701）の変換表を用いて、ビットを文字に変換します。
011000 010110 101101 100001 011001 000110 010101 101101 011001 010110 100101 100001b
↓
Y W t h Z G V t Z W l h

4：4文字ごとに連結します。最後が4文字に足りない場合は=でパディングします。
Y W t h Z G V t Z W l h
↓
YWth ZGVt ZWlh

5：すべての文字列を連結すれば、Base64で符号化された文字列になります。この例では "YWthZGVtZWlh" になります。

LinuxのコマンドでBase64の符号化を確認できます。

```
pi@raspberrypi ~ $ echo 'akademeia' | base64
YWthZGVtZWlhCg==  ←"Cg=="は改行コード＋パディング
pi@raspberrypi ~ $ echo -n 'akademeia' | base64
                        ↑改行しないようにオプションを付ける
YWthZGVtZWlh
pi@raspberrypi ~ $ echo 'akademeia' | base64 | base64 -d
akademeia
pi@raspberrypi ~ $ echo -n 'akademeia' | base64 | base64 -d
akademeiapi@raspberrypi ~ $
```

8.6 乱数

8.6.1 ランダム

サイコロを振ったり、コインを投げたりしたとき、結果を確実に予想できません。これはサイコロやコインの出方が偶然に支配されているからです。このように偶然に支配されている状態のことをランダムといいます。

8.6.2 乱数と乱数系列

ランダムに選ばれた数字を乱数といい、乱数の並び（数列）を乱数系列といいます。x_n を n 番目の乱数とすると、乱数系列 $\langle x_i \rangle$ は、次のように表記できます。

$$\langle x_i \rangle = x_0, x_1, x_2, \cdots$$

乱数系列の各項の乱数が集合 F の元のとき、F 上の乱数といいます。例えば、サイコロを振って出た目を並べると、集合 $F=\{1, 2, 3, 4, 5, 6\}$ の元がランダムに現れる乱数系列が得られます。これは $\{1, 2, 3, 4, 5, 6\}$ 上の乱数です[28]。

$$\langle x_i \rangle = 3, 6, 1, 2, 1, 3, 5, \cdots$$

ランダムなビット列が必要な場合は、サイコロの目が偶数のときを 0、奇数のときを 1 とします。すると、先ほどの乱数系列は、次のような乱数系列に変換できます。

$$\langle x_i \rangle = 1, 0, 1, 0, 1, 1, 1, \cdots$$

---

[28]：ラスベガスのカジノでは、サイコロの出目によって大金が賭けられた勝敗が決まります。そこで、プレシジョン・ダイス（precision dice）という特殊なサイコロを使います。このサイコロは穴を同じ比重で埋めてあり、出目の確率がより均等になるように作られています。

8.6.3 乱数の周期

乱数系列$\langle x_i \rangle = x_0, x_1, x_2, \cdots$について、$x_{i+m} = x_i$を満たす自然数$m$があるとき、周期的であるといいます。ただし、$i$は$k$以上の任意の自然数とします。これを満たす最小の自然数mを（乱数系列の）周期といいます。

問題：
次の乱数系列$\langle x_i \rangle$の周期はいくつでしょうか。

(1) $\langle x_i \rangle = 1, 5, 3, 1, 5, 3, \cdots$
(2) $\langle x_i \rangle = 3, 6, 2, 4, 3, 5, 3, 5, \cdots$

解答：
(1) $i \geqq 0$において、$x_{i+3} = x_i$が成り立っています。つまり、「$1, 5, 3$」が繰り返されているので、周期は3です。
(2) $i \geqq 4$において、$x_{i+2} = x_i$が成り立っています。つまり、「$3, 5$」が繰り返されているので、周期は2です。

8.6.4 乱数の性質

乱数の主な性質として、次の3種類が挙げられます。

①無作為性
②予測不可能性
③再現不可能性

▶ 無作為性

無作為性とは、統計的な偏りがないことです。つまり、でたらめな数列であることを意味します。Fのどの元も等確率で現れていることになるので、一様分布性とも呼ばれます。

▶ 予測不可能性

予測不可能性とは、過去の数列から次の数が予測できないことです。つまり、乱数系列の任意の一部から、他のビットを効率的に推測できないことを意味します。

▶ 再現不可能性

再現不可能性とは、同じ数列を再現できないことです。もし同じ数列を使うのであれば、保存しておくしかありません。

▶ 乱数の性質の強弱

乱数の性質の強弱関係は「①＜②＜③」になります。例えば、②の性質を満たせば、①の性質も満たします。また、③の性質を満たせば、①と②の性質も満たします。

8.6.5 疑似乱数と真性乱数

▶ 疑似乱数

疑似乱数とは、種（シード）と呼ばれる情報を入力として、決められた手続き（アルゴリズム）に従って生成される乱数のことです。疑似乱数を生成するアルゴリズムを疑似乱数生成器●17といいます。

疑似乱数は、「①無作為性のみ」あるいは「①無作為性と②予測不可能性を持つ」に分けられます。一般的なシミュレーション用の疑似乱数では、無作為性を満たすだけで十分な場合があります。

一方、現代暗号の世界では、乱数を使って鍵を生成したり、暗号化の際に用いたりします。暗号で用いる乱数は、暗号学的に安全な乱数でなければならず、少なくとも「②予測不可能性」を満たす疑似乱数でなければなりません。

本来であれば、次に説明する真性乱数を使うことが望ましいですが、その生成には非常に時間がかかります。また、真性乱数の生成には特殊な装置が必要であるため、コストがかかりがちです。そういった場合には、疑似乱数生成器で得られた疑似乱数で代用します。ただし、疑似乱数生成器では、同じ種を使

●17：8.7 疑似乱数生成器 p.612

うと、同じ疑似乱数を出力します。つまり、疑似乱数は再現性があります（③を満たさない）。

真性乱数

真性乱数（真の乱数）とは、「①無作為性」「②予測不可能性」「③再現不可能性」をすべて満たす乱数です。真性乱数を生成する生成器（生成アルゴリズム）を真性乱数生成器といいます。

ソフトウェアだけでは、真性乱数生成器を実現できないことが知られています。なぜならば、ソフトウェアを動作させるコンピュータは有限の内部状態しか持たないためです。ソフトウェアをアルゴリズムとしてとらえれば、「同じ内部状態」と「同じ入力」からは同じ結果しか得られません。よって、ソフトウェアによって生成された数列は、いつかは繰り返されます。こうした周期を持つ数列は「③再現不可能性」を満たしません。

真性乱数生成器は、物理乱数（再現不可能な物理的な現象に対応する乱数）を入力とするため、同じ入力を得られず、結果として同じ乱数系列を生成しません。再現不可能な物理的現象としては、放射線観測機による出力、周囲の温度や雑音の変化、マウスポインタの位置情報などが挙げられます。IntelのCPUは、回路中の熱雑音を元に真性乱数を生成する機能を備えています。

物理乱数の取り扱い時の注意

真正乱数の生成のために実際にコインを振るわけにいかないので、物理乱数が用いられることが多いといえます。しかし、物理乱数をそのまま用いても真正乱数になりません。等頻度性（バランス性。0と1の比率のバランスがよいこと）が保証できないことがあるためです。等頻度性がなければ、無作為性さえも満たさなくなってしまいます。

例えば、抵抗体における熱雑音を利用した乱数生成器を構成したとします。抵抗の中には電子（あるいはホール）が含まれており、熱によって電子（あるいはホール）が動き、これが微細な電流となって観測されます。雑音電流によって電位差が生じ、そこから乱数を作れます。しかし、温度環境の影響は必ず受けます。つまり、異常な環境下では生成される0と1の比率のバランスが悪くなる恐れがあります。

疑似乱数の検定法

疑似乱数には、よいものと悪いものがあることを述べました。疑似乱数の品質を評価するために、統計的に検査する方法がいくつか存在します。NISTのSP 800-22[*29]やFIPS 140-2[*30]、フロリダ州立大学のDIEHARD[*31]などがあります。

これらの検査方法は、乱数系列の統計的性質に着目して、十分に無秩序かどうかを検査します。その結果、著しい偏りがある疑似乱数を不合格とします。ただし、検査に合格した疑似乱数が暗号学的に安全であることを保証するわけではありません。しかし、暗号で使用する疑似乱数は、これらの検査には最低限合格する必要があります。

[*29]: "A Statistical Test Suite for Random and Pseudorandom Number Generators for Cryptographic Applications"
http://nvlpubs.nist.gov/nistpubs/Legacy/SP/nistspecialpublication800-22r1a.pdf

[*30]: "Security requirements for cryptographic modules"
http://nvlpubs.nist.gov/nistpubs/FIPS/NIST.FIPS.140-2.pdf

[*31]: "The Marsaglia Random Number CDROM including the Diehard Battery of Tests of Randomness"
https://wayback.archive.org/web/20160125103112/http://stat.fsu.edu/pub/diehard/

8.7 疑似乱数生成器

8.7.1 疑似乱数生成器とは

疑似乱数生成器とは、真性乱数を入力として、疑似乱数を生成するアルゴリズムです（図8.22）。

小さいサイズの入力から、大きいサイズの出力を得ているので、入力を種（シード）と呼ぶことがあります。

図8.22 疑似乱数生成器

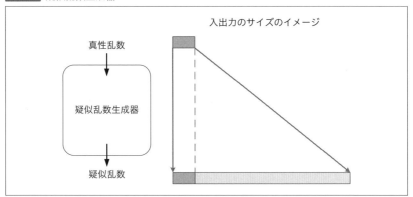

8.7.2 疑似乱数生成器の原理

疑似乱数生成器は、次の3つの要素から構成されます（図8.23）。

① 内部バッファ
② 出力関数
③ 内部状態変更関数

疑似乱数生成器に初期値sが入力された場合には、内部バッファがsで初期

図8.23 疑似乱数生成器の仕組み

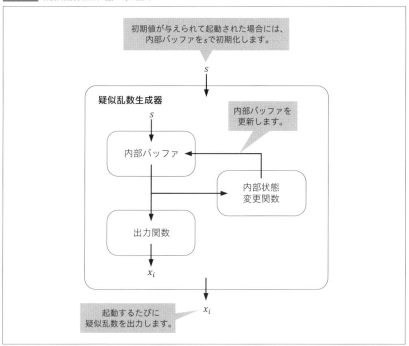

図8.24 出力関数と内部状態変更関数が同一の場合

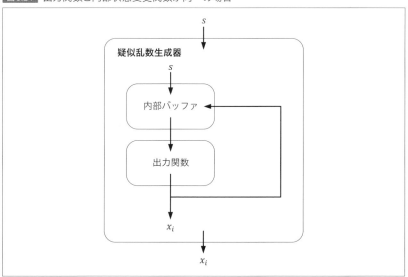

化されます。つまり、sが種に相当します。sにはランダムな値を指定しなければなりません。内部バッファの値を入力として出力関数が計算されます。その結果が疑似乱数生成器の出力になります。また、次回の要求に備えて、内部バッファの値を内部状態変更関数に入力して、その結果を内部バッファに上書きします。sが入力されないで起動された場合には、出力関数にこの内部バッファの値が入力されることになります。

　特に、出力関数と内部状態変更関数が同一の場合には、出力関数の出力値を内部バッファにフィードバックしていることと同等です（ 図8.24 ）。

8.7.3 線形合同法

▶ 線形合同法とは

　線形合同法は、とてもシンプルな疑似乱数生成器です。疑似乱数生成器の基礎ともいえるため、ここで解説します。疑似乱数生成器の出力関数は、次のような式で与えられるものとします。

$$x_i = ax_{i-1} + b \bmod M$$

a, b, Mは整数とします。x_{i-1}は内部バッファの値、x_iは疑似乱数になります。そして、疑似乱数生成器の出力関数と内部状態変更関数は同一とします。ただし、初期値は$s = x_0 \neq b/(1-a)$とします。

例）C言語のrand()関数

> 　線形合同法は比較的簡単な規則であり、かつてはよく用いられていました。例えば、1990年代までのC言語のrand()関数は、$a = 1103515245$、$b = 12345$、$M = 2^{31}$の線形合同法で実装されていました。

▶ 線形合同法の計算で遊ぶ

計算の演習

　$a = 2$、$b = 1$、$M = 9$とした線形合同法を考えます。

$$x_i = 2x_{i-1} + 1 \bmod 9$$

　法9の計算なので、初期値sの全パターンとして$0, \cdots, 8$を考えれば十分です（ 表8.9 ）。

表8.9 線形合同法で生成される疑似乱数系列

s	生成される疑似乱数の列	周期
0	0, 1, 3, 7, 6, 4, 0, …	6
1	1, 3, 7, 6, 4, 0, 1, …	6
2	2, 5, 2, …	2
3	3, 7, 6, 4, 0, 1, 3, …	6
4	4, 0, 1, 3, 7, 6, 4, …	6
5	5, 2, 5, …	2
6	6, 4, 0, 1, 3, 7, 6, …	6
7	7, 6, 4, 0, 1, 3, 7, …	6
8	8, 8, …	1

一度でも過去に出た数字が出ると、循環し始めることがわかります。一方で、法Mで考えているため、登場する数は$0, \cdots, M-1$になります。よって、周期はMより大きくすることはできません。そのため、Mは大きな値にする必要があります。

初期値の条件

初期値を$x_0 = b/(1-a)$とすると、$x_1 = x_2 = \cdots$になります。これを避けるために、初期値には$x_0 \neq b/(1-a)$という条件が付きます。

疑似乱数系列から式を特定する

Mがわかっているとき、3つの連続したx_iからa, bを変数とする2元連立1次方程式が得られます。Mが不明でも、4つ以上の連続したx_iからa, b, Mが求められます。

線形合同法から1ビットの疑似乱数生成器を構成する

線形合同法は法Mで考えているので、$0 \sim M-1$の疑似乱数x_iを出力します。1ビットの疑似乱数が必要な場合に、$\text{LSB}(x_i)$を計算するという方法が考えられます[*32]。しかし、Mの値によっては、このアプローチに問題が生じます。

ここで$M = 2^d$とします。すると、bの最下位ビットが0（入力で固定される）のとき、疑似乱数x_iの最下位ビットは0になります（「偶数+偶数=偶数」のため）。結果的に、最下位ビットが0、すなわち偶数が連続してしまいます。一方、bの最下位ビットが1のとき、疑似乱数の最下位ビットは0と1を繰り返します（「偶数+奇数=奇数」「奇数+偶数=偶数」のため）。以上より、疑似

[*32]：$\text{LSB}(x)$は、xの最下位ビットを意味します。

乱数の最下位ビットを使って疑似乱数生成器を構成した場合、出力される疑似乱数は周期2になってしまいます。

同様のことが一般の $M = c^d$ の場合にもいえ、下位ビットはランダムになりにくいことが知られています。x_i の下位 k ビットは、x_{i-1} の下位 k ビットから決まります。つまり、疑似乱数の下位 k ビットだけを使用すると、周期が 2^k 以下になります。

こうした問題を解決するには、次の2つのアプローチがよく採用されます。

①得られた乱数のうち特定のビットを使用する際には、上位ビットを使用する。
②M に大きな素数 p を指定する。

最大の周期

線形合同法で得られる疑似乱数系列に最長の周期 M を持たせるためには、次の3つの条件を満たさなければなりません。

①$\mathrm{GCD}(b, M) = 1$
②$a - 1$ が M のすべての素因数で割り切れる
③$4 | M$ ならば、$4 | a - 1$

③は M が4の倍数ならば、$a - 1$ も4の倍数であることを意味しています。よって、この結果にもとづいて a, b, M を選択すれば、周期 M の疑似乱数系列が得られます。

❯ 線形合同法の安全性

線形合同法によって得られる疑似乱数は、予測不可能性を満たしません。そのため、暗号には向きません。

8.7.4 線形漸化式

❯ 線形漸化式とは

疑似乱数生成器の出力関数は、次のような式で与えられるものとします。この式を線形漸化式といいます。

$$x_{i+n} = \sum_{j=1}^{n} c_j x_{i+j} \bmod 2 = c_0 x_i + \cdots + c_{n-1} x_{i+n-1} \bmod 2$$

ここで、$c_0, \ldots, c_{n-1}$ は固定しておいた1ビットです。$(x_i, \ldots, x_{i+n-1})$ は内部バッファの値、x_{i+n} は疑似乱数になります。そして、出力関数と状態変更関数は同一とします。初期値 s は n ビット列であり、$(x_0, \ldots, x_{n-1})$ とおきます。

▶ 線形漸化式の計算で遊ぶ

数値例

問題：

線形漸化式において、$n = 4$、$c_0 = c_1 = 1$、$c_2 = c_3 = 0$ とします。

$$x_{i+4} = x_i + x_{i+1} \bmod 2$$

初期値を $s = (1, 0, 0, 0)$ としたときに得られる疑似乱数系列を計算してください。

解答：

i を増やすと、x_{i+4} は 表8.10 のように遷移します。

表8.10 疑似乱数系列の計算過程

$c_2 = c_3 = 0$ なので、x_{i+4} の計算で使用しません。

i が進むごとに、値は左下のセルに降りていきます。

初期値

i	x_i	x_{i+1}	x_{i+2}	x_{i+3}	x_{i+4}
0	1	0	0	0	1
1	0	0	0	1	0
2	0	0	1	0	0
3	0	1	0	0	1
4	1	0	0	1	1
5	0	0	1	1	0
6	0	1	1	0	1
7	1	1	0	1	0
8	1	0	1	0	1
9	0	1	0	1	1
10	1	0	1	1	1
11	0	1	1	1	1
12	1	1	1	1	0
13	1	1	1	0	0
14	1	1	0	0	0

その結果、疑似乱数系列は次のようになります（最初の4つの数は初期値）。

$$\langle x_i \rangle = 1, 0, 0, 0, 1, 0, 0, 1, 1, 0, 1, 0, 1, 1, 1, 1, 0, 0, 0, \cdots$$

$i \geqq 0$ において、$x_{i+15} = x_i$ が成り立っています。よって、周期は15です。

初期値を0にする

$k = (x_0, \ldots, x_{n-1}) = (0, \ldots, 0)$ のとき、疑似乱数系列はすべて0になります。これをストリーム暗号[18]の秘密鍵として利用すると、暗号文は平文と同じ内容になってしまうので、避けるべきです。

周期

n 項を持つ線形漸化式から生成される疑似乱数は、定数 $c_0, \ldots, c_n$ をうまく選ぶことで[*33]、最大の周期が $2^n - 1$ になります。このような周期を持つ列を M 系列といいます。

前述の問題では、$n = 4$ で周期が15であり、最大の周期 $2^4 - 1$ と一致するので、M 系列ということになります。

▶ LFSRへの変形

線形フィードバックシフトレジスタ（Linear Feedback Shift Register：LFSR）は、線形漸化式をハードウェアで実現したものです。線形シフトレジスタと略されることもあります。

線形漸化式を回路で表現すると、図8.25 のようになります。ただし、$c_0, c_1, \ldots, c_{n-1}$ は0または1であり、1の場合は線がつながっていることを意味します。

図8.25　LFSRの回路

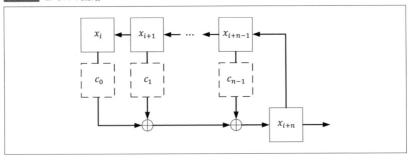

＊33：n 次の原始多項式にすると、周期 $2^n - 1$ の列を生成できることが知られています。

●18：3.8 ストリーム暗号 p.108

$x_i, x_{i+1}, \ldots, x_{i+n-1}$はそれぞれ1ビットのレジスタであり、これら$n$個をまとめて$n$ビットのシフトレジスタということができます[*34]。初期値が与えられたとき、このn個のレジスタが決まります。以降は左シフトされ、x_{i+n-1}にはx_{i+n}の結果がセットされます。

例）

前述の問題で採り上げた線形漸化式$x_{i+4} = x_i + x_{i+1} \bmod 2$は、次のLFSRの回路で表現できます（図8.26）。

図8.26 LFSR化の例

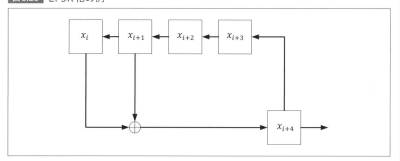

線形漸化式の安全性

線形漸化式（あるいはLFSR）は容易に構成できるにもかかわらず、周期を保証できるため、様々なアプリケーションに利用されています。

しかし、疑似乱数の性質としては問題がいくつかあります。まず、乱数系列のあるビットが他の部分と独立ではありません。つまり、疑似乱数生成器の入出力に相関があり、未知のビットを推測しやすくなります（予測不可能性を満たさない）。

また、線形複雑度（最小等価LFSRの段数のこと）がnになります。線形複雑度が小さいと、容易に等価の乱数発生器が構成できるので、暗号学的に弱い疑似乱数になります。M系列の場合、長さ$2^n - 1$の疑似乱数列が得られますが、線形複雑度はnになります。n次のM系列の場合、連続した$2n-1$ビットがわかれば[*35]、内部バッファおよび具体的な線形漸化式がわかることが知られています。つまり、M系列の他の部分もわかってしまいます。

[*34]：シフトレジスタとは、記憶しているデータの桁を左右にシフトさせられるレジスタのことです。ここでは左にシフトさせています。

[*35]：nが大きいとき、$2n-1$は2^n-1より圧倒的に小さい値になります。

8.7.5 カーネル内蔵の乱数生成器

❯ カーネル内蔵の乱数生成器の仕組み

/dev/random、/dev/urandomはUNIX系のカーネルに内蔵されている疑似乱数生成デバイスです。様々なハードウェアやデバイスドライバなどから推測困難な情報を得て、エントロピープールと呼ばれる場所に集めます。

/dev/randomが読み込まれると、エントロピープールのデータをハッシュ化し、乱数を生成します[36]。もし、エントロピープールが空であれば、乱数生成に必要な分が溜まるまで待機します。

一方、/dev/urandomが読み込まれると、/dev/randomと同様に乱数を生成しますが、エントロピープールに十分な情報がなくても待機することなく乱数を生成します。それを実現するために、足りない分はデータを再利用して乱数を生成します。つまり、よい乱数ではありませんが、高速な処理に向いています。

例えば、公開鍵暗号のための鍵を生成するためには/dev/randomを用います。一方、HDDのデータを消去するためにランダムデータで上書きしたい場合には、/dev/urandomを用います。

❯ /dev/randomと/dev/urandomの差を体感する

まず、次のコマンドを実行してください。

```
pi@raspberrypi ~ $ cat /dev/urandom
```

ものすごい勢いで出力されていきます。出力されるデータはバイナリデータなので文字化けします。ここでは内容を確認するわけでないため、それでも問題ありません。[Ctrl] + [C]で止めるまで出力され続けます。

それでは、次のコマンドを実行してください。

```
pi@raspberrypi ~ $ cat /dev/random
```

ある程度データが出力された後に、一旦停止します。適当にマウスやキーボードを操作してください[37]。すると、再びデータが出力され始めます。エントロピープール内の情報が足りなくなったので一時的に動作が止まり、マウスや

---

[36]: "Analysis of the Linux Random Number Generator"
https://eprint.iacr.org/2006/086.pdf

[37]: リモート端末からのキーボードやマウスの操作は影響しません。

キーボードの操作によって情報が満たされたので動作が再開されたわけです。

以上より、/dev/randomは処理が待機することがあり、/dev/urandomは処理が待機しないことがわかりました。

▶ エントロピープール

エントロピープール内のデータが少ないと、暗号を用いたアプリケーションによっては支障が出ることがあります。例えば、PGPの鍵生成において、エントロピープールが少なすぎるとNot enough random bytes available.というエラーが表示されることがあります。

エントロピープールに蓄えられたデータのサイズ（単位：ビット）は、次のように確認できます。もし、1000より少なければ、枯渇状態といえます。

```
pi@raspberrypi ~ $ cat /proc/sys/kernel/random/entropy_avail
3013
```

適当にマウスやキーボードを動かすと、エントロピープールにデータが蓄積され始めます。また、`ls -R /`コマンドや`dd`コマンドにより、ディスクのランダムアクセスを発生させることでも蓄積されます。また、EGDやrng-toolsなどのツールを使うと、自動的に適切なデータのサイズに維持できるので非常に有効といえます。

なお、エントロピープールの上限サイズ（単位：ビット）は、次のコマンドで確認できます。

```
pi@raspberrypi ~/random $ cat /proc/sys/kernel/random/poolsize
4096
```

▶ 乱数をバイナリ表示する

次のコマンドを実行すると、/dev/urandomから128バイトの乱数を生成して、16進表示でダンプできます。

```
pi@raspberrypi ~ $ dd if=/dev/urandom bs=1 count=128 | hexdump
0000000 8c69 94b7 177e 83b8 46d6 552c 9958 df30
0000010 e013 048e 6ff2 13e6 0193 23a0 ab2e 0a10
0000020 1776 dd3e 0e2f 2944 a7e8 72ee 0f37 373a
0000030 de7a 4309 994a 5b7a 2660 02fa 03e5 7e7f
```

```
0000040 4612 fa78 c784 d7fa a5b8 0078 b62c 10bf
```

```
0000050 e22b 3d0b a52c 8427 7d07 9738 08ef 1c51
```

```
0000060 685b 871b f828 89eb 77c0 645e 25f6 f067
```

```
0000070 aa07 8c2b 460a 44d2 df60 aaf5 2351 87c5
```

```
128+0 レコード入力
```

```
128+0 レコード出力
```

```
0000080
```

```
128 バイト（128 B）コピーされました、0.00239534 秒、53.4 kB/秒
```

❯ 指定バイトの乱数を得る

odコマンドに適切なオプションを指定することで、指定バイトの乱数を得られます。odコマンドはファイルをダンプするコマンドです。−N4オプションで4バイトのデータを読み込み、−tu4オプションで4バイト単位の10進数を出力します。−Anオプションでアドレス表示を非表示に、−vオプションで前と同じ行の場合における省略表示を無効にしています。

```
pi@raspberrypi ~ $ od −vAn −N4 −tu4 < /dev/random
  132463493
pi@raspberrypi ~ $ od −vAn −N4 −tu4 < /dev/random
 3040641655
```

❯ 0〜9の乱数を得る

先ほどのコマンドを応用することで、指定の範囲内の整数である乱数を得られます。0〜$N-1$の整数の乱数が必要であれば、Nで割った剰余を考えます。

```
pi@raspberrypi ~ $ echo $(( $(od −vAn −N4 −tu4 < /dev/random) % 10 ))
1
pi@raspberrypi ~ $ echo $(( $(od −vAn −N4 −tu4 < /dev/random) % 10 ))
8
```

▶ パスワードを生成する

次のコマンドを実行すると、英数字を用いた12桁のパスワードを5個出力できます。

```
pi@raspberrypi ~ $ cat /dev/random | tr -dc 'a-zA-Z0-9' | fold -w 12 | head -n 5 | sort | uniq
6zb76BtoZiCE
8PgkkvsMJXzy
IUPkHIBToYIh
Kn58rVHNt0xr
r0ueOjj2JNLi
```

8.7.6 ハードウェア乱数生成器を体験する

▶ Raspberry Piのハードウェア乱数生成器

Raspberry Piでハードウェア乱数生成器を体験することができます。Raspberry Piとは、手のひらサイズのワンボードコンピュータです[*38]。大変安価（数千円程度）であり、電子回路との連携もしやすいという特徴を持っています。本書で紹介しているコマンド例も、すべてRaspberry Pi上で行っています。

このRaspberry Piには、ハードウェア乱数生成器（TRNG）が内蔵されています。本項では、ハードウェア乱数生成器を用いてエントロピープールの情報を蓄積する方法を紹介します。

▶ bcm2835_rngの確認

ハードウェア乱数生成器を利用するためには、カーネルモジュールのbcm2835_rngが必要です（bcmXXXX_rngのように「rng」が付く。「XXXX」はモデルなどに依存）。次のように実行して、読み込まれているかを確認します。

```
pi@raspberrypi ~ $ lsmod | grep rng
bcm2835_rng             1763  0
```

[*38]：https://www.raspberrypi.org

表示されなければ、読み込まれていません。一時的に読み込みたい場合は、次のコマンドを用います。

```
pi@raspberrypi ~ $ sudo modprobe bcm2835_rng
```

また、起動時に自動的に読み込むように、/etc/modulesファイルに次の内容を追加します。

```
bcm2835_rng
```

❯ rng-toolsのインストール

rng-toolsには、rngdが含まれます。rngdは、ハードウェア乱数生成器（デフォルトでは/dev/hwrng）で生成された乱数がよい乱数かどうかをチェックし、問題なければカーネルのエントロピープールに提供します。その結果、/dev/randomなどで得られる乱数の精度の向上が期待できます。

rng-toolsのインストール方法は次のとおりです。

1：パッケージリストを更新し、インストール済みのパッケージを更新します。

```
pi@raspberrypi ~ $ sudo apt-get update
pi@raspberrypi ~ $ sudo apt-get upgrade
```

2：乱数生成のユーティリティ群であるrng-toolsをインストールします。

```
pi@raspberrypi ~ $ sudo apt-get install rng-tools
```

3：rng-toolsの設定ファイルを開いて、「HRNGDEVICE=/dev/hwrng」のコメントアウトを外します。

```
pi@raspberrypi ~ $ sudo vi /etc/default/rng-tools
```

4：rng-toolsを再起動します。これでrngdデーモンが起動され、/dev/hwrngの乱数がカーネルのエントロピープールに提供されます。

```
pi@raspberrypi ~ $ sudo service rng-tools restart
```

停止したければ、rngdデーモンを停止します。

乱数テスト

rng-toolsには、FIPS 140-2の乱数検定を行うプログラム（rngtest）が含まれています。これは5種類の乱数検定を行います。-cオプションを付けて、乱数テストの回数を指定できます。なお、/dev/hwrngへのアクセスには管理者権限が必要です。

```
pi@raspberrypi ~ $ sudo cat /dev/hwrng | rngtest -c 1000
                                        ↑乱数テストを1000回行う
rngtest 2-unofficial-mt.14

Copyright (c) 2004 by Henrique de Moraes Holschuh

This is free software; see the source for copying conditions.
There is NO warranty; not even for MERCHANTABILITY or FITNESS FOR
A PARTICULAR PURPOSE.

rngtest: starting FIPS tests...
rngtest: bits received from input: 20000032
rngtest: FIPS 140-2 successes: 1000   ←1,000回すべて成功
rngtest: FIPS 140-2 failures: 0   ←失敗は0件
rngtest: FIPS 140-2(2001-10-10) Monobit: 0
rngtest: FIPS 140-2(2001-10-10) Poker: 0
rngtest: FIPS 140-2(2001-10-10) Runs: 0
rngtest: FIPS 140-2(2001-10-10) Long run: 0
rngtest: FIPS 140-2(2001-10-10) Continuous run: 0
rngtest: input channel speed: (min=18.824; avg=1022.731;
max=3906250.000)Kibits/s
rngtest: FIPS tests speed: (min=2.987; avg=9.575; max=9.950)
Mibits/s
rngtest: Program run time: 22215912 microseconds
```

「failures」の数字が大きい場合、乱数としての度合いが不十分であり、信頼すべきでないことを意味します。上記の例では、すべてのテストに成功しています[*39]。

[*39]：/dev/hwrngから生成される乱数は精度がよいといえますが、そのままカーネルのエントロピープールに提供せずに、その前にrngtestでチェックされます。

テストの回数を多くすれば、ある程度テストに失敗するものも出てきます。その割合が少なければ問題ありません。1000回のテストで10回以上もテストに失敗していれば、非常に問題があります。

指定サイズの乱数を検査するために、ddコマンドで指定の乱数を生成して、rngtestに渡すようにします。

```
pi@raspberrypi ~ $ sudo dd if=/dev/hwrng bs=1024 count=1024 |
rngtest

rngtest 2-unofficial-mt.14

Copyright (c) 2004 by Henrique de Moraes Holschuh

This is free software; see the source for copying conditions.
There is NO warranty; not even for MERCHANTABILITY or FITNESS FOR
A PARTICULAR PURPOSE.


rngtest: starting FIPS tests...

1024+0 レコード入力

1024+0 レコード出力

1048576 バイト (1.0 MB) コピーされました、8.39503 秒、125 kB/秒

rngtest: entropy source exhausted!

rngtest: bits received from input: 8388608

rngtest: FIPS 140-2 successes: 419

rngtest: FIPS 140-2 failures: 0

rngtest: FIPS 140-2(2001-10-10) Monobit: 0

rngtest: FIPS 140-2(2001-10-10) Poker: 0

rngtest: FIPS 140-2(2001-10-10) Runs: 0

rngtest: FIPS 140-2(2001-10-10) Long run: 0

rngtest: FIPS 140-2(2001-10-10) Continuous run: 0

rngtest: input channel speed: (min=653.372; avg=1085.413;
max=1390.322)Kibits/s

rngtest: FIPS tests speed: (min=8.674; avg=9.542; max=9.702)
Mibits/s

rngtest: Program run time: 8478312 microseconds
```

/dev/hwrngでは、乱数テストのほとんどに合格します。ここでは、あえて乱数テストを失敗する例を確認します。自作の乱数生成プログラムがあれば、それを使用してもかまいませんが、ここでは/dev/urandomを用います。/dev/urandomは高速ですが、/dev/randomと比べて望ましくない乱数を生成するからです。

```
pi@raspberrypi ~ $ dd if=/dev/urandom bs=1M count=100 | rngtest
                                ↑約100Mバイトの乱数をテストする
rngtest 2-unofficial-mt.14
Copyright (c) 2004 by Henrique de Moraes Holschuh
This is free software; see the source for copying conditions.
There is NO warranty; not even for MERCHANTABILITY or FITNESS FOR
A PARTICULAR PURPOSE.

rngtest: starting FIPS tests...
100+0 レコード入力
100+0 レコード出力
104857600 バイト (105 MB) コピーされました、125.969 秒、832 kB/秒
rngtest: entropy source exhausted!
rngtest: bits received from input: 838860800
rngtest: FIPS 140-2 successes: 41921
rngtest: FIPS 140-2 failures: 22   ←22回失敗しています。
rngtest: FIPS 140-2(2001-10-10) Monobit: 1
rngtest: FIPS 140-2(2001-10-10) Poker: 2
rngtest: FIPS 140-2(2001-10-10) Runs: 8
rngtest: FIPS 140-2(2001-10-10) Long run: 11
rngtest: FIPS 140-2(2001-10-10) Continuous run: 0
rngtest: input channel speed: (min=41.078; avg=19261.953;
max=4882812.500)Kibits/s
rngtest: FIPS tests speed: (min=1.852; avg=9.656; max=9.960)
Mibits/s
rngtest: Program run time: 126029945 microseconds
```

▶ 乱数の可視化

乱数列を画像に変換して、可視化する方法を紹介します。

1：画像処理用パッケージであるnetpbmをインストールします。

```
pi@raspberrypi ~ $ sudo apt-get install netpbm
```

2：rawtoppmでPPM形式の画像ファイルを出力できます。PPM形式のままでもGimpなどのソフトで開けますが、ここではブラウザでも表示できるようにPNG形式に変換しています。

```
pi@raspberrypi ~ $ sudo cat /dev/hwrng  | rawtoppm -rgb 256 256 | pnmtopng > random_test.png
```

3：生成できたPNGファイルは 図8.27 です。

図8.27 生成したPNGファイル

8.7.7 計算量的に安全な疑似乱数生成器

▶ 計算量的に安全な疑似乱数生成器とは

真正乱数と区別できない疑似乱数を「計算量的に安全な疑似乱数」といいます。乱数の長さmが種の長さnの多項式であれば、「予測不可能性を満たす疑

似乱数」と「計算量的に安全な疑似乱数」は等価であることが知られています。

▶ ハードコアビット

f が一方向性関数であれば、x から $f(x)$ は効率的に計算できますが、$f(x)$ から x を効率的に計算できません。しかしながら、$f(x)$ から x の単一ビットを効率的に導けることがあります。

考察：

p を奇素数、g を Z_p^* の原始元とします。このとき、$y = f(x) = g^x \bmod p$ という関数を考えます。DL仮定[19]の下で f は一方向性を満たします。x の最下位ビット $\text{LSB}(x)$ が効率的に求められるかを考えてください。

検証：

y が平方であるときに限り、x は偶数になります。y が平方かどうかは、法 p における y の平方剰余記号 (y/p) を考えて、オイラー規準により直接的に求められます。つまり、$(y/p) = 1$ ならば $\text{LSB}(x)$ は 0、$(y/p) = -1$ ならば $\text{LSB}(x)$ は 1 であることが判明します。

f は一方向性関数であるため、x の全ビットが導けるわけではなく、少なくともどこかのビットは効率的に求められないはずです。そのようなビットをハードコアビットといいます。

例）

> p を奇素数、g を Z_p^* の原始元とします。このとき、$y = f(x) = g^x \bmod p$ という関数を考えます。DL仮定の下で f は一方向性を持ちます。また、$\text{MSB}(m)$ はハードコアビットになることが知られています。

例）

> RSA暗号[20]の暗号化アルゴリズムを関数 f とします。すると、$y = f(pk, x) = x^e \bmod N$ になります。RSA仮定の下で f は一方向性を持ちます。また、$\text{LSB}(m)$ はハードコアビットになることが知られています。

- [19]：4.6.5 ElGamal暗号の死角を探る（DL仮定）p.331
- [20]：4.5 RSA暗号 p.244

> **例）**
>
> Rabin暗号[21]の暗号化アルゴリズムの関数をfとします。このとき、$y = f(pk, x) = x^2 \bmod N$を考えます。IF仮定の下で$f$は一方向性を持ちます。また、$\text{LSB}(m)$はハードコアビットになることが知られています。

ハードコア述語

vは、nビットから1ビットへの関数とします。これは、xから$v(x)$を計算することは効率的ですが、$y = f(x)$から$r = v(x)$を計算することは効率的ではないような特殊な関数です。ここでrはハードコアビットに相当します。このvをハードコア述語といいます。

これをもう少し正確に述べると、次のようになります。fはnビットからnビットへの一方向性関数、vはnビットから1ビットへの関数とします。ここで、ハードコアビットを推測することを目的とした攻撃者Aを考えます。Aがオラクルに問い合わせると、オラクルは$\{0,1\}^n$からランダムにxを選択し、$y = f(x)$を計算して返します。このとき、Aはハードコアビット$r = v(x)$を推測して、r'を出力します（図8.28）。

図8.28 ハードコアビットを推測する攻撃者

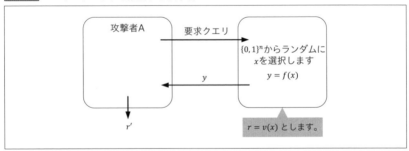

Aの推測の優位性を示すアドバンテージを、次の式で定義します。

$$\text{Adv}(A) = \left| \Pr[r' = r] - \frac{1}{2} \right|$$

---

[21]：4.8 Rabin暗号 p.354

任意のAを考え、その中で最も大きいアドバンテージを次のように定義します。

$$\mathrm{Adv} = \max\{\mathrm{Adv}(A)\}$$

Advが無視できるほど小さければ、ハードコアビットの情報は漏れていないと見なせます。このとき、vをハードコア述語といいます。

▶ ハードコア述語にもとづく疑似乱数生成器

fは（全単射の）一方向性関数、vはハードコア述語とします。疑似乱数生成器の出力関数は、次のような式で与えられるものとします。

$$r_i = v(y)$$

また、内部状態変更関数は、次の式で与えられるものとします（yの上書き）。これは、次のループにおいて、疑似乱数を生成するための準備です。

$$y = f(y)$$

IVは初期値、r_iは1ビットの疑似乱数になります（ 図8.29 ）。

図8.29　ハードコア述語にもとづく疑似乱数生成器

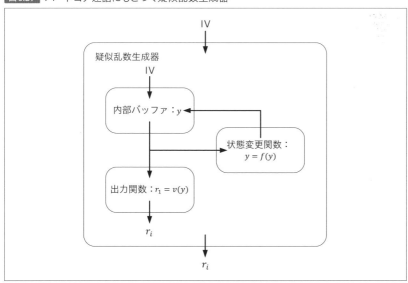

3種類の疑似乱数生成器

ハードコアビットの例として、3種類を紹介しました。これらのいずれを用いても、疑似乱数生成器を構成でき、それぞれは 表8.11 のように呼ばれています。

表8.11 疑似乱数生成器の名称とハードコアビットの対応

疑似乱数生成器の名称	ハードコアビット（仮定は省略）
離散指数生成器 （Blum-Micali生成器）	p を奇素数、g を Z_p^* の原始元とします。 $f((g,p),x) = g^x \bmod p$ は一方向性関数であり、$MSB(x)$ は f に対するハードコアビットになります。
RSA生成器	p, q は異なる素数、$N = pq$ とします。e は $\varphi(N)$ と素な整数とします。 $f((N,e),x) = x^e \bmod N$ は一方向性関数であり、$LSB(x)$ は f に対するハードコアビットになります。
BBS （Blum-Blum-Shub） 生成器	p, q は $p, q = 3 \bmod 4$ を満たす異なる素数、$N = pq$ とします。 $f(N,x) = x^2 \bmod N$ は一方向性関数であり、$LSB(x)$ は f に対するハードコアビットになります。

❯ ある集合上の数の疑似乱数生成器の構成

ハードコア述語にもとづく疑似乱数生成器からは1ビットしか得られません。もし、ある集合上の数の乱数が必要な場合は、次のようなアルゴリズムで変換します。

入力	m：必要とする乱数の上限値
出力	r：乱数（$0 \leqq r \leqq m$）
動作	1：$n = \text{Size}(m) = [\log 2m] + 1$ とおきます。
	2：ハードコアビットにもとづく疑似乱数生成器を使って、n 個のランダムビット $b_1, \cdots, b_n$（各々は1ビット）を生成します。
	3：次の計算をします。 $$r = b_1 2^{n-1} + \cdots + b_{n-1} 2 + b_n$$
	4：$r > m$ の場合は、ステップ2に戻ります。
	5：r を出力します。

CHAPTER

9

その 他の暗 号トピ ック

9.1 ゼロ知識証明プロトコル

9.1.1 証明プロトコルとは

証明とは、ある主張が正しいことを納得させる手段です。証明プロトコルは、主張を納得させたい証明者と、証明の正しさを確かめる検証者が存在し、最終的に検証者を納得させる暗号プロトコルです[*1]。証明者と検証者が相互にデータをやり取りする場合は対話型といい、そうではない場合は非対話型といいます。

例えば、効率的に計算できない問題の1つに、素数qの巡回群Gの離散対数問題[●1]がありました。これは、$G=<g>=\{1, g, g^2, \cdots, g^{q-1}\}$の元$h$において、$h = g^s$を満たす$s$（$0 \leq s \leq q-1$）を求めるという問題です。ここで、「$(G, q, g, h)$が与えられたときに$h = g^s$となる秘密情報$s$を知っている」という主張を考えます[*2]。

この主張にもとづく証明プロトコルを構成したいとします。最も単純な実現アプローチは、sそのものを検証者に送信するというものです。検証者は公開情報と受信した情報から検証式$h = g^s$を確認することで、相手がsを知っていると判断できます。しかしながら、検証者が信頼できるのであれば問題ありませんが、暗号プロトコルの世界では必ずしもそうとは言い切れません。sを知った検証者は、別の場面で証明者になりすますかもしれません。

これは、秘密情報をパスワードだと考えると直観的にわかりやすいといえます。証明者のパスワードを知った検証者は、別のシステムでそのパスワードを悪用してしまう可能性があるということです。

[*1]：プロトコルとは、通信する際におけるデータの処理の手順のことです。暗号技術のアルゴリズムを利用したプロトコルを、暗号プロトコルといいます。

[*2]：pは素数、qは$q|p-1$を満たす大きな素数、gは位数がqの原始元とすることで、gのべき乗計算を法p上の計算ととらえることもできます。

●1：4.7.3 離散対数問題と群 p.344

9.1.2 ゼロ知識証明プロトコルとは

こうした問題を解決するために、検証者に対して秘密情報の知識[*3]を漏らすことなく、秘密情報を知っていることだけを検証者に納得させられればよいといえます。そうすれば検証者は別の場面で証明者になりすますことができません。これを実現する暗号プロトコルをゼロ知識証明プロトコルといいます。

9.1.3 ゼロ知識証明プロトコルの性質

証明プロトコルは、完全性と健全性を満たす必要があります。ゼロ知識証明プロトコルは、それらに加えてゼロ知識性も満たす必要があります。

▶ 完全性

完全性（completeness）とは、主張が真ならば、（証明者と検証者がプロトコルに従えば）検証者は高確率で受理することです。

「特定の○○問題の答え△△を知っている」という形式の主張を考えます。当然ながら効率的に解けるような問題では意味がありません。離散対数問題や素因数分解問題のような、答えはあるが効率的に解けない問題が採用されます。「主張が真」とは、答え（秘密情報）を知っていることに他なりません。つまり、正当な証明者であることを意味します。

▶ 健全性

健全性（soundness）とは、主張が偽ならば、（証明者がどのように振る舞っても）検証者は無視できる確率を除いて拒否することです。「主張が偽」とは、答えを知らないことになります。つまり、正当な証明者以外の者になります。

例えば、検証者をだまそうとする証明者が該当します。健全性は、そういった証明者に対して、検証者が拒否することを意味します。

[*3]：秘密情報の知識とは、秘密情報そのものだけでなく、秘密情報の計算能力を増加させるような値も含まれます。

▶ ゼロ知識性

　ゼロ知識性とは、主張が真ならば、プロトコルどおりに実行しても、検証者に秘密情報の知識が漏れないことです。正当な証明者が悪意のある検証者とやり取りしても、秘密情報は安全ということになります。

　ゼロ知識性は、「秘密情報を知らなくても、検証者の見える範囲を模倣（シミュレート）できること」と言い換えられます。「本当のプロトコル実行（秘密情報を用いたプロトコル実行）における検証者の見えるもの」と識別できない情報を秘密情報なしで作成できれば、模倣に成功したことになります[*4]。ここでいう見えるものとは、検証者の入出力になります（ 図9.1 ）。初期入力（プロトコル実行直前に与えられる入力値）や、プロトコルによる対話情報が該当します。ただし、両方の状況にて初期入力を同一にすれば、ここから識別する情報は得られません。出力は入力に依存するものなので、結局のところ対話情報のみに注目することになります。

図9.1　検証者の見える範囲

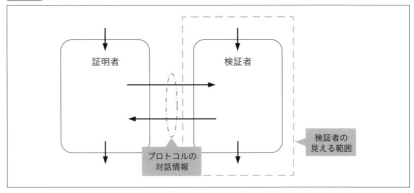

9.1.4　離散対数問題の困難性にもとづくゼロ知識証明プロトコル

▶ 離散対数問題の困難性にもとづくゼロ知識証明プロトコルの構成

　「(G, q, g, h) が与えられたときに $h = g^s$ となる秘密情報 s を知っている」という主張を証明するプロトコルは、次のようにして構成できます（ 図9.2 ）。

[*4] 見えるものの情報を確率変数としてとらえ、その確率分布が識別できなければ、模倣に成功したことになります。

離散対数問題の困難性にもとづくゼロ知識証明プロトコル

[1] 準備段階

1：信頼できるセンタはGenGアルゴリズムを用いて、(G, q, g)を生成して公開します。
2：アリスはZ_qからsをランダムに選択し、秘密情報とします。
3：アリスはG上で$h = g^s$を計算して、センタに公開鍵として登録します。

[2] プロトコル段階

アリスを証明者、ボブを検証者として、次のやり取りを実行します。

1：アリスはZ_qからrをランダムに選択し、$x = g^r$を計算してボブに送ります。
2：ボブは$\{0, 1\}$からcをランダムに選択して、アリスに返します。
3：アリスは$y = r + sc \bmod q$を計算して、ボブに送ります。
4：ボブはステップ2で生成したcにもとづいて、検証式$g^y = xh^c$が成り立つかどうかを調べます。

なお、ステップ1から4までを繰り返して、すべての検証が成り立つ場合は受理（accept）を意味する1を出力し、そうではない場合は拒否（reject）を意味する0を出力します。

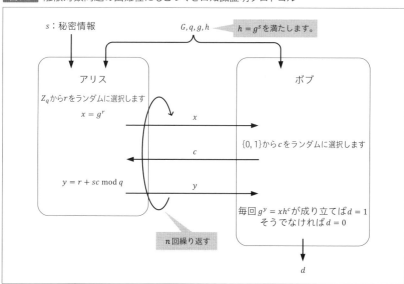

図9.2　離散対数問題の困難性にもとづくゼロ知識証明プロトコル

ゼロ知識証明プロトコルの計算で遊ぶ

完全性の検証

プロトコルどおりに実行した際に、検証式が成り立つことを確認します。c

の値によって場合分けします。

> [1] $c = 0$ のとき
>
> $$（検証式の左辺）= g^y = g^r = x$$
> $$（検証式の右辺）= xh^c = x$$
>
> [2] $c = 1$ のとき
>
> $$（検証式の左辺）= g^y = g^{r+s} = g^r g^s = xh$$
> $$（検証式の右辺）= xh^c = xh$$

以上により、常に検証式が成り立つことがわかります。

健全性の検証

考察：

$c = 0$ のときには、アリスとボブの間のやり取りで秘密情報 s がまったく使われていません。そこで、$c = 1$ と固定するとどうなるでしょうか。

検証：

常に $c = 1$ であるため、アリスから見れば、ボブからの送信が存在しないプロトコルと見なせます（アリスは $c = 1$ と知っているから）。つまり、ボブは x, y を受け取り、$g^y = xh$ が成り立つかどうかを検証します（図9.3）。

図9.3 $c = 1$ 固定の証明プロトコル

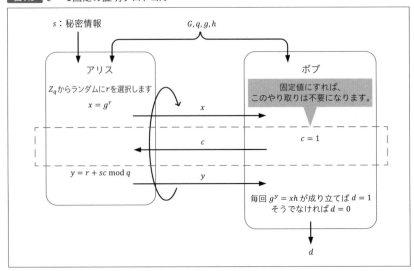

[1] sを知っている証明者の場合

証明者はアルゴリズムどおりにやり取りすることで、ボブは常に受理します。

[2] sを知らない証明者の場合

sを知らない攻撃者は、証明者として振る舞い、ボブに受理されることを目標とします。プロトコルどおりに動くためにはsが必要なので、やりたくてもできません。そこで攻撃者はZ_qからランダムにyを選択し、$x = g^y/h$を計算して、ボブにxとyを送ります（ 図9.4 ）。

図9.4 $c = 1$固定の証明プロトコルに対する攻撃

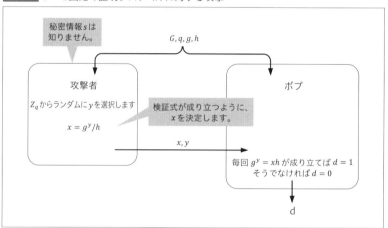

すると、検証式が常に成り立ちます。ゆえに、sを知らないにもかかわらず、アリスになりすましてボブをだませてしまいます。したがって、こうした不正を防ぐためには、$c = 1$と固定できず、ボブからアリスへの送信処理も省略できません。

以上の考察を踏まえて、健全性が成り立つことを確認します。sを知らない攻撃者は証明者として振る舞い、次のような動作でプロトコルを実行したとします（ 図9.5 ）。ここでは、ある特定の動作を行う攻撃者（証明者）について説明しています。こうした攻撃者に対して安全であることが示されたとしても、任意の攻撃者に対して安全であることはまだこの時点では示されません。しかし、ある特定の攻撃者に対して安全でなければ、当然ながら任意の攻撃者に対して安全でなくなります。

ステップ1
攻撃者はZ_qからランダムにyを、$\{0, 1\}$からランダムにc'を選択します[*5]。

ステップ2
攻撃者は$x = g^y/h^{c'}$を計算して、ボブに送ります。

ステップ3
ボブは1ビットのランダム値cを返してきます。

ステップ4
攻撃者はyをボブに送ります。

図9.5 証明者として振る舞う攻撃者の動作

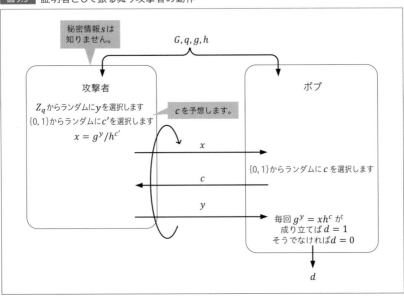

すると$c = c'$のとき(予想が当たった)、ボブは常に検証式が成り立ちます。一方、$c \neq c'$のとき(予想が外れた)は、次の2つの場合に分けられます。

[*5]: c'はcの予想値であり、うまく予想できる方法があれば攻撃者はそれを実行すべきです。ボブはランダムな1ビットcを選択しているため、ボブが固定値を使えば1/2で予想が当たり、ランダムに選んでも1/2で予想が当たります。

[1] $c = 0$かつ$c' = 1$ならば、$x = g^y/h^{c'} = g^y/h$が成り立ちます。このとき、次のように検証式は一致しません。

$$（検証式の左辺）= g^y$$
$$（検証式の右辺）= xh^c = x = g^y/h$$

[2] $c = 1$かつ$c' = 0$ならば、$x = g^y/h^{c'} = g^y$が成り立ちます。このとき、次のように検証式は一致しません。

$$（検証式の左辺）= g^y$$
$$（検証式の右辺）= xh^c = xh = g^y h$$

したがって、$c \neq c'$のとき、常に検証式が成り立ちません。cは1ビットなので$c = c'$となる確率、すなわち検証式が成り立つ確率は$1/2$です。n回すべての検証式が成り立つ確率は$1/2^n$になります。nが大きければ、$1/2^n$は0に近づくため、無視できるほど小さい値になります。よって、特定の動作の攻撃者について、健全性を満たすことが示されました。

ところで、この攻撃者よりもうまく証明者として振る舞うことはできるでしょうか。そのようなアルゴリズムが存在すると仮定します。すると、そのアルゴリズムによって、ボブが受理する確率は$1/2^n$より大きくなります。そのとき、少なくとも1回の対話については、$c = 0, 1$のどちらの質問にも正しく答えられるはずです。$c = 0$のときはy_0（$c = 0$のときの返信）、$c = 1$のときはy_1（$c = 1$のときの返信）を送ったとします。すると、検証式より次の2式が成り立ちます。

$$g^{y_0} = x \quad \leftarrow (1)$$
$$g^{y_1} = xh \quad \leftarrow (2)$$

(2) 式から (1) 式を割ると、次が成り立ちます。

$$g^{y_1 - y_0} = h$$

ところで、$g^s = h$という条件がありました。これと比較すると、$s = y_1 - y_0 \bmod q$になります。y_0とy_1は証明者に返されるデータなのでどちらも既知であり、$y_1 - y_0 \bmod q$を計算できます。これは秘密情報sを知らないということに矛盾します。ゆえに、このようなアルゴリズムは存在しません。

ゼロ知識性の検証

ボブはプロトコルを通じてxとyを受け取ります。$c = 0$のとき、$y = r$であり、sに関する情報はまったく含まれていません。一方、$c = 1$のとき、

$y = r + s \bmod q$ ですが、ボブにとって r が未知なので s も未知です。x には r の情報が含まれていますが、離散対数問題は困難であるため、r は未知のままです。公開情報 $h = g^s$ からも、離散対数問題は困難であるため、s は効率的に計算できません。以上より、ボブは悪意の有無にかかわらず、s に関する情報を得られません。

以上は直観的な確認でした。今度は模倣するアルゴリズム（シミュレータ）の構成という観点で確認してみます。秘密情報 s を知らないアルゴリズムをシミュレータ M として、次の手順で動作させます（図9.6）。

ステップ1

M は Z_q からランダムに y' を、$\{0, 1\}$ からランダムに c' を選択してから、$x' = g^{y'}/h^{c'}$ を計算します。プロトコルに従えば、プロトコルでやり取りされるデータは「$x \to c \to y$」という順に生成されますが、M は「$y' \to c' \to x'$」という順に生成していることになります[*6]。

ステップ2

M は x' を検証者に送ります。すると、検証者から 1 ビットの c が返ってきます。M は $c = c'$ であれば y' を検証者に送り、$c \neq c'$ であればステップ 1 に戻ってやり直します。

図9.6　シミュレータ M の構成

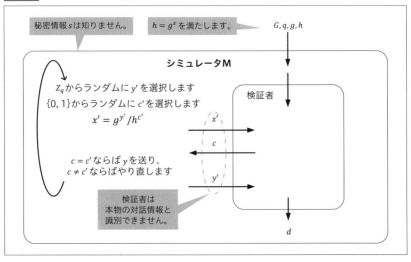

[*6]：y', c' はどちらを先に決めても問題ありません。検証式が成り立つように、最後に x' を計算するのがポイントです。

プロトコルの繰り返し回数が$n = 10$回であれば、10回の検証式を成り立たせなければなりません。cは1ビットなので、1/2の確率で$c = c'$になります。よって、シミュレータは20回（$= 2n$）ほど繰り返せば、10回の検証式を成り立たせられます。

このMは秘密情報sを知らないにもかかわらず、検証者の見える範囲を模倣できていることになり、ゼロ知識性を満たしていることになります。

プロトコルの繰り返し実行

健全性を満たすために、プロトコルはn回繰り返すように設計されています。例えば$n = 10$とすると、0.00098（$\fallingdotseq 1/2^{10} = 1/1024$）の確率で受理します。つまり、0.999（$\fallingdotseq 1 - 0.00098$）の確率で拒否します。

プロトコルを何度も繰り返すと通信コストが大きくなってしまい、効率がかなり悪いといえます。これを解決するには、1回のプロトコルの実行で済むように設計することです。

9.1.5 Schnorrの証明プロトコル

▶ Schnorrの証明プロトコルの構成

シュノア（Schnorr）が提案した証明プロトコルは、1回のプロトコルの実行で済むように改良されています。

前述のプロトコルとの違いは、ステップ2におけるcの取り得る範囲です。$\{0, 1\}$からではなく、Z_qから選択しています（ 図9.7 ）。

Schnorrの証明プロトコル
[1] 準備段階
1：信頼できるセンタはGenGアルゴリズムを用いて(G, q, g)を生成して、公開します。
2：アリスはZ_qからsをランダムに選択し、秘密情報とします。
3：アリスは$h = g^s$を計算して、センタに公開鍵として登録します[*7]。
[2] プロトコル段階
アリスを証明者、ボブを検証者として、次のやり取りを実行します。
1：アリスはZ_qからrをランダムに選択し、$x = g^r$を計算してボブに送ります。
2：ボブはZ_qからcをランダムに選択して、アリスに返します。

[*7] 正しくは$h = g^{-s}$と定義されますが、ここでは前述のプロトコルの形と合わせました。検証式が若干変わり、効率性が下がるだけで、本質的に変わりありません。

3：アリスはcにもとづいて、$y = r + sc \bmod q$を計算してボブに送ります。

4：ボブは、検証式$g^y = xh^c$が成り立つかどうかを確認します。成り立つ場合は1を出力し、そうでない場合は0を出力します。

図9.7　Schnorrの証明プロトコル

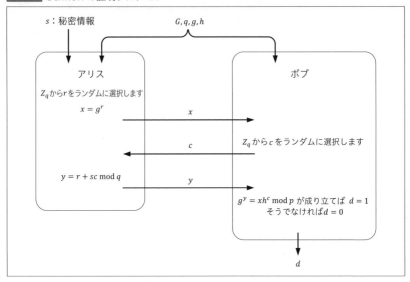

Schnorrの証明プロトコルの計算で遊ぶ

完全性の検証

プロトコルどおりに実行すると、次のように検証式は常に成り立つので、完全性を満たします。

$$（検証式の左辺）= g^y = g^{r+sc} = g^r g^{sc} = xh^c =（検証式の右辺）$$

健全性の検証

秘密情報sを知らない場合、検証者が受理する確率は$1/q$しかありません。qのサイズをnビットとすると、受理する確率を$1/2^n$にできます。具体的なqのサイズは、等価安全性[2]の観点から最低でも160ビット、できれば224ビット以上にしておきます。

● 2：8.2.2 鍵生成（等価安全性）p.582

ゼロ知識性の検証

プロトコルのゼロ知識性を直観的に確認します。証明者以外から見ると、$y = r + sc \bmod q$ のうち r は未知なので、y から s の情報は漏れません。また、離散対数問題は困難であるため、$x = g^r$ からも r は漏れません。さらに、検証式が成り立つ状況なので $g^y = xh^c = xg^{sc}$ が成り立ちます。x, g^y は既知なので、g^{sc} は既知ですが、離散対数問題は困難であるため、sc は漏れません。sc が未知なので c が既知でも、s は未知です。以上より、ゼロ知識性を持つことが期待できます[*8]。

▶ Schnorrの証明プロトコルの死角を探る

受動的攻撃に対する安全性

敵が証明者になりすませないときに、証明プロトコルは安全であるといいます。敵の攻撃には次のような種類があります（ 図9.8 ）。いずれも最終的に証明者になりすますことが目標になります。ここで、なりすます対象をターゲットと呼ぶことにします。

- 受動的攻撃
- 能動的攻撃
- 同時並行攻撃

受動的攻撃は、ターゲットの証明者と検証者のやり取りを傍受して学習します。能動的攻撃は、敵が検証者になりすまして、ターゲットとやり取りして学習します。同時並行攻撃は、敵が検証者になりすまして、ターゲットと同時並行にやり取りして学習します[*9]。これらの攻撃の強弱の関係は「受動的攻撃＜能動的攻撃＜同時並行攻撃」になります。

[*8]: ボブからアリスに送るランダム値の取り得る範囲が大きいため、厳密にはゼロ知識性を持ちません（シミュレータからすると検証者の見える範囲を模倣できない）。検証者が正直に乱数を生成するという条件の下では、ゼロ知識性を持つことが知られています。

[*9]: ターゲットは秘密情報 s を使って証明プロトコルを実行しますが、並行して実行しているやり取りでは、それぞれ独立に選んだランダム値を使用します。

図9.8 証明プロトコルに対する攻撃

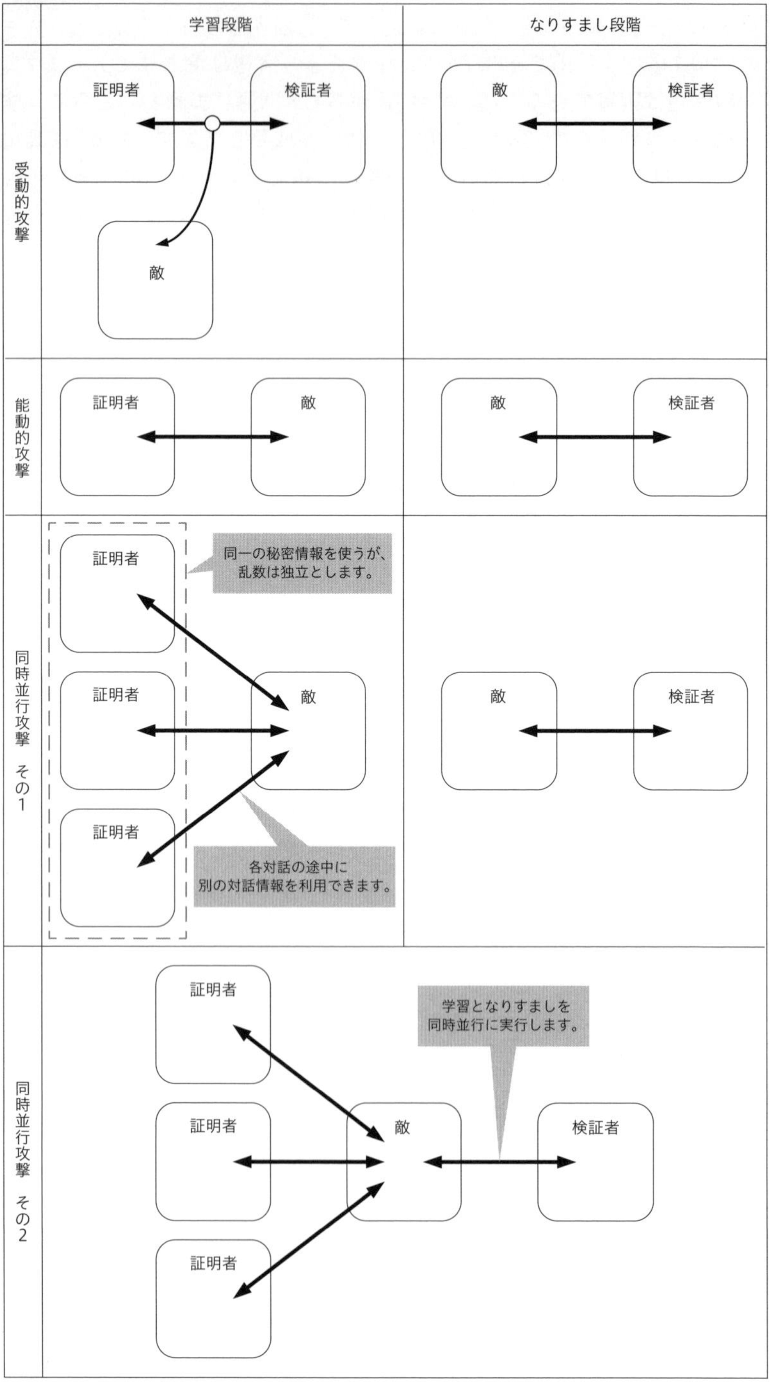

	学習段階	なりすまし段階
受動的攻撃	証明者 ←○→ 検証者 / 敵	敵 ←→ 検証者
能動的攻撃	証明者 ←→ 敵	敵 ←→ 検証者
同時並行攻撃 その1	証明者 / 証明者 / 証明者 ←→ 敵（同一の秘密情報を使うが、乱数は独立とします。／各対話の途中に別の対話情報を利用できます。）	敵 ←→ 検証者
同時並行攻撃 その2	証明者 / 証明者 / 証明者 ←→ 敵 ←→ 検証者（学習となりすましを同時並行に実行します。）	

Schnorrの証明プロトコルは、受動的攻撃に対して安全であることが知られています。ここでは、確率 τ で能動的攻撃に成功する敵Aが存在すると仮定して、確率 $(1-1/q)\tau^2$ 以上で離散対数問題を解くアルゴリズムMが存在することを示します。

Mの構成は次のとおりです（**図9.9**）。Mはプロトコルの対話情報を逆順に生成して、検証式とつじつまが合うようにします。Mは証明者と検証者の対話を仮想的に実行して、敵Aに見せて学習させます[*10]。敵は学習の後に、なり

図9.9 離散対数問題を解くMの構成

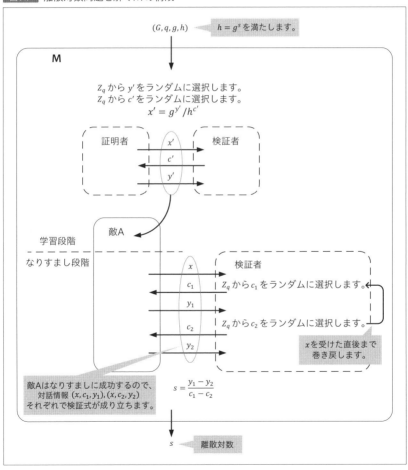

[*10]: 図の破線のアルゴリズムは、敵に対して証明者や検証者として見えるように振る舞っていることを意味しています。

すまします。Mは敵Aと対話しますが、xを固定しておき2組の対話情報 $(x, c_1, y_1), (x, c_2, y_2)$ を得ます。敵がなりすましに成功すると、対話情報 $(x, c_1, y_1), (x, c_2, y_2)$ のそれぞれに対して検証式が成り立ちます。

$$g^{y_1} = xh^{c_1} \quad \leftarrow (1)$$
$$g^{y_2} = xh^{c_2} \quad \leftarrow (2)$$

（2）式から（1）式を割ると、次のように計算できます。

$$g^{y_1 - y_2} = h^{c_1 - c_2}$$
$$g^{y_1 - y_2} = g^{s(c_1 - c_2)}$$
$$g^{\frac{y_1 - y_2}{c_1 - c_2}} = g^s$$
$$s = \frac{y_1 - y_2}{c_1 - c_2} \bmod q$$

よって、Mは $(y_1 - y_2)/(c_1 - c_2) \bmod q$ を出力すれば、離散対数 s を計算したことになります。

Mが離散対数問題を解くためには、「Aが1回目のなりすましに成功する」かつ「c_1 と c_2 が一致しない」かつ「Aが2回目のなりすましに成功する」という条件が必要です。それぞれの確率は順に $\tau, (1 - 1/q), \tau$ になります[11]。よって、Mが離散対数問題を解く確率は $(1 - 1/q)\tau^2$ になります。

9.1.6 対話証明から非対話証明への変換

これまでのプロトコルでは、アリスとボブが相互にデータをやり取りしていました（対話的）。特に2番目のやり取りは、ボブからアリスに送られます。

この処理をアリスからボブに送るようにできれば、すべてのデータが一方向に送られます（非対話）。これまでのプロトコルではボブが乱数を選んで、両者間で共有しているだけでした。そこで、アリス自身がランダム関数を用いて、乱数を生成するようにします。ただし、現実世界ではハッシュ関数が用いられます。Schnorrの証明プロトコルを非対話に変換すると 図9.10 のようになります。

---

[11]：何らかの値 c_1 があるとき、Z_q から c_2 を選択して c_1 と一致する確率は $1/q$ です。よって、一致しない確率は $1 - 1/q$ になります。

図9.10 Schnorrの証明プロトコル（非対話型）

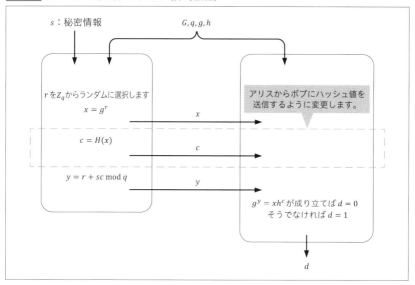

図の中央には3本の矢印がありますが、通信コストが大きいので、すべてを計算して3つの値を1回の通信で送ります。

実はxはcとyから計算できるので、送信を省略できます。その代わりボブは$x = g^y/h^c$を計算します（図9.11）。こうすることで送信するデータが削減され、効率性が上がります。

図9.11 改良したSchnorrの証明プロトコル（非対話型）

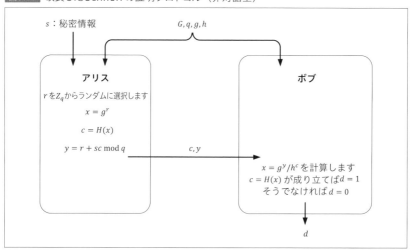

9.1.7 非対話証明からデジタル署名への変換

以上のハッシュ関数を用いた非対話証明が存在すれば、デジタル署名を構成できます。ハッシュ関数にメッセージも入力して、ハッシュ値を計算するだけです。改良した非対話型のSchnorrの証明プロトコルからデジタル署名を構成すると、次のようになります（パラメータの設定はこれまでと同様（図9.12））。これは第7章で解説したSchnorr署名です[3]。

> **Schnorr署名**
> 1：アリスはZ_qからランダムにrを選択して、$x = g^r$を計算します。
> 2：アリスは$c = H(m\|x)$を計算します。
> 3：アリスは$y = r + cs \bmod q$を計算して、署名を$\sigma = (c, y)$とします。
> 4：アリスはボブに(m, σ)を送信します。
> 5：ボブは$x = g^y/h^c$を計算します。
> 6：ボブは$c = H(m\|x)$が成り立つかを検証します。もし成り立てば受理し、そうでなければ拒否します。

図9.12 Schnorr署名

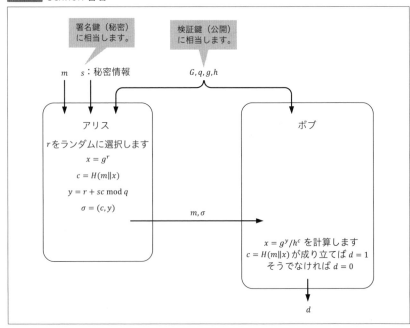

9.1 ゼロ知識証明プロトコル

　受動的な攻撃に対して安全なゼロ知識証明から（上記の方法で）構成されるデジタル署名は、ランダムオラクルモデルの下で選択メッセージ攻撃[4]に対して存在的偽造不可[5]であることが知られています。

- [3]：7.9 Schnorr署名 p.548
- [4]：7.4.2 デジタル署名の攻撃の種類（選択メッセージ攻撃）p.510
- [5]：7.4.3 デジタル署名の偽造の種類（存在的偽造）p.512

9.2 秘密分散共有法

9.2.1 秘密分散共有法とは

　宝の隠し場所を示す地図を作製したとします。しかし、その地図を見られてしまうと、すぐに宝を発見されてしまいます。そこで、地図を複数枚に分離しておけば、一定の枚数以上が揃わないと隠し場所がわからないようにできます。

　秘密分散共有法と呼ばれる暗号技術を用いることで、同様のことを実現できます。秘密分散共有法とは、複数の管理者が協力して、1つの秘密情報を管理する技術です。1979年にシャミア（Shamir）とブレイクリー（Blakley）によって独立に提案されました。

　従来の暗号は、鍵さえあれば1人で暗号化も復号もできます。一方、秘密分散共有法では、ある一定の人数以上の管理者が集まることで秘密情報を復号できます（図9.13）。これを実現するために、秘密情報を複数に分割して、それぞれの管理者が保持します。各管理者が保持する情報をシェアといいます。

図9.13　秘密分散の概念図

9.2.2 秘密分散共有法の定義

　秘密分散共有法は、ディーラ D と n 人の管理者 $P_1, ..., P_n$ を対象とし、次の分散段階と復元段階で定義されます。

> **秘密分散共有法**
> **[1] 分散段階**
>   Dは秘密情報sをn個のシェア$v_1,...,v_n$に変換して、v_iをP_iに渡します。
> **[2] 復元段階**
> n人の参加者のうち何人かが集まり、シェアを出し合うことでsを復元します。

9.2.3 満場一致法を採用した秘密分散共有法

最も簡単な秘密分散共有法は、分散情報を持つ管理者が全員集まったときに復号できる方式です。秘密情報sをうまくn分割したものをシェアとします。

この方式の問題は、参加者の1人でもシェアを提供することに反対してしまうと、秘密情報を復元できないことです[*12]。これを解決するプロトコルの1つに、(k,n)しきい値法があります。全員の管理者ではなく、k人以上の参加者が揃えば復号できます。

9.2.4 (k,n)しきい値法

(k,n)しきい値法であるためには、次の条件を満たさなければなりません。

① n人のうちk人が集まれば、秘密情報sを復元できる。
② $k-1$人では復元できない。さらに、sの情報は一切わからない。

この方式であれば、$n-k$人のシェアが紛失しても、残りのk人からシェアを提供してもらえればsを復元できます。また、$k-1$人の人が不正に結託しても、秘密は漏れません。秘密情報は一度復元されると全員にとって既知の扱いになります。

▶ $(2,n)$しきい値法

$(2,n)$しきい値法は、(k,n)しきい値法の中で最もシンプルな方式です。具体的には次のように構成できます（ 図9.14 ）。

---

*12：ディーラがサーバで実現されている場合、サーバがダウンしている場合にも秘密情報を復元できません。

> **$(2, n)$しきい値法**
>
> **[1] 分散段階**
>
> ここで、秘密情報をsとします。
>
> 1: Dは係数a_1をランダムに選び、定数項をsとして、次のような1次の多項式を作ります。
> $$f(x) = s + a_1 x$$
>
> 2: Dはシェア$v_i = f(i)$ ($i = 1, ..., n$) を計算して、P_iにv_iを送信します。
>
> **[2] 復元段階**
>
> P_1だけがシェアを提供しても、点$(1, v_1)$を通る1次直線は無数にあります。つまり、aもsもわかりません。
> 一方、P_1, P_2がシェアを提供したとします。このとき、点$(1, v_1), (2, v_2)$が確定するので、直線は一意的に決まります(fは1次関数であるため)。これにより、$s = f(0)$の値もわかります(fとy軸との交点)。

図9.14 $(2, n)$しきい値法

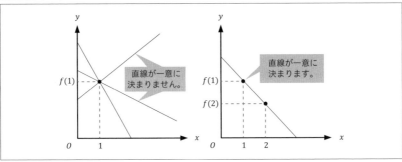

[1] のステップ2にて、$(i, f(i))$は$y = f(x)$が通る点になっています。

$(2, n)$しきい値法は2つのシェアが揃わないと、秘密情報sをまったく計算できません。よって、情報理論的に安全[6]といえます。

▶ Shamirの(k, n)しきい値法

1979年にShamirは、ラグランジュの補間公式をベースにした(k, n)しきい値法を提案しました。

●6: 3.7.6 バーナム暗号の安全性(情報理論的安全性) p.104

(k, n)しきい値法を理解するための数学知識

通過する3つの点がわかると、2次関数の式が確定します。3つの点(a, A), (b, B), (c, C)を通る2次関数は、次の公式により求められることが知られています。ただし、a, b, cは相異なるものとします。

$$y = \frac{(x-b)(x-c)}{(a-b)(a-c)}A + \frac{(x-a)(x-c)}{(b-a)(b-c)}B + \frac{(x-a)(x-b)}{(c-a)(c-b)}C$$

これはn次関数の場合にも拡張できます。x座標が相異なる、$n+1$個の点$(x_1, y_1), \cdots, (x_{n+1}, y_{n+1})$を通る$n$次以下の多項式$f(x)$は、次のようにただ1つ定まります（図9.15）。

$$f(x) = \sum_{l}^{n+1} \lambda_l(x) y_l = \lambda_1(x) y_1 + \cdots + \lambda_{n+1}(x) y_{n+1}$$

ただし、$\lambda_j(x)$は次の式で与えられます（j番目を除く。$n+1$次）。

$$\lambda_j(x) = \prod_{l=1, l \neq j}^{n+1} \frac{(x - x_l)}{(x_j - x_l)}$$

これをラグランジュの補間公式といいます。

図9.15　$n+1$個の点とn次関数（ここでは$n=3$）

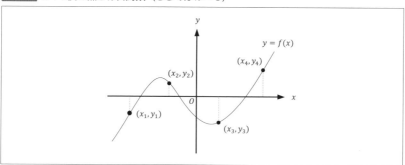

▶ (k, n)しきい値法のプロトコル

(k, n)しきい値法のプロトコルは、次のようにして構成できます（図9.16）。[1]のステップ3にて、$(i, f(i))$は$y = f(x)$が通る点になっています。

(k, n)しきい値法

[1] 分散段階

1：Dは$\max(s, n)$より大きい素数pを選択します（秘密ではない）。
2：Dは、係数$a_1, \cdots, a_{k-1}$をランダムに選び、定数項をsとして、次のような$(GF(p)$上の）$k-1$次の多項式を作ります。

$$f(x) = s + \sum_{l=1}^{k-1} a_l x^l \bmod p = s + a_1 x + a_2 x^2 + \cdots + a_{k-1} x^{k-1} \bmod p$$

3：Dはシェア$v_i = f(i)$ $(i = 1, \ldots, n)$ を計算して、P_iにv_iを送信します。
4：Dは$a_1, \cdots, a_{k-1}$を破棄します。

[2] 復元段階

1：n人のうちk人の管理者$P_{i_1}, \cdots, P_{i_k}$からIDとシェアのペア$(i_1, v_{i_1}), \cdots, (i_k, v_{i_k})$を受け取ります。
2：次の$f(x)$を復元します。

$$f(x) = \sum_{l=1}^{k} \lambda_l(x) f(i_l) \bmod p = \lambda_1(x) f(i_1) + \cdots + \lambda_k(x) f(i_k) \bmod p \quad \leftarrow (1)$$

ただし、$\lambda_j(x)$は次のように与えられます（j番目を除く。$k-1$次）。

$$\lambda_j(x) = \prod_{l=1, l \neq j}^{k} \frac{(x - i_l)}{(i_j - i_l)} \bmod p = \frac{(x - i_1) \cdots (x - i_{j-1})(x - i_{j+1}) \cdots (x - i_k)}{(i_j - i_1) \cdots (i_j - i_{j-1})(i_j - i_{j+1}) \cdots (i_j - i_k)} \bmod p$$

2：$f(x)$が復元できれば、$s = f(0)$として秘密情報sを計算できます。

図9.16 シェアから曲線が決まる様子

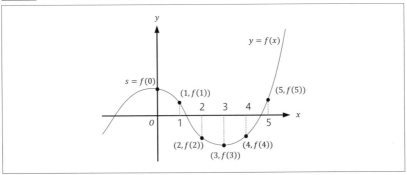

（1）式が成り立つ理由

（1）式は、$v_{i_j} = f(i_j) \bmod p$ $(i = 1, \cdots, k)$を満たすような$k-1$次の多項式です。これは、（1）式に$x = i_1, \cdots, i_k$を代入することで確認できます。

考察：

$f(x)$に$x = i_1$を代入して、矛盾しないことを確認してください。

検証：

$x = i_1$を代入すると、（1）式の左辺は$f(i_1)$になります。また、右辺は次のように計算できます。

$$（右辺）= \lambda_1(i_1)f(i_1) + \cdots + \lambda_k(i_1)f(i_k) \bmod p$$

ここで、$\lambda_1(i_1), \cdots, \lambda_k(i_1)$の値を計算します。

$$\lambda_1(i_1) = \frac{(i_1 - i_2) \cdots (i_1 - i_k)}{(i_1 - i_2) \cdots (i_1 - i_k)} \bmod p = 1$$

$$\lambda_2(i_1) = \frac{(i_1 - i_1)(i_1 - i_3) \cdots (i_1 - i_k)}{(i_2 - i_1)(i_2 - i_3) \cdots (i_2 - i_k)} \bmod p = 0, \cdots, \lambda_k(i_1) = 0$$

よって、右辺は$f(i_1)$になり、左辺と一致して矛盾しません。$x = i_2, \cdots, i_k$も同様にして確認できます。

k個のシェアからsを復元できる理由

（1）式に$x = 0$を代入すると、次のようになります。

$$s = f(0) = \lambda_1(0)f(i_1) + \cdots + \lambda_k(0)f(i_k) \bmod p \quad \leftarrow \text{(2)}$$

このときk個のシェア$v_{i_1}, \cdots, v_{i_k}$があれば、$f(i_1), \cdots, f(i_k)$が確定し、$\lambda_1(0), \cdots, \lambda_k(0)$も定数になるので、右辺全体が定数になります。すなわち、sの値が決定されます。つまり、具体的な値に復元されたことになります。

$k - 1$個のシェアからsを復元できない理由

$k - 1$個のシェア$v_{i_1}, \cdots, v_{i_{k-1}}$があるとします。$i_1, \cdots, i_k$は相異なり、0ではありません。よって、次の結果より、$\lambda_k(0) \neq 0$です。

$$\lambda_k(0) = \frac{(0 - i_1) \cdots (0 - i_{k-1})}{(i_k - i_1) \cdots (i_k - i_{k-1})} \bmod p \neq 0$$

（2）式において、$\lambda_1(0)f(i_1) + \cdots$は定数、$\lambda_k(0)$は0でない定数になりますが、$f(i_k)(= v_{i_k})$がわかりません。

$$\underset{\text{未知}}{s} = \underset{\text{定数}}{\underbrace{\lambda_1(0)f(i_1) + \cdots}} + \underset{\text{定数}}{\underbrace{\lambda_k(0)}}\,\underset{\text{未知}}{\underbrace{f(i_k)}} \bmod p$$

よって、任意のsに対して、（2）式が成り立つような$f(i_k)$が存在します。

つまり、$f(i_k)$がわからない限り、本当のsを特定できません。これはsについての情報が何もわからないことを意味します（情報理論的安全性を満たす）。

▶ (k, n)しきい値法の計算で遊ぶ

計算の演習（数値例）

上記の式で見ると複雑そうに見えますが、数値例では比較的わかりやすいといえます。

問題：

$k = 3$、$n = 5$、$p = 17$、$s = 13$とします。そして、ランダムに選ばれた係数は$a_1 = 10$、$a_2 = 2$とします。このとき$f(x)$は次のようになります。

$$f(x) = 13 + 10x + 2x^2 \bmod 17$$

$x = 1, \ldots, 5$についてのシェアを計算してください。

解答：

計算結果は、 表9.1 のとおりです。

表9.1 シェアの計算

x	シェア
1	$f(1) = 13 + 10 \cdot 1 + 2 \cdot 1^2 \bmod 17 = 13 + 10 + 2 \bmod 17 = 25 \bmod 17 = 8$
2	$f(2) = 13 + 10 \cdot 2 + 2 \cdot 2^2 \bmod 17 = 13 + 20 + 8 \bmod 17 = 41 \bmod 17 = 7$
3	$f(3) = 13 + 10 \cdot 3 + 2 \cdot 3^2 \bmod 17 = 13 + 30 + 18 \bmod 17 = 51 \bmod 17 = 10$
4	$f(4) = 13 + 10 \cdot 4 + 2 \cdot 4^2 \bmod 17 = 13 + 40 + 32 \bmod 17 = 85 \bmod 17 = 0$
5	$f(5) = 13 + 10 \cdot 5 + 2 \cdot 5^2 \bmod 17 = 13 + 50 + 50 \bmod 17 = 113 \bmod 17 = 11$

問題：

任意の3個のシェアを使うことで、$f(x)$を復元できます。ここでは、$f(1)$, $f(3)$, $f(5)$を使うものとして、$f(x)$を復元できることを確認し、秘密情報sを計算してください。

解答：

ラグランジュの補間公式より、次が成り立ちます。

$$f(x) = f(1)\frac{(x-3)(x-5)}{(1-3)(1-5)} + f(3)\frac{(x-1)(x-5)}{(3-1)(3-5)} + f(5)\frac{(x-1)(x-3)}{(5-1)(5-3)} \bmod 17$$

$$= 8\frac{(x-3)(x-5)}{(-2)(-4)} + 10\frac{(x-1)(x-5)}{(2)(-2)} + 11\frac{(x-1)(x-3)}{(4)(2)} \bmod 17$$

$$= 8\frac{(x-3)(x-5)}{8} + 10\frac{(x-1)(x-5)}{-4} + 11\frac{(x-1)(x-3)}{8} \bmod 17$$

ここから先の計算をするには、法17における8の逆数、−4の逆数を求める必要があり、拡張ユークリッドの互除法[7]などから計算できます。計算結果は$8^{-1} \bmod 17 = 15$、$(-4)^{-1} \bmod 17 = 13^{-1} \bmod 17 = 4$です。

$$\begin{aligned}(与式) \ &= 8 \cdot 15(x-3)(x-5) + 10 \cdot 4(x-1)(x-5) + 11 \cdot 15(x-1)(x-3) \bmod 17 \\ &= 120(x-3)(x-5) + 40(x-1)(x-5) + 165(x-1)(x-3) \bmod 17 \\ &= (x-3)(x-5) + 6(x-1)(x-5) + 12(x-1)(x-3) \bmod 17 \\ &= 19x^2 - 92x + 81 \bmod 17 \\ &= 2x^2 + 10x + 13 \bmod 17\end{aligned}$$

以上で多項式$f(x)$が確定しました。秘密情報sを計算するには$x = 0$を代入します。

$$s = f(0) = 2 \cdot 0^2 + 10 \cdot 0 + 13 \bmod 17 = 13 \bmod 17$$

よって、秘密情報は13になります。最初に選んだ$s = 13$と一致していることを確認できます。

階層構造

(k, n)しきい値法では、管理者に権限の階層構造を持たせられます。

考察：

支配人が1人、フロア管理人が3人いたとします。このとき、支配人が1人か、フロア管理人が2人以上であった場合に秘密情報を復号できるようにするには、どのような(k, n)しきい値法を採用すればよいでしょうか。

検証：

シェアを5個（＝2＋1×3）として、支配人にはシェアを2つ渡します。フロア管理人にはシェアを1つずつ渡します。よって、$(2, 5)$しきい値法を採用すればよいことになります。

●7：4.5.2 RSA暗号を理解するための数学知識（ユークリッドの互除法）p.250

❯ シェアの取り扱い

(k, n)しきい値法では、シェアのサイズが秘密情報より大幅に大きくなることはありません。ただし、pは秘密情報sより大きくなければなりません。

また、一定の秘密情報に関して、既存のシェアに影響を与えないで追加のシェアを生成できます。同様にして、あるシェアが1個無効になっても、他のシェアに影響を与えません。

秘密情報sをそのままにして、既存のシェアを無効にしてしまうためには、定数項の同じ異なる多項式を使ってシェアを作り直します。さらに、元の多項式で得られたシェア（過去のシェア）が$k-1$個以下になるように、シェアを確実に削除します。こうしておけば過去のシェアが$k-1$個すべて揃っても秘密情報を復元できません。

❯ (k, n)しきい値法の改良

不正なシェアを検出する

$(3, 5)$しきい値法は、3人の参加者がシェアを提供することで、秘密情報を復元できます。ここではP_1, P_2, P_3の3人がシェアを提供したとします。しかし、P_1が別の値をシェアとして提供すると、P_2とP_3は別の値に復元してしまいます。P_2とP_3はそれが誤った情報であることに気付きません。一方、P_1はP_2, P_3のシェアを提供されているので、正しい秘密情報sを復元できます。

こうした問題を解決する1つの方法は、不正なシェアを検知する仕組みを秘密分散共有法に組み込むことです。秘密情報に誤り訂正符号用の冗長データを追加してから、シェアに分割します。(k, n)しきい値法であれば、n人の管理者全員のシェア$f(1), ..., f(n)$が揃えば、「秘密情報＋誤り訂正符号用のデータ」が復元されます。誤り訂正符号を使って、秘密情報が正しいかどうかをチェックできます。もし、管理者の誰かが不正なシェアを提出した場合は、誤りを検出できます。不正なシェアが1つだけでなく、複数個であっても誤りを検出できます。例えば、Reed-Solomon-(k, n)しきい値法などが知られています[13]。

さらに拡張して、k人が集まった時点で検出できる方式、不正なシェアを提供した管理者を特定できる方式なども提案されています。

---

[13] : "Polynomial codes over certain finite fields"
https://gnunet.org/sites/default/files/Reed%20%26%20Solomon%20-%20Polynomial%20Codes%20Over%20Certain%20Finite%20Fields.pdf

シェアを匿名化する

従来の秘密分散共有法では、シェアを提供する際に自身のIDを明らかにしなければなりませんでした。なぜならば、そのIDを用いて秘密情報を復元していたからです。(k, n)しきい値の場合、管理者P_1は自分のシェア$f(1)$を提供しますが、ID = 1も明らかにしなければなりません。

この場合、P_1が秘密を復元するという情報が漏れています。これが望ましくない状況もありえます。この問題を解決した方式が、匿名(k, n)しきい値法です。IDではなく、乱数r_1を使って$f(r_1)$を計算します。匿名(k, n)しきい値法では、$(r_1, f(r_1))$をP_1のシェアとします。このシェアが提供されても、r_1は乱数なので誰のシェアなのかはわかりません。後は従来の(k, n)しきい値法と同様に復元できます。乱数r_1の分だけシェアのサイズが増えますが、シェアを提供した者のIDが1であることを証明するための仕組み（例：証明プロトコル）を用いる必要がないので、全体の処理は効率的になるといえます。

分散段階の不正を検出する

(k, n)しきい値法では、Dが正しくシェアを作らないと、k個以上のシェアを用いても秘密情報を復元できません。こうしたDの不正を検出する方式として、検出可能秘密分散共有法（Verifiable Secret Sharing：VSS）が提案されています[*14]。この方法では、シェアを受け取った管理者は、シェアが正しく作成されていることを検証できる機能を備えています。

> **VSSのプロトコル（概要）**
>
> 1：Dは秘密情報sを暗号化してcを生成します。
> 2：Dは(k, n)しきい値法を用いてcのシェアを管理者に送信します。
> 3：Dは、シェアが正しく作成されたことを各管理者に対してゼロ知識証明プロトコル[●8]を用いて証明します。

[*14]："Verifiable secret sharing and achieving simultaneity in the presence of faults"
https://www.cs.umd.edu/~gasarch/TOPICS/secretsharing/chorVSS.pdf

[●8]：9.1 ゼロ知識証明プロトコル p.634

9.3 電子透かし

9.3.1 電子透かしとは

電子透かしとは、人が識別できない情報をデジタルコンテンツに埋め込む技術です。紙幣には、偽札防止のために透かしが組み込まれています。同様に、デジタルコンテンツの不正コピーを防止するためにデジタルの透かしを組み込むことが、電子透かしの発想になっています。

電子透かしは、デジタルコンテンツの著作権保護を主な目的としています。埋め込まれる情報は、著作権情報に関することが大半です。例えば、著作者名やIDなどです。

9.3.2 人が識別できない情報を埋め込む理由

テレビ番組にはテレビ局名やロゴが表示され[*15]、絵画にはサインや落款(らっかん)が書き込まれています。これは著作者を明示し、特に絵画の場合には完成品であることも意味します。

デジタルコンテンツである画像や動画でも同様の方法を適用できますが、デジタルコンテンツは簡単に加工できます。例えば、容易にサインの部分だけをカットしたり、別のサインで上書きしたりできます。そこで、電子透かしでは、不正行為者に気付かれないように著作権情報を埋め込みます。

9.3.3 電子透かしの仕組み

電子透かしを埋め込む対象(埋め込まれる側)をカバーデータ(キャリア、コンテナ)と呼びます。例えば、静止画像、動画、音声などのデジタルコンテンツです。

[*15]: こうした映像に画像や文字などを合成する技術のことをスーパーインポーズといいます。TV局名やロゴだけでなく、字幕やナレーションなども含まれます。

一方、埋め込まれる電子透かし情報を埋め込みデータと呼びます。電子透かし情報が埋め込まれたデータはステゴデータといいます（図9.17）。また、第三者が勝手に電子透かしを埋め込みできないように、鍵が設定されることがあります。これを埋め込み鍵といいます。

図9.17　電子透かし情報の埋め込み

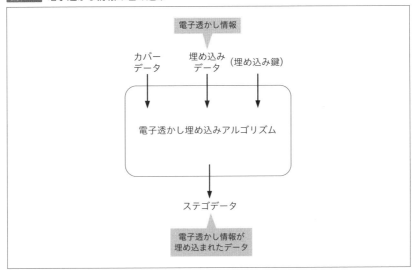

9.3.4　電子透かしの実現

電子透かしを実現するアプローチとして、次の2つが挙げられます。

①カバーデータのデジタルコンテンツの冗長性を利用する。
②人間の生理学的特徴を利用する。

▶カバーデータのデジタルコンテンツの冗長性を利用する

　デジタルコンテンツである画像や動画は、冗長なデータを含んでいます。冗長性が大きければ、データを若干変更しても、全体に対して与える影響は少なくなります。そのため、電子透かしで扱うカバーデータは、冗長性が大きいデータが向いています。

❯ 人間の生理学的特徴を利用する

　人間の感覚は、ある特殊な対象物に対して鈍感になります。こうした部分を少々変更しても、デジタルコンテンツの視聴において支障はありません。

　例えば、白い背景の上に黒い点があると、その点はより目立ちます。これはマッハ効果によるためです。マッハ効果とは、色の境界部分では隣接する色の影響を受けて、一方は明るく、一方は暗く見える現象のことです。白色と黒色の場合、輝度の変化がより強く感じられ、白地に対して黒点が強調して見えたわけです。マッハ効果を活用して電子透かしを実現するためには、カバーデータを書き換える際に、無地のところのデータはそのままで、細かい模様のある部分を変更します。

　他にも人間には様々な生理的特徴があるので、それらを組み合わせることで電子透かし情報を埋め込む領域や量を増やせます。

9.3.5　電子透かしの要件

　コンテンツが画像・映像・音声の場合、情報を埋め込んだことにより、コンテンツの表示・再生に影響を及ぼさないようにしなければなりません。電子透かしの情報が大きければ、相対的にコンテンツの質は下がっていきます。

　カバーデータの冗長な部分に情報を埋め込むだけであれば、それほど難しくありません。この場合、コピーされても電子透かしはなくなりませんが、問題はステゴデータを明示的に編集されたときです。単純に一部をカットするだけでなく、データの圧縮やファイル形式の変換をされることも考えられます。例えば、画像であればJPEGファイルをPNGファイルに変換されてしまうかもしれません。このようなときでも、電子透かし情報が失われてはいけません。

　また、電子透かしの埋め込みアルゴリズムや抽出アルゴリズムは、効率的に実施できなければなりません。

　電子透かしを埋め込む前後では、ファイル容量が変化しないことが望ましいとされます。ほとんどの電子透かしの技術は、容量に変化を生じさせません。容量が増えてもよいのであれば、わざわざ書き換える形で電子透かしを入れるのではなく、コンテンツのデータ部とは別の部分（例：メタ情報部）に情報を追加すればよいだけだからです。

9.3.6 電子透かしの種類

電子透かしには様々な方法があり、検出方法や電子透かし情報の表示形態などにより分類できます。

検出方式による分類

検出方式により、電子透かしは次のように分類されます。

- 原版参照方式
- 原版非参照方式

原版参照方式は、電子透かしの検出時に原版（カバーデータ）を必要とする方式です。一方、原版非参照方式は、原版を必要としない方式です。第三者が勝手に抽出できないように抽出鍵が必要な場合があります（図9.18）。

図9.18　原版参照方式と原版非参照方式

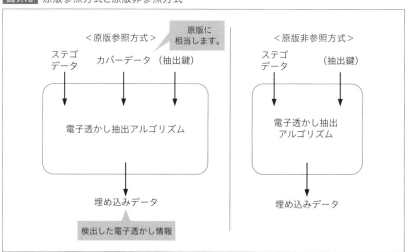

目的によって方式を使い分けます。データの不正コピーを制限するためには、電子透かし抽出アルゴリズムの出力をチェックします[*16]。正しい電子透か

---

*16：電子透かしの埋め込みにかかわらず、デジタルデータのコピーは容易です。デジタルデータが特殊な媒体（DVDなど）に記録されている場合には、それを読み取る装置や装置のプログラムで電子透かしの有無をチェックできます。また、動画の再生ソフトウェア側で電子透かしの有無をチェックするという方法も考えられます。

し情報が出力されなかった場合には、コピー禁止として扱います。これを実現するには、実質的に原版非参照方式でなければなりません。原版参照方式ではカバーデータが必要ですが、すべてのデジタルコンテンツに対してカバーデータを保持できません。もし実現できたとしても、何らかの方法により、そのカバーデータが不正コピーされる恐れがあります。

以上のように、使い勝手だけを考えると原版非参照方式の方が有利です。しかし、著作権を保持することを主張するためには、カバーデータを持つことを同時に保証できる原版参照方式の方が有利といえます。

表示形態による分類

表示形態により、電子透かしは次のように分類されます。

- 不可視型電子透かし
- 可視型電子透かし

不可視型電子透かしは、人が識別できない電子透かし情報を埋め込む方式です。これまで説明してきた電子透かしは、この方式に該当します。

一方、可視型電子透かしは、人が識別できる電子透かし情報を埋め込む方式です。この方式は不正コピーを防止するのではなく、不正コピーされたデジタルコンテンツであることを明示する目的に使われます。これにより、電子透かし抽出アルゴリズムを使用しない第三者から見ても、不正コピーされたものであることが一目瞭然になります。さらに、不正コピーの抑止効果も期待できます。

可視型電子透かし情報の文字は半透明で、元の画像や映像も識別できます。また、重要な部分に入れることで、その部分だけをカットされることを防ぎます。

キャリアの種類による分類

電子透かしの対象となるカバーデータは様々です。画像・映像・音声が代表的なものですが、テキスト（自然言語の文書やプログラムなど）も対象になります。カバーデータの種類によって、電子透かしのアルゴリズムの具体的な実装は異なります。

9.3.7 電子透かしで実現できる技術

電子透かしを用いることで、次のような様々な技術を実現できます。

- 著作権保護
- 不正コピーの制限
- 改ざんの検出
- 秘密通信

著作権保護や不正コピーの制限についてはこれまで説明してきたので、説明を省略します。

改ざんの検出は、特殊な電子透かしによって実現できます。1つの方法は、少しでも情報を変更すれば電子透かしが消えるというものです。つまり、電子透かしが残っていれば改ざんはされておらず、残っていなければ改ざんされたことを検出できます。

秘密通信については、次項で解説します。

9.3.8 秘密通信

▶ 秘密通信とは

通信文の存在を隠蔽して送ることを秘密通信といいます。秘密通信を実現する技術の1つに、ステガノグラフィー（steganography）があります。ステガノグラフィーでは、カバーデータ（画像やテキストなど）の中に、本当に伝えたい情報（埋め込みデータ）を埋め込みます。暗号は通信文を変形して内容を隠しますが、ステガノグラフィーは意味のある通信文そのものを隠蔽して、その存在に気付かれないようにします。

▶ 様々なステガノグラフィー

ステガノグラフィーは、暗号の歴史の中で長年利用されてきました。それなりの効果が得られたからです。ここでは、ステガノグラフィーの具体的な例を紹介します。

- スキュタレー暗号[9]に使う革紐をズボンのベルトとして使用して、暗号文を隠して運んだ。
- 南北戦争中に南部同盟軍のスパイは、通信文を書いた紙を小さく縫い合わせて、結った髪の中に隠して運んだ。
- マケドニアのアレキサンダー大王は、巻物に直接文字を書く代わりに、巻物の中心の棒に秘密の通信文を記していた。
- 通信文を書いたものを体内に隠す。例えば、蝋を被せたものを飲み込んだり、直腸に隠したりする。麻薬を袋詰めにして飲み込んで密輸しようとするボディー・パッカーも同様の手口といえる。
- 頭の毛を剃り、通信文を刺青し、再び頭髪が生え揃うまで待つ。
- 板に通信文を刻み、板全体を蝋などで厚く塗装して偽装する。蝋板の蝋の下にメッセージを隠すことと同等といえる。
- 一見何でもないような内容の手紙において、行間や余白に見えないインクで暗号文を書く。例えば、アメリカ独立戦争時代にインビジブル・インクが発明された。これは液体の化学反応で文字が浮き出る特殊なインクである。
- 気付きにくい小さな文字や記号を書く。例えば、通信したい内容になるように、新聞紙から文字を拾い、上に小さな穴を空けて、その新聞紙を相手に渡す。
- 通信文を肉眼で見えないほど圧縮して印刷する。これをマイクロドットという。受信者はどこに極小の文章があるかを知っており、顕微鏡で拡大して通信文を読む。第二次世界大戦前のドイツや冷戦時代のソ連が利用していた。
- 破壊しないと取り出せないものの中に隠す。例えば、ゆで卵の殻に特殊なインクでメッセージを書くと、殻をむいたときにメッセージが現れる。

ステガノグラフィーの安全性

　ステガノグラフィーによって隠蔽されたメッセージが敵に見つかってしまうと、秘密通信の内容が途端に漏えいしてしまいます。そこで、メッセージが敵に見つかっても内容が露見しないように、暗号も同時に発展しました。暗号文を隠して運ぶことで、二重に安全にするという発想です。

　電子透かしとステガノグラフィーは両者とも、画像などに別の情報を埋め込むというアイデア自体は同じです。しかし、電子透かしでは埋め込まれる側

●9：2.4 スキュタレー暗号 p.045

（カバーデータ）が主役になります。デジタルコンテンツが再生されないようでは本末転倒です。

一方、ステガノグラフィーでは埋め込む情報が主役になります。埋め込まれる側は意味をなさなくても、問題ありません。ただし、カバーデータ側を一見して意味がある内容にしておけば、背後に埋め込み情報があることを悟られる可能性を小さくできます。これを実現する1つの方法が電子透かしというわけです。

表9.2 ステガノグラフィーと電子透かしの比較

	埋め込まれる側	埋め込み情報	安全性の度合い
ステガノグラフィー	ダミー	平文	小
ステガノグラフィー＋暗号	ダミー	暗号文	中
電子透かし＋暗号	意味のあるデータ	暗号文	大

運用上は「電子透かし＋暗号」で十分といえますが、暗号理論上ではさらに非常に強い条件を満たす必要があります。「情報が埋め込まれる前のカバーデータ」と「情報が埋め込まれたカバーデータ」（ステゴデータ）が識別不可能であれば安全というものです。この安全性を満たすのであれば、ステガノグラフィーであることを効率的に識別できません[17]。

---

[17]：これは秘密通信という意味での安全性であり、隠蔽した情報の存在がばれたときの秘匿性に関する安全性ではありません。よって、隠蔽する情報は秘匿性に関して安全な暗号を採用すべきです。

9.4 SSL

9.4.1 SSLとは

SSL（Secure Sockets Layer）/ TLS（Transport Layer Security）は、暗号化・改ざん検知・認証の機能を提供する、トランスポート層の上位に位置するプロトコルです[18]。HTTP、FTP、SMTPなどのプロトコルと組み合わせて使用され、通信を保護します。例えば、HTTPとSSLを組み合わせることでHTTPSとなり、Web通信を保護します。

SSLは1990年代中頃に開発され、バージョンはSSL1.0、SSL2.0、SSL3.0、TLS1.0（SSL3.1）、TLS1.1（SSL3.2）、TLS1.2（SSL3.3）と上がっています。TLSはSSLの新しいバージョンの名前ですが、以降はSSLとTLSを区別せずにSSLと呼ぶことにします。

SSLはプロトコル（通信の規約）であるため、運用するためにはSSL通信を実現するためのプログラムを用意しなければなりません。現在最も広く使われているプログラムは、オープンソースのOpenSSLです。OpenSSLについては9.5節で解説します。

9.4.2 SSL通信の仕組み

ここからはSSL通信の仕組みの概要について説明します。SSL通信は大別すると、次の2つのプロトコルで構成されます。

　①ハンドシェイクプロトコル
　②レコードプロトコル

ハンドシェイクプロトコルは、暗号通信のための準備を行います。具体的には、クライアントとサーバの認証、暗号アルゴリズムの決定、暗号化に使用する鍵の生成などです。

----

[18]："The Transport Layer Security (TLS) Protocol Version 1.2"
　　　https://tools.ietf.org/html/rfc5246

レコードプロトコルは、データの送受信を行います。その際、ハンドシェイクプロトコルで確立した鍵を用いて、データを暗号化し、メッセージ認証コードで完全性を実現します（ 図9.19 ）。

図9.19　SSL通信

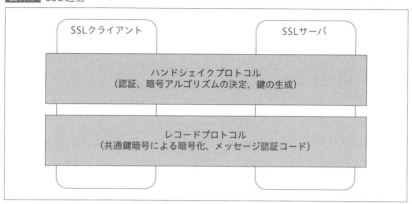

▶ハンドシェイクプロトコル

ハンドシェイクプロトコルでは、サーバを認証し、データ転送のアルゴリズムや鍵を確定することが目的です（ 図9.20 ）。

①ClientHelloメッセージ　【クライアント→サーバ】

通信の開始をサーバに通知します。クライアントが対応している次の情報をサーバに送信します。

- 使用できるSSLのバージョン
- サーバ認証のアルゴリズム
- 使用できる暗号スイート（鍵交換・共通鍵暗号・メッセージ認証コードのアルゴリズムの組み合わせ）
- 使用できる圧縮方法
- 現在時刻
- クライアントのランダム値
- セッションID

クライアントとサーバで使用できるSSLのバージョン、暗号スイート、圧縮方法が異なる可能性があるため、クライアント側で使用できるものを通知します。

図9.20 ハンドシェイクプロトコル

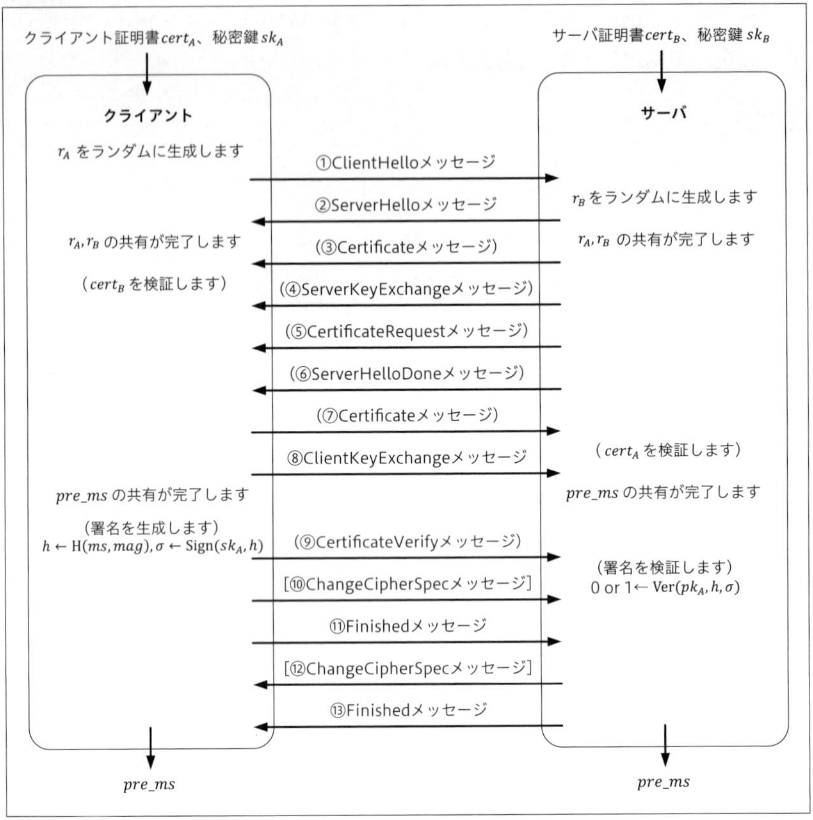

クライアント証明書$cert_A$、秘密鍵sk_A　　　　　　　　　　　　サーバ証明書$cert_B$、秘密鍵sk_B

クライアント　　　　　　　　　　　　　　　　　　　　　　**サーバ**

r_A をランダムに生成します

①ClientHelloメッセージ →

② ServerHelloメッセージ ←　　　　r_B をランダムに生成します

r_A, r_B の共有が完了します　　　　　　　　　　　　　　　　r_A, r_B の共有が完了します

（③Certificateメッセージ）←

（$cert_B$ を検証します）　　　（④ServerKeyExchangeメッセージ）←

（⑤CertificateRequestメッセージ）←

（⑥ServerHelloDoneメッセージ）←

（⑦Certificateメッセージ）→

⑧ClientKeyExchangeメッセージ →　　　（$cert_A$ を検証します）

pre_ms の共有が完了します　　　　　　　　　　　　　　　　pre_ms の共有が完了します

（署名を生成します）
$h \leftarrow \mathrm{H}(ms, mag), \sigma \leftarrow \mathrm{Sign}(sk_A, h)$　（⑨CertificateVerifyメッセージ）→

（署名を検証します）
0 or 1 $\leftarrow \mathrm{Ver}(pk_A, h, \sigma)$

［⑩ChangeCipherSpecメッセージ］→

⑪Finishedメッセージ →

［⑫ChangeCipherSpecメッセージ］←

⑬Finishedメッセージ ←

pre_ms　　　　　　　　　　　　　　　　　　　　　　　　　pre_ms

　現在時刻はSSLの上位のプロトコル用に用意されています。クライアントのランダム値は、生成日時の4バイトと、乱数の28バイトから構成されます（計32バイト）。これは後でマスタ秘密鍵[10]やレコードプロトコル用の鍵を生成するために用いられ、予測不可能性を満たす乱数でなければなりません。

②ServerHelloメッセージ　【クライアント←サーバ】

　サーバはClientHelloメッセージで受信したリストの中から使用できるアルゴリズムを選択して、ServerHelloメッセージで通知します。通知する具体的な内容は次のとおりです。

●10：8.2.3 鍵の保存（マスタ鍵）p.585

- 使用するバージョン番号
- 使用する暗号スイート
- 使用する圧縮方法
- 現在時刻
- サーバのランダム値
- セッションID

サーバのランダム値は、後でプレマスタ秘密鍵やマスタ秘密鍵を生成するために用いられます。

(③Certificateメッセージ) 【クライアント←サーバ】

サーバ証明書を、ルートCAまでの証明書のリストを含めてクライアントに送信します。メッセージ③を受信したクライアントは、サーバ証明書を検証して、サーバが信頼できるかを確認します。

このメッセージは、匿名の通信の場合には送信されません。

(④ServerKeyExchangeメッセージ) 【クライアント←サーバ】

メッセージ⑧にて鍵共有するために不足する情報を、このメッセージに含めて送信します。

鍵共有の方法がRSA方式の場合、RSA暗号[11]で共有したい鍵を暗号化します。サーバ証明書[12]にはサーバの公開鍵がありますが、サーバ証明書を送信しなかったり、サーバ証明書内に必要とする公開鍵が含まれていなかったりすると、暗号化できません。そこで、このメッセージの出番になり、ここに公開鍵$pk_B = (N, e)$を含めてクライアントに送信します。

また、鍵共有の方法がDH鍵共有[13]の場合には、システムパラメータ(p, g)と$B(= g^b \bmod p)$を含めてクライアントに送信します。

なお、情報を送信する必要がないときには、このメッセージは送信されません。

(⑤CertificateRequestメッセージ) 【クライアント←サーバ】

クライアント認証をするときに、クライアントにクライアント証明書[14]を要求するためのメッセージです。クライアント認証をしないときには送信されません。

- [11]: 4.5 RSA暗号 p.244
- [12]: 8.5.3 証明書の種類（サーバ証明書）p.600
- [13]: 8.1.6 Diffie-Hellmanの鍵共有 p.570
- [14]: 8.5.3 証明書の種類（クライアント証明書）p.600

⑥ServerHelloDoneメッセージ 【クライアント←サーバ】

クライアントに対して、ServerHelloメッセージからの一連のメッセージが完了したことを通知します。

(⑦Certificateメッセージ) 【クライアント→サーバ】

クライアント証明書をサーバに送信します。③のCertificateメッセージと同様に証明書のチェーンも送信します。受信したサーバはクライアント証明書を検証して、クライアントが信頼できるかを確認します。

クライアント認証をしないときには送信されません。

⑧ClientKeyExchangeメッセージ 【クライアント→サーバ】

プレマスタ秘密鍵をクライアントとサーバ間で共有します。共有方法としては、RSA方式、DH鍵共有プロトコル方式、楕円DH鍵共有プロトコル方式[15]があります。

RSA方式の場合は、クライアントがプレマスタ秘密鍵pre_msを生成します（生成方法は後述）。そして、サーバ証明書から公開鍵を抽出します。もし、サーバ証明書が送信されていない場合には、④のServerKeyExchangeメッセージから公開鍵を抽出します。それから、サーバの公開鍵を使ってpre_msを暗号化します。暗号化されたpre_msを⑧のClientKeyExchangeメッセージに含めてサーバに送信します。サーバは自身の秘密鍵を用いて、プレマスタ秘密鍵を復号できます。

DH鍵共有プロトコル方式の場合[*19]は、サーバはDH鍵共有用の公開パラメータ(g, p)、秘密情報b、サーバからの送信情報$B = g^b \bmod p$を生成します。ServerKeyExchangeメッセージにて$(g, p), B$の値を送信しておきます。クライアントは公開パラメータにもとづいて、秘密情報aとクライアントからの送信情報$A = g^a \bmod p$を生成します。ClientKeyExchangeメッセージにてAの値を送信します。後は、クライアントは$B^a \bmod p$、サーバは$A^b \bmod p$を計算すれば、鍵$g^{ab} \bmod p$を共有できたことになります。つまり、ServerKeyExchangeメッセージとClientKeyExchangeメッセージの2回の通信でDH鍵共有プロトコルを実現しています。

楕円DH鍵共有プロトコル方式についても、上記と同様の仕組みで実現できます（パラメータの種類が違うだけ）。

----

*19：a, bは使い捨ての秘密情報です。つまり、通信のために作成し、必要がなくなったら削除されます。そのため、DH鍵共有プロトコル方式や楕円DH鍵共有プロトコル方式であれば、フォワード安全性を満たせます。

●**15**：8.1.8 楕円曲線上のDiffie-Hellmanの鍵共有 p.577

（⑨CertificateVerifyメッセージ）【クライアント→サーバ】

　クライアント証明書の本人であることを証明するために用いるメッセージです。サーバからCertificateRequestメッセージを受信したときのみ、このメッセージを送信します。

　ここでは、「これまでに受信したメッセージ」と「マスタ秘密鍵」のハッシュ値を計算します。自身の秘密鍵でハッシュ値からデジタル署名を生成して、CertificateVerifyメッセージにハッシュ値と署名を含めて送信します。CertificateVerifyメッセージを受信したサーバは、クライアントの公開鍵を使って署名を検証します。これにより、クライアント証明書がクライアントのものであることを確認できます。

[⑩ChangeCipherSpecメッセージ]【クライアント→サーバ】

　このメッセージの直前までで、暗号スイートの情報を両者で共有できています。このメッセージで、暗号通信に切り替えるという合図を通知します。以降のクライアントからの通信は、すでに合意済みの暗号通信に切り替わります。

　なお、ChangeCipherSpecメッセージは、ハンドシェイクプロトコルの一部ではなく、独立した暗号仕様変更プロトコルになります。

⑪Finishedメッセージ 【クライアント→サーバ】

　ハンドシェイクプロトコルが終わったことをサーバに通知します。メッセージ⑩の時点で暗号通信に切り替わっているので、このFinishedメッセージは暗号スイートが適用されています（実際の暗号化などを行うのは、レコードプロトコル）。

　Finishedメッセージを受信したサーバは、復号してFinishedメッセージが得られるかを確認します。確認できれば、ハンドシェイクプロトコルが正常に完了し、正常に暗号通信ができたことを判断できます。

[⑫ChangeCipherSpecメッセージ]【クライアント←サーバ】

　このメッセージで暗号通信に切り替えるという合図を通知します。以降のサーバからの通信は、すでに合意済みの暗号通信に切り替わります。

⑬Finishedメッセージ 【クライアント←サーバ】

　ハンドシェイクプロトコルが終わったことをクライアントに通知します。クライアントとサーバの立場が逆になっただけで、メッセージ⑩と同様です。

　以降は、レコードプロトコルとアプリケーションのデータプロトコルで通信されます。

鍵生成アルゴリズム

SSLではプレマスタ秘密鍵pre_ms、マスタ秘密鍵ms、レコードプロトコル用の鍵が登場します。これらは 図9.21 のように生成されます。

図9.21 SSLで使われる鍵生成アルゴリズム

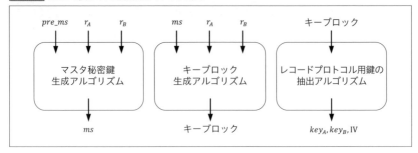

ClientHelloメッセージとServerHelloメッセージがやり取りされた時点で、クライアントの乱数r_Aとサーバの乱数r_Bは共有されています。また、Client KeyExchangeメッセージが送信された段階で、クライアントとサーバ間でプレマスタ秘密鍵が共有されます。

プレマスタ秘密鍵

プレマスタ秘密鍵pre_msは、マスタ秘密鍵の生成に使用される情報であり、一種のマスタ鍵です。プレマスタ秘密鍵が生成される方法は、鍵共有アルゴリズムの方式によって変わります。

RSA方式であれば、2バイトのバージョン番号と46バイトの乱数です（計48バイトの乱数。r_Aとは異なる）。一方、DH鍵共有方式であれば、クライアントとサーバが協調し合うことで、プレマスタ秘密鍵が生成されます（サイズは可変長）。

マスタ秘密鍵

マスタ秘密鍵msは、pre_ms, r_A, r_Bを疑似乱数関数（pseudo-random function：PRF）であるマスタ鍵生成アルゴリズムに入力して生成されます。このとき使用する疑似乱数生成器[16]は、暗号スイートで決めたハッシュ関数を組み込んだものです。msは48バイトの疑似乱数であり、r_A, r_Bを用いることで攻撃者が事前に鍵を計算できないようにしています（r_A, r_Bの値はSSLの通信で決まる）。

●16：8.7 疑似乱数生成器 p.612

レコードプロトコル用の鍵

レコードプロトコル用の鍵は、共通鍵暗号の秘密鍵key_1、メッセージ認証子生成用の秘密鍵key_2、暗号化モードで使用する初期値IVです。ms, r_A, r_Bを疑似乱数関数であるキーブロック生成アルゴリズムに入力して、キーブロックという疑似乱数を生成します。レコードプロトコル用鍵の抽出アルゴリズムを通じて、キーブロックから必要な分だけ抽出してそれぞれの鍵を作ります。その際、$key_1 \neq key_2$になります。

▶ レコードプロトコル

レコードプロトコルでは、ハンドシェイクで合意したアルゴリズムと鍵を用いて、互いにデータをやり取りします。これにより、共通鍵暗号によって秘匿性を保証し、メッセージ認証コードによって完全性を保証します。

レコードプロトコルのデータ暗号化アルゴリズムは次のとおりです（ 図9.22 ）。入力に必要な鍵は、前述した鍵生成アルゴリズムを用いることで、プレマスタ秘密鍵からすべて生成できます。

	データ暗号化アルゴリズム
入力	m：送信したいデータ（平文） key_1：メッセージ認証子生成用の秘密鍵 key_2：共通鍵暗号の秘密鍵 IV：初期値
出力	c：データの暗号文
動作	1：平文を複数の平文ブロックに分割します。 2：ハンドシェイクプロトコルで決定された圧縮方法で平文ブロックを圧縮します。 3：key_1を用いて、圧縮データのメッセージ認証子を計算します。 4：圧縮データとメッセージ認証子を連結してから、key_2を用いてブロック暗号の暗号化モードで暗号化します（例：AES[17]とCBCモード[18]）。 5：暗号文ブロックに「データタイプ」（どのプロトコルのデータか）、「バージョン番号」（SSLのバージョン情報）、「圧縮した長さ」（データ長）の情報をヘッダとして付与します。 6：複数の暗号文ブロックをまとめて暗号文として送信します。

● **17**：3.12 AES p.166
● **18**：3.15 CBCモード p.199

図9.22 レコードプロトコルのデータ暗号化アルゴリズム

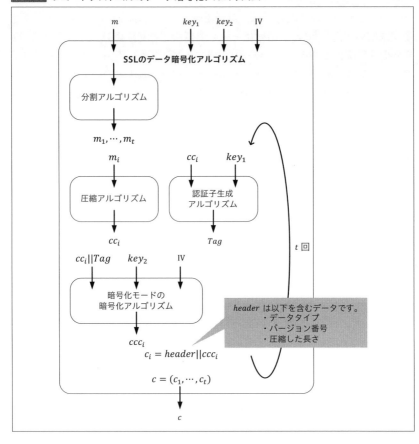

このアルゴリズムは、メッセージ認証子を生成してから暗号化しています。つまり、「MAC-then-暗号化方式[19]」です。これはある種の攻撃[*20]に脆弱であることが知られています。2014年にはこの部分を「暗号化-and-MAC方式[20]」に変更したSSLが定義されました[*21]。

[*20]：BEAST攻撃、パディングオラクル攻撃などが知られています。

[*21]："Encrypt-then-MAC for Transport Layer Security (TLS) and Datagram Transport Layer Security (DTLS)"
https://tools.ietf.org/html/rfc7366

[19]：6.8.4 MAC-then-暗号化 p.492

[20]：6.8.2 暗号化-and-MAC p.491

9.5 OpenSSL

9.5.1 OpenSSLとは

OpenSSLとは、SSLの機能を実装したオープンソースのライブラリです[*22]。MacOSやUNIXならば、ほとんどの場合は最初からOpenSSLがインストールされています。また、Windows向けとして、OpenSSL for Windowsがあります[*23]。

9.5.2 OpenSSLで共通鍵暗号を体験する

▶ AESの暗号化・復号

openssl aes-128-cbcコマンドで、暗号化にAES-128[●21]、暗号化モードにCBCモード[●22]を適用します。-eオプションで暗号化、-dで復号します。

```
pi@raspberrypi ~ $ echo "Akademeia" | openssl aes-128-cbc -e
-base64 -pass pass:1234

U2FsdGVkX19cPA/RmJCPWe/Wu2SaoH4Ipq5YVKzN/LU=  ←暗号化の結果

pi@raspberrypi ~ $ echo "U2FsdGVkX19cPA/RmJCPWe/
Wu2SaoH4Ipq5YVKzN/LU=" | openssl aes-128-cbc -d -base64 -pass
pass:1234

Akademeia  ←復号の結果
```

パスワードの入力により、OpenSSLが自動的に秘密鍵と初期値を生成してくれています。そのため、実行するたびに暗号文が変化します。

[*22] : https://www.openssl.org
[*23] : http://slproweb.com/products/Win32OpenSSL.html

[●21] : 3.12 AES p.166
[●22] : 3.15 CBCモード p.199

679

-pオプションを付けることで、秘密鍵や初期値の内容を確認できます。

```
pi@raspberrypi ~ $ echo "Akademeia" | openssl aes-128-cbc -e
-base64 -pass pass:1234 -p
salt=C8F4DA385B1599C1
key=A0D50D499F16A7635BA4D60933DF0CC5
iv =11BE30CFE6B81EE50655665B39D0B703
U2FsdGVkX1/I9No4WxWZwQvNRCi8kBNCepeFu47NP4o=
```

9.5.3 OpenSSLで公開鍵暗号を体験する

❯ OpenSSLの秘密鍵の特徴

OpenSSLでは一般に秘密鍵を生成してから、公開鍵を生成します。

公開鍵暗号の定義では、鍵生成アルゴリズムで公開鍵と秘密鍵を同時に出力していました。なぜOpenSSLでは公開鍵と秘密鍵が別々に出力されるのかという疑問があるかもしれません。RSAGenアルゴリズム[23]の動作を確認すると、先に秘密鍵を生成してから、公開鍵を生成しています。生成の順番は問題ありませんが、秘密鍵がdの情報だけであったら、公開鍵の(N, e)は生成できません。つまり、OpenSSLの秘密鍵には、公開鍵の生成に使用する値p, q（あるいはN）が含まれていることを意味します。

❯ 秘密鍵の生成

`openssl genrsa`コマンドを使うことで、RSA系の秘密鍵を生成できます。

出力される秘密鍵はPEMエンコードされているため、拡張子を「.pem」にしました[24]。

```
pi@raspberrypi ~ $ openssl genrsa 2048 > private_key.pem
Generating RSA private key, 2048 bit long modulus
```

＊24：PEM（Privacy Enchanced Mail）は、DER形式（バイナリファイル）をBase64でテキスト化したものです。

●23：4.5.3 RSA暗号の定義（RSAGen）p.271

9.5 OpenSSL

```
.....................+++
..................:+++
e is 65537 (0x10001)
pi@raspberrypi ~ $ cat private_key.pem
-----BEGIN RSA PRIVATE KEY-----
MIIEpAIBAAKCAQEA0v2FCQG1ItbERD5mWYqoDx6e+EK+OFTo+Gq8BPr5IW2ckJ6V
… (中略) …
r1gC0GNUCx8TdQ1hQZps4TGcpQr6d+7XS9cNKz5G1ZFJ6GTApd/3iA==
-----END RSA PRIVATE KEY-----
pi@raspberrypi ~ $ file private_key.pem
private_key.pem: PEM RSA private key
```

Column 秘密鍵の内容を確認する

　秘密鍵に公開情報（Nやp, q）が本当に含まれているかを確認してみます。次の
ようなコマンドで、鍵ファイルの内容を確認できます。

```
pi@raspberrypi ~ $ openssl rsa -in private.pem -text -noout
Private-Key: (2048 bit)
modulus:
    00:9c:50:b3:1b:8d:44:76:67:dd:c7:d3:90:1d:3a:
… (中略) …
    c3:00:1d:26:60:6a:3a:d6:52:0a:52:25:f0:46:e7:
    68:b3
publicExponent: 65537 (0x10001)
privateExponent:
    66:bb:a2:fb:38:9d:06:34:bd:4d:d7:7d:9f:b8:13:
… (中略) …
    a1:c9:4a:64:0e:6f:40:20:0d:b1:3d:72:ad:55:d4:
    01
prime1:
```

681

```
    00:cf:cd:25:c9:e9:c4:c0:22:ad:a2:8e:c7:7c:7d:

… (中略) …

    3b:b5:f7:fe:5d:e0:14:cd:49
prime2:
    00:c0:92:67:32:8a:9c:ea:57:8e:92:39:2c:eb:86:

… (中略) …

    96:0e:a3:80:bf:cb:31:b2:1b
exponent1:
    03:bc:32:43:b0:da:02:82:1d:10:e0:f4:20:fe:b6:

… (中略) …

    5d:96:f9:91:82:67:9d:51
exponent2:
    00:ab:36:7f:82:34:33:67:37:09:8f:80:3e:2b:f9:

… (中略) …

    4f:ae:1c:38:b0:4d:5c:95:d9
coefficient:
    19:69:b3:ef:3c:dd:31:fc:3b:66:52:05:7b:4c:d2:

… (中略) …

    07:29:72:5f:9a:6a:24:1f
```

公開法の N だけでなく、素数 p, q の情報も含まれていることがわかります。

公開鍵の生成

　秘密鍵から公開鍵を生成します。openssl rsaコマンドを使って秘密鍵を読み込み、-puboutオプションでPEM形式の公開鍵を出力します。

```
pi@raspberrypi ~ $ openssl rsa -pubout < private_key.pem >
public_key.pem

writing RSA key

pi@raspberrypi ~ $ cat public_key.pem

-----BEGIN PUBLIC KEY-----
```

```
MIIBIjANBgkqhkiG9w0BAQEFAAOCAQ8AMIIBCgKCAQEA0v2FCQG1ItbERD5mWYqo
… (中略) …
aJCx8SfJSP4n47Ug3MgXn98MqTdL4ND2HBwemLRE/s1DwlHLNnktrnIRfwG6jT35
RQIDAQAB
-----END PUBLIC KEY-----
pi@raspberrypi ~ $ file public_key.pem
public_key.pem: ASCII text
```

リダイレクトを用いずに、–inオプションや–puboutオプションを使って、秘密鍵から公開鍵を作成することもできます。

```
pi@raspberrypi ~ $ openssl rsa –pubout –in private_key.pem
–pubout public_key.pem
```

❯ 暗号化

公開鍵暗号の暗号文を作成するには、openssl rsautl –encryptコマンドを用います。ここで用いる平文は小さなサイズとしてください（理由は後述する）。

```
pi@raspberrypi ~ $ echo 'Hello, Cryptography!' > plain.txt
pi@raspberrypi ~ $ ls –lh plain.txt
-rw-r--r-- 1 pi pi 21  2月 27 23:34 plain.txt
                        ↑平文のファイルサイズは21バイト
pi@raspberrypi ~ $ openssl rsautl –encrypt –pubin –inkey public_
key.pem < plain.txt > plain.encrypted  ←暗号化する。
pi@raspberrypi ~ $ file plain.encrypted
plain.encrypted: data
pi@raspberrypi ~ $ hexdump plain.encrypted
0000000 d263 527e 1428 7721 02a9 beda 08d8 c32c
… (中略) …
00000f0 e92e d1d0 5186 80ba 8ac4 53ca 46c4 4b70
0000100
pi@raspberrypi ~ $ ls –lh plain.encrypted
```

```
-rw-r--r-- 1 pi pi 256  2月 27 23:41 plain.encrypted
                        ↑暗号文のファイルサイズは256バイト
```

復号

　公開鍵暗号の暗号文を復号するには、openssl rsautl -decryptコマンドを用います。

```
pi@raspberrypi ~ $ openssl rsautl -decrypt -inkey private_key.
pem < plain.encrypted > plain.decrypted
pi@raspberrypi ~ $ ls -lh plain.decrypted
-rw-r--r-- 1 pi pi 21  2月 27 23:54 plain.decrypted
                        ↑復号結果のファイルサイズは21バイト
pi@raspberrypi ~ $ cat plain.decrypted
Hello, Cryptography!
```

大きなサイズのファイルの暗号化

平文の最大サイズ

　使用した平文（plain.txt）ファイルのサイズは21バイト（＝168ビット）でしたが、生成された暗号文（plain.encrypted）ファイルのサイズは256バイト（＝2048ビット）になりました。このようにファイルサイズが増えたのは、暗号化がブロック単位で行われるためです。

　暗号化の内部の平文ブロックは鍵長と一致しますが、最低でも11バイトのパディングを必須とするため、1回の暗号化における平文は、「鍵のバイト長 −11バイト」のサイズが最大になります（ 表9.3 ）。

表9.3　RSAの鍵長と平文の最大長の関係

RSAの種類	鍵長	平文の最大長
RSA-512	512ビット（＝64バイト）	53バイト
RSA-1024	1024ビット（＝128バイト）	117バイト
RSA-2048	2048ビット（＝256バイト）	245バイト

　今回は2048ビットの鍵を用いたので、入力できる平文の最大サイズは245バイト（＝2048÷8−11）になります。つまり、245バイト以下の平文は、256バイトの暗号文に暗号化されます。

実験：平文のサイズが大きすぎる場合

　実験として、明らかに1ブロックを超えるようなファイル（ここでは10Mバイト）を用意して、同様の手順で暗号化してみます。すると、暗号化時に「データのサイズが大きすぎる」というエラーが発生することが確認できます。

```
pi@raspberrypi ~ $ dd if=/dev/zero of=10Mfile bs=1M count=10
                                    ↑10Mバイトのファイルを生成
10+0 レコード入力
10+0 レコード出力
10485760 バイト (10 MB) コピーされました、0.109075 秒、96.1 MB/秒
pi@raspberrypi ~ $ ls -lh 10Mfile
-rw-r--r-- 1 pi pi 10M  2月 28 00:06 10Mfile
pi@raspberrypi ~ $ openssl rsautl -encrypt -pubin -inkey public_
key.pem < 10Mfile > 10Mfile.encrypted  ←暗号化
RSA operation error  ←エラー発生
1995933792:error:0406D06E:rsa routines:RSA_padding_add_PKCS1_
type_2:data too large for key size:rsa_pk1.c:153:
```

　大きなサイズの平文を公開鍵暗号で暗号化したい場合は、平文を分割しなければなりません。

　なお、パディングを考慮すると、暗号文は平文と比べてデータサイズが増えます。例えば、RSA-1024では約1.1倍、RSA-2048では約1.05倍になります。また、公開鍵暗号の処理には時間がかかるため、それを何度も実行することは効率が悪いといえます。

　以上から、大きなサイズの平文を暗号化するときには、公開鍵暗号ではなく、共通鍵暗号が向いているといえます。

9.5.4　OpenSSLでデジタル署名を体験する

▶ 署名の生成

　`openssl dgst -sha1 -sign`コマンドで、SHA-1によるRSA署名[24]を生成できます。`-sign`オプションの直後には使用する秘密鍵を指定します。これが署名鍵として扱われます。

---

[24]：7.6 RSA署名 p.517

```
pi@raspberrypi ~ $ openssl dgst -sha1 -sign private_key.pem
plain.txt > sign.sig

pi@raspberrypi ~ $ hexdump sign.sig

0000000 2d8e 101b 98e8 9bd7 a55f 20e4 05c7 86a9

… (中略) …

00000f0 e7a6 376a 4a75 dc66 29b2 7218 e7fc 92b3

0000100
```

▶ 署名の検証

openssl dgst -sha1 -verifyコマンドで、SHA-1によるRSA署名
の検証を行えます。-verifyオプションの直後には使用する公開鍵を指定し
ます。これが検証鍵として扱われます。

```
pi@raspberrypi ~ $ openssl dgst -sha1 -verify public_key.pem
-signature sign.sig plain.txt

Verified OK  ←検証の結果は受諾

pi@raspberrypi ~ $ echo "hoge" > other.txt  ←別のメッセージを生成する

pi@raspberrypi ~ $ openssl dgst -sha1 -verify public_key.pem
-signature sign.sig other.txt

Verification Failure  ←検証の結果は拒否
```

9.6 ビットコイン

9.6.1 ビットコインと暗号

ビットコイン（Bitcoin）とは、暗号技術を使った決済システムのことです。2008年に、中本哲史という名義でビットコインの論文が公表されました[*25]。

ビットコインにより、信頼できる第三者が存在しなくても、個人間で通貨を安全にやり取りできます。また、送金の手数料が少額に抑えられ、個人情報が流出する恐れもありません[*26]。

ビットコインの最大の特徴は、分散化された信用を基礎として、決済システムを実現していることです。特権機関を持たないので、誰もが平等といえます。これを実現するためのシステムがビットコインシステムであり、P2Pネットワーク、ブロックチェーン、マイニングなどの概念が用いられています。通貨としてのビットコインは、ビットコインシステムの仕組みの最初の応用に過ぎません。

9.6.2 ビットコインの単位と価値

▶ 単位と問題点

基本的にビットコインの通貨記号は、BTC（ビーティーシー）です。例えば、10ビットコインであれば10BTC、0.005ビットコインであれば0.005BTCと呼びます。

ビットコインの最小単位は0.00000001BTCであり、これは考案者の名前より特別に1satoshiと表現します。ビットコインは2009年の登場時より大きく価値が上昇したため、1BTCの価値が大きく、利用しづらいといった問題が

[*25]: "Bitcoin: A Peer-to-Peer Electronic Cash System"
https://bitcoin.org/bitcoin.pdf

[*26]: 銀行の口座を使えば、銀行側に預貯金や住所・氏名といった個人情報を把握されてしまいます。加えて、銀行から外部への情報漏えいのリスクもあります。

あります。例えば、文で0.00000001BTCと書くことはできても、口頭で伝えるのは難しいといえます。さらに、0が多いため、桁を間違えてしまう恐れもあります。これを補うためにcBTC、mBTC、μBTCなどの補助単位があります（ 表9.4 ）。

表9.4　ビットコイン通貨単位早見表

	BTC	cBTC	mBTC	μBTC	satoshi
1BTC	1BTC	100cBTC	1,000mBTC	1,000,000μBTC	100,000,000satoshi
1cBTC	0.01cBTC	1cBTC	10mBTC	10,000μBTC	1,000,000satoshi
1mBTC	0.001BTC	0.1cBTC	1mBTC	1,000μBTC	100,000satoshi
1μBTC	0.000001BTC	0.0001cBTC	0.001mBTC	1μBTC	100satoshi
1satoshi	0.00000001BTC	0.000001cBTC	0.00001mBTC	0.01μBTC	1satoshi

ビットコインの相場

　ビットコインの価値は日々大きく変動します。そのため、ハイリスク・ハイリターンの投資目的で購入する人もいます。例えば、2016年4月時点では1BTCは約5万円程度でしたが、2017年6月時点で約30万円程度になっています（ 図9.23 ）。

図9.23　ビットコインのチャート[27]

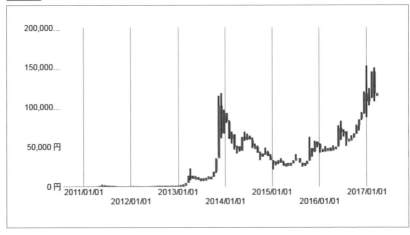

---

* 27：" Bitcoin 相場 in 日本 "
　　http://ビットコイン相場.com

9.6.3 P2Pネットワーク

　P2Pネットワークとは、中央集権的な存在を用いずに、個々の端末（ノードという）が相互に通信し合うことで構成されるネットワークのことです。端末同士が直接通信するため、他の端末に知られずにやり取りできます。また、分散された端末すべてが処理を行うので、比較的安価にネットワークを構成できます。誰もがネットワークを構築・維持・復旧できるので、柔軟な強さを持つといえます。

　例えば、円の通貨は日本銀行が発行・管理しています。多くの通貨は、国や特定の組織で管理されます。一方、ビットコインシステムにおいて、ビットコインを管理する国や組織は存在しません。P2Pネットワークを採用することで、ビットコインシステムに接続しているコンピュータが、ビットコインの情報を保持したり、検証したりしています。ビットコインシステムを使うことで価値を移動できるため、実体はありませんが通貨と見なせます。

9.6.4 ウォレット

ウォレットとは

　ウォレットとは、ビットコイン用の財布のようなソフトウェアです。ビットコインの送信・受信・保有の際に使用します。ウォレットは、コンピュータやスマホにインストールするタイプ、Webサービスで提供されているタイプなどがあります。

ウォレットにおける鍵生成

　ウォレットは、楕円曲線暗号[25]の鍵生成アルゴリズムを用いて、公開鍵と秘密鍵を生成して保持します。この動作はウォレットが自動的に行ってくれるので、ユーザーが意識することはほとんどありません。

　ビットコインで使う楕円曲線暗号は、NISTが策定したsecp256k1という規格のものです。使用する楕円曲線は、具体的に次のように決まっています。

$$y^2 = x^3 + 7 \bmod p$$
$$p = 2^{256} - 2^{32} - 2^9 - 2^8 - 2^7 - 2^6 - 2^4 - 1$$

●25：4.10 楕円ElGamal暗号（楕円曲線暗号）p.383

ビットコインの秘密鍵は256ビット、公開鍵は512ビットになります[28]。等価安全性[26]の観点から、256ビット安全性を持ちます。

9.6.5 ビットコインアドレス

▶ ビットコインアドレスとは

ビットコインアドレス（以後、アドレスと略す）とは、ビットコインの取引に用いる文字列であり、1または3から始まる27～34文字の英数文字列です[29]。

例）1KnRnazRAWYvi4oi9uc2SVL6BZzp8cXTgu

例えば、アリスがボブにビットコインを送金したいとします。アリスはアドレスA、ボブはアドレスBを作ります。そして、アリスはアドレスAからアドレスBに送金します。

また、同じアドレスを使い続けることもできます。Webサイトにアドレスを載せて寄付を募る場合などは、これに該当します。ただし、アドレスがわかれば、公開帳簿からそのアドレスの取引をすべて閲覧できます[30]。それが困る場合には、取引ごとにアドレスを生成し直せばよいことになります。

▶ アドレスの生成

ウォレットには秘密鍵と公開鍵のペアが格納されています。そのうち、公開鍵を用いてアドレスを生成します（ 図9.24 ）。

---

[28]：公開鍵の Y は座標 (x, y) であるためです。

[29]：通常のアドレスは1から始まりますが、マルチシグのアドレスは3から始まります。マルチシグとは、秘密鍵が1つだけでなく複数に分割されており、ビットコインへアクセスするには一定数以上の鍵を揃える必要がある方式です。例えば、スマホがマルウェアに感染して、秘密鍵が漏えいしてしまうと、ビットコインがを失う恐れがあります。こうした問題を解決する方式の1つがマルチシグです。

[30]：寄付の場合には、逆に取引の透明性を主張できます。

[26]：8.2.2 鍵生成（等価安全性）p.582

アドレス生成アルゴリズム	
入力	pk：公開鍵
出力	a：アドレス
動作	1：ハッシュ関数SHA-256[27]にpkを入力します。その結果をh_1とします。 2：ハッシュ関数RIPEND-160[*31]にステップ1の結果を入力します。その結果をh_2とします。 3：h_2の先頭に0x00を付与し、h_2'とします。 4：SHA-256を2回繰り返して、h_2'のハッシュ値を計算して、その結果をh_3とします。 5：h_3の先頭4バイト（=32ビット）を取り、h_3'とします。 6：$h_2'\|\|h_3'$をBase58で符号化して、その結果をaとします。 7：aを出力します。

図9.24 アドレス生成アルゴリズム

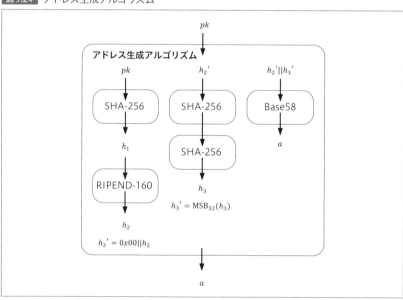

ステップ4~5にて、h_3'を生成しています。これは書き間違いを防ぐためのチェックサムとして働きます。

ステップ6でBase58という変換を適用します。Base58は、バイナリデー

---

*31：160ビットのハッシュ値を出力するハッシュ関数です。反復型構造で設計されています。

●27：5.6.2 SHA-1／SHA-2（SHA-256）p.449

タを文字列に変換する方法の一種です。数字10種（0～9）、大英字26種（A～Z）、小英字26種（a～z）の合計62文字のうち、4文字を除外した58文字を使用します。人間にとって読みやすくしたり、曖昧さを避けたりするために、数字のゼロ（0）、大文字のオー（O）、小文字のエル（l）、大文字のアイ（I）の4文字が除外されます。

ステップ7でアドレスが生成されますが、この時点でビットコインシステムに何らかの登録がなされたわけではありません。このアドレスを使った取引が行われてから、ビットコインシステムに取引のトランザクションが登録されます。

ウォレットとアドレス

アドレスは小さな財布のようなものであり、お金が入ります。一方、ウォレットは大きな財布のようなものですが、直接お金が入るわけではありません。アドレスの中にお金が入り、ウォレットの中にアドレスが入っているようなイメージです。

9.6.6 ブロックチェーン

ブロックチェーンとは

ブロックチェーンとは、ビットコインのすべての取引が記録されている公開取引簿（以下、取引簿と略す）です。誰でもその内容を閲覧でき、特定のアドレスの資金の変化を参照できます。

ビットコインの複数の取引は、ブロックという単位でまとめられており、1本のチェーンのように参照し合っています（図9.25）。

図9.25 ブロックチェーン

アドレスと個人情報を結び付けることは困難ですが、アドレスからその取引履歴を追うことは容易です。そのため、既存の金融機関を駆使したマネーロンダリングに比べれば、トレースしやすいといえます。ただし、そのビットコインの売却と現金化において個人情報と紐付きやすいといえます。

▶ トランザクション

ビットコインの取引は、トランザクションという単位で行われます。トランザクションは、ビットコインをあるアドレスから他のアドレスに送ることであり、簿記の個々の取引行のようなものです。

例えば、アリスのアドレスAから、ボブのアドレスBに1BTCを支払うものとします。この取引は、次の2つの内容に分解できます。

① 「Aから」「1BTC」⇒「アドレスAが支払えるビットコインが1BTC減少する」
② 「Bへ」「1BTC」⇒「アドレスBが支払えるビットコインが1BTC増加する」

このとき、①をインプット、②をアウトプットといいます。トランザクション（①と②）は、インプットからアウトプットに価値を移転することといえます。

アリスは自分の署名鍵（秘密鍵に相当）を用いて、トランザクションから署名を生成します[*32]。そして、アリスはトランザクション、署名、検証鍵（公開鍵に相当）をP2Pネットワークに送信します。その後、ブロックチェーンに取り込まれることで、取引が承認され、ビットコインの送金が完了します。送信されたトランザクションが正しいかどうかは、署名の検証で確認されます。

▶ ブロックとブロックチェーン

トランザクションの仕組みだけでは、まだ通貨として用いられません。なぜならば、二重支払い問題が解決されないためです。

二重支払い問題とは、一度支払われたお金が再び支払いに使用されてしまうという問題です。これを解決するための素朴な方法は、時系列で考えて後の取引を無効とすることです。しかし、ビットコインはP2Pネットワーク上で取引されるため、どちらが先の取引であるかを確実に決定できません。

そこで、ビットコインではブロックチェーンの概念を活用しています。これにより、ネットワーク全体で一貫した取引履歴を共有できます。

ブロックは、ヘッダとトランザクションの集まりから構成されます。そのトランザクションの集まりから得られたハッシュ値がヘッダに格納されています。また、直前のブロックのヘッダのハッシュ値も格納されています。そして、ノンス[*33]やタイムスタンプなどの付加情報もヘッダに含まれます（ 図9.26 ）。

[*32]：楕円曲線上のDSA署名が用いられます。
[*33]：使い捨てのランダムな値のことです。

図9.26 ブロックチェーンにおけるハッシュ値の関係

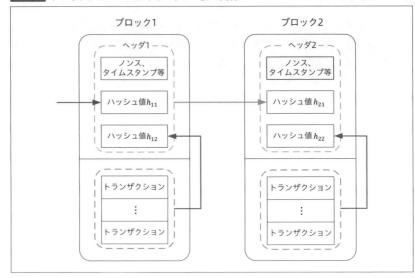

ハッシュ値の入出力関係を矢印で結ぶ（始点が入力、終点が出力に対応する）と、ブロック間は矢印でつながっているようになります。これがブロックチェーンと呼ばれる所以です。

一例として、ブロック1まで伸びたブロックチェーンに、ブロック2を追加するとします。このとき、トランザクションの集まりからハッシュ値h_{22}を計算します[*34]。また、直前のブロックのヘッダからハッシュ値h_{21}を計算します[*35]。そして、付加情報を追加して、ブロックのヘッダ2が完成します。後は、トランザクションの集まりを追加すれば、ブロック2が完成します。

例えば、攻撃者がブロック1のトランザクションを改ざんしたとします。そのとき、h_{12}のつじつまを合わせる必要があります。すると、ブロック1のヘッダの内容が変わるので、h_{21}のつじつまも合わせなければなりません。つまり、ブロックチェーンのブロックを1つ改ざんすると、それ以降のブロックを改ざんしなければなりません。結果的に、ブロックチェーンの改ざんは非常に困難ということになります。

なお、実際のブロックチェーンのデータは、Blockchain.infoなどのサイト

[*34]：トランザクションはハッシュ木というデータ構造にまとめられています。これは、ハッシュ関数の特性を活かして、トランザクションをツリー状にハッシュ化して、最終的に1つのハッシュ（マークルルートという）にまとめたものです。

[*35]：SHA-256でハッシュ化されます。先頭に0が並ぶようなハッシュ値になります。proof-of-workで解説しますが、このようなハッシュ値になるように、直前のブロックの作成時にうまくノンスが設定されています。

で確認できます[*36]。

▶ proof-of-work

ブロックを誰が作成するのかという問題がまだ残っています。特定の誰かのみがブロックを生成できてしまえば、特権的存在がいないという性質がなくなってしまいます。その一方で、誰でも無条件でブロックを作成できてしまうと、どれが正しいブロックチェーンなのかがわからなくなってしまいます。

ビットコインでは、これを解決するために「仕事の証明」（proof-of-work：PoW）という仕組みを採用しています。ビットコインシステムでは、ブロックのヘッダのハッシュ値は、次のように、先頭に一定の数以上の0が並んでいるものを正しいブロックとして扱います。

0000000000000000019970142262167e4892f184adb00a30782432421cb3fc45

ブロック（のヘッダ）にはノンスが含まれていました。ノンスの値が変われば、ブロックのヘッダのハッシュ値も変わります。つまり、正しいブロックを作成するには、うまくノンスの値を探さなければなりません。

しかしながら、ハッシュ関数の一方向性から、ハッシュ値から入力値（ここではブロックのデータ）を特定できません。つまり、条件を満たすノンスの値を特定するには、ハッシュ値を計算してみて、ハッシュ値の先頭に0が並ぶかどうかを確認します。この試行は何度も繰り返さなければ、目的は達成できません（総当たり攻撃）。つまり、リソースを費やさないと、条件を満たすブロックを作成できないということです。これにより、誰でも作成できるわけではないが、特定の誰かのみが作成できるわけでもないという性質が満たされます。

ビットコインシステムでは、約10分に1個の割合でブロックが作成される難易度に調整されます。例えば、連続する0の個数が一定であると、コンピュータの性能が向上したときに問題が起きます。つまり、リソースをほとんど費やさずにブロックを作成できてしまう恐れがあります。また、リソースを費やすコンピュータが増えれば、それだけブロックを作成する速度が上がってしまいます。こうした課題を解決するために、ブロックの作成の難易度を自動調整しているのです。

[*36]：https://blockchain.info

9.6.7 マイニング

▶ マイニングとは

ブロックの作成には、リソースを費やす必要があると述べました。しかしながら、その見返りがなければ、コスト（機器の費用、電気代など）をかけてまで、リソースを費やす人は少ないはずです。そのため、ビットコインシステムでは、ブロックの生成には報酬が用意されています。

ブロックを作成すると、コインの生成を意味するトランザクションが発生します。このトランザクションの受取先はブロックの作成者になります。つまり、電気代を費やすことで、報酬としてビットコインがもらえるわけです。ビットコインを金だとすると、ブロックの作成者は金山を掘り出す採掘者（マイナー）と見なせます。そのため、ブロックを作成することをマイニング（採掘）と呼びます。

▶ P2Pネットワークにおける承認

ブロックチェーンは1本につながったブロックであると説明しました。しかしながら、ある瞬間において、ブロックチェーンが分岐することがあります（図9.27）。P2Pネットワークの特性上、瞬時にブロックが伝搬されるわけではありません。ノードによっては、届くブロックに差が生じて、結果的に正しくないブロックをつないでしまうかもしれません。

そこで、ビットコインシステムでは、一番多くつながっているものを正しいものとするというルールがあります。このルールにもとづいて正しいブロックチェーンを決定することを承認といいます。

図9.27 ブロックチェーンの分岐

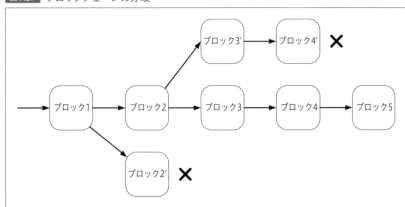

前述しましたが、P2Pネットワークはすぐにブロックの情報が伝搬されるわけではありません。そこで、P2Pネットワークのノードは、最初に受信したブロックをブロックチェーンに追加しますが、同時に受信した他のブロックも保存しておきます。これ以降のブロックの受信で、どちらが長く伸びたかを判断して、最終的に正しいブロックチェーンを決めます。

例えば、攻撃者が不正にブロックチェーンを伸ばそうとしても、善意のノードたちが持つリソースが攻撃者たちのリソースよりも大きければ、ブロックチェーンが乗っ取られる可能性は極めて小さくなります。全体から見れば、善人と比べて悪人は圧倒的に少ないという事実をうまく活用しています。

▶ 半減期

ビットコインは発行できる量に上限が定められています[*37]。この上限を実現するために、定期的にマイニングの報酬が半額に変更されます。この期間を半減期といいます。最後の報酬が支払われた後（すべてのビットコインの発行が完了した後）は、マイナーは取引手数料からのみ報酬を受け取ることになります。

約10分に1回ブロックが作成されるので、半減期は約4年に1回訪れます。半減期のタイミングで、ビットコインの価値は大きく変化します。

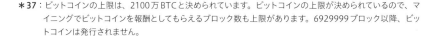

[*37]：ビットコインの上限は、2100万BTCと決められています。ビットコインの上限が決められているので、マイニングでビットコインを報酬としてもらえるブロック数も上限があります。6929999ブロック以降、ビットコインは発行されません。

APPENDIX

補 足 資 料

資料1. ASCIIコード表

文字	16進	10進	文字	16進	10進	文字	16進	10進	文字	16進	10進
(NUL)	0x00	0	(SP)	0x20	32	@	0x40	64	`	0x60	96
(SOH)	0x01	1	!	0x21	33	A	0x41	65	a	0x61	97
(STX)	0x02	2	"	0x22	34	B	0x42	66	b	0x62	98
(ETX)	0x03	3	#	0x23	35	C	0x43	67	c	0x63	99
(EOT)	0x04	4	$	0x24	36	D	0x44	68	d	0x64	100
(ENQ)	0x05	5	%	0x25	37	E	0x45	69	e	0x65	101
(ACK)	0x06	6	&	0x26	38	F	0x46	70	f	0x66	102
(BEL)	0x07	7	'	0x27	39	G	0x47	71	g	0x67	103
(BS)	0x08	8	(	0x28	40	H	0x48	72	h	0x68	104
(HT)	0x09	9	)	0x29	41	I	0x49	73	i	0x69	105
(NL)	0x0A	10	*	0x2A	42	J	0x4A	74	j	0x6A	106
(VT)	0x0B	11	+	0x2B	43	K	0x4B	75	k	0x6B	107
(FF)	0x0C	12	,	0x2C	44	L	0x4C	76	l	0x6C	108
(CR)	0x0D	13	-	0x2D	45	M	0x4D	77	m	0x6D	109
(SO)	0x0E	14	.	0x2E	46	N	0x4E	78	n	0x6E	110
(SI)	0x0F	15	/	0x2F	47	O	0x4F	79	o	0x6F	111
(DLE)	0x10	16	0	0x30	48	P	0x50	80	p	0x70	112
(DC1)	0x11	17	1	0x31	49	Q	0x51	81	q	0x71	113
(DC2)	0x12	18	2	0x32	50	R	0x52	82	r	0x72	114
(DC3)	0x13	19	3	0x33	51	S	0x53	83	s	0x73	115
(DC4)	0x14	20	4	0x34	52	T	0x54	84	t	0x74	116
(NAK)	0x15	21	5	0x35	53	U	0x55	85	u	0x75	117
(SYN)	0x16	22	6	0x36	54	V	0x56	86	v	0x76	118
(ETB)	0x17	23	7	0x37	55	W	0x57	87	w	0x77	119
(CAN)	0x18	24	8	0x38	56	X	0x58	88	x	0x78	120
(Em)	0x19	25	9	0x39	57	Y	0x59	89	y	0x79	121
(SUB)	0x1A	26	:	0x3A	58	Z	0x5A	90	z	0x7A	122
(ESC)	0x1B	27	;	0x3B	59	[	0x5B	91	{	0x7B	123
(FS)	0x1C	28	<	0x3C	60	\	0x5C	92	|	0x7C	124
(GS)	0x1D	29	=	0x3D	61	]	0x5D	93	}	0x7D	125
(RS)	0x1E	30	>	0x3E	62	^	0x5E	94	~	0x7E	126
(US)	0x1F	31	?	0x3F	63	_	0x5F	95	(DEL)	0x7F	127

資料2. Base64変換表

16進	文字	16進	文字	16進	文字	16進	文字
0x00	A	0x10	Q	0x20	g	0x30	w
0x01	B	0x11	R	0x21	h	0x31	x
0x02	C	0x12	S	0x22	i	0x32	y
0x03	D	0x13	T	0x23	j	0x33	z
0x04	E	0x14	U	0x24	k	0x34	0
0x05	F	0x15	V	0x25	l	0x35	1
0x06	G	0x16	W	0x26	m	0x36	2
0x07	H	0x17	X	0x27	n	0x37	3
0x08	I	0x18	Y	0x28	o	0x38	4
0x09	J	0x19	Z	0x29	p	0x39	5
0x0A	K	0x1A	a	0x2A	q	0x3A	6
0x0B	L	0x1B	b	0x2B	r	0x3B	7
0x0C	M	0x1C	c	0x2C	s	0x3C	8
0x0D	N	0x1D	d	0x2D	t	0x3D	9
0x0E	O	0x1E	e	0x2E	u	0x3E	+
0x0F	P	0x1F	f	0x2F	v	0x3F	/

補足資料

参考文献

数学

- 芹沢正三（2002）『素数入門―計算しながら理解できる』（ブルーバックス）講談社.
- 田中隆幸（2017）『RSA暗号を可能にしたEulerの定理』東京図書出版.
- 新妻弘、木村哲三（1999）『群・環・体入門』共立出版.
- 新妻弘（2000）『演習 群・環・体入門』共立出版.
- Chris K. Caldwell（2004）『素数大百科』共立出版（SOJIN編訳）.

暗号理論全般

- 伊豆哲也、佐藤証、田中実、花岡悟一郎、岩田哲（2010）『トコトンやさしい暗号の本』（B&Tブックス―今日からモノ知りシリーズ）日刊工業新聞社（今井秀樹監修）.
- サイモン・シン（2001）『暗号解読―ロゼッタストーンから量子暗号まで』新潮社（青木薫訳）.
- 辻井重男（2012）『暗号 情報セキュリティの技術と歴史』（講談社学術文庫）講談社.
- 霍浩二（2006）『Excelで学ぶ暗号技術入門』オーム社.
- 一松信（2005）『暗号の数理 改訂新版―作り方と解読の原理』（ブルーバックス）講談社.
- 日向俊二（2007）『暗号―この不可思議で魅惑的な世界』カットシステム.
- 結城浩（2015）『暗号技術入門 第3版』SBクリエイティブ.
- 三谷政昭、ひのきいでろう、佐藤伸一（2007）『マンガでわかる暗号』オーム社.
- D.E.R.デニング（1988）『暗号とデータセキュリティ』（情報処理シリーズ）培風館（上園忠弘訳、小嶋格訳、奥島晶子訳）.
- Douglas R. Stinson.（1996）『暗号理論の基礎』共立出版（櫻井幸一監訳）.
- Douglas R. Stinson.（2005）. Cryptography: Theory and Practice, Third Edition（Discrete Mathematics and Its Applications）. Chapman and Hall/CRC.
- William Stallings.（2003）. Cryptography and Network Security, Principles and Practice, Prentice Hall, 1999. Third Edition, 2003.

古典暗号

- 稲葉茂勝（2007）『世界史を変えた「暗号」の謎』青春出版社.
- 加藤正隆（1989）『基礎暗号学Ⅰ―情報セキュリティのために』サイエンス社.
- 加藤正隆（1989）『基礎暗号学Ⅱ―情報セキュリティのために』サイエンス社.
- カレン・プライス・ホッセル（2004）『ヒエログリフ・暗号』丸善.
- 高川敏雄（2002）『「暗号解読」入門―歴史と人物からその謎を読み解く』PHP研究所.
- 長田順行（1982）『暗号の秘密』菁柿堂.
- 広田厚司（2004）『エニグマ暗号戦―恐るべき英独情報戦』光人社.
- ヒュー・シーバッグ=モンティフィオーリ（2007）『エニグマ・コード―史上最大の暗号戦（INSIDE HISTORIES）』中央公論新社（小林朋則訳）.
- フレッド・B・リクソン（2013）『暗号解読事典』創元社（松田和也訳）.
- 吉田一彦、友清理士（2006）『暗号事典』研究社.

現代暗号

- 池野信一、小山謙二（1986）『現代暗号理論』電子情報通信学会.
- 今井秀樹編著（2000）『現代暗号とマジックプロトコル』（臨時別冊 数理科学）サイエンス社.
- 岡本龍明、山本博資（1997）『現代暗号』（シリーズ・情報科学の数学）産業図書.
- 神永正博、渡邊高志（2005）『情報セキュリティの理論と技術―暗号理論からICカードの耐タンパー技術まで』森北出版.
- 黒澤馨（2010）『現代暗号への招待』（ライブラリ情報学コア・テキスト）サイエンス社.

- 黒沢馨、尾形わかは（2004）『現代暗号の基礎数理』（電子情報通信レクチャーシリーズ）コロナ社．
- 神保雅一（2010）『暗号とセキュリティ』（新インターユニバーシティ）オーム社．
- 辻井重男、笠原正雄、有田正剛、境隆一、只木孝太郎、趙晋輝、松尾和人（2008）『暗号理論と楕円曲線』森北出版．
- 中西透（2017）『現代暗号のしくみ―共通鍵暗号，公開鍵暗号から高機能暗号まで』（共立スマートセレクション12）共立出版．
- ブルース・シュナイアー（2003）『暗号技術大全』ソフトバンククリエイティブ（山形浩生監訳）．
- 光成滋生（2015）『クラウドを支えるこれからの暗号技術』秀和システム．
- 宮地充子（2012）『代数学から学ぶ暗号理論』日本評論社．
- 森山大輔、西巻陵、岡本龍明（2011）『公開鍵暗号の数理』（シリーズ応用数理2）共立出版．
- J. A. ブーフマン（2012）『暗号理論入門 原書第3版』シュプリンガー・ジャパン（林芳樹訳）．
- NTT情報流通プラットフォーム研究所（2016）『最新 暗号技術』（NTT R&D 情報セキュリティシリーズ）ASCII．

暗号の応用アプリケーション

- 岩間一雄（2006）『アルゴリズム・サイエンス―出口からの超入門』（アルゴリズム・サイエンスシリーズ2）共立出版．
- 小野束（2001）『電子透かしとコンテンツ保護』オーム社．
- Jaideep Vaidya, Yu Michael Zhu, Christopher W. Clifton（2010）『プライバシー保護データマイニング』シュプリンガー・ジャパン（嶋田茂・清水將吾訳）．
- Khaled El Emam, Luk Arbuckle（2015）『データ匿名化手法―ヘルスデータ事例に学ぶ個人情報保護』オライリージャパン（木村映善・魔狸監修、笹井崇司訳）．
- Richard E.Smith（2003）『認証技術―パスワードから公開鍵まで』オーム社（稲村雄監訳）．

乱数

- 萩田真理子（2011）『暗号のための代数入門』（コンピューターサイエンス・ライブラリー5）サイエンス社．
- 宮武修、脇本和昌（1978）『乱数とモンテカルロ法』（数学ライブラリー）森北出版．

アルゴリズム

- ジョン・マコーミック（2012）『世界でもっとも強力な9つのアルゴリズム』日経BP社（長尾高弘訳）．
- デヴィッド・M・ブレッソード（2004）『素因数分解と素数判定』エスアイビーアクセス（玉井浩訳）．

実装

- 神永正博、山田聖、渡邊高志（2008）『Javaで作って学ぶ暗号技術―RSA,AES,SHAの基礎からSSLまで』森北出版．
- 橋本晋之介（2001）『RSA暗号技術の基礎からC++による実装まで』ソフトバンククリエイティブ．
- 松井甲子雄（1986）『コンピュータのための暗号組立法入門』森北出版．
- David Hook.（2005）. Beginning Cryptography with Java（Programmer to Programmer）. Wrox.
- John Viega, Matt Messier（2004）『C/C++セキュアプログラミングクックブック〈VOLUME1〉基本的な実装テクニック』オライリージャパン（岩田哲訳、光田秀訳）．
- John Viega, Matt Messier（2005）『C/C++セキュアプログラミングクックブック〈VOLUME3〉公開鍵暗号の実装とネットワークセキュリティ』オライリージャパン（岩田哲訳、光田秀訳）．

量子暗号

- 竹内繁樹（2005）『量子コンピューター超並列計算のからくり』（ブルーバックス）講談社．

ビットコイン

- アンドレアス・M・アントノプロス（2016）『ビットコインとブロックチェーン―暗号通貨を支える技術』NTT出版（今井崇也・鳩貝淳一郎訳）．

INDEX

人名

アデア, ギルバート 069

在原業平 082

アルベルティ, レオーネ 056

アレキサンダー大王（アレクサンドロス3世）

.... 668

ヴィジュネル, ブレーズ 073

ウィーナー, マイケル 575

エーデルマン, レオナルド 244, 517

江戸川乱歩 070

エルガマル, タヘル 315, 535

オールスホット, ヴァン 575

ガウス, カール 360

カシスキー, フリードリヒ 075

キャロル, ルイス 082

ケルクホフス, アウグスト 080, 100

コブリッツ, ニール 383

シーザー, ジュリアス（カエサル, ユリウス）

.... 034

シェ 456

ジェファーソン, トマス 071

シャノン, クロード 096, 100

シャミア, アディ 158, 244, 517, 652, 654

シュノア, クラウス 548, 643

ジョンストン, フィリップ 044

ステイン, ジョセフ 250

ダーメン, ホアン 166

タックマン 161

ディフィ, ホイットフィールド

.... 226, 244, 517, 570, 575

ドイル, コナン 070

中本哲史 687

バーナム, ギルバート 096

バベッジ, チャールズ 075

ビハム, エリ 158

フェイステル, ホースト 136

フランクリン, マシュー 415

フリードマン, ウィリアム 077

ブレイクリー, ジョージ 652

ベラーレ, ミヒル 377, 525, 526

ベルトーニ, グイド 452

ヘルマン, マーティン 226, 244, 517, 570

ペレック, ジョルジュ 069

ポー, アラン 070

ボナパルト, ナポレオン 051

ボネ, ダン 415

マークル, ラルフ 226

松井充 160

ミラー, ビクター 383

ユークリッド（エウクレイデス） 250

ライメン, ビンセント 166

リベスト, ロナルド 244, 449, 517

ロガウェイ, フィリップ 377, 525, 526

ワン, シャオユン 456

記号・数字

$(2, n)$しきい値法 653

(k, n) しきい値法 653	CBC モード 199, 482
2^w-ary 法 281	CCA 092, 231
$2aq + 1$ 型の素数生成アルゴリズム 297	CCA2 .... 093, 232
2ndPR 423	CCM モード 493
2 進表現化アルゴリズム 280	CDH 仮定 332, 572
	CDH 問題 332
	CertificateRequest メッセージ 673
A-E	CertificateVerify メッセージ 675
	Certificate メッセージ 673
ACMA 510	CFB モード 204
AddRoundKey 処理 180	ChangeCipherSpec メッセージ 675
AES 166, 583, 679	Chaum-van Antwerpen 署名 562
AES コンペティション 166	chop 処理 453
AKE 573	CK 安全性 574
ANSI 136, 484	ClientHello メッセージ 671
ASCII 089, 276	ClientKeyExchange メッセージ 674
ASCII コード表 700	CMAC 479, 494
Base58 691	COA 090
Base64 .... 598, 605	CPA 092, 230
Base64 変換表 701	CPS 594
BBS 生成器 632	CR 424
bcm2835_rng 623	Cramer-Shoup 暗号 337
BDH 問題 417	CRL 597
Blum-Blum-Shub 生成器 632	CRT 311
Blum-Micali 生成器 632	CRYPTREC 166, 191
Blum 数 365	CTR モード 215, 481, 494
Boneh-Franklin ID ベース暗号 415	CWI 456
Bos-Chaum 署名 561	DCMA 510
BTC 687	DDH 仮定 348
CA 594	DDH 問題 348, 409
caesar コマンド 035	dd コマンド 621
CBC-MAC 471	

DEM	580	GCHQ	244
DER	598	GCMA	509
DES	136	GCMモード	494
DESX	164	GenG	347
DIEHARD	611	HALFアルゴリズム	305
Diffie-Hellman計算問題	332	HMAC	484
Diffie-Hellmanの鍵共有	337, 570	HMAC-MD5	488
DLGen	318	HMQV鍵交換方式	574
DLP	329	HTTP	670
DL仮定	331	HTTPS	670
DSA署名	554	IC	077
ECBモード	192	ICカード	119, 586
ECC	582	ID攻撃モデル	414
ECDLP	402	IDベース暗号	411
ElGamal暗号	270, 315	IF	284
ElGamal署名	535	IFC	582
EMAC	477	IKE	484
EMC	525	IND	234
EUF	512	IND-CCA2安全	235, 353
EUF-CMA安全	512	IND-CCAのゲーム	240
EV SSL証明書	603	IND-CPA安全	235, 236, 349
		IND-CPAのゲーム	237, 349

F-J

Feistel構造	115, 133	InvAddRoundKey処理	185
FFC	582	InvMixColumns処理	185
Finishedメッセージ	675	InvShiftRows処理	185
FTP	670	InvSubBytes処理	182
Garnerのアルゴリズム	312	IPA	581
Gaussのアルゴリズム	311	Ipsecプロトコル	484
GCD	246	ITU	598
		IV	200

K-O

k-CFBモード	206
Keccak	452
KEM	580
KEM-DEMフレームワーク	580
key derivation	484
key generation	484
KMA	508
KOA	507
KPA	091
kビット安全性	582
Lamport署名	561
LCM	246
LEA	474
LFSR	618
ls -Rコマンド	621
LSB	629
LSBアルゴリズム	305
Lucifer	136
M-94	072
MAC	460
MAC-then-暗号化	492
MASH-1	443
MASH-2	443
Matyas-Meyer-Oseas圧縮関数	445
MD4	449
MD5	428, 449
MD強化法	439
MD構造	435
MD族	443

MD変換	434, 436
Merkelのmeta法	434
MixColumns処理	177
Miyaguchi-Preneel圧縮関数	445
mod	254
MSB	629
m時間時計	255
NIST	136, 160, 166, 449, 451, 471, 479, 484, 494, 554, 581, 611, 689
nkfコマンド	040
NM	234
NM-CCA2安全	235
NR署名	561
NSA	137
odコマンド	622
OFBモード	209
OMAC	479
OpenSSL	679
openssl aes-128-cbcコマンド	679
openssl dgst -sha1 -signコマンド	685
openssl dgst -sha1 -verifyコマンド	686
openssl genrsaコマンド	680
openssl rsautl -decryptコマンド	684
openssl rsautl -encryptコマンド	683
openssl rsaコマンド	682
OW	233, 422
OW-CPA安全	235, 238

707

P-T

P2P ネットワーク 689

PC 137

pem 598

PGP 579, 589, 621

PGV 変換法 443

PKCS 525

PKI 588

Pohlig-Hellman のアルゴリズム

.... 321, 331

PR 422

PRF 676

proof-of-work 695

Rabin 暗号 354, 630

rand() 関数 614

Raspberry Pi 623

Reed-Solomon-(k, n) しきい値法 660

RIPEMD 443

ROT 036

RotWord 処理 168

RSA-FDH 署名 526

RSAGen 271

RSA-OAEP 377

RSA-PSS 525, 561

RSA 暗号 244, 519

RSA 仮定 301

RSA 関数 379

RSA 署名 517, 685

RSA 生成器 632

RSA モジュール 272, 528

RSA 問題 301

satoshi 687

S-box 147, 174

Schnorr 署名 548, 650

Schnorr の証明プロトコル 643

Schoof 法 407

S-DES 160

SEA 法 407

Semantic Security 234

ServerHello メッセージ 672

ServerHelloDone メッセージ 674

ServerKeyExchange メッセージ 673

SHA-1 449

SHA-2 449

SHA-3 451

SHA-3 コンペティション 451

SHA-3 シリーズ 454

Shamir の (k, n) しきい値法 654

Shanks のアルゴリズム 331

ShiftRows 処理 177

SHS 449

sID 攻撃 414

SMTP 670

SPN 構造 115

SS 234

SSH プロトコル 484

SSL 601, 670

SSL プロトコル 484

Station-to-station プロトコル 575

SubBytes 処理 173

SUF 512

TLS	670
TRNG	623
tr コマンド	035
TTP	592

U-Z

UUF	511
VSS	661
Whirlpool	443
XOR	096

あ

アーベル群	340
アウトプット	693
アクロスティック	082
圧搾段階	452
圧縮関数	435
圧縮処理	432, 453
アドバンテージ	125, 132
アナグラム	050
アフィン変換	175
誤り検出	139
誤り訂正符号	020, 660
アルゴリズム	026
アルファベットの出現確率	057
アルベルティの暗号円盤	056
暗号円盤	038, 056
暗号化	021
暗号化 -and-MAC	491

暗号化 -then-MAC	491
暗号化アルゴリズム	034, 086, 227
暗号化オラクル	092
暗号化関数	375
暗号学的ハッシュ関数	422
暗号化指数	272
暗号化モード	187
暗号スイート	671
暗号プロトコル	634
暗号文	021
暗号文空間	030, 088
暗号文攻撃	091, 381
暗号文単独攻撃	090
安全性余裕度	134
安全性レベル	235, 512
位数	315
伊勢物語	082
一方向性	233, 422
一様分布	103
一様分布性	608
一致指数	077
一般 ElGamal 暗号	338
一般的偽造	511, 521
一般的偽造不可	511
一般的選択メッセージ攻撃	509
インビジブル・インク	668
インプット	693
ヴィジュネル暗号	073
ウィリアムズの $p+1$ 法	296
ウォレット	689
埋め込み鍵	663

埋め込みデータ	663
裏	239
裏口	137
英国政府通信本部	244
エンドエンティティ証明書	600
エントロピープール	620
オイラー関数	267, 284
オイラー規準	358
オイラーの定理	269
踊る人形	070
オラクル	092
折句	082

か

カーネル内臓の乱数生成器	620
カーマイケル数	291
改ざん	429, 460
階層化	585
階層構造	595, 659
解読不可能性	099
解読モデル	094, 233
ガウス記号	253, 446
カウンタ	215, 326
換字	054, 090
換字式暗号	054
鏡の国のアリス	082
可換環	384
可換群	340
鍵暗号化鍵	585
鍵カプセル化メカニズム	580

鍵管理	581
鍵共有	569
鍵空間	094
鍵証明書不要暗号	418
鍵スケジュール部	113
鍵生成	581
鍵生成アルゴリズム	
	034, 086, 227, 497, 581
鍵生成クエリ	567
鍵センタ	412
鍵単独攻撃	507
鍵長	094, 118, 164, 582, 684
鍵付きハッシュ関数	484
鍵配送	566
鍵配送サーバ	567
鍵配送センタ	567
鍵要求クエリ	567
拡大鍵	113
拡大関数	527
拡大次数	385
拡大転置	146
拡張関数	451
拡張ユークリッドの互除法	252
拡張領域	598
確定的暗号	304, 325
撹拌関数	451
撹拌処理	432
確率	101
確率的暗号	201, 324
確率分布	103
確率変数	103

710

INDEX

可視型電子透かし	666
カシスキー法	075
仮定	236
カバーデータ	662
可約	388
可用性	018
ガロア体	385
環	384
頑強性	234
関数値	233
完全解読	233
完全識別不可能性	121
完全性	018, 463, 635
管理者	652
疑似衝突性	447
疑似乱数	609
疑似乱数関数	676
疑似乱数生成器	612
疑似ランダム関数	127, 465
疑似ランダム置換	128
偽造不可能性	464, 499
危殆化	501
既知平文攻撃	091
既知メッセージ攻撃	508
基本領域	598
機密性	018
機密モード	187
既約	387
逆	239
逆元	261, 340
逆順	051

既約剰余類	265
逆転置	145
キャリア	662
吸収段階	452
強素数	295
共通法攻撃	286
強秘匿	234
近似衝突	447
近似衝突困難性	428
クライアント証明書	600
グループ署名	563
群	339
計算量的識別不可能性	124
結合法則	340
結合律	159
ケルクホフスの原理	100
原始元	317, 323
検出可能秘密分散共有法	661
検出方式	665
検証鍵	497, 515
検証者指定署名	563
健全性	635
原像計算困難性	422
原像攻撃	422
原版参照方式	665
原版非参照方式	665
原論	250
公開鍵基盤	588
交換法則	340
交換律	159
攻撃者と挑戦者のゲーム	236

711

攻撃モデル	090, 230	算術的圧縮関数	445
合成数	247	シーケンス番号	463
高速べき乗剰余計算	278	シーザー暗号	034
合同	253	シード	609
合同式	254	シェア	586, 652
公倍数	246	識別攻撃	121, 130
公約数	246	識別不可能性	121, 234, 465
効率性	236	試行	100
コード	041, 069	指向的選択メッセージ攻撃	510, 521
コードトーカー	044	自己証明書	596
コードブック	041	自己双対	157
ゴードンの強素数生成アルゴリズム	297	仕事の証明	695
黄金虫	070	事象	100
国際電気通信連合	598	次数	386
故障停止署名	562	指数計算法	331
国家安全保障局	137	システム公開鍵	411
根元事象	101	実装攻撃	586
コンテナ	662	シフト暗号	036
		シミュレータ	642

さ

		自明な約数	245
		弱鍵	155
サーバ証明書	600	写像	338, 408, 578
最下位ビット	233	シャッフル	051
再現不可能性	609	周期	075, 213, 296, 608, 616, 618
最終転置	141	修正 ElGamal 暗号	329
再送攻撃	463	縮小転置	137
最小公倍数	246	出力関数	612
最大公約数	245	出力転置	146
サイファ	041	受動的攻撃	235, 507, 645
サブ鍵	113	巡回群	343
差分解読法	158, 186, 433	準弱鍵	157

準同型性	327
条件付き確率	102
乗算剰余計算	283
冗字	045, 068
消失	069
状態行列	171
冗長性	663
衝突困難性	423, 516, 530
衝突ペア	423
承認	696
小平文空間攻撃	288, 381
情報処理推進機構	581
情報セキュリティのCIA	018
情報理論的安全性	100, 104
証明書失効リスト	597
証明書のチェーン	600
証明プロトコル	634
剰余	245
剰余類	258
剰余類環	385
ショートカット攻撃	120
初期値	200
初期転置	141, 150
初期ベクタ	200
初期ベクトル	200
書籍暗号	053
初等整数論	360
署名アルゴリズム	598
署名鍵	497
署名検証アルゴリズム	497
署名生成アルゴリズム	497

署名値	598
署名ペア	499
署名前証明書	598
シリアル番号	599
真正性	018
真性乱数	610
真性乱数器	610
伸長攻撃	458, 474
信頼されたルート証明機関	601
信頼性	018, 602
信頼度	590
信頼の輪モデル	589
推移律	254
数体ふるい法	403
スーパーインポジション	080
スカラー倍	399
スキュタレー暗号	045, 668
ステガノグラフィー	667
ステゴデータ	663
ストリーム暗号	108, 206, 209
スポンジ構造	452
正当性	088, 229, 499, 588
積攻撃	371, 520, 529
責任追跡性	018
セキュリティステータスバー	603
セキュリティパラメータ	086, 227, 497
セキュリティマージン	134
セッション鍵	571
セッション番号	463
セットアップ	111
セットアップアルゴリズム	411

ゼロ知識証明プロトコル 635

ゼロ知識性 636

線形解読法 160, 186

線形合同法 614

線形漸化式 616

線形フィードバックシフトレジスタ 618

線形複雑度 619

全事象 101

全数探索攻撃 094, 119, 243

選択ID攻撃 414

選択暗号文攻撃 092, 231, 375

選択的偽造 512

選択的偽造不可 512

選択平文攻撃 092, 230, 372

選択メッセージ攻撃 464, 531

全単射 143, 376

全面的解読 233, 511, 520, 528

全面的攻撃 119

素因数 247

素因数分解 247, 284

素因数分解問題 284, 302

相互法則 359

双線形写像 578

双線形性 408

双対鍵 157

相補性 153

素数 247

素数生成 289

素数判定 289

存在的偽造 512, 520, 530, 539

存在的偽造不可 512, 531

た

体 385

第2原像計算困難性 423, 516

対偶 239

第三者機関 592

対称律 254

代数系 338

耐タンパ性 586

代表元 258

タイムスタンプ 463

タイムメモリトレードオフ法 120

代理署名 564

対話型 634

対話証明 648

楕円ElGamal暗号 383

楕円加算 392

楕円曲線 383, 391

楕円曲線上におけるDDH問題 409

楕円曲線上のDiffie-Hellmanの鍵共有

.... 577

楕円曲線上の離散対数問題 402

多重衝突組 448

多重衝突攻撃 447

多重性 524

達成度 094, 235

種 609

多表式暗号 071

単位元 261, 340

単一換字式暗号 054

単射 376

714

誕生日攻撃	118, 427, 456	転置式暗号	050
短ブロック	051	等価安全性	582
単ブロック長ハッシュ関数	443	統計的識別不可能性	122
チェックサム	429	同時並行攻撃	645
置換	050	盗聴	019
チャレンジ暗号文	237	等頻度性	610
中間者攻撃	515, 572	同報通信	575
中間証明書	600	特定認証業務制度	595
中国人の剰余定理	311	匿名化	661
抽出鍵	665	時計演算	255, 360
直接攻撃	507, 520, 539	トマス・ジェファーソンの暗号筒	071
使い捨て鍵署名	561	トランザクション	693
低暗号化指数攻撃	287, 371	トランスポート層	670
ディーラ	652	トリプルDES	161, 583
デイビス・メイヤー圧縮関数	445		
ディレクトリサーバ	597	な	
データ暗号化鍵	585		
データ暗号化部	113	内部状態変更関数	612
データカプセル化メカニズム	580	内部バッファ	612
データ認証	024	ナバホ語	044
データ復号部	113	ナポレオンの転置式暗号	051
テーブル参照法	120	なりすまし	460, 603
適応的ID攻撃	414	二銭銅貨	070
適応的選択暗号文攻撃	093, 232	認証暗号	490
適応的選択メッセージ攻撃	510, 522	認証鍵交換	573
デスメット・オドリズコ攻撃	529	認証局	592, 594
電子証明書	598	認証局運用規定	594
電子署名法	506, 595	認証子生成アルゴリズム	460
電子透かし	662	認証付暗号化モード	187, 493
点集合	394	認証モード	187
転置	090	能動的攻撃	235, 507, 645

ノード	689
ノンス	202

は

バースデーアタック	427
バースデーパラドックス	118, 427
バースデー問題	427
ハードウェア乱数生成器	623
ハードコア述語	630
ハードコアビット	629
バーナム暗号	096, 223
倍数	245
排他的論理和	096, 159
バイナリ・ユークリッドの互除法	250
バイナリ法	279
排反事象	100
ハイブリッド暗号	579
倍ブロック長ハッシュ関数	443
背理法	247
パスワード	623
パターン語	061
バックワード安全性	414
ハッシュ値	420, 455
ハッシュ値の衝突	423
ハッシュ版 ElGamal 署名	542
ハッシュ版変形 ElGamal 署名	547
ハッセの定理	396
パディング	051
パディングアルゴリズム	188
鳩の巣原理	426

ハミング重み	233
半減期	697
反射律	254
判定 DH 問題	348
ハンドシェイクプロトコル	670
反復暗号化	296
反復型ハッシュ関数	434
非線形関数	145
非線形変換	117
非退化性	408
非対話型	548, 634
非対話証明	648
ビット誤り	197
ビットコイン	687
ビットコインアドレス	690
ビット列	088
秘匿性	088, 229
否認	024, 462
否認不可署名	561
非パターン語	061
秘密鍵	085, 226, 460, 566
秘密通信	667
秘密分散共有法	652
標数	385
標本空間	101
標本点	101
平文	021
平文空間	030, 088
頻出単語	059
頻度分析	057
フィンガープリント	588, 599

INDEX

フェルマーテスト	289
フェルマーの小定理	268
フォワード安全署名	564
フォワード安全性	414, 574, 586
不可視型電子透かし	666
副鍵	113
復元段階	652
復号	021
復号アルゴリズム	034, 086, 227
復号オラクル	092, 231
復号攻撃モデル	413
復号指数	272, 310
復号同順	367
符号化	031, 089
符牒	041
物理乱数	610
部分解読	233
部分群	342
部分原像計算困難性	428
部分情報	233
ブラインドFiat-Shamir署名	562
ブラインドRSA署名	562
ブラインドSchnorr署名	562
ブラインド署名	562
ブルートフォース攻撃	119
プレマスタ秘密鍵	676
ブロック	112
ブロック暗号	112, 432
ブロックチェーン	692
ブロック置換関数	453
ブロック長	118

プロトコル	634
文意的	516
分散段階	652
分散保管	586
ペアリング	407
平均周期	213
米国規格協会	136, 484
米国国立標準技術研究所	136, 160, 449, 554
ヘイスタッドのブロードキャスト攻撃	287
平方剰余	354
平方剰余記号	358
平方非剰余	354
べき乗	268
ベクトル	410
変形DSA署名	559
拇印	599
法	254
ポーリック・ヘルマン暗号	285
ポラードの$p-1$法	296
ポラードのサイクリング攻撃	296

ま

マーケル・ダンガード変換	434
マイクロドット	668
マイニング	696
マスタ鍵	569, 585
マスタ秘密鍵	412, 676
マッハ効果	664
満場一致法	653

717

ミラー・ラビンテスト	291	乱数系列	607
無 ID 攻撃	414	乱数テスト	625
無限遠点	392	乱数表	090
無作為性	608	ランダム	607
命題	239	ランダムオラクルモデル	381
メッセージ認証	460	ランダム関数	127
メッセージ復元型署名	560	ランダム置換	128
モジュロ	254	離散指数生成器	632
モンゴメリ法	281	離散対数仮定	331
		離散対数問題	329

や

約数	245	リプライ攻撃	463
ヤコビ記号	361	リポジトリ	592, 597
ユークリッドの互除法	250	利用モード	187
有限群	341	リング署名	563
有限体	385	ルート証明書	600
ユーザー認証	023	レコードプロトコル	670, 677
ユニバーサルハッシュ関数	494	連字	058
予測不可能性	609		

ら

わ

ラインダール	166	ワーク鍵	585
ラウンド	113	ワード	095, 167
ラウンド鍵	113	ワンタイムパスワード	587
ラウンド関数	115, 145	ワンタイムパッド暗号	081
ラウンド処理	143		
ラウンド定数	169		
ラグランジュの補間公式	654		
乱数	324, 607		

著者プロフィール

■ **IPUSIRON(イプシロン)**

1979年福島県生まれ。2001年に『ハッカーの教科書』(データハウス)を執筆。2008年情報セキュリティ大学院大学情報セキュリティ研究科情報セキュリティ専攻修士課程修了。以後、業務アプリなどの設計・開発、スマホアプリやWebアプリの検査・デバッグ、機械警備・防災設備の設置に従事。現在、情報セキュリティと物理的セキュリティを総合的な観点から調査しつつ、執筆を中心に活動中。主な書著に『ハッカーの学校』『ハッカーの学校 個人情報調査の教科書』『ハッカーの学校 鍵開けの教科書』(いずれもデータハウス)がある。

- Mail：ipusiron@gmail.com
- Twitter：@ipusiron
- Webサイト：Security Akademeia (http://akademeia.info)

■ 装丁・デザイン ■■■■■■■ 大下賢一郎
　DTP ■■■■■■■■■■■ 株式会社 シンクス

■ **暗号技術のすべて**
　2017年 8月 3日　初版第1刷発行

著　者 ■■■■■■■■■■■ IPUSIRON
発行人 ■■■■■■■■■■■ 佐々木 幹夫
発行所 ■■■■■■■■■■■ 株式会社 翔泳社 (http://www.shoeisha.co.jp)
印刷・製本 ■■■■■■■■■ 株式会社 加藤文明社印刷所

©2017 IPUSIRON

本書は著作権法上の保護を受けています。本書の一部または全部について(ソフトウェアおよびプログラムを含む)、株式会社 翔泳社から文書による許諾を得ずに、いかなる方法においても無断で複写、複製することは禁じられています。
本書へのお問い合わせについては、002ページに記載の内容をお読みください。
落丁・乱丁はお取り替えいたします。03-5362-3705 までご連絡ください。

ISBN978-4-7981-4881-6　　　　　　　　　　　　　　　　Printed in Japan